内蒙古農業大學年鉴 2018

《内蒙古农业大学年鉴》编委会 编

中国农业科学技术出版社

图书在版编目（CIP）数据

内蒙古农业大学年鉴．2018 /《内蒙古农业大学年鉴》编委会编．—北京：中国农业科学技术出版社，2021.6

ISBN 978-7-5116-5345-1

Ⅰ.①内…　Ⅱ.①内…　Ⅲ.①内蒙古农业大学-2018-年鉴　Ⅳ.①S-40

中国版本图书馆 CIP 数据核字（2021）第 102035 号

责任编辑　徐定娜　续维国
责任校对　贾海霞
责任印制　姜义伟　王思文

出 版 者　中国农业科学技术出版社
北京市中关村南大街 12 号　邮编：100081
电　　话　(010)82105169(编辑室)
(010)82109702(发行部)
(010)82106629(读者服务部)
传　　真　(010)82109707
网　　址　http://www.castp.cn
经 销 者　各地新华书店
印 刷 者　北京建宏印刷有限公司
开　　本　787mm×1 092mm　1/16
印　　张　34.5
字　　数　760 千字
版　　次　2021 年 6 月第 1 版　2021 年 6 月第 1 次印刷
定　　价　98.00 元

《内蒙古农业大学年鉴(2018)》

编纂委员会

编写人员

目　　录

·内蒙古农业大学概况·

·机构与干部·

·党建与思想政治工作·

·教育教学·

·学科建设·

·师资和人才队伍建设·

·科学研究与社会服务·

·学生工作与招生就业工作·

·交流与合作·

·管理与服务·

·2018年表彰与奖励·

·2018年毕业生、学位获得者名单·

· 大事记 ·

· 附　　录 ·

内蒙古农业大学概况

学校简介

内蒙古农业大学是一所以农林为主，以草原畜牧业为优势和特色，具有农、工、理、经、管、文、法、艺8个学科门类的多科性大学，具备高职高专、学士、硕士及博士的完整人才培养体系。学校现设动物科学学院等22个院（部），职业技术学院是全国高等职业教育示范院校建设单位。2001年成为国家西部大开发“一省一校”重点支持建设的大学，2012年成为国家林业局（现国家林业和草原局）和内蒙古自治区人民政府“省部共建”高校，2013年进入国家“中西部高等教育振兴计划”支持院校行列，是“全国绿化模范单位”，被誉为塞外“花园式高等学府”。

历史沿革

1952年，经当时的国家政务院批准，由原河北农学院、平原农学院的畜牧兽医系和山西农学院的兽医专业合并迁至归绥市（现呼和浩特市），创办了内蒙古自治区第一所本科高等学校——内蒙古畜牧兽医学院，毛泽东主席签署任命了第一任院长。1958年，原内蒙古林学院成立。1959年，内蒙古呼和浩特农业学校、内蒙古农业干部学院、内蒙古牧业干部合作学院3所学校并入内蒙古畜牧兽医学院。1960年，内蒙古畜牧兽医学院更名为内蒙古农牧学院。1971年，内蒙古林学院并入内蒙古农牧学院。1978年，内蒙古自治区党委决定，恢复内蒙古林学院，农林两校进入了各自的恢复、发展和振兴期。1999年，内蒙古农牧学院和内蒙古林学院合并组建内蒙古农业大学。

办学规模

学校现有全日制在校学生34 821人，其中博士、硕士研究生2 865人。外国留学生173人。学校由呼和浩特市校区、职业技术学院校区和海流图科技园区3部分组成，形成了一校五区的办学格局。学校总占地面积15 053.52亩（1亩≈666.7平方米，全书余同），校舍建筑总面积114.48万平方米，标准田径场（馆）4个，教学科研仪器设备总值9.93亿元。学校图书馆是内蒙古自治区农、林、牧等行业重要的文献信息资源中心，馆藏纸质文献201.1万册（含职业技术学院），电子图书169万册/种，中外文期刊1 125种，CNKI个人数字图书馆绑定子用户787个。拥有74个中外文数据库，其中包括*Nature*、*Science Online*、*Cell Press*、*Springer*、*Web of Science*（SCI/CPCI科学引文索引）等世界知名外文数据库及3个自建特色数据库。

学科专业

学校现有国家重点学科 1 个、国家重点（培育）学科 3 个、农业部重点学科 1 个、国家林业总局重点学科 2 个、自治区重点一级学科 5 个、自治区重点学科 22 个、自治区重点（培育）学科 4 个。现有博士后科研流动站 10 个，一级学科博士学位授权点 13 个，一级学科硕士学位授权点 24 个，硕士专业学位授权类别 13 种。现有普通高等教育本科专业 77 个，拥有国家卓越农林人才教育培养计划试点项目 2 类共 8 个专业，有国家级特色专业 7 个、国家级综合改革试点专业 1 个。

师资队伍

学校现有教职工 2 655 人（校本部 2 153 人），其中，专任教师 1 704 人（校本部 1 373 人），具有高级职称教师 846 人（校本部 757 人），占专任教师总数的 49.65%（校本部 55.14%）；具有硕士及以上学位教师 1 421 人（校本部 1 189 人），占专任教师总数的 83.39%（校本部 86.60%），其中博士学位教师占 43.09%（校本部 48.91%）。有"长江学者奖励计划"特聘教授和"国家杰出青年科学基金"资助 1 人，"国家优秀青年基金"资助 1 人，中组部"万人计划"科技创新领军人才 2 人，国家"百千万人才工程"一、二层次人选 7 人，享受国务院政府特殊津贴专家 89 人，国家、自治区有突出贡献的中青年专家 46 人，国家、自治区优秀留学回国人员 15 人，全国劳动模范、先进工作者 3 人，自治区深入工农牧业生产第一线做出突出贡献的科技人员 18 人，中国青年女科学家 1 人，自治区"333 人才工程"首席专家 3 人，"新世纪 321 人才工程"一、二层次人选 22 人，入选自治区"草原英才"80 人、草原英才团队 23 个，内蒙古自治区杰出人才奖 9 人。有全国林业教学名师 1 人、自治区级教学名师 26 人、自治区级教坛新秀 16 人，高等学校专业教学指导委员会副主任委员 3 人。

教学工作

学校现有国家级教学团队 1 个、自治区级教学团队 21 个。有国家级精品课程 4 门、国家级精品资源共享课 2 门。有国家人才培养模式创新实验区 1 个、国家级实验教学示范中心 2 个、国家级大学生校外实践教育基地 1 个、国家大学生文化素质教育基地 1 个、教育部和农业部首批农科教合作人才培养基地 3 个。立项教育教学改革研究项目国家级 6 项、自治区级 36 项。有自治区级品牌专业 32 个、重点建设专业 5 个、本科专业综合改革试点项目 1 个、实验教学示范中心 9 个，有自治区级精品课程 72 门、优质精品课程 4 门。获国家级教学成果奖 8 项、自治区级教学成果奖 73 项（其中一等奖 26 项）。

科学研究

全年推荐申报各级各类科技项目 916 项，获批 201 项，其中国家自然科学基金项目

63 项、国家社会科学基金 1 项、国家重点研发计划重点专项项目 2 项、课题 8 项，科技部国际合作专项 1 项。2018 年科研经费进账总额为 1.85 亿元。2017 年、2018 年农业科学学科进入 ESI 全球前 1%，特色动物基因组及乳酸菌等研究领域的 3 项成果在 *Nature Communications* 上发表。获得自治区科学技术特别贡献奖 2 人、何梁何利科学与技术创新奖 1 人；作为第一完成单位获得省部级科技和社科成果奖 73 项，其中一等奖 10 项；作为主要完成单位，获得国家科技进步二等奖 2 项、技术发明二等奖 1 项。依托“国际科技合作基地”，主持承担国家国际合作重点项目 13 项。立项建设校级科技创新（培育）团队 30 个，其中入选科技部重点领域创新团队 2 个、教育部科技创新团队发展计划团队 3 个、农业部创新团队 2 个、自治区科技创新团队建设计划团队 9 个。建成国家级野外科学研究观测站 1 个、省部级重点实验室（工程研究中心、野外台站和人文社科基地）56 个；自治区教育厅认定的协同创新培育中心 2 个正在建设之中。

社会服务

2013 年“内蒙古农业大学新农村发展研究院”被列入第二批国家高等学校新农村发展研究院建设计划。入选“十三五”国家现代农业产业技术体系相关岗位教师 12 人。近年来，学校先后与呼和浩特市、阿拉善盟等盟市和土默特右旗、清水河县、和林格尔县等旗县以及伊利、蒙牛、蒙草抗旱、内蒙古金宇、赛诺羊业、民丰薯业等大型企业签订产学研合作协议 20 余项，推广新成果、新技术 60 余项。自主培育研制的益生菌菌种、兽用疫苗等成果实现了转化，签约金额累计5 000余万元。

开放办学

学校重视对外交流与合作，先后与英国、美国、加拿大、澳大利亚、俄罗斯、日本和蒙古国等十几个国家的 60 多所大学和科研机构建立了校际合作及学术交流关系，成立了“中加可持续农业研究与发展中心”“马利克管理中心内蒙古农业大学分中心”“教育部出国留学培训与研究中心”。近五年，学校选派教师到国外访学交流 200 余人，国外来校开展学术交流、访问讲学等活动的专家教授 700 余人次。加强国外留学生培养，从 2005 年开始接收自治区政府奖学金本科层次留学生、2008 年开始接收中国政府奖学金硕士和博士留学生、2017 年开始接收“丝绸之路”国家政府奖学金留学生，截至目前，共招收来自蒙古国、俄罗斯、加拿大、巴基斯坦、吉尔吉斯斯坦等 12 个国家的留学生 407 人。2012 年学校成为商务部援外培训项目承办单位，至今已成功承办商务部多边援外培训 9 期、双边培训 2 期，累计培训了来自 44 个国家的 244 名农牧林业相关官员、学者与技术人员。

社会荣誉

学校党委荣获“全国先进基层党组织”荣誉称号，学校获得“雷锋大学”称号、被授予“全区五一劳动奖章”，职业技术学院获得“全国教育系统先进集体”荣誉称号，教务处获得全国普通高等学校“先进教务处”和“优秀教务处”等称号，校团委被评为“全国五四红旗团委”，学校多次获得“全国大中专学生志愿者暑期‘三下乡’优秀单位”“全区高校学生工作和毕业生就业工作先进集体”等称号。动物科学学院被授予“全国五一劳动奖章”，兽医学院被评为“全区民族团结先进集体”，校史展览馆被确定为“内蒙古大学生德育基地”。

学校基本数据情况一览表

在校学生人数

单位：人

普通教育学生						在职攻读硕士学位研究生	成人教育学生	外国留学生
本专科生			研究生					
普通本科	普通专科	合计	博士生	硕士生	合计			
28 599（职院 3 733）	3 184（职院 3 097）	31 783（职院 6 830）	589	2 276	2 865	1 568	1 819	173

全校教职工人数

单位：人

校本部教职工数											职院教职工数	其他人员	总计
专任教师						管理人员	教辅人员	工勤人员	科研机构人员	合计			
正高级	副高级	中级	初级	无职称	小计						502	0	
308	449	507	46	63	1373	279	269	0	232	780			2 655

学科专业情况

单位：个

博士后科研流动站	博士学位授予权一级学科	硕士学位授予权一级学科	硕士专业学位类别	本科专业	省部级以上重点实验室
10	13	24	13	77	28

资产情况

固定资产（万元）	校舍面积（平方米）	占地面积（亩）	学校藏书（万册）	教学科研仪器设备（万元）
250 527（职院 37 993. 58）	1 144 817. 47（职院 223 581. 8）	15 053. 52（职院 3 271. 9）	201. 1（职院 29. 85）	99 263（职院 8 521. 13）

学院（部）简介

动物科学学院

概况

动物科学学院的前身为畜牧系，成立于1952年11月，主要由畜牧学和水产学2个一级学科组成。学院设动物科学（国家级特色专业）、动物科学（动物营养与饲料科学方向）、动物生产学（国家教改试点）和水产养殖学4个本科专业，拥有动物遗传育种与繁殖学、动物营养与饲料科学、动物生产学、农业推广（养殖领域）4个硕士学位授权点；畜牧学一级学科博士点下设动物遗传育种与繁殖学、动物营养与饲料科学、动物生产学3个二级学科博士学位授权点；畜牧学一级学科为博士后流动站。拥有国家级重点（培育）学科1个、自治区一级重点学科1个、自治区二级重点学科2个。学院现有自治区重点实验室2个、重点（培育）实验室1个，自治区马业科学工程技术研究中心1个，绒山羊工程技术中心1个，农业农村工作部肉羊遗传育种重点实验室1个，马野外观测站1个。《家畜育种学》为国家级精品课程，《动物营养学》《家畜繁殖学》《禽生产学》《生物统计学附试验设计》《家畜环境卫生学》5门课程为自治区级精品课程，动物遗传育种教学团队为国家级教学团队。学院现有教职工79人，其中教授19人、副教授21人，博士生导师12人，具有博士学位的教师50人。在校生1 437人，其中本科生1 140人、硕士研究生245人、博士研究生52人。

党建与思想政治工作

2018年，学院党委不断增强“四个意识”，做到“四个服从”，始终在思想上行动上与党中央保持高度一致，一是狠抓政治理论学习，深入学习宣传贯彻党的十九大精神和习近平总书记系列重要讲话精神，自觉践行习近平总书记考察内蒙古重要讲话精神和关于巡视工作的重要论述，贯彻落实中央重大决策部署和自治区党委工作部署，按照校党委“两学一做”学习教育常态化制度化的要求，学院领导干部每人讲党课2次，党员集中学习30余次。二是坚持民主集中制原则，严格执行学院的“三重一大”制度，通过党政联席会议或教授委员会会议决定。三是领导班子成员认真履行“一岗双责”的要求，带头做党风廉政建设的标杆，切实落实廉洁从政的各项制度。四是积极探索党建创新不停步，着力提升精品党日活动质量，不断健全和完善管理制度，强化各种责任机制和制度规范。严格“三会一课”制度，共举办四期培训班。2位教师分别被评为学校优秀共产党员和优秀党务工作者，学院工会获“内蒙古农业大学模范工会”称号，2位教师获学校“爱岗敬业工作者”称号。2018年学院获批第五届“学习使用蒙古语文先进集体奖”。

教学工作

完成了校内教学自评、教育厅评估、教育部审核评估等四个阶段的评估整改及自评自建，完善学院各项教学资料，规范管理制度，切实优化了学院人才培养目标与效果的达标程度。获自治区教学成果一等奖2项，获省部级教材支持2部，获蒙古文教材支持1部，获教学大纲编写和“两提高一降低”学校2个单项奖。校级精品在线课程3门，主编出版了3部普通高等教育“十三五”规划教材，参编出版了2部普通高等教育“十三五”规划教材；申请16部实验实习指导教材的编写工作，目前已编写完成9部；2门课程获批学校第三批预建设课程。制定了《动物科学学院严抓课堂教学质量工作计划》，开展课堂教学观摩活动，组织申报学校实验室建设项目，申报经费150万元。

学科建设

2018年主办全国农业专业学位畜牧领域年会，修订了畜牧领域全日制（非全日制）农业硕士专业学位硕士研究生培养方案（2018版），2018年6月学院按照学校规定和学位论文答辩的相关要求顺利完成毕业答辩工作，共毕业博士10人，硕士53人。SCI收录论文18篇，获自治区中青年创新一等奖1项，获国家发明专利3项。获批“草原英才”创新创业人才团队1个，国家突出贡献中青年专家1人。1名教师晋升为教授职称，2名教师晋升为副高级职称，2名教师申报自治区二级教授，公开招聘了4名教师，进一步优化了相关学科的梯队结构。畜牧学科在国家第四轮学科评估中获得B类。获得自治区双一流学科建设经费支持1 500万元。畜牧人才培养创新平台2.0版获得自治区经费支持2 680万元。

科研工作

2018年获批国家自然科学基金7项。获批内蒙古自治区重大项目1项，获得经费支持560万元。自治区重大引导项目1项获得经费支持180万元。自治区重大成果转化项目1项，获得经费支持180万元。自治区应用研发项目1项获经费支持50万元。有3名教师获批自治区基金项目，2名教师获教育厅项目支持。学院设立中青年科研奖励基金150万元，目前36名教师获得支持。教师参与国家重点研发项目和自治区重大研发项目获批经费支持300余万元。

学生工作

2018年围绕学院中心工作，以党建带团建，积极开展文明校园创建和迎评促建工作，严格落实“三点一线”学风建设联动机制和班主任、辅导员“五个一”工作制度，抓学风、促学业，在大学生中深入开展“不忘初心跟党走，牢记使命勇担当”“以本为本，四个回归”、迎评促建为主题的班、团日活动及毕业生就业工作研讨会等活动。学院严格把关国家奖助学金评选工作和各级各类评奖评优推选工作，使之成为优良学风、校风建设的导向，在全院上下形成了良好的学风氛围。参加全国大学生动物科学专业技能大赛获得团体三等奖，学院选送舞蹈《骏马归来》获得全国第五届大学生艺术展演团体一等奖，参加全国大学生水族箱造景大赛获得 3 个单项三等奖。招收本科生 292 人、全日制硕士研究生 69 人、博士研究生 16 人。2018 届毕业生就业率为 96. 46%，考研率为 23. 7%。

重大事件

1. 芒来教授主持的项目获自治区教学成果一等奖 1 项，闫素梅教授主持的项目获自治区教学成果一等奖 1 项，齐景伟教授参加的项目获自治区教学成果一等奖 1 项。

2. 芒来教授任教育部动物科学专业教指委副主任，张玉教授任教育部水产专业教指委委员。

3. 芒来教授和敖长金教授指导的博士论文获自治区优秀博士论文，史彬林教授指导的硕士论文获自治区优秀硕士论文。

4. 学院与世界 500 强企业瑞士潘可士马，正大集团，伊利优然牧业联合设立企业研发中心 3 个。

兽医学院

概况

兽医学院成立于 1952 年 11 月。学院设有基础兽医学、预防兽医学、临床兽医学 3 个系，在兽医学一级学科下拥有基础兽医学、预防兽医学、临床兽医学 3 个内蒙古自治区重点学科；拥有基础兽医学、预防兽医学、临床兽医学博士和硕士学位授权点以及兽医硕士专业学位授权点，建有兽医学科博士后流动站。学院下设动物医学（含马兽医和宠物方向）、动物药学、动植物检疫（动物检疫方向）3 个本科专业，其中动物医学专业的部分学生采用蒙、汉双语授课。学院拥有农业部动物疾病临床诊疗技术重点实验室，动物医学专业国家级实验教学示范中心，财政部与地方共建实验室——草食家畜诊断实验室，兽用疫苗国家工程实验室——工艺技术研究室；设有基础兽医学、预防兽医学和临床兽医学 3 个实验室，其中基础兽医学实验室为自治区重点实验室。学院拥有教学动物医院和实验动物园等校内教学实习基地，内蒙古正大集团、内蒙古赛科星繁育生物技术股份有限公司、天津瑞普生物技术股份有限公司、内蒙古富川饲料科技股份有限公司、内蒙古富源牧业有限责任公司、山东泰安澳亚现代牧场有限公司和联邦制药有限公司等校外本科生教学实习基地，内蒙古乌拉特戈壁红驼事业专业合作社、金宇保灵生物药品有限公司和金河生物科技股份有限公司等研究生培养基地和实践教学基地。

学院现有教职工 84 人，其中专任教师 77 人。专任教师中，教授 27 人，副教授 22 人，博硕士研究生导师 40 人，硕士以上学历教师 75 人。2018 年毕业生 337 人，其中研究生 80 人（博士研究生 17 人、硕士研究生 63 人），本科生 262 人。招生 434 人，其中研究生 100 人（博士研究生 13 人、硕士研究生 87 人），本科生 334 人。在校生1 672人，其中研究生 225 人（博士研究生 54 人、硕士研究生 171 人），本科生 1 447人。

党建与思想政治工作

2018 年，学院党委认真履行“一岗双责”工作，营造风清气正的育人环境。认真落实廉政建设责任制，带头遵守八项规定，坚持党务、政务公开制度；严格贯彻“关于党员领导干部婚丧嫁娶的有关规定”。组织学习了新修订的《中国共产党纪律处分条例》《自治区党委九届五次全会精神》，重温“中央八项规定”违法违纪典型案件等内容，持续强化班子清正廉洁建设，定期对班子成员廉政谈话，做到防微杜渐。培训行政科室人员及教研室主任 2 次。组织中心组学习 10 次，坚持民主集中制原则，在教研室调整，人才引进、招聘、学科经费分配等方面，召开党政联席会议 20 多次。强化请销假制度。

积极推进“两学一做”学习教育常态化制度化。党员教工以中心组、党支部、全院教职工大会等组织形式开展教育工作。党员研究生、本科生以团支部、党支部、党支部委员培训、全体党员会议、学生干部培训会、积极分子和骨干培训等形式进行学习。按照 2018 年学习计划组织党员师生学习了党的十九大精神、全国“两会”精神、习近平总书记在全国高校思想政治教育工作会上的讲话精神、习近平总书记关于意识形态工作的论述、本科教学评估有关文件等，撰写心得体会，进一步提升理论水平，坚定理想信念。开展了“青年马克思主义者工程”培训班、“我的肩膀—能挑多重的担子?”等大学生思想引领活动。

重视师生的思想政治教育和师德师风建设。学院党委制定了《兽医学院教师职业道德实施细则》。组织全体教职工学习了《关于加强和改进高校青年教师思想政治工作的若干意见》和《关于进一步加强和改进师德建设的意见》以及全国高校思想政治工作会议等文件精神。

学院党委调整党支部设置，下设 9 个党支部，其中教工党支部 3 个、研究生党支部 3 个，本科生党支部 3 个。全院共有党员 206 人，其中教职工党员 51 人，学生党员 155 人。入党积极分子 304 名，发展党员 49 名，转正党员 31 名，重点培养对象 55 名。

完善了党员学习教育各项规章制度，制定了《党员学习分类指导办法》《发展党员补充规定》，修订了《兽医学院党员理论学习的规定》，严格落实“三会一课制度”，发挥党支部战斗堡垒作用，组织党员适时开展理论学习，教学研讨、科研交流，组织参观乌兰夫纪念馆、大青山革命根据地、观看“厉害了我的国”、扶贫义务劳动等丰富多彩的党日活动。开展 1+2 党支部共建活动 3 次。送科技下乡活动，到召和草原牧民家为羊和马看病，并组织现场交流，实现了在科技服务的同时提升建设实践能力。

进一步推进共青团工作。开展了以“我的肩膀—能挑多重的担子?”“迎接本科教学审核评估”“学习习近平总书记关于青年的论述摘编”等主题团日活动。组织开展主题演讲比赛、蒙汉双语辩论赛、志愿服务活动、青年马克思主义者工程培训班等形式多样的教育活动，引导学生坚定信念，树立正确的世界观、人生观与价值观。开展暑期社会实践活动，通过前期调研、后期总结表彰，拓展学生的视野，加强学生的实践能力。结合 2017—2018 学年学业表彰、学院“学霸来了”宣讲报告活动，组织学院品学兼优的学生开展学习分享活动，促进学院的学风建设。

学科建设

学院拥有农学门类兽医学一级学科博士学位授权点 1 个，兽医学一级学科博士后流动站 1 个，基础兽医学、预防兽医学、临床兽医学 3 个二级学科博士和硕士学位授权点及兽医硕士专业学位授权点。拥有享受国务院政府特殊津贴专家 3 人，教育部“新世纪优秀人才”1 人，内蒙古自治区“草原英才”工程团队 2 个，“草原英才”工程滚动团队 1 个，“草原英才”工程个人 5 人，“草原英才”工程柔性引进 1 人，内蒙古自治区“321 人才工程”第一层次人选 1 人及第二三层次人选 4 人。

2018 年新进优秀博士 3 人，实验员 1 人，2 名行政管理人员。为促进学科的发展、提升学术水平和有利于人才培养的原则，鼓励学院教师积极参与各类国内外重要专业学术会议与学术交流活动。年内，王彩云、李海军副教授晋升为教学科研型教授，包花尔讲师晋升副教授，包福祥、刘博老师通过遴选成为硕士研究生导师。

完成了兽医学一级学科评估工作和农业部重点实验室的考核评估工作。与金宇保灵生物有限公司签订了“博士后流动站合作”协议，促进了校企科研合作。2018 年共招收硕士研究生 74 人，博士研究生 13 人，非全日制研究生 13 人。制定《兽医学院关于导师负责研究生科学研究管理规定（试行）》《兽医学院招收研究生规定（试行）》《兽医学院奖学金评定细则》等制度。

教学工作

2018 年，学院以教育部本科教学审核评估作为契机，落实“以评促建，推进教学改革；以“三反一改”措施，保障教学质量管理；以继续狠抓实验实习环节，促进实践能力提升”的教学管理思路。

学院积极推进教育教学改革工作。学院制定教研室主任考核制度。学院将“三反一改”作为学院教学质量管理和保障的一项重要措施。学院领导、教研室主任与教学管理人员听课 78 门次，将听课检查结果以“面对面座谈”的形式反馈给授课教师，并在以后的教学检查中进行跟踪落实。落实“学生座谈会”制度，进行了 15 场次座谈，涉及 19 个班级 452 名学生。2018 年毕业班考研率 34.02%，1 名毕业生获评“学校十佳优秀毕业生”荣誉称号。

2018 年学院圆满完成了教育部本科教学审核评估工作。迎评的过程中学院对近 3 年的试卷和毕业论文进行了多次检查和整改，评估过程中专家组抽查了 2014 级动植物检疫 1 班、2 班的全部毕业论文，检查全部合格。圆满完成了 2018 年本科教学基本状态数据采集工作。

学院积极推进优质生源计划。邀请各界人士为全院蒙古族师生举办“绿染北疆”系列讲座 7 期；通过利用学院网站，宣传师资力量、中外联合办学、优秀校友事迹以及“院长致考生及家长一封信”等内容，展示学院风采，吸引优质生源。学院录取分数逐年提高，2018 年度二年级转专业，学院转入 17 人，转出 4 人。

学院重视实践教学体系建设，切实保障实践实习教学质量。学院与联邦制药有限公司签订实践教学基地协议，2016 级药学班在该基地完成《药厂实习》课程。对 2018 届毕业生进行了毕业生产实习大会动员和生物安全专业知识培训后，安排 262 名毕业生赴 18 家企业进行毕业生产实习，实习效果得到基地单位的广泛称赞。严把毕业关，明显提升毕业生论文质量和答辩效果，同时，对少数未能通过答辩的学生实行了二次答辩制度。2018 年有 7 份毕业论文被评为“校级优秀论文”。

2017—2018 年度，学院共有 3 套试卷被评为“校级优秀试卷”。2018 年“病毒的血凝及血凝抑制虚拟仿真实验”被评为国家级虚拟实验，“家畜病理学课程教学团队”荣获 2018 年自治区教学团队称号，“家畜病理解剖学”“动物生理学”获 2018 年校级在线开放课程立项，“兽医微生物学”和“兽医药理学”实验课教学改革获得 2018 年校级本科教学成果奖，“兽医外科学”及“动物性食品卫生学”获得校级示范课程立项，获 2018 年“校级教育教学改革”项目立项 4 项。学院承办了全国家畜解剖组织胚胎学会学术研讨会和全国动物传染病教学工作会议。2018 年 7 月完成了“榆林市榆阳区动物疫病预防控制中心防疫技术”培训。

科研工作

2018 年新获国家自然科学基金项目 8 项、内蒙古自治区科技应用项目 1 项、内蒙古自然科学基金项目 2 项、教育厅项目 2 项、兽医学院青年基金项目 1 项（韩润林教授资助），新增科研经费 372 万元。发表科技论文 117 篇，其中 SCI 收录论文 19 篇，授权发明专利 1 项。温永俊教授承担了金宇保灵生物有限公司 300 余万元横向科学研究任务。

为了提升学院教师的科研业务能力，学院组织领域内基金会评专家，举办科研项目申报讲座和交流会，培养教师科研思维能力与科研项目申请书撰写技能，鼓励年轻教师申报各级各类科研项目积极性；以集体实习形式派130余名师生参加“世界马医大会”听课。

学院本着“专业对接地方产业，培养人才服务当地经济”的工作方针，大力推进校企合作与对外服务工作。学院积极筹建赛马违禁药物监测中心，全年为中国马业协会提供50余个样品的检测服务。

学生工作

2018年共招收334人。为5名硕士和5名本科生颁发了勃林格殷格翰奖学金4万元，并与勃林格殷格翰国际贸易（上海）有限公司签约学生奖学金（4万元/年）；与天津市现代天骄农业科技有限公司签约学生奖助学金（5万元/年）等。

学院邀请呼和巴特尔教授、校友张存帅博士等专家学者作多场专题报告。为蒙古语授课学生，举办了“绿染北疆”大讲堂，“公务员应考”辅导班，“相聚兽医，相识学霸，共铸英才!”的学霸团宣讲等活动，推动了蒙古语授课班学习外语的热情。表彰了“零挂科”班集体和成绩优异个人。孔德来同学荣获我校2018届十佳毕业生。

学院以专业社团为抓手，推动一二课堂协同联动，提升大学生的专业兴趣。举办了“互联网+”创新创业大赛、大学生“挑战杯”创新创业活动，出版了《兽医学院大学生创新创业教育图册》，推动了学生创新创业教育活动。学院荣获第五届全国“生泰尔杯”大学生动物医学专业技能大赛一等奖，第四届全国“雄鹰杯”小动物医师技能大赛二等奖。“爱马人协会”“兽医技能交流学会”“动物疾控协会”“动物保护协会”等社团，开展了“动物标本制作活动”“兽医技能大赛”“动物标本制作与展览会”等，调动了学生积极性，活跃了第二课堂。

学院积极组织各类校园文化活动，为丰富学生课余文化生活搭建特色平台，取得了很好的成绩。在学校“金马杯”文艺汇演比赛中荣获一等奖；校田径运动会中获得学生组“体育道德风尚奖”；“校长杯”足球赛中男子组获第2名、女子组第3名；学校排球比赛中女子组获得团体第3名；新生军训工作中获得军训优秀连队、歌咏比赛优胜奖等；承办了“艾要做‘检’法”预防艾滋病主题活动和“筑梦青春，唱响未来”为主题的迎新晚会。第十届大学生防火节中评为优秀组织单位；第十四届大学生心理文化活动月开幕式活动被评为优秀单位，举办了“放飞心灵，享受生活”一院一精品活动，活动效果良好；加强宿舍卫生监督与管理工作，推进宿舍文化活动，在学校举办的第四届舍歌大赛中获二等奖。

学院重视新生入学教育与就业培训工作。学院组织新生集中学习学校规章制度与学生手册；结合新生军训工作，召开有关国防教育、爱国爱校教育、消防安全教育、应急救护知识教育、道路交通安全教育、心理适应性教育等专题讲座。2018年，邀请24家用人单位来兽医学院开展专场招聘宣讲会，提供岗位500余个，2018届毕业生就业率达到了85.46%，其中升学深造占34.02%。

农学院

概况

农学院前身为1958年成立的内蒙古农牧学院农学系，1999年4月由原内蒙古农牧学院农学系、园艺系和原内蒙古林学院植物生理、植物遗传育种、植物保护教研室合并组建而成，是学校组建院（系）早、办学规模大的学院之一。学院现设有农学、园艺、植物保护、植物科学与技术、种子科学与工程、设施农业科学与工程6个本科专业。设有作物学一级学科博士学位授权点（农学门类，自治区双一流建设学科），作物栽培学与耕作学（自治区重点学科）、作物遗传育种（自治区重点学科）、蔬菜学（自治区重点学科）、植物学（理学）、种子科学与技术、作物保护6个二级学科博士学位授权点。设有作物学、园艺学、作物保护学3个一级学科和植物学、作物栽培学与耕作学、作物遗传育种、蔬菜学、果树学、观赏园艺学、植物病理学、农业昆虫与害虫防治（自治区重点培育学科）、种子科学与技术、作物保护、农药学11个二级学科硕士学位授权点。拥有内蒙古自治区作物栽培与遗传改良重点实验室、内蒙古自治区野生特有蔬菜种质资源与种质创新重点实验室、农业部华北黄土高原地区作物栽培科学观测实验站、内蒙古自治区农田土壤肥料工程技术研究中心、内蒙古自治区燕麦工程实验室、内蒙古杂粮工程技术研究中心等科学研究与人才培养平台。农学院现有教职员工123人，其中教授36人，副教授35人，高级实验师6人，已取得博士学位的84人。

党建与思想政治工作

2018年，学院党委深入学习贯彻党的十九大精神和习近平总书记系列重要讲话精神，推进“两学一做”学习教育常态化制度化，坚持与时俱进、开拓创新。加强领导班子自身建设作为提升基层党建工作的重要抓手，着力加强政治、思想、组织、作风、党风廉政和制度建设，营造浓厚党建工作氛围。学院召开学院党委会、党政联席会议、班子会议和中心组会议21次。进行了内蒙古干部培训网络在线学习，完成了法律知识在线学习。认真学习了关于高等教育的相关文件及讲话精神。对照党委巡视反馈意见，撰写了个人对照检查材料，并进行了有针对性的整改。先后撰写心得体会4篇，作讲座报告8次。为迎接教育部本科教学评估，先后作辅导报告3次，组织完成教师应知应会测试。分党校本年度培训教职工5次，共举办重点发展对象等各类培训班3次，培训学员300多人。建立起农学院党员管理信息系统，基本完成遗留的已毕业学生党员组织关系的转出。以党支部组织生活会为主要学习形式，各支部全年开展“两学一做”学习教育活动169次。结合巡视“回头看”意见，对标认领，及时制定了整改方案，形成书面的整改报告，并进行了认真整改。健全意识形态工作责任制，加强学院教学常规管理，把思想教育工作贯穿于教学全过程；规范和加强学院网站、宣传栏等对外宣传平台的管理，全力维护意识形态安全。结合学校巡视整改和本科教学评估，大力推进学院法制建设和社会治安综合治理工作。利用学院工会，充分调动广大教师的积极性，参与学校摄影大赛并获奖。组织教职工参加绿色健步走和乒乓球、羽毛球团体比赛等活动。加强对民主党派与统战团体的工作指导。涉及有关重要会议、院领导班子述职述廉大会、民主推荐干部等邀请民主党派、无党派人士参加。为学院各民主党派和无党派人士服务 34 人次。摸底排查全院师生宗教信仰1 700余人。

学科建设

2018 年，完成了作物学、园艺学和植物保护学学科合格评估自评工作总结报告，完成了作物学一级学科博硕士点、农艺与种业专业硕士点等学位授权点基础数据信息表填报工作、作物学博士后流动站评估材料“作物学学科博士后流动站博士后工作发展计划和措施”等材料与评估信息的填写；积极组织申报园艺学和植物保护学学科申报一级博士点。召开农学院 2018 级博士、硕士研究生新生入学教育主题会，邀请知名教授为新生作了专题报告。进一步组织修改作物学一流学科建设方案并通过了校党委、行政组织的论证会。组织完成了本年度博士、硕士研究生国家奖学金、自治区奖学金及学校奖学金与学业奖学金工作。学院聘请国内外专家为研究生、本科生作学术报告与合作交流 11 人次。本年度招收博士研究生 20 人、学术硕士研究生 53 人、专业硕士研究生 56 人，毕业博士研究生 17 人、学术硕士研究生 43 人、专业硕士研究生 35 人。

教学工作

2018 年，通过召开党政联席会，讨论决策一流学科建设、师资队伍建设、国家自然基金申报、院企合作等重大事项。制定了《内蒙古农业大学农学院制度》。获得了农学卓越等实验室建设项目经费 200 万元，获得教改项目 4 项，立项编写实验教材 20 部，获批示范课程 1 门。教育部农林教学指导委员会委员遴选 1 人，农林委员会种子工程、园艺分委会委员遴选各 1 人。考核引进博士专任教师 11 人，对新入职教师开展系列培训，配备指导老师，组织制定了青年教师培养规划并安排在办公室等岗位锻炼。选派 2 人赴美国等地进修学习。获批西部计划 1 人，自治区“草原英才”工程 3 人。走访并与合作企业举办座谈交流会 6 场次。新建 3 个院企（地）合作实训基地（中化、兴佳、耕宇）。邀请国内外专家学术交流 20 余人次，支持 10 余名教师以科技特派员、三区人才等方式开展对地方的科技服务工作。

科研工作

2018 年，学院在研科研项目 136 项，总经费14 142. 71万元。本年度立项 44 项，立项经费5 971万元。获批各类基金、项目 30 余项。获中国植物保护学会科技进步二等奖、中国粮油学会科技进步一等奖和中国煤炭工业协会科技进步一等奖各 1 项。发表中文学术论文 128 篇，SCI/EI 收录 8 篇，出版专著 2 部，登记新品种 1 项，登记科研成果

8 项，审定地方标准 14 项，发明专利 6 项。学院获学校批准校级校管研究所（中心）2 个，校级院管研究所（中心）2 个。主持或参与完成的 2 项科研成果获自治区科技进步一等奖，主持完成的 1 项成果获自治区科技进步二等奖。

学生工作

2018 年，农学院的学生工作围绕学校中心工作，以审核评估为契机，深入开展了“优良学风班集体”创建、“迎评促建，展农院学子风采”“心系教评，以评促学，学霸来了”“迎评促建新风尚，奋进有为新青年”“青年大学习”“迎评促建”“我的肩膀—能挑多重的担子?”等主题教育活动，在第四届“互联网+”大赛等赛事中取得了国家级银奖 1 项，铜奖 2 项；自治区级金奖 3 项，银奖 2 项，单项奖 1 项的优异成绩。学院举办了第十届农艺文化节，3 个专业的 200 余名学生深度参与，实现了第一课堂与第二课堂的协同发展。学院共组建 2 支社会实践直属队，参加聚力全国农科学子乡村振兴活动，荣获“全国农科学子助力脱贫攻坚”暑期实践专项活动优秀分队荣誉称号。学院举办了“走进乡土乡村，讲述扶贫故事”社会实践分享交流会。制定了《农学院学生党员纪律管理办法》《农学院学生目标管理办法》。学院选配了 48 名本科生导师，14 名班主任，11 名年级辅导员。学生考研率 39. 31%，就业率 76%，居学校前列。

重要事件

1. 2018 年，学校决定将农学院分设为农学院和园艺与植物保护学院。

2. 2018 年 11 月 26 日至 29 日，学院接受教育部评估专家组的教学评估。

3. 开展“礼敬英雄乌兰夫，争做时代新青年”“参观企业文化 走进伊利”“聆听红色故事，追忆先辈奋斗之路”等主题爱国教育活动。

林学院

概况

林学院于 1999 年内蒙古林学院与内蒙古农牧学院合并为内蒙古农业大学时成立，前身是原内蒙古林学院林学系，主要培养林学及相关专业的蒙、汉专门人才。经过 50 多年的建设和发展，学院目前拥有林学一级学科博士学位授权点，涵盖林木遗传育种、森林培育、森林保护学、森林经理学、园林植物与观赏园艺、水土保持与荒漠化防治、野生动植物保护 7 个二级学科博士点，1 个博士后科研流动站；具有风景园林一级学科硕士学位授权点和林木遗传育种、森林培育、森林保护学、森林经理学、园林植物与观赏园艺 5 个二级学科硕士学位授权点及生态学（森林生态学方向）硕士点。学院目前开设林学、园林、森林保护、城乡规划、消防工程 5 个本科专业，其中林学专业为国家级特色专业，园林专业为自治区品牌专业。在校本科生 1 741人，博士、硕士研究生 242

人。毕业生分布在全国各地，许多毕业生已成为政府部门和企事业单位的主要负责人和技术骨干，受到用人单位的普遍好评。

为满足本科及研究生教学需要，有内蒙古大兴安岭森林生态系统国家野外科学观测研究站和内蒙古赛罕乌拉森林生态系统国家定位观测研究站、国家林业和草原局文冠果工程技术研究中心、森林培育林木菌根生物技术自治区重点实验室，有林学实验中心，设有林学博士后科研流动站。有森林培育、森林经理、森林保护、森林生态与气象、林木遗传育种、城乡规划、园林、消防工程8个教研室。

学院现有教职工92人，其中教授17人，副高级专业技术人员28人；博士研究生导师10人、硕士研究生导师27人；具有博士学位教师38人，具有硕士学位教师42人；自治区“草原英才”资助人才2人，自治区“草原英才”资助团队1个；自治区有突出贡献的中青年专家2人。

党建与思想政治工作

2018年，林学院党委共有13个支部，其中教工党支部5个、学生党支部8个。党员200人，其中教职工党员51人，学生党员149人。发展党员63名，转正党员48名。2018年度举办了2期入党积极分子培训班，培训学员191名，2期重点培养对象培训班，培训学员63名。

坚持中心组学习制度。制定了《2018年度政治理论学习计划》，认真学习了党的十九大精神、习近平系列讲话精神、全国全区思想政治工作会议精神及全国教育工作会议精神；持续开展“两学一做”学习教育常态化制度化。全体党员撰写学习笔记和专题学习心得，集中检查了3次班子成员及全体党员的学习笔记。召开3次党支部书记会议，集中到各党支部调研2次，开展“绿色讲坛”作报告12场次。

坚持民主集中制。严格执行每周一党政联席会议制度，集体研究决策学院重大事项，相互通报分管工作情况，相互交流沟通。坚决执行集体领导、民主集中、个别酝酿、会议决定这一基本议事规则。严格落实“一岗双责”，严格执行《林学院议事规则》《林学院干部问责实施办法》。

加强学习型、服务型党组织建设。通过专家讲学，领导领学，重点发言人导学，党员及领导干部自学等方式，增强学习的针对性和实效性，2018年度中心组（扩大）学习9次，各党支部学习、活动85次，党课21次。

5个专业近460名学生，分别去大兴安岭、赛罕乌拉、北京开展综合实习，组建了五个临时党支部，起到了学生党员示范引领、学生自己管理自己、对入党积极分子重点考核、协助老师顺利完成实习任务的作用。

学科建设

2018年完成了林学一级学科博士学位授权点和风景园林学一级学科硕士学位授权点第四轮学科评估工作，以及林业专业学位授权的评估工作。同时完成了2018年自治区“双一流”建设项目 1 250万元资金的预算、论证、申请和实施；完成了自治区政协“双一流”建设调研的汇报工作。双一流建设经费中设置了 100 万元青年教师科研启动基金，并组织申报、答辩工作，共 16 名青年教师获得了资金资助。筹措资金 200 万元，启动了学院智能温室二期工程的设计、预算等工作。新增加 1 名硕士生导师。2018 招收研究生 145 名，其中博士研究生 9 人；毕业研究生 76 名，其中博士研究生 3 人。

教学工作

学院重视教研室工作，树立以教研室为核心的理念，各教研室先后召开会议 95 次。继续强化“绿色课堂”创建活动，听评课反馈制度和诚信考试等。继续实施学院教学监督与评价体系，全年教师累计听课 754 课次。紧扣学校 2016 版本科专业人才培养方案，完成了林学院开设的本科专业课程教学大纲 386 套，收集整理了外院为学院专业开设的 336 门课程教学大纲。制定了林学卓越班导师制管理办法和林学卓越班大学生科技创新基金管理办法。遴选了 17 名指导教师，完成了 2017 级林学卓越班导师的选派工作。学院为 2 名新进教师安排了指导教师，加强新进教师的培养。积极申报教学质量工程项目，获批学校教学质量工程项目 5 项。

强化实践教学，提高学生实践能力。林学、森林保护和消防工程专业综合实习分别在根河市大兴安岭森林生态站、满洲里市和赛罕乌拉森林生态站顺利开展，204 名学生完成了综合实习。其间，聘请 15 位校外实践经验丰富的专家指导本科生综合实习。2018 年 10 月，194 名园林和城规专业学生完成了专业综合实习。完成了教学和科研实验室规章制度的建设，出台了实验室工作人员职责、大型精密仪器设备管理制度、危险化学品使用管理制度等系列管理办法；成立了林学实验中心，实现了教学和科研实验室的统一管理。开展教学状态数据采集，完成学院教学状态数据报告，生成了《林学院教学状态数据分析报告》。

科研工作

2018 年申报国家自然科学基金 24 项，获批 3 项。“十三五”科技支撑重点项目 1 个课题，3 个子课题，国家林业局、自治区科技厅及林业厅各类项目资金达 800 多万元，在 SCI 收录文章 3 篇，EI 收录文章 1 篇；发表中文核心期刊论文 56 篇，出版专著教材 2 部。学院教师外出参加各级各类学术会议 40 人次。邀请国内外专家进行学术报告 4 次，为鼓励和帮助青年教师申报国家基金项目，学院制定了《林学院青年教师科研启动基金管理办法》，组织实施了学院青年教师 100 万元启动基金的申报、答辩及发放工作，共 16 名青年教师获得了科研资助。

学院依托内蒙古大兴安岭森林生态系统国家野外科学观测研究站和内蒙古赛罕乌拉森林生态系统国家定位观测研究站两个生态站，正在开展科研项目 20 余项，2018 年新获批科技部重点研发项目子课题 1 项，国家自然科学基金项目 3 项，国家自然科学基金重点项目子课题 1 项，国家林业局项目 1 项，内蒙古自然科学基金 3 项，发表论文 40

余篇，发布地方标准1项。

2018年，内蒙古赛罕乌拉森林生态系统国家定位观测研究站出版专著1部，其中“Close to nature 你我身边的自然保护区”获得内蒙古自治区优秀科普作品奖，在2018年通过国家林业和草原局组织的全国生态站自评估当中赛罕乌拉森林生态站获得优秀奖，奖励20万元。内蒙古赛罕乌拉森林生态系统国家定位观测研究站，2018年，组织承办的会议包括基于精准扶贫的林业碳汇培训班及大兴安岭南段森林生态站区域联盟2018年学术研讨会。内蒙古大兴安岭森林生态系统国家野外科学观测研究站，2018年，主办了“十三五”国家重点研发计划“火烧及采伐迹地森林生态系统恢复和功能提升关键技术”年度进展学术交流和主办生态站学术年会2次。参加国内外各种学术活动50余人次，全国性学术大会专题报告及分会场报告15次。

学生工作

本着“以学生为本”的思想，通过问卷调查、座谈交流、主题团日活动、团歌合唱比赛等形式，有针对性的做好学生思想政治工作。先后邀请各类专家、学者在“绿色讲坛”作报告、讲座20余场次。

不断强化学生日常管理，完善并下发《林学院学生外出实习管理办法》和《林学院毕业班学生外出请假管理办法》，学生外出实习前召开动员会，暑期与留校学生签订《暑假期间留校学生安全协议》，以迎评促建为契机，组织学生学习各种规章制度并进行考试，进行各类违纪检查50余次，班主任深入学生宿舍786人次，1人荣获学校第二届十佳班主任称号。

围绕“两提高一降低”目标，邀请5个专业的负责人为新生做了专业思想教育，开展“学霸面对面”、保研考研经验交流、考研答疑会等，安排2018级和2017级学生上晚自习。严格考勤记载和检查工作，累计查课看课近百人次，学生上课出勤率明显提高，上课睡觉、玩手机等行为大幅度减少；从六个方面对受学业警告学生进行教育，2018年受学业警告学生比例为4.65%。2018届毕业生一次就业率为86.54%，考研率为19.49%。学生发表论文15篇。刘璐同学荣获第七届梁希优秀学子奖。

举办了“挑战杯”竞赛讲座和“互联网+”创新创业大赛解读会，邀请专家作创新创业大赛专题讲座；先后获全国银奖1项，优秀奖2项，校级二等奖2项，三等奖2项，优秀奖9项；获批自治区创新创业训练计划项目1项，立项校级大学生创新基金项目2项。

积极开展第二课堂活动，承办了学校第十一届大学生防火节和第九届园林文化艺术节，开展了舍歌大赛、学雷锋活动等。暑期组织11支社会实践直属队，1支直属队获校级第三名；在团中央社会实践“千校千项”成果遴选中2名同学受到表彰，中国青年网报道我院社会实践活动三篇。2018年度，学院先后获得全国“优秀组织单位”，校级“军训先进集体”“优秀连队”“歌咏比赛优胜单位”“一院一精品”心理教育活动成果一等奖等荣誉十多项。

圆满完成445名新生的报到、注册等工作，召开了新生家长会和毕业生教育大会，积极联系用人单位来校参加招聘会和双选会。2018届毕业生一次就业率为86.54%。

工会工作

工会积极发挥教职工之家的作用，购置乒乓球台等运动设施，关心慰问患病教职工和离退休职工，增强教职工的凝聚力和向心力。积极参加校工会组织的“教师技能大赛”“五人制足球赛”等活动，均取得了可喜的成绩。学院在内蒙古农业大学第53届田径运动会上，获得教工总分第一名、学生总分第六名和教职工组体育道德风尚奖，在“万米接力赛”获得第二名。

学院组织教职工与学生开展了“校园男子足球赛”等活动，召开青年教师座谈会，组织教职工集体收看庆祝改革开放40周年大会，教师积极参与热情度高，取得了良好的效果，得到师生一致好评。

重要事件

1. 学院被聘为第二届中国风景园林学会教育工作委员会常务委员单位，闫晓云副教授被聘为第二届中国风景园林学会教育工作委员会常务委员，郝龙飞老师当选为“中国林学会森林分会第六届理事会青年理事”。2018年，成功引进高层次人才1名，实现我院高层次人才引进零的突破。通过公开招聘新进教师7人。

2. 成立了林学实验中心，定制了169块制度宣传牌且已经安装到各实验室；学院1 200平方米智能温室主体框架完工，筹措资金200万元，启动了学院智能温室二期工程的设计、预算等工作；楼宇布置基本完成。

3. 段广德、闫晓云获全国首届林业创新创业大赛优秀指导教师；余瑞卿荣获学校第二届十佳班主任称号。

4. 刘璐同学荣获第七届梁希优秀学子奖。李瑾、赵文文同学在团中央社会实践“千校千项”成果遴选中受到表彰。赵敏博士的研究论文“蒙古扁桃菌根苗对干旱胁迫的分子响应机制”荣获第十八届全国森林培育学术研讨会暨人工林质量精准提升高峰论坛优秀论文。

草原与资源环境学院

概况

学院有草业科学和农业资源与环境2个本科专业，学院下设草学、土壤与植物营养、植物学3个系和草地资源、牧草生产、土壤学、植物学4个教学实验室。拥有草学、生态学2个一级学科博士学位授权点和土壤学1个二级学科博士学位授权点；草学、生态学、土壤学、植物营养学4个硕士学位授权点；有草学和生态学学科博士后流动站。拥有草学国家重点学科，草学、农业资源与环境自治区“双一流”建设学科。

学院现有植物学国家级和内蒙古自治区实验教学示范中心、中央与地方共建优势特色学科“草地资源保护与利用”、草地资源教育部重点实验室、内蒙古自治区土壤质量和养分资源重点实验室、内蒙古自治区中蒙药材良种育繁工程技术研究中心、内蒙古自治区草品种育繁工程技术研究中心、内蒙古自治区土壤与植物营养实验教学中心 7 个教学科研平台。

教职工 95 人，其中专任教师 68 人。专任教师中，教授 26 人，副教授 19 人，博硕士生导师 40 人，硕士以上学历教师 81 人。本年毕业生 297 人，其中研究生数 100 人（博士研究生 16 人、硕士研究生 84 人）、本科生 197 人。招生 409 人，其中研究生 116 人（博士研究生 23 人、硕士研究生 93 人），本科生 293 人。在校生 1 360人，其中，研究生 295 人（博士研究生 96 人，硕士研究生 184 人，留学生 15 人），本科生 1 065人。

党建与思想政治工作

学院党委共有 9 个支部，其中教工党支部 4 个、学生党支部 5 个。党员 162 人，其中教职工党员 60 人，学生党员 102 人，入党积极分子 172 人，发展新党员 40 人。

注重党风廉政建设，以强化支部建设为核心，通过精品党日活动、“三会一课”、专题民主生活会和民主评议党员等形式加强党支部建设。每季度召开一次党建工作研讨会，每月组织一次中心组集中学习，每周召开一次党政联席会议。班子成员和党支部书记分别谈话累计 22 人次，各党支部书记签订廉政责任书 15 份，指导全院教职员工签订个人廉洁承诺书 91 份。开展“巡视整改”对标认领活动，对照自治区党委第二巡视组巡视发现的 7 个方面 29 个问题，查找问题根源，认真进行整改，均整改到位。

依托党员教育平台，借助微信群等媒介，综合采取集中学习、个人自学、专家辅导等方式，认真落实“支部学讲话、书记上党课，党员写感悟”活动，积极开展“精品党日活动”。制定“两学一做”学习教育常态化制度化工作方案，认真督查各支部“两学一做”“三会一课”等工作的开展情况。

开展了“我为评估做贡献”主题系列党日活动。年内举办入党积极分子、重点培养对象培训班共 4 期，培训学员 180 人次。

组织全院教职工集中学习习近平系列重要讲话精神、《内蒙古农业大学落实高校意识形态责任制管理办法》《关于建立健全师德建设长效机制的实施意见》，开展教师职业道德模范宣传活动，层层签订承诺书。全面加强师德师风建设，切实增强教师“四个意识”。建立意识形态工作责任制，严格执行学术报告、社团活动审批程序。制定了《草原与资源环境学院意识形态工作责任清单》和《草原与资源环境学院党总支落实网络意识形态工作责任制工作方案》，并认真组织实施。

团总支在学院网站开通了“团学工作”栏目、建立了“内农大草原与资源环境学院”手机微信公众平台，“内蒙古农业大学环境保护协会”微信公众平台以及各个群体的微信群。以青春正能量引领青年思想，服务青年成长，传播主流文化。

学科建设

2018 年，学院明确学科建设目标和任务，继续凝练学科方向和学科特色，积累和培养学科优势，加强导师队伍建设和管理，规范研究生的全过程培养。

学院按照学校的统一部署，开展草学、生态学、农业资源与环境、资源利用与植物保护学位授权点自我评估工作。在全国第四轮学科评估中草学学科评估结果为 B+，农业资源与环境学科评估结果为 C。农业资源与环境学科博士学位授权一级学科点申报成功。

教学工作

学院在本科生教育教学中，注重因材施教，强化教学效果。全年共落实 112 人次教师、306 门次课程教学任务，完成82 490人次学生选课任务。学院教授为本科生上课率 100%。组织审核 2 个专业 7 个人才培养方案、教学大纲和教材使用情况。全面检查审核教案、讲稿及 PPT。实行教师互相听评课制度，并将听课检查结果以“面对面座谈”的形式集中反馈给授课教师，以便有的放矢地改进课堂教学。2018 年学院共开设 87 门次实验课程、7 门次实习课程，实验课开出率 100%。完成了 29 门课程的实验实习指导书的编写和修订工作。

学院教学检查领导小组共查阅试卷 530 套，毕业论文 572 套，将每份试卷中存在的优缺点与授课教师进行面对面的反馈。采用与学生座谈的方式了解学生的专业兴趣、学习和生活中的困难以及教学过程中存在的问题、网上教评的公正性等，共座谈了 33 个班级的 56 位学生代表。2018 年 6 月 25 日至 27 日接受了本科教学审核工作教育厅专家组的实地考察与评估，走访了实验室，先后召开了教师座谈会、学生代表座谈会，调阅了 18 套毕业论文（设计），抽查了 5 套试卷。2018 年 11 月 26 日至 29 日接受了本科教学审核评估工作教育部专家组的实地考察与评估。

学院获批了 1 项校级重点教育教学改革项目，3 项校级一般教育教学改革项目，2 项校级虚拟仿真实验教学项目。12 名教师获得了学校“蒙汉双语教师”资格证书。

学院引进招聘 5 名具有博士学历的青年教师。学院继续实施青年教师提升教学水平管理办法、青年教师导师制，为青年教师选定指导教师，发挥老教师对青年教师的“传、帮、带”作用。由教授委员会组成专家组对 2017 年新进 6 位教师进行了考核评议，考核合格方能登台讲课。

学院完成了 16 名博士研究生、43 名学术型硕士研究生、6 名全日制专业硕士研究生和 35 名在职攻读专业硕士研究生的毕业资格审核、答辩和学位授予工作。完成了对 22 名博士研究生、54 名学术型硕士研究生、25 名全日制专业学位硕士研究生、11 名非全日制专业硕士研究生的入学资格审核、组织复试工作，录取了 112 名研究生和 4 名外国留学生，圆满完成 2018 年的招生计划。

2018 年共有 6 名研究生的内蒙古自治区研究生科研创新项目顺利结题，通过验收。

同时又有7人成功申请内蒙古自治区研究生科研创新项目，其中2项为自治区博士研究生科研创新重点项目。成功申请内蒙古农业大学研究生重点课程建设项目6项，总立项金额12万元，占全校总立项数量的30%。有3名毕业生学位论文获奖，其中2人为内蒙古自治区优秀硕士论文奖，1人为内蒙古自治区优秀硕士论文提名奖。

科研工作

2018年，学院获批3项国家自然科学基金项目，1项国家重点研发计划重点专项子课题，5项内蒙古自然科学基金项目，1项内蒙古自治区科技重大专项项目，1项内蒙古自治区科技应用研究项目，1项2018年度“西部之光”人才培养计划“西部青年学者”项目，2项内蒙古高等学校科研项目，6项学校引进人才科研启动资金项目。全年共计新上项目20项，资助经费合计1 247万元。承担各类横向课题5项，获得经费100万元。

2018年7月19日，“十三五”农业农村部饲草栽培、加工与高效利用重点实验室试运行期满，圆满完成试运行期间各项考核内容，顺利通过考评，获得了农业农村部的第一批经费支持。

学校通过刚性引进方式，引进中国农业大学李海港教授为我院农业资源与环境专业教授，进一步提升了学院农业资源与环境学科的竞争力。

为庆祝学院草学专业和农业资源与环境专业成立60周年，自2018年9月20日以来，陆续举办了10场学术报告，还举办了多场较有影响力的学术专题讲座和学术研讨会。

2018年10月16—17日，学院主办了“2018草种质资源国际学术会议”，会议邀请到白俄罗斯国立农科院副校长拉达列卡·马克西姆教授（PATAPENKA MAKSIM）与雷勒卡·维塔斯（RYLKA VITAL）二位教授莅临我校研讨交流。2018年11月19—20日，学院作为主办单位之一，主办了中国—加拿大草原与草业技术交流研讨会，共有来自国内外专家学者及草牧业各领域代表近200人参加了此次会议。学院农业资源与环境学科于2018年12月28—29日举办首届“农业资源与环境学科学术嘉年华”活动。

内蒙古自治区科学技术奖获奖成果中，学院王成杰教授作为第一完成人申报的“内蒙古荒漠草原生态系统温室气体通量调控机制研究”获得自然科学三等奖；学院李青丰教授作为第三完成人，由内蒙古草都草牧业股份有限公司、内蒙古自治区农牧业信息中心和内蒙古农业大学联合申报的“草业大宗电子商务平台与产业化”获得科技进步一等奖。学院贾玉山教授作为第一完成人申报的“牧区饲草安全储备技术研发与应用”获得科技进步二等奖。红梅教授获得2018年“内蒙古自治区优秀科技工作者”称号。在自治区第八批“草原英才”工程产业创新人才团队及个人评选中，以红梅教授为首的“土默川平原盐碱地生态修复机理与技术创新集成团队”被评为产业创新创业人才二层次团队，格根图、云岚、王忠武、任海燕老师被评为“草原英才”。

2018年，学院在国内外学术期刊发表学术论文180余篇，其中被SCI收录论文44

篇。具有代表性的论文有：学院韩国栋教授作为作者之一，在国际顶级期刊 *Nature* 以长篇综述论文的形式发表了澳大利亚、中国、美国的 16 家单位的 19 名学者的合作研究成果“China's response to a national land-system sustainability emergency”，该论文的发表填补了学校草学学科领域在国际顶级期刊发表论文的空白。

学生工作

2018 年，学院学生工作充分发挥辅导员、班主任和学生干部的工作积极性，坚持一个中心，关注两个阵地，优化三个项目，增强四个意识，抓好五个关键。即以学风建设为中心，关注班级阵地、关注宿舍阵地；党建工作科学化、学生活动精品化、日常管理制度化；增强大局意识、服务意识、引导意识和创新意识；抓好新生入学教育、抓好毕业生就业指导、抓好安全与纪律教育、抓好学生党员的教育及其先锋模范作用的发挥、抓好学生干部的培养及其主观能动性的发挥。按照这一工作思路，围绕学风建设这个中心，借助本科教学工作审核评估的契机，学院进一步加强了学生日常管理教育，在各班级开展了“以评促建 人人有责”主题团日活动，并组织了“迎评促建我先行”优秀班集体及先进个人的评选活动。

学生工作获得的团队奖项主要有：在“创青春”浙大双创杯全国大学生创业大赛创业实践挑战赛中获得铜奖；“创青春”全区大学生创业大赛创业实践挑战赛中获得金奖；在第二届全国沙产业创新创业大赛中获得“双创之星”团队；在第四届自治区“互联网+”大学生创新创业大赛中获得创意组二等奖和初创组二等奖；在第二届全国大学生环保知识竞赛中获得优秀协办单位；在全校心理健康教育活动汇报会上荣获二等奖；在我校“校长杯”足球赛中荣获女子组第二名。

重要事件

1. “草业大宗电子商务平台与产业化”获得内蒙古自治区科技进步奖一等奖。
2. 农业农村部饲草栽培、加工与高效利用重点实验室顺利通过考核验收。

沙漠治理学院

概况

沙漠治理学院成立于 2016 年 6 月 3 日，其渊源可追溯至 1960 年由原内蒙古林学院成立的中国第一个沙漠治理专业和 1983 年成立的水土保持专业。学院下设水土保持与荒漠化防治系、土地资源管理系、资源环境与城乡规划系 3 个教学机构。有水土保持与荒漠化防治、土地资源管理、人文地理与城乡规划 3 个本科专业，水土保持与荒漠化防治学科属林学一级学科下的二级学科，具有二级学科博士学位授权点（2000 年）、硕士学位授权点（1984 年），土地资源管理学科属公共管理一级学科下的二级学科，具有硕士学位授权点（2006 年）。水土保持与荒漠化防治学科是国家重点（培育）学科（2008 年）、自治区重点学科（1985 年）、国家林业局重点学科（2006 年）。水土保持与荒漠化防治学科设有林学学科博士后流动站（2010 年）。学院已形成具有本科、硕士研究生、博士研究生、博士后完整的人才培养层次，为国家培养了近6 000名各级各类合格人才。

学院建有内蒙古农业大学沙漠治理研究所（1983 年）、“沙地生物资源保护与培育”国家林业局重点实验室（1995 年）、中央与地方共建特色优势学科“风沙物理学”重点实验室（2015 年）、内蒙古自治区风沙物理与防沙治沙工程重点实验室（2015 年）、内蒙古杭锦荒漠生态系统国家定位观测研究站（2015 年）、文冠果国家林业与草原局工程技术研究中心（2016 年）、荒漠生态系统保护与修复国家林业与草原局重点实验室（2018 年）。学院设置沙地植物资源研究中心、国土整治与利用研究中心、碳汇计量与评估中心三个院级研究机构。在巴彦淖尔市磴口县中国林业科学研究院沙漠林业实验中心建有“内蒙古农业大学实践教学基地”（2005 年）。国家中文核心期刊《干旱区资源与环境》编辑部（1986 年）设在沙漠治理学院。中国治沙暨沙业学会沙区植物资源保护与利用专业委员会、中国水土保持学会风蚀防治专业委员会、内蒙古沙漠学会挂靠在沙漠治理学院。

2018 年学院现有教职工 64 人，其中专任教师 52 人，高级实验师 1 人，实验师 3 人。专任教师中，教授 12 人，副教授 23 人，博硕士研究生导师 22 人，博士学位教师 36 人，硕士学位教师 13 人。学院有“水土保持与荒漠化防治”自治区教学团队。“防沙治沙”自治区科技创新团队。1 人获自治区高校青年教师教学技能比赛二等奖；3 人获校级青年教师教学技能比赛二等奖；1 人获全国高校优秀思想政治教育工作者。联合国防治荒漠化公约科技委员会中国独立专家 3 人。国家重点研发项目首席专家 1 人。国家“321 人才工程”第二层次人选 2 人。自治区“草原英才”2 人、青年英才 2 人。自治区有突出贡献中青年专家 2 人。全国优秀教师 1 人。国家林业教学名师 1 人。校级教坛新秀 2 人。

本年毕业学生 383 人，其中研究生 48 人（博士研究生 4 人、硕士研究生 41 人、毕业留学生 3 人）、本科生 335 人。招生 411 人，其中研究生 83 人（博士研究生 8 人，硕士研究生 73 人，蒙古国留学生 2 人），本科生 328 人。在校生1 585人，其中，研究生 260 人（博士研究生 28 人，非全日制硕士生 53 人，外国留学生 11 人），本科生 1 325人。

党建与思想政治工作

明确党总支书记是学院党建和各项工作的第一责任人，明确班子成员一岗双责。推进“两学一做”学习教育制度化、常态化，深入领会学习党的十九大会议精神、习近平总书记在全国教育工作会议上的讲话和教育部高等教育工作会议精神。完善学院新媒体发展中心功能，及时建设、更新学院网站、微信公众平台等新媒体，认真组织好全院师生的理论学习活动。坚持党政联席会议例会制度，依靠党政联席会议、教授委员会集体决策议大事。制定和安排学院党风廉政工作和巡视整改的具体办法。根据学校要求对所有支部的支部委员进行改选。教师党支部实现了系主任兼任党支部书记。认真落实好“三会一课”制度。开展“弘扬井冈山精神不忘初心跟党走”学习会；召开“盛世华诞，庆祝新中国成立69周年”主题党支部学习会；沙漠治理学院纪念建党97周年暨表彰大会。组织党员赴四子王旗第五小学组织开展“大手拉小手”捐资助学精品党日活动，连续四年资助10名留守儿童。到目前共收到来自学院师生的爱心捐款26 150元。

坚持入党积极分子、重点培养对象和预备党员培训制度，严格要求党课纪律，严加党员入口关。积极为党外知识分子工作和生活提供服务和帮助。工会干部积极牵头组织各类文体活动，丰富教师业余生活，发动教师积极参加校运动会、乒羽比赛、五人制足球赛、摄影大赛等学校文体活动。建立了沙漠院工会网页。开展并参加主题团日活动、讲“沙漠故事”“全国土地日主题宣传周”等活动。学院作为“易班”平台全校试点单位，全面使用“易班”定制的教育信息化一站式服务，探索网络化线上管理模式。沙漠治理学院被国家林业和草原局授予“三北防护林体系建设工程先进集体”称号。

学科建设

2018年引进具有博士学历高素质专任教师3人，具有硕士学历实验人员1人，专职行政管理人员1人。继续实行新进教师和青年教师导师负责制。1名教师晋升教授，3名教师晋升副教授。

积极参加中国水土保持学会、中国治沙暨沙业学会的学术交流。挂靠在学院的中国水土保持学会风蚀防治专业委员会完成了改选换届工作。派师生参加了2018沙产业创新博览会暨沙产业高峰论坛与第二届全国沙产业创新创业大赛并在会议上展示了沙漠治理学院的科研成果。

教学工作

积极部署和有序推进本科教学审核评估各项工作，扎实做好本科日常教学工作。从日常教学入手，加强各个教学环节的监督与管理，持续、认真整改，不断推进教学及其管理的制度化、科学化、规范化，有序推进本科教学审核评估各项工作，把审核评估的各项指标要求真正落实到日常教学工作中。明确评估工作与教职工年度考核、职称评定、职位晋升、评奖评优等工作紧密结合的奖惩制度并具体应用。利用暑期采取教师自查、系（室）教师之间互查、学院检查的三级检查方式对近三年的试卷、本科毕业论文（设计）、单列实习课程实习报告和专业综合实习报告、实验报告和课程作业进行了全面专项检查和整改。

科研工作

2018年沙漠治理学院获批各级各类科研项目18项，其中，国家重点研发计划课题

1 项、专题 1 项，国家自然科学基金 4 项、自治区自然科学基金 3 项，内蒙古自治区科技重大专项 1 项，内蒙古自治区科技计划项目 1 项；全年新上科研课题经费共计 935.8 万元。共发表论文 83 篇，其中：SCI 收录论文 1 篇，中文核心期刊 50 篇，CSCD 期刊 47 篇；共获批专利 7 项，其中：发明专利 1 项，实用新型专利 6 项；出版专著 3 部。其中，国家重点研发计划项目通过中期考核。

“荒漠生态系统保护与修复国家林业局重点实验室”获得国家林业局批准建设。准格尔旗础砂岩区水土保持实践教学基地投入运行。内蒙古杭锦荒漠生态系统国家定位观测研究站站点建设和仪器设备购买取得突破。进一步优化了实验室功能，合理安排实验室内仪器设备，组建学院中心实验室。

学生工作

组织开展政治理论学习和“青年大学习”活动 200 余场，覆盖团员 1 200余名。开设“青马班”，成立青马学堂，定期开展学生骨干的理论学习。开展“不忘初心跟党走 牢记使命勇担当”等主题团日活动 100 余场，覆盖团员青年 1 千余人。开展“弘扬红色文化 传承英雄赞歌”诗词诵读活动等读书交流会活动。

推行“第二课堂”成绩单制度。组织的舞蹈《大美师魂》在内蒙古农业大学第 32 届金马杯汇演中夺得金马杯。精心打造出“大咖来了”等特色品牌精品活动。组织学生参加校园“三走活动”等体育活动。大学生社会实践继续执行“111”工程。一个院直属队成为国家专项团队，一个成为国家级重点团队，一个为自治区级重点团队。学院直属团在 2018 年学校暑期“三下乡”社会实践活动评比中获得第二名。

加强创新创业教育。以“挑战杯”“互联网+”大赛为抓手，学院建立创新创业指导室，开展创新创业培训等活动近 10 场。在第四届“互联网+”创新创业大赛中，其中 2 个项目获得自治区金奖（国家级铜奖）、2 个项目获得自治区级铜奖，1 个项目获得校级二等奖。在第九届“创青春”创业大赛中 1 个项目获得校级一等奖，1 个获得三等奖，2 个项目获得校级优秀奖。

结合审核评估工作，加强学风建设。对辅导员，班主任的工作情况以“一课一检查、一天一公示、一周一处理”的模式进行督导，每月下发“班主任工作纲要”，组织班主任、辅导员深入班级，听课、看课、开班会，学院特设学生课堂状态监控区，实时监控每日每课的上课状态，全方位督促关注学生的学业与生活。开展知校、爱校教育，引导广大学生关注“教评”熟悉“教评”，助力“迎评促建”。

积极开展毕业生就业指导，完善毕业生离校教育，服务学生就业。开展职业生涯规划大赛等职业发展活动，引导和鼓励毕业生创业就业，报考三支一扶、西部计划等。强化就业援助的特色，建立“一对一”的联系帮扶制度。组织了 9 次就业指导讲座，4 场交流会。2018 届毕业生一次性就业率达 88.00%、毕业生考研率达 24.33%。开展了倡导毕业生文明离校系列活动。

重要事件

1. 1月4日，沙漠治理学院2017年年度总结表彰大会。

2. 3月8日，沙漠治理学院举办“尊重并敬畏大自然的基本规律是人类赖以生存的基本法则”学术探讨会。

3. 3月22日，沙漠治理学院举行“创文明 促学风 争星级”文明宿舍创建大会战动员仪式。

4. 4月15日，在内蒙古农业大学第七届教职工万米接力大赛中，沙漠治理学院取得B组第三名。

5. 5月5日，在内蒙古农业大学纪念中国共产主义青年团成立96周年暨第32届“金马杯”文艺汇演中，沙漠治理学院选送作品《大美师魂》捧得金马杯。

6. 5月12日，沙漠治理学院参加内蒙古农业大学第五十三届运动会中获佳绩，学生组获得“道德风尚奖”奖项。

7. 5月15日，沙漠治理学院蒙古语辩论队获校级辩论赛蒙古语组第一名。

8. 5月31日，亚太森林恢复与可持续管理组织（简称亚太森林组织）副秘书长张忠田及能力建设处官员胡楚钰就招收“中亚—五国留学生”的相关事宜莅临我校进行为期两天的考察交流。

9. 6月2日，沙漠治理学院赴四子王旗第五小学进行“大手拉小手”捐资助学党日活动暨“庆六一”文艺汇演。

10. 7月3日，沙漠治理学院于新区创新创业大厅举办了内蒙古农业大学沙漠治理学院纪念建党97周年暨表彰大会。

11. 9月3日，沙漠治理学院参加第四届中国“互联网+”大学生创新创业大赛内蒙古赛区总决赛喜获佳绩，共获金奖2项、铜奖2项。

12. 9月8日，沙漠治理学院2018年迎新及军训工作圆满完成，并获得了优秀连队，优秀指导员和先进单位称号。

13. 10月23日，内蒙古农业大学沙漠治理学院召开了“巴音温都尔沙漠水碳沙耦合关系及植被生态服务功能”学术研讨会。

14. 10月30日，沙漠治理学院于创新创业大厅开展了“扬青春风帆，携初梦启航”2018年“沙漠故事”分享暨社会实践表彰大会。

15. 11月2日，沙漠治理学院举行了期中教学检查暨审核评估整改效果检查反馈会。

16. 11月30日，全国绿化委员会和国家林业和草原局于在人民大会堂召开了三北工程建设40周年总结表彰大会。沙漠治理学院荣获“三北防护林体系建设工程先进集体”称号。

17. 12月12日，沙漠治理学院举办2018级学生青春健康知识讲座。

18. 12月17日，沙漠治理学院举办2018级学生心理教育适应性讲座。

19. 12月22日，沙漠治理学院举办“筑梦成长青春派　放歌改革新时代”主题迎新晚会。

机电工程学院

概况

学院有教职工100人，其中博士生导师12人，硕士生导师29人，教授25人，副教授31人，高级实验师6人。2018年毕业生563人，其中研究生数55人（博士研究生8人、硕士研究生47人）、本科生508人；招生591人，其中研究生65人（博士研究生8人，硕士研究生57人）、本科生526人。在校生总数2 345人，其中博士研究生34人、硕士研究生123人、本科生2 188人。

党建与思想政治工作

2018年机电工程学院紧紧围绕教学中心工作，深入推进“两学一做”学习教育常态化制度化，学习习近平新时代中国特色社会主义思想，宣传贯彻党的十九大精神和高校思想政治工作会议、全国教育大会精神，迎接本科教学工作自治区专家预评估、教育部专家评估，强化履职尽责意识，切实把教书育人作为根本任务，强化精细化管理，促进学院内涵发展。

学科建设

1. 学科建设重点立足现有学科内涵建设，突出“草原畜牧业机械”“北方干寒地区农业机械”的特色和研究方向；完成农业工程“双一流”学科建设300万元设备的招标采购、100万元的人才引进及人才团队建设任务，上报2019年和2020年农业工程“双一流”学科建设的设备规划；完成教育部学位授权点自我评估“农业工程”学科和“机械工程”学科的数据上传及总结报告。

2. 组织制定学院博士“申请考核制”实施细则，会同农学院、计算机学院制订“农业工程与信息技术”专业硕士培养方案，研讨学科建设及研究生的培养问题，保证研究生培养质量；招收硕士53名、博士8名、蒙古国留学生4名。

3. 获批教育部高校教学指导委员会委员1人、内蒙古自治区“草原英才”现代农牧业工程新技术研发及应用创新人才团队1个。

4. 与内蒙古凯程农牧业科技有限公司、托克托县宏昌机械制造有限公司、内蒙古北奇软件技术有限公司等签署校企合作协议，联合开展产学研。

教学工作

动员全院师生投入“迎评促建”工作中，加大软硬件建设提升办学条件，积极整改教育厅预评估专家反馈意见，召开师生“迎评促建”专题动员培训会，加强教师教学能力、学生课堂纪律、宿舍卫生、基础文明建设，展现师生良好精神风貌，圆满完成教育部评估专家进校评估。

1. 继续修订完善 2016 版本科人才培养方案以及教学大纲。

2. 获批 2 门校级在线开放课程、2 门校级立项示范课程、2 门校级预建设示范课程，获批 2018 年度校级教育教学改革研究重点项目 2 项、一般项目 3 项，省部级规划教材编写项目 1 项。

3. 新增 3 个校外实习基地，争取学校经费修缮工程实训中心，为今后高质量实践教学提供保障。

4. 举办学院 2018 年度教师教学技能大赛，选派 3 名教师参加校级大赛，分获理科组一等奖 1 人、二等奖 1 人、蒙古文组优秀奖 1 人；获得 2018 年学校教学成果奖一等奖 1 个、二等奖 3 个，自治区级教学成果一等奖 1 个，第五届全国高等学校教师自制实验教学仪器设备创新大赛二等奖 1 项。

5. 督促、检查评价 2017 年度青年教师教学能力提升计划的落实情况；对 2017 年、2018 年度新进教师进行导师制培养。

6. 推荐汽车构造课程教学团队申报自治区级教学团队；组织完成 2018 年度教材编写立项中期检查。

科研工作

1. 组织申报国家自然科学基金 29 项、内蒙自然科学基金 30 项、自治区科技创新需求项目 8 项；获批国家自然科学基金 2 项、自治区科技计划项目 1 项、内蒙古自然科学基金 5 项、博士后基金 1 项，累计经费 162 万元。

2. 发表学术论文 80 余篇，其中 SCI 收录 7 篇、EI 收录 9 篇、中文核心 60 余篇；授权发明专利 2 项，实用新型专利 18 项；出版专著 1 部。

3. 邀请北京工业大学何存富教授、自治区农牧业机械试验鉴定站贾玉斌主任、华盛顿州立大学张勤教授、中国农业大学李民赞教授作学术报告与交流，组织青年教师学术沙龙团队深入托克托县宏昌机械制造有限公司参观、学习交流。

学生工作

1. 完善考勤“三联动”、规范使用手机收纳袋强化课堂纪律，为良好学风、班风的形成和维护正常教学秩序奠定坚实基础；隆重召开学风建设表彰动员会，表彰班级、宿舍、个人和科技创新指导教师；推进以宿舍内务卫生、课堂秩序纪律为主的基础文明行为建设，加强学业警告学生、结业生、降级学生的精细化管理，明确分工、专人负责、细化流程，确保管理到位工作不留死角。

2. 加强班集体建设，在 2017 级班级实施团支部、班委会一体化基础上，在 2018 级中实施团支部、班委会一体化，团支书兼任班长；进行优秀班团日评选，给予班级 200~400 元班费奖励，资助班级开展主题班团日活动，提升班团日活动的效果。

3. 鼓励支持学生参加各级各类科技竞赛，全年获得国家级 2 个一等奖、5 个二等奖、10个三等奖，自治区级1个特等奖、2个一等奖、3个二等奖、7个三等奖，利丰北纬41°车队获中国大学生方程式汽车大赛二等奖；推进创新创业教育，获第四届内蒙古“互联网+”大学生创新创业大赛优秀奖2项。

4. 连续第五年获批国家级暑期大学生社会实践项目，直属队依托中标的团中央“百所高校右玉行”和“青少年禁毒防艾志愿服务”两个全国重点项目，组织开展“礼敬时代楷模·争做时代新人”2018年暑期大学生实践活动，赴河南省兰考县、林州市，山西省平顺县、武乡县、大寨县、右玉县，河北省平山县等地，引领青年学生学党史、知党情、感党恩、跟党走，从多角度等多方面学习时代楷模精神。

人才、党建、工会工作

1. 新引进教师及管理人员11名，其中具有博士学位的教师7名（5名来自985院校）；公派2名教师、3名研究生赴国外学习交流。

2. 按照《机电工程学院发展党员工作细则》，坚持标准，全方面考察，注重现实表现、各类材料的把握和全过程管理，加强对延期和取消预备党员资格同志的跟踪教育；截至目前全年共培训学生入党积极分子125人、重点培养对象31人，发展新党员31人，党员转正22人，延期6人，取消2人。

3. 严格党的组织生活，加强党支部内涵建设，落实“三会一课”，党支部常规工作不断规范，支持党支部开展丰富多彩的党日活动，参加学校第三届党员读书交流会决赛，组织全体学生党员赴乌兰夫纪念馆开展“党员领航　迎评促建　访革命先辈　做时代先锋”专题党日活动，发挥党员的模范作用，以实际行动迎接审核评估。

4. 进一步推进教工之家和网上教工之家建设，组织教职工参加第七届万米接力大赛、第53届校运会、五人制足球赛、绿色健步走等活动，均取得好成绩；组织教师教学技能大赛，推荐教师参加学校赛和自治区级比赛，取得优异成绩；对女教职工进行慰问，开展“民间古法扎染”体验活动；举办“消防知识安全讲座”、组织教职工体检，对结婚、生育、有困难和生病的职工进行慰问；增强集体凝聚力和向心力。

5. 按照校园治安综合治理工作的要求，开展常态化安全隐患排查，责任到人，重点加强校纪校规、师生法制安全教育，积极防范校园网贷的危害。

水利与土木建筑工程学院

概况

水利与土木建筑工程学院始建于1958年，前身是内蒙古农牧学院农田水利系。学院下设水利工程系、资源环境系、土木工程系、测绘工程系4个教学系和1个实验教学中心（水利土木工程实验中心）。水利土木工程实验中心下设5个综合实验室，共24个功能实验室（其中3个正在建设中）。

水利与土木建筑工程学院现有农业水利工程、水文与水资源工程、给排水科学与工程、环境工程、土木工程、测绘工程、水利水电工程、建筑学、地质工程和工程造价共10个本科专业。其中农业水利工程、水文与水资源工程、给排水科学与工程、环境工程、土木工程和测绘工程共6个专业为自治区品牌专业。农业水利工程专业为国家特色专业建设点、自治区重点建设专业，2014年通过教育部工程教育专业认证，2018年再次通过国家工程教育专业认证，并入选国家第一批卓越农林人才教育培养“复合应用型”农林人才计划项目试点专业；水文与水资源工程专业为国家特色专业建设点，2009年通过教育部工程教育专业认证，2012年通过延期认证，2015年、2018年两次通过了国家工程教育专业认证；学院农业水利工程、水文与水资源工程专业分别进入全球工程教育“第一方阵”。学院现有9门自治区精品课程和4个自治区教学团队。

学院现有教职工115人，其中专任教师90人（教授26人，副教授30人），博硕士研究生导师42人。截至2018年12月，有自治区级教学名师4人，自治区级教坛新秀5人。

国家“万人计划”科技创新领军人才1人，荣获全国“五一”劳动奖章1人，自治区杰出人才奖获得者1人，新世纪“百千万人才工程”国家级人选1人，教育部新世纪优秀人才支持计划1人，享受政府特殊津贴和自治区有突出贡献的中青年专家12人，自治区培养“草原英才”二、三类人选9人。全国水利工程专业学位研究生教育先进个人1人，自治区“321人才工程”第一、二层次5人；内蒙古自治区青年创新人才暨“草原英才”后备人才1人，自治区培养“草原英才”领军人才1人，草原英才团队二层次2人，“草原英才”工程人选1人，自治区高等学校“青年科技”领军人才、骨干人才3人，入选自治区青年科技英才1人，自治区“草原英才”青年创新人才一层次1人，获批草原英才“产业创新人才团队滚动支持计划二层次”和“草原英才团队二层次”各1个。内蒙古自治区高等学校“青年科技英才支持计划”2人，内蒙古高等教育人才培养111工程第二层次1人。中科院“西部之光”青年学者A类1人。

2018年，学院招生641人，其中本科生557人，全日制研究生77人（博士研究生12人，硕士研究生65人），非全日制硕士7人。学院毕业学生616人，其中本科生558人，研究生58人（博士研究生4人、硕士研究生54人），学院通过多种方式拓宽就业渠道，本科生一次就业率达到了74.71%。截至2018年12月，学院在校生2 560人。其中本科生2 338人，全日制硕士研究生155人，非全日制硕士15人，博士研究生47人，博士留学生1人，硕士留学生4人。

党建与思想政治工作

截至2018年年底，水利与土木建筑工程学院党委共有13个党支部，其中教工党支部5个，学生党支部7个，1个流动党支部。党员266人，其中教职工党员77人，学生党员189人。2018年发展党员82人，转正预备党员66人。

学院党委认真学习贯彻落实党的十九大精神、习近平总书记系列重要讲话精神和党中央、自治区党委决策部署以及校党委有关文件精神，坚持全面从严治党，以党章为根本遵循，把党的政治建设摆在首位，坚持民主集中制，严肃党内政治生活，严明党的纪律。认真落实学院领导体制和运行机制，把牢意识形态和政治关口，推进理论武装与思政教育，推进“两学一做”学习教育常态化制度化，践行党员标准，加强师德建设，加强统战工作促进协商民主，加强支部党建，做好重点工作，推动改革发展。一是加强政治学习，落实整改任务。全年组织开展中心组集中学习12次、研讨2次，参加校中心组扩大学习会8次，开展“不忘初心牢记使命”主题教育、“我的肩膀—能挑多重的担子”“我是一面旗帜”等活动，举办主题宣讲会、报告会，处级党员干部和党支部书记讲专题党课，全院师生学习了郑德荣先进事迹、《榜样3》《必由之路》，撰写了心得体会文章。召开巡视整改专题民主生活会，针对18个问题制定了64项整改措施及整改路线图和时间表。依托党员学做平台载体发挥党员作用，切实增强“四个意识”、坚定“四个自信”、坚决做到“两个维护”。二是加强基层党建，推进“双创”工作。围绕“立德树人”根本任务实施“对标争先”建设计划。按照学院党委领导和运行机制到位、政治把关到位、思想政治工作到位、基层组织制度执行到位和推动改革发展到位要求启动党建工作标杆院系培育创建工作，落实党支部“七个有力”，启动实施教师党支部书记“双带头人”培育计划。学院党委和1个党支部获学校先进基层党组织称号；学院党委入选全国党建工作标杆院系培育创建单位，是自治区唯一入选的高校院系；驻河套灌区硕、博士研究生流动党支部入选全国高校“百个研究生样板党支部”，是自治区唯一入选的研究生样板党支部；1名教师党支部书记被教育部思政司遴选为第二批全国高校教师党支部书记“双带头人”高级研修班学员参加了培训。召开“七一”表彰大会，对5个先进党支部、14名优秀共产党员、7名优秀党务工作者和4个党支部工作优秀案例进行了表彰。三是以党建促中心，发挥党组织和党员作用。1人荣获全国“五一”劳动奖章并入选“国家万人计划”科技创新领军人才、1人入选自治区青年科技英才，获批草原英才团队二层次及滚动支持计划二层次各1个。学院被评为模范教职工之家、优秀女教工集体。四是履行党委主体责任和党委书记第一责任人职责。加强领导班子建设，落实领导班子的集体责任和班子成员的个人责任，加强党风廉洁建设，落实风险点、风险等级和防控措施，签订党风廉政建设责任书，推进“两学一做”学习教育常态化制度化，开展党支部书记工作优秀案例评选，进行党支部书记抓党建工作述职评议考核。五是贯彻落实思想政治工作会议精神。落实意识形态工作系列制度，责任到人。签订责任书、承诺书，强化纪律约束和问责机制。加强对阵地、人员、场所和活动的意识形态管理，落实舆情会商研判周报制和应急处置机制。举办青年马克思主义培训班加强教育引导。落实师德师风系列制度和师德一票否决制。举办教师荣休典礼、新教师入职宣誓仪式。建立党外知识分子信息库、留学归国人员信息库，运用统一战线重要法宝凝聚人心、汇聚力量。

学科建设

学院现有农业工程博士后科研流动站 1 个，农业工程一级学科博士学位授权点 1 个，水利工程一级学科博士学位授权点 1 个，农业工程、水利工程、土木工程一级学科硕士学位授权点各 1 个；有农业工程、水利工程、建筑与土木工程领域 3 个工程硕士专业学位授权点。

农业水土工程学科为国家重点（培育）学科，农业水土工程和水文学及水资源学科为自治区重点学科，水工结构工程学科为自治区重点（培育）学科；测绘信息实验中心为自治区级实验教学示范中心，水资源保护与利用实验室为自治区重点实验室。现有 1 个教育部创新团队，1 个科技部重点领域创新团队，4 个自治区“草原英才”创新团队，2 个自治区工程技术研究中心。2010 年以来共承担 2 项国际合作项目，1 项国家科技支撑项目，73 项国家自然科学基金项目，其中 4 项为重点项目。获教育部科技进步一等奖 1 项，省部级科技进步一等奖 4 项，二等奖 3 项，大禹水利科学技术二等奖、三等奖各 1 项，自治区教学成果一等奖 1 项，二等奖 3 项。在国内外学术期刊上发表科技论文 1 229篇。编写出版专著和教材 67 部，其中 5 部教材获省部级优秀教材奖。

教学工作

2018 年，学院继续贯彻落实“教学质量管理年”实施方案，严格教学质量管理，提升教学质量。按照水利与土木建筑工程学院本科教学工作审核评估方案，全面负责评建工作，开展组织实施、协调处理评估中的具体问题，全面开展本科教学工作审核评估校内自评整改落实，配合学校完成自治区本科教学审核评估预评估、教育部本科教学审核评估工作。2018 年 9 月，学院承担了援外培训项目——阿曼旱区智能节水灌溉研修班。

2018 年，学院组织了 11 位教师参加讲课技能竞赛（李超第一，翟涌光、郑阳第二）。2018 年，经学院组织毕业答辩推荐，17 篇毕业论文被评为校级优秀毕业论文。组织并完成 33 个批次的测量实习、认识实习、施工实习、地质实习等实习任务。卢俊平《环境规划与管理》课程试卷被评为 2017—2018 年度校级优秀试卷。2018 年，卢俊平获批内蒙古农业大学教育教学改革研究重点项目，王海龙、赵胜男获批内蒙古农业大学教育教学改革研究一般项目。2018 年李平的《结构力学》、冀鸿兰的《水力学》获批校级开放课程立项。2018 年，张生负责的《土木工程虚拟仿真实验教学项目》被批准为校级虚拟仿真实验教学项目。2018 年周海龙获批主持内蒙古自治区教育科学“十三五”规划 2018 年度立项课题-“互联网+”下思维导图在结构力学课程教学中的应用研究（NGJGH2018063）；2018 年周海龙获批主持内蒙古自治区研究生教育教学改革研究与实践项目—新工科背景下产学研协同创新研究生培养机制的研究（YJG20181012902）。

2018 届校级优秀毕业论文一览表

序号	专业名称	论文名称	论文总成绩	文字复制比	学生姓名	指导教师姓名
1	土木工程	博奥办公楼建筑结构设计	96.3	未检出	尚　浩	李　平
2	土木工程	知行办公楼建筑结构设计	94.0	未检出	赵　坤	李　平
3	土木工程	华锐办公楼建筑结构设计	91.1	未检出	冯　创	李　昊
4	水利水电工程	BIM 技术在琥珀沟水利枢纽工程三维可视化设计中的应用研究	93.0	6.6%	刘　旺	王慧明
5	测绘工程	典型变形监测案例数学模型预报精度的对比与分析	94.8	16.2%	张振超	刘全明
6	水文与水资源工程	基于 WOFOST 模型的黑龙江部分地区春玉米生产潜力评价	89.0	7.10%	李红芳	史小红
7	测绘工程	常用测量程序设计	92.2	4.2%	闫志强	刘全明
8	环境工程	人工水体中异养浮游细菌的分布特征及其与环境因子的关系	90.2	1.6%	袁　冶	王利明
9	给排水科学与工程	赤峰市中心城区污水处理厂工艺设计	85.4	19.5%	赵　楠	张　志
10	水文与水资源工程	人工回灌方式对地下水库回灌效果的影响	90.6	未检出	王　哲	高瑞忠
11	水文与水资源工程	科尔沁沙地水热通量不同时间尺度特征分析	89.7	9.9%	李小院	张圣微
12	水利水电工程	丰田灌区小禹河渡槽设计（4）	87	24.8%	高凌智	魏占民
13	工程造价	达拉特旗新建三万吨污水处理厂工程 C 标段审计报告	89	未检出	洪潇菁	王晓飞
14	环境工程	华北地区冬小麦和夏玉米生产中磷素利用特征研究	91	3.9%	蔺飞阳	王利明
15	水利水电工程	立体种植滴灌农田土壤水分时空分布及模拟研究	92	4.1%	陈　宁	李仙岳
16	给排水科学与工程	基于 NADH 的荧光特性表征超声波预处理污泥强化污泥厌氧消化的研究	91.2	1.2%	罗崧豪	于淑玉
17	建筑学	博物馆建筑方案设计	94.4	7.8 %	吴玉冬	王　鹏

2018 年获批校级教改类项目统计表

项目编号	项目名称	主持人	项目经费（万元）	项目类型
JGZD201810	新培养方案下环境工程专业实习教学模式改革体系构建	卢俊平	1.0	重点项目
JGYB201816	新时代工程造价专业“校企合作”双向培训模式的研究	王海龙	0.5	一般项目

（续表）

项目编号	项目名称	主持人	项目经费（万元）	项目类型
JGYB201817	情景模式下基于能力培养的环境类课程课堂教学模式构建与实践	赵胜男	0.5	一般项目

2 名博士研究生获得校级优秀博士论文奖，8 名硕士研究生获得校级优秀硕士论文奖，1 名博士研究生获得自治区优秀博士论文奖，5 名硕士研究生获得自治区优秀硕士论文奖，韩春雪被评为内蒙古农业大学年度人物，张聪慧硕士、刘倩博士获得创新创业项目资助。

科研工作

2018 年，获批各类科研项目 40 项，经费达4 116.88万元。其中，获批国家自然科学基金 12 项，直接经费 450.88 万元，项目数量及经费位列全校第一。其中，面上基金 1 项，青年基金 2 项；刘廷玺教授获批国家重点研发项目 1 项，总经费1 993万元；学院承担国家重点研发项目课题 2 项，专题 6 项；获国家万人计划科技创新领军人才 1 人，其他类人才项目 3 项，获草原英才团队支持 2 项。教师在全国各类刊物上发表论文 148 篇，其中 SCI、EI 收录 26 篇。

2018 年获批国家、自治区自然科学基金项目及其他科研项目统计表

序号	项目名称	主持人	项目类别	起止时间	资助金额（万元）	备注
1	半干旱典型固沙灌木水分调控机理及其对干旱胁迫与持续降水的响应	童　新	国家自然科学基金（青年科学基金项目）	2019—2021	26.00	
2	地下水浅埋区考虑作物根系吸水对土壤水盐分层响应差异的农田水分生产力模型与模拟	高晓瑜	国家自然科学基金（青年科学基金项目）	2019—2021	25.00	
3	中国和芬兰湖泊生物地球化学及生态系统代谢过程	史小红	国家自然科学基金（国际（地区）合作与交流项目）	2019—2022	10.88	
4	典型草原不同时期干旱成灾机理及其对关键气象要素的响应	朱仲元	国家自然科学基金（地区基金项目）	2019—2022	41.00	
5	中国北方地区气候因子突变与停滞机制及水资源响应与应对研究	马　龙	国家自然科学基金（地区基金项目）	2019—2022	41.00	

（续表）

序号	项目名称	主持人	项目类别	起止时间	资助金额（万元）	备注
6	半干旱沙丘—草甸相间地区蒸散发时空尺度效应与耦合拓展	段利民	国家自然科学基金（地区基金项目）	2019—2022	41.00	
7	固沙植被吸水源解析及其对干旱胁迫和地下水波动响应研究	贾德彬	国家自然科学基金（地区基金项目）	2019—2022	41.00	
8	盐渍化灌域不同尺度土壤可溶性物质源汇转化迁移分异规律与驱动机制	刘　霞	国家自然科学基金（地区基金项目）	2019—2022	40.00	
9	寒旱区沙地—草原交接带典型湖泊水盐源解析与生命演化归趋模拟	孙　标	国家自然科学基金（地区基金项目）	2019—2022	41.00	
10	寒区沙地水库氮磷内外源协同作用污染机理研究	卢俊平	国家自然科学基金（地区基金项目）	2019—2022	42.00	
11	载荷—冻融—盐侵耦合作用下砒砂岩复合土耐久性机理研究	李晓丽	国家自然科学基金（地区基金项目）	2019—2022	41.00	
12	河套灌区暗管排水下水—盐—氮运移特征及灌溉—施肥—排水调控机制研究	史海滨	国家自然科学基金（面上科学基金项目）	2019—2022	61.00	
13	河套灌区作物种植结构及灌溉面积遥感提取模型与方法	翟涌光	内蒙古自然科学基金（博士基金项目）	2018—2020	3.00	
14	科尔沁沙地坨甸相间地区生态健康遥感监测及其关键水文气象因子辨识研究	童　新	内蒙古自然科学基金（博士基金项目）	2018—2020	6.00	
15	寒旱区水文过程与环境生态效应研究	刘廷玺	内蒙古自然科学基金（重大基金项目）	2018—2021	20.00	
16	基于多介质模型的黄河包头段典型抗生素环境行为研究	刘耕耘	内蒙古自然科学基金（面上基金项目）	2018—2020	6.00	
17	草原型浅层地下水系统高效精准辨识方法与补排机制的源解析	黄　磊	内蒙古自然科学基金（面上基金项目）	2018—2020	6.00	

（续表）

序号	项目名称	主持人	项目类别	起止时间	资助金额（万元）	备注
18	内蒙古高原内陆河草原流域生态水文要素的水化学/稳定同位素特征及环境变化响应研究	高瑞忠	内蒙古自然科学基金（面上基金项目）	2018—2020	6.00	
19	内蒙古河套灌区暗管排水排盐关键技术研究与示范	史海滨	自治区重大专项	2018—2020	800.00	
20	大型煤矿和有色矿矿井水高效利用技术与示范	刘廷玺	国家重点研发项目	2018—2021	1 993.00	
21	采煤驱动下水文演变机理与地质环境生态效应	刘廷玺	国家重点研发项目	2018—2021	470.00	
22	煤矿开采涌水量动态预测与控制技术	高瑞忠	国家重点研发项目	2018—2021	60.00	
23	老空水量质演化机理与环境生态效应	段利民	国家重点研发项目	2018—2021	76.00	
24	采煤驱动下地表演变机理与环境生态效应	张圣微	国家重点研发项目	2018—2021	68.00	
25	变化环境下黄河凌汛洪水致灾过程及演化机制	冀鸿兰	国家重点研发项目	2018—2021	290.00	
26	煤—水协调开发的综合效应评价与调控	刘晓民	国家重点研发项目	2018—2021	55.00	
27	流域尺度下大型煤田大气降水—地表水—地下水—矿井水转化机制	马　龙	国家重点研发项目	2018—2021	68.00	
28	国家万人计划科技创新领军人才	刘廷玺	国家万人计划项目	2018	90.00	
29	黄河内蒙古段凌汛预测、预警、抢险、评价“一体化”模型研究	牟献友	科技应用项目	2018—2021	120.00	
30	北方农牧交错区农田保育与地力提升关键技术研究示范	杨树青	科技应用项目	2018—2021	50.00	
31	盐渍化灌区水盐运移机理与盐碱障碍生态调控技术创新人才团队	屈忠义	草原英才团队二层次	2018	30.00	
32	河湖湿地水环境保护与修复技术研究创新人才团队	李畅游	滚动支持计划产业创新人才团队二层次	2018	50.00	

（续表）

序号	项目名称	主持人	项目类别	起止时间	资助金额（万元）	备注
33	2017年中国科学院“西部之光”人才计划	张圣微	青年学者A类	2018—2020	30.00	
34	“草原英才”工程后备人才选拔培养计划	张圣微	青年创新人才一层次	2018—2020	15.00	
35	水文学及水资源、生态水文	段利民	青年科技英才B类	2018—2019	20.00	
36	盐渍环境下冻融循环对混凝土耐久性的影响及机理研究	李　昊	自然科学重点项目	2018—2020	6.00	
37	草原型浅层地下水系统高效精准辨识方法与补排机制的源解析	黄　磊	自然科学一般项目	2018—2020	2.00	
38	内蒙古高校大学生基于家庭情感与经济因素引发心理危机干预的策略研究	杨逸隆	思政教育专题一般项目	2018—2019	1.00	
39	思想政治工作协同推进大学生创新创业能力提升实践研究——以内蒙古高校为例	韩瑞平	思政教育专题重点项目	2018—2019	2.00	

学生工作

深入贯彻落实党的十九大精神和全国及自治区高校思想政治工作会议精神，以习近平新时代中国特色社会主义思想为指导，坚持以立德树人为根本，紧密围绕学校中心工作，坚持问题导向，坚持“三个一切”，以“两提高 一降低”为工作目标，不断加强学风建设，重视学生工作队伍建设，建立健全各项规章制度，积极开展理想信念、爱国主义、民族团结、形势政策、公民道德、心理健康、新生入学、毕业生文明离校及诚信教育活动，做实做细学生管理和安全稳定、心理健康教育与学生资助工作，努力做好就业工作，扎实推进党建工作，构建新时期团学工作新载体、新平台，促进学生全面成长成才，以良好的状态迎接教育部审核评估。一年来学院获得学生工作先进单位、就业先进单位、学生军训先进单位；第五届“天宇杯”全国大学生测绘技能大赛团体总分一等奖，二等水准测量、数字测图两个单项一等奖，测量程序设计单项二等奖；全区“路达杯”第六届大学生结构设计竞赛二等奖一项、三等奖一项、优秀奖一项；学校第四届学生党员知识竞赛二等奖及优秀组织单位；涌现出3个优良学风标兵班和1个大学生年度人物群体，受到学校表彰。

重大事件

1. 学院党委入选“全国党建工作标杆院系”；驻河套灌区硕、博士研究生流动党支部入选全国高校“百个研究生样板党支部”；资源环境系党支部书记入选自治区高校教师党支部书记“双带头人”。

2. 接受了教育部本科教学审核评估，进校专家对学院教学工作的“五个度”等本科教学工作给予了充分肯定。

3. 农业水利工程专业、水文与水资源工程专业进入全球工程教育“第一方阵”，再次接受了国家工程教育专业认证；测绘工程专业和土木工程专业提交了认证申请。

4. 学院获批水利工程一级学科博士学位授权点和土木工程一级学科硕士学位授权点，6 篇研究生论文被评为自治区级优秀学位论文，10 篇研究生论文被评为校级优秀论文。

5. 学院获批科研经费4 226万元。其中，国家自然科学基金项目 12 项、位列全校第一，国家重点研发计划项目 2 项、经费2 149万元，自治区科技重大专项 1 项、经费 800 万元。

6. 学院获校级学生工作、就业工作、学生军训先进单位，全国高等学校大学生测绘技能竞赛单项一等奖 2 项、二等奖 1 项和团体总分一等奖，全区第六届大学生结构设计竞赛二、三等奖和优秀奖各 1 项，1 项科技创新作品获全国“双创之星”称号。

7. 1 人荣获全国“五一”劳动奖章，1 人入选“国家万人计划”，1 人入选自治区青年科技英才，获批草原英才“产业创新人才团队滚动支持计划二层次”和“草原英才团队二层次”各 1 个。

8. 海流图园区综合试验示范基地开工建设，投入 23 万元改善万家沟地质实训基地和蛮汉山测量实训基地的食宿和工作条件，与 6 家企事业单位签署了产学研校企合作协议。

9. 学院承办“内蒙古和林格尔新区 BIM 专业人才培养基地”，该基地由内蒙古和林格尔新区管委会与内蒙古工业大学、内蒙古农业大学、内蒙古建筑职业技术学院和北京东方国信科技有限公司签约联合共建单位。

10. 学院荣获学校模范教职工之家、优秀女教工集体称号。

材料科学与艺术设计学院

概况

学院下设木工系、环境设计、风景园林、材料科学与工程、基础美术、视觉传达与服装设计 5 个教研室和一个实践中心。有林业工程一级学科博士学位授权点，博士后流动站；木材科学与技术和林产化学加工工程 2 个二级学科博士学位授权点；设计学和材料加工工程 2 个科学学位硕士点，林业工程、材料工程和艺术学 3 个专业学位硕士点；木材科学与工程、材料科学与工程、设计类专业（环境设计、产品设计、视觉传达设计）、风景园林等本科专业。其中木材科学与工程为自治区重点建设专业、设计类专业为内蒙古自治区品牌专业，木材科学与技术学科为国家林业局和内蒙古自治区重点学科；学院拥有内蒙古自治区沙生灌木资源开发利用工程技术研究中心、沙生灌木纤维化及能源化利用自治区重点实验室、沙生灌木材料科学与技术中央地方共建实验室；内蒙古蒙古族工艺美术研究中心、内蒙古森林文化产业研究与示范基地、内蒙古蒙俄木材加工技术工程技术研究中心等。

教职工 84 人，其中专任教师 67 人。专任教师中，教授 17 人、副教授 22 人；获博士学位教师 29 人；博士研究生导师 7 人、硕士研究生导师 17 人。1 人晋升为教授，2 人晋升为副教授，1 人晋升为讲师。学院目前承担了国家自然科学基金、国家哲学社会科学基金、科技部项目等 25 项科研项目。2018 年度毕业生 424 人，其中研究生 32 人（博士研究生 4 人，硕士研究生 28 人）、本科生 392 人。招生 389 人，其中研究生 39 人（博士研究生 4 人，硕士研究生 35 人），本科生 350 人。全日制本科生 1 459人，硕士、博士研究生 76 人，其中专业硕士研究生 15 人。

党建与思想政治工作

材料科学与艺术设计学院共有 8 个党支部，其中，教工党支部 4 个，学生党支部 4 个。党员共 160 人，教职工党员 51 人，学生党员 109 人，入党积极分子 109 人，发展党员 50 人。

推进“两学一做”学习教育常态化制度化工作。严格执行“三会一课”制度，以把党支部建在教研室为主进行党支部建设。学习贯彻中央和自治区及学校意识形态工作精神，学习贯彻全国全区高校和学校思想政治工作会议精神。班子成员在意识形态工作方面学习 3 次，思想政治工作方面学习 2 次，教职工在意识形态工作方面学习 3 次，举办了 1 期的党的十九大宣传展板和 1 期教评宣传展板，编写了教职工应知应会手册。按照“一岗双责”要求，要抓好分管范围内的意识形态工作。

学科建设

完成了林业工程学科、材料工程学科、材料加工工程学科、林业工程专业学位 4 个学科合格评估工作中，所有评估材料上报教育部；林业工程学科双一流建设方案通过了内蒙古农业大学党委的审定；教育部批准了设计学一级学科硕士学位授权点和艺术学专业学位硕士学位授权点。接受全国林业工程学科评议组来校检查指导林业工程学科建设。

林业工程学科获得双一流学科建设经费 70 万元，内蒙古沙生灌木纤维化和能源化利用重点实验室获得建设经费 130 万元，内蒙古自治区沙生灌木资源开发利用工程技术研究中心通过自治区科技厅组织的专家验收，获批内蒙古科技厅科技创新众创空间。

教学工作

按照教育部审核评估细则和要求组织广大教师开展本科教学审核评估工作，制定了学院自评方案并多次进行检查和整改工作，对近 3 年的试卷、毕业设计（论文）、实验报告、实习报告、课程设计资料的自查、互查和普查验收工作。11月27日和28日，评估组专家王长新教授、审核评估组组长宋维明教授来学院现场考核评估。同时按专家要求，抽调毕业设计11份，试卷3份；专家听课1人次，看课1人次；参加专家座谈（含现场评估座谈）5场、28人次；学院实验室建设及“一体化”教学模式作为特色教学得到评估专家的肯定。

根据学院自主设置建设卓越农林人才计划，按照具体制定的“拔尖创新”和“应用技能”两类人才选拔办法，选拔设置了“拔尖创新”和“应用技能”两个班，现已根据相应的人才培养方案开展教学。

完成实验室的重新规划与调整，完成年内设备购置计划，70万元本科实验设备完成招标。与杭州群核信息技术有限公司完成用于室内装饰设计的酷家乐软件免费赠送签署工作。学院以实训中心为基地，积极开展第二课堂，有4名同学在全国技能大赛内蒙古赛区脱颖而出，代表自治区参加全国精细木工、家具制作、建筑木工、油漆4个工种的技能大赛，内蒙古自治区职业技能竞赛选手集训基地正式落在我院实训中心。有80名学生报名参加精细木工和家具制作培训。

《木材学》获批列入校级本科示范课程建设项目。《木材学》《景观材料学》获批列入校级在线开放课程建设项目。《产品模型设计》获校级优秀试卷。内蒙古农业大学青年教师教学技能大赛中，胡建鹏获得理科组三等奖，韩望、刘淑杰获优秀奖。获批校教改项目3项，其中重点1项；获批省部级规划教材编写项目2项。

聘任3位外籍教师为双语专业学生开课，效果良好。2018届产品设计二学位毕业10人，2018级设计类专业二学位招收42人。

科研工作

学院获得科研经费800万元。其中包括国家自然科学基金项目4项；国家科技支撑项目1项、内蒙古财政创新引导项目1项、内蒙古成果转化项目2项，内蒙古社会科学专项基金、内蒙古应用技术开发2项、内蒙古自然科学基金3项、内蒙古人才基金1项、内蒙古教育厅项目2项、财政厅1项、学校青年基金2项、转化基金1项、校内社科基金4项，林业行业标准1项，内蒙古地方标准1项。

年内发表SCI收录论文14篇，EI收录6篇，CSCD及中文核心28篇，其他14篇。获中国木材保护协会科技发明一等奖，出版专著和教材7部，授权发明专利3件。完成2项科技支撑项目的课题验收。郝水菊获得自治区“首届蒙古族时装与帽饰设计大赛”帽饰设计三等奖1项，刘娜获论文征集二等奖1项。内蒙古当代美术协会在呼和浩特市主办了吴日哲、韩莹“音画”画展。庞大伟设计制作的“民间工艺—蒙古族创意马鞍一套”获“2018”百花杯中国工艺美术精品奖金奖。

学生工作

坚持做好“优良学风班集体”创建活动，创建班级目标完成率达到85%以上。建立帮学档案，结成 103 个帮扶对子。学院有 1 名学生工作专职干部专门负责心理健康教育工作。开展了两次心理危机排查工作，建立了心里危机学生档案库，并对出现问题的学生及时与校心理中心、学生家长协调解决。新建立学生成长指导室并进行装修装饰，购置书籍 153 本，为学生健康成长成才保驾护航。完成各类奖助学金评选工作，共发放各类奖助学金1 651 000元，评选过程无异议。在学院实验室、办公楼设立勤工助学岗位，加上校设岗位共 18 个，共有 32 名贫困生上岗。暑期学院组建 11 支直属队，学院 97%的学生参与了社会实践活动，社会实践报告撰写率达到 99%以上。学院召开三次党委会专门研究就业工作。精准帮扶，通过分专业、班级集中指导与一对多、一对一小范围指导相结合的方式，指导学生就业，组织 7 余家知名企业来校召开专场招聘会。

积极组织开展文化、艺术、体育类比赛活动。多次举办高水平讲座。学生社团参与各类活动的学生达到了 80%以上。多次在校级各类比赛中获得一、二、三等奖及优秀集体等奖项。邀请国内外、校内外专家作讲座、组织学院学生参加创新创业类竞赛，组织学生申报科技创新项目 12 项，获批 2 项。《自驾游创新体验与服务应用》在第四届内蒙古自治区“互联网+”大学生创新创业大赛中获得铜奖 1 项。

经济管理学院

概况

经济管理学院始创于 1981 年 8 月，1999 年 4 月由原内蒙古农牧学院经济管理系和原内蒙古林学院经济管理系合并组建。学院设农林经济管理、工商管理、经济学、金融学、会计学、财务管理、物流管理、电子商务 8 个本科专业和市场营销 1 个专科专业。拥有农林经济管理、工商管理、应用经济学 3 个一级学科硕士学位授权点。有农业经济管理、林业经济管理、区域经济学、产业经济学、金融学、会计学、企业管理、技术经济管理 8 个学术硕士学位授权点，有农村发展、会计专硕 2 个专业硕士学位授权点。拥有农林经济管理一级学科博士学位授权点 1 个，农业经济管理和林业经济管理二级学科博士学位授权点 2 个。拥有农林经济管理博士后流动站 1 个。学院现有农林经济管理专业 1 个自治区重点学科、自治区级实验教学示范中心 1 个、自治区级研究基地（内蒙古农村牧区发展研究所、内蒙古畜牧业经济研究基地、内蒙古乡村振兴战略研究中心）3 个、自治区级高端智库（内蒙古农牧林业经济研究中心）1 个、自治区级“草原英才”团队（草原畜牧业经济理论与实践创新团队）1 个。学院是内蒙古自治区农业经济学会、内蒙古自治区粮食经济学会等组织的挂靠单位。经过几代人的不断探索，现已形成了以本科教学为中心、以学科建设为龙头、以农林经济管理专业为特色、经济学和管理学两个学科门类共同发展、具有鲜明地区特色、学科特点和专业特长的自治区经济管理高级专业人才培养基地。

学院现有教职工 106 人，其中，专任教师 90 人。专任教师中，教授 18 人，副教授

36人；博士研究生导师9人，硕士研究生导师28人；有博士学位的教师45人；在读博士教师8人。2018年毕业生901人，其中，研究生171人（博士研究生7人、硕士研究生164人）、本科生694人、专科生36人；招生773人，其中，研究生149人（博士研究生10人、硕士研究生139人）、本科生615人、专科生9人；在校生3 076人，其中研究生317人（博士研究生36人、硕士研究生281人）、本科生2 678人、专科生81人。另外，修读本学院专业的第二学位学生529人。

党建与思想政治工作

学院党委认真贯彻落实学校党委的工作要点，深入学习贯彻党的十九大精神和开展“两学一做”学习教育常态化制度化建设，不断加强领导班子自身建设、基层组织建设和教职工思想政治工作。组织中心组、全院党员集体学习16次，请校内外专家作学习辅导3次，班子成员讲党课15次，组织教职工深入学习研讨思想政治工作会议精神12次，召开党委会、党政联席会议30次、院务会26次。

注重党员队伍建设。学院共有党员351人，其中教工党员72人，学生党员279人（正式党员196人、预备党员83人）。2018年学院共培训学生入党积极分子304名，发展学生党员91名，转正73名。开展入党积极分子培训班、重点培养对象培训班和各类理论学习60余场。

深入开展“三会一课”。行政党支部赴大青山革命纪念馆开展了“铭记历史、缅怀先烈”的主题党日活动，接受党的革命传统教育；工商管理系教工党支部在乌兰夫纪念馆开展了“继承革命传统、不忘入党初心”的主题党日活动；农经系党支部赴土默特左旗大青山林场，联合林场党支部共同开展迎“七·一”党日活动，结合专业学习和了解在国家提出生态文明建设和绿色发展的当下，国有林场党支部践行生态环境保护政策的成效；会计系党支部在内蒙古博物院开展了党日活动，组织党员教师进一步了解内蒙古革命史和马背文化，重温党史；学院聘请名师为师生解读党中央新思想、新战略、新理念，多次邀请学校组织部、党校专家、思政名师进行党课培训等。

强化教职工思想政治工作。学院坚持两周一次全院教职工例会制度和双周教职工政治理论学习制度，传达、学习学校及上级部门下发的文件精神。全年共召开教职工大会27次。同时学院还充分利用微信、微博、学院公众号等新媒体推送新时期党的路线方针政策等理论学习资料；利用党课、党员学习日、经管讲坛等平台，加强政治理论学习。

发挥工会、教代会等群团组织的作用。领导班子支持工会参与学院重大问题和涉及教职工切身利益问题的讨论和决策。工会、教代会、教授委员会共同参与制定完善学院各项规章制度。召开教授委员会会议12次；以建设“职工之家”为平台，积极组织各项集体活动，丰富教职工业余文化生活，增强教职工凝聚力。年内总计慰问教职工24人次，其中，慰问离退休老教师17人次，看望生病住院教师及生育女教师7人次；2018年院工会组织举办了新年联欢会、棋牌赛和师生趣味运动会等活动，并组织教职工积极参加校工会组织的校田径运动会、校第四届教职工万米接力赛、校“乒羽杯”比赛、教职工摄影大赛、征文比赛、教职工五人制“足球赛”和教职工“博爱一日捐”等项活动。院工会还成立了“经管之声”教工合唱团，每周开展一次声乐训练。

教学工作

2018年，学院高质量地完成了教育部本科教学审核评估工作。4月接受了教育厅专家组的本科教学评估预评估工作，11月接受了教育部的本科教学评估工作。基本上完成了课程计划任务的落实、毕业生资格审查、发证、新生学生证的发放及其他教务处安排的任务，教育教学工作有序进行。

2018年修订了《经济管理学院教学管理制度》，组织制定了《经济管理学院本科毕业论文管理细则》《经济管理学院实践教学管理规定》。课堂教育教学稳步进行。经过“迎评促建”和“课堂教学质量年”系列活动，教师全身心地投入教学工作。2018年共开课354门，同行、督导和院领导听课145门，覆盖总开课的40.96%。推进了管理学原理、政治经济学、宏观经济学和中级财务会计4门示范课程的建设工作。张晓娟老师的《微观经济学》试卷被评为优秀试卷。新增教改项目1项，新增在线课程2门。组织编写课程教学大纲和实验指导书，完成了100余门课程教学大纲的校验以及21门课程实验指导书的编写工作。实习基地不断壮大，新建蒙草抗旱、鹏程、典阅、苏尼特左旗、阿巴嘎旗、民丰署业等实习基地，实践教学的水平和质量更加优化。

学生学风不断改善。2018年系主任、督导员召开学委、学生代表座谈会6次，了解教学情况，改进个别课程安排和教学大纲。严抓考风促学风，严管教风促学风，2018年不及格率较上一年降低3.6%，考研率达11%；毕业率达94%。

学科建设

2018年8月，学院通过了全国会计专业学位研究生教育指导委员会开展的会计学位专业硕士（MPAcc）授权点的专项学科评估。学院MPAcc项目依托学校优质教育资源，发挥以农林牧为主的多学科优势，坚持“固基础、重实践、提质量”的培养理念，以培养服务民族地区的创新应用型高素质管理型会计人才为己任，努力打造自治区内领先的具有地区特色、农牧业专业特长的MPAcc项目。经过近4年的建设，内蒙古农业大学MPAcc项目已取得阶段性发展，学科有专职教师31人，其中指导教师14人；校外实践指导教师41人，累计招收MPAcc全日制研究生115人、非全日制研究生78人；2018年35名MPAcc研究生通过学位论文答辩。

科研工作

2018年学院根据有关科研项目申报召开了国家自然科学基金与社会科学基金项目申报校外专家指导会、自然科学基金初评会、社会科学规划办课题申报指导和课题申报讨论会。年内发表论文90余篇，其中SCI收录论文6篇，CSSCI和CSCD论文20篇，中文核心期刊论文 30 篇；共出版教材 8 部；共获批新项目 23 项，其中国家级科研项目 3 项，均为国家自然科学基金项目，3 项中面上项目 1 个，实现了学院面上项目零的突破，地区项目 2 个；自治区级项目 9 项，其中内蒙古自然科学基金项目 6 项，内蒙古自治区教育厅人文社会科学项目 3 项；2018 年，7 位老师的 5 项研究成果荣获内蒙古自治区第七届哲学社会科学优秀成果政府奖，其中，一等奖 1 项，二等奖 1 项，三等奖 3 项。

2018 年学院主办学术研讨会、报告会十余场。斯琴朝日格图老师 2018 年共带领 39 位学生为合作社提供清产核资服务，服务对象包括锡林郭勒盟东乌珠穆沁旗、阿拉善盟阿拉善右旗、阿拉善盟额济纳旗等地的合作社；盖志毅教授担任呼和浩特市科技特派员；姚凤桐教授受托主持《呼和浩特市乡村振兴战略规划（2018—2022 年）》项目、设计《内蒙古自治区呼伦贝尔市新巴尔虎右旗牧区产业现代化试点方案》；乔光华教授受托完成国家农业综合开发办公室的农业综合开发布局研究及内蒙古自治区社科联的扶贫百问项目；赵元凤教授参与内蒙古自治区农业保险保费补贴领导小组项目咨询论证工作；张心灵教授担任伊利集团独立董事。主要社会服务领域集中在农林经济管理、项目评估与咨询、财政资金绩效评价、项目验收和管理培训等方面，得到相关部门的一致认可，为国家及自治区经济社会发展发挥了科技服务和决策支持作用。

学生工作

多措并举形成合力，学生工作稳步推进。2018 年，学院共举行各类专题讲座等 59 场次；利用经济管理学院微信公众号、易班网 App 等渠道，定时推送消息，共发布通讯 886 篇，公众号推送消息 844 条，易班网发布问卷 43 个，累计浏览阅读量 420 817 次；邀请专家学者、校企合作班企方高管、研考、公考培训机构知名讲师为学生分别召开专业性讲座和学术报告 41 场，其中经管讲坛 5 场；组织“考研面对面”导师问答会 2 场、考研经验交流会 3 场、考研科目免费串讲 5 次，本年度学生考研率达 11%，创历史新高；评定自治区级、校级荣誉称号 274 个。共认定贫困生 1 198 名，共评定国家奖学金 10 个、国家励志奖学金 85 个、国家助学金 837 个、其他社会类奖学金 43 个，奖助学金金额共计 319 余万元。

全员参与，优化心理健康教育模式。建立危机学生档案 20 个，预警休学 2 人，开展心理适应性讲座 3 场，召开心育委员例会 12 次；组织学院 17 名研究生和高年级成立课堂考勤队伍，全年查课 264 次，与缺勤学生谈话 182 人次，处分 4 人，处理考试违纪学生 4 人；辅导员班主任深入宿舍 204 人次，检查夜不归宿 67 次，通报整改卫生不合格宿舍 51 间，批评教育 135 人次，确保本年度稳定局面，无一例安全事故发生。

创新思路强化措施，扎实做好就业服务工作。学院坚持就业工作“一把手”工程，先后 7 次专题召开党政联席会、院务会、毕业生班主任会讨论分析就业情况；召开各层次就业动员会 5 次。积极引入社会资源，为毕业生进行全程免费的就业能力提升服务，开展职场礼仪培训、公考、研考指导课程 12 场次，受益学生 1 700余人次。本年度学院一次就业率达到 87%，9 月就业率达到 93%。建立 700 余人的就业信息台账，在院网和订阅号上发布各类招聘信息 109 条，岗位 220 个，联系企业召开宣讲会 40 余场，安排专人摸排跟踪未就业学生情况，实行精准帮扶。

交流与合作

加强合作与交流，促进实践教学有效性。2018 年农经、会计和工商系组织 100 多名本科生到农村牧区开展村集体经济清产核资、合作社会计培训、农牧民经营管理培训实习教育，实现了学校、当地政府、合作社多赢的局面；农经系和经济系还安排学生到青海、呼伦贝尔牧区、海尔集团开展专业实习活动，并组织总结展示交流。金融系依托“典阅”公司开展了金融企业、银行模拟实习项目。

校企合作育人创新人才培养模式。2014 年开始，学院与上海安劲企业管理咨询有限责任公司签署了校企合作协议，设立虚拟的“安劲班”企业化运作，经过培训、考核，学员以安劲公司正式员工身份进入银行开展工作。每期持续 1 年，截至 2018 年，总人数达到了 210 名，在毕业的“安劲班”学员中，留在安劲公司的有 6 名，进入其他银行的有 11 名。2016 年，学院与逸马集团签署了校企合作协议，加入了更多的连锁知识培训、更多的连锁企业实践，提供了更多的创新创业指导和资金支持。截至 2018 年共有学员 21 名。另外，学院领导赴金桥电子商务产业园、蒙草生态、东鸽电器考察并签署实践基地协议；与集宁农畜产品质量安全检验检测站、雪原乳业有限公司、内蒙古民丰种业有限公司、鹏程农科养殖有限公司、内蒙古星华源食品有限责任公司续签实习协议，并举行挂牌仪式；我院组织参访研习团前往中南人力资源集团，参观了中南人才市场、中南教育科技（深圳）有限公司及深圳市新路程人力资源有限公司以及中国 500 强企业怡亚通供应链股份有限公司，了解人才市场的招聘现场运营、职业技能培训和服务体系，就学生实习、就业、校企合作等事宜进行了深入交流。

邀请外教，加强交流。2018 年共邀请法国、德国、蒙古国 3 位教授为本科讲授“发展经济学”“资源与环境经济学”课程；邀请德国哥廷根大学农业经济学和农村发展系的农业政策教授 Stephan von Cramon-Taubadel、美国普渡大学农经系副教授 Michael Delgado 和 Juan Sesmero 为研究生作了专题讲座。

继续推进中蒙教学与科研合作。2018 年，45 名本科生和 5 名教师到蒙古国开展专业综合实习项目。当前在校的蒙古国博士、硕士和本科生 15 名。基于蒙古国农业经济研究成果和优势，学院承担了农业部 948 项目、蒙古国农业发展项目、中国农业科学院的委托项目（2015—2018 年），总经费 100 多万元。

重大事件

1. 1 月 3 日，第一期中青年教师参访研习团赴华南农业大学、中国 500 强企业怡亚通供应链股份有限公司、中南人力资源集团及银澎科技公司以及逸马集团围绕学科与专业建设、教育教学改革、人才培养与创新创业、教学奖励与师资队伍建设、本科教学审核评估等方面开展为期4天的学习交流与参观活动。

2. 1月6日，特邀农业部畜牧业司监测分析处处长辛国昌作题为“加快建设现代畜牧业：新阶段、新形式、新任务”的专题讲座。

3. 1月10日，特邀中国人民大学农业与农村发展学院孔祥智教授作题为《实现小农户与现代农业发展有机衔接》的专题讲座。

4. 1月11日，内蒙古农业大学党委处级干部考核第三组成员莅临我院进行处级干部实绩考核。

5. 1月16日，召开领导班子民主生活会意见征求座谈会和2017年度党支部书记党建工作述职会。

6. 1月17日，内蒙古农业大学科技处处长刘廷玺一行莅临我院，召开申报2018年国家自然基金初评会，共14位申报国家自然基金的教师到场参与汇报。

7. 1月17日，召开本科毕业论文研讨会。

8. 1月18日，召开2017年度党员领导干部民主生活会。

9. 1月18日，“逸马班”第一期优秀学员赴深圳开展为期3天的访学活动。

10. 2月8日，学院领导和工会主席走访慰问退休老教师。

11. 3月4日，召开2018年度国家自然基金校外专家指导会，邀请中国农业大学的田维明教授、中国人民大学郑风田教授、同济大学程名望教授、上海交通大学的史清华教授和西北农林科技大学的罗剑朝教授5位专家参会。

12. 3月6日，召开新学期工作部署会议。

13. 3月15日，召开新学期全院教职工大会，并举行2017年新进专任教师导师制责任书签订仪式。

14. 3月18日，举办第八届师生田径运动会暨第九届体育文化节。

15. 3月22日，为榆林镇中心校的贫困学生开展为期2天的“汇聚爱心献社会，雷锋精神暖人心”爱心募捐活动。

16. 3月24日，“说出你的心声”心理脱口秀在内蒙古农业大学第四届“一院一精品”心理活动教育成果汇报会上荣获二等奖。

17. 3月28日，联合榆林镇中心校成功举办爱心募捐仪式。

18. 4月12日，开展第二期“逸马班”学员招募仪式暨开班特训营活动。

19. 4月17日，召开2018届毕业生毕业事项说明会暨就业动员大会。

20. 4月19日，开展2018届毕业生安全文明离校教育工作大会。

21. 4月19日，举行第三届说课比赛。

22. 4月26日，特邀全国人大代表呼和巴特尔教授进行两会精神学习辅导。

23. 4月27日，企业经营模拟协会同学参加由高等学校国家级实验教学示范中心联席会指导，西南政法大学承办的第九届（2018）全国高等院校企业竞争模拟大赛总决赛，荣获全国一等奖。

24. 5月2日，召开意识形态工作巡察报告会，我校第二巡察组及学院党委中心组成员参会，会议由我校党委副书记侯晨曦主持。

25. 5月4日，参加内蒙古农业大学纪念中国共产主义青年团成立96周年暨第三十二届“金马杯”文艺汇演，并荣获一等奖。

26. 5月4日，召开纪念马克思诞辰200周年暨《共产党宣言》发表170周年师生座谈会。

27. 5月14日，校审核评估自评专家组检查指导上学期本科教学自评整改反馈落实情况。

28. 5月15日，学院党委中心组学习研讨本科审核评估校内自评整改落实情况督查及期中教学检查反馈意见。

29. 5月17日，召开全国MPAcc专项评估工作动员会议。

30. 5月26日，举办第七届“弘扬民族文化”系列活动暨少数民族文艺汇演。

31. 6月29日，开展“新时代内蒙古传统产业绿色发展研究项目”启动会。

32. 7月3日，召开2017年度在研国家级科研项目年度考核会。

33. 8月16日，全国会计专业学位研究生教育指导委员会网上通报全国MPAcc会计硕士专业学位授权点专项评估合格。

34. 8月27日，内蒙古农业大学专家组莅临检查审核评估工作。

35. 9月26日，举行2018级本科生新生开学典礼。

36. 9月29日，召开2018级研究生开学典礼。

37. 9月29日，刘廷玺副校长莅临调研本科教学工作。

38. 10月13日，2018级新生在校新生运动会中勇夺田径比赛团体第一名。

39. 10月15日，承办第六届“新途径”杯公务员模拟考试大赛。

40. 10月16日，企模协会学生代表在第五届全国“联盟杯”互联网+虚拟仿真经营大赛总决赛中荣获三等奖。

41. 10月18日，召开2018级双学位新生开学典礼。

42. 10月19日，开展教学审核评估学生座谈会。

43. 10月19日，召开内蒙古自治区科技计划项目“内蒙古农牧业干旱灾害风险评估与精细化保险费率厘定研究”项目组召开课题启动会。

44. 10月21日，特邀河套学院李兴旺教授作“扎根理论”专题讲座。

45. 10月24日，校长高聚林莅临进行走访调研。

46. 10月25日，学生代表队在2018年全国大学生财税应用创新与运营管理大赛中三组战队分别获得本次大赛的二等奖、三等奖以及优秀奖。

47. 10月28日，学生代表队荣获内蒙古农业大学“校长杯”足球赛男子、女子双冠。

48. 10月30日，承办第六届“新途径杯”公务员考试模拟大赛面试。

49. 11月6日，特邀美国普渡大学农经系副教授 Michael Delgado 和 Juan Sesmero 作专题讲座。

50. 11月7日，全区高校组织部长培训班莅临指导工作。

51. 11月8日，举行老教师荣休暨新教师入职仪式。

52. 11月9日，召开学生干部迎接本科教学工作审核评估动员大会。

53. 11月10日，学生代表在第六届“新途径杯”公务员考试模拟大赛中荣获三等奖和优秀纪念奖。

54. 11月11日，学生代表队荣获第十四届全国大学生“新道杯”沙盘模拟经营大赛全国总决赛三等奖。

55. 11月14日，校党委书记王万义一行莅临调研指导研究生思想政治工作。

56. 11月15日，开展第二十四届青春文化周开幕式暨2018级迎新晚会。

57. 11月15日，特邀德国哥廷根大学农业经济学和农村发展系的农业政策教授 Stephan von Cramon-Taubadel 作专题讲座。

58. 11月19日，举行2018年新进专任教师导师制责任书签订仪式。

59. 11月19日，召开“农业生物资产动态评估及抵押贷款创新”项目研讨会。

60. 11月21日，校自评自建工作小组深入指导本科教学评估工作。

61. 11月23日，学生代表队荣获2018年全国大学生“智汇杯”多组织企业供应链虚拟仿真经营决策大赛三等奖。

62. 11月26日，迎接教育部本科教学工作审核评估专家组开展的为期四天的本科教学工作审核评估。

63. 12月6日，举办“草地退化的时空变化格局及其影响因素的实证研究——以锡林郭勒盟为例”主题学术报告会。

64. 12月7日，举行2004级农林经济管理系校友捐赠仪式。

65. 12月8日，校党委考核组莅临指导考核工作。

66. 12月8日，学生代表队荣获2018年首届“福思特杯”全国大学生会计税务创新大赛总决赛三等奖。

67. 12月9日，学生代表荣获内蒙古农业大学第四届“心悦杯”心理微电影大赛一等奖。

68. 12月18日，组织师生观看庆祝改革开放四十周年大会直播。

69. 12月24日，荣获内蒙古农业大学2018年“红色经典我咏传”中华优秀经典诗词诵读大赛优秀奖。

70. 12月21日，荣获内蒙古农业大学“说出你的心声”心理脱口秀“一院一精品”汇报比赛二等奖。

71. 12月28日，举办2019年新年联欢晚会，晚会上表彰了2018年度教学先进个人、学科建设先进个人、管理服务育人先进个人、班主任先进个人、科学研究先进个人以及教学督导先进个人。

食品科学与工程学院

概况

食品科学与工程学院，其前身为内蒙古农牧学院食品工程系，始建于1988年。学院下设食品科学与工程、食品质量与安全、包装工程、酿酒工程、乳品工程5个教研室和1个实验管理中心。食品科学与工程专业为自治区品牌专业，并入选国家第一批卓越农林人才教育培养“拔尖创新型”农林人才计划项目试点专业。

拥有“乳品生物技术与工程”教育部重点实验室、“乳酸菌筛选与乳品发酵技术”国家地方联合工程实验室、“奶制品加工”农业农村部重点实验室、“乳品生物技术”教育部工程研究中心、“东北区域农业微生物资源利用”农业农村部科学观测实验站、“发酵乳制品加工技术集成”农业农村部科研基地、“乳酸菌与发酵乳制品”国家奶牛体系加工研究室、“畜产品加工”国家级特色优势学科专项资助实验室、“乳品生物技术与工程”内蒙古自治区重点实验室、“乳酸菌与乳品发酵剂”内蒙古自治区工程实验室、“乳酸菌与发酵乳制品”内蒙古自治区协同创新中心和“畜产品加工”内蒙古工程技术研究中心。

学院现有食品科学与工程一级学科博士（硕士）学位授权点1个，下设食品科学、农产品加工及贮藏工程2个二级学科博士授权点；食品科学、农产品加工及贮藏工程、粮食油脂及植物蛋白工程3个二级学科硕士授权点和食品加工与安全专业硕士学位点1个。食品科学与工程一级学科被内蒙古自治区列为首批重点建设的“双一流”学科，农产品加工及贮藏工程学科是自治区重点建设学科，内蒙古畜产品加工研究会、内蒙古营养学会和内蒙古乳酸菌学会挂靠在学院。

学院现有教职工88人（少数民族38人），其中专任教师61人、实验员6人，科研岗教师6人，科研助手4人。专任教师中，教授27人、副教授23人，博士研究生导师15人，硕士研究生导师38人，有59位博士学位获得者，具有博硕士学位教师占专任教师总数的99%。

专任教师中有“长江学者奖励计划”特聘教授1人、“百千万人才工程”国家级人选1人，国家杰出青年科学基金获得者1人，国家优秀青年科学基金获得者1人，享受国务院特殊津贴专家2人，国家现代农业产业技术体系岗位科学家2人，自治区“草原英才”9人，自治区“新世纪321人才工程”一、二层次人选7人，自治区“333人才引进工程”首席专家2人，荣获“中国食品科学技术学会科技创新突出贡献奖”1人、获得草原英才项目滚动支持1人。学院现有1个国家重点领域创新团队、1个教育部科技创新团队、1个农业农村部杰出人才创新团队、2个自治区创新创业人才团队、1个自治区科技创新团队、1个自治区高等学校科技创新团队和2个内蒙古农业大学科技创新团队。

截至2018年年底，有全日制在校生2 180人，其中本科生1 856人，研究生324人（博士研究生56人）。2018年毕业生545人，其中本科生458，研究生87人（博士研究生8人）。2018年招生600人，其中本科生441人（含食品科学与工程专业卓越农林拔尖创新型人才教育培养计划改革试点项目生31人），研究生159人（博士研究生15人）。在职研究生毕业28人。

党建与思想政治工作

深入学习贯彻党的十九大和十九届二中、三中全会精神，持续推进“两学一做”学习教育常态化制度化。全年组织教职工集体学习10次，中心组扩大学习13次；学院领导和教工党支部书记累计讲专题党课16次，围绕本科教学工作审核评估和“双一流”学科建设举行专题学习研讨3次。创新党员教育和支部活动方式，食品科学、包装与酿酒党支部组织全体党员赴集宁市开展了“重温先辈丰功，传承红色精神”主题党日活动。包装支部与天津市旭辉红色文化展览馆开展了“不忘初心，拥抱新时代；砥砺奋进，创造新辉煌”主题党日活动。认真落实学校《关于加强和改进新形势下思想政治工作的实施意见》，组织学习习近平总书记在全国高校思想政治工作座谈会上的讲话精神，把立德树人作为中心环节，把思想政治教育融入学生学习、生活、成长成才全过程；强化课程育人，努力实现所有课程育人功能全覆盖，推进建设学院大思政工作制度体系。严格落实《意识形态工作责任制实施细则》等制度，抓好“一岗双责”，确保意识形态工作不留死角。

学生党支部利用周四集体政治理论学习共计24次，举办了“青春 · 理想 · 责任”毕业生党员主题座谈会1次，“书写时代，礼敬英雄”书法比赛活动共计6场，“我的肩膀—能挑多重的担子”主题座谈会7场；承办内蒙古农业大学第四届党员知识竞赛；举办“品读红色经典”读书观影交流会、红色经典读物朗诵会，“不忘初心、致敬英雄”英雄事迹汇报等活动；开展了“一帮一”帮学活动，结对32个；161名党员组成志愿服务队，成立禁烟督查、宿舍卫生督查小组，为学院迎评促建做贡献。

加强分党校阵地建设，举办了入党积极分子、重点培养对象培训班各2期，培训积极分子204人、重点培养对象123人。发展党员72人，转正预备党员57人。

充分发挥工会和群团工作的作用，切实维护教职工权益，进一步开展创建模范教工之家活动。先后开展了纪念“三八”国际劳动妇女节艺术插花花艺培训讲座、“慧吃慧动，健康体重”主题讲座，举办2018年度青年教师论坛。积极参加校工会举办的《家庭教育中的方向与方式》《做优秀家长育精英后代》等讲座及绿色健步走活动。第五十三届田径运动会上教工组获团体第5名以及体育道德风尚奖，第七届万米接力赛获得B组第5名的好成绩。

教学工作

在不断强化日常教学管理和实践教学环节的基础上，顺利完成了117门、215个头的课程教学和454名毕业生毕业论文指导等任务，修订编写了5个专业教学大纲并印刷成册。圆满完成了本科教学工作审核评估的校内自评、自治区自评自建检查专家组审核评估和教育部正式评估等各项工作。研究制订了学院的《审核评估工作迎评工作方案》和《食品科学与工程学院本科教学审核评估校内自评问题的整改落实工作台账》，并积极整改落实。深化“食品科学与工程学院教学实验中心设置方案”，聘任新一轮实验中心管理人员，增加副主任1名，本科实验室、团队平台和公共平台管理步入合理轨道。

在教育部正式评估中，被教育部专家抽查的两门课程11套试卷和2017年、2018年度的598份毕业论文，反应良好，未发现问题。获批2个示范课程建设项目、5个教改项目。积极争取申请参加“十三五”高校规划教材及蒙古文8省区规划教材的编写工作，获批1项。出版各类规划参编教材9部。

师资队伍建设

新进教师7人，选送2名教师到国外进修，为6名青年教师配备指导教师，选派39名教师参加学科建设、课程建设、教学管理、实验室建设等方面的全国会议，以此来提升教研能力。团队建设稳步推进，将新进博士教师结合学科发展方向全部纳入团队管理，新增2名青年教师以副导师身份招收硕士研究生。

有4名教师晋升副高以上职称；在新一轮的导师评选中6名教师被评为硕士研究生导师。1人获得“草原英才”项目常规支持，1人获得“草原英才”项目滚动支持，1个团队获计划产业创新创业人才团队滚动支持。

学科建设

制定了“食品科学与工程一流学科建设规划”，完成了国务院学位办学位点合格评估申报和信息采集、自治区“双一流”学科建设及政策绩效评价，本年度获得自治区一流学科建设费的支持850万元，其中500万元用于学科建设设备的购置。255万元用于“食品科学与工程学科公共平台”建设、125万元用于“教育部重点实验室”建设，120万元用于10个学科科研团队建设。用于双一流本科教学设备购置150万元。此外学院投入15万元完成了“食品生物技术”“食品营养与安全”“粮油、油脂及植物蛋白工程创新”3个团队实验室的硬件建设。

根据“双一流”学科建设需要，首次对学院建立的11个教学科研团队进行考核，评出优、良、合格三个等级，并根据考核结果用250万元学科建设经费进行了支持，达到了以评促建效果。

“发酵乳制品加工技术集成农业部科研基地”获得批准建设。2018年与锡林郭勒大庄园肉业有限公司，锡林郭勒盟额尔敦食品有限公司等5家企业新建了校企合作示范基地。

“乳酸菌与发酵乳制品应用基础研究创新团队”获得神农中华农业科技奖-优秀创新团队奖。首次开展青年教师论坛，教授论坛，增进教师间互相交流，取得良好效果。

鼓励邀请区内外知名专家对研究生进行“集中讲义”，在本学年度内邀请王吉力特博士和孟和毕力格专家给研究生举办了2人次专题学术报告，邀请岛津公司做“质谱技术交流会”1次。

科研工作

获批国家自然科学基金6项，其中青年基金1项，总金额为184.5万元；获批内蒙自然科学基金7项，获批经费总额41万元，其中重大项目1项，博士基金2项，地区项目4项；获批教育厅项目2项（其中内蒙古自治区高等学校“青年科技英才”支持计划1项,）；获批自治区科技引导项目1项；获批校级“双一流”学科创新团队人才项目4项。

顺利完成国家自然科学基金结题5项，自治区创新引导奖励基金验收1项。近一年教师主持各类项目101项，发表论文94篇（其中SCI、EI收录46篇），出版专著5部，授权专利8项。在2018年学校专项评估中学院科研工作活动获优秀奖。

学院与内蒙古营养学会和内蒙古畜产品加工研究会互相协作，丰富了学科内涵。举办了第四届内蒙古营养与食品安全学术年会暨第三届理事会第三次会员代表大会、内蒙古畜产品加工研究会第六届二次学术年会暨绿色畜产品安全生产关键技术交流研讨会、冬季营养与食品安全科普大讲堂等系列讲座。编著《中国居民膳食指南2016（蒙古文版）》；主编《吃出营养吃出健康》系列丛书（4册），荣获2018年度内蒙古自治区优秀科普作品。举办了“全民营养周”内蒙古站预热暨膳食指南与吃动平衡健康体重活动。积极参与“食品安全宣传周”和“全国科普日”活动。在锡林郭勒盟正镶白旗和赤峰市阿鲁科尔沁旗开展了“科技助力、精准扶贫”活动，参加了内蒙古自治区“百名专家走进盟市旗县科普传播行”活动。

研究生教育工作

2018年度共录取硕士144人（其中学术型硕士研究生62人、全日制专业学位硕士研究生54人、非全日制专业学位硕士研究生28人）、录取博士研究生15名，毕业研究生87人。首次实施了《内蒙古农业大学食品科学与工程学院全日制硕士学位论文盲审实施办法》，对2016级入学专硕毕业论文进行了盲审，盲审率30%。报送7篇硕士学位论文和2篇博士学位论文。获得内蒙古自治区研究生科研创新资助项目重点项目1项，一般项目2项。

学生工作

以本科教学工作审核评估为契机，不断加强学风建设。开展了“一帮一助学”和“零补考”团支部申报活动。年内开展学习经验交流会4场，参与1 200余人次，开展“两提高 一降低”团日活动40余次，团日活动总结交流大会2场，覆盖人数1 000人；开展“冲破瓶颈”补考学习班5场、“与你‘研’说”学习交流会4场、针对大一新生开展“保研学习经验分享交流会”4场，共参与900人次；组织分团委学生会开展学习交流会3场，考试周集中自习15次，覆盖分团委学生会130余人，有效地降低了学生干部的挂科率。在学院网站、学院微信公众平台等新媒体平台展开与“食”俱进英语过级TIPS专栏、“研之有理”保研优秀学生展播 、“那年那月那考研”考研优秀学生展播，阅读量24 000余次，形成了比、学、赶、帮、超的良好学习氛围。

深入开展科技创新活动，将大学生科技创新活动作为课堂教育延伸和辅助。积极组织申报“创青春”全国大学生创业大赛、第四届“互联网+”“自治区级大学生创新创业训练计划项目”等48项，获2018年“创青春”浙大双创杯全国大学生创业大赛第十一届“挑战杯”大学生创业设计竞赛铜奖、第四届全区“互联网+”大学生创新创业大赛银奖、自治区级大学生创新创业训练计划项目立项1项。举办“挑战论坛”、获奖项目经验交流会、各类竞赛动员会共计4场。创新创业教育在学校专项工作考核评比中获得表现突出的先进单位，学院团委被评为“共青团工作实绩突出”单位。

建立了与受学业警告学生家长联系、学院领导担任学业警告学生导师等制度，成立了“学业困难学生帮扶”工作组，组建了党员帮学辅导团。组织了降级学生座谈会、预科转段学生座谈会，建立了降级学生微信群，及时关注降级学生思想动态。

通过网络、电话宣传举办专场人才招聘会等方式，全方位、多渠道的为毕业生就业引荐用人单位开展就业招聘18场次，联系用人单位18家，就业政策宣讲4次。利用网络调查问卷的形式，开展了毕业生培养质量跟踪问卷调研、毕业生用人单位满意度调研、毕业生家长满意度调研，共收回问卷500余份。编撰了2018年就业质量报告，一次就业率为76.92%，学院被学校评为“就业工作先进单位”。

计算机与信息工程学院

概况

计算机与信息工程学院，于1999年7月由原内蒙古农牧学院计算机系和原内蒙古林学院基础部计算机教研室合并组建而成，学院下设计算机科学系、软件工程系、网络工程系、信息管理系和一个计算中心，建有一个大学生创新创业实验室。学院现有农业信息技术二级学科博士学位授权点，计算机科学与技术一级学科硕士学位授权点，农业工程与信息技术领域农业硕士学位授权点；设有计算机科学与技术、软件工程、网络工程、物联网工程、信息管理信息系统5个本科专业，建有14个专业实验室、9个公共课实验室、3个研究中心，分别在上海、北京、大连等地与知名IT企业建立实习实训教学基地。

学院近几年承担省部级教改项目8项，获得国家级教学成果奖1项、校级以上教学成果奖6项；拥有自治区级品牌专业1个，自治区级实验教学示范中心1个，自治区优秀示范课程2门，自治区级精品课程5门。

截至2018年12月，学院有教职工71人，其中教授7人，副教授21人，博士研究生导师3人，硕士研究生导师12人，具有博士学位的教师11人，在读博士10人，具有海外留学和学习经历的教师27人，自治区优秀留学回国人员2人，学院现有自治区级教学名师2人，校级教学名师2人，校级教坛新秀6人。

现有在校本科生1 396人，研究生49人，其中博士研究生12人，硕士研究生37人。本年毕业学生共281人，其中研究生数20人（博士研究生2人、全日制硕士研究生12人，非全日制硕士研究生6人），本科生261人。学院通过多种方式拓宽就业渠道，本科生一次就业率达到了83.13%。招生456人，其中研究生25人（博士研究生3人，学术型硕士研究生13人、农业硕士研究生9人），本科生431人。

党建与思想政治工作

2018年，学院党委共设有8个党支部，其中教工党支部5个、学生党支部3个。党员114人，其中教职工党员48人，学生党员66人，本年度发展党员40人。按照校党委“两学一做”学习教育常态化制度化的要求，坚持“三会一课”制度，召开了11次工作推进会，组织了党的理论知识竞赛、重温党的誓词、赴右玉县学习右玉精神等活动10余项。学院各系（教研室）党支部围绕教研室中心工作开展了听评课、说课比赛、PPT课件评比、迎评估找差距、帮学助学等活动。学院党委以解决问题的实际成效作为检验学习教育常态化制度化的标准。

学科建设

2018年共有1名研究生获得自治区奖学金，10名同学获得自治区学业奖学金，5名同学获校一等学业奖学金，18名同学获校二等学业奖学金。重新修订计算机科学与技术一级学科学位授权点、农业工程与信息技术农业硕士专业学位授权点的培养方案，于2018年11月提交了两个学位授权点的自评总结报告。2018年学院获批4项内蒙古自然科学基金项目，分别资助3万元；获批自治区教育厅项目1项，资助2万元；获批内蒙古农业大学基础科研启动基金3项，共10万元。学院教师出版专著2部，发表学术论文29篇，其中SCI收录1篇，EI收录9篇。

2018年获批科研项目统计表

序号	项目名称	主持人	项目类别	起止年月	资助金额（万元）
1	蒙古文动物医学教学资源库及云服务平台建设	白云莉	内蒙古自治区蒙古语言文字信息化专项扶持项目	2018.01—2021.12	50
2	基于车载单目视觉的准确测距方法研究研究	李美安	国家自然科学基金应急项目	2018.01—2018.12	10
3	基于视频的异常群体行为实时检测方法研究	付维娜	自治区自然科学基金	2018.01—2020.12	3

（续表）

序号	项目名称	主持人	项目类别	起止年月	资助金额（万元）
4	基于全信息反馈机制和多缓存策略的负载均衡交换技术研究	申志军	自治区自然科学基金	2018.01—2020.12	3
5	深度学习时序算法在牛发情自动检测中的应用研究	朝鲁蒙	自治区自然科学基金	2018.01—2020.12	3
6	基于高光谱成像技术的冷鲜羊肉新鲜度无损检测研究	姜新华	自治区自然科学基金	2018.01—2020.12	3
7	基于大数据的 Web 恶意攻击数据识别方法研究	马莉莉	自治区教育厅科研立项	2018.12—2020.12	2
8	基于深度学习的多形态牛乳体细胞分类识别算法的研究	白　洁	内蒙古农业大学基础学科科研启动基金项目	2019.01—2020.12	3.5
9	基于红外光谱的土壤养分检测及模型优化研究	陈　晨	内蒙古农业大学基础学科科研启动基金项目	2019.01—2020.12	3.5
10	舍饲环境下羊只运动行为识别方法研究	刘艳秋	内蒙古农业大学基础学科科研启动基金项目	2019.01—2020.12	3

教学工作

开展了第一轮教研室工作考核、听课评课、教学研讨、青年教师教学技能大赛活动。顺利配合学校完成了教育部本科教学审核评估工作，根据教育部评估专家意见，针对性地制订了符合学院发展的整改计划，明确了学院本科教学工作未来发展趋势。立项1门校级在线开放课程，2门校级示范课程。2018年有1名教师博士研究生毕业，2名教师开始攻读博士学位，刘岩、左东石2名教师2018年9月至2020年3月获批赴加拿大英属哥伦比亚大学访问学习。认真贯彻落实了学院《青年教师导师制培养计划》，校级教学管理、课堂教学、实践教学、创新创业优秀奖各1人；获校级教学成果一等奖2项，二等奖1项；校课堂教学技能竞赛三等奖3人；获批自治区级教改项目4项，校级教改项目6项，其中重点项目2项。

2018 届优秀本科生毕业论文一览表

序号	专业名称	论文名称	论文总成绩	学生姓名	指导教师姓名
1	信息管理与信息系统	采摘机器人图像识别系统的设计与开发	88	郭笑楠	乌日更

（续表）

序号	专业名称	论文名称	论文总成绩	学生姓名	指导教师姓名
2	网络工程	基于PHP的电子商务网站的开发与实现	92	吕亚轩	付维娜
3	计算机科学与技术	基于AR/VR业务MEC智能路由算法仿真	91.2	王　星	李宏慧
4	软件工程	生态修复优良植物智能信息平台的设计与实现	90	张洪宽	陈俊杰
5	软件工程	保险销售人员管理系统	89	仲长聚	刘江平
6	网络工程	基于scrapy和Elasticsearch的房屋租赁数据查询分析平台	91	李　钊	特日根
7	信息管理与信息系统	基于JavaEE开发的旅途无忧游客接送系统	89	赵贤杰	卜永波

2018年获批教改类项目统计表

序号	项目名称	主持人	项目类别	起止年月	资助金额（万元）
1	《Linux操作系统》课程教学模式的改革与实践	白戈力	校级一般	2018.10—2019.10	0.5
2	基于混合教学模式的《多媒体技术与应用》课程资源建设	郭迎春	校级一般	2018.10—2019.10	0.5

学生工作

2018年，学院团学工作以立德树人为根本任务，抓学风、促学业；以第一、第二课堂协同育人为抓手，抓创新、促就业。

思想引领方面：积极开展“我的肩膀—能挑多重的担子”“青年大学习”等主题教育活动达20余次，切实提高了广大学生的思想政治素质，收到了良好的教育效果。开展多种形式的宣传活动（如班会、团日活动、报告会、讲座等形式），同时利用学院橱窗、LED屏、学院公众平台，班级微信群等宣传教育，营造良好迎评氛围，使学生从思想上认识到迎评重要性，从行动上人以主人翁的精神参与其中。

党建带团建方面：2018年发展党员40人，转正预备党员27人。围绕党支部建设年，以党员服务站为平台，开展了党员帮学小队、党员助推科技创新、党员新时代“青年说”演讲比赛、知识竞赛、志愿服务等活动。

学风建设方面：深入开展了“抓舍风、带班风、促学风”的学风建设模式。制定了班主任、辅导员考核细则，加强了学生干部特别是班级学生干部选拔考核引领机制，建立了挂科超过三科的家长联系制度，严抓考风考纪并签订了诚信考试责任状，狠抓上课考勤、学业互助、优良学风班集体创建活动等措施，加强班风建设。强化第一课堂和第二课堂协同联动发展工作，举办“学霸来了”宣讲团、开展英语美文朗诵大赛、IT讲坛等，促进学风建设。承办内蒙古农业大学第十三届程序设计竞赛，以赛促学。

科技创新方面：2018年，学院积极召开科技创新动员大会暨“互联网+”创新创业大赛解读会，提升同学们的参赛积极性。全年学生科技创新参赛获奖国家级11项、省级14项、校级20项。2018“赛佰特杯”全国大学生智能互联创新应用设计大赛，获1个二等奖，3个三等奖；2018中国机器人大赛二等奖、2018中国高校计算机大赛—华北赛区二等奖等奖项。2018年在自治区第十三届大学生程序设计竞赛，获本科组二等奖2队，三等奖1队，同时获团体二等奖。

管理服务方面：在公寓设立辅导员办公室、形成周联防制度，切实解决学生中存在的问题。开展了新生入学教育、安全教育、毕业生教育、心理健康教育活动。切实加强对单亲、父母离异、孤儿、“低保”、受处分、家庭经济困难学生等情况摸底和关注，建立学院领导与问题学生联系制，做好学生心理档案的建立与保密工作，对问题学生采取干预与疏导措施；对危机排查重点关注16名同学进行了干预，2018年上学期成功干预了两起较严重心理问题事件和一起自杀事件；重点抓学生文明行为举止。

举办了毕业生专场就业洽谈会，2018届毕业生就业率83.13%，部分学生就职于小米、浪潮、联想、北京软通恒达、北京南天软件等公司，部分学生考取了北京科技大学、上海理工大学、西南交通大学、大连海事大学等知名大学的研究生。

重要事件

1. 2018年，认真完成教育部本科教学审核评估工作，并根据专家意见制订整改方案。

2. 2018年，按照学校学位授权点合格评估工作安排，在完成校内合格评估的基础上，巩固优势、弥补不足，形成学位授权点自评报告，向教育部提交学校学位授权点评估材料，迎接教育行政部门抽评。

3. 2018年获批了内蒙古自治区农牧业大数据研究与应用重点实验室。

4. 2018年，学院被评为内蒙古农业大学2018年度学风建设“先进集体”、2017—2018年度维护稳定、校园治安综合治理工作“先进单位”，学院团委被评为内蒙古农业大学2018年“五四红旗团委”。

5. 2018年，学院3人、1个教工党支部荣获校党委表彰。学院本科生党支部党日活动荣获我校2018年度精品党日活动二等奖。

6. 2018年学院学生在“赛佰特杯”全国大学生智能互联网创新应用设计大赛华中赛区比赛中，荣获全国二等奖1项、全国三等奖多项和华北赛区二等奖、三等奖各1项的优异成绩，学院“青柏机器人团队”被评为内蒙古农业大学2018年大学生年度人物（群体）。

7. 2018 年 7 月，学院组织“弘扬右玉精神，助力脱贫攻坚”调研实践团参加团中央“弘扬右玉精神，争做时代新人”百所高校右玉行暑期实践活动，被评为学校 2018 年度暑期“三下乡”社会实践“优秀实践分队”“优秀组织单位”。

8. 学院连续第四年捧得“乒羽杯”，体现了计算机人团结拼搏的进取精神，展现良好的风貌。

9. 学院连续多年荣获“学校综合治理先进单位”。

10. 新进专任教师 3 名，其中博士 2 名，硕士 1 名，学生辅导员及教学秘书各 1 名。

生命科学学院

概况

学院成立于 1996 年，现有生物科学、生物技术、生物工程、制药工程 4 个本科专业；拥有生物学博士后流动站，生物学一级学科博士学位授权点，生物化学与分子生物学、发育生物学和微生物学 3 个二级学科博士学位授权点，生物化学与分子生物学、发育生物学、微生物学和发酵工程 4 个硕士学位授权点，并拥有生物工程和轻工技术与工程 2 个工程硕士学位授权点。学院拥有内蒙古自治区生物化学与分子生物学实验示范中心、内蒙古自治区植物逆境生理与分子生物学重点实验室、内蒙古自治区生物制造重点实验室、内蒙古自治区高校动物生物技术重点实验室和内蒙古自治区发展和改革委员会工程实验室等教学和研究平台。

学院现有教职工 81 人，专任教师 63 人，其中教授 19 人、副教授 20 人、博士生导师 14 人、硕士生导师 20 人，48 位教师具有博士学位。

党建与思想政治工作

2018 年学院党委在调整教研室主任兼任党支部书记的基础上强化支部“双带头人”制度，修定了《生命科学学院教工党支部支部手册》《生命科学学院发展党员工作实施细则》《生命科学学院“两学一做”常态化学习教育方案》等制度。通过精准化的布局，针对性的实施方案、制度化的指导性驱动，使学院党建工作实现了与学科建设和学生思政建设的结合，形成了集体之间在思想上、政治上的凝聚力。

学院党委和各支部重视“两学一做”学习教育的常态化制度化建设，细致研读学习了党章党规和习近平总书记系列讲话精神。积极落实推进“三会一课”制度和“六个一”学习制度，2018 年共开展专题学习会、读书交流会、分享会 40 余次。围绕学校迎评促建，党委书记、党支部书记讲党课 3 次，成立了涵盖 161 名党员的禁烟督查、宿舍卫生督查小组志愿服务队。围绕改革开放 40 周年，举办了系列党日活动 8 场、举办了“改革开放四十载　不忘初心向未来”主题知识竞赛 1 场等。

教学工作

2018 年，学院完成教育部、自治区教育厅和学校组织的专家教学检查及评估工作。学院修订了专业人才培养方案和课程大纲。两个工科专业参加了专业认证，为今后的教学工作更好的开展设定了方向。学院通过举办“提高课堂教学质量”系列活动，如听课、观摩、教学研讨会、优秀论文和试卷评选活动、名师报告会、教学技能大赛、调查问卷等形式提高课堂质量。

2018 年，在已有《生物化学》《微生物学》2 门示范课程的基础上，学院又获得《细胞生物学》示范课程。学院《生物化学与分子生物学》和《微生物学》两门课获得 2018 年校级在线开放课程立项。学院新增内蒙古农业大学教改项目 4 项，学院获得学校教学成果奖（2018 年 3 月刘春霞副教授主持的“生物科学类专业主干课程建设与教学改革研究”项目获得内蒙古农业大学教学成果一等奖）、优秀论文和优秀试卷等荣誉，为学院教师树立了榜样。同时，进一步推进和应用重组蛋白表达、分离与纯化虚拟实验教学项目，并申报国家级示范项目。

学院坚持“以人为本”，重视学风建设，在本科生中实行“导师制”教育管理模式。教育教学工作紧紧围绕“以学生为本、服务学生成长成才”主线展开，通过发挥教师的主导作用、学生骨干的示范作用、学生的主体作用，利用“大学生创新创业中心”平台，办好一个大赛“生命科学创新创业大赛”两个培训“职业技能培训”“创新创业能力培训”将学风建设工作落到实处，并取得了可喜的成绩。被评为内蒙古农业大学学生工作先进单位、就业工作先进单位、共青团工作实绩突出单位。大学生创新创业项目获得国家级奖项 3 项、省部级奖项 15 余项。2018 年，毕业生就业率达到 85%，考研率达到 20%，为国内众多知名院校、企事业单位和行政管理部门输送了大量优秀人才。

另外，学院校园文化活动丰富多彩，以“生物化学实验技能大赛”“Bio 讲坛”等为代表的校园文化活动积极地推动第一、第二课堂协同联动，促进学生的全面发展，深受师生喜爱。

科研工作

2018 年获得国家自然科学基金项目资助 3 项；获得内蒙古自治区自然科学基金资助 3 项，其中包括杰出青年培育基金 1 项；获得自治区创新引导项目 1 项，国家重大专项子课题 1 项，自治区科技成果转化项目 1 项，内蒙古自治区教育科学“十三五”规划项目 2 项，校高层次人才引进科研启动项目 2 项。2018 年纵向课题新增项目经费 1 000 多万元，在研项目总经费超过 2 400多万元。发表科研论文 50 余篇，其中 CSCD 和中文核心期刊发表 40 多篇，SCI 收录论文 9 篇，并有 1 篇发表于 *Nature Genetics*。出版学术专著 2 部。参与获得自治区科技进步一等奖 1 项。

人文社会科学学院

概况

人文社会科学学院（简称“人文院”下同）成立于2001年4月。拥有公共管理一级学科1个。学院设行政管理、社会工作、法学3个本科专业，拥有教育经济与管理、行政管理两个硕士学位授权点，还有一个公共管理专业硕士（MPA）学位授权点。

学位现有教职工43人，其中在聘教授5人，副教授12人；博士生导师1人，硕士生导师14人；专任教师中具有博士学位的12人，具有硕士学位的28人。本年毕业生292人，其中公共管理专业硕士（MPA）15人，硕士研究生10人、本科生267人；招生411人，其中公共管理专业硕士（MPA）92人，硕士研究生17人，本科生302人；在校生1 564人，其中公共管理专业硕士（MPA）256人，硕士研究生44人，本科生1 264人。

党建与思想政治工作

学院党委履行全面从严治党主体责任，通过召开学院党委会、党政联席会、民主生活会等形式研究部署“三重一大”重要事项。坚持问题导向，积极推进巡视整改工作。落实廉政主体责任和“一岗双责”，贯彻八项规定，排查廉政风险点并制定防控措施。积极推进本科教学审核评估工作。

深入推进“两学一做”常态化制度化，加强意识形态工作。贯彻落实“两学一做”相关文件精神，坚持周计划和月报制度。落实双周一上午党委中心组政治学习会、双周四下午师生政治学习会等制度。院党委中心组集中学习18次，教职工集中学习16次，各党支部开展专题研讨8次。领导干部和党支部书记讲党课12次。书记、院长给大三大四的学生讲授形势政策课《中美贸易摩擦》。创新互联网+党建模式，利用学院网站、展板、电子屏政治学习专栏、“IMAU人文院”微信公众号、党支部微信群、“两学一做”微信群等形成线上线下相结合的政治学习模式。

学院有6个党支部，现有95名党员。以党支部建设年为契机，落实“三会一课”、政治学习、党员评议、组织生活会、支部委员培训等制度。开展党课培训16次。发展预备党员48人。开展了庭审进校园、社工在行动、缅怀乌兰夫、重温入党誓词等主题党日活动。召开人文院第五届精品党日活动评比暨党建工作研讨会。开展教师党员“一帮一”精准助学活动，与受学业处理14位同学结对帮扶。开展“1+2”支部共建活动。师生党员按时足额缴纳了党费15 147.78元。

学院有1位民盟成员，13位群众。学院党委通过院领导与党外人士一对一结对，谈心谈话、座谈会、组织培训等形式关心党外群众的生活工作情况。按照“六个好”的标准，通过创建星级宿舍、禁止吸烟宣传、心理辅导、“12.4”宪法宣传、安全大检查、落实开会签到、外出请销假等工作深入推进创建活动。全年无重大安全事件发生。开展“三八”节烘焙培训，乒羽杯赛，读书会，慰问老教师，教师生日会，万米接力，摄影比赛，新进教师说课等系列活动师德师风建设活动等增强教职工凝聚力。完成了工会之家建设。荣获教职工体育道德风尚奖。人文院蒙汉双语授课学生约占40%，共14个班。以蒙汉双语教研室为依托，通过教学观摩、蒙古文教材编写、论文写作指导等形式推进民族教育教学工作。蒙汉双语教师资格认定9人。出版蒙古文教材《心理学基础》和《国家公务员制度》2部。举办内蒙古农业大学第四届“哈斯格”蒙古象棋大赛。

科研工作与学科建设

强化学科建设、学术交流、科研和社会服务。加强学术交流，选派师生赴华南农大参加了“中国农学会教育专业委员会2018年学术年会”。为了加强教育经济与管理学科建设，学院到北京相关高校招聘博士人才。引进博士1名，研究生辅导员和秘书各1名。

荣获国家社科基金资助1名，获得教育部人文社科项目1名。完成《大学生情境化思想》和《内蒙古生态安全屏障建设论》学术专著2本。评审出正副教授各1名，遴选硕导1名，教坛新秀1名。2名教师分别去美国和澳大利亚进修1年回国。1名教师赴北京大学进修。在社会服务方面，到企事业单位作讲座10余场。在内蒙古电视电台参加节目10余次。青苗社工服务站与内蒙古医院共同建立培训基地。学院人大代表和政协委员通过参政议政服务社会。

研究生培养和教育管理工作。顺利完成研究生的开题、答辩工作，分别对36名研究生进行了答辩。年内招收公共管理专业硕士（MPA）94名。9月，举行了研究生入学教育大会，院长作了《提高三种能力，破解“本领恐慌”》的讲话。成立了以学院党委书记为组长的研究生纪律管理组织，通过严格课堂考勤、例会制度、检查宿舍等途径加强教育管理工作。完成第七届研究生会和党支部的换届工作。2018年研究生就业率达到70.4%。

教学工作

组织开展教学观摩、外聘教师培训、新进教师说课等系列教研活动11场次。新建13家校外实习基地，顺利完成2015级（9个班）专业实习任务。以评促建全覆盖，分阶段对全院试卷、毕业论文、实习报告进行自查整改。共检查2017秋学期130本试卷，本学位409本试卷、651份毕业论文，双学位试卷147本、629份毕业论文，2018春学期103本试卷，489份实习报告。2项教学成果获学校教学成果二等奖；2项教改项目获校级立项；1门课程获批学校第二批示范课程；2门课程获校级在线开放课程立项；1本试卷被评为校级优秀试卷。以教研室工作考核推进其核心作用的发挥，对5个教研室进行年度考核。

学生工作

以“三个一切”为服务宗旨，加强学生工作队伍建设。在校本科生1 286人，3个专业43个班级，班主任配备齐全，严格做到“三深入”。新进专兼职辅导员3名，对学生会、分团委学生干部分类进行工作指导和培训，完成换届工作。

以“迎评促建”为契机，抓学风、促学业。学习贯彻高校思想政治工作相关文件精神，坚持四个先行；扎实有力推进学风建设，以提高蒙授学生的学习为切入点，开展“零补考”“零旷课班”班级评比活动，开展学习型班级和宿舍创建工作，培育一批“优良学风宿舍”“学霸宿舍”，五星级宿舍高达60%多。继续抓好诚信考试、“优良学风班集体创建”等活动。加强“末端”管理，对“玩物丧志”的学生进行清退。建立大学生心理健康和发展网络机制，入心理危机库学生14人；评选各类奖助学金1 474人次，举办了“感恩励志演讲比赛”。对7位家庭重大变故学生及时干预并给予经济支持。获得军训优秀组织单位称号。行管、社工专业超额完成就业目标。《提升蒙古语授课班大学生就业竞争力的探究》项目获得学校立项资助。

以“党日活动+”为平台，创新开展党建促团建活动。校园文体活动蓬勃发展，获自治区级团体奖7项，个人奖6项。举办专业特色讲座40余场，参加学生3 800人次。承办“2018年国际社工日主题宣传活动暨内蒙古高校社会工作知识竞赛”。

外国语言学院

概况

2018年，外国语言学院紧紧围绕学校中心工作，各教研室、各部门共同配合完成了学校的各项工作。学院保持了良好的教学秩序，优化了课堂教学过程。学院为学生搭建多维度、多彩的学习环境和学习平台，建立丰富多样的课程体系，提升学生整体英语意识、国际意识、人文意识。鼓励年轻教师继续攻读博士学位，帮助提高学术研究能力，提升师资队伍结构比例。英语专业教研室配合学院完成了英语翻译专业的申请材料准备工作和了翻译硕士申请工作。各教研室因地制宜有针对性的调整授课内容，提高教学能力，重点加大了以提高学生英语语言应用能力的教学内容。推进信息化教学与课堂教学改革的深度融合，组织教师挖掘和推广典型教学案例应用，开展教育信息技术的经验交流，探索尝试“慕课”“微课”在课堂教与学有效模式的设计与开发。进一步对形成性和终结性考试模式创新和改革，科学有效地对学生整体素质进行评估。

学院顺利组织完成了2017级学生的暑期教学实习工作，有8名老师和198名本科生赴内蒙古迈峰乐弟子商务公司实习，12名学生到将军衙署进行志愿者实践活动。2018年，外国语言学院共有8位教师到英国进行访学进修。

党建与思想政治工作

2018 年学院党委有 5 个党支部，在校学生党员数为 9 人。学院党委党校举办两期入党积极分子培训班，培训入党积极分子 39 人，举办两期重点培养对象培训班，培训学生 13 人。年内共发展学生党员 11 人。各支部开展了集中学习、自主学习、专题研讨和支部书记讲党课、“我是党员我要说”等活动，举办了“点燃爱心、传递真情——用爱托起折翼的天使”等党日主题教育活动。制定了《外国语言学院加强意识形态领域责任清单》《外国语言学院加强意识形态建设的规定》等 5 项制度，分别与教研室、出国人员、无党派人士和外聘教师签订了责任状，并及时自查，做到了对意识形态领域阵地的牢牢把握。学院采取面授和多媒体学习相结合的方式，分层次做好教职工党员、学生党员、重点培养对象和积极分子的思想引领工作，充分发挥学院网站和微信平台以及党员交流平台等新媒体的作用。2018 年度累计推送公众号 198 期。

教学工作

学院规范教学过程，完善教学管理各个环节工作，保证了教学合理、有序、平稳的进行。学院梳理蒙汉双语授课基本情况，存在的问题并提出解决的对策。积极筹划编写蒙授学生教材，提高蒙汉双语教学质量。为迎接 2018 年国家教委教学评估，大学英语第一教研室组织教师在做好教学的同时，学习和完善各类教学文件。为了提升教师教学素质和教学质量，教研室实施互相听课，教研室利用周四的学习时间请国内外深造及有教学特长的教师在教研室作专题讲座，大家互相学习，共同探讨教学，教学相长。大学英语第二教研室以更新教学内容为先导，以改进教学方法为手段，以提升课程考核成绩大学英语四级过关率为重点，充分发挥教研室在大学英语教学管理中的主导地位和主体作用，重点监控对教学计划的贯彻与教学内容的执行情况，发挥群体优势，进行了大学英语的集体备课，探讨如何将英语教学与各专业及工作应用相结合。双语教研室制定科学的进阶式的教学计划。在大一年级夯实学生通识英语基础；在大二年级开展学术英语，与学生所学专业结合，培养学生阅读、撰写英文学术文献的能力。进行了为期两周的卓越、英才班学术英语公开课，学生通过自己搜索专业文献、梳理大量资料、建设专业术语语料库、报告专业前沿动态。全面精心创建“学霸团”，促进优质复合型人才的培养。

学生工作

2018 年，学院学生工作紧紧围绕校院中心工作，深入推进学院双“一二三”目标管理学习机制，学风浓厚，效果明显。2018 届毕业生考上研究生的人数为 9 人，1 人荣获学校 2018 年“十佳毕业生”称号。加大勤工助学力度，为经济困难学生设岗 21 个，累计发放勤工助学费近 5 万元，进一步解决家庭经济困难学生的生活问题。积极打造学院品牌活动——内蒙古农业大学第十届英语文化节，学生第二课堂及社会实践活动得到进一步加强。进一步完善《外国语言学院班主任考核细则》，加强班主任队伍建设。班主任有 12 人，班主任队伍中有博士 1 人，副教授及以上职称 6 人。评为学校优秀班主任 3 人。本年度学院毕业生 88 人，一次性就业 66 人，就业率为 75.86%。获得集体奖：自治区级奖项 1 项、校级奖项 10 项。学生个人获奖：国家级 20 人、自治区级 206 人次、校级 356 人次。

理学院

概况

理学院组建于 2004 年 11 月，下设数学与统计学系、物理与电子科学系、化学化工系和一个实验中心。在编教职工 141 人，其中专任教师 123 人，实验人员 9 人，行政人员 9 人；教授 21 名，副教授 35 名，高级实验师 2 名；博士研究生导师 3 名、硕士研究生导师 17 名；专任教师中具有博士学位者 29 名、硕士学位者 69 名；具有高级专业技术职称的教师占 42%；具有国外进修及培训经历的教师 22 名。享受国务院政府特殊津贴 1 人，草原英才 1 人，自治区级教学名师 4 人，校级教学名师 3 人，校级教坛新秀 5 人。2018 年新进专任教师 4 名，其中蒙汉语兼通 1 名，博士 2 名，硕士 2 名；新增校聘岗人员 2 名，其中物理实验室 1 名，教学秘书 1 名。现在职攻读学位 6 名。

党建与思想政治工作

理学院现有教工党支部 3 个，教工党员 83 人，学生党支部 1 个，学生党员 32 人。年内，邀请兽医学院教授呼和巴特尔为师生作了“两会”精神学习辅导；邀请郭宝亮教授为学生党员、重点培养对象及入党积极分子作了社会主义核心价值观讲座；组织全体党员观看电影《厉害了我的国》、纪念大青山抗日根据地的文艺演出等；开展“读书分享会”“党员教师助力博硕士研究生科研公益讲座”等精品党日活动；参访百灵庙革命遗址纪念馆、内蒙古最早的党支部老牛坡村党支部。培训积极分子 90 人，其中教工积极分子 2 人，重点培养对象 30 人，发展学生党员 20 人，按期转正 19 人，其中转正教工党员 4 人。

学科建设

2018 年，新入学生物物理学博士 1 名，生物物理学硕士 2 名、农业资源应用化学硕士 4 名，经济数学硕士 1 名，累计已有硕士研究生 21 人、博士研究生 3 人。2018 年毕业 8 人，经济数学 1 人，生物物理 1 人，农业资源应用化学 6 人。组织新入学的研究生与导师进行座谈，开展了研究生入学教育工作、研究生学术道德和科研作风的宣讲工作。完成了 2017 级 5 名硕士研究生中期考核和开题报告工作；完成了 2016 级 8 名硕士研究生论文中期考核工作；完成了研究生奖助学金的评比与上报工作。2018 研究生奖助学金的评比与上报工作开展顺利，共有 1 名学生获得国家奖学金，6 名学生获得自治区学业奖学金，2 名学生获得校一等学业奖学金，11 名学生获得校二等学业奖学金。

教学工作

全年承担全校专本硕、预科等各层次、共2 000多个班次、约 4.5 万学时教学任务，34 万余人时数实验教学任务。完成听课 257 人次，收集课堂情况调查表（学生填写）305 份。完成本科专业培养方案 1 册（含 4 个本科专业）、专业课及数理化公共基础课大纲 7 册（含 60 门公共基础课、140 门专业课）；完成1 953本试卷、427 本毕业论文的自查、系查和普查；完成 2014 级学生毕业论文指导工作及 2015 级学生实习实训工作。

科研工作

申报各类科研项目 61 人次，其中，国家自然科学基金 15 人次，内蒙古自然科学基金 12 人次，高等学校科研项目 12 人次，学校基础研究项目 5 人次；留学归国人员资助项目 3 人次，学校高层次人才项目 2 人次；学校教改项目 8 人次。获批内蒙自然科学基金 5 项、高等学校科研项目 2 项；获批学校基础研究项目 3 项、学校高层次人才项目 2 项；获批校级教改项目 5 项、混合式教学示范课程项目 2 项、在线示范课程项目 2 项。年内有 17 项科研项目结项。其中，国家自然科学基金 4 项，内蒙古自然科学基金 1 项，自治区高校研究 2 项，学校基础研究项目 5 项，学校教改项目 5 项。目前，有在研项目 60 项，经费 400 余万元。发表各类学术论文 20 余篇。

2018 年科研项目申报情况统计表

序号	项目名称	主持人	项目编号	起止年限	经费（万元）	项目来源/类别
1	静电纺丝法制备稀土掺杂氧化锌纤维及其光催化性能的研究	额尔德木图	NJCY18054	2018.01—2020.12	2	内蒙古自治区高等学校科学研究项目
2	功能材料 SnxSy 薄膜的掺杂制备及掺杂改性机理研究	白海平	NCJY18055	2018.01—2020.12	2	内蒙古自治区高等学校科学研究项目
3	锐钛矿 TiO_2 晶面调控异质结复合催化剂的可控合成及其甲醇光催化氧化 制备甲酸甲酯反应研究	史全全	2018BS02004	2018.01—2020.12	3	内蒙古自治区自然科学基金博士基金
4	研究内含子与相应 mRNA 相互作用的普适性分析	张　强	2018BS03001	2018.01—2020.12	6	内蒙古自治区自然科学基金博士基金

（续表）

序号	项目名称	主持人	项目编号	起止年限	经费（万元）	项目来源/类别
5	基于高速双倍自助法的蒙古马与野马适应性进化研究	任爱珍	2018MS01006	2018. 01—2020. 12	3	内蒙古自治区自然科学基金面上项目
6	基于照片的非接触式驼体测量及生产性能估测研究	阿木古楞	2018MS06011	2018. 01—2020. 12	3	内蒙古自治区自然科学基金面上项目
7	内蒙古短花针茅荒漠草原在不同放牧强度下的植被特征对气象因子的滞后响应模型研究	张　军	2018MS03047	2018. 01—2020. 12	3	内蒙古自治区自然科学基金面上项目
8	基于区间直觉模糊集信息的双边匹配决策研究	乔剑敏		2018. 10—2021. 10	3	学校基础学科科研启动基金
9	几类非线性方程的相似约化与精确解	那仁满都拉		2018. 10—2021. 10	3	学校基础学科科研启动基金
10	In_2O_3/ZnO 光催化剂及其光催化性能的研究	多　喜		2018. 10—2021. 10	4	学校基础学科科研启动基金
11	光催化	巩　霞	NDYB2018-23	2019. 1—2021. 12	20	校优秀博士人才第二层次
12	模糊优化	黄沙日娜	NDYB2018-24	2019. 1—2021. 12	10	校优秀博士人才第二层次
13	生物质材料	张晓涛	NDYB2018-59	2019. 1—2021. 12	25	回校优秀博士人才第一层次

2018 年教育教学改革研究重点项目一览表

项目编号	项目名称	项目主持人	所在单位	经费（万元）
JGZD201815	开展数学建模竞赛活动和教学实践助力大学生科技创新能力的培养和提升	张　军	理学院	1

2018 年教育教学改革研究一般项目一览表

项目编号	项目名称	项目主持人	所在单位	经费（万元）
JGYB201833	提高全校预科化学民族教育教学质量的教学改革研究及实践	额尔德木图	理学院	0. 5
JGYB201834	考研数学与高等数学有效衔接的教学实践研究	杨丽英	理学院	0. 5

（续表）

项目编号	项目名称	项目主持人	所在单位	经费（万元）
JGYB201835	混合式教学在《普通物理学》课程中应用与实践	王　焕	理学院	0.5
JGYB201836	电子科学与技术专业《模拟电路》课程的教学改革	李川飞	理学院	0.5

2018 年示范课程建设立项名单

序号	课程名称	课程负责人	资助金额（万元）	学院
1	普通物理学 A1	王　焕	1	理学院
2	分析化学	许　辉	1	理学院

2018 年校级在线开放课程立项名单

序号	课程名	课程属性	负责人	资助经费（万元）	学院
1	分析化学	公共基础课	许　辉	1	理学院
2	多元统计分析	专业课	孙鹏哲	1	理学院

学生工作

学院把“第二课堂”教育活动作为学生工作的主线，以班团建设为主平台，构建第二课堂活动系统，2018 年内组织“职言不讳论坛”2 次；与职慧公益组织合作开展大学生职业素养培训 4 场；开展党团课 20 次；组织新生校纪校规教育 2 场、法制及消防安全教育 1 场、校史及专业思想教育 3 场、适应性教育 1 场；举办心育委员培训班 8 次，开展心理健康讲座 2 次；数据分析公益讲座 6 场，志愿服务活动 4 场。在美国大学生数学建模竞赛中荣获二等奖（Honorable Mention）1 项；在第八届全国大学生市场调查与分析大赛中获国家二等奖 1 组、三等奖 1 组，自治区一等奖 1 组、二等奖 1 组、三等奖 2 组；在全国大学生数学建模竞赛获得国赛二等奖 1 组，自治区一等奖 1 组、二等奖 4 组、三等奖 3 组；在内蒙古自治区第一届“欧倍尔杯”大学生化工实验大赛中荣获团体二等奖和团体三等奖，2015 级应用化学班何应春和化学工程与工艺班张厅分获个人三等奖；2017 级电子科学与技术班宋琪英获得中国国际旅游暨安防机器人大赛中国机器人大赛专项赛机器人越野（I 型循线）一等奖；2016 级周广颖获批自治区级大学生创新创业训练计划项目 1 项。2018 届毕业生一次性就业率 82%，其中考研率 11.8%。

能源与交通工程学院

概况

能源与交通工程学院成立于2008年11月，主要由交通运输工程、林业工程两个一级学科组成。学院设森林工程、新能源科学与工程、道路桥梁与渡河工程、交通工程、交通运输5个本科专业，其中，森林工程专业和交通运输专业为内蒙古自治区品牌专业。拥有森林工程、林业工程和建筑与土木工程硕士学位授权点、森林工程博士学位授权点、林业工程博士后流动站。学院现有相关专业30个实验室。

教职工49人，其中专任教师41人。专任教师中，教授9人、副教授12人，博硕士研究生导师7人，硕士以上学历教师45人。2018年毕业生326人，其中研究生14人（博士研究生1人、硕士研究生13人）、本科生312人。招生290人，其中研究生19人（博士研究生1人，硕士研究生18人），本科生272人。在校生1 168人，其中，研究生36人（博士研究生4人，硕士研究生32人），本科生1 132人。

党建与思想政治工作

2018年，能源与交通工程学院党委共有4个支部，其中教工党支部2个、学生党支部2个。党员104人，其中教职工党员37人，学生党员67人，入党积极分子81人，重点培养对象74人。发展党员38人。

学院党委理论学习中心组、支部理论学习采取形式多样的学习形式，提高政治理论学习实效；组织学生党员“延安行”暑期社会实践活动，以切身感受促进党员素质提升。为加强党风廉政建设，明确了党委书记是党风廉政建设第一责任人，明确班子成员的“一岗双责”。对每一位班子成员的廉政风险点进行排查，提出了防范廉政风险的具体措施。学院党委坚持党政联席会议制度，充分发挥教代会、教授委员会的作用，为学院的中心工作做好顶层设计。

教工党支部活动内容与促教学紧密结合，以“本科教学审核评估”为契机，领导班子成员分别作了题为“提高高校教师修养，践行立德树人根本任务”“践行‘四个回归’坚持‘以本为本’加快建设高水平本科教育，全面提高人才培养能力”“树立理想信念”的主题党课报告。学生党支部活动内容与促学风紧密结合。通过“党员1对1”帮学、“学霸来了”宣讲、成立“科技创新协会”等措施，充分发挥本科生党支部的战斗堡垒作用。坚持意识形态工作贯穿日常教学、管理的全过程，保障措施制度化，明确政治定位。联系实际，把握舆情研判，注重日常教育引导，增强师生对各种错误思潮的政治辨识力和自觉抵制力。强化对学院网站以及各类新媒体的指导和监管，完善了《能源与交通工程学院网页上传内容审批制度》；注重网络安全教育，要求广大师生牢固树立网络与信息安全意识；涉及人文知识讲座或群体活动等，严格做到请示和报备党委宣传部或保卫处，确保工作的方向正确和活动安全。

签订了《学院教师师德师风建设责任书》，制定了师德规范《青年教师培训计划》。组织教师观看《辉煌中国》《钱学森》等视频学习资料，组织教师前往学校海流图实践教学基地，激发青年教师树立崇高的职业理想，切实肩负起立德树人、教书育人的光荣职责。

组织了学院第八届教师技能大赛；吕贞老师在学校青年教师技能大赛中荣获二等奖，梁晓辉老师获得学校“爱岗敬业劳动者”。开展了“三八”妇女节专题讲座等系列活动；关心教职工生活，慰问有特殊情况的教职工 3 人；组织全院教职工参加学校运动会、“乒羽杯”团体赛以及工会干部竞赛，荣获体育道德文明奖。

学科建设

进一步凝练了学科研究方向，根据学科发展趋势，结合自身优势，进一步凝练森林工程学科研究方向，分别为：沙生灌木林生态采伐理论与技术、林业装备与信息化、生态脆弱区道路工程与规划；整合了研究生导师队伍，明确了今后人才引进和实验室建设的目标。

提高了森林工程学科研究生毕业发表论文质量要求，对博士生、科学硕士研究生和专业硕士研究生分别提出相应要求；注重加强研究生管理，提高研究生培养质量，获发明专利 1 项，实用专利 1 项。

与材料科学与艺术学院共同完成了林业工程学科自评和“双一流”学科建设规划工作。

教学工作

注重“以评促建、以评促改”，加强本科审核评估工作组织和领导。本科教学工作审核评估校内自评位列全校第一位，教育厅预评估中未有教师被处理。获批教育部“产学合作协同育人”项目——《晨曦科技教育部协同育人项目 2018 年第一批》师资培训和《物联网实践条件和实践基地建设》2 个项目。针对以往道桥专业实习存在问题，依托海流图校内实训基地，提出了“全真”工程现场模拟实践教学模式。提高了学生和青年教师实践工程能力。新能源专业，采取专业实习与职业岗前培训相结合的方式进行，近 3 年共有 89 人培训合格，获得上岗资格证，提升了学生的就业竞争力。新增实践教学基地 6 个，完成了所缺少的实验、实习指导书编写。

实验室开放投入建设经费 100 万元，开放实验项目为 39 个。开放实验室项目分为四类：教师项目引导型、实验室课题引导型、学生课题引导型和课内实验补充型。目前受益学生 85 名。学生创新能力得以加强，获得国家级竞赛奖项 34 人次、区级奖项 15 人次。获批教育部首批“新工科研究与实践项目”1 项；自治区“十三五”规划教改项目 2 项，校级教改项目 2 项；新增校级虚拟仿真实践教学项目 1 项；新增校级示范课程 2 门，校级在线开放课程立项 2 项。制定了《本科生毕业论文（设计）工作实施细则》《关于完善本科教学质量保障体系的实施办法》《本科教学课堂管理规定》《学院本科课程考核管理办法》《学院本科课程考核管理办法》《学院青年教师培养补充规定》等制度。

科研工作

认真组织、培育各级各类科技项目申报。申报国家自然科学基金项目19项、内蒙古自治区自然科学基金项目14项、内蒙古自治区高校科研项目2项；组织申报自治区科技创新需求项目3项，积极开展自治区工程技术研究中心申报工作。

2018年，国家自然科学基金项目获得资助2项，国家重点研发项目专题获得资助1项，内蒙古自然科学基金面上项目获得资助1项，自治区教育厅自然科学一般项目获得资助1项。

学生工作

本着“以学生为本”的思想，坚持把德育教育、素质教育和专业教育三条主线贯穿学生工作始终。以学生党建为龙头、以基础文明教育为核心、以学风建设为重点、以职业规划为导向、以学生的全面成长成才为目标，开展了系列教育活动。

建立了学生安全管理台账，重点关注学籍处理的学生、存在心理问题的学生和有特殊家庭情况的学生。充分发挥学工干部、班主任、年级辅导员、党支部、学生会、班团干部六支队伍的力量，紧紧抓住宿舍、课堂、舆论宣传以及“第二课堂”四块教育阵地，富有成效地开展学生日常管理工作。实行了辅导员驻楼制度，学工干部、班主任定期深入宿舍制度，夜不归宿定检抽检制度，重大节假日安全检查制度，班级集体活动报备制度等，及时掌握信息，有效预防了学生突发性事件的发生。

通过深入开展专业思想教育、学习（考研）经验交流会、学风建设主题班团活动等，以教育促学风。通过校友事迹报告会，制作“考研光荣榜”“身边的榜样”宣传板，召开学风动员大会、学风表彰大会等途径，发挥先进典型的示范引领作用，以榜样的力量促学风。严抓学生课堂考勤和课堂纪律，出台《学院抓学风促学业工作实施方案》。要求任课教师使用平时成绩管理系统，每周统计学生上课出勤情况，并向学生进行反馈，同时对无故缺课的学生及时给予批评教育，并根据学院和学校的相关规定进行处理。截至2018年年底，全院各班级的上课出勤率为历年最高，有7个班级的出勤率为100%。

认真组织“三下乡”暑期社会实践活动。在团中央全国大学生暑期社会实践专项活动中，学院有2项入围。在由团中央学校部等主办的全国大中专学生“镜头中的三下乡”活动评选中，学院在全国2万多支实践队中脱颖而出，获得全国优秀宣传报道奖、优秀摄影奖、优秀视频奖、优秀指导教师、优秀通讯员所有5个奖项的优秀奖，也是全区高校中唯一获得所有奖项的单位。

认真做好毕业生就业服务工作，积极开拓就业市场，主动联系用人单位，针对就业困难毕业生开展专项帮扶活动，实时精准推送就业创业信息，设立学生创新创业实验室，为学生提供实践平台和专业指导。建立起7个就业见习基地，举办了5次专场就业洽谈会。

重要事件

1. 学院推进实验室开放共享，新上实验室管理系统。
2. 学院学生团队在“第二届全国农林院校企业管理优化建模竞赛”中荣获三等奖。
3. 学院学生团队在“全国首届大学生可再生能源科技竞赛”中荣获全国二等奖。
4. 学院学生团队在“全国第三届建设类院校施工技术应用技能大赛”中荣获团队三等奖，个人二等奖和三等奖。
5. 学院本科生党支部被评为“内蒙古农业大学先进基层党组织”。
6. 学院工会分会荣获学校“教工之家”创建模范称号。
7. 学院完成工会分会委员换届选举工作。

体育教学部

概况

体育教学部是学校直属教学单位。下设办公室、体育教研室、教学管理办公室、竞训管理中心、康体中心、场馆科和《国家学生体质健康标准》测试中心7个科级机构。共有教职工51人，其中专人教师42人（具有正高级职称的4人，副高级职称22人，中级职称10人，初级职称6人），行政和教辅人员9人。体育教学部承担着全校本、专科体育教学、课外体育活动、群体竞赛、健康指导以及高水平运动队的建设等工作。2018年，体育教学部深入贯彻校党委及各级行政管理部门下达的工作要求和部署，立足“以科研为先导，以教学为中心，以群体竞赛为基础”的工作方针，各部门精诚团结、通力合作，圆满完成了年初制定的各项工作目标。

党建综治工作

推进“两学一做”学习教育常态化制度化，体育教学部党总支共召开中心组（扩大）学习会16次，党支部召开全体党员、积极分子学习研讨会14次、“我爱我家”系列党日活动2次，组织党员和要求入党的积极分子观看“厉害了，我的国”1次，邀请学校宣讲团郭宝亮老师作社会主义核心价值观与政治合法化专题讲座。积极完成支部书记、处级干部网络学习培训。认真贯彻民主集中制原则，严格按照“集体领导、民主集中、个别酝酿、会议决定”的程序推进决策的科学化、民主化；认真贯彻落实党务、政务公开等规定；改进工作作风，提高决策和执行力；严格按照纪律要求，用法律法规指导各项工作，做到廉洁自律。加强基层组织建设，体育教学部教工党支部现有党员

28人，教师党员25人；业务科室7个，科室负责人中党员干部5人，党员重点培养对象3人，通过每周四下午认真组织党员、积极分子的政治理论学习，制定党员课程表并开展党员相互看课、听课、评课活动，党支部书记作为二级督导组成员对党员教师和重点培养对象进行全覆盖的教学检查，成立“党员志愿者服务队”，在承办赛事，急、难、险、重工作中发挥了重要作用。

办公室工作

认真履行工作职责，加强与其他部门的协调与沟通，做到行政后勤、手续管理、会议管理、大事记管理、档案管理及公章管理等工作的清晰明确，严格规范；做到收发文件的准确及时，并对领导批示的公文做到了及时处理，不拖拉；做到办公耗材管控及办公设备维护、保养、日常行政业务结算和报销等工作的正常有序；配合学校招生就业处完成高水平运动队招生的准备筹划、上网公示信息统计等工作；完成2018年内蒙古自治区“主席杯”校园足球四级联赛大学本科校园组女子组比赛的赛前统筹安排工作，顺利完成承办工作。

教学工作

健全岗位责任制，完善《体育课程教学大纲》《体育教案质量标准》《体育教学质量评级标准》《体育教学部教师工作规范》《体育教学部教学事故认定与处理办法》。完成的全校21门体育公共基础课共779个课程班的教学任务制定、下达工作，按照学校期末考试文件的要求进行成绩录入、教师成绩档案收集汇总、进行教师成绩分析、例行组织符合补考条件的学生进行体育补考，上报学生补考成绩，全年无教学事故发生。认真学习《内蒙古农业大学本科教学工作审核评估工作方案》，深入贯彻和落实体育教学部制定的《体育教学部本科教学工作审核评估工作方案》，2018年3—6月，教学管理办公室联合教研室对各类教学文件进行了系统的归档整理，7月，组织教师、教研室、督导组对成绩档案和教案等进行了四轮全方位的自查、互查、整改，规范了教案、教学日志的书写。

2018年度完成779个教学班，共计24 928课时教学任务，其中基础体育4个班，保健课6个班，完成体育教学工作，无教学事故。教师队伍建设，组织完成2017年新进教师公开说课活动。规范、统一了教案和教学日志，实施集体备课制度，以课程组形式在每学期初开展备课活动。完成2017年新进教师进行第二阶段导师制培养和2018年3名新进教师进行导师制第一阶段培养；认定教学部5位蒙汉双语授课教师资质；签订4位外聘教师协议书；派出10位教师参加了8个内容的交流学习。向学校教务处申请开设新课程-空手道，并落实教学场地、设备，完善教学条件。在第五十三届校运会开幕式中展示1 000名学生参加大型团体操表演。

科研工作

本年度，体育教学部开展了全体教师参与的第四届论文报告会，5 位教师的论文在全国高等农业院校论文报告会上分别获得一、二、三等奖。教师发表教改论文 4 篇，其中中文核心期刊论文 2 篇；主持课题 1 项，课题结题 3 项。5 位教师申请自治区级体育、艺术类课题，其中 3 位教师课题获得审批通过，教师发表论文 12 篇，其中中文核心期刊论文 4 篇。

群体活动与校园体育文化

认真落实“健康第一”的指导思想，康体中心以学年为单位，紧密结合体育教学内容，面向全体学生制定群体工作计划来开展活动，让尽可能多的农大学子走下网络、走出宿舍、走向操场，加入体育活动中来。全年组织学生群体活动 10 项，参加人数为 8 000余人。

国家学生体质健康标准

完成全校1 058个教学班进行 10 个项目的测试，实际用 2 学时，测试24 079人，参测率 96. 94%，合格率 92. 35%（其中优秀率 1. 56%、良好率 18. 29%、免测试率 1. 31%），不及格率 5. 91%，未测试率 1. 74%；毕业生毕业率 97. 63%；校本部成功上报教育部体测数据23 877人，职业技术学院上报体测数据6 678人，学校合计上报体测数据30 555人。毕业季审核5 831名毕业生的体测成绩，并为 512 名毕业生进行补测试；免推研究生期间，为 11 个学院审核9 341名学生的体测成绩。配合教育部对学校《国家学生体质健康标准》工作进行抽查复核，抽测的样本是学校 4 个学院的 8 个教学班级共计 240 个学生。测试中心协助自治区教育厅开展全区学生体质健康工作，拟发学生体质健康方面文件 4 个，参加教育部培训 1 次；协助联络、接待教育部《国家学生体质健康标准》抽查复核专家组 45 人，完成了教育部对自治区 4 个盟市的 8 个旗、县、区和 4 所高校，共计7 900名学生的《标准》抽查复核与视力抽查工作；对全区各级、各类学校的《标准》测试与数据上报工作进行技术指导和数据审核，完成了自治区2 902余所大、中、小学校的《标准》测试数据审核、报送工作。

竞训管理工作

2018 年，竞训管理中心协助体育部、学校完成了审核评估工作，学校共有 16 支运动队，分别为男子篮球队（超级组）、男子篮球队（校园组）、女子篮球队（超级组）、女子篮球队（校园组）、田径队（超级组）、田径队（校园组）、男子足球队（超级组）、男子足球队（校园组）、女子足球队（超级组）、女子足球队（校园组）、男子排球队、女子排球队、网球队、搏克队（摔跤队）、健美操队、射箭队顺利完成日常训练任务，并取得了以下骄人成绩。

2018 年内蒙古农业大学运动竞赛成绩一览表

比赛名称	名次及奖项	时间	地点	奖励级别
2018 年内蒙古自治区第 14 届运动会高校组足球比赛	男子校园组第二名	2018.05	乌兰察布市	省级
2018 全国青少年校园足球联赛西北赛区决赛	男子校园组第四名	2018.05	青海师范大学	省级
2018 年全国青少年校园足球联赛全国总决赛	男子校园组第四名	2018.07	同济大学	国家级
2018 年内蒙古自治区第 14 届运动会高校组足球比赛	女子超级组第二名	2018.05	内蒙古师范大学	省级
2018 年内蒙古自治区第 14 届运动会高校组篮球比赛	男子超级组第二名	2018.05	乌兰察布市	省级
2018 年内蒙古自治区第 14 届运动会高校组篮球比赛	女子超级组第二名	2018.05	乌兰察布市	省级
2018 年内蒙古自治区 CUBA	校园组第一名	2018.04	包头职业技术学院	省级
男子篮球队全国 CUBA	校园组第 16 名	2018.06	黑龙江鹤岗	国家级
2018 年中国高等农业院校田径运动会	男子团体总分第二名、女子团体总分第四名和团体总分第三名	2018.07	河南郑州	省级
2018 年内蒙古自治区第 14 届运动会田径高校组	校园组团体总分第三名	2018.08	乌兰察布市	省级
2018 年内蒙古自治区第 14 届运动会网球比赛高校组	男子组第二名	2018.07	乌兰察布市	省级
2018 年内蒙古自治区大学生、青少年（中、小学生）俱乐部中国式摔跤冠军赛	金牌 4 块、银牌 4 块、铜牌 4 块	2018.06	内蒙古农业大学	省级
2018 年内蒙古自治区第 14 届运动会高校组搏克比赛	男子组第三名、女子组第三名	2018.07	乌兰察布市	省级
2018 年内蒙古自治区第 14 届运动会排球高校组	女子组第五名	2018.06	乌兰察布市	省级
2018 年内蒙古自治区第 14 届运动会乒乓球高校组	高校组男子组第七名、女子组第三名	2018.04	乌兰察布市	省级
2018 年内蒙古自治区第 14 届运动会高校组	团体中分第二名	2018.09	乌兰察布市	省级

体育场馆

修订《体育教学部场馆科工作职责及体育场馆器材管理条例》《库房管理须知》《教学器材领取及使用规定》等，做到制度上墙，行动下场，审核评估工作期间，体育教学部系统绘制了内蒙古农业大学体育场馆设施图及统计表，更换体育馆三楼篮球场两侧窗台、暖气罩、大厅过道顶棚、固定看台过道顶棚、卫生间顶棚及一楼南门防盗门，清洗体育馆所有玻璃及外墙，更换体育馆工会办公室暖气管道。三个校区运动场地晚7：00到9：30灯光全部开放。校文体馆除完成教学、训练外，承接学校大型活动110次，累计占用体育场地132天、占用文体馆87天，体育场馆设施全年没有发生任何事故。

意识形态工作

体育教学部认真学习贯彻习近平总书记在全国宣传思想工作会议上的重要讲话精神；成立意识形态工作领导小组，认真履行意识形态工作第一责任人的责任，明确了班子其他成员根据分工和“一岗双责”要求。加强对网站、信教外聘工作人员的管理以及体育馆承接会议、讲座等活动内容的监管，明确教师在教学活动当中的言行规范。在教学部政治理论学习时进行“社会主义核心价值观”“四有好老师”“立德树人”和“十育人”等进行专题学习教育，全员增强“四个意识”和坚定“四个自信”以及牢固树立正确的世界观人生观价值观。

工会工作

积极发挥工会的“桥梁纽带”和“参政议政”作用，利用重大节假日开展健康、向上丰富多彩的各种活动来加强内部团结，增强凝聚力；在福利发放、教职工体检、爱心捐助、技能大赛、知识讲座及“教工之家”建设等方面做了很多工作。在参加学校组织的文体活动中取得了优异成绩并起到了示范带动作用。在病、困教职工及退休教职工帮扶慰问献爱心等方面做了很多“暖心”有益的工作。

综合治理工作

按照“一岗双责”要求，班子成员十分重视风险防控工作，按照“谁主管、谁负责”的原则，在与学校签订责任状的基础上，分别与各科室明确了责任，科室主任是第一责任人。班子成员经常深入场馆检查“四防”（防火、防水、防爆、防盗）及体育设施的安全情况。

马克思主义学院

概况

马克思主义学院有马克思主义基本原理、思想政治教育、马克思主义中国化研究等3个二级学科组成。拥有马克思主义理论一级学科硕士授权点1个，设有马克思主义原理教研室、当代马克思主义教研室、中国近现代史教研室、德育教研室、民族理论与民族政策教研室、形势与政策教研室、蒙古语授课教研室和文化素质教育中心等教学实体及图书资料室、综合机房、研究生活动室和一带一路研究室等教辅机构。

学院现有教职工 51 人，其中专任教师 48 人。专任教师中，教授 5 人，副教授 15 人，博硕士研究生导师 7 人，硕士以上学历教师 35 人。本年毕业硕士研究生 5 人，招研究生 12 人。在校研究生 35 人。

党建与思想政治工作

2018 年，马克思主义学院党总支共有 7 个支部，其中教工党支部 5 个、学生党支部 2 个。党员 48 人，其中教职工党员 38 人，学生党员 10 人。

领导班子建设：能够认真学习党的十九大精神，自觉用习近平新时代中国特色社会主义思想武装头脑，不断增强“四个意识”，坚定“四个自信”，提高政治站位，认真贯彻落实党的路线方针政策，贯彻落实自治区党委和校党委的各项工作部署，不断提高党务、行政工作能力，团结带领全体教职工完成了全年各项工作任务。

能够认真履行党风廉政建设的主体责任，认真执行中央、自治区和学校的有关党风廉政建设的各项规定，认真落实党风廉政建设责任状。学院始终坚持党政联席会议、教授委员会、“三重一大”、民主集中制等制度。学院党总支能够支持院长独立负责地开展行政工作。在领导班子会议上始终强调“一岗双责”，班子成员能够落实好各自分管工作范围的党风廉政责任。认真落实中央“八项规定”精神，未发生违反“八项规定”精神的现象。

基层党组织建设：根据《2018 年内蒙古农业大学推进“两学一做”学习教育常态化制度化工作要点》，学院党总支和各党支部结合自身实际制定了学习计划。有计划、有步骤地开展学习活动，使学习教育常态化、制度化。在学习内容上，重点学习了党的十九大精神，《条例》《准则》《习近平总书记在北京大学师生座谈会上重要讲话精神》、党的十八届六中全会精神，《习近平总书记 2014 年考察内蒙古和参加 2018 年全国“两会”内蒙古代表团审议时重要讲话精神》、自治区党委书记李纪恒同志代表自治区党委所作的《中国共产党内蒙古自治区第十次代表大会报告》等内容，努力做到学思用贯通、知信行合一。

党总支坚持理论学习中心组学习制度，中心组学习基本做到每月一次；党支部坚持“三会一课”制度和党员自学制度。坚持做好会议记录和学习笔记，撰写心得体会。班子成员和各党支部书记都按期讲了党课。2018 年，各党支部按时完成了党费收缴工作，上半年发展了 2 名研究生入党。

意识形态工作责任状落实情况：按照《中共内蒙古农业大学委员会意识形态工作专项整治任务清单》的要求，对“宣传思想工作队伍建设”指标中“加强对思政理论课教师的引进，落实校院主要领导讲授思政理论课制度”的要求进行整改。通过学校招聘，新进思政理论课专职教师 8 人，其中博士 1 人，硕士 7 人。原有思政理论课专职教师 36 人（巡视期间为 37 人，后退休 1 人），加上新进思政理论课专职教师 8 人，目前思政理论课专职教师有44人。

校党委书记王万义、校长高聚林于本学期开始，每学期承担一次（一个专题）“形势与政策”课程的讲授任务。本学期的讲授已经完成，分别讲授了“全面从严治党”和“我国经济社会发展”专题。各学院的书记、院长也都为本学院大三、大四的学生讲授了“中美贸易摩擦辨析”专题。

强化师生思想理论教育和价值观引领，落实意识形态工作领导责任、一岗双责，加强对课堂教学、教材选用、学术评价、各类阵地、报告会、研讨会、讲座、论坛、读书会、学术沙龙、文化活动、社团、网络意识形态阵地、各类人员和场所、师生信教、涉外活动的管理，建立了舆情会商研判和应急处置机制，在教职工和研究生中设有舆情信息员，每周四下午领导班子与信息员进行会商，遇有紧急情况随时会商研判，实行“零报告”制度，每周四下午下班前及时向学校报告舆情信息。

教职工思想政治：坚持教职工政治理论学习制度。教职工政治理论学习两周一次，学习传达学校会议精神、本科教学工作审核评估的相关知识、巡视整改的相关要求、意识形态工作相关要求、《新时代高校思想政治理论课教学工作基本要求》、习近平总书记5·2讲话、纪念马克思诞辰200周年大会上的讲话、全国教育大会讲话、教育部成都会议精神、中美贸易摩擦辨析等内容。

开展思政课教师社会考察和实践研修：开展了“和林格尔县域经济考察”“暑期贵州全国高校思想政治理论课教师社会实践研修”“参观伟大的变革——纪念改革开放40周年大型展览”等活动。

工会、教代会：组织教职员工积极参加学校举办的各项活动，取得了优异成绩；建设了网上“教工之家”，学院“教工之家”建设获得学校奖励；学院工会组织了丰富多彩的文体活动，及时探望生病等教职工，增强了学院的凝聚力。

综合治理：综合治理工作能够严格落实学校工作部署，与学校和各教研室签订了责任状，落实假期值班制度，综合治理、防火、计划生育以及学生工作未出现任何问题。

学科建设

上年，学校获批马克思主义理论一级学科。2018年，学院研究制定了《马克思主义理论一级学科建设方案》。同时，研究制定了《马克思主义学院建设规划》，积极争取内蒙古党委宣传部和内蒙古农业大学共建马克思主义学院，获批部校共建马克思主义学院（培育）单位。2018年招收了12名研究生。

教学工作

认真组织开展学院本科教学审核评估的迎评促建工作。本科教学审核评估是今年教学工作的重点，学院按照20字建设方针，加强了教学管理和制度建设，成立了学院主要领导挂帅的评建工作机构，领导带头，精心组织，层层分解任务，落实责任。

一、教学管理

组织督导组和教学办开展教师出勤情况的检查，上半年30次，下半年38次。利用暑假由院领导和督导及硕士生导师组成专家组全覆盖检查了近三年试卷，共计631本，7万多份试卷。开展教研室集体备课工作，上半年5次，下半年11次。组织开展同行听评课共计266次，其中领导听课36次，教研室主任听课60次，教师听课170次。开展了教学观摩活动41次，开展教学研讨活动20次。组织了学院40岁以下的教师全部参加的教学技能大赛，选拔推荐教师参加学校和自治区思政课教学技能大赛。制定了《马克思主义学院平时成绩暂行规定》《马克思主义学院外聘教师管理办法》。

教育部专家进校审核评估期间，调阅试卷2套，听课3人，集体访谈2次。落实并完成了全年教学任务。制定了学院学期计划、领导听课计划、试卷检查计划、期中教学检查计划、督导工作计划，所有工作按计划进行，保证了教学有序运行，学院教师完成了近全校本专科、硕士、博士学生的思想政治理论课和民族班、预科班汉语言类课程及留学生的中国概括等课程，并且无教学事故。组织完成了5月14日至18日教育部新教材视频集中培训活动，实施了"思想道德修养与法律基础"课程的"大班专题教学、小班教学研讨"教学改革。组织申报自治区教学成果奖，1项成果获得自治区教学成果三等奖，有2名教师获得校级思政教育名师工作室。"马克思主义基本原理"（蒙古语授课）和"中国近现代史纲要"课获得立项批准。"马克思主义基本原理"课获得自治区在线开放课程项目立项批准。《形势与政策》课在2018级按教育部要求开课，《民族理论与政策》课正式恢复32课时。

二、提升课堂教学质量

制定了学院提升课堂教学质量的工作计划。组织完成了教研室集体备课工作，共计16次。组织实施了"思想道德修养与法律基础"课程的"大班专题教学、小班教学研讨"教学改革。

组织开展了教学观摩活动41次。组织开展同行听评课共计260次。组织开展了教学技能大赛。组织了学院的教学技能大赛，推荐3名教师参加学校教学技能大赛。组织开展了参加自治区思政课教学技能大赛，推荐了3名教师参赛，有1人进入决赛。制定了学院外聘教师管理办法，召开外聘教师会议，并与外聘教师签订了协议。组织召开了贯彻落实《新时代高校思想政治理论课教学工作基本要求》的教学研讨会，亲自制定了研讨方案。制定了"马克思主义学院平时成绩暂行规定"，规范了过程考核。组织申报自治区教学质量工程项目。组织申报自治区教学成果奖，获得自治区优秀成果奖三等奖1项。

三、教学质量监控

制定了领导听课计划、督导工作计划。组织召开了学院督导工作会，落实了督导工作任务，督导听课68门次。组织完成了试卷检查工作。制定了试卷检查计划，分配了工作任务，撰写了试卷总结总结。全年共检查试卷2万多份。

四、课程建设

制定了“马克思主义学院课程建设规划”。撰写了建设思政课骨干教师“名师示范课堂”阶段性进展情况汇报总结。组织推荐了自治区思政课教学指导委员会人选。组织申报了自治区思政课“名师示范课堂”。组织申报了学校示范课程项目，《马克思主义基本原理》（蒙古语授课）和《中国近现代史纲要》获得立项批准。组织申报了自治区在线开放课程项目,《马克思主义基本原理》获得立项批准。

五、文化素质教育

组织完成了全年全校人文素质选修课和跨专业选修课的教学任务共63门课程。

科研工作

刘明越获得教育部规划办青年项目和内蒙古自治区高等学校科学研究项目，高丽萍、杨慧敏和梁红兰获得内蒙古农业大学教学改革项目。李士珍、杨申扎布、钱萍、刘公永、贾原获得内蒙古自治区教学成果奖三等奖和内蒙古农业大学教学成果奖一等奖，高丽萍获得内蒙古自治区第七届哲学社会科学政府成果奖二等奖，李士珍获得内蒙古自治区第七届哲学社会科学政府成果奖三等奖，包羽获得内蒙古自治区高等学校在线开放课程立项，刘公永和桑杰获得内蒙古农业大学在线开放课程立项。

学生工作

通过导师、辅导员、班主任以及研究生党支部的大量工作实现。学院对研究生进行了科学道德与学风建设教育，各类评优、评奖坚持标准，实现激励导向。

重要事件

1. 制定了《马克思主义学院建设规划》，积极争取内蒙古党委宣传部和内蒙古农业大学共建马克思主义学院，获批部校共建马克思主义学院（培育）单位。

2. 积极开展社会考察和学术交流活动。赴广西到遵义等地开展社会考察活动。

国际教育学院

概况

国际教育学院成立于2004年，主要负责学校的中外合作办学出国项目和留学生教育。2005年开始招收中外合作办学出国项目学生，截至2018年年底，已有249名学生赴加拿大阿尔伯塔大学、加拿大曼尼托巴大学、加拿大萨斯喀彻温大学和新西兰梅西大学完成后两年的学业，148名学生已顺利毕业，获得双方大学的毕业证和学位证，其中42名学生继续在加拿大、美国和澳大利亚的大学攻读硕士和博士学位。学院自2006年

"内蒙古自治区政府奖学金"项目实施起，开始招收来华留学生。目前，学院有留学生135名，其中博士29名，硕士76名，本科生30名，其中123名留学生享受中国政府奖学金资助，12名留学生享受内蒙古政府奖学金资助。正式在编教职工7人，"2+2"学生辅导员1人。

党建与思想政治工作

2018年，国际教育学院与信息与网络中心为1个党支部，教职工党员4人。学院采用集中学习、分散学习和自学相结合。集中开展党支部学习13次，以"立德树人"和"高等教育教育国际化"为题开展集中研讨2次。召开民主生活会2次。

教学工作

以提高中外合作办学出国项目质量和学生英语语言考试成绩为主，重点抓英语教学工作。本年度共引进2门课程，邀请新西兰梅西大学金融系廖静老师、加拿大麦吉尔大学PHILIPPE SEGUIN教授为学生授课。组织安排新西兰梅西大学国际合作项目顾问Angela Drake与学生的见面会。

完成了本科教学审核评估工作，进一步完善了"2+2"项目的各项规章制度和相关档案资料。完成了对"2+2"项目学生本科毕业后走向的跟踪，并详细统计了学生读研和读博的人数以及他们读学位所在的具体学校。

学生工作

2018年，学院学生工作紧紧围绕学校的中心工作，在校党委的领导下，在校团委、学生处的指导下，学院的学生工作坚持教育领先，管理从严，服务到位的原则，大力推进素质教育和创新教育，努力提高人才培养质量。着力开展特色学生活动，安排了系列入学教育活动，参与消防安全演练、开展人身安全和网络安全专题教育活动。组织了北得克萨斯州大学22名学生与学院50多名学生进行的中美文化交流以及文化体验活动。组织安排了英语词汇大赛，由担任班主任的英语听力教师亲自设计题型，效果突出，激发了学生学习词汇的兴趣。学院精心组织了2016级学生出国及转学院学生欢送会等。

重要事件

1. 教育部本科教学工作审核评估两位专家莅临学院走访并座谈。认真听取了学院关于学院概况、培养目标、培养过程、培养效果等方面的汇报，在充分肯定了学院合作办学的基础上，交流了更多的合作办学经验。

2. 2018年，15名学生顺利申请到理想的学校并顺利出国学习。其中10名学生获得了阿尔伯塔大学录取通知书，5名学生获得了梅西大学的录取通知书。

3. 2018年，招收中外合作办学"2+2"项目生28名。

4. 2018年，学校招收来华留学生41名，其中博士研究生2名、硕士研究生23名、本科生 16 名。2018 年度我校毕业来华留学生 27 名，其中获得博士学位 5 名，获硕士学位 17 名，获学士学位 5 名。

5. 组织留学生参加第三届“留动中国——在华留学生阳光运动文化之旅”东北赛区，并获得定向越野季军，总成绩第七的优异成绩。

6. 学校留学生工作得到蒙古国方面的认可和赞赏，学校收到来自蒙古国驻呼和浩特总领事馆送来的感谢信和牌匾，同时有两位同志被授予蒙古国教育文化体育科技部的“教育突出贡献奖”荣誉称号。

2018 年度入学来华留学生基本情况

2018 年，我校招收来华留学生 41 名，其中博士研究生 2 名、硕士研究生 23 名、本科生 16 名。具体见下表。

序号	护照名	中文名	国籍	性别	层次	专业
1	ALTANGEREL，DAVAADULAM	达瓦杜拉玛	蒙古国	女	硕士	行政管理
2	ALTANGEREL，ENKHBOLD	恩和宝力道	蒙古国	男	硕士	机械工程
3	AMEGNIDO KODJOVI EMILE	意密乐	多　哥	男	硕士	会计学
4	BAASANSUREN，AMARSANAA	阿穆尔萨那	蒙古国	男	硕士	国际贸易经济
5	BATDORJ，ULZIIMAA	乌力吉玛	蒙古国	女	硕士	行政管理
6	BATJARGAL，GANKHULEG	钢呼鲁格	蒙古国	男	硕士	兽医
7	DAMBIINYAM，SOYOLMAA	苏雅拉玛	蒙古国	女	硕士	艺术设计学
8	ENKHTAIVAN，DASH	达　西	蒙古国	女	硕士	食品科学
9	ERDENEDALAI，MYAGMAR-SUREN	米格木尔苏仁	蒙古国	女	硕士	预防兽医
10	HOUN，BONTHORN	王恩涛	柬埔寨	男	硕士	水利水电工程管理
11	KHATANBAATAR，JAVKHLAN	吉布呼兰	蒙古国	男	硕士	经济管理
12	KHOVALYG，MERGEN	莫日根	俄罗斯	男	硕士	农业电气化与自动化
13	MENDBAYAR，ANKHBAYAR	昂哈巴雅尔	蒙古国	女	硕士	设计艺术学
14	NYAMKHUU，BATBAATAR	巴图巴特尔	蒙古国	男	硕士	经济学
15	SANDAGDORJ，ENKHZUL	恩和朱拉	蒙古国	女	博士	农业经济管理
16	SHARAV，NYAMDORJ	尼玛道尔吉	蒙古国	男	硕士	动物生产学

（续表）

序号	护照名	中文名	国籍	性别	层次	专业
17	TAVANJIN，DOLGORMAA	道丽格日玛	蒙古国	女	硕士	会计学
18	BAYANTUR TEMUUJIN	特木金	蒙古国	男	硕士	水利水电工程管理
19	TSEREV，SELENGE	色楞格	蒙古国	女	硕士	生物化学与分子生物学
20	TUMENJARGAL，ERDENEJARGAL	额尔德尼吉日嘎拉	蒙古国	男	硕士	农学
21	ULZIITUMUR，OTGONCHIMEG	敖敦其木格	蒙古国	女	硕士	行政管理
22	YADMAA，KHALIUNAA	哈留娜	蒙古国	女	博士	生态环境工程
23	BAZARRAGCHAA SOSORBARAN	苏萨日布日玛	蒙古国	女	硕士	食品科学与工程
24	BAYARAA BOLDOO	宝力道	蒙古国	男	硕士	草学
25	ULAMBAYAR GANBAATAR	钢巴特尔	蒙古国	男	硕士	经济学
26	ERDENECHIMEG LKHANAAJAV	拉赫纳扎布	蒙古国	男	本科	动物医学
27	YADAMSUREN SARANGEREL	萨仁格日勒	蒙古国	女	本科	环境科学
28	DAVAAGOMBO MYAGMARJARGAL	米格玛尔吉日嘎拉	蒙古国	女	本科	土壤学
29	ALTANKHUYAG，BYAMBADORJ	道尔吉	蒙古国	男	本科	动物医学
30	KHURELBAATAR，ERDENECHIMEG	齐木格	蒙古国	女	本科	食品科学
31	BAATAR，MYAGMARSUREN	木雅特	蒙古国	女	本科	食品科学
32	NYAMDAGVA，BALDANTSEREN	华旦其仁	蒙古国	男	本科	动物医学
33	SANJAA，SEREETER	萨日特	蒙古国	女	本科	食品科学
34	PUREVDORJ，SHINEBAYAR	新巴雅尔	蒙古国	男	本科	食品科学
35	MUNKHJARGAL，ENKHTUUL	恩　和	蒙古国	女	本科	食品科学
36	LKHAASUREN，OCHIRGEREL	格日乐	蒙古国	女	本科	食品科学
37	BUYANT，GANBARS	巴勒斯	蒙古国	男	本科	动物医学
38	KHADBAATAR，UNDRAKH	温　德	蒙古国	女	本科	食品科学
39	ENKHTUVSHIN，PUREVTSETSEG	普日布	蒙古国	女	本科	食品科学
40	BAASANJAV，DAVAASUREN	苏　蓉	蒙古国	女	本科	食品科学
41	ARIUNBAYAR，DULGUUN	德　力	蒙古国	男	本科	食品科学

2018 年度毕业来华留学生基本情况

2018 年度毕业来华留学生 27 名，其中获得博士学位 5 名，获硕士学位 17 名，获学士学位 5 名，具体见下表：

序号	护照名	中文名	国籍	性别	层次	专业
1	TSERENNYAM MYAGMAR	策仁尼玛	蒙古国	女	博士	森林保护学
2	TIULIUSH ANAI-KYS	阿娜克斯	俄罗斯	女	博士	土壤学
3	PUREV TUMENBAYAR	图门巴雅尔	蒙古国	女	博士	生态学
4	MYAGMAR ALTANTSETSEG	阿拉坦琪琪格	蒙古国	女	博士	行政管理
5	ZORIGTBAATAR TSERENKHAND	齐仁罕达	蒙古国	女	博士	预防兽医学
6	SANJDORJ，ENKHMART	恩和玛日特	蒙古国	女	硕士	动物遗传育种与繁殖
7	ENKHSAIKHAN，SELENGE	色楞格	蒙古国	女	硕士	风景园林学
8	DELGERSAIKHAN SUMIYADORJ	苏米亚道尔吉	蒙古国	男	硕士	土壤学
9	DORJGOTOV，LUVSANSHARAV	罗布桑沙日布	蒙古国	男	硕士	结构工程
10	GANDORJ，ZULTSETSEG	珠拉琪琪格	蒙古国	女	硕士	区域经济学
11	BATSAIKHAN，BAT-ULZII	巴图乌力吉	蒙古国	女	硕士	管理科学与工程
12	OYUNCHIMEG，JARGALSAIKHAN	吉日嘎拉赛罕	蒙古国	男	硕士	技术经济及管理
13	KHISHIGBANDI，OYUN-ERDENE	乌云额尔德尼	蒙古国	女	硕士	企业管理
14	YADAM TUVSHINBAYAR	图布兴图日	蒙古国	男	硕士	产业经济学
15	TSOGTGEREL TSEDENSODNOM	秦大苏达那木	蒙古国	女	硕士	农产品加工及贮藏工程
16	BUYANULZII-RAGCHAA	阿热格其	蒙古国	男	硕士	农产品加工及贮藏工程
17	OCHIRDANZAN MUNKHTSETSEG	孟和其其格	蒙古国	女	硕士	微生物学
18	BYAMBA SUREN ERDENE TUNGLAG	额尔敦通拉嘎	蒙古国	女	硕士	行政管理
19	GOMBODORJ UUDAMBAYAR	乌达木巴雅尔	蒙古国	男	硕士	行政管理
20	DAVAA，ARIUNJARGAL	阿荣吉日嘎拉	蒙古国	女	硕士	水土保持与荒漠化防治
21	MUNGUNSHAGAI，DULAMJAV	都拉木扎布	蒙古国	女	硕士	水土保持与荒漠化防治

（续表）

序号	护照名	中文名	国籍	性别	层次	专业
22	BATHAD, NAMSRAIJAV	那穆斯日扎布	蒙古国	女	硕士	土地资源管理
23	BATBAYAR BYAMBANYAM	宾巴尼玛	蒙古国	男	本科	农林经济管理
24	ANKHBAYAR NOMINZUL	诺敏朱拉	蒙古国	女	本科	建筑学
25	NARANBAATAR UUGANZAYA	乌甘吉雅	蒙古国	女	本科	动物医学
26	BAYARJARGAL TEMUUJIN	特木金	蒙古国	男	本科	食品科学与工程
27	BATMUNKH NAYMBAT	尼木巴图	蒙古国	男	本科	农林经济管理

继续教育学院

（中央农业干部教育培训中心内蒙古农业大学分院）

概况

内蒙古农业大学继续教育学院（干部分院）是学校成人高等学历教育和开展在职人员培训非学历教育的职能部门和办学机构，是学校服务社会的桥梁，是构建终身教育体系和建设学习型社会的重要平台。学院下设办公室、教学管理科、培训部、公寓管理办公室4个科室。

学院开设有农学类、法学类、理工类、经济管理类等成人教育本、专科专业24个，在区内盟市设置了6个校外教学点，在籍学生1 819人，较上一年减少415人，2018年毕业生1 327人，迄今本、专科毕业生达到43 466人。还承担高等教育自学考试主考院校的任务，主考专业有6个。为社会培养了大批生产、技术和管理方面的人才。

学院依托学校良好的师资力量、学校品牌等优质教育资源，以“稳定成教、拓展培训、规范管理、创新发展”为理念，稳定办好学历教育，大力发展非学历继续教育。积极改革管理机制，拓展办学领域，创新教学模式，相继成立了“全国重点建设职教师资培养培训基地”“内蒙古自治区职教师资培养培训基地”“自治区农牧业厅基层农技推广人员培训基地”，学院始终以草原畜牧业可持续发展、农牧业产业化和生态保护建设为主题，结合国家和自治区社会经济发展需要，积极探索和开展各级农牧业系统干部、职教师资国家级和省级中等职业学校专业骨干教师及管理人员、基层农技推广人员、农村牧区后备干部、致富带头人等培训工作，积极为自治区经济社会发展培养培训“留得住，用得上”的各类科技人才。共计培训学员17 889人，学院已发展为成人学历教育和非学历教育为一体的较为完整的成人教育体系，为社会发展和地方经济做出贡献。

为适应国家构建全民学习、终身学习的学习型社会，加快建设小康社会的步伐，学院将秉承“团结、求实、博学、创新”的校训精神，以“教育服务社会”为宗旨，坚持“多层次、多形式、高质量、高效益”的办学思想，突出继续教育办学特色，依托校内外优质教育资源，借助现代教育技术手段，抢抓机遇，加快发展，努力为社会提供多层次、高质量的教育培训服务，探索继续教育工作的新发展。

培训工作

先后承办国家级职教师资培训、自治区农牧业厅基层农技推广体系改革与建设补助项目培训、自治区教育厅高校辅导员培训和来自鄂温克族自治旗党委组织部、新巴尔虎右旗组织部、大兴安岭重点国有林管理局、新疆自治区农业厅的委托培训。在传统培训基础上进一步拓展培训区域范围，还举办了中共海南州委组织部、海南州三江源办公室、同德县委组织部、同德县环境保护和林业局、东营市河口区畜牧局、渔业局、海南省教育厅委托的各类培训班，全年共举办各类培训班 27 个班次，培训学员 1 498人，培训质量效果显著。

教学管理工作

为了适应成人教育发展的要求，创新成人教育教学模式，学院开通“青书学堂”在线学习，探索出函授教育“网授+面授+自学”新模式，通过平台完成学生的选课、学习情况监控、课程考核等工作，网络化函授教育形式取得成效。

制定了《内蒙古农业大学成人教育函授学员学籍管理实施细则》。严格按招生计划 2018 级录取 912 名成人本专科学生，完成新生资格审查、学籍注册、各项录取工作，完成 2018 届 1 327名本专科毕业生信息核对、电子信息采集、注册、毕业证办理及发放等工作。办理 38 名在校生学生学籍异动手续。完成 32 名本科生学位申请登记和证书发放工作。完成自学考试评卷工作以及本科生 6 个专业的实践环节的考核、论文答辩等。利用在线学习平台，开设了一年制 10 个特色专业的本科主干课程进修班，102 名学员完成进修学习。

公寓服务工作

培训公寓共有 6 名工作人员，客房 41 个标准间，1 个四人间，房间内设施齐全。另有 2 个多媒体教室，1 个会议室，1 个培训学员活动室。培训公寓制度健全，工作流程规范。学员宿舍不定期抽查，学员入住前后例行排查，保证学员住的安全舒适、干净卫生。此外，定期进行安全隐患排查，对于存在问题及时解决。2018 年共接待培训学员 711 人次，较好地完成了培训接待工作。

办公室工作

办公室明确工作重点，紧扣学院中心工作，注重协调、服务于各职能部门，发挥综合职能部门作用。组织完成学院年度工作计划、总结等各类文稿，学院综合治理、工会、固定资产核查等工作，组织参加学校学院各项活动，工作例会、考勤考核，教职工信息的统计报送以及学院其他事务性工作。坚持以服务为宗旨，以管理为根本，以学员为中心，以提高教学质量为目的，推动成人继续教育工作协调发展。

职业技术学院

概况

职业技术学院成立于1985年5月，现有56个专业，2018年招生专业53个，其中20个本科专业（1个为蒙汉语兼招专业），33个专科专业。有2个全国高职教育教学改革试点专业、1个全国高职教育精品专业，有1个自治区级重点建设专业、10个自治区级品牌专业、19个校级品牌专业、12个院级品牌专业。学院有14个综合型校内实训基地、17个实验实训室，71个校外实训基地（年内新增校外实训基地15个）。

学院有教职工502人，其中专任教师331人。专任教师中，教授15人、副教授83人、硕士生导师14人、硕士及以上学位教师216人。学院有自治区级教学团队2个、校级教学团队10个、院级教学团队14个，有自治区级教学名师3人、自治区级教坛新秀3人，有校级教学名师3人、校级教坛新秀4人。

2018年应届毕业生2 135人，其中本科生960人、专科生1 175人；结业学生56人，其中本科13人、专科43人。本专科计划招生共2 406人，其中本科835人、专升本100人、专科985人、五年制高职转段486人。实际录取2 225人，其中本科831人、专升本109人、专科923人、五年制高职转段362人。现有全日制在校生6 830人，其中本科3 733人、专科3 097人。

2018年，学院全面加强党的领导和党的建设各项工作，围绕应用型本科专业转型发展、教育教学改革、产教融合、学科专业和课程建设等工作，丰富完善发展举措，积极推动改革创新，进一步强基础、育特色、拓空间，学院各项事业持续蓬勃发展，综合办学实力进一步增强。

党建与思想政治工作

学院党委设12个党总支，有35个党支部，其中教师党支部19个、学生党支部16个。学生党员223名，其中正式党员113名、预备党员110名，有教职工党员329名。发展学生党员108名，发展教职工党员4名。

认真学习宣传贯彻党的十九大精神和习近平新时代中国特色社会主义思想，全面加强党的领导和党的建设各项工作，坚决贯彻落实党的路线方针政策。深入推进“两学一做”学习教育常态化制度化，通过多种形式在全院掀起了学习热潮，组织宣讲6次，发放学习材料1 800册，编印了应知应会知识系列手册。与各部门签订了意识形态工作责任状，制定印刷复印打印场所管理规定，并开展了专项检查。认真落实“两个责任”，召开全面从严治党工作会议。开展了“两准则、三条例”学习活动。建立了纪委网站，制定了廉政教育方案，积极推进廉政教育进课堂。集中排查了违反中央“八项规定”精神突出问题。运用监督执纪第一、第二种形态教育党员干部4人。成立督查组对系（部）党政联席会议制度执行情况进行了专项检查。持续推进思想政治理论课教学改革，立项院级思想政治教育专题研究项目6项。成立了自治区首个网络思政教育工作室，该工作室被批准为首批自治区高校思想政治工作“名师工作室”。为55名处级干部、25名后备干部建立了廉政档案。积极搭建平台，加强与党外人士的沟通和交流，扎实做好民族宗教工作。

教学工作

继续深入实施“教学质量提升行动计划”，组织开展了优势、特色专业申报和遴选工作，确定园艺技术等9个专业为优势专业、畜牧兽医（运动马驯养与管理方向）专业为特色专业进行建设。新增财务会计教育专业招收普通高中生源。推进应用型本科专业转型发展，完成了2018年度建设任务。开展了教育教学改革，获批高等教育学会高等教育理论研究课题5项（其中重点课题2项、一般课题3项），获批自治区级教育科学“十三五”规划课题14项，获批校级教改项目6项，立项院级教改项目12项。获自治区教学成果奖一等奖1项、二等奖各2项，获校级教学成果奖一等奖、二等奖各2项。获自治区优秀论文二等奖2项、三等奖1项。注重师资队伍建设，选派30名教师参加国培、企业锻炼等15天以上的培训。聘请校外兼职教师75人，其中正高级职称5人、副高级职称11人。继续深入开展教师教学技能竞赛，2名教师获自治区级教师技能大赛二等奖，2名教师获校级青年教师教学技能大赛二等奖。53个招生专业，本专科实际录取2 225人，其中本科831人、专升本109人、专科923人（区内专科912人、区外专科11人）、五年制高职转段362人。现有全日制在校生6 830人，其中本科3 733人、专科3 097人。采用超星尔雅网络课与线下课相互补充的方式开设全院公共选修课。推荐旅游管理系王敏、建筑工程技术系王辉和王建国、计算机技术与信息管理系杨伟杰、经济管理系孙永华共5同学为免试攻读硕士学位研究生。

科研工作

获批纵向项目19项，其中科技厅应用技术研究与开发资金项目1项、自治区“草原英才”滚动支持计划1项、内蒙古自然科学基金项目3项、内蒙古教育厅高等学校科学研究项目4项、内蒙古社科联重点委托项目1项、内蒙古社科联一般项目2项、内蒙古社科规划办项目3项、内蒙古社科规划项目青年理论骨干专项课题1项、国家旅游局万名旅游英才项目 2 项、校人文社科重点项目 1 项，经费 207.5 万元。争取横向项目 3 项，经费 52.5 万元。新增 2 个院级科技创新团队，投入 110 万元建设 12 个院级科技创新团队。结题自治区级各类科研项目 15 项。获国家实用新型专利 11 项，登记科技成果 3 项。1 人获自治区第七届哲学社会科学优秀成果三等奖。

学生工作

充分发挥各系党总支书记讲授思政理论课和“青马工程”的辐射作用，不断加强和改进了大学生思政教育工作。组织开展了习近平新时代中国特色社会主义思想、党的十九大精神和全国教育大会精神的主题学习会、研讨会、报告会。广泛开展“弘扬雷锋精神，争做时代新人”“我的肩膀—能挑多重的担子”等主题教育活动和“践行社会主义核心价值观”“青年大学习”“纪念改革开放四十周年”等主题团日活动。积极推进学风建设，表彰了 22 个“优良学风班”，评选了 120 名“学风建设优秀个人”。全面做好退役学生学费补偿、家庭经济困难学生认定、国家奖助学金评审、生源地贷款等工作，发放各类奖助学金共计2 259.48万元。开展各类校园文化活动 110 场次。组织开展“挑战杯”“互联网+”“创青春”等创新创业比赛。申报项目 120 项，推荐 46 个项目参加校级、自治区级比赛，获校级二等奖 2 项、三等奖 3 项、优秀奖 3 项。进一步规范了“一生一品”工程项目管理，年内立项项目 197 项，其中入驻学院大学生创业园项目 10 项。心理健康主题教育宣传、心理座谈会和心理健康教育活动实现常态化。52 名同学应征入伍。启用了“易班网”“到梦空间”等网络教育系统。2 个社会实践服务队中标团中央社会实践项目，1 个社会实践分队被学校评为“优秀社会实践分队”。学院被学校评为“学生工作先进集体”。

就业工作

学院 49 个专业共毕业学生 2 137人，毕业生一次就业率为 99.25%，其中本科为 99.27%，专科为 99.24%。37 个专业一次就业率为 100%，6 个专业在 98%（含）~100%（不含），3 个专业在 95%（含）~98%（不含），2 个专业在 90%（含）~95%（不含），1 个专业一次就业率为 88%。毕业生签订就业协议 2 055人，升学 66 人。及时发布就业政策和招聘、创新创业信息。举办大型综合性招聘会 1 场、专场及中小型招聘会 62 场。新增用人单位 134 家，与 30 家用人单位签订了校企合作协议。举办了第十届大学生职业生涯规划大赛和 65 场各类讲座。发挥职业生涯咨询室和简历门诊作用，开展简历指导、职业咨询等服务。加强就业精准帮扶工作，共帮扶毕业生 459 人。继续推进学院大学生创业园暨“一生一品”工程项目工作，组织校外导师入园宣讲，并完成了入驻项目评估。完成了学院第三期毕业生创业实训培训。修订完善就业工作评估体系并对学院就业工作进行了评估。编撰完成年度毕业生就业质量报告。选派 6 名教师参加就业、创新创业培训并取得了相关证书。修订了《新编大学生职业生涯规划》教材。学院被学校评为“2017 年毕业生就业工作先进单位”。

科技园区工作

持续提高“中国·敕勒川现代农业博览园”产教融合支撑能力，启动了设施园艺区30 000平方米智能温室建设、42栋日光温室一期工程。组织实施了2项节水灌溉和水肥一体化智慧农业建设项目。完成了玉米、向日葵、蔬菜、牧草、中草药等700个品种的种植及相关教学、科研工作。承办了国家玉米产业技术体系蒙西综合试验站“玉米竞争力提升行动”现场观摩会。对科技园区日光温室、自控温室进行了修缮。开展了苗木转型升级改造工作，新育文冠果60 000株，对山桃树、紫叶绸李等产业树种进行了改良，移栽、补种油松、樟子松、新疆杨、彩叶李、山桃苗木5 000株。新建了北方落叶果树引种示范区，开展了高粱、甜菜等地方特色经济的科研试种工作。年内完成园艺、园林、畜牧兽医专业教学实习实训50 000学时。组织科技特派员赴四子王旗开展了“三区人才”科技帮扶工作，通过现场指导与承担试验示范任务相结合的方式开展科技服务，全年组织专家服务团队帮扶2次，安排专业教师一对一帮扶13人次。与土默特右旗农牧局深度融合，承担了土默特右旗农牧民培训、现场观摩学习任务。开展了全区基层农技推广人员专业知识讲座，培训96人次。“中国·敕勒川现代农业博览园”被包头市科技创新服务中心评为“内蒙古现代农业绿色博览园科技示范基地”。

人事工作

公开招聘人员20人，通过绿色通道引进专家1名，聘请运动马驯养专家1人、酿酒专家1人。45人晋升职称。完成了20名新进人员、上年度62名晋升职称人员和1名以考代评人员岗位聘任工作，对18名试用期满人员进行了转正定级考核。完成了薪酬管理、社保核定、残保核定、编制变更等工作。及时更新和维护人事、养老保险、教师等系统和相关数据。加强了人事档案日常管理，积极推进档案数字化。加强了专业技术人员继续教育和成绩备案工作。完成了离退休人员、异地安置离休干部、职工遗属人员的管理和服务工作。强化了编外人员聘用和合同管理。

财务工作

2018年总收入16 431.14万元，其中财政拨款共12 175.85万元，收缴学杂费等4 085.27万元，其他收入170.02万元。生均拨款8 700元/（生·年），比上年增加100元。争取专项财政拨款3 738.03万元，其中中央支持地方高校改革发展专项资金2 460万元，高校奖助学金786.6万元，足球事业发展国家试点专项资金6万元，重点学科重点实验室建设资金200万元，高校蒙授生免学杂费补助20万元，其他专项资金265.43万元。依据政府会计制度改革需要，启用了新财务系统，同时以政府会计制度改革为契机，进一步规范了内控制度与流程。积极推进人工智能技术与学院核心业务一体化，合理安排支出预算，通过强化预算执行监督控制，提高了财务管理绩效。

后勤工作

推进后勤服务标准化体系建设，完善了监督检查机制。加强了国有资产管理，完成政府采购3 206万元，收录固定资产共3 457.26万元。完成了110名2000年前入职教职工的住房补贴审核、计算、申报工作。竣工验收16号、17号教职工家属楼。扩建体育场看台。对11栋学生公寓进行室内改造。饮食服务中心取得了餐饮B级资格认证，积极推进六T厨房管理模式。完成了新生入学体检工作，并建立了新生健康档案。加强了国有资产验收和录入工作。完成政府采购项目71项。年内定植大型树木1 053株，灌木5.6万株，草坪7 500平方米，种植花卉1.5万株，集中修剪树木3 858株，对1 005平方米绿篱定期进行修剪。加强了校园亮化改造工作。

图书馆工作

全年采购图书17 205册，征订现期期刊656种，报纸42种，装订过期期刊2 817册。启动了运动马特色数据库、博览园成果库、随书光盘数据库等特色资源数据库建设工作。积极加强服务能力。开展了馆藏经典、畅销书目和唐诗、书法作品展示活动。

国际交流合作

与国外8所院校达成合作意向，与韩国启明大学合作的“3+2”专升本项目付诸实施，8名学生赴韩国攻读本科学位。深入实施学生海外带薪实习项目，在开展学生赴美国、英国、毛里求斯实习项目的同时，新增学生赴马来西亚和赴泰国学校支教项目、赴马尔代夫五星级酒店实习项目，学生海外实习项目期为3到6个月。全年选派35名学生出国带薪实习。争取到中国香港赛马会支持，2019年资助1名修蹄师和1名兽医到中国香港培训。加强了与法国农业部科教司、法国大使馆和国外院校、马业行业协会的合作交流。

网络与系统管理

实施了数字化校园建设第三期工程，推进有线网络接入、无线网络覆盖、中心机房基础和安保建设及4个业务系统等级保护工作。采购了100M互联网专线和2G内网数据链路专线。开通了学校VPN和中国名校精品课等远程教育资源。增置了视频会议系统。启用了学校迎新系统。落实网络与信息安全责任制，对全院网络安全员进行了专题培训。

综合治理

持续推进平安校园创建工作，严格落实工作责任，不断加大了综合治理日常检查、集中排查和安全隐患整治工作力度。与各部门签订了综合治理和防火责任书，层层落实责任制。开展了中期和年终综合治理检查。加强了学生餐厅、学生公寓、商业街等重点区域专项安全检查工作，开展日常安全检查30次。投入217.4万元完善了校园视频监控网。积极开展安全宣传教育活动，加大了安全法制教育和反邪教、禁毒等宣传教育工作力度，举办了7次消防安全知识讲座和3次大型防火防震逃生演练。对餐饮、楼宇值班等人员进行了2次专题培训。开展了岗位大练兵评比活动。定期排查网贷、传销等情况。与土默特右旗公安局加强联系，为学院派驻了2名驻校警官。

重大事件

1. 2018年3月4日，学院成立了自治区首个网络思政教育工作室——贺斐辅导员工作室。9月18日，该工作室被内蒙古自治区党委宣传部、高校工委、团委批准为首批自治区高校思想政治工作“名师工作室”。

2. 2018年3月8日，经过4年的建设，学院顺利通过了“自治区级示范性高职院校建设项目”验收。

3. 2018年4月18日，学院大学生创业园暨“一生一品”工程项目基地揭牌成立。

4. 2018年8月17日，学院与燕龙马业签署人才培养战略合作协议。

5. 2018年9月22日，学院成立了运动马学院马球分院。同日，2名学生作为国家队队员参加2018北京国际马球公开赛暨“一带一路”马球公开赛，我国代表队获得季军。

6. 2018年10月11日，学院承办了国家玉米产业技术体系蒙西综合试验站“玉米竞争力提升行动”现场观摩会。

7. 2018年10月29日，学院成立了全国第一个大学生马球队。

8. 2018年12月13日，学院获2016—2017年度全国无偿献血促进奖单位奖。

机构与干部

学校本部机构设置

- 内蒙古农业大学
  - 党政机构
    - 纪委、监察审计处
    - 党政办公室（校友办公室、档案馆）
    - 组织部（统战部、党校）
    - 宣传部
    - 工会
    - 团委
    - 教务处
    - 人事处
    - 科技处（学报编辑部）
    - 研究生院（研究生工作部）
    - 后勤管理处
    - 财务处
    - 学生工作处（学生工作部）
    - 招生就业处（创新创业学院）
    - 国有资产管理处
    - 保卫处
    - 离退休人员工作处
    - 国际交流与合作处（港澳台办公室、中加可持续农业研究与发展中心）
  - 教学机构
    - 动物科学学院
    - 兽医学院
    - 农学院
    - 林学院
    - 草原与资源环境学院
    - 沙漠治理学院
    - 机电工程学院
    - 水利与土木建筑工程学院
    - 材料科学与艺术设计学院
    - 经济管理学院
    - 食品科学与工程学院
    - 计算机与信息工程学院
    - 生命科学学院
    - 人文社会科学学院
    - 外国语言学院
    - 理学院
    - 能源与交通工程学院
    - 体育教学部
    - 马克思主义学院
    - 国际教育学院
    - 继续教育学院（中央农业干部教育培训中心农大分院）
  - 科研及教辅机构
    - 学报编辑部
    - 图书馆
    - 科技园区管理办公室
    - 信息与网络中心
    - 发展规划处（高等教育研究所）
    - 基础教育中心
    - 资产经营公司

职业技术学院机构设置

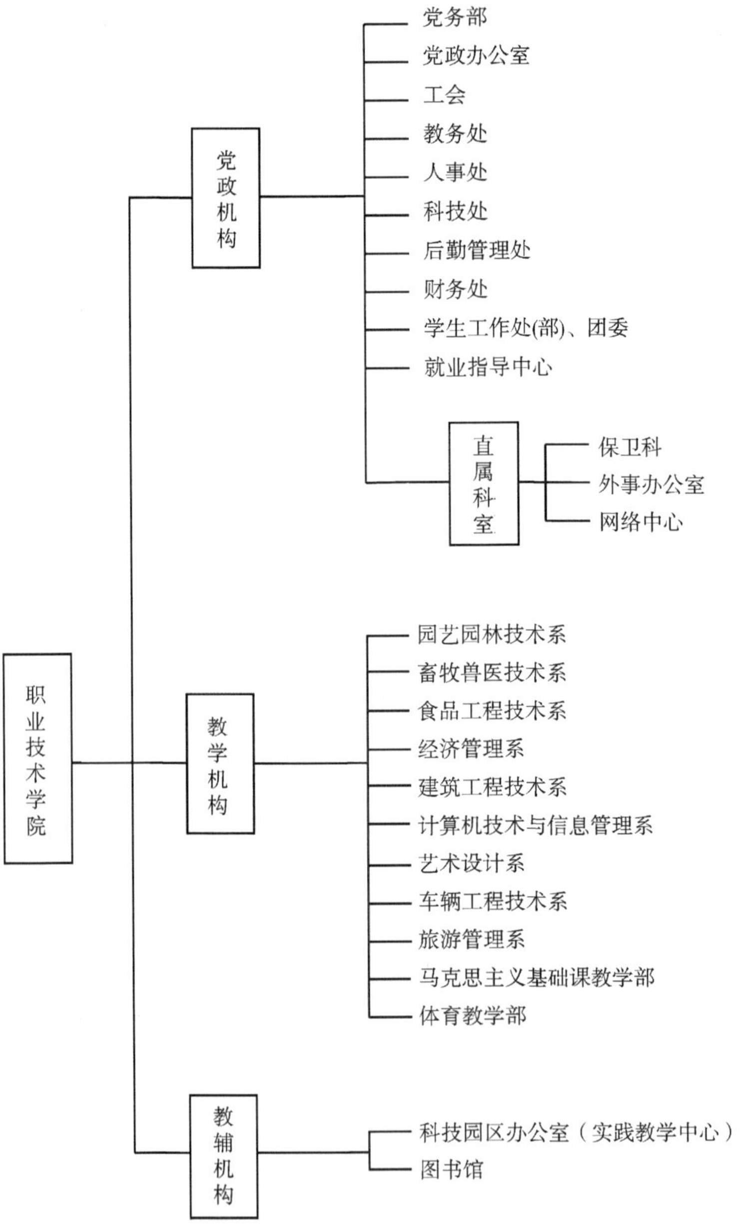
职业技术学院
党政机构
党务部
党政办公室
工会
教务处
人事处
科技处
后勤管理处
财务处
学生工作处(部)、团委
就业指导中心
直属科室
保卫科
外事办公室
网络中心
教学机构
园艺园林技术系
畜牧兽医技术系
食品工程技术系
经济管理系
建筑工程技术系
计算机技术与信息管理系
艺术设计系
车辆工程技术系
旅游管理系
马克思主义基础课教学部
体育教学部
教辅机构
科技园区办公室（实践教学中心）
图书馆

校本部现任校级党政领导

姓名	职务	分管工作、部门	联系学院
郧建刚	党委书记 （—2018.07）	主持学校党委工作，分管党政办公室、组织部、发展规划室（高等教育研究所）	材料科学与艺术设计学院、经济管理学院、生命科学学院、理学院、职业技术学院
王万义	党委副书记 校长 （—2018.07） 党委书记 （2018.07—）	2018年1—7月，主持学校行政工作，分管监察审计处、国际交流与合作处（港澳台办公室、中加可持续农业发展与研究中心） 2018年7—12月，主持学校党委工作，分管党政办公室、组织部；代管宣传部、统战部、党校、马克思主义学院	动物科学学院、兽医学院、计算机与信息工程学院、国际教育学院；代联系经济管理学院、生命科学学院、职业技术学院
侯晨曦	党委副书记 （—2018.07）	协助党委书记工作，分管宣传部、统战部、党校、工会、团委、人事处、学生工作处（部）、招生就业处、马克思主义学院、信息与网络安全工作和科技园区管理办公室	农学院、沙漠治理学院、人文社会科学学院
高聚林	党委副书记 校长 （2018.07—）	主持学校行政工作，分管国际交流与合作处（港澳台办公室、中加可持续农业发展研究中心）、发展规划处（高教研究所）和审计工作	材料科学与艺术设计学院、理学院、国际教育学院；代联系沙漠治理学院、人文社会科学学院
芒　来	党委委员 副校长	协助校长工作，分管科技处、财务处、国有资产管理处、继续教育学院（中央农业干部教育培训中心内蒙古农业大学分院）、学报编辑部和图书馆；代分管人事处、教务处、研究生院（研究生工作部）、体育教学部	机电工程学院、水利与土木建筑工程学院；代联系林学院
王春光	党委委员 副校长 （—2018.05）	协助校长工作，分管教务处、研究生院（研究生工作部）和体育教学部	兽医学院、草原与资源环境学院、职业技术学院
乔　彪	党委委员 副校长	协助校长工作，分管后勤管理处、保卫处、离退休人员工作处、信息与网络中心、基础教育中心、资产经营公司；代分管工会、团委、学生工作处、招生就业处	草原与资源环境学院、食品科学与工程学院、外国语言学院、能源与交通工程学院
哈斯巴根	党委委员 纪委书记	主持纪律检查委员会工作，分管监察审计处	2018年1—4月，联系经济管理学院、生命科学学院

（续表）

姓名	职务	分管工作、部门	联系学院
刘廷玺	党委委员 副校长 （2018.07—）	协助校长工作，分管教务处、体育教学部、继续教育学院（中央农业干部教育培训中心内蒙古农业大学分院）、科技园区管理办公室；代分管财务处、图书馆、信息与网络中心	兽医学院、草原与资源环境学院；代联系农学院
塔　娜	副校长	2018年1月，挂任广西壮族自治区农业厅副厅长一年，暂不分管工作	

职业技术学院现任党政领导

姓名	职务	分管工作、部门	联系单位
王效亮	校党委委员 院党委书记	主持学院党委工作，分管党务部、党政办公室、工会	食品工程技术系
高聚林	校党委委员 院党委副书记 院　长 （—2018.07.18）	主持学院行政工作，分管人事处、财务处（2018.6.26—）、外事办公室	园艺园林技术系
王怀栋	校党委委员 院党委副书记 院　长 （2018.07.18—）	主持学院行政工作，分管人事处、财务处、外事办公室、科技处、科技园区办公室（实践教学中心）、保卫科	畜牧兽医技术系 计算机技术与 信息管理系
	院党委委员 副院长 （—2018.07.18）	协助院长工作，分管科技处、科技园区办公室（实践教学中心）、保卫科	畜牧兽医技术系 计算机技术与信息管理系
樊文斌	院党委副书记 纪委书记	协助党委书记工作，主持纪律检查委员会工作，分管学生工作处（部）、团委、就业指导中心	联系旅游管理系 基础课教学部
冯贵宗	院党委委员 副院长	协助院长工作，分管教务处、财务处（—2018.06.26）、图书馆、网络中心、高等职业教育研究室	经济管理系 艺术设计系 体育教学部
郭奇斌	院党委委员 副院长	协助院长工作，分管后勤管理处、校园文化建设工作	建筑工程技术系 车辆工程技术系

处级干部任职情况一览表

校本部处级干部任职情况一览表

（2018. 01. 01—2018. 12. 31）

一、党政管理机构

序号	单位名称	职务	姓名	备注
1	纪委、监察审计处	副书记兼处长	郑培亮	正处级
		副处长	靳国斌	副处级
2	党政办公室（校友会办公室、档案馆）	主任	王永明	正处级
		副主任	周　浩	正处级
		副主任	安　达	副处级
		副主任	郭松朋	副处级
3	组织部（统战部、党校）	部长	吕清禄	正处级
		副部长	赵云虎	正处级
4	宣传部	部长	王忠东	正处级
		副部长	叶德成	副处级
5	工　会	主席	靳小平	正处级
		副主席	乌　拉	副处级
6	团　委	副书记	李伟威	副处级（主持工作）
7	教务处	处长	牟献友	正处级
		副处长	金宝明	正处级
		副处长	张　旭	副处级
8	人事处	处长	赵柏峰	正处级
		副处长	屈丰富	副处级
		副处长	郗福兵	副处级
9	科技处	处长	刘廷玺	正处级（2018. 7 提任内蒙古农业大学副校长）
		副处长	王俊生	正处级

（续表）

序号	单位名称	职务	姓名	备注
10	研究生院（研究生工作部）	常务副院长兼部长	杜健民	正处级
		副院长	郭文瑞	副处级
11	后勤管理处	处长	陈世体	正处级
		副处长	王平平	正处级
		副处长	郭　炜	副处级
12	财务处	处长	冀兆荣	正处级
		副处长	哈斯图雅	副处级
13	学生工作处（学生工作部）	处长兼学生工作部部长、武装部部长	张　文	正处级
		副处长	郭政文	副处级
		副处长	侯振虎	副处级
14	招生就业处	处长	付建军	正处级
		副处长	杨红蕾	副处级
15	国有资产管理处	处长	姜体忠	正处级
		副处长	康雪伟	副处级
16	保卫处	处长	赵学刚	正处级
		副处长	白海林	副处级
17	离退休人员工作处	处长	周忠祥	正处级
		副处长	李淑玲	副处级
18	国际交流与合作处（港澳台办公室、中加可持续农业研究与发展中心）	副处长	孙云霞	副处级

二、教学机构

序号	单位名称	职务	姓名	备注
1	动物科学学院	党委书记	额尔敦	正处级
		副院长	齐景伟	副处级（主持学院行政工作）
		党委副书记	王　锐	副处级
		副院长	张　玉	副处级

（续表）

序号	单位名称	职务	姓名	备注
2	兽医学院	党委书记	包国荣	正处级
		院长（特聘）	贾幼陵	
		常务副院长	曹金山	正处级
		党委副书记	额尔敦木图	副处级
		副院长	刘大程	副处级
3	农学院	党委书记	马　强	正处级
		党委副书记	燕　飞	副处级
		副院长	樊明寿	副处级（主持学院行政工作）
		副院长	刘景辉	副处级
4	林学院	党委书记	吴恒志	正处级
		院长	铁　牛	正处级
		党委副书记	王志强	副处级
		副院长	岳永杰	副处级
		党委组织员	何金花	正处级
5	草原与资源环境学院	院长	韩国栋	正处级
		党总支组织员	李　崇	正处级（负责学院党建、思政和学生工作）
		副院长	红　梅	副处级
6	沙漠治理学院	党总支书记	秦富仓	正处级
		院长（特聘）	尹伟伦	（2017.07.20—）
		党总支副书记	杨　毅	副处级
		副院长	左合君	副处级
7	机电工程学院	党委书记	那森巴雅尔	正处级
		党委副书记	许　驭	副处级
		副院长	武　佩	副处级（主持学院行政工作）
		副院长	郁志宏	副处级
8	水利与土木建筑工程学院	党委书记	陆海平	正处级
		院长	张　生	正处级
		党委副书记	陈立永	副处级
		副院长	屈忠义	副处级
		党委组织员	陈爱和	正处级

（续表）

序号	单位名称	职务	姓名	备注
9	材料科学与艺术设计学院	党委书记	黄金田	正处级
		院长	王喜明	正处级
		党委副书记	李振威	副处级
		副院长	薛振华	副处级
		党委组织员	郝向宏	正处级
10	经济管理学院	党委书记	赵国年	正处级
		院长	乔光华	正处级
		党委副书记	王智广	副处级
		副院长	宝音都仍	副处级
11	食品科学与工程学院	党委书记	张星杰	正处级（主持学院行政工作）
		党委副书记	杨建军	副处级
		副院长	双　全	副处级
		副院长	董同力嘎	副处级
12	计算机与信息工程学院	党委书记	包革命	正处级
		院长	薛河儒	正处级
		党委副书记	王永江	副处级
		副院长	付学良	副处级
13	生命科学学院	党委书记	林　宝	正处级
		副院长	李国婧	副处级（主持工作）
		副书记	任燕刚	副处级
14	人文社会科学学院	党委书记	吴玉红	正处级
		院长	盖志毅	正处级
		党委副书记	李金华	副处级
		副院长	张银花	副处级
15	外国语言学院	党委书记	孟　和	正处级
		院长	徐莉林	正处级
		党委副书记	曹立军	副处级
		副院长	吴中文	副处级
16	理学院	党委书记	韩铁荣	正处级
		院长	闫祖威	正处级
		党委副书记	邹爱婕	副处级
		副院长	吴国荣	副处级

（续表）

序号	单位名称	职务	姓名	备注
17	能源与交通工程学院	党委书记	朱守林	正处级
		副书记	常　亮	副处级
		副院长	王国忠	副处级（主持学院行政工作）
18	体育教学部	党总支书记	潘海波	正处级
		主任	彭　恩	正处级
		副主任	王　勇	副处级
		副主任	韩瑞平	正处级
19	马克思主义学院	党总支书记	曹渊清	正处级
		院长	包庆丰	正处级
		副院长	高丽萍	副处级
20	国际教育学院	院长	席锁柱	正处级
		副院长	刘翠兰	副处级
		副院长	高　讷	副处级
		副院长	佛　力	副处级
21	继续教育学院（中央农业干部教育培训中心内蒙古农业大学分院）	院长	云荣义	正处级
		副院长	吕学理	副处级
		副院长	乌力吉	副处级
		副院长	曹　恪	副处级

三、科研及教辅机构

序号	单位名称	职务	姓名	备注
1	学报编辑部	主任	苏德毕力格	正处级
		副主任	苏双平	副处级
2	图书馆	馆长	王明玖	正处级
		副馆长	李俊霞	正处级
		副馆长	范长岭	副处级
		副馆长	李　新	副处级

（续表）

序号	单位名称	职务	姓名	备注
3	科技园区管理办公室	主任	郝锁柱	正处级
		副主任	胡宁宝	副处级
		副主任	秦海英	副处级
4	信息与网络中心	主任	高　静	正处级
		副主任	石瑞峰	副处级
5	发展研究室（处）（高等教育研究所）	主任	丁雪华	正处级
		副主任	米继伟	正处级
6	资产经营公司	总经理，校长助理	汪建平	正处级
		副总经理	石建荣	副处级
		副总经理	云　彪	正处级
7	基础教育中心	副主任	李立峰	正处级（主持工作）
		副主任	于　涛	副处级

职业技术学院处级干部任职情况一览表

（2018. 01. 01—2018. 12. 31）

序号	单位名称	职务	姓名	备注
1	党务部	学院党委委员、部长	赵福顺	正处级
		副部长	高宏伟	副处级
2	党政办公室	主　任	云占林	正处级
		副主任	李一吉	副处级
3	工　会	主　席	王　俊	副处级
4	教务处	处　长	王　耀	正处级
		副处长	鲁富宽	副处级
		副处长	冯雪彬	副处级
5	人事处	处　长	胡　敏	正处级
6	科技处	处　长	付和平	正处级
7	后勤管理处	处　长	王振合	正处级
		副处长 机关第二党总支书记 （2018. 04—）	冯文进	正处级
		副处长	于庆峰	副处级

（续表）

序号	单位名称	职务	姓名	备注
8	财务处	处　长	皇甫瑞灵	正处级
		副处长	翟　鹏	副处级
9	学生工作处（部）、团委	处长兼学生工作部部长、团委书记 机关第一党总支书记（2018.04—）	杨海升	正处级
		副处长	车艳秋	副处级
		副处长兼学生工作部副部长、团委副书记	贺　斐	副处级
10	就业指导中心	主　任	国向东	正处级
		副主任	周艳秋	副处级
11	园艺园林技术系	主　任	刘金泉	正处级
		党总支副书记（—2018.04） 党总支书记（2018.04—）	马建华	副处级
		副主任	严海欧	副处级
12	畜牧兽医技术系	主　任	郑云胜	正处级
		党总支副书记（—2018.04） 党总支书记（2018.04—）	苏　和	副处级
		副主任	郭永清	副处级
13	食品工程技术系	主　任	李正英	正处级
		党总支副书记（—2018.04） 党总支书记（2018.04—）	蔡永敏	副处级
		副主任	曹志军	副处级
14	经济管理系	主　任	郭海清	正处级
		党总支副书记（—2018.04） 党总支书记（2018.04—）	张殿福	副处级
		副主任	吴光宇	副处级

（续表）

序号	单位名称	职务	姓名	备注
15	建筑工程技术系	主　任	贾克力	正处级
		党总支副书记（—2018.04）党总支书记（2018.04—）	董素芹	副处级
		副主任	王寿东	副处级
16	计算机技术与信息管理系	主　任	王立中	正处级
		党总支副书记（—2018.04）党总支书记（2018.04—）	赵　君	副处级
		副主任	包永红	副处级
17	艺术设计系	副主任（主持工作）	武建林	副处级
		党总支副书记（—2018.04）党总支书记（2018.04—）	李晓飞	副处级
		副主任	王　锋	副处级
18	车辆工程技术系	主　任	赵永来	正处级
		党总支副书记（—2018.04）党总支书记（2018.04—）	李国俊	副处级
19	旅游管理系	党总支书记	郭艳光	正处级
		副主任	姜海涛	副处级
20	基础课教学部	主　任	付万荣	正处级
		党总支副书记（—2018.04）教学党总支书记（2018.04—）	董交其	副处级
21	体育教学部	负责人	张殿福	副处级
22	科技园区办公室（实践教学中心）	主　任	杜立峰	正处级
		副主任	赵恒栋	副处级
23	图书馆	馆　长	陈广顺	正处级
		副馆长	李　明	副处级

各学院教授委员会

序号	学院	主任委员	副主任委员	委员	秘书
1	动物科学学院	齐景伟	闫素梅	张家新　赵艳红　娜仁花（大） 娜仁花（小）　高爱琴	刘　娜
2	兽医学院	曹金山	杨银凤	王凤龙　刘淑英　杨　英 温永俊　格日勒图	王　瑞
3	农学院	樊明寿	张　胜	马艳红　史树德　张少英 张永平　侯建华	马达灵
4	园艺与植物保护学院	周洪友	崔世茂	李小燕　李连国　庞保平 赵　君　霍秀文	高　慧
5	林学院	秦富仓	高润宏	马秀枝　白玉娥　安慧君 张秀卿　段广德	马秀枝
6	草原与资源环境学院	红　梅	韩国栋	石凤翎　李造哲　李海港 李　斐　赵萌莉	石英华
7	沙漠治理学院	左合君	高　永	王树森　成格尔　许　丽 孙　旭　李钢铁　凌　侠 崔向新	杨　霞
8	机电工程学院	武　佩	李海军	田海清　杜文亮　李旭英 陈　智　郁志宏　钱珊珠 葛丽娟	刘　飞
9	水利与土木建筑工程学院	屈忠义	张　生	史海滨　李　平　李瑞平 张圣微　姚占全　贾德彬 冀鸿兰	郑晓波
10	材料科学与艺术设计学院	黄金田	高晓霞	王　丽　王　欣　王雅梅 李　奇　吴日哲	赵胜利
11	经济管理学院	乔光华	盖志毅	乌云花　田艳丽　刘秀梅 张心灵　杜富林　赵元凤 赵益平	周　杰
12	食品科学与工程学院	董同力嘎	双　全	王俊国　张和平　吉日木图 张美丽　陈忠军　孟和毕力格 贺银凤　郭　军　靳　烨	李忠军
13	计算机与信息工程学院	高　静	潘　新	王　健　刘　霞　李宏慧 李美安　薛河儒	赵海萍
14	生命科学学院	付和平	李国婧	万　方　王玉珍　白　薇 冯福应　赵国芬	梁　燕
15	人文社会科学学院	张银花	郭宝亮	王利清　杨慧兰　张建新 阿茹罕　格日勒图	白萨如拉

（续表）

序号	学院	主任委员	副主任委员	委员	秘书
16	外国语言学院	徐莉林	娜日苏	王爱枝　任云岚　何　英 张晓华　武彦君	孙　杨
17	理学院	吴国荣	盛显良	王克冰　布和额尔敦 闫祖威　许　辉　李凤敏 杨丽英　阿木古楞	吕世杰
18	能源与交通工程学院	王国忠	韩巧丽	刘树民　张　雁　陈松利 戚春华　梁　鸿	刘文忠
19	马克思主义学院	高丽萍	霍如涛	刀丽芳　付国强　杨慧敏 孙　雳　杨曙光　段兴华	乌兰巴特尔

非常设机构（领导小组）

序号	机构名称	组长（主任）	副组长（副主任）	成员	办公室	办公室主任（秘书长）
1	党建工作领导小组	王万义	高聚林 芒　来 乔　彪 哈斯巴根 刘廷玺 王效亮	吕清禄　王忠东　郑培亮 王永明　赵云虎　靳小平 李伟威　张　文　杜健民 额尔敦　包国荣　马　强 吴恒志　秦富仓 那森巴雅尔　陆海平 黄金田　赵国年　张星杰 包革命　林　宝　吴玉红 孟　和　韩铁荣　朱守林 潘海波　曹渊清　李俊霞 周忠祥　赵福顺　周　浩 王俊生　米继伟　王平平 李立峰	组织部	吕清禄
2	意识形态工作领导小组	王万义 高聚林	芒　来 乔　彪 哈斯巴根 塔　娜 刘廷玺 王效亮 王怀栋	吕清禄　王忠东　王永明 赵云虎　靳小平　牟献友 赵柏峰　王俊生　杜健民 陈世体　冀兆荣　张　文 付建军　姜体忠　赵学刚 周忠祥　曹渊清　高　静 赵福顺　李伟威　叶德成 孙云霞	宣传部	王忠东
3	统一战线工作领导小组	王万义	乔　彪 王效亮	吕清禄　王忠东　郑培亮 王永明　赵云虎　额尔敦 包国荣　马　强　吴恒志 秦富仓　那森巴雅尔 陆海平　黄金田　赵国年 张星杰　包革命　林　宝 吴玉红　孟　和　韩铁荣 朱守林　潘海波　曹渊清 李俊霞　周忠祥　赵福顺 周　浩　王俊生　米继伟 王平平　李立峰	统战部	赵云虎
4	党务公开工作领导小组	王万义	高聚林 哈斯巴根 王效亮	芒　来　乔　彪　刘廷玺 王怀栋　吕清禄　王忠东 郑培亮　王永明　靳小平 赵柏峰　张　文　云占林	党政办公室	王永明

（续表）

序号	机构名称	组长（主任）	副组长（副主任）	成员	办公室	办公室主任（秘书长）
5	民主评议行风工作领导小组	王万义	高聚林 芒　来 乔　彪 哈斯巴根 塔　娜 刘廷玺 王效亮 王怀栋	吕清禄　王忠东　郑培亮 王永明　靳小平　牟献友 赵柏峰　王俊生　杜健民 陈世体　冀兆荣　张　文 付建军　姜体忠　丁雪华 赵学刚　周忠祥　李伟威 孙云霞　额尔敦　包国荣 马　强　吴恒志　秦富仓 那森巴雅尔　陆海平 黄金田　赵国年　张星杰 包革命　林　宝　李俊霞 吴玉红　曹渊清　孟　和 韩铁荣　朱守林　潘海波 樊文斌　赵福顺　周　浩 王平平　李立峰	纪　委	哈斯巴根
6	保密工作委员会	王万义	哈斯巴根 王效亮	高聚林　芒　来　乔　彪 塔　娜　刘廷玺　王怀栋 吕清禄　王忠东　郑培亮 王永明　牟献友　赵柏峰 王俊生　杜健民　付建军 赵学刚　孙云霞　高　静 云占林　周　浩　安　达 郭松朋　张祺乐	党政办公室	王永明
7	国家安全人民防线建设小组	王万义	乔　彪 王效亮	吕清禄　王忠东　王永明 赵柏峰　赵学刚　高　静 云占林　王俊生　孙云霞	党政办公室	王永明
8	人才工作领导小组	王万义	高聚林 芒　来 王效亮	吕清禄　王忠东　王永明 赵云虎　牟献友　赵柏峰 王俊生　杜健民　陈世体 冀兆荣　姜体忠　丁雪华 赵福顺　胡　敏　孙云霞	组织部	吕清禄
9	党校校务委员会	王万义	乔　彪 哈斯巴根 王效亮	吕清禄　王忠东　郑培亮 王永明　赵云虎　杜健民 张　文　赵福顺　李伟威 王　雁	组织部	赵云虎
10	文明校园创建工作领导小组	王万义	乔　彪 王效亮	吕清禄　王忠东　郑培亮 王永明　靳小平　牟献友 赵柏峰　杜健民　陈世体 冀兆荣　张　文　李伟威 赵学刚　周忠祥　赵福顺 周　浩　米继伟　王俊生 叶德成	宣传部	王忠东

（续表）

序号	机构名称	组长（主任）	副组长（副主任）	成员	办公室	办公室主任（秘书长）
11	教职工思想政治工作领导小组	王万义	芒　来 乔　彪 刘廷玺 王效亮	吕清禄　王忠东　王永明 靳小平　牟献友　赵柏峰 王俊生　杜健民　陈世体 冀兆荣　张　文　曹渊清 赵福顺　李伟威　叶德成	宣传部	王忠东
12	宗教工作领导小组	王万义	乔　彪 王效亮	吕清禄　王忠东　王永明 牟献友　赵柏峰　张　文 杜健民　赵学刚　席锁柱 曹渊清　李俊霞　赵福顺 赵云虎　李伟威　王俊生 孙云霞	统战部	赵云虎
13	从严治党工作领导小组	王万义	高聚林 哈斯巴根 王效亮	吕清禄　王忠东　郑培亮 王永明　樊文斌　赵福顺	监察审计处	郑培亮
14	维护稳定工作领导小组	王万义	乔　彪 （常务） 王效亮	吕清禄　王忠东　郑培亮 王永明　赵云虎　靳小平 牟献友　赵柏峰　杜健民 陈世体　冀兆荣　张　文 李伟威　付建军　赵学刚 周忠祥　高　静　孙云霞 韩云亭	保卫处	赵学刚
15	思想政治理论课建设工作领导小组	王万义	乔　彪 刘廷玺 王效亮	王忠东　牟献友　赵柏峰 王俊生　杜健民　冀兆荣 张　文　李伟威　曹渊清 包庆丰　高丽萍　亓　丹	马克思主义学院	包庆丰
16	法制宣传教育（普法依法治理）领导小组	王万义	乔　彪 哈斯巴根 王效亮	王忠东　郑培亮　王永明 靳小平　牟献友　张　文 赵学刚　盖志毅　包庆丰 赵福顺　赵云虎　李伟威 叶德成	宣传部	王忠东
17	校务公开工作领导小组	高聚林	哈斯巴根 王怀栋	吕清禄　王忠东　郑培亮 王永明　靳小平　牟献友 赵柏峰　王俊生　杜健民 陈世体　冀兆荣　张　文 付建军　赵福顺	监察审计处	郑培亮
18	信访工作领导小组	高聚林	哈斯巴根 王怀栋	吕清禄　王忠东　汪建平 郑培亮　王永明　靳小平 赵柏峰　陈世体　张　文 赵学刚　周忠祥　赵福顺	监察审计处	郑培亮

（续表）

序号	机构名称	组长（主任）	副组长（副主任）	成员	办公室	办公室主任（秘书长）
19	计划生育工作委员会	高聚林	乔　彪 王怀栋	吕清禄　王忠东　王永明 靳小平　牟献友　赵柏峰 杜健民　陈世体　冀兆荣 张　文　云占林　李伟威 李立峰　屈丰富　孟　斌 邢晋凌	党政办公室	王永明
20	教学工作委员会	高聚林	芒　来 乔　彪 塔　娜 刘廷玺 （常务） 王怀栋	郑培亮　王永明　牟献友 赵柏峰　王俊生　杜健民 陈世体　冀兆荣　张　文 付建军　姜体忠　郝锁柱 高　静　丁雪华　王　耀 李伟威　孙云霞　金宝明 张　旭　高　讷	教务处	牟献友
21	外聘工管理委员会	高聚林	芒　来 （常务） 乔　彪 哈斯巴根 塔　娜 刘廷玺 王怀栋	汪建平　郑培亮　王永明 牟献友　赵柏峰　陈世体 冀兆荣　赵学刚　胡　敏 李立峰　郗福兵	人事处	赵柏峰
22	科技工作领导小组	高聚林	芒　来 王怀栋	汪建平　郑培亮　王永明 牟献友　赵柏峰　杜健民 陈世体　冀兆荣　高　静 郝锁柱　丁雪华　付和平 王俊生　李伟威	科技处	王俊生
23	学位评定委员会	高聚林	芒　来 塔　娜 乔　彪 刘廷玺 王怀栋	杜健民　丁雪华　云荣义 付建军　牟献友　赵柏峰 张　文　王喜明　闫祖威 包庆丰　铁　牛　张　生 齐景伟　樊明寿　武　佩 秦富仓　徐莉林　盖志毅 曹金山　乔光华　韩国栋 张星杰　李国靖　薛河儒 朱守林　席锁柱　高　静 彭　恩	研究生院	杜健民
24	学术委员会	高聚林	张和平 韩国栋 武　佩	（以姓氏笔画为序） 王凤龙　王春光　王喜明 石凤翎　史海滨　白　薇 芒　来　乔光华　刘廷玺 刘景辉　闫祖威　牟献友 苏金梅　杜健民　李金泉 李跃进　张心灵　张　生 张进才　张和平　张晓华 张银花　武　佩　周欢敏 赵　君　段广德　铁　牛 高　永　高丽萍　高聚林 曹金山　崔世茂　塔　娜 董同力嘎　韩国栋　薛河儒	科技处	刘廷玺

（续表）

序号	机构名称	组长（主任）	副组长（副主任）	成员	办公室	办公室主任（秘书长）
25	学科与师资队伍建设委员会	张和平	铁　牛	高聚林　李金泉　曹金山 刘景辉　铁　牛　高　永 史海滨　王喜明　乔光华 张和平　周欢敏 高丽萍（女）　杜健民	研究生院	
26	教学与人才培养委员会	韩国栋	王凤龙	王凤龙　赵　君（女） 段广德　韩国栋　王春光 张　生　白　薇（女） 张晓华（女）　闫祖威 塔　娜（女）　张进才 高聚林　牟献友	教务处	
27	科学研究与学术道德委员会	武　佩	董同力嘎	芒　来　崔世茂　李跃进 石凤翎（女）　武　佩 刘廷玺　张心灵（女） 董同力嘎　薛河儒 张银花（女） 苏金梅（女）	科技处	
28	招生工作委员会	高聚林	乔　彪（常务） 哈斯巴根 王怀栋	郑培亮　王永明　牟献友 杜健民　陈世体　冀兆荣 张　文　付建军　赵学刚 高　静　丁雪华　齐景伟 曹金山　樊明寿　铁　牛 韩国栋　武　佩　张　生 王喜明　乔光华　张星杰 薛河儒　李国婧　盖志毅 徐莉林　闫祖威　席锁柱 王　耀　王国忠　杨红蕾	招生就业处	付建军
29	毕业生就业工作领导小组	高聚林	乔　彪 王怀栋	吕清禄　王忠东　王永明 牟献友　赵柏峰　杜健民 陈世体　冀兆荣　张　文 李伟威　付建军　赵学刚 丁雪华　国向东　杨红蕾	招生就业处	付建军
30	政府采购工作领导小组	高聚林	芒　来 乔　彪 哈斯巴根 王怀栋	郑培亮　王永明　靳小平 牟献友　王俊生　陈世体 冀兆荣　姜体忠　李登明	国有资产管理处	姜体忠

（续表）

序号	机构名称	组长（主任）	副组长（副主任）	成员	办公室	办公室主任（秘书长）
31	校园治安综合治理委员会	高聚林	乔　彪 王怀栋	吕清禄　王忠东　郑培亮 王永明　靳小平　赵柏峰 牟献友　王俊生　杜健民 陈世体　冀兆荣　张　文 李伟威　付建军　姜体忠 赵学刚　席锁柱　孙云霞 高　静　额尔敦　包国荣 马　强　吴恒志　秦富仓 那森巴雅尔　陆海平 黄金田　赵国年　张星杰 包革命　李俊霞　吴玉红 孟　和　韩铁荣　朱守林 潘海波　曹渊清　周　浩 王平平　米继伟　李立峰 白海林　韩云亭	保卫处	赵学刚
32	外事工作领导小组	高聚林		王怀栋　吕清禄　郑培亮 牟献友　赵柏峰　王俊生 杜健民　冀兆荣　孙云霞	国际交流与合作处	孙云霞
33	引进国外优质教育资源工作领导小组	高聚林	芒　来 刘廷玺 王怀栋	王永明　牟献友　赵柏峰 王俊生　杜健民　陈世体 冀兆荣　张　文　付建军 孙云霞　席锁柱　丁雪华 王　耀　刘翠兰　高　讷	教务处	牟献友
34	校园网与信息化建设管理委员会	高聚林	乔　彪 刘廷玺 （常务） 王怀栋	吕清禄　王忠东　郑培亮 王永明　牟献友　赵柏峰 王俊生　杜健民　陈世体 冀兆荣　张　文　付建军 姜体忠　赵学刚　王明玖 高　静　丁雪华　李伟威 李　新　石瑞峰　麻海雷 阮　福	信息与网络中心	高　静
35	全国重点建设职教师资培养培训基地工作领导小组	高聚林	刘廷玺 王怀栋	牟献友　杜健民　陈世体 冀兆荣　云荣义　王明玖 齐景伟　曹金山　樊明寿 铁　牛　韩国栋　武　佩 张　生　王喜明　乔光华 张星杰　薛河儒　王　耀 李国婧　王国忠	继续教育学院	云荣义
36	学报编辑委员会	高聚林	芒　来 苏德毕力格	（按姓氏笔画为序） 丁雪华　马　强　王怀栋 王明玖　王喜明　双　全 史海滨　刘廷玺　牟献友 芒　来　闫祖威　张和平 张　生　李国婧　杜健民 苏双平　苏德毕力格 齐景伟　武　佩　赵怀青 铁　牛　高聚林　高　静 曹金山　塔　娜　韩国栋 樊明寿　薛河儒		

（续表）

序号	机构名称	组长（主任）	副组长（副主任）	成员	办公室	办公室主任（秘书长）
37	内部管理体制改革工作组	王万义	高聚林 芒　来（常务） 乔　彪 哈斯巴根 塔　娜 刘廷玺 王效亮 王怀栋	吕清禄　王忠东　郑培亮 王永明　靳小平　牟献友 赵柏峰　王俊生　杜健民 陈世体　冀兆荣　张　文 丁雪华　胡　敏　屈丰富 郗福兵	人事处	赵柏峰
38	老龄工作委员会	乔　彪	芒　来 王怀栋	吕清禄　王永明　靳小平 赵柏峰　陈世体　冀兆荣 周忠祥　胡　敏　孟　斌 李淑玲	离退休人员工作处	周忠祥
39	关心下一代工作委员会	乔　彪	郑俊宝（常务） 高　潮 厚福祥	吕清禄　王忠东　王永明 张　文　樊文斌　李立峰 齐海光		周忠祥
40	校园文化建设领导小组	王万义	乔　彪 刘廷玺 王效亮	王忠东　郑培亮　王永明 靳小平　牟献友　赵柏峰 王俊生　杜健民　陈世体 冀兆荣　张　文　赵学刚 盖志毅　包庆丰　彭　恩 赵福顺　李伟威	宣传部	王忠东
41	大学生社会实践和科技创新活动领导小组	乔　彪	芒　来 刘廷玺 王效亮	王忠东　牟献友　王俊生 杜健民　陈世体　冀兆荣 张　文　李伟威　付建军 杨海升　李伟威	团　委	李伟威
42	学生工作委员会	乔　彪		吕清禄　王忠东　牟献友 杜健民　陈世体　冀兆荣 张　文　李伟威　付建军 赵学刚　杨海升　乌力吉 郭政文　侯振虎	学生工作处	张　文
43	奖学金管理委员会（勤工助学活动管理委员会）	乔　彪	芒　来 刘廷玺 王怀栋	郑培亮　牟献友　杜健民 陈世体　冀兆荣　张　文 李伟威　付建军　杨海升 郭文瑞　乌力吉　郭政文 侯振虎	学生工作处	张　文
44	助学贷款工作领导小组	乔　彪		杜健民　冀兆荣　张　文 李伟威　付建军　杨海升 郭文瑞　乌力吉　郭政文 侯振虎	学生工作处	张　文
45	学生公寓管理工作委员会	乔　彪		王忠东　牟献友　杜健民 陈世体　张　文　李伟威 乌力吉　车艳秋	学生工作处	张　文

（续表）

序号	机构名称	组长（主任）	副组长（副主任）	成员	办公室	办公室主任（秘书长）
46	征兵工作领导小组	乔　彪		王忠东　牟献友　冀兆荣 张　文　付建军　杨海升 李伟威　乌力吉　郭政文 侯振虎	学生工作处	张　文
47	科技园区建设领导小组	刘廷玺	芒　来 乔　彪 王怀栋	汪建平　郑培亮　王永明 牟献友　杜健民　陈世体 冀兆荣　姜体忠　郝锁柱 丁雪华　王俊生　杜立峰 胡宁宝　秦海英	科技园区管理办公室	郝锁柱
48	网络与信息安全工作领导小组	王万义 高聚林	乔　彪 刘廷玺 王效亮	吕清禄　王忠东　汪建平 郑培亮　王永明　靳小平 李伟威　牟献友　赵柏峰 杜健民　陈世体　冀兆荣 张　文　付建军　姜体忠 赵学刚　周忠祥　孙云霞 额尔敦　包国荣　马　强 吴恒志　韩国栋 那森巴雅尔　陆海平 黄金田　赵国年　张星杰 薛河儒　林　宝　吴玉红 孟　和　韩铁荣　朱守林 潘海波　曹渊清　席锁柱 云荣义　苏德毕力格 郝锁柱　高　静　丁雪华 李俊霞　云占林　李立峰 周　浩　王俊生　米继伟 王平平	党政办公室	王永明
49	节约型校园建设工作领导小组	乔　彪	芒　来 刘廷玺 王怀栋	王忠东　汪建平　郭奇斌 郑培亮　王永明　牟献友 靳小平　陈世体　冀兆荣 张　文　姜体忠　丁雪华 王俊生　王振合　郭　炜	后勤管理处	陈世体
50	食品卫生安全工作领导小组	乔　彪		王怀栋　汪建平　王永明 陈世体　张　文　赵学刚 王振合　孟　斌　韩瑞平 李伟威	后勤管理处	陈世体
51	安全生产工作领导小组	乔　彪		汪建平　郭奇斌　王永明 牟献友　陈世体　赵学刚 郝锁柱　王振合　郭　炜 乌力吉　孟　斌　韩瑞平 周春生　吴中立　杨利平 寇起旺	后勤管理处	陈世体
52	爱国卫生绿化工作委员会	乔　彪		王忠东　郭奇斌　王永明 陈世体　张　文　赵学刚 郭　炜　王振合　李伟威 李立峰　韩瑞平　乌力吉 孟　斌	后勤管理处	陈世体

（续表）

序号	机构名称	组长（主任）	副组长（副主任）	成员	办公室	办公室主任（秘书长）
53	防范和处理邪教问题工作领导小组	乔　彪		王效亮　吕清禄　王忠东　王永明　靳小平　赵柏峰　陈世体　张　文　赵学刚　席锁柱　高　静　赵云虎　李伟威　白海林　韩云亭	保卫处	赵学刚
54	消防安全委员会	乔　彪		王忠东　汪建平　郭奇斌　王永明　牟献友　赵柏峰　杜健民　陈世体　冀兆荣　张　文　姜体忠　赵学刚　周忠祥　王明玖　郝锁柱　高　静　李伟威　云　彪　郭　炜　白海林　李立峰　韩瑞平　韩云亭	保卫处	赵学刚
55	红十字会理事会	王万义	乔　彪	王忠东　靳小平　冀兆荣　张　文　杨海升　李伟威　孟　斌　冯文进	校医院	孟　斌
56	档案工作委员会	高聚林		吕清禄　王忠东　郑培亮　靳小平　牟献友　赵柏峰　杜健民　陈世体　冀兆荣　张　文　付建军　姜体忠　赵学刚　周忠祥　高　静　丁雪华　云占林　王俊生　孙云霞　李伟威	党政办公室	王永明
57	学生申诉委员会	哈斯巴根		哈斯巴根　樊文斌　郑培亮　牟献友　张　文　赵福顺　李伟威　学生代表3人	监察审计处	郑培亮
58	蒙古语言文字工作委员会	芒　来	刘廷玺	吕清禄　王忠东　冯贵宗　牟献友　杜健民　张　文　包庆丰　苏德毕力格　高　静　王　耀　李伟威　金宝明　安　达	教务处	金宝明
59	图书馆工作委员会	刘廷玺		冯贵宗　牟献友　杜健民　冀兆荣　张　文　付建军　姜体忠　李俊霞　高　静　丁雪华　王俊生　陈广顺　李伟威　范长岭　李　新	图书馆	王明玖
60	教学基本建设委员会	刘廷玺	芒　来 王怀栋	郑培亮　王永明　牟献友　赵柏峰　杜健民　陈世体　冀兆荣　张　文　付建军　姜体忠　高　静　王　耀　丁雪华　王俊生　金宝明　李伟威　孙云霞　张　旭　高　讷	教务处	牟献友

（续表）

序号	机构名称	组长（主任）	副组长（副主任）	成员	办公室	办公室主任（秘书长）
61	文化素质教育领导小组	刘廷玺	乔　彪 王怀栋	吕清禄　王忠东　王永明 靳小平　牟献友　赵柏峰 杜健民　陈世体　冀兆荣 张　文　付建军　赵学刚 盖志毅　包庆丰　高　静 王俊生　王　耀　李伟威	教务处	牟献友
62	实践教学工作委员会	刘廷玺	芒　来 乔　彪	冯贵宗　牟献友　杜健民 陈世体　冀兆荣　姜体忠 郝锁柱　王俊生　王　耀 张　旭　高　讷	教务处	牟献友
63	教材建设委员会	刘廷玺		冯贵宗　牟献友　郑培亮 杜健民　冀兆荣　付建军 王明玖　王俊生　王　耀 金宝明	教务处	牟献友
64	体育运动委员会	刘廷玺	乔　彪	吕清禄　王忠东　冯贵宗 王永明　靳小平　牟献友 赵柏峰　杜健民　陈世体 冀兆荣　张　文　付建军 赵学刚　潘海波　彭　恩 张殿福　李伟威	体育教学部	彭　恩
65	援外培训工作领导小组	乔　彪		汪建平　冀兆荣　席锁柱 孙云霞	资产经营公司	汪建平
66	民族教育工作委员会	高聚林	芒　来 塔　娜 刘廷玺 王怀栋	吕清禄　王忠东　牟献友 赵柏峰　杜健民　张　文 付建军　冀兆荣　陈世体 包国荣　铁　牛　王　耀 安　达　李伟威	教务处	牟献友

党建与思想政治工作

组织工作

概况

2018年，组织部（统战部）在校党委的正确领导下，在有关部门的大力支持和协助下，根据年度工作计划的安排，紧紧围绕学校中心工作，以巡视整改为契机，以教育培训为抓手，积极推进党支部的规范化建设，基层党组织建设不断加强，干部队伍整体素质不断提高，“两学一做”学习教育常态化制度化扎实推进，为推动学校“双一流”建设、本科教学工作审核评估和学校内涵发展提供坚强组织保证。

干部队伍建设

一是积极配合自治区党委第二巡视组对学校进行的巡视工作，针对巡视组反馈的问题，制定了选人用人专项整治方案。二是加大干部教育培训力度。全年选派17名处级以上干部参加自治区党校、国家教育行政学院等培训学习，17名处级以上干部参加自治区双休日讲座。全体处级以上干部完成至少50个学时的网络在线学习。继续安排1名干部在四子王旗扶贫点扶贫，选派4名干部赴旗县区挂职锻炼，3名干部分别到自治区高校工委、自治区组织部调训。三是加强干部日常管理。严格执行处级干部请销假制度、外出告知制度、个人事项报告及组织处理制度，认真执行干部因私出国（境）证件使用审批手续。年内对违反处级干部请销假有关规定的12名处级干部进行了通报和岗位津贴扣除处理。对干部个人事项报告工作中漏报的11名干部下发了核查通知单，本人均做了书面说明和检查。四是坚持开展学院党委（党总支）书记抓党建工作述职评议工作。五是完成了新一轮处级干部聘任工作方案的申报工作，并于年底开展了新一轮处级干部聘任工作。六是做好后备干部的培养选拔工作，进一步修订了学校后备干部培养选拔管理工作实施办法。七是完善了处级领导班子考核指标体系，安排部署了2018年处级领导班子和处级干部考核工作。八是组织完成了校、处级领导班子巡视整改专题民主生活会的部署、召开、上报等相关工作。九是协助自治区党委完成了校党委、纪委换届考察工作及推荐的5名校党委委员、2名校纪委委员考察对象相关材料上报工作。十是完成了学校召开中国共产党内蒙古农业大学第三次代表大会请示上报工作。十一是认真落实自治区党委《关于进一步加强党管人才工作的实施意见》精神，完成了“西部之光”“草原之光”等人才推荐、服务工作。

基层组织建设

一是以落实巡视整改为主线，制定了基层党建工作专项整治方案，建立了整改台账。二是完成了全校260个党支部的换届调整工作，选优配齐了党支部书记。三是将教师党支部书记工作补贴列入预算方案，落实了离退休党支部书记、委员工作补助。四是印发了《内蒙古农业大学2018年推进“两学一做”学习教育常态化制度化工作要点》，以“树人党建”为基本目标，以党支部为基本单位，积极推进“两学一做”学习教育常态化制度化。五是修订了《内蒙古农业大学学院党政联席会议制度》《内蒙古农业大学流动党员管理办法》等规章制度，并对过去的规章制度进行了疏理。六是组织党支部书记参加“2018年全国高校基层党支部书记网络培训”，组织开展了教育部、自治区教育厅“双带头人”教师党支部书记工作室的推荐申报工作。七是继续推进精品党日创建活动，依托精品党日，打造党建工作品牌。八是开展纪念建党97周年系列活动。对33个先进基层党组织、83名优秀共产党员、34名优秀党务工作者，以及“支部建设年”活动中表现优秀的9个先进教工党支部10个先进学生党支部进行了表彰奖励。举办了学生党员学习党章和十九大精神知识竞赛，组织了品读红色经典读书观影交流会。九是加强对党支部班子的教育培训。组织了47名党支部书记赴上海举办了培训班，各分党委（党总支）对支部委员培训达到全覆盖。十是认真做好党员发展工作。对全校发展党员档案进行了抽查，对发现的问题进行了整改。对发展党员程序、《入党志愿书》规范填写等内容进行了培训。十一是加强党费的收缴、使用和管理，认真开展了全校各基层党组织的党费收缴、使用和管理的自查工作。积极协调银行开设党费专用账户，实现党费专门账户管理。十二是加强研究生党建工作，由校党委书记带队深入学院开展研究生党建专项调研。十三是认真组织参加全国高校“百个研究生样板党支部”和“百名研究生党员标兵”创建工作、新时代高校党建示范创建和质量创优工作。水利与土木建筑工程学院驻河套灌区硕、博士研究生流动党支部被遴选为全国高校“百个研究生样板党支部”；水利与土木建筑工程学院党委入选教育部百个党建工作标杆院系创建单位。

党校工作

一是利用现代多媒体手段，不断创新党校培训方式。完善了入党积极分子网上党校系统，实现了党课培训线上、线下有机结合，提高了党课教学的吸引力和针对性，提升了党课的教育培训质量。二是实现党员学习多样性。组织教工、学生党支部书记各25名参加全国高校基层党支部书记网络培训示范班各1期。举办了分党委书记、基层党支部书记、科级干部培训班等各级各类培训班共6期。三是加强党课课程组建设。建立校级党校教师库。完成了入党积极分子培训教学大纲的修订。组织党课教师统一学习、培训、交流研讨。四是指导基层分党校做好有关培训工作。全年各分党校共举办入党积极分子培训班32期，重点培养对象培训班30期。

各基层党组织、党员分类情况统计表

截至 2018 年 12 月 31 日

序号	党组织名称	党员人数							在岗职工人数	学生总数	研究生人数	本专科人数	党员比例（%）			
		合计	教工党员			学生党员							在岗职工党员比例	学生党员比例	研究生党员比例	本专科学生党员比例
			小计	在职	离退休	小计	研究生	本专科生								
1	动物科学学院党委	169	45	45	0	124	61	63	78	1 412	239	1 173	57. 69%	8. 78%	25. 52%	5. 37%
2	兽医学院党委	229	54	54	0	175	68	107	84	1 571	266	1 305	64. 29%	11. 14%	25. 56%	8. 20%
3	农学院党委	217	79	79	0	138	64	74	116	1 934	315	1 619	68. 10%	7. 14%	20. 32%	4. 57%
4	林学院党委	200	50	50	0	150	68	82	92	2 105	321	1 784	54. 35%	7. 13%	21. 18%	4. 60%
5	草原与资源环境学院党总支	195	59	59	0	136	87	49	98	1 248	300	948	60. 20%	10. 90%	29. 00%	5. 17%
6	沙漠治理学院党总支	196	39	39	0	157	62	95	62	1 550	204	1 346	62. 90%	10. 13%	30. 39%	7. 06%
7	机电工程学院党委	239	66	66	0	173	40	133	102	2 349	158	2 191	64. 71%	7. 36%	25. 32%	6. 07%
8	水利与土木建筑工程学院党委	268	74	74	0	194	56	138	114	2 563	222	2 341	64. 91%	7. 57%	25. 23%	5. 89%
9	材料科学与艺术设计学院党委	160	51	51	0	109	29	80	87	1 593	87	1 506	58. 62%	6. 84%	33. 33%	5. 31%
10	经济管理学院党委	378	73	73	0	305	104	201	105	3 115	355	2 760	69. 52%	9. 79%	29. 30%	7. 28%
11	食品科学与工程学院党委	254	52	52	0	202	67	135	86	2 221	356	1 865	60. 47%	9. 10%	18. 82%	7. 24%
12	计算机与信息工程学院党委	129	51	51	0	78	24	54	75	1 272	67	1 205	68. 00%	6. 13%	35. 82%	4. 48%
13	生命科学学院党委	146	44	44	0	102	47	55	89	1 165	127	1 038	49. 44%	8. 76%	37. 01%	5. 30%

（续表）

序号	党组织名称	党员人数							在岗职工人数	学生总数	研究生人数	本专科人数	党员比例（%）			
		合计	教工党员			学生党员										
			小计	在职	离退休	小计	研究生	本专科生					在岗职工党员比例	学生党员比例	研究生党员比例	本专科学生党员比例
14	人文社会科学学院党委	121	28	28	0	93	42	51	44	1 583	310	1 273	63.64%	5.87%	13.55%	4.01%
15	外语语言学院党委	67	51	51	0	16	0	16	106	378	0	378	48.11%	4.23%	0	4.23%
16	理学院党委	123	83	83	0	40	0	40	141	629	25	604	58.87%	6.36%	0	6.62%
17	能源与交通工程学院党委	104	37	37	0	67	11	56	49	1 209	38	1 171	75.51%	5.54%	28.95%	4.78%
18	体育教学部党总支	26	26	26	0	0	0	0	57	0	0	0	45.61%	0	0	0
19	马克思主义学院党总支	57	40	40	0	17	17	0	51	34	34	0	78.43%	50.00%	50.00%	0
20	机关第一党总支	58	58	58	0	0	0	0	82	0	0	0	70.73%	0	0	0
21	机关第二党总支	75	75	75	0	0	0	0	128	0	0	0	58.59%	0	0	0
22	机关第三党总支	43	43	43	0	0	0	0	72	53	0	53	59.72%	0	0	0
23	后勤党总支	129	129	129	0	0	0	0	221	0	0	0	58.37%	0	0	0
24	基础教育中心党总支	64	64	64	0	0	0	0	433	0	0	0	14.78%	0	0	0
25	图书馆党总支	34	34	34	0	0	0	0	77	0	0	0	44.16%	0	0	0
26	离退休人员工作处党总支	487	487	4	483	0	0	0	6	0	0	0	66.67%	0	0	0
27	职业技术学院党委	573	329	329	0	244	43	201	502	6 791	0	6 791	65.54%	3.59%	0	2.96%
合计		4 741	2 221	1 738	483	2 520	890	1 630	3 157	34 775	3 424	31 351	55.05%	7.25%	25.99%	5.20%

各基层党组织年度发展党员情况统计表 截至2018年12月31日

序号	基层党组织	总计	其中		在岗职工	学生			其他
			女	少数民族		合计	研究生	本专科生	
1	动物科学学院党委	45	25	19	0	45	12	33	0
2	兽医学院党委	49	34	17	0	49	8	41	0
3	农学院党委	62	58	12	0	62	12	50	0
4	林学院党委	65	48	17	0	65	10	55	0
5	草原与资源环境学院党总支	40	28	11	0	40	7	33	0
6	沙漠治理学院党总支	48	39	11	1	47	4	43	0
7	机电工程学院党委	74	13	16	0	74	9	65	0
8	水利与土木建筑工程学院党委	82	27	14	0	82	7	75	0
9	材料科学与艺术设计学院党委	51	27	9	1	50	3	47	0
10	经济管理学院党委	94	71	19	0	94	10	84	0
11	食品科学与工程学院党委	72	52	15	0	72	10	62	0
12	计算机与信息工程学院党委	40	30	8	0	40	4	36	0
13	生命科学学院党委	36	31	4	0	36	9	27	0
14	人文社会科学学院党委	44	36	26	0	44	34	10	0
15	外语语言学院党委	11	11	2	0	11	0	11	0
16	理学院党委	21	11	2	0	21	0	21	0
17	能源与交通工程学院党委	39	14	1	1	38	1	37	0
18	体育教学部党总支	1	0	0	1	0	0	0	0
19	马克思主义学院党总支	5	5	4	0	5	5	0	0
20	机关第一党总支	0	0	0	0	0	0	0	0
21	机关第二党总支	0	0	0	0	0	0	0	0
22	机关第三党总支	0	0	0	0	0	0	0	0
23	后勤党总支	0	0	0	0	0	0	0	0
24	基础教育中心党总支	0	0	0	0	0	0	0	0
25	图书馆党总支	0	0	0	0	0	0	0	0
26	离退休人员工作处党总支	0	0	0	0	0	0	0	0
27	职业技术学院党委	111	66	16	5	106	6	100	0
合计		990	626	223	9	981	151	830	0

职业技术学院党委各基层党组织、党员分类情况统计表

截至2018年12月31日

序号	基层党组织	党员人数（人）							党支部数（个）		
		合计	教工党员			学生党员			合计	学生党支部数	教职工党支部数
			小计	在职	离退休	小计	本科生	专科生			
合计		552	329	329	0	223	166	57	35	16	19
1	园艺园林技术系党总支	49	25	25	0	24	18	6	3	2	1
2	畜牧兽医技术系党总支	38	20	20	0	18	3	15	3	2	1
3	食品工程技术系党总支	49	23	23	0	26	24	2	3	2	1
4	经济管理系党总支	58	21	21	0	37	31	6	4	3	1
5	建筑工程技术系党总支	43	18	18	0	25	16	9	3	2	1
6	计算机技术与信息管理系党总支	40	11	11	0	29	24	5	3	2	1
7	艺术设计系党总支	44	16	16	0	28	22	6	2	1	1
8	车辆工程技术系党总支	24	10	10	0	14	13	1	2	1	1
9	旅游管理系党总支	44	22	22	0	22	15	7	2	1	1
10	教学党总支	54	54	54	0	0	0	0	4	0	4
11	机关第一党总支	50	50	50	0	0	0	0	3	0	3
12	机关第二党总支	59	59	59	0	0	0	0	3	0	3

职业技术学院党委党支部基本情况统计表

截至 2018 年 12 月 31 日

序号	基层党组织	党支部总数	其中	
			学生党支部数	教职工党支部数
合计	12	35	16	19
1	园艺园林技术系党总支	3	2	1
2	畜牧兽医技术系党总支	3	2	1
3	食品工程技术系党总支	3	2	1
4	经济管理系党总支	4	3	1
5	建筑工程技术系党总支	3	2	1
6	计算机技术与信息管理系党总支	3	2	1
7	艺术设计系党总支	2	1	1
8	车辆工程技术系党总支	2	1	1
9	旅游管理系党总支	2	1	1
10	教学党总支	4	0	4
11	机关第一党总支	3	0	3
12	机关第二党总支	3	0	3

职业技术学院党委各基层党组织年度发展党员情况统计表

截至 2018 年 12 月 31 日

序号	基层党组织	总计	其中		在岗职工	学生			其他
			女	少数民族		合计	本科生	专科生	
	合计	112	69	16	4	108	74	34	
1	园艺园林技术系党总支	14	7	2	0	14	10	4	
2	畜牧兽医技术系党总支	12	6	5	0	12	10	2	
3	食品工程技术系党总支	13	7	1	0	13	12	1	
4	经济管理系党总支	20	17	1	0	20	14	6	
5	建筑工程技术系党总支	12	5	4	1	11	3	8	
6	计算机技术与信息管理系党总支	11	11	2	0	11	9	2	
7	艺术设计系党总支	12	5	1	1	11	5	6	
8	车辆工程技术系党总支	6	0	0	0	6	5	1	
9	旅游管理系党总支	10	10	0	0	10	6	4	
10	教学党总支	1	1	0	1	0	0	0	
11	机关第一党总支	0	0	0	0	0	0	0	
12	机关第二党总支	1	0	0	1	0	0	0	

宣传思想工作

概况

2018年，在自治区党委宣传部、教育工委和校党委的领导下，认真贯彻落实全国全区宣传思想工作会议和思想政治工作会议精神，落实中央、自治区党委重要决策部署，紧紧围绕学校中心工作，在意识形态、理论武装、思想政治、舆论宣传等方面取得一定成绩。

理论武装与思想政治工作

围绕学习贯彻习近平总书记重要讲话指示批示精神进行专题培训，全年完成12次校党委中心组的学习，其中专家报告4场，组织了关于学习党的十九大精神、学校办学目标定位、加强师资队伍建设和学习全国教育工作会议精神等四次专题研讨。在原“理论宣讲团”基础上，成立“新时代讲习团”，组建了“老教授师德师风报告团”，推进习近平新时代中国特色社会主义思想和党的十九大精神学习宣传，全年宣讲22次。组织编印、购买印发各类学习资料和视频学习材料20余种、2 000余册（盘）。编印了《习近平总书记2014年考察内蒙古和参加全国“两会”内蒙古代表团审议时重要讲话精神学习资料》和《党员干部应知应会知识手册》，并组织全校副处级以上领导干部进行了理论测试。重新修订了《教职工政治理论学习规定》和有关学习通知，进一步强化了督导考核。组织协同马克思主义学院、党校、团委、学生处等有关部门完成了“学校党委书记、校长、学院党委（党总支）书记、院长每学期至少为学生讲授一次思政理论课”的任务，并通过思政理论课、党课、团课、“青马班”、主题团日、理论学习社团等形式，在学生中开展政治理论学习、形势政策教育活动。与团委共同完成了春秋两次学生思想动态调查，完成年度教职工思想动态调查，并形成思想动态调查报告。

意识形态工作

加大理论学习培训力度，围绕学习贯彻习近平总书记关于意识形态工作的重要论述和全国宣传思想工作会议精神，邀请自治区党委宣传部马慧吉教授为全校科级以上干部和全体教职工党支部书记进行了专题培训。加强学校意识形态工作责任制和相关制度的落实，组织制定了学校党委与各处级单位的意识形态工作责任状，并要求各二级单位不断细化责任清单，将责任逐项落实到班子成员、各科室相关人员以及具体负责人。组织3个巡查组，对全部处级单位落实意识形态责任制情况进行了巡查。同时，按照“属地管理、主管主办”原则，完成了全校印刷打印复印场所、宣传橱窗、电子显示屏的登记备案工作。进一步建立健全二级单位舆情信息及时报送制度和“调度、研判、会商”制度，研究制定了学校《网络意识形态责任清单》和《舆情应急处置预案》。购买了江苏金鸽公司的舆情监控服务，加大了舆情监控的力度。

宣传舆论工作

强化学校网站建设，组织审核学校汉文版网站共发布各类新闻综合报道、通知公告近800条，新闻图片3 000余张，设计、制作、展出橱窗、展板等理论学习专栏300余块。为教育厅网站“高校动态”专栏发布学校信息138条。协助协调国家和自治区主流媒体，完成采访和新闻稿60余篇，推荐各类专家咨询20余人次。协助国家教育电视台完成了兴安盟博士服务团等扶贫工作专访。主编出版发行校报汉文版12期。审核制作完成并播出校园视频新闻12期。继续加强学校微博微信等新媒体的建设管理，对师生个人开通的新媒体账号进行了摸底和备案。积极运行学校官方微博、官方微信平台，实现了校园传统媒体和新媒体的聚合传播。完成了校史馆的数据统计、内容更新、版面设计、实物征集等近900平方米的重新布展工作。与林学院联合开展校园树木图鉴编撰和树木挂牌工作，完成了校园内各种树木特性标识牌的制作和挂牌，完成了《内蒙古农业大学校园树木图鉴》，统计了校园内乡土植物、引进品种等各类植物200种，20余种鸟类品种。

围绕教评组织完成了有关新闻报道策划、宣传提纲、宣传口号的拟定，结合学校和学院特色，制作20余条条幅在考察沿途及考察单位悬挂宣传和氛围营造；编印了《本科教学审核评估教师应知应会100题》和试卷各3 000册（份），并组织了测试。指导团学部门组织学生开展了“知校爱校荣校”活动和教学评估相关知识学习。通过学习，统一了全校师生思想，凝聚了师生共识，扎实推动了学校的本科教学工作审核评估工作的顺利开展。利用校园“报、网、栏、屏、广”等宣传媒介和平台，充分发挥舆论导向作用，广泛宣传学校教育教学、人才培养、师生风采以及本科教学工作审核评估相关工作，营造立德树人、尊师重教良好氛围。制作安装东、西、新三个校区校园路灯灯杆宣传板208块，增加新校区广场橱窗宣传板60块。组织编印了《立德树人——学校教师风采展示录》《校史序略》《内蒙古农业大学报》《校园导视图》等专家案头材料。

文明校园创建和法制宣传教育工作

继续推进文明校园创建工作，向上级主管部门报送文明校园创建案例材料1份、先进典型宣传材料6份。继续加强对全校思想政治工作的统筹，组织制定了学校《思想政治工作质量提升工程实施措施（试行）》，组织遴选了自治区和学校首批思想政治“名师工作室”和高校校园文化精品项目等活动的报送。向上级部门起草上报了有关思想政治工作、意识形态工作总结以及各种项目书12份。组织完成了学校思政研系列职称评审的评定工作。组织开展了自治区党委宣传部安排部署的各类主题教育活动，与团学等部门印发了《关于组织开展“我的肩膀—能挑多重的担子?”主题讨论及实践活动暨参加全区首届大学生文化艺术活动月的实施方案》，以及民族团结进步月系列活动等。继续抓好法治宣传教育活动，持续统筹推进学校《“七五”法治宣传教育规划》的落实，组织通过了自治区“七五”普法规划中期检查组督导验收。组织了全校副处级干部参加开展年度网络在线学法和考试。

统一战线工作

概况

2018 年，学校统战工作深入贯彻党的十九大精神和习近平总书记系列重要讲话以及中央统战工作会议精神，紧紧围绕学校中心工作，积极发挥统一战线的资源优势，凝心聚力，在党外代表人士队伍建设、提高学校统一战线工作水平等方面取得一定成绩。

加强学习培训，推动统战工作创新发展

一是不断加强政治思想引领。认真学习贯彻党的十九大精神特别是中央关于统一战线的一系列重大决策部署，结合学校统战工作实际，通过辅导讲座、专题培训、座谈交流等形式，不断加强党外知识分子思想政治建设。选派党外人士参加全区高校民主党派、无党派人士学习贯彻中共十九大精神专题培训班。举办党外人士学习全国“两会”精神报告会，邀请全国人大代表、兽医学院呼和巴特尔教授向与会党外代表人士传达了全国“两会”精神。二是建立健全党外人士政治理论学习制度。出台了《内蒙古农业大学党外人士政治理论学习制度》，规定了党外人士政治理论学习的内容、形式和组织方式，使党外人士学习进一步制度化、规范化。三是进一步推动联谊交友。完善民主党派、无党派人士数据库，完成了党外代表人士信息采集工作和党外少数民族代表人士信息采集工作，在此基础上，开展恳谈和联谊交友活动，及时通报有关情况，调动党外代表人士参与学校相关工作的积极性和主动性。

推进党外代表人士队伍建设

积极做好党外人大代表、政协委员的教育培训工作，提高履职能力，支持深入基层开展社会调研，发挥参政议政、建言献策的政治平台作用，扩大学校的社会影响，积极反映社情民意。积极选送优秀党外知识分子参加自治区统战部等部门组织的各类教育培训和挂职锻炼。选派 1 人参加自治区党委统战部第 30 期党外县处级干部培训班；选派 1 人参加全区党外少数民族代表人士培训班；选派 2 人参加全区无党派人士学习贯彻党的十九大精神培训班；选派 5 人参加自治区第 3 期归国留学人员培训班；选派 6 人参加全区高等院校民主党派、无党派人士学习贯彻中国共产党第十九次全国代表大会精神专题培训班；选派 1 人参加自治区侨联系统干部培训班等。12 月 10 日至 12 月 15 日，学校在乌兰浩特市举办了统战干部和党外代表人士两支队伍培训班，组织从事统一战线工作人员、各民主党派及无党派代表人士 21 名学员参加了培训。

协助民主党派、知联会、留联会开展自身建设，鼓励和支持党外人士发挥作用

1. 支持民主党派、知联会、留联会加强组织建设。加强对各民主党派基层组织的政治领导，对民主党派负责人进行培训，协助各民主党派做好新成员吸纳和政审工作。为各民主党派开展活动提供车辆、场地、经费等保障，从人力、物力、财力等方面给予支持，保证了各民主党派活动的顺利开展。在校党委统战部的支持下，5 月 20 日，为纪念中共中央发布“五一口号”70 周年，九三学社直属高教二支社举办了以“不忘初心，铭记历史”为主题的纪念活动，大家学习了“五一口号”发布的历史及重要意义，参观学习了敕勒川博物馆、乌兰夫故居、萨县抗日游击队纪念址（土默特右旗革命遗迹遗址）及乌兰夫早期革命活动纪念址。9 月 8 日，为纪念九三学社成立 73 周年暨庆祝教师节，学校九三学社直属高教二支社在内蒙古自治区图书馆音乐图书馆开展“弘扬爱国奋斗精神、建功立业新时代”主题活动。

2. 鼓励和支持党外人士为自治区和学校的科学发展建言献策、参政议政。着眼服务“四个全面”，围绕适应发展新常态提高参政议政、民主协商能力，为自治区地方经济发展和学校改革发展建言献策。发挥好党外人士特别是民主党派成员的民主监督作用，坚持问题导向，注重抓住社会关注和师生关心的热点开展监督。充分发挥党外人士在学校民主管理和学术管理中的作用，凡属学校重大改革事项都征求党外人士意见建议，学校召开的重要会议都邀请党外代表人士列席。2018 年，九三学社高教二支社向区委提交信息 3 篇，被内蒙古政协采纳 1 篇，社员刘静被内蒙古政府聘为参事。民进农大支部荣获“民进中央民进全国宣传思想工作先进组织”称号，提交提案 3 个，反映社情民意 2 项，孙继颖荣获 2018 年自治区民进区委优秀通讯员称号。

3. 发挥专业优势参与社会服务。积极搭建平台、丰富载体，引导和组织党外知识分子特别是各民主党派发挥专业优势，深入工厂矿区、农村牧区围绕地方经济社会发展以及民生问题深入调查研究，开展科技咨询和社会服务活动。民进农大支部 2018 年组织集体科技服务活动 2 次，分别赴包头稀土高新技术园区的博格马业等四家公司、内蒙古杭锦后旗塞上春光现代农业科技园区进行了科技服务，张润生教授常年到基层对农民开展科学种田培训工作，尹俊教授被鄂尔多斯市政府聘任为企业科技专家，格日勒图教授是肉羊产业体系的岗位科学家。

高度重视民族宗教工作

1. 构建基层宗教工作管理体系。校党委高度重视加强宗教工作，切实发挥宗教工作领导小组办公室作用，统筹协调解决具体问题。2018 年 3 月、5 月，校党委书记邬建刚、副书记侯晨曦分别带队，深入各学院进行宗教工作专项督察调研，形成调研报告，各学院根据调研中发现的问题，重新对学生信教情况进行认真甄别排查。9 月 25 日，

学校召开党委会专题研究宗教工作，通报了参加自治区高校宗教工作会议情况，听取了学校信教情况汇报，研讨分析了存在的问题，对下一步工作提出了要求。10月26日，召开宗教工作领导小组成员会议，学习传达全国全区宗教工作文件，安排部署下一步工作。

2. 加强宗教工作理论培训学习。对领导干部、学生工作队伍开展党的宗教政策、相应的法律法规知识方面的培训，提高处理宗教问题的应对能力。为了更加深入学习习近平总书记关于宗教问题和宗教工作的重要论述，学习贯彻全国、全区宗教工作会议精神，2018年4月19日，学校邀请自治区党委统战部民族宗教处申淑玉为学校三级宗教网络相关人员作了专题辅导报告。10月12日，学校组织召开党委理论学习中心组（扩大）会议，邀请自治区党委统战部民族宗教处申淑玉为全校副处级以上领导干部作专题辅导讲座。

3. 逐人建档立卡。确立了“三个纳入”的工作机制，即各学院党委要把宗教工作纳入重要议事日程、纳入班主任考核体系、纳入中心组学习内容，建立台账，逐人建档立卡。通过个别谈心谈话等方式进行细心的甄别认定工作，建立领导干部与信教学生“一对一”联系机制，及时掌握信教学生思想动态，做好转化教育和理想信念教育，宣传党和国家宗教政策。依托辅导员、班主任、学生干部等深入学生排查摸底并登记在册建立台账，对全校本科生和研究生进行了调查摸底。

统战干部自身建设及其他工作

1. 加强统战干部自身建设，深入基层开展统战工作专题调研，参加自治区统战部等部门组织的宗教工作专题培训班等，注重统战理论学习和统战理论研究。

2. 配合自治区党委统战部，安排组织党外代表人士参加自治区党委统战部组织的系列座谈、专题讲座报告与学习交流活动，承办了一期自治区统战部双月读书活动。协助自治区统战部接待了香港聚贤汇的访问团。

内蒙古农业大学各级人大政协委员名单

名称	姓名	备注
第十三届全国人大代表	呼和巴特尔	无党派
内蒙古第十二届政协委员	郇建刚	中共党员、常委
	张和平	农工党、常委
	盖志毅	中共党员
	张少英	无党派
	尹　俊	民　进
	盛显良	九三学社
内蒙古第十三届人大常委委员	塔　娜	无党派

（续表）

名称	姓名	备注
呼和浩特市第十三届政协委员	许　辉	无党派
	王纯洁	无党派
	赵远玢	无党派
呼和浩特市赛罕区第四届政协委员	李二桃	无党派
	赵远玢	无党派
	丹　彤	鄂温克族、无党派
呼和浩特市赛罕区第四届人大代表	吴玉红	中共党员
	刘志红	中共党员
包头市十五届人大代表、土默特右旗第十三届政协委员	李　明	农工党
包头市土默特右旗第十三届政协委员	周艳秋	无党派
	哈斯图雅	无党派
包头市土默特右旗十九届人大代表	贾永红	无党派

学校各民主党派负责人及部分成员

序号	姓名	单位	党派	所在党内职务	职称	备注
1	张伟华	草原与资源环境学院	民革	民革呼市副主委	副教授	民革内蒙古九支部
2	王利清	人文社会科学学院	民盟	民盟农大总支主委、区委委员、教育专委会副主任	教授	
3	张家新	动物科学学院	民盟	总支委员	教授	
4	娜日苏	沙漠治理学院	民盟	总支委员	副教授	
5	李洪玉	水利与土木建筑工程学院	民盟	总支委员	副教授	
6	周　晶	外国语言学院	民盟	总支委员	讲师	
7	康荣旺	内蒙古农业大学附属中学	民盟	总支委员	高级工程师	
8	包　亮	沙漠治理学院	民盟	总支委员	副教授	
9	吕学理	继续教育学院	民建	民建区委直属工委副主委	副教授	
10	杜文亮	机电工程学院	民建	民建区委工委高校支部主委	教授	
11	田　洁	经济管理学院	民建	高校支委副主委	教授	

（续表）

序号	姓名	单位	党派	所在党内职务	职称	备注
12	赵士杰	机电工程学院	民建	高校支部委员	教授	
13	孙芊芊	机电工程学院	民建	高校支部委员	讲师	
14	尹　俊	生命科学学院	民进	支部主委	教授	自治区政协委员
15	郑红丽	农学院	民进	支部委员	副教授	
16	格日勒图	食品科学与工程学院	民进	支部委员	教授	
17	张和平	食品科学与工程水灾院	农工党	支部主委	教授	自治区政协常委
18	边承红	后勤管理处	农工党	支部副主委	高级工程师	
19	白燕英	水利与土木建筑工程学院	农工党	支部委员	讲师	
20	白　薇	生命科学学院	九三学社	高教二支社主委	教授	
21	刘　静	沙漠治理学院	九三学社	高教二支社副主委	教授	
22	盛显良	理学院	九三学社	高教二支社委员	教授	自治区政协委员
23	张彩琴	理学院	九三学社	高教二支社委员	教授	
24	红　梅	草原与资源环境学院	九三学社	高教二支社委员	教授	

内蒙古农业大学侨联负责人

序号	姓　名	单位	党派	职务	职称	备注
1	魏江生	草原与资源环境学院	无	侨联主席	教授	自治区知分子联谊会理事
2	赵远玢	图书馆	无	侨联副主席	副研究馆员	呼和浩特市、赛罕区政协委员

纪检监察工作

概况

2018 年，监察审计处按照校党委的部署，深入学习贯彻党的十九大精神，认真落实十九届中纪委二次全会和自治区纪委十届四次全会精神，围绕学校中心工作，认真履行工作职能，深化运用监督执纪“四种形态”，较好地完成了全年的工作任务。2018 年内蒙古农业大学纪委被授予自治区纪委纪检监察工作先进单位荣誉称号，一名纪检干部被评为纪检监察工作先进个人。

制度建设

一是研究制定了《内蒙古农业大学关于纪委监督同级党委工作的具体措施（试行）》，根据研究议题，校纪委书记参加校长办公会，校纪委委员列席校党委会，听取有关重要事项的决策程序和过程，对学校办学方针和指导思想、重要规章制度的制定与修订、意识形态责任制落实、学校年度经费预决算执行情况、招生、招聘方案等重大事项进行监督。二是修订了《中共内蒙古农业大学委员会巡察工作实施办法》《中共内蒙古农业大学纪律检查委员会工作条例》《内蒙古农业大学校务公开实施方案》《中共内蒙古农业大学委员会党务公开实施意见》《中共内蒙古农业大学委员会关于廉政风险防控机制建设工作的实施意见》《内蒙古农业大学关于进一步加强职能部门作风建设的意见》《内蒙古农业大学“三重一大”事项议事规则》7 项制度，不断加强制度建设，推进工作规范。

党风廉政建设

一是召开了 2018 年全校党风廉政建设会议。总结了 2017 年工作，研究部署了 2018 年纪检监察工作任务，下发了《内蒙古农业大学 2018 年纪检监察工作要点》。二是召开专题会议，研究各单位廉政风险点，根据风险点拟定《党风廉政建设目标责任书》，进一步明确了各单位的主体责任，由校党委书记和各部门负责人签订了责任书，层层传导压力，层层落实责任。三是定期召开纪委全委会，今年以来，召开纪委全委会 8 次，传达重要文件精神、学习相关法律法规，通报纪委近期工作，讨论案件进展、审议干部处理决定，听取纪委委员意见建议等。

监督检查

一是加强日常监督，对学校教学科研仪器设备采购、大型基建维修项目、干部任用、教师招聘、职称评聘等环节进行监督检查。认真抓好述职述廉、诚勉谈话、民主生活会等党内监督制度，促进领导干部廉洁自律，规范领导干部的从政行为。二是积极推进学校校务公开工作，对学校职称评聘、各类评奖评优、免试研究生推荐等重大事项，在校务公开栏中及时予以公开。一年来，公开校务 24 期。三是弛而不息纠正“四风”问题，紧盯元旦春节、中秋国庆等重要节点，开展明察暗访，不间断进行监督检查，严查超标超配办公用房和公务用车、借婚丧喜庆敛财等问题。查处 1 起违规举办“圆锁宴”的问题，对相关责任人进行了处理和曝光。

信访举报和案件查办

认真开展执纪审查工作，2018 年共收到信访举报件 33 件次，其中自治区党委巡视组转办 18 件，高校纪工委交办 5 件，自办 10 件。深化运用监督执纪“四种形态”，共处理 33 人次。其中，第一种形态 21 人次，占 63.6%，其中根据问题线索约谈党员领导干部 4 人次、在支部大会上作检查 10 人次、全校通报批评 7 人次；第二种形态 11 人次、占 33.3%，其中党内严重警告 4 人次，行政记过 1 人次，党内警告 2 人次，行政警告 3 人次，免去科长职务 1 人次；第三种形态 1 人次，占 3.0%，与一名违规进入学校的职工解除聘用合同，予以清退。同时给予 9 个处级领导班子全校通报批评。

自身建设

一是学校重新调整了校领导分工和联系单位，校纪委书记哈斯巴根不再联系经济管理学院和生命科学学院，进一步深化“三转”。二是修改了发文方式，取消了“内农大纪字”，以校纪委名义独立发文，使用“内农大纪发”“内农大纪信字”等文号，规范了行文用章。三是修订了校纪委信访登记表、初核呈报表、谈话记录等模板，规范了线索处置、审理谈话等工作。赴自治区高校纪工委学习案卷归档工作，逐步对已了结的案件进行归档。四是加强纪检监察干部队伍建设，增加了 1 名专职纪检干部和 1 名专业审计人员，干部队伍不断壮大。今年监察审计处共派出培训学习 6 人次，赴上级纪委调训 3 人次，提高了工作人员的业务能力。按照自治区纪委的要求，对谈话室进行了升级改造。

维护稳定和综合治理工作

概况

为加强对维护稳定与综合治理工作的领导，学校分别设立了内蒙古农业大学维护稳定工作领导小组、校园治安综合治理委员会、防火工作委员会、防范和处理邪教问题领导小组等四个安全稳定工作机构，办公室均设在保卫处。学校保卫部门现有专职保卫干部62人，从事门卫和校园巡逻工作的外聘工80人，遴选70名大学生组建了“学警队”。保卫处与驻校公安警务室、交警中队密切配合并有效开展工作，坚持校园治安动态周报制，确保了校园的安全与稳定。

落实责任

5月初，组织召开了2017—2018年度学校维护稳定、校园治安综合治理工作总结表彰大会。对职业技术学院等10个综合治理、林学院等3个防火工作先进单位进行了表彰奖励，同时对学校2019年安全稳定工作进行了全面部署，并与各部门签订了年度“维护稳定、综合治理、平安校园建设”工作目标责任书。

秩序维护与安全防控

根据自治区教育厅《转发国务院教育督导委员会办公室关于开展2018年春季开学暨学校安全风险防控专项督导检查工作的通知》和《关于开展2018年秋季开学专项督导检查工作的通知》文件要求，分别于3月和8月对校园内部消防设施、安全防范、危险化学品管理等情况进行了集中督查检查；5月对校园安全隐患问题进行了全面排查，并对印刷厂、后勤管理处等部门下发了书面整改通知；9月协调呼和浩特市综治委和赛罕区综治委，对学校东校区学生公寓21号楼下存在重大群体性安全事故的隐患问题，进行三次联合集中检查，并向自治区教育厅和赛罕区综治委分别报送了专项治理报告；10月协调街道办事处、社区居委会、公安派出所有效解决了西校区一名疑似精神障碍病人长期扰民并伴有暴力倾向的隐患问题；对影响校园秩序的快递接收投送业务进行了统筹规范管理。

对巡视组就校园安全方面提出的整改意见，制定了整改方案及具体措施并认真落实，配合公安部门成功破获巡视组重点关注的新区学生公寓B座、D座笔记本电脑连环被盗案，抓获犯罪嫌疑人一名，挽回经济损失近3万元，及时清理住宅区两家麻将馆。

校园“110”联动中心全年共接处警120余起，破获各类案件8起，调解各类矛盾纠纷10余起，处置突发性事件5起，处理日常性求助80余起，抓获现行5人，刑拘3人，行政拘留3人；对学生公寓开展安全检查3次，收缴管制刀具等各类违禁物品60余件；发现并扑灭垃圾箱火情24起。

安全教育

充分利用校园网积极开展网络安全教育，保卫处在网页和“平安内农大”微信公众信息平台有针对性的对国家法律法规和防火、防盗、防骗等知识及校园发生的典型案例进行宣传；4月15日，开展了“贯彻落实总体国家安全观，开拓新时代国家安全工作新局面，创建平安和谐新赛罕”为主题的安全宣传活动；5月24日，保卫处、学生处主办，机电院承办开展关于安全教育宣传和金融安全网络知识讲座；6·26全国禁毒宣传日，校综治办联合呼和浩特市公安局禁毒支队和赛罕分局禁毒大队在校园组织开展了“禁毒”宣传活动；9月25—27日，在西区文体馆、东区礼堂开展2018级新生安全知识讲座。

校园消防安全

一是年初与各单位签订了《内蒙古农业大学消防安全责任书》，坚持实行《安全检查月报制度》和责任追究制度。二是3月初对全校研究生开展“消防安全知识讲座”；3月底组织了全校范围的“消防安全知识培训”；5月初对国教院全体留学生进行了消防安全知识讲座并组织进行了灭火逃生演练；9月对全校新生开展“消防进军训”，举办“消防安全知识培训会”；10月为生命科学学院举办了消防安全知识讲座并组织进行了灭火逃生演练；11月9日成功举办了“内蒙古农业大学第十一届大学生防火节”活动。三是全年分别对农学院等15个学院及网络中心、科技园区等单位的教职工做了消防安全知识讲座并进行了现场灭火演练，提高了师生员工扑救初期火灾和逃生自救能力，增强了师生的消防安全意识。四是全年共对学校各部门进行消防安全检查13次，发现隐患20余处，对12个单位下达《火险隐患整改通知书》，在督促整改的同时加强监督落实。五是10月中旬对全校5 300余具灭火器进行了年检维修工作；11月完成对东、西、南校区的各楼消防设施损坏维修工作。六是2018年全年未发生一起校园火灾事故。

校园交通安全

为维护校园内部及校门周边的交通安全，完成了三校区校门机动车进出口车辆识别系统的维修更换；新增设了机动车石球和锥形禁停路障、路桩，完善了三校区校门绿色无障碍通道。已累计办理校园通行证5 900余个，在具体管理过程中共没收假通行证100余张。交警中队共抓拍上传校园违规停放车辆152次。

取得成绩

2018 年 2 月，学校被自治区教育厅认定为首批自治区级“平安校园”；综合治理工作被赛罕区人民政府评为年度先进集体。

工会与教代会工作

概况

教代会日常工作机构是教代会执行委员会和工会委员会，专职工会干部7人，基层分会27个，工会小组161个，分会兼职干部176人，会员2 793人。

主要开展思想政治建设、维护教职工合法权益、按期召开教代会、落实教代会提案、推进二级教代会工作、完善工作制度、提升职工素质、开展多形式校园文化活动、实施教职工安康工程、加强工会自身建设以及开展“教工之家”创建活动等工作。

党建与思想政治工作

每周学习活动不间断、不落项，学习党的十九大精神和习近平总书记系列重要讲话精神、全国“两会”精神，机关党总支下发的学习内容，组织开展专题学习讨论、讲党课、作笔记、发言。制定工会机关经费使用“三议三公开”制度，即经费使用公开、选购物品公开、资产物品公开。

八届五次教代会暨十四届五次工代会提案落实

30件提案的议案按《内蒙古农业大学教职工代表大会提案办理规程》办理，答复率100%，满意率93.3%。

职工素质提升

各教学单位分会继续开展了“一帮一”结对子助学、新老教师结对子帮带、“课堂把控能力”交流会等活动，全校“一帮一”助学结对子286对，新老教师帮带结对子128对。举办了“第十一届教学技能竞赛”，全校400余名老师参赛，62名老师参加决赛。开展了“助力大学生创新创业”活动，评出贡献奖20名和突出贡献奖10名，每人分别奖励3 000元和6 000元。完善模范教职工培养、选树、宣传机制，开展第三届“爱岗敬业劳动者奖”评选活动，评出68名工作在一线的优秀劳动者。

校园文化建设

开展“崇尚师德、为人师表、从我做起”创建活动，开展了“做文明校园创建的践行者”的主题征文比赛和“劳动托起——中国梦·农大梦·我的梦”第三届主题摄影展，开展了女职工“读书、成长、发展”素质拓展活动，全校建设了27个“职工读书苑”。引导青年教职工积极参加农牧区经济社会服务，在全校青年教师中招募了9名优秀青年教师，组成农牧业科技服务队，参加自治区教科文卫体工会组织的“践行新思想、奋进新时代助力脱贫攻坚职工志愿者服务团”。延续和完善传统体育活动项目，“正大杯”教职工五人制足球赛、绿色健步行比赛，830余名教职工参加了第六届万米接力赛。引进全国“做优秀家长，育英才子女”最优课程，分期分批对有需求的教职工进行系统培训。

安康工程

以“职工健康文化活动月”为载体，开展了“专家送健康”活动，在各分会举办“生命急救”“癌症预防”“运动养生”“体检预防与健康保健”等专题讲座。组织全校教职工体检。增设血管彩超、甲状腺彩超、幽门螺旋杆菌、骨密度检测检查项目。落实《女职工劳动保护特别规定》，为女教职工进行特检并办理“女教职工大病保险”等职工健康系列活动。完善“单亲抚养孩子”“没房租房”“父母、孩子或爱人有大病”“重病在家修养”“带病坚持在岗”“大龄青年”6个特殊档案，调查摸底困难职工情况，全面掌握困难职工的基本状况，全校建立特殊职工档案198个，发放职工特殊困难补助金20余万元。发放职工年底福利。

工会自身建设

坚持“工会干部下基层 1+N联系分会制度”“分会主席月报告制度”，专职干部周例会制度。开展“教职工之家”建家活动。为基层分会购置了20余万元的“建家”设备，上半年对27个分会2017年“职工之家”创建工作进行了验收和总结。对12个模范、6个优秀、4个达标的创建单位进行了表彰和奖励。共奖励基层建家经费16.8万元。修订考核指标体系，指导分会完成目标任务，年终进行验收。修订《内蒙古农业大学教职工福利费管理办法》。根据各分会活动绩效向基层分会划拨活动经费70余万元，保证基层分会规范地正常地运行。落实《自治区关于构建和谐劳动关系的实施意见》把职工的意见作为制定工作计划的重要参考。打造“互联网+”服务型工会，注重提高网上服务职工群众的水平，加强学校工会和基层工会的网络阵地建设和公众平台建设，通过微信平台向全校教职工征求工作意见。加强干部业务知识和技能培训，举办年度工会干部工作技能赛。设立分会工作绩效奖励制度，根据工作绩效下拨奖励活动经费。设立工会干部奖励制度，根据工会干部年度工作绩效、工作技能赛总评情况给予奖励。按月下发《中国教工》学习材料。

获奖情况

自治区教科文卫体工会授予内蒙古农业大学工会“2017年度目标考核实绩突出单位”称号。

共青团工作

概述

2018年，校团委在校党委和自治区团委的领导下，认真学习宣传贯彻习近平新时代中国特色社会主义思想和党的十九大精神，落实习近平总书记“7·2”重要讲话精神和团的十八大精神，围绕学校中心工作，坚持立德树人，有序推进农大共青团改革，切实履行了组织青年、引导青年、服务青年和维护青少年合法权益的工作职能，全面服务学生成长成才，实现了工作的稳步推进。

组织建设

组织全体团干部集体学习“习近平总书记‘7·2’重要讲话精神”、《习近平在北京大学师生座谈会上的讲话》以及党的十九大和团的十八大系列会议精神等，引领广大团干部加强理论学习，把握时代脉搏，努力做到明道、信道、传道。结合思想引领、学业成绩、就业意识引导等在全校团支部开展各类团日活动评比，并以此为抓手促进学风班风建设，特别是“学霸来了”报告团成员分享、交流学习经验，对促进学风建设起到了积极的作用。

推进学生会改革，按照《内蒙古农业大学学生会改革方案》要求，严格程序、规范流程、严把思想意识观、学业成绩关、日常行为关，完成了校学生会换届。社团组织建设持续加强，下发《内蒙古农业大学社团管理办法（征求意见稿）》至各级团组织和社团中，严格开展活动的目的与程序，确保社团组织在可控的范围内保持活力。

思想引领

加强思想引领，以“青年大学习”“青马工程”为抓手，以学习习近平新时代中国特色社会主义思想为重点，推动习近平新时代中国特色社会主义思想在青年中入耳入心，坚定广大青年学子对中国特色社会主义道路自信、理论自信、制度自信和文化自信。融合新媒体，传播新思想，开辟线上“青年大学习”专栏，定期推送学习资料、学习动态及分享学习心得；组织开展了内蒙古农业大学第十六期青年马克思主义者培养工程大学生骨干培训班，共招收学员386人，涵盖了学生会干部、团支部书记、社团骨干和普通同学，取得了很好的效果。

结合重要时间节点组织开展关于理想信念教育、爱国主义教育等一系列讲座、报告，号召广大青年学生牢记历史使命，珍惜今天的美好生活，为实现中华民族伟大复兴的中国梦不懈奋斗。6月，举办了“心怀母校　扬帆起航”十佳毕业生颁奖晚会，第13届“十佳毕业生”的先进事迹引起广大师生的强烈反响，并通过微信公众号、彩虹网、校园橱窗进行宣传，将活动的影响力最大化，始终坚持将活动开展与学生的成长成才结合起来，使“精彩四年、成就一生”成为广大青年学生的自觉行动。

加强典型示范教育，深化大学生思想道德建设。紧紧抓住身边的英雄这一思想教育载体，组织开展“讲好农大故事”系列活动，向同学们讲述12·14英雄群体、英雄郝龙彪、“光明天使”李莹、“全区道德模范”杜威的典型事迹，积极培育思想道德教育新的增长点。

加强宣传阵地建设，把准思想引领风向标。深化“彩虹网”成立十多年以来取得的成果，继续推动彩虹网的影响力和覆盖面，依靠学生新媒体中心，开展学生新闻宣传工作。校团委微信公众号、IMAU青春派微信平台自推出以来，受到了学校师生的广泛关注，现有关注量80 776人（截至2018年12月31日），2018年累计推送新闻650条，累计阅读量达695 366人次。

科技创新

以大学生科技创新实验室为基础阵地，坚持“继承与创新并举、普及与提高并重”的原则，不断推进学生科技创新活动日常化、普及化、社会化和多样化。主办了“农艺文化节”“桥梁结构设计大赛”“植物分类鉴别大赛”“学生办公系统自动化应用技能竞赛”“交通科技大赛”等专业科技创新活动。

以开展“创青春”大学生创业大赛为龙头，鼓励并选送大学生参加全国、全区的各类竞赛，取得了良好的成果，产生了广泛的影响。学校选送的参赛作品《内蒙古欧拓出国留学服务公司》和《发酵豆乳益生菌的筛选及其产业化应用》在2018年“创青春”浙大双创杯全国大学生创业大赛第十一届“挑战杯”大学生创业计划竞赛中荣获铜奖；在2018年“创青春”全区大学生创业大赛中共有16组作品获奖。“蒙古文造型艺术研究创新团队”荣获大学生“小平科技创新团队”称号，他们自主设计开发的《图片分享手机软件——Nomad（游牧App）》获得第五届“创青春”内蒙古青年创新创业大赛首届内蒙古蒙古语言文字信息化青年创新创业专项赛大学生组银奖。

社会实践

2018年暑期，学校以纪念改革开放40周年和马克思诞辰200周年为重要切入点，结合本科教学工作审核评估，按照团中央、自治区团委的具体安排，开展了以“青年大学习 奋斗亮北疆”为主题的社会实践活动，引领学生认识社会、了解社会、服务社会，培养懂农业、爱农村、爱农民的新时代农业人才。2018年，学校共组建了87支社会实践直属队，包含推普脱贫攻坚实践服务、科技支农帮扶等方面的实践团队，加上挂职副村长等个人社会实践的形式，基本覆盖学校所有本科学生。凭借优异成绩，校团委荣获2018年全国大中专学生志愿者暑期“三下乡”社会实践活动优秀单位荣誉称号。

校园文化

以精品化、品牌化为目标，弘扬主旋律、突出高品位，积极推进“文化荣校”工程，努力提升校园文化品位。2018 年，校团委在五四青年节举办了“纪念中国共产主义青年团成立 96 周年暨第 32 届‘金马杯’文艺汇演”。同时鼓励各学院开展有吸引力、品位高、参与性强的校园文化活动，进一步完善校园文化“一院一品”的格局。组织开展了丰富多彩的各项社团活动，指导鼓励学生社团自主举办多种形式的社团文化活动，促进学生社团活动在公寓区表演，推动社团活动的新发展。继续完善大型活动届次化、中型活动学院化、小型活动社团化的校园文化格局。2018 年 4 月，学校选送作品《骏马归来》荣获了全国第五届大学生艺术展演活动艺术表演类（舞蹈）一等奖，学校荣获了高等学校优秀组织奖。

志愿服务

2018 年，继续将志愿服务活动作为学生思想道德培育的重要抓手，通过敬老帮困、关爱留守儿童、环境保护、文明宣传、科学知识普及等活动，进一步扩大志愿服务的覆盖面和影响力。据统计，截至 2018 年 12 月，学校志愿汇注册志愿者已达21 134人，在志愿汇线上统计组织签到活动 48 个，累计服务时长2 820个小时，充分体现了“奉献、友爱、互助、进步”的志愿者服务精神。

学校选拔了 7 名优秀毕业生，接力加入到研究生支教团的志愿服务中。迄今为止，已经选拔 7 届共 41 人参加了“中国青年志愿者扶贫接力计划”研究生支教团，服务的学校增至 16 所，服务支教地学生人数逐年增加。校团委在西部计划组织工作中表现突出，受到全国大学生志愿服务西部计划项目管理办公室通报表扬。

青年维权

畅通利益诉求渠道，维护青年合法权益。组织举办了“学生与校领导面对面”活动。利用新媒体宣传、报名，学生自主参与活动，活动中校领导向学生通报学校近期重点工作，学生结合自身学习、生活、发展，以及学校教学、服务、管理等方面的问题向校领导提问，寻求解决方法，学校领导和各职能处室负责人现场办公，解决学生的困难和问题。活动畅通了学生维权渠道，打造了学校开展思想政治教育工作的新平台。同时组织引导学生会组织在学生维权中发挥作用。

共青团改革

有序推进“高校共青团改革”，严格团内政治生活，扎实执行“三会两制一课”等制度；深入实施“团支部活力提升工程”；推行班级团支部与班委会一体化运行机制，探索班长兼任团支部副书记或团支部书记兼任班长制度，发挥团支部在班级中的核心作用。

加强团干部、学生干部和团员管理。持续深入开展团干部健康成长教育，教育引导全校共青团干部筑牢理想根基、强化宗旨意识、践行群众路线，扎实做好服务学生工作。严格学生干部作风，打造一支思想政治上过硬、工作作风扎实、学业成绩名列前茅的学生干部队伍。严格团员发展，发挥团员在青年中的模范作用和凝聚作用，通过重温入团誓词、“团团在你身边”等活动，坚定团员的理想信念，激发团员光荣感。

第二课堂

试运行“第二课堂成绩单制度”。围绕学校育人的中心任务，在引导大学生坚持学业为主的同时，针对创新创业、社会实践、志愿公益和工作履历等普遍需求，借鉴第一课堂的模式，利用团中央开发的“到梦空间”软件，组建“第二课堂成绩单运营中心”对第二课堂活动情况进行规划并客观记录、科学认证大学生的参与经历和成果。

迎评促建

扎实开展“迎评促建”工作，充分发挥共青团思想先锋作用，组织召开相关专题培训会、讨论会、研讨交流会，强化团干部评建意识；以基层团组织为龙头，发挥团员、学生干部的先进性，将学校“迎评促建”作为契机，广泛深入开展“迎评促建新风尚 奋进有为新青年”系列活动，覆盖全校学生。

专项活动

按照自治区党委宣传部、高校工委、团委联合组织开展的全区高校大学生围绕“我的肩膀—能挑多重的担子?”主题讨论及实践活动暨全区首届大学生文化艺术活动月的通知精神，组织开展了“我为改革开放点赞，我为内蒙古喝彩，我为祖国打 call”大学生网上留言活动、“大家一起 K 红歌”“我抖担当志，我秀爱国情”抖音大赛线上系列活动和“红色经典我诵传”诵读比赛、“我的肩膀—能挑多重的担子?”主题团日活动等活动，教育和引导广大青年学生爱国、担当、奋斗，争做担当民族复兴大任的时代新人。

2018 年共青团委员会内蒙古农业大学工作先进集体和个人

内蒙古农业大学“五·四红旗团委（团总支）”表彰名单（共 9 个）

经济管理学院团委
计算机与信息工程学院团委
生命科学学院团委

林学院团委
食品科学与工程学院团委
机电工程学院团委
沙漠治理学院团总支
动物科学学院团委
职业技术学院团委

内蒙古农业大学“五·四红旗团支部”表彰名单（共28个）

动物科学学院（1个）
2016级水产养殖二班团支部
兽医学院（1个）
2016级动医蒙二班团支部
农学院（1个）
2017级农学一班团支部
园艺与植物保护学院（1个）
2016级植物保护一班团支部
林学院（2个）
2017级园林二班团支部、17级消防一班团支部
草原与资源环境学院（1个）
2016级草业科学专业二班团支部
沙漠治理学院（1个）
2016级土地资源管理专业一班团支部
机电工程学院（2个）
2016级农电二班团支部、17级电气专业一班团支部
水利与土木建筑工程学院（2个）
2016级水电一班团支部、17级水文与水资源工程一班团支部
材料科学与艺术设计学院（2个）
2017级木材复合应用一班团支部、17级木材科学与工程拔尖创新班团支部
经济管理学院（2个）
2016级农经S1班团支部、17级财务管理一班团支部
食品科学与工程学院（2个）
2015级食品质量与安全X1班团支部
2017级食品科学与工程一班团支部
计算机与信息工程学院（1个）
2017级计科卓越班团支部
生命科学学院（1个）

2017 级制药工程一班团支部

人文社会科学学院（1 个）

2016 级行政管理汉二班团支部

外国语言学院（1 个）

2018 级英语三班团支部

理学院（1 个）

2016 级应用化学团支部

能源与交通工程学院（1 个）

1207 级新能源二班团支部

国际教育学院（1 个）

2017 级国际教育学院 X 班团支部

职业技术学院（3 个）

2016 级视觉传达团支部、17 级食品质量与安全团支部、17 级市场营销教育甲班团支部

内蒙古农业大学“学业进步先进团支部”表彰名单（共 27 个）

动物科学学院（1 个）

2016 级水产养殖一班团支部

兽医学院（1 个）

2015 级动植物检疫二班团支部

农学院（1 个）

2017 级农学卓越班团支部

园艺与植物保护学院（1 个）

2017 级园艺一班团支部

林学院（2 个）

2016 级园林 S1 班团支部、17 级园林一班团支部

草原与资源环境学院（1 个）

2017 级草业科学一班团支部

沙漠治理学院（1 个）

2016 级土地资源管理项目班团支部

机电工程学院（2 个）

2016 级车辆工程团支部、17 级工业设计团支部

水利与土木建筑工程学院（2 个）

2016 级环境工程一班团支部、17 级地质团支部

材料科学与艺术设计学院（2 个）

2016 级材料一班团支部、17 级材料二班团支部

经济管理学院（2个）
2016级会计1B1团支部、16级经济一班团支部
食品科学与工程学院（2个）
2016级包装二班团支部、17级食品二班团支部
计算机与信息工程学院（1个）
2016级物联网工程一班团支部
生命科学学院（1个）
2017级生物技术三班团支部
人文社会科学学院（1个）
2016级行政管理汉一班团支部
外国语言学院（1个）
2016级一班团支部
理学院（1个）
2016级化学工程与工艺团支部
能源与交通工程学院（1个）
2016级交通运输二班团支部
职业技术学院（3个）
2016级园林甲班团支部、17级汽教甲班团支部、17级旅游管理与服务教育甲班团支部

内蒙古农业大学“五·四红旗团小组”表彰名单（共54个）

动物科学学院（2个）
1#624、2#528
兽医学院（2个）
“生泰尔杯”全国兽医技能大赛团小组、“雄鹰杯”小动物医师技能大赛团小组
农学院（2个）
13#313、22#301
园艺与植物保护学院（2个）
22#214、22#121
林学院（4个）
18#513、14#301、21#623、21#537
草原与资源环境学院（1个）
A#441
沙漠治理学院（1个）
A#330
机电工程学院（4个）

1#116、26#621、26#112、26#626

水利与土木建筑工程学院（4个）

3#204、8#312、3#206、3#404

材料科学与艺术设计学院（4个）

17#506、2#313、17#209、学海无涯团小组

经济管理学院（4个）

E#726、E#312、E#235、E#234

食品科学与工程学院（4个）

8#616、8#328、8#303、8#115

计算机与信息工程学院（2个）

C#611、C#551

生命科学学院（2个）

C#408、C#528

人文社会科学学院（2个）

22#345、22#532

外国语言学院（2个）

17#319、17#111

理学院（2个）

10#616、10#621

能源与交通工程学院（2个）

10#101、27#501

国际教育学院（2个）

D#618、E#211

职业技术学院（6个）

6#116、9#109、12#501、9#116、8#205、14#216

内蒙古农业大学优秀教师团干部（教师）表彰名单（共13人）

动物科学学院：胡晓燕

兽医学院：云　鹏

园艺与植物保护学院：郝凤英

林学院：冯丽娜

沙漠治理学院：侯伟玮

机电工程学院：包那日苏

水利与土木建筑工程学院：王　力

经济管理学院：海日罕

食品科学与工程学院：王彩霞

计算机与信息工程学院：于　虹
能源与交通工程学院：柴志虹
职业技术学院：傲　棋
校团委：郭　倩

内蒙古农业大学优秀学生团干部（学生）表彰名单（共162人）

动物科学学院（5人）
李学科　娜日格乐　魏琰艺璇　兰海姣　张利宇
兽医学院（8人）
段学琴　贺嘉惠　卡楚拉　李晓宇　李炎夫　邢　杰　赵嘉楠
方天娇
农学院（4人）
刘永婧　吕　慧　庞佳和　赵浩庚
园艺与植物保护学院（4人）
江　山　董子涵　张竞丹　王其辉
林学院（10人）
丹　丹　杜麟宸　丰　硕　郭金波　蔺嘉茗　刘　欢　刘昕宇
云小龙　赵晓敏　张　鑫
草原与资源环境学院（5人）
李海菁　刘静怡　刘明昊　逯　瑶　张炜健
沙漠治理学院（6人）
孟庆爽　宋云琪　肖嫒媛　许钰笛　郑羽泽　卓　拉
机电工程学院（13人）
董彦博　郭文锴　解晓菲　李金恒　李　琦　李亚敏　孙祥东
王　钢　宝力德　王永杰　朱立鑫　郝文博　赵泓森
水利与土木建筑工程学院（11人）
郭晓红　侯晴晴　刘笑言　任英杰　沈　洁　王秋娜　王小双
武嘉琦　武艳红　张帼荣　赵　唯
材料科学与艺术设计学院（9人）
胡帅奇　姜　颖　苏紫薇　孙布日　王爱玲　王登峰　王　荣
冯兰若　王　康
经济管理学院（14人）
杨　洁　韩佳莉　刘悦红　张艳丽　刘靖雨　康竹萱　杨晓彤
付陈晨　陈嘉慧　孙　琦　萨奇仁贵　孟泽霖　郭　韵　李　威
食品科学与工程学院（10人）
何宇星　梁程嫒　茜　琳　孙卓鸿　王睿旋　尤儒雅　于　嫒

张文轩　张　月　杭果璇

计算机与信息工程学院（7 人）

赵霖卿　赵虎荣　陈　蓉　李玉丹　李　莉　武靖森　任　健

生命科学学院（5 人）

张洪洋　刘春丽　赵　越　王玉敏　刘丹丹

人文社会科学学院（7 人）

贺晓轩　安　康　包叶茹　刘启迪　田雨辰　姜春旭　丽　丽

外国语言学院（2 人）

娜日娜　赵永霞

理学院（3 人）

阎维浩　王西蒙　姜　伟

能源与交通工程学院（7 人）

李　颖　傅　钰　王昕玮　于慧敏　钱　白　郭　蓉　许嫣婷

国际教育学院（1 人）

赵梓淇

职业技术学院（31 人）

高雅洁　杜　晶　李慧洁　刘　丁　吕　薇　马慧芳　那英吉亚

史欣雅　孙嘉丽　王耀铎　王　智　吴新宇　李　蔓　李　娜

王　硕　徐　博　尹凯雯　常　虹　李　琳　石文瑞　陈俊祥

刘昌欣　刘　韬　王　丹　张　帅　郑慧慧　张立茹　张　旭

张宇宇　赵益鼎　周　宏

内蒙古农业大学优秀学生会干部表彰名单（共 101 人）

动物科学学院（3 人）

郭　荟　乌达木赛罕　武仁茹拉

兽医学院（4 人）

黄金田　王皓田　王宏艳　訾星月

农学院（2 人）

刘　鹏　张　乐

园艺与植物保护学院（2 人）

威力斯　赵　竞

林学院（6 人）

包明川　陈晓勇　金元元　张　彤　赵永顺　高　峰

草原与资源环境学院（3 人）

刘世尧　明　霞　闫海雯

沙漠治理学院（3 人）

于　洋　　王　磊　　邵天意

机电工程学院（7 人）

董　伟　　郭振云　　孔令彪　　王敬伟　　张雪妍　　贾林浩　　王振宇

水利与土木建筑工程学院（9 人）

刘宇航　　张敬泽　　白　吉　　邢博达　　郭　扬　　马　程　　李建鑫
刘美麟　　张好好

材料科学与艺术设计学院（6 人）

何赛伊　　刘泽琼　　王彦卜　　张子阳　　沈　娜　　王　悦

经济管理学院（8 人）

李树林　　潘志杰　　孟博阳　　杨　鸣　　武佳迪　　温博凯　　陈江浩
路　霞

食品科学与工程学院（10 人）

查斯娜　　牛天一　　刘明超　　吕宝东　　魏　雨　　刘哲慧　　德吉日娜
杨俣涵　　盛帅明　　贾朝华

计算机与信息工程学院（5 人）

李鹏垚　　林乐怡　　祁铭星　　叶　磊　　王帅勇

生命科学学院（3 人）

赵雨洁　　李俊达　　耿亚茹

人文社会科学学院（5 人）

包雪莲　　王艺儒　　孙那日苏　何雨竹　　苏天资

外国语言学院（1 人）

刘　芳

理学院（4 人）

张　强　　阮　琳　　郭力阁　　张嘉琪

能源与交通工程学院（3 人）

王　帅　　张小凤　　刘杨阳

国际教育学院（1 人）

邓蓉生

职业技术学院（16 人）

张佳琪　　张　帅　　全宏伟　　刘　凯　　刘　宁　　刘　浩　　吕　洋
曹　娟　　李艺旋　　杨天雅　　王　平　　王　野　　白莹莹　　陈　莎
龚晓波　　王　凯

内蒙古农业大学优秀团员表彰名单（共 313 人）

动物科学学院（12 人）

彭祖想　　张惠敏　　史　越　　胡　莲　　伊拉古其　封　凯　　任可意

孙云霄　伊日贵　色音斯斯格　秦　箐　乌日彩呼

兽医学院（14 人）

白嘎立　韩明静　黄　峰　李佳欢　李　阔　李杨璐　梁泰宇
刘冠麟　吕　旭　毛　飞　乔　妍　张　姗　张雅婷　周嘉庆

农学院（9 人）

白昕玉　郝　琪　郝雨水　李　欣　刘亚东　陆雅萱　白珍珠
彭建平　魏国珍

园艺与植物保护学院（8 人）

张海青　王　迪　张月容　刘宇萱　马晓明　王双红　马靖雨
刘有志

林学院（17 人）

包福海　包　磊　陈俊兴　崔　傲　高　煜　格根珠拉
哈斯宝力尔　兰智鑫　李　媛　李祉淳　林　阳　刘晏铭
庞　岩　谢丹妮　张　敏　周慧荣　周志灵

草原与资源环境学院（10 人）

安晶晶　白文艳　包彩云　程　进　杜锦瑜　黄真真　李　琪
王　凯　周成毅　包庆格乐

沙漠治理学院（12 人）

付照琦　韩阿茹汗　李冬慧　刘海燕　梁　源　吕舒宁　司　陆
田　甜　王　楠　王韧剑　徐　闯　张尚轩

机电工程学院（23 人）

包国龙　崔大椭　陈　静　邓　洁　董　振　焦利华　李　澳
李诗然　刘　宇　刘洪亮　刘晓宇　青格勒　尚洋洋　孙　文
王惠军　吴金龙　张立志　张旖晴　朱国芳　周文禧　顾　桐
卢新岩　隋双瑞

水利与土木建筑工程学院（23 人）

诺格勒玛　贺　爽　黄　馨　李春颖　李慧敏　李俊杰　李　政
刘德芳　卢宗福　麻祥栋　宋之怡　孙　武　孙　轩　王宏宇
王江龙　艳　艳　王银龙　邢国斌　闫小青　易晓周　张乾惠
章晨晖　朱明飞

材料科学与艺术设计学院（14 人）

田慧敏　顾　浩　包甜丽　曹　璐　冯婧伊　耿佳俊　贾雪松
刘超林　刘明伟　孙鈐鈺　邬　娜　杨懿琳　赵红娜　郑玮琪

经济管理学院（27 人）

李秋杰　吉茹嘎　木其乐　张　铭　张　婷　刘春晖　尚瑞瑞
孙　晶　程静梅　徐婉婷　王　洁　刘子涵　李雪莹　张叶清

玛丽卡　　娜木日其其格　　王　猛　　王　旭　　金婷婷　　李东茹
温　晶　　崔冬冬　　周寒雪　　杨　扬　　朝勒门　　白银虎　　冉云瑞

食品科学与工程学院（20人）

韩　军　　黄学成　　姜　峰　　焦昱玮　　李浦正　　李　然　　李　迎
聂　新　　其力格尔　石宴宾　　晓　钢　　邢倩南　　杨一诺　　姚依彤
张义飞　　张艺馨　　赵燕丽　　周子超　　刘亚茹　　张婧斐

计算机与信息工程学院（15人）

翟成轩　　高亚锋　　陈汇青　　关晓宇　　奥叶林　　李　迁　　江雨点
曹新宇　　王　璐　　吕晓煊　　刘泽宇　　张　晨　　朱宏宇　　宋　萍
张国猛

生命科学学院（9人）

刘新静　　李　娜　　史志远　　李　想　　乔宇磊　　郝雅婷　　张　晰
刁凤超　　王文静

人文社会科学学院（13人）

周子欣　　王文芳　　高　雪　　慧　敏　　查　娜　　张雪明　　韩晓辉
高荣清　　周　敏　　万　乐　　武文斌　　张　雪　　杭　璐

外国语言学院（4人）

贾文雪　　李艳喆　　刘胜楠　　王　煜

理学院（6人）

刘　苗　　闫秀伟　　张　禄　　陈宇泽　　王阳阳　　梁保帅

能源与交通学院（13人）

布乃盛　　李宝乐　　刘雨萌　　吕　超　　高玉洁　　陈　崎　　郝廷伟
杨媛媛　　张　影　　张　斌　　赵新宇　　张帆远　　刘倩文

国际教育学院（1人）

冀欣佳

职业技术学院（63人）

张　晓　　胡爱荣　　朱龙龙　　郝　茹　　柴源亨　　刘　璐　　迟欣悦
范颖超　　杜文冉　　高　玉　　高　悦　　戈志鹏　　郭建博　　郭　燕
何慧如　　贺晓雪　　康锦胜　　刘　敏　　刘思淼　　马江源　　马生旺
乔　掇　　沈智伟　　宋　贺　　刘　振　　肖宇杰　　孙美丽　　婷　婷
王权富　　王鑫鑫　　王　也　　乌仁塔娜　白世宇　　侯云健　　徐庆杨
许佳琦　　张志强　　杨佳佳　　刘　洋　　马文华　　李梦月　　董小丽
董慧茹　　侯　旭　　宫兴杰　　蒋雪斌　　刘雨蒙　　武佳佳　　王瑞波
王迎波　　杨　波　　张　伟　　岳婷婷　　张海朕　　张家俊　　张　靖
张天宇　　赵　宇　　赵肖男　　甄子瑜　　郑　平　　周丽慧

内蒙古农业大学学业进步先进个人表彰名单（共300人）

动物科学学院（11人）

苏奕忻　王立蕊　王　萌　王雅清　于　浩　姚麟峰　刘　璐
叁斯尔　杨　帆　万宇航　刘　颖

兽医学院（14人）

祖鲁才次克　乌仁塔娜　特日棍　尚如意　任　政　彭文豪
柳　洋　刘　颖　廖彭涛　焦　爽　陈世彬　黄　升　李　博
陈柯佳

农学院（8人）

胡可欣　刘　畅　王艺涵　娜仁格日乐　蔡雨卿　刁呈泽
张浩祯　赵　轩

园艺与植物保护学院（8人）

石丹妮　赵嘉宇　李　菁　李茂径开　宋　岩　孙菊萍　刘鑫源
于新岳

林学院（17人）

刘　磊　孙逢旭　赵　恺　武晓倩　褚永跃　田芸硕　陈　艳
杜雨松　刘震宇　齐海钧　宋　洁　特日棍　王宝音吐　张　宁
张晓宇　赵志敏　陈　傲

草原与资源环境学院（10人）

昝　帅　郝孟婕　贾春赫　李　彩　李　媛　吕艳敏　张丽鑫
王宇轩　郭智恒　高　天

沙漠治理学院（12人）

李亚宁　苏远航　杨家琦　张仲杰　甄　理　程芳凝　李　璐
刘　玥　石柏叶　蔚胜利　徐　佳　尤　婕

机电工程学院（20人）

张忠鹏　肖　尧　王建岭　乌日罕　刘艺田　丁建平　迟华志
于永顺　王　浩　曹永达　胡斯乐　黄璐媛　侯昕玮　付六江
孙宇彤　韩子鹤　刘赛男　杨海川　张　云　王嘉辰

水利与土木建筑工程学院（22人）

廖振光　梁雅祺　范晓庆　白鑫宇　郭　欣　谷魏鹏　包浩男
刘子麟　李延通　石建军　高红卫　荣玉刚　高晓娜　郝益婷
杜凯宏　宋心铭　贾盈盈　王天松　王小双　王志鑫　姚添豪
张富荣

材料科学与艺术设计学院（14人）

王金娟　肖　婧　郭春波　宋海涛　王　雪　张普畅　张　庆

周莹莹　戴宏伟　王士连　徐　奥　李学文　毕世超　郝　馨

经济管理学院（25 人）

刘　姚　李秋实　李蕾奇　左元玲　希吉尔　王雅如　薛文宇
邹守娜　范宁宁　曹莉洁　段婉婷　郝文杰　李聪聪　斯琴塔娜
李　旭　赵晨光　刘　丹　冯晓雪　李思琦　吴格日乐　包春霞
王　婷　孟　喆　何文辉　张少杰

食品科学与工程学院（18 人）

王潮姿　王　宇　王佳慧　王佳兴　敖日格勒　张雨浓　岳晨宁
张文秀　张静雅　尤　先　孟根那布其　周佳伟　刘学敏
任　钦　刘雪风　丁　耀　周紫怡　赵文波

计算机与信息工程学院（13 人）

么　雨　仲志昊　刘　佳　张雅馨　曹保利　朱　婧　杨　洋
梁佳奇　段金汾　王政潭　王文斌　王　朴　王欣竹

生命科学学院（9 人）

姚　岚　孙婷婷　常嘉乐　张一凡　徐　畅　王伟明　王紫晶
白佳鑫　高　雪

人文社会科学学院（12 人）

刘　畅　刘嘉夫　田嘉懿　王　叶　赵新宇　王嘉城　阿木古楞
伊日贵　特日格乐　张海芳　邵连鹏　齐　锐

外国语言学院（4 人）

刘　微　王　莉　许欣悦　王　娜

理学院（6 人）

李慧敏　赵丽阳　王　杰　郝彦衡　马文迪　巩旭英

能源与交通工程学院（14 人）

吕伟伟　刘恩梁　尹建慧　李　昊　刘雨萌　靳彩虹　张雅妮
刘文娟　张峰耀　马晓丽　谢　昂　王浦钊　姜　扬　刘小东

国际教育学院（1 人）

耿雨萱

职业技术学院（62 人）

张可欣　范文慧　王　霞　李丹阳　张佳新　刘钰杰　安智慧
敖日格勒　白丹丹　白昊丹　白　瑛　卜立凯　迟金月　方旭东
付　芃　高　峰　格日乐　郭智慧　郝鑫鑫　贾环铭　李　蒙
李山麒　栗进宇　刘世磊　马世杰　潘　雷　汤诗瑶　王　慧
王　宇　王志莹　魏宇馨　李建昌　刘云琦　田园园　王禹博
魏建涛　杨春宇　张子铭　左　琛　安　鑫　姜皓川　郭　宇
郝文涛　灵　芝　肖　阳　张国庆　郝立波　刘章启　王　东

王雪娇　　吴　凡　　杨春峻　　朱　蕾　　闫　婷　　杨　欣　　张健伟
张苇鑫　　张艺新　　赵鹏飞　　赵双双　　周显旭　　李悦鸣

2018 年创新创业大赛获奖名单

2018 年“创青春”浙大双创杯全国大学生创业大赛

第十一届“挑战杯”大学生创业计划竞赛获奖作品名单

学院	作品名称	作者	指导老师	奖项
草原与资源环境学院	内蒙古欧拓出国留学服务公司	张　锐　王　磊　刘世尧　孟　宏　韩文元	付建军　斯日古楞	铜奖
食品科学与工程学院	发酵豆乳益生菌的筛选及其产业化应用	李常坤　郭　帅　徐海燕　王　强　吴　琼　于笑月　崔　娜　李　敏　李伟程　李丹枫	陈永福　孙志宏	铜奖

2018 年“创青春”全区大学生创业大赛获奖作品名单

学院	作品名称	作者	指导老师	奖项
食品科学与工程学院	益生菌发酵风味豆乳	李常坤　郭　帅　徐海燕　王　强　吴　琼　于笑月　崔　娜　李　敏　李伟程　李　丹	陈永福　孙志宏	特等奖
沙漠治理学院	有料菌草饲料—开创北方草料新纪元　让北方草料更有料！	郭欣宇　麻云霞　王瑞东　巴　图　王佳伟　沈新然	李钢铁	特等奖
人文社会科学学院	“U、Life”大学生综合信息服务类门户网站	徐广文　苏天资　严岳清　乌日罕　刘雅娟　段玉坤　程　芳　赵佳欣	徐　付	特等奖
草原与资源环境学院	内蒙古欧拓出国留学服务有限公司	张　锐　王　磊　刘世尧　孟　宏　韩文元	付建军　斯日古楞	特等奖
农学院	智能温室大棚控制系统	王　猛　赵宇飞　田春哲　白　雨　邵天艺	崔世茂　宋　阳	一等奖

（续表）

学院	作品名称	作者	指导老师	奖项
草原与资源环境学院	沙优生态建设—酸胖、来自沙漠的第一纯天然保健饮品	米吉德道尔吉　薛晓坤　海　丽　兰魁伟　宋宇秀　赵　阳	斯日古楞	二等奖
草原与资源环境学院	基于人工智能与云计算数据分析的草产品种植辅助系统与电子交易平台结合的智慧农业	连　植　李雅男　苏　宁　张铭轩　王　珽　闫翌桐　兰魁伟　孟祥云　董晨杰	王忠武　斯日古楞	二等奖
食品科学与工程学院	优质菌株的选育及响应面法优化高花青素蓝莓保健酒生产工艺	张璐瑶　闫　娇　温建森　李　旭　杨冉旭　胡佳星　袁文艳	陈忠军	三等奖
草原与资源环境学院	绿屏室内生物净化科技有限公司	董　慧　王世欢　马嘉曼　李绍辉	左　娅	三等奖
草原与资源环境学院	格林莫斯观赏藓类科技有限责任公司	梁　鹏　田俊杰　孙逸晨	冯　超	三等奖
食品科学与工程学院	内蒙古五谷民生食品有限公司	魏　杰　郭　静　刘霖泽　戴宁泽　王宇星　赵洪利　韩嘉欣　赵利鑫	孙文秀	三等奖
草原与资源环境学院	内蒙古乐番甜农业服务有限公司	郭　娜　韩宇峰　迟亦成　胡雪峰　闫　旭　赵　熠　高博文　贾云洁　李梦真　彭　璐	田　军　任　斌　郭晓燕	三等奖
兽医学院	爱丽莫——一款集宠物科普、医疗、直播、线上售卖为一体的宠物医疗软件	张　昊　柳中旭　张　明　赵嘉楠　郭鹏飞　邢璐璐　丁　瑞　韩凯凡	王金玲　云　鹏	优秀奖
林学院	内蒙古森林昆虫辨识综合应用软件IMFI、App	娜日苏　李　敏　杨雁飞	段立清	优秀奖
林学院	全息与植物生长过程	刘　欢　李　静　李星月	郝龙飞	优秀奖
兽医学院	宠物互助献血网站	姜　楠　任宇杰　武　博　王雅利	杜　山	优秀奖

第五届“创青春”内蒙古青年创新创业大赛

首届内蒙古蒙古语言文字信息化青年创新创业专项赛

学院	作品名称	作者	指导老师	奖项
材料科学与艺术设计学院	图片分享手机软件——Nomad（游牧App）	乌日含　巴雅尔图 蒯燕飞	毕力格巴图 范　斌　塔　拉	银奖

教育教学

本科生教育教学

本科教学概述

学校以本科教学为主，始终坚持立德树人根本任务，巩固人才培养中心地位，深化教育教学改革，坚持以走质量为核心的内涵式发展道路。坚持以制度规范教学、政策倾斜教学、投入优先教学、改革促进教学、科研反哺教学，形成全校支持和服务本科教育的良好氛围。本部现有本科招生专业 77 个，涉及农学、工学、理学、经济学、管理学、文学、法学、艺术学 8 个学科；专业设置符合学校办学定位，基本形成了优势突出、特色鲜明、协调发展的专业群。有国家级特色专业 7 个、卓越农林人才教育培养计划试点项目 2 类共 8 个专业；自治区级品牌专业 32 个、“专业综合改革试点项目” 1 个、重点建设专业 5 个。有全国林业教学名师 1 人、自治区级教学名师 26 人、自治区级教坛新秀 16 人。有高等学校专业教学指导委员会副主任委员 3 人、委员 9 人。现有国家级教学团队 1 个、自治区级教学团队 21 个。有国家级精品课程 4 门、国家级精品资源共享课 2 门，自治区级精品课程 72 门、优质精品课程 4 门。有国家人才培养模式创新实验区 1 个、国家级实验教学示范中心 2 个、国家级大学生校外实践教育基地 1 个、国家大学生文化素质教育基地 1 个、教育部和农业部首批农科教合作人才培养基地 3 个，自治区级实验教学示范中心 9 个。立项教育教学改革研究项目国家级 6 项、自治区级 36 项。获国家级教学成果奖 8 项、自治区级教学成果奖 73 项。2018 年学校坚持“以评促建、以评促改、以评促管、评建结合、重在建设”的方针，认真落实、精心准备，圆满完成了教育部本科教学工作审核评估，得到教育部专家组的高度认可。本科教学的中心地位得到巩固，教育教学质量进一步提升。

教学大纲制定

制订了《课程教学大纲修订意见》，紧扣专业培养目标和要求，以行业产业及社会需求为导向，构建知识体系和教学要求，明确课程在人才培养中的地位、作用以及教学目标与任务。修订过程坚持服务专业、突出特色、学以致用的原则，注重课程资源的整合与优化、先修课程与后续课程的衔接、教学内容和方法与教学目标的统一。建立了教学大纲由课程组、教研室研讨，课程负责人执笔，专业负责人、学院教授委员会与企业（行业）专家审定、学校会审验收等逐级研讨和审核机制。

本科专业设置

2018年，学校设有普通高等教育本科专业82个，其中，新设置本科专业3个，停招专业2个。77个招生专业中包含：农学类17个，占22.08%；工学类37个，占48.05%；理学类5个，占6.49%；经济学类2个，占2.60%；管理学类10个，占12.99%；法学类2个，占2.60%；文学类1个，占1.30%；艺术类3个，占3.89%。从总体上看，专业设置符合学校定位，已基本形成了与地方经济社会发展相适应的门类齐全、布局合理、优势互补、特色鲜明、协同发展的专业群。

内蒙古农业大学（本部）普通高等教育本科专业设置情况一览表（2018）

序号	专业代码	专业名称	年限	授予学位门类	专业设置时间	所在院系名称
1	130502	视觉传达设计	4	艺术学	1998	材料科学与艺术设计学院
2	130503	环境设计	4	艺术学	1998	材料科学与艺术设计学院
3	130504	产品设计	4	艺术学	1998	材料科学与艺术设计学院
4	082402	木材科学与工程	4	工学	1958	材料科学与艺术设计学院
5	080401	材料科学与工程	4	工学	2004	材料科学与艺术设计学院
6	081602	服装设计与工程（停招）	4	工学	2007	材料科学与艺术设计学院
7	082803	风景园林	4	艺术学	2012	材料科学与艺术设计学院
8	082404T	家具设计与工程（新设）	4	工学	2018	材料科学与艺术设计学院
9	090301	动物科学	4	农学	1952	动物科学学院
10	090601	水产养殖学	4	农学	2000	动物科学学院
11	080202	机械设计制造及其自动化	4	工学	1994	机电工程学院
12	080205	工业设计	4	工学	2000	机电工程学院
13	080601	电气工程及其自动化	4	工学	2003	机电工程学院
14	082302	农业机械化及其自动化	4	工学	1960	机电工程学院
15	082303	农业电气化	4	工学	1960	机电工程学院
16	080207	车辆工程	4	工学	2006	机电工程学院
17	080901	计算机科学与技术	4	工学	1996	计算机与信息工程学院
18	080902	软件工程	4	工学	2006	计算机与信息工程学院
19	080903	网络工程	4	工学	2009	计算机与信息工程学院
20	120102	信息管理与信息系统	4	管理学	2000	计算机与信息工程学院
21	80905	物联网工程	4	工学	2014	计算机与信息工程学院

（续表）

序号	专业代码	专业名称	年限	授予学位门类	专业设置时间	所在院系名称
22	080910T	数据科学与大数据技术（新设）	4	工学	2018	计算机与信息工程学院
23	120201K	工商管理	4	管理学	1994	经济管理学院
24	120801	电子商务	4	管理学	2001	经济管理学院
25	120301	农林经济管理	4	管理学	1981	经济管理学院
26	120204	财务管理	4	管理学	2005	经济管理学院
27	120601	物流管理	4	管理学	2006	经济管理学院
28	120203K	会计学	4	管理学	2008	经济管理学院
29	020101	经济学	4	经济学	1993	经济管理学院
30	020301K	金融学	4	经济学	2002	经济管理学院
31	080702	电子科学与技术	4	工学	2006	理学院
32	081301	化学工程与工艺	4	工学	2006	理学院
33	071202	应用统计学	4	理学	2003	理学院
34	070302	应用化学	4	理学	2004	理学院
35	083102K	消防工程	4	工学	2005	林学院
36	082802	城乡规划	4	工学	2007	林学院
37	090501	林学	4	农学	1958	林学院
38	090503	森林保护	4	农学	1999	林学院
39	090502	园林	4	农学	1996	林学院
40	082803	风景园林（新设）	4	工学	2018	林学院
41	081801	交通运输	4	工学	1999	能源与交通工程学院
42	082401	森林工程	4	工学	1958	能源与交通工程学院
43	081802	交通工程	4	工学	2005	能源与交通工程学院
44	080503T	新能源科学与工程	4	工学	2010	能源与交通工程学院
45	081006T	道路桥梁与渡河工程	4	工学	2010	能源与交通工程学院
46	090101	农学	4	农学	1958	农学院
47	090102	园艺	4	农学	1993	农学院
48	090106	设施农业科学与工程	4	农学	2004	农学院
49	090103	植物保护	4	农学	1959	农学院
50	090104	植物科学与技术	4	农学	2003	农学院
51	090105	种子科学与工程	4	农学	2003	农学院

（续表）

序号	专业代码	专业名称	年限	授予学位门类	专业设置时间	所在院系名称
52	030101K	法学	4	法学	2004	人文社会科学学院
53	030302	社会工作	4	法学	2003	人文社会科学学院
54	120402	行政管理	4	管理学	1999	人文社会科学学院
55	083001	生物工程	4	工学	1998	生命科学学院
56	081302	制药工程	4	工学	2006	生命科学学院
57	071002	生物技术	4	理学	1996	生命科学学院
58	071001	生物科学	4	理学	2003	生命科学学院
59	120404	土地资源管理	4	管理学	1999	沙漠治理学院
60	070503	人文地理与城乡规划	4	管理学	2000	沙漠治理学院
61	090701	草业科学	4	农学	1958	草原与资源环境学院
62	090203	水土保持与荒漠化防治	4	农学	1960	沙漠治理学院
63	090201	农业资源与环境	4	农学	1995	草原与资源环境学院
64	082701	食品科学与工程	4	工学	1993	食品科学与工程学院
65	081702	包装工程	4	工学	1999	食品科学与工程学院
66	082702	食品质量与安全	4	工学	2003	食品科学与工程学院
67	082705	酿酒工程（停招）	4	工学	2013	食品科学与工程学院
68	082704	乳品工程	4	工学	2016	食品科学与工程学院
69	090403T	动植物检疫	4	农学	2005	兽医学院
70	090401	动物医学	4、5	农学	1952	兽医学院
71	090402	动物药学	4	农学	2012	兽医学院
72	081001	土木工程	4	工学	2001	水利与土木建筑工程学院
73	081003	给排水科学与工程	4	工学	1994	水利与土木建筑工程学院
74	081102	水文与水资源工程	4	工学	1978	水利与土木建筑工程学院
75	082502	环境工程	4	工学	1995	水利与土木建筑工程学院
76	082305	农业水利工程	4	工学	1958	水利与土木建筑工程学院
77	081201	测绘工程	4	工学	2005	水利与土木建筑工程学院
78	082801	建筑学	5	工学	2008	水利与土木建筑工程学院
79	081101	水利水电工程	4	工学	2009	水利与土木建筑工程学院
80	081401	地质工程	4	工学	2010	水利与土木建筑工程学院
81	120105	工程造价	4	工学	2012	水利与土木建筑工程学院
82	050201	英语	4	文学	2001	外国语言学院

课程开设及任课教师职称结构

2018 年，学校继续加强课堂教学的管理，推进信息技术与教育教学深度融合，全年共开出3 023门（8 307门次）课程，总学分21 342；其中，拓展课程1 160门（2 569门次），占 38.3%（30.9%）；开课447 377人次，班均规模 54 人。

主讲本科课程的教授占教授总数的比例

年　度	教授总数	教授应授课人数	教授实际授课人数	所占比例（%）
2018	316	307	304	99.0

学校规定教授每学年至少讲授一门本科课程。2018 年，教授讲授本科课程累计1 411门次，占总课程数的 17.0%。除了出国访学等特殊情况外，教授都能为本科生授课。

教授讲授本科课程占课程总门次的比例

年　度	本科课程总门数	本科课程总门次数	教授讲授本科课程门次数	所占比例（%）
2018	3 023	8 307	1 411	17.0

学校主讲教师 100%达到规定的标准。

内蒙古农业大学 2018 年任课教师职称结构统计表

学年度	总人数	教授（或相当职称）		副教授（或相当职称）		讲师（或相当职称）		助教（或相当职称）	
		人数	占比（%）	人数	占比（%）	人数	占比（%）	人数	占比（%）
2018	1 380	316	22.90	456	33.04	504	36.52	46	3.33

考试改革

2018 年，继续加强考试管理，严格按照《内蒙古农业大学考试工作管理办法》，从组织领导、考试审批、试卷命题、印刷与保密、考试安排、考试纪律、试卷评阅、成绩评定以及装订保管等各方面严格执行，严肃考风考纪。继续推行诚信考试，加强学生诚信教育。继续加强课程平时成绩考核，强化学生学业过程管理和评价，在全校推广使用平时成绩管理系统，要求全体教师使用系统进行学生平时成绩的录入和管理，强化了过程管理、规范了成绩记录，并向全校教师开放查询权限，为教师和管理人员加强学生管理提供了便利及数据资料，有利于改善学风。2018 年度专升本工作共择优录取了 109 名优秀专科毕业生升入学校本科继续学习。大学外语四、六级共有31 380人参加，共安排1 052个考场；“高等学校英语应用能力考试”共有1 167人参加，共安排 40 个考场；组织“2019 年全国硕士研究生招生考试”的报名及考试工作，共有2 917名考生在内蒙古农业大学参加考试，共安排 98 个考场。

实践教学

调整本科教学实验室，成立了 18 个实验教学中心，同时聘任了实验教学中心主任。持续改善实验教学条件，2018 年支持实验室建设项目 22 个，经费共3 230万元。启动了实验室智慧管理平台（一期）建设项目，对实验室与实践教学综合管理平台进行了升级，增加了实验室开放和实习基地管理模块，大型仪器设备共享平台和试剂耗材管理系统进入正式运行。承办了全国高校实验室安全管理 2018 第二期研修班，全国 154 所高校 620 名代表参加了会议。

2018 年新增实习基地 9 个；国家级大学生实践教学基地云畜牧人才培养创新基地二期建设项目通过论证，进入建设期；批准 3 个校内实习基地建设项目（林学院、机电工程学院、草原与资源环境学院）和 5 个校外实习基地建设项目（赛罕乌拉、正镶白旗、万家沟、蛮汉山和准格尔旗圪秋沟水土保持实践教学基地），支持经费 200 万元；制作完成了学校实习基地宣传视频和校外实习基地简介。

批准建设 2018 年校级虚拟仿真实验教学项目 5 个，推荐国家虚拟仿真实验教学项目 4 个，其中“病毒的血凝及血凝抑制虚拟仿真实验教学项目”和“植物根的结构与功能虚拟仿真实验教学项目”获批国家虚拟仿真实验教学项目。

继续推进“本科生毕业论文（设计）管理系统”的使用，强化毕业论文（设计）各环节的过程管理，对 2018 届所有毕业论文（设计）进行重复率检测，本届毕业论文（设计）指导教师人数1 110人，完成选题5 905个，其中，科研课题2 375个，教师自拟课题2 461个，学生自拟课题1 069个，评选校级优秀毕业论文（设计）149 篇。

资助学校师生参加了“数学建模竞赛”“数学竞赛”“英语演讲、写作、阅读大赛”“中国大学生方程式汽车大赛”等学科竞赛活动。2018 年在“中国大学生方程式汽车大赛”中获得二等奖；在内蒙古自治区举办的“外研社·国才杯”全国英语演讲、写作、阅读大赛复赛中获特等奖 1 名，写作一、二等奖各 1 名；内蒙古自治区第十三届 ACM 程序设计大赛中获本科组个人二等奖 6 名，本科组三等奖 3 名，并获团体二等奖。

教学团队建设

学校重视教学团队建设，通过教学团队建立有效的团队合作机制，积极改革教学内容和方法，开发教学资源，促进教学研讨和教学经验交流，推进教学工作的传、帮、带，建立老中青相结合的教学梯队，不断提高教师的教学水平，有效提高教育教学质量。截至目前，学校有国家级教学团队 1 个，自治区级教学团队 21 个，校级教学团队 94 个。

内蒙古农业大学 2018 年度自治区级教学团队一览表

序号	团队名称	学院	类别	团队带头人
1	汽车构造课程教学团队	机电工程学院	本科	侯占峰

省部级资源共享课程

截至 2018 年，学校共有国家级精品课程 4 门、国家级精品资源共享课 2 门、自治区级精品课程 72 门、自治区级优质精品课程 4 门、校级精品课程 198 门。获得教育部在线教育研究中心在线教育“智慧教学试点项目” 1 项，在线教育“智慧教学之星”荣誉称号教师 4 人。加强网络教学平台建设，推进精品课程的升级改造，制定了《示范课程建设与管理办法》，采取经费保障、政策激励等措施，以精品课程为基础，大力支持与引导教师自建、引进优质课程资源，积极推进课程建设与课堂教学模式改革，目前立项自治区级高等学校在线开放课程 6 门，立项校级在线开放课程 39 门；在建设校级示范课程 86 门，立项示范课程 44 门，7 门课程验收通过，认定为校级“示范课程”；网络教学平台开课 104 门，开课教师数 74 人；引入尔雅、智慧树、学堂在线等网络课程 67 门。

2018 年度自治区级高等学校在线开放课程立项名单

序号	课程名	课程负责人	学院
1	家畜育种学	赵艳红	动物科学学院
2	计算机组成原理	卜永波	计算机与信息工程学院
3	马克思主义基本原理概论	包　羽	马克思主义学院
4	大学英语—英语测试“全攻略”	刘海红	外国语言学院
5	分析化学	许　辉	理学院
6	高等数学	梁显丽	职业技术学院

2018 年度教育部在线教育研究中心在线教育“智慧教学之星”荣誉称号名单

序号	教师姓名	学院	评选单位
1	梁红兰	马克思主义学院	教育部在线教育研究中心

（续表）

序号	教师姓名	学院	评选单位
2	王志宏	马克思主义学院	教育部在线教育研究中心
3	卜永波	计算机与信息工程学院	教育部在线教育研究中心

内蒙古农业大学2018年度校级在线开放课程立项名单

序号	课程名	课程负责人	资助经费（万元）	学院
1	家畜育种学	赵艳红	1	动物科学学院
2	马业科学	芒　来	1	动物科学学院
3	饲料学	闫素梅	1	动物科学学院
4	家畜病理学	王凤龙	1	兽医学院
5	动物生理学	王纯洁	1	兽医学院
6	植物生理学	雷雪峰	1	农学院
7	西方园林史	闫晓云	1	林学院
8	风景区规划	张　薇	1	林学院
9	植物营养学	李海港	1	草原与资源环境学院
10	草地保护学	袁　帅	1	草原与资源环境学院
11	土壤侵蚀原理	秦富仓	1	沙漠治理学院
12	风沙物理学	蒙仲举	1	沙漠治理学院
13	单片机原理与应用	曲　辉	1	机电工程学院
14	机械原理	邓伟刚	1	机电工程学院
15	结构力学	李　平	1	水利与土木建筑工程学院
16	水力学	冀鸿兰	1	水利与土木建筑工程学院
17	畜牧业经济管理	宝音都仍	1	经济管理学院
18	中级财务会计学	张心灵	1	经济管理学院
19	木材学	贺　勤	1	材料科学与艺术设计学院
20	景观材料学	胡建鹏	1	材料科学与艺术设计学院
21	食品包装学	孙文秀	1	食品科学与工程学院
22	计算机组成原理	卜永波	1	计算机与信息工程学院
23	人工智能	陈俊杰	1	计算机与信息工程学院
24	分子化学与分子生物学	李国靖	1	生命科学学院
25	微生物学	李　衡	1	生命科学学院

（续表）

序号	课程名	课程负责人	资助经费（万元）	学院
26	社会调查原理与方法	尚艳春	1	人文社会科学学院
27	中国社会思想史	张银花	1	人文社会科学学院
28	马克思主义基本原理概论	包　羽	1	马克思主义学院
29	大学英语	刘海红	1	外国语言学院
30	大学英语语音基础	图　雅	1	外国语言学院
31	分析化学	许　辉	1	理学院
32	多元统计分析	孙鹏哲	1	理学院
33	土质土力学	高明星	1	能源与交通工程学院
34	风力发电原理	韩巧丽	1	能源与交通工程学院
35	高等数学	梁显丽	1	职业技术学院
36	Oracle 数据库技术	王　俊	1	职业技术学院
37	食品分析技术	李正英	1	职业技术学院
38	市场营销学	吴光宇	1	职业技术学院
39	构成艺术	武建林	1	职业技术学院

内蒙古农业大学 2018 年度校级示范课程立项名单

序号	课程名称	课程负责人	资助金额（万元）	学院
1	饲料学	闫素梅	1	动物科学学院
2	兽医药理学	何秀玲	1	兽医学院
3	西方园林史	闫晓云	1	林学院
4	环境与资源学概论	刘瑞香	1	沙漠治理学院
5	机械制图蒙汉双语教学	图　雅	1	机电工程学院
6	单片机原理及应用	曲　辉	1	机电工程学院
7	中级财务会计学	陶　华	1	经济管理学院
8	木材学	贺　勤	1	材料科学与艺术设计学院
9	数据结构	王艳芬	1	计算机与信息工程学院
10	C/C++程序设计	罗小玲	1	计算机与信息工程学院
11	细胞生物学	赵鸿彬	1	生命科学学院
12	中国社会思想史	张银花	1	人文社会科学学院
13	马克思主义基本原理概论（蒙）	桑　杰	1	马克思主义学院

（续表）

序号	课程名称	课程负责人	资助金额（万元）	学院
14	中国近现代史纲要	刘公永	1	马克思主义学院
15	大学英语 3	阿　荣	1	外国语言学院
16	大学英语 4	阿　荣	1	外国语言学院
17	普通物理学 A1	王　焕	1	理学院
18	分析化学	许　辉	1	理学院
19	交通信号控制理论	李丽丽	1	能源与交通工程学院
20	交通运输组织学	梁晓辉	1	能源与交通工程学院
21	信息检索与利用	李　文	1	图书馆

主编出版教材

学校始终重视教材建设工作，“十一五”期间，有 42 部教育部面向 21 世纪课程教材，1 部国家百门精品课程教材，2 部获中华农业科教基金会全国农业教育优秀教材奖，3 部获国家级教材奖，95 部规划教材，其中，7 部国家级规划教材。“十二五”期间省部级规划教材 38 部，蒙古文教材 24 部，7 部获得中华农业科教基金会全国农业教育优秀教材奖，3 部获得国家林业局林科高等教育优秀教材。截至 2018 年，确定省部级规划教材 53 部，蒙古文教材 44 部，5 部获得中华农业科教基金会全国农业教育优秀教材奖，获得中华农业科教基金教材建设研究项目 4 项；2018 年度主编出版教材 20 部。

健全教材选用制度，加强教材选用管理，优先选用省部级以上规划教材，确保使用马克思主义理论研究和建设工程重点教材。通过教材管理系统，规范教材选用、征订、结算等环节，并加强教材使用情况检查和评价，对校内教师的自编教材实行立项支持与管理，杜绝劣质教材进入课堂，确保教材选用质量，满足教学需要。

2018 年度内蒙古农业大学教师编写出版教材目录

序号	教材名称	教师姓名	ISBN	出版社
1	手绘效果图表现技法	李　超	9787567580459	华东师范大学出版社
2	牧草饲料加工与贮藏学	贾玉山	9787030596332	科学出版社
3	动物生理学	王纯洁	9787566514325	内蒙古大学出版社
4	高等数学	布和额尔敦	9787566514059	内蒙古大学出版社
5	风力发电原理与技术	韩巧丽	9787518418701	轻工业出版社

（续表）

序号	教材名称	教师姓名	ISBN	出版社
6	木材干燥学（第二版）	王喜明	9787030575364	中国科学出版社
7	园林苗圃学	郭金丽	9787503896439	中国林业出版社
8	人力资源管理	张银花	9787109250468	中国农业出版社
9	饲草料收贮及加工机械	田海清	9787109243774	中国农业出版社
10	牧草饲料作物栽培学	王建光	9787109248199	中国农业出版社
11	大学物理实验（第三版）	姚　虹	9787109247258	中国农业出版社
12	大学物理学（第二版）	闫祖威	9787109237070	中国农业出版社
13	大学物理学学习指导	闫祖威	9787109242265	中国农业出版社
14	高等数学	吴国荣	9787109244276	中国农业出版社
15	高等数学学习指导	吴国荣	9787109244498	中国农业出版社
16	线性代数	吕　雄	9787109243408	中国农业出版社
17	线性代数学习指导	吕　雄	9787109243392	中国农业出版社
18	概率论与数理统计	苏金梅	9787109238428	中国农业出版社
19	概率论与数理统计学习指导	苏金梅	9787109238541	中国农业出版社
20	发酵专业英语	陈忠军	9787518417568	中国轻工业出版社

2018年度内蒙古农业大学确定蒙古文教材选题目录

序号	教材名称	主编	评选单位
1	市政管理学	于翠英	全国大中专院校蒙古文教材审定委员会
2	合作经济学	根　锁	全国大中专院校蒙古文教材审定委员会
3	高等数学（农林类）	赵新平	全国大中专院校蒙古文教材审定委员会
4	有机化学	刘娜仁	全国大中专院校蒙古文教材审定委员会
5	预科物理	阿木古楞	全国大中专院校蒙古文教材审定委员会
6	测树学	萨茹拉	全国大中专院校蒙古文教材审定委员会
7	发酵工艺学	双　全	全国大中专院校蒙古文教材审定委员会
8	兽医流行病学	希尼尼根	全国大中专院校蒙古文教材审定委员会
9	饲料添加剂学	伊毕格乐图	全国大中专院校蒙古文教材审定委员会

民族教育教学工作

学校继续贯彻落实国家和自治区民族教育工作会议精神，按照《关于加强民族教育工作的实施方案》《蒙古文教材建设管理办法》《开设民族教育的专业课程授课要求和蒙汉双语授课教师资格认定暂行办法》《少数民族预科班管理办法》《优秀学生转专业实施办法》《加强蒙古语授课学生创业就业工作实施方案》等文件，坚持“以人为本，因材施教”的理念，以培养“蒙汉文兼通专业技术人才”为目标，全面实施了民族教育类拔尖创新型、复合应用型和应用技能型三个类型的人才培养方案，完善了“因材施教、分类培养”“削枝强干、实践育人”和“三段式蒙汉双语授课”为基本内涵的人才培养模式，采取了“单独编班，小班上课”等措施，实现了民族教育类专业公共基础课全面采用蒙古语授课，有效地提升了课堂教学效果和教育教学质量。

2018 年，民族教育类在校生达到 3 767 人（含民族预科生 818 人、民族班 273 人），约占在校本科生的 15. 1%。有效地推进蒙古语授课师资队伍建设、民族教育教改与专业建设、课程和蒙古文教材建设等；完成 103 名蒙汉双语授课教师资格认定工作，汉语水平等级考试（MHK）考点获批；资助蒙古文编委教材 9 部，经费 45 万元，一期拨付 22. 5 万元。

内蒙古农业大学蒙汉双语授课专业一览表

专业代码	专业名称	学科门类	所在学院
090301	动物科学	农学	动物科学学院
090401	动物医学	农学	兽医学院
090402	动物药学	农学	兽医学院
090501	林学	农学	林学院
090502	园林	农学	林学院
090503	森林保护	农学	林学院
090701	草业科学	农学	草原与资源环境学院
090201	农业资源与环境	农学	草原与资源环境学院
082302	农业机械化及其自动化	工学	机电工程学院
110401	农林经济管理	管理学	经济管理学院
120404	土地资源管理	管理学	沙漠治理学院
082701	食品科学与工程	工学	食品科学与工程学院
110301	行政管理	管理学	人文社会科学学院
030302	社会工作	法学	人文社会科学学院
090106	设施农业科学与工程	农学	农学院
080202	机械设计制造及其自动化	工学	机电工程学院
082303	农业电气化	工学	机电工程学院
081102	水文与水资源工程	工学	水利与土木建筑工程学院

（续表）

专业代码	专业名称	学科门类	所在学院
082803	风景园林	艺术学	材料科学与艺术设计学院
020301K	金融学	经济学	经济管理学院
071001	生物科学	理学	生命科学学院
030101K	法学	法学	人文社会科学学院
081801	交通运输	工学	能源与交通工程学院
081006T	道路桥梁与渡河工程	工学	能源与交通工程学院

引进优质教育资源教学管理

继续引进优质教育资源，不断加强教育国际交流，大力提升教学、科研水平。2018年共计聘请了26人次的国外专家、教授前来学校授课或讲座。2009年到2018年，累计聘请376人次。受自治区教育厅委托，组织了2018—2019年度国家公派出国留学人员考试英语高级班培训，学校5名教师参加了本期培训，自2012年第一期开班以来到2018年，累计培训371人。全年共组织完成了68场托福和GRE考试。2007—2018年共计组织645场托福和GRE考试，累计服务考生35 700余人。

本科教学质量工程

学校现有国家级特色专业7个、国家级综合改革试点专业1个。国家“卓越农林人才教育培养计划”专业8个。国家级教学团队1个、自治区级教学团队23个、校级教学团队94个。有国家级精品课程4门、精品资源共享课2门。有国家人才培养模式创新实验区1个、国家级实验教学示范中心2个、国家级大学生校外实践教育基地1个、国家大学生文化素质教育基地1个、教育部和农业部首批农科教合作人才培养基地3个。有自治区级品牌专业30个、重点建设专业5个、本科专业综合改革试点项目1个、实验教学示范中心9个，有自治区级精品课程72门、优质精品课程4门。获国家级教学成果奖8项、自治区级教学成果奖73项。获得全国生态文明信息化教学成果1项。有全国林业教学名师1人、自治区级教学名师23人、自治区级教坛新秀13人。

内蒙古农业大学2018年度自治区级教学团队一览表

序号	团队名称	学院	类别	团队带头人
1	汽车构造课程教学团队	机电工程学院	本科	侯占峰

内蒙古农业大学 2018 年度自治区级教学名师

序号	姓名	主讲课程	学院（部）	类别	年度
1	布和额尔敦	高等数学，线性代数，概率论与数理统计（蒙汉双语授课）	理学院	本科	2018

内蒙古农业大学 2018 年度内蒙古自治区高等学校教坛新秀

序号	姓名	主讲课程	学院（部）	类别	年度
1	周海龙	结构力学、桥梁工程	水利与土木建筑工程学院	本科	2018

2018 年度全国生态文明信息化教学成果

序号	课程名	团队成员	遴选等级	遴选单位	学院
1	大学英语	刘海红　常　云　刘波涛 任　婕　张　虹　苏　颖 李志华　任云岚　金光宇	C	国家林业和草原局院校教材建设办公室、中国林业教育学会	外国语言学院

2018 年自治区级教学成果奖获奖名单（本科）

序号	成果名称	成果主要完成人	获奖等级
1	农业电气化专业创新人才培养体系的构建与实践	李海军　张　永　葛丽娟　吴利斌 宗哲英　刘　宇	一等
2	强化特色、整合资源应用型马业人才培养模式的研究与实践	芒　来　王怀栋　刘大程　白东义 乌尼尔夫	一等
3	发挥学科建设与教学团队作用，助推动物营养与饲料科学系列课程教学质量提高	闫素梅　李大彪　霍鲜鲜　石彩霞 杨金丽　敖长金	一等
4	基于大学生创新创业能力培养的实践教学体系构建与实践	王春光　牟献友　张　旭　田　军 齐景伟　曹金山　樊明寿　铁　牛	一等
5	哲学与 BIM 技术指导下的结构力学教学与实践	周海龙　李　平　李　昊　裴成霞 任　凯	二等
6	基于互联网+技术的农林类大学计算机基础课程群的研究与实践	付学良　薛河儒　李宏慧　卜永波 纪　冲　罗小玲　扈　华	二等
7	蒙汉双语授课数学课程之建设与实践	布和额尔敦　布　和　关东月 阿拉腾苏布德　龙　梅　王　勋	二等
8	民族地区高校大学生全程化创新创业教育体系研究与实践	韩瑞平　付建军　杨逸隆　陈立永 叶德成　高永杰　杨　慧	二等
9	“互联网+”视域下大学英语 Student-centered 教学模式的研究与实践	李　剑　吴中文　娜日苏　刘翠兰 关·博彦塔娜　杨艳丽	二等

（续表）

序号	成果名称	成果主要完成人	获奖等级
10	微生物学开放式实践教学模式的探索与实践	孟建宇　陶　羽　李　蘅　冯福应	三等
11	高等农林院校数理化公共基础课“因材施教、分类培养”探索与实践	闫祖威　吴国荣　吕　雄　许　辉 李凤敏　敖特根巴雅尔 布和额尔敦	三等
12	《中国近现代史纲要》课程专题教学方法研究	李士珍　杨申扎布　钱　萍 刘公永　贾　原	三等

2018年内蒙古农业大学教学成果奖获奖名单（本科）

序号	成果名称	成果主要完成人	等级
1	基于大学生创新创业能力培养的实践教学体系构建与实践	王春光　牟献友　张　旭　田　军 齐景伟　曹金山　樊明寿　铁　牛	一等
2	强化特色、整合资源应用型马业人才培养模式的研究与实践	芒　来　王怀栋　刘大程　白东义 乌尼尔夫	一等
3	哲学与BIM技术指导下的结构力学教学与实践	周海龙　李　平　李　昊　裴成霞 任　凯	一等
4	数学课程教学改革、教学资源建设及数学应用的创新与实践	吕　雄　吴国荣　赵新平　吴国栋 张　军　李光芳　包爱国	一等
5	微生物学开放式实践教学模式的探索与实践	孟建宇　陶　羽　李　蘅　冯福应	一等
6	《中国近现代史纲要》课程专题教学方法研究	李士珍　钱　萍　刘公永　贾　原 姜　宏　杨申扎布	一等
7	蒙汉双语授课数学课程之建设与实践	布和额尔敦　布　和　关东月 阿拉腾苏布德　龙　梅　王　勋	一等
8	“互联网+”视域下大学英语Student-centered教学模式的研究与实践	李　剑　吴中文　娜日苏　刘翠兰 关·博彦塔娜　杨艳丽	一等
9	农业电气化专业创新人才培养体系的构建与实践	李海军　张　永　葛丽娟　吴利斌 宗哲英　刘　宇	一等
10	发挥学科建设与教学团队作用，助推动物营养与饲料科学系列课程教学质量提高	闫素梅　李大彪　霍鲜鲜　石彩霞 杨金丽　敖长金	一等
11	民族地区高校大学生全程化创新创业教育体系研究与实践	韩瑞平　付建军　杨逸隆　陈立永 叶德成　高永杰　杨　慧	一等
12	高等农林院校数理化公共基础课“因材施教、分类培养”探索与实践	闫祖威　吴国荣　吕　雄　许　辉 李凤敏　敖特根巴雅尔 布和额尔敦	一等

（续表）

序号	成果名称	成果主要完成人	等级
13	基于互联网+技术的农林类大学计算机基础课程群的研究与实践	付学良　薛河儒　李宏慧　卜永波　纪　冲　罗小玲　扈　华	一等
14	数字校园下的核心业务系统拓展模式	冯晓龙　包艳杰　常　亮　静永健　田　军　杨东东　牟献友	一等
15	生物科学类专业主干课程建设与教学改革研究	刘春霞　郭慧琴　孟凡华　尹　俊　曹俊伟　张焱茹	一等
16	生物化学与生物化学实验技术实验教学改革与探索	赵国芬　王桂花　刘　扬　王光霞　霍　烽　李立民	一等
17	学生实习、社会需要、教师科研“三位一体”社会工作专业实践教学模式构建	路冠军　张银花　房文双　安　达　康俊英	二等
18	机械类专业课程的一体化教学改革	郭文斌　郁志宏　李旭英　李海军　张建超　马彦华	二等
19	动物科学国家级特色专业实践教学模式的优化创新及实践	芒　来　齐景伟　张　玉　曹琪娜　照日格图　斯日古楞	二等
20	家畜育种学课程建设与教学模式探究	赵艳红　苏　蕊　于向春　梅步俊　刘志红　王瑞军　王志英　张燕军　李金泉	二等
21	以市场为导向《饲料配方设计》课程教学模式探索	王海荣　杨金丽　伊毕格乐图　照日格图　霍鲜鲜	二等
22	《兽医微生物学》实验课教学改革研究	周雨霞	二等
23	学分制模式下兽医药理学实验教学的改进与实践	关　红　李培锋　何秀玲　曹金山　赵红霞　哈斯苏荣	二等
24	加强开放实验室建设，培养学生的实践创新能力	刘美英　红　梅　李跃进　李　斐　兴　安	二等
25	电力电子与控制技术系列课程体系建设与实践	宗哲英　李海军　张　旭　刘　宇　张　永　张春慧	二等
26	理论、设计、加工一体化教学模式的探索与实践	王喜明　薛振华　吕悦孝　姚利宏　赵喜龙　王　欣　张欣宏	二等
27	生物科学专业实践教学研究	姚庆智　肖红梅　宝力道　吴凯峰　武春燕	二等
28	大学生诚信考试与诚信教育实效性研究	张银花　萨如拉　马建荣　李金华　张鹏飞	二等
29	以数学建模竞赛与数学竞赛促进数学课程教学创新与学生素质提高	吴国栋　姚贵平　吴国荣　吕　雄　张　军　李月鲜　刘媛媛	二等
30	内蒙古农业大学校院两级本科教学督导体系的建立与实践	王治国　牟献友　金宝明　张　旭　王翠玲　王　杰	二等
31	汽车类课程理实一体化教学模式改革	侯占峰　薛　晶　闫建国　佟　鑫　刘海洋　王春光	二等
32	C 语言程序设计校级精品课程建设	罗小玲　薛河儒　付学良　李宏慧　卜永波　李建荣	二等

教育研究

2018 年，学校加大了教育教学改革研究投入，立项校级教育教学改革项目 65 项，其中，重点项目 15 项，一般项目 50 项，支持经费 37 万元。61 项校级教育教学改革项目通过结题验收。组织申报教育部科技发展中心第二批“数启科教 智见未来”产教联合基金课题 2 项。组织申报内蒙古自治区教育科学“十三五”规划 2018 年度课题，30 项获得批准立项，并给予资助拨款 30 万元。获批教育部首批“新工科”研究与实践项目 1 个，给予资助拨款 5 万元。获批 2018 年度产学合作协同育人项目 11 项。承办了第九届全国高等农林院校教育教学改革与创新论坛。

内蒙古农业大学 2018 年教育教学改革研究重点项目一览表

项目编号	项目名称	项目主持人	所在单位	经费（万元）
JGZD201801	动物医学专业蒙授课程网络教学资源建设	周伟光	兽医学院	1
JGZD201802	宠物犬解剖实践教学改革与标本制作方法研究	王彩云	兽医学院	1
JGZD201803	卓越农林人才培养计划下《植物病理学》课程教学改革	赵明敏	农学院	1
JGZD201804	昆虫分类学实验课程昆虫标本的采集制作	包文学	林学院	1
JGZD201805	本科实习土壤资源调查方法改革研究	红　梅	草原与资源环境学院	1
JGZD201806	以科研项目为支撑，加强本科生实践能力培养的探索	郭月峰	沙漠治理学院	1
JGZD201807	产学研合作模式下的人文地理与城乡规划专业综合实习探索与实践	成格尔	沙漠治理学院	1
JGZD201808	电气类专业校企协同育人模式的构建与实践	李海军	机电工程学院	1
JGZD201809	电力电子技术课程教学内容的全视频化建设	宗哲英	机电工程学院	1
JGZD201810	新培养方案下环境工程专业实习教学模式改革体系构建	卢俊平	水利与土木建筑工程学院	1
JGZD201811	基于工程教育专业认证的材料科学与工程专业生产实习模式改革的研究	郝一男	材料科学与艺术设计学院	1
JGZD201812	适用于卓越农林人才培养的“发酵工艺学”课程建设	陈忠军	食品科学与工程学院	1

（续表）

项目编号	项目名称	项目主持人	所在单位	经费（万元）
JGZD201813	“食品安全”知识竞赛对提高“教学生产实习”教学质量的作用研究	乌云达来	食品科学与工程学院	1
JGZD201814	自治区生物化学与分子生物学实验示范中心信息化建设与管理	武春燕	生命科学学院	1
JGZD201815	开展数学建模竞赛活动和教学实践助力大学生科技创新能力的培养和提升	张　军	理学院	1

内蒙古农业大学2018年教育教学改革研究一般项目一览表

项目编号	项目名称	项目主持人	所在单位	经费（万元）
JGYB201801	基于“云畜牧”平台开展优质课程教学资源的共享与应用	刘　娜	动物科学学院	0.5
JGYB201802	水产养殖专业校内实践教学系统的构建	王瑞芳	动物科学学院	0.5
JGYB201803	中药及方剂学实验整合与优化	高珍珍	兽医学院	0.5
JGYB201804	动物药学专业实践教学体系建设的研究	何秀玲	兽医学院	0.5
JGYB201805	基于“农业设施环境调控与自动化”实验课程的综合实训教学模式的构建	李晓静	农学院	0.5
JGYB201806	基于网络平台的植物病理学教学资源库建设	路　妍	农学院	0.5
JGYB201807	翻转课堂在《果树育种学》课程中的应用	樊　丽	农学院	0.5
JGYB201808	内蒙古农业大学园林专业人才培养模式改革与创新研究	闫晓云	林学院	0.5
JGYB201809	“虚拟仿真”在《土壤学》实践教学中的应用研究	陈　杨	草原与资源环境学院	0.5
JGYB201810	基于任务驱动法的《环境质量分析与监测》课程实验教学改革探究	许学慧	草原与资源环境学院	0.5
JGYB201811	植物浸制标本制作及在实践教学中的应用	韩　峰	草原与资源环境学院	0.5
JGYB201812	英才基地班人才培养过程中的问题反思与实践探索	李　龙	沙漠治理学院	0.5

（续表）

项目编号	项目名称	项目主持人	所在单位	经费（万元）
JGYB201813	与课程设计相结合的《Matlab与电气系统仿真》教学改革研究	王　健	机电工程学院	0.5
JGYB201814	适应企业需求模式下的“变电站综合自动化”课程教学改革研究	张红旗	机电工程学院	0.5
JGYB201815	电工、电子实验室开放与管理模式研究	刘　宇	机电工程学院	0.5
JGYB201816	新时代工程造价专业“校企合作”双向培训模式的研究	王海龙	水利与土木建筑工程学院	0.5
JGYB201817	情景模式下基于能力培养的环境类课程课堂教学模式构建与实践	赵胜男	水利与土木建筑工程学院	0.5
JGYB201818	校企合作下的材料、设计和家具多专业模式协同工作研究	郭泽宇	材料科学与艺术设计学院	0.5
JGYB201819	以创新创业为导向《木材切削原理与刀具》课程教学模式改革与实践	青　龙	材料科学与艺术设计学院	0.5
JGYB201820	大学生对“翻转课堂”教学模式认知与参与度调查研究——以《金融学》为例	句　芳	经济管理学院	0.5
JGYB201821	基于工程教育认证的《食品机械与设备》课程教学改革	孙子羽	食品科学与工程学院	0.5
JGYB201822	工程教育认证背景下基于OBE教育理念的《食品感官评定》课程教学改革与实践	吴　敬	食品科学与工程学院	0.5
JGYB201823	企业家进课堂共建包装工程导论授课模式探索	孙文秀	食品科学与工程学院	0.5
JGYB201824	《Linux操作系统》课程教学模式的改革与实践	白戈力	计算机信息与工程学院	0.5
JGYB201825	基于混合教学模式的《多媒体技术与应用》课程资源建设	郭迎春	计算机信息与工程学院	0.5
JGYB201826	工科认证背景下制药工程专业实践教学改革和创新创业能力培养	赵世敏	生命科学学院	0.5
JGYB201827	虚拟仿真技术在“现代仪器分析”实验教学中的应用研究	特日格乐	生命科学学院	0.5

（续表）

项目编号	项目名称	项目主持人	所在单位	经费（万元）
JGYB201828	食品生物化学实验教学内容的优化组合及创新体系研究	王光霞	生命科学学院	0.5
JGYB201829	《中国社会思想史》混合式教学模式的实践探索	张银花	人文社会科学学院	0.5
JGYB201830	跨学科通识课程《草原社会学》教学改革与教学资源建设	路冠军	人文社会科学学院	0.5
JGYB201831	英语专业实践教学模式探索——校园外语广播及英文报第二课堂建设	武玲玲	外国语言学院	0.5
JGYB201832	探索“一带一路”视阈下农林院校外语智慧教育思辨人才的培养	任云岚	外国语言学院	0.5
JGYB201833	提高全校预科化学民族教育教学质量的教学改革研究及实践	额尔德木图	理学院	0.5
JGYB201834	考研数学与高等数学有效衔接的教学实践研究	杨丽英	理学院	0.5
JGYB201835	混合式教学在《普通物理学》课程中应用与实践	王　焕	理学院	0.5
JGYB201836	电子科学与技术专业《模拟电路》课程的教学改革	李川飞	理学院	0.5
JGYB201837	基于“岗前培训”的新能源专业实践教学模式创新性研究	孙　凯	能源与交通工程学院	0.5
JGYB201838	加强课堂过程化考核，优化最终考试方式改革—以汽车检测与故障诊断课为例	万大千	能源与交通工程学院	0.5
JGYB201839	“雨课堂”在马克思主义基本原理概论课教学中的应用研究	杨慧敏	马克思主义学院	0.5
JGYB201840	新时代高校思想政治理论课三位一体教学模式研究	高丽萍	马克思主义学院	0.5
JGYB201841	卓越班《马克思主义基本原理》课程翻转教学研究	梁红兰	马克思主义学院	0.5
JGYB201842	高校图书馆文库建设的研究——以内蒙古农业大学“学人文库”为例	王小丽	图书馆	0.5
JGYB201843	少数民族地区高校学生信息素质教学模式研究——以内蒙古农业大学为例	李　文	图书馆	0.5

（续表）

项目编号	项目名称	项目主持人	所在单位	经费（万元）
JGYB201844	草原英才国内外联合培养模式探索	孙云霞	国际交流与合作处	0.5
JGYB201845	民族文化视角下《旅游民俗文化》课程改革及教材建设的探索与实践	乌兰敖登	职业技术学院	职院支持
JGYB201846	以“博览园”为平台构建园艺技术专业创新创业能力培养的实践教学体系	李发虎	职业技术学院	职院支持
JGYB201847	基于创新能力培养的高校数学基础课程教学模式研究——以计算机类专业为例	于荣娟	职业技术学院	职院支持
JGYB201848	基于高等职业院校教与学的过程监控体系研究与实践	鲁晓波	职业技术学院	职院支持
JGYB201849	“工匠精神”背景下产品设计（家具方向）专业能力素质培养与课程设置研究	郑缇全	职业技术学院	职院支持
JGYB201850	基于能力培养的高校体育考试改革的研究与实践——以太极拳考试改革为例	张　玲	职业技术学院	职院支持

2018年校级教育教学改革研究项目结题验收名单

序号	项目名称	主持人	单位
1	动物遗传育种专业外语的三语教学探索	乌尼尔夫	动物科学学院
2	民族班《家畜环境卫生学》课程教学内容改革的研究与实践	娜仁花	动物科学学院
3	动物科学专业蒙汉双语授课人才培养模式的研究	张　玉	动物科学学院
4	动物科学专业卓越人才拔尖创新培养模式的研究	斯日古楞	动物科学学院
5	动物临床病例标本数字化图片库的建立和家畜病理解剖学多媒体教学法的研究	王金玲	兽医学院
6	基于校园网的期末考试考务管理系统研究	王　爽	兽医学院
7	马针灸穴辅助声像施针方法的探讨	巴音吉日嘎拉	兽医学院
8	《兽医微生物学》实验课教学改革研究	周雨霞	兽医学院
9	园林专业课程体系设置与教学内容改革研究	闫晓云	林学院

（续表）

序号	项目名称	主持人	单位
10	本科生“竞赛型”园林规划设计工作室实践教学研究	李亚峰	林学院
11	林学专业教学规范化管理的探究	伊伯乐	林学院
12	基于学分制模式的园林专业毕业设计改革与实践创新探索	李英杰	林学院
13	应对学分制下学生个体化教学管理的对策研究	杨　霞	沙漠治理学院
14	《机械制图》课程蒙汉双语教学数字化资源库的建设与研究	图　雅	机电工程学院
15	项目驱动的《计算机控制技术》课程教学改革的探究	王利娟	机电工程学院
16	学分制下《机械原理》网络化教学平台研究与实现	邓伟刚	机电工程学院
17	《工程材料及其成形技术基础》课程考试模式的改革	金　敏	机电工程学院
18	农业机械化及其自动化专业卓越农林复合应用型人才培养模式研究与实践	崔红梅	机电工程学院
19	基于校企结合的“高电压工程”课程教学探索	张红旗	机电工程学院
20	《交通工程制图校园网建设》	郁志宏	机电工程学院
21	农业机械化及其自动化（蒙语授课）专业电工、电子技术课程的教学研究与实践	李海军	机电工程学院
22	实践教学体系重构与学生操作和创新能力的培养	王利明	水利与土木建筑工程学院
23	“木材保护与改性”课程综合性实验、设计性实验项目的设计	王雅梅	材料科学与艺术设计学院
24	材料科学与工程专业实验教学改革探究——有机串联现有实验课内容	郝一男	材料科学与艺术设计学院
25	新会计准则下《高级财务会计学》案例教学建设	陶　华	经济管理学院
26	基于CDIO教育模式的物流管理专业“双师型”教师队伍建设研究	张建军	经济管理学院
27	产学研合作教育培养创新人才的研究与实践	张星杰	食品科学与工程学院
28	翻转课堂教学模式在软件工程教学中的应用	刘江平	计算机与信息工程学院
29	《计算机组成原理》课程MOOC建设及混合式教学改革	卜永波	计算机与信息工程学院
30	生物科学专业课程整体优化与实践	张子义	生命科学学院
31	生物化学双语授课教学内容、方法及手段的研究探索	丛靖宇	生命科学学院

（续表）

序号	项目名称	主持人	单位
32	生命科学学院理科专业本科生毕业实习改革与实践	李国婧	生命科学学院
33	生物工程与生物技术本科专业专业定位下的分类培养体系的改革与实践	王瑞刚	生命科学学院
34	内蒙古农业大学蒙汉双语授课学生思想学习状况调查与教育引导对策应用研究	张银花	人文社会科学学院
35	慕课影响下的高等农业院校人文社科类课程教学模式创新研究	张美英	人文社会科学学院
36	内蒙古农业大学学生专业综合实习现状、问题、对策研究——以人文社会科学类专业为例	白萨如拉	人文社会科学学院
37	新人才培养方案下工科、经济类蒙语授课数学课程教学改革的研究与实践	赵新平	理学院
38	内蒙古农业大学普通化学双语教学的改革探索	赵智宏	理学院
39	学分制教学改革后实验室开放的研究与探索	杨秋林	理学院
40	内蒙古农业大学教学管理评价与优化	吕世杰	理学院
41	农业院校基础化学课程群建设的研究与实践	许　辉	理学院
42	提高工科蒙语授课学生毕业设计质量的研究	冬　梅	能源与交通工程学院
43	学分制教学模式下交通运输专业汽车类课程实践教学体系改革的研究与实践	陈松利	能源与交通工程学院
44	学分制教学管理制度下森林工程（工程机械方向）专业人才培养方案的研究与实践	辛海升	能源与交通工程学院
45	内蒙古自治区高校公共体育课专业教师职业综合能力提升的策略研究	李海雁	体育教学部
46	提高蒙语授课大学生马克思主义基本原理课教学效果对策研究	包斯日古楞	马克思主义学院
47	普通高校音乐教育的提升路径与策略研究——以内蒙古农业大学为例	高宏宇	马克思主义学院
48	中国近现代史纲要课蒙语授课班辅助教学研究	杨申扎布	马克思主义学院
49	适用于蒙古族大学生的《汉语阅读与表达》教材研究和编写	王　莉	马克思主义学院
50	研究型教学：以课程教学为依托培养本科生创新能力的探索	王志宏	马克思主义学院
51	民族预科《应用写作》课程教学改革探索	陈秋枫	马克思主义学院
52	基于 DSpace 的高校教师知识服务模式研究	李　新	图书馆
53	用户行为分析与信息需求调研的方法与工具	王丽凤	图书馆
54	优质教育资源整合与共享机制研究	田　军	教务处

（续表）

序号	项目名称	主持人	单位
55	我校中外合作办学项目人才培养方案改革研究	高　讷	教务处
56	项目驱动下《市场调查与预测》教学资源整合问题研究	张美艳	职业技术学院
57	学分制下高职院校工商管理专业课程体系的构建	张建英	职业技术学院
58	学分制模式下建筑类专业模块化课程体系的构建与应用	贾克力	职业技术学院
59	基于 PDCA 循环的高职教育教学质量闭环监控体系构建	冯雪彬	职业技术学院
60	动物科学专业蒙汉双语教学改革及实践	乌伦吉如嘎	职业技术学院
61	基于 CDIO 的食品感官评价项目化教学研究与实践	张慧敏	职业技术学院

内蒙古自治区教育科学研究“十三五”规划 2018 年度立项课题学校资助名单

学院	项目名称	主持人	自治区项目类别及编号	金额（万元）
动物科学学院	服务“一带一路”的复合型马业人才培养模式研究	芒　来	NGJGH2018048	1
	动物科学专业蒙汉双语授课应用性、复合型人才培养模式的研究	张　玉	2018MGH018	1
农学院	设施农业科学与工程专业课程构建与教学方法改革的研究	李晓静	NGJGH2018056	1
	卓越农林人才培养中植物病理学教学方法的创新研究	赵明敏	NGJGH2018057	1
	“互联网+”背景下高校植物生理学混合教学模式构建及优化	雷雪峰	NGJGH2018058	1
	《植物生理学》理论教学与实践教学深度融合的研究	樊明寿	NGJGH2018059	1
林学院	关于消防工程专业建设过程中，地校、校企、校院协同育人探索研究	王玉霞	NGJGH2018053	1
草原与资源环境学院	“互联网+”在高校《土壤学》实践教学中的应用	陈　杨	NGJGH2018046	1
	高校理论教学与实践教学深度融合的研究——以土壤农化分析课程教学为例	刘美英	NGJGH2018047	1

（续表）

学院	项目名称	主持人	自治区项目类别及编号	金额（万元）
机电工程学院	农业院校机电类专业教师教学能力、实践能力提升方式与途径研究	郭文斌	NGJGH2018049	1
	基于电力电子与控制技术系列课程教学团队建设教师综合能力提升的研究	宗哲英	NGJGH2018050	1
	高等学校艺术教师队伍现状的调查研究——以“内蒙古高校艺术教师队伍为例”	蔺相东	NGHYS201847	1
水利与土木建筑工程学院	“互联网+”下思维导图在结构力学课程教学中的应用研究	周海龙	NGJGH2018063	1
材料科学与艺术设计学院	蒙古文数字化教学教科书专用字体与教学辅助字体开发与应用	塔　拉	2018MGH020	1
	内蒙古普通高校本科艺术设计专业美术基础课程考核及教学规范研究	薛文峰	NGHYS201824	1
计算机与信息工程学院	高校跨学科跨专业通识课程（群）设置与教学实践研究	付学良	NGJGH2018051	1
生命科学学院	创新创业和就业需求导向下生物类专业课程的模块化建设及其学生的自主性设计	王瑞刚	NGJGH2018061	1
	高校生物类专业学生自主设计性实验教学模式及其创新与就业驱动的课程考核方式研究	李国婧	NGJGH2018062	1
人文社会科学学院	高校跨学科跨专业通识课程的设置与教学实践研究	路冠军	NGJGH2018060	1
	构建人类命运共同体背景下民族团结教育常态化机制建设研究	吴玉红	2018MGH019	1
外国语言学院	为“一带一路”建设的国家重大战略培养急需俄语人才-内蒙古高校俄语教学的前景和展望	薛世彪	NGJGH2018064	1
	三语习得视角下的少数民族大学生外语教学策略研究	郭　欣	NGJGH2018065	1
能源与交通工程学院	土建类专业理论教学与“全真”工程模拟实训深度融合模式研究	王国忠	NGJGH2018054	1
	“双一流”建设背景下森林工程专业复合应用型本科人才培养研究	郭根胜	NGJGH2018055	1
体育教学部	信息化时代民族传统体育项目在我区高等教育中的教学改革路径研究	李　刚	NGHTY201816	1
	我区高等学校体育工作现状调查研究	陈晓虹	NGHTY201820	1
	内蒙古高等学校体育中长期改革与发展的研究——以内蒙古农业大学为例	安永志	NGHTY201821	1

（续表）

学院	项目名称	主持人	自治区项目类别及编号	金额（万元）
教务处	基于信息化手段的教学质量监控体系的研究与实践——以内蒙古农业大学为例	牟献友	NGJGH2018052	1
	基于蒙古族非物质文化遗产传承的地方性民族文化课程建设与数字化教材开发研究	范　斌	2018MGH021	1
图书馆	基于混合式学习法的蒙授课程资源库建设及其实践研究	宝伟堂	2018MGH022	1
共计			30.00	

教育部首批“新工科”研究与实践项目资助名单

序号	负责人	所在单位	项目名称	金额（万元）
1	屈　冉	内蒙古农业大学	“全真”工程现场模拟实践教学模式研究	5

2018 年度内蒙古自治区高校创新创业教育科学研究立项课题资助名单

部门	项目名称	主持人	自治区项目批准文号及序号	金额（万元）
教务处	面向少数民族大学生双创教育需求分析的地方性文化课程建设与应用示范研究	范　斌	内教高函〔2018〕42 号（19）	1

2018 年度全区高等学校大学生思想政治教育专题研究项目资助名单

学院	项目名称	主持人	自治区项目类别及编号	学校配套资助金额（万元）
学生工作处	内蒙古高校大学生心理健康服务可及性评价研究	侯振虎	委托项目 NJSZ1816	1
水利与土木建筑工程学院	思想政治工作协同推进大学生创新创业能力提升实践研究——以内蒙古高校为例	韩瑞平	重点项目 NJSZ1803	2
	内蒙古高校大学生基于家庭感情与经济因素引发心理危机干预的策略研究	杨逸隆	一般项目 NJSZ1810	1

2018 年度产学合作协同育人项目立项名单

序号	项目编号	支持公司	项目类型	项目名称	负责人	学院
1	201801179006	福建省晨曦信息科技股份有限公司	师资培训	教师 BIM 应用技术及相关课程提升培训	柴志虹	能源与交通工程学院

（续表）

序号	项目编号	支持公司	项目类型	项目名称	负责人	学院
2	201801082113	华清远见教育集团	实践条件和实践基地建设	物联网实践条件和实践基地建设	梁晓辉	能源与交通工程学院
3	201801082114	华清远见教育集团	实践条件和实践基地建设	物联网实践条件和实践基地建设	梁晓辉	能源与交通工程学院
4	201801039087	北京慕华信息科技有限公司	实践条件和实践基地建设	基于雨课堂的实验课程改革与实践	田　军	计算机与信息工程学院
5	201801279006	深圳乐智机器人有限公司	实践条件和实践基地建设	内蒙古农业大学机电工程学院机器人创新实验室建设	李海军	机电工程学院
6	201802064049	北京慕华信息科技有限公司	教学内容和课程体系改革	基于学堂在线慕课平台的在线课程建设模式实践	张　旭	教务处
7	201802105007	北京中高国际人力资源有限公司	师资培训	基于中德工业4.0产教融合理念的新能源专业教育工程师培训	孙　凯	能源与交通工程学院
8	201802189013	机器时代（北京）科技有限公司	实践条件和实践基地建设	森林工程智能自走作业机械实践教学平台建设	王海超	能源与交通工程学院
9	201802339028	西安三好软件技术股份有限公司	实践条件和实践基地建设	基于全真模拟的《道桥专业生产实习》之过程控制条件的建设	胡江三	能源与交通工程学院
10	201802073054	北京润尼尔网络科技有限公司	实践条件和实践基地建设	校级虚拟仿真实验教学管理平台研究与实践	田　军	计算机与信息工程学院
11	201802284038	深圳国泰安教育技术有限公司	实践条件和实践基地建设	内蒙古农业大学金融实验室综合建设	林　博 孟凡杰	经济管理学院

质量监控

日常监控：2018年，根据学校教学工作整体部署，开展了2个学期的开学初教学检查工作，并将以往的一周检查延长至2周。以审核评估的要求与模式，对全校20个院（部）期中教学检查2次。对20个教学单位的教学资料管理与建设［主要包括近3年的试卷、毕业论文（设计）、课程设计、实验实习报告、作品及成果等］、新学期的教学准备工作进行专项检查，共检查试卷、毕业论文（设计）、实验实习报告等各200~300套（份），考察了实验室，调查了教学准备情况。以校教学督导为主，同时聘请校内专家一起，对学校所有的本科专业及各年级的课堂教学状态进行了检查。以看课和听课的方式，对 10 个学院 56 门课程的课堂教学状态进行了认真深入的调查，撰写了调研报告。开展了 2 个学期的期末巡考、大学外语等级考试巡考、学院专业考试巡考等工作。校教学督导组听评课 103 门；检查试卷 105 套，并就一些教师平时成绩考核依据不足问题提供参考标准；参加 12 个学院 27 场毕业论文（设计）答辩会，重点检查了这些学院毕业论文（设计）答辩工作的组织机构、毕业生概况、答辩安排与执行以及相关档案材料的管理情况等。完成 2017—2018 学年期末考试卷优秀试卷评选工作，评选出优秀试卷 28 套。完成教师成绩更改审核工作，审核了 29 名学生的成绩更改申请及相关材料。采编、印发教学质量工程信息简报 9 期。完成 2 个学期 42 万条学生评教数据处理分析及评教结果发布。组织 2018 年中国教育研究院的全国高等教育满意度调查工作，采集师生 650 样本填报。

专业认证：2018 年，农业水利工程、水文与水资源工程 2 个专业通过教育部高等教育教学评估中心和中国工程教育专业认证协会认证。组织工科专业学院积极申请中国工程认证，6 个学院 7 个专业申报 2019 年工程教育专业认证工作；推荐工程教育认证专家 4 位，组织推荐工程教育专业认证后备秘书 6 位。

审核评估：2018 年，学校以本科教学工作审核评估工作为重点，认真开展自评自建工作，开展了本科教学审核评估校内自评整改落实情况督查；完成自治区教育厅本科教学审核评估专家组对我校教学工作审核评估自评自建检查审核预评估工作；组织专家对学院审核评估整改任务完成情况进行检查；开展了全校课堂教学状态检查；组织校外专家各教学单位试卷、论文等教学材料进行抽查；对教学单位教学档案资料缺失情况进行摸底；开展 2 次审核评估自评自建工作检查等。按照时间节点完成了学年本科教学基本状态数据采集、填报、分析、审核、上传以及《自评报告》《校长报告》撰写等工作。11 月，按照学校《审核评估工作方案》总体安排，圆满完成了教育部本科教学工作审核评估，得到教育部专家组的高度认可。本科教学的中心地位得到巩固，教育教学质量进一步提升。

研究生教育教学

学位与研究生教育工作概述

内蒙古农业大学研究生教育始于20世纪60年代，1979年恢复研究生招生，1981年被国务院学位委员会批准为首批硕士学位授予单位，1993年获得博士学位授予单位。学校的研究生德育培养目标是“保障学生身心健康，促进学生德、智、体、美全面发展”。硕士研究生学术培养目标是在本门学科领域掌握坚实的基础理论和系统的专门知识，具有从事科学研究工作或独立担负专门技术工作的能力；博士研究生学术培养目标是在本门学科领域掌握坚实的基础理论和系统深入的专门知识，具有独立从事科学研究工作的能力，能够在科学或专门技术上做出创造性的成果。

2018年在校博士研究生和硕士研究生人数共计4 433人。其中，博士研究生589人，硕士研究生3 844人。硕士研究生中，全日制学术型硕士研究生和全日制专业学位硕士研究生2 276人，非全日制专业学位研究生559人，在职专业学位研究生1 009人。

2018年学校共招收博士研究生和硕士研究生1 370人。其中，博士研究生150人，硕士研究生1 220人。录取的硕士研究生中，全日制学术型硕士研究生502人，全日制专业学位硕士研究生419人；非全日制专业学位硕士研究生299人。

2018年学校共有研究生导师526人，其中博士生导师198人（含联合培养导师22人），硕士生导师526人（含联合培养导师33人）。2018年学校博士研究生和硕士研究生的生师比分别是3.0：1和7.3：1。

学校研究生的规定学制为：博士研究生3年，最长期限为6年；学术型硕士研究生3年，最长期限为5年；全日制硕士专业学位研究生2年，最长期限为3年。2018年共毕业博士107名，授予博士学位93名。2018年共毕业硕士866名，其中毕业学术型硕士530名，专业型硕士336名。授予硕士学位1 110名，其中，授予全日制学术型硕士学位440名，全日制专业硕士学位336名，在职专业硕士学位334名。学校实行博士学位论文校外专家盲审制度，盲审通过率为91.1%；全日制硕士学位论文校内与校外盲审通过率是99.6%，在职专业硕士学位论文外校盲审通过率是87.5%。2018年学校12篇校级优秀博士学位论文和36篇校级优秀硕士学位论文参加自治区优秀学位论文评选，其中，入选自治区优秀博士学位论文5篇，自治区优秀硕士学位论文18篇。2018年学校有62名研究生获得国家奖学金，81名研究生获得自治区奖学金，983名研究生获得自治区学业奖学金。

博士后科研流动站一览表

序号	名称	批准时间
1	畜牧学	2001 年 3 月
2	农业工程	2003 年 1 月
3	林学	2007 年 8 月
4	兽医学	2009 年 9 月
5	草学	2012 年 9 月
6	生物学	2012 年 9 月
7	林工工程	2014 年 9 月
8	农业经济管理	2014 年 9 月
9	生态学	2014 年 9 月
10	作物学	2014 年 9 月

授予博士学位一级学科目录

序号	一级学科代码	一级学科名称	批准时间
1	0710	生物学	2011 年
2	0713	生态学	2011 年
3	0828	农业工程	2003 年
4	0829	林业工程	2006 年
5	0832	食品科学与工程	2011 年
6	0901	作物学	2006 年
7	0905	畜牧学	2000 年
8	0906	兽医学	2003 年
9	0907	林学	2006 年
10	0909	草学	2011 年
11	1203	农林经济管理	2011 年
12	0815	水利工程	2018 年
13	0903	农业资源与环境	2018 年

授予硕士学位一级学科目录

序号	一级学科代码	一级学科名称	批准时间
1	0202	应用经济学	2011 年

（续表）

序号	一级学科代码	一级学科名称	批准时间
2	0710	生物学	2006 年
3	0713	生态学	2011 年
4	0802	机械工程	2011 年
5	0812	计算机科学与工程	2011 年
6	0815	水利工程	2011 年
7	0828	农业工程	2003 年
8	0829	林业工程	2006 年
9	0832	食品科学与工程	2006 年
10	0834	风景园林学	2011 年
11	0901	作物学	2006 年
12	0902	园艺学	2006 年
13	0903	农业资源与环境	2006 年
14	0904	植物保护	2011 年
15	0905	畜牧学	2000 年
16	0906	兽医学	2003 年
17	0907	林学	2006 年
18	0909	草学	2011 年
19	1202	工商管理	2011 年
20	1203	农林经济管理	2006 年
21	1204	公共管理	2011 年
22	0814	土木工程	2018 年
23	0305	马克思主义理论	2018 年
24	1305	设计学	2018 年

目录外增设学科目录

序号	学科门类	一级学科名称	增设学科名称	授权点类别
1	经济学	应用经济学	经济数学	硕士点
2	工学	农业工程	农业信息技术	博士硕士点
3	农学	作物学	种子科学与技术	博士硕士点
4	农学	作物学	作物保护学	博士硕士点
5	农学	园艺学	观赏园艺	硕士点
6	农学	畜牧学	动物生产学	博士硕士点

（续表）

序号	学科门类	一级学科名称	增设学科名称	授权点类别
7	农学	农业资源与环境	农业资源应用化学	硕士点

专业学位授权点目录

序号	学位类别（代码）	专业领域（代码）	批准时间
1	工程硕士（0852）	机械工程（085201）	2010 年
2		材料工程（085204）	2010 年
3		水利工程（085214）	2009 年
4		建筑与土木工程（085213）	2014 年
5		轻工技术与工程（085221）	2009 年
6		农业工程（085227）	2004 年
7		林业工程（085228）	2005 年
8		食品工程（085231）	2005 年
9		生物工程（085238）	2009 年
10		项目管理（085239）	2010 年
11	农业硕士（0951）	农艺与种业（095131）	2018 年
12		资源利用与植物保护（095132）	2018 年
13		畜牧（095133）	2018 年
14		渔业发展（095134）	2018 年
15		食品加工与安全（095135）	2018 年
16		农业工程与信息技术（095136）	2018 年
17		农业管理（095137）	2018 年
18		农村发展（095138）	2018 年
19	兽医硕士（0952）	兽医（095200）	2000 年
20	风景园林硕士（0953）	风景园林（095300）	2010 年
21	林业硕士（0954）	林业（095400）	2010 年
22	公共管理硕士（1252）	公共管理（125200）	2010 年
23	会计硕士（1253）	会计（125300）	2014 年

博士研究生指导教师

学科名称	博士研究生指导教师
动物生产学	齐景伟、史彬林、敖日格乐、金　海★

（续表）

学科名称	博士研究生指导教师
动物遗传育种与繁殖	李金泉、芒　来、娜仁花、张家新、张文广、赵艳红、张燕军、田可川★
动物营养与饲料科学	敖长金、闫素梅、高　峰、王加启★
林木遗传育种	白淑兰、张国盛、白玉娥
森林保护学	段立清
森林经理学	张秋良、安慧君、铁　牛
森林培育、园林植物与观赏园艺	闫　伟
水土保持与荒漠化防治	姚云峰、高　永、汪　季、刘　静、李钢铁、秦富仓、张成福、王树森、杨文斌★
野生动植物保护与利用	刘果厚、周材权★、廖文波★、胥　晓★
林产化学加工工程	王　丽、盛显良
木材科学与技术	王喜明、安　珍、黄金田、张明辉、多化琼、王雅梅、于文吉★、陈章景★
森林工程	朱守林、戚春华、张　雁
林业经济管理	包庆丰
农业经济管理	盖志毅、修长百、张心灵、乔光华、赵元凤、姚凤桐、杜富林、乌云花、王金霞★
农业电气化与自动化	武　佩、张　永、郁志宏
农业机械化工程	王春光、张强★、杜文亮、赵满全、田海清、塔　娜、吴桂芳
农业生物环境与能源工程	杜健民、姬宝霖、陈　智、李旭英
农业水土工程	史海滨、申向东、魏占民、屈忠义、杨树清、高占义★、李仙岳、李瑞平、李晓丽、王海龙
农业水资源利用与保护	李畅游、刘廷玺、朱仲元、裴国霞、张　生、马　龙、冀鸿兰
农业信息技术	薛河儒、付学良、高　静
草学	李青丰、卫智军、米富贵、武晓东、贾玉山、王明玖、石凤翎、宛　涛、白永飞★、王俊杰、包玉海★、付和平
土壤学	李跃进、索全义、李　斐、红　梅、徐明岗★、钟志梅
生态学	周　梅、王成杰、邬建国★、马秀枝
生态学、草学	韩国栋、赵萌莉
发育生物学	周欢敏、张焱如、韩　冰、曹俊伟
生物物理学	闫祖威
生物化学与分子生物学	李国婧、张　峰、万　方、王玉珍

（续表）

学科名称	博士研究生指导教师
微生物学	刘惠荣、王瑞刚、冯福应
遗传学	王茅雁、杨　燕、白　薇
植物学	张少英、樊明寿
农产品加工及贮藏工程	张和平、张美莉、贺银凤、董同力嘎、赵丽华、王俊国
食品科学	靳　烨、格日勒图、孙天松、孟和毕力格、吉日木图、陈永福、孙志宏、陈忠军、双全
基础兽医学	李培锋、曹贵方、王凤龙、王纯洁、刘淑英、杨银凤、哈斯苏荣
临床兽医学	曹金山、李云章、杨　英、巴音吉日嘎拉
预防兽医学	韩润林、杨晓野、郝永清、格日勒图、呼和巴特尔、温永俊、刘大程、李泽君★、袁于人★
蔬菜学	云兴福、郝丽珍、崔世茂、李连国、刘　艳、霍秀文
种子科学与技术	陈　勤★
作物保护学	庞保平、赵　君、康　乐★、周洪友、孟瑞霞、史　丽、赵明敏、景　岚、李子钦★
作物遗传育种	逯晓萍、侯建华
作物遗传育种、种子科学与技术	于　卓
作物栽培学与耕作学	高聚林、蒙美莲、张永平、张胜、李立军、盛晋华、王志刚、李昊辉★
作物栽培学与耕作学、种子科学与技术	刘景辉

硕士研究生指导教师

指导学科	硕士研究生指导教师
种子科学与技术	陈　勤★
作物保护学	康　乐★、赵明敏
作物遗传育种	张　辉★、王树彦、齐冰洁、马艳红、逯晓萍、侯建华、何丽君、白　晨★、郭世华、于晓芳、马　庆、包海柱、李小雷、于肖夏
作物遗传育种、种子科学与技术	于　卓
作物栽培学与耕作学	高聚林、赵沛义★、张永平、张　胜、张润生、王志刚、孙继颖、蒙美莲、李立军、盛晋华、武俊英、赵宝平
作物栽培学与耕作学、种子科学与技术	刘景辉
农药学	郑红丽、李海萍、周洪友

（续表）

指导学科	硕士研究生指导教师
农业昆虫与害虫防治	赵建兴、史　丽、孟瑞霞、郝树光★、白全江★、庞宝平、谭　瑶、常　静
农业昆虫与害虫防治、森林保护学	段立清
植物病理学	景　岚、胡　俊、陈立红、张笑宇、赵　君
观赏园艺	贺学勤、白瑞琴
果树学	马　强、刘志华、刘　艳、李连国、樊　丽、郭金丽、李晓燕
蔬菜学	云兴福、王　萍、石　岭、霍秀文、郝丽珍、崔世茂、杨宗仁、张之为
产业经济学	赵益平、张建成、黄先俊★、根　锁、周　杰、赵丽霞、张建军
金融学	张　立、李战江、刘玉春
经济数学	刘海军、张彩琴、苏金梅、马生昀
区域经济学	姚凤桐、杜富林、句　芳
结构工程	姚占全、王海龙、李红云、白　英、周海龙、李　昊
市政工程	裴国霞、卢俊平
水力学及河流动力学	高瑞忠、李　超
水工结构工程	邹春霞、申向东、李晓丽、李　平
水利测绘信息与技术	刘全明、李瑞平
水利水电工程	张志澍、牟献友、冀鸿兰、刘晓民
水文学及水资源	张圣微、张　生、贾德彬、马　龙、刘小燕、贾克力、郭中小★、魏永富★、朱仲元、李文宝、史小红
水文学及水资源、农业水资源利用与保护	刘廷玺、李畅游
基础兽医学	赵红霞、杨银凤、徐晓静、王凤龙、王纯洁、王彩云、苏布登格日乐、斯日古楞、刘淑英、李培锋、李海军、么宏强、杜晨光、额尔敦木图、哈斯苏荣
基础兽医学、细胞生物学	曹贵方
临床兽医学	杨　英、刘俊平、李云章、呼格吉乐图、巴音吉日嘎拉、曹金山、张七斤、刘　博
预防兽医学	周雨霞、周伟光、杨晓野、杨莲茹、希尼尼根、王晓钧★、王文龙、王　瑞、刘大程、金　山、呼和巴特尔、韩润林、郝永清、关平原、杜雅楠、格日勒图、温永俊、包福祥
粮食、油脂及植物蛋白工程	张美莉、包小兰

（续表）

指导学科	硕士研究生指导教师
农产品加工及贮藏工程	赵丽华、张和平、张凤梅、杨晓清、杨　军、孙文秀、莎日娜、李正英、吉日木图、白　英、贺银凤、韩育梅、董同力嘎、丹　彤、刘文俊、苏　琳、孙志宏、张文弈、赵丽芹
食品科学	张智武★、高爱武、殷文政、邢黎明、吴　敬、陈永福、王俊国、双　全、陈　霞、乌云达来、孟和毕力格、李少英、靳　烨、郭　军、格日勒图、段　艳、云占友★、包音都古荣·金花、田建军、杨飞芸
发育生物学	周欢敏、张焱如、刘迎春、曹俊伟、刘春霞、赵鸿彬、孟凡华
生物化学与分子生物学	张子义、张　峰、王玉珍、王瑞刚、王桂花、万　方、刘惠荣、李国婧、丛靖宇、宝力德、肖红梅
生物物理学	闫祖威、李凤敏、冯永娥、包　锦、阿木古楞
微生物学	赵国芬、姚庆智、冯福应、孟建宇
细胞生物学	韩　冰
遗传学	尹　俊、杨　燕、王茅雁、白　薇、郭慧琴
植物学	张少英、史树德、樊明寿、李国龙、贾立国
生态学	周　梅、赵萌莉、张　昊、岳永杰、邬建国★、蒙　荣、马秀枝、刘瑞香、李青丰、高润宏、赵金花、娜日苏、贺　晓
设计艺术学	张欣宏、吴日哲、庞大伟、宁国强、高晓霞、毕力格巴图、薛文峰
发酵工程	田瑞华、孙天松、段开红、陈忠军、陈有君
农业资源应用化学	钟志梅、许　辉、王克冰、代红光、安丽平、敖特根巴雅尔、丁立军、闫晓霖、施和平
土壤学	张伟华、魏江生、李跃进、红　梅、包　翔
植物营养学	郑海春★、乌　恩、李　斐、索全义、刘美英
养殖	郭永清
园艺	刘金泉、李　明、黄修梅
作物	胡树平
农村与区域发展	樊文斌、郭海清、王怀栋、王　耀
农业电气化与自动化	宗哲英、张红旗、钱珊珠、李海军、葛丽娟、毕玉革、宣传忠、郝　敏
农业电气化与自动化、机械电子工程	武　佩、郁志宏、张　永
农业机械化工程	赵满全、张　强★、吴桂芳、王　芳、王春光、田海清、赵士杰、郭文斌、刘　飞
农业生物环境与能源工程	李旭英、姬宝霖、韩巧丽、陈　智、侯占峰

（续表）

指导学科	硕士研究生指导教师
农业水土工程	杨树清、魏占民、史海滨、屈忠义、李仙岳、李和平★、何京丽★、郭克贞★、高占义★、李为萍、刘　霞、徐　冰★
林业经济管理	张　微、孙志宏、包庆丰
农业经济管理	修长柏、乌云花、刘　英、姜冬梅、宝音都仍、田艳丽、乔光华、张心灵、盖志毅、赵元凤、侯国庆、马　梅
行政管理	张银花、张建新、杨慧兰、席锁柱、王利清、郭宝亮、阿茹罕、格日勒图、高翠玲、塔　娜、乌云高娃
马克思主义基本原理	高丽萍、包　羽、李士珍
思想政治教育	霍如涛、侯晨曦、段兴华、陈秋枫
林产化学加工工程	王　丽、盛显良
木材科学与技术	王喜明、张明辉、于建芳、姚利宏、王雅梅、王　欣、冯利群、多化琼、安　珍
森林工程	朱守林、张　雁、王国忠、戚春华、裴志永、梁　鸿、高明星
林木遗传育种	张文波、张国盛、杨海峰、白玉娥、白淑兰
森林保护学	姜海燕、丛　林
森林经理学	张　韬、张秋良、王　飞、铁　牛、安慧君、王　冰
森林培育	叶冬梅、闫　伟、方　亮、德永军
水土保持与荒漠化防治	左和军、姚云峰、许　丽、汪　季、蒙仲举、罗于洋、刘　静、李钢铁、格日乐、高　永、崔向新、秦富仓、杨　光、张成福、李锦荣★、郭建英★
野生动植物保护与利用	周材权★、刘果厚、李造哲、蓝登明、金　洪、王树森、付和平
园林植物与观赏园艺、风景园林学	闫晓云、王　雷、常金宝
计算机应用技术	潘　新、李宏慧、白云莉、董改芳、姜新华、罗小玲、申志军、李美安、陈俊杰
计算机应用技术、农业信息技术	薛河儒、付学良、高　静
机械电子工程	崔红梅
机械设计及理论	张　云、马彦华、刘　涛、王洪波
机械制造及其自动化	卜乐平
教育经济与管理	张晓华、徐莉林、苏双平、丁雪华、鲍晓艳
土地资源管理	孙紫英、包亮、阿如旱、孙　旭
会计学	董佳宇、范文娟、王小兵

（续表）

指导学科	硕士研究生指导教师
技术经济及管理	刘秀梅、段　跃
企业管理	田　洁、胡尔查、喜　喜
风景园林学	张秀卿、张鸿翎、段广德、白恒勤
动物生产学	张志刚★、张　玉、张润厚、双　金、史彬林、齐景伟、娜仁花（小）、高爱琴、敖日格乐、安玉君、刘海涛★、安晓萍
动物遗传育种与繁殖	郑云胜、赵艳红、张燕军、张文广、张家新、娜仁花（大）、李玉荣★、金　凤、芒　来、李金泉、苏　蕊、刘志红
动物营养与饲料科学	闫素梅、敖长金、王海荣、土日根白乙拉、李大彪、金　海★、霍鲜鲜、胡　明★、王加启★、高　民★、高　峰、孙海洲★、杨金丽、石彩霞
草学	张　众、占布拉、云　岚、武晓东、卫智军、王忠武、王俊杰、王建光、王成杰、宛　涛、石凤翎、米福贵、贾玉山、海　棠、格根图、白永飞★、韩国栋、王明玖、李治国、王占义、赵　彦、特木尔布和
材料加工工程	薛振华、李　奇、黄金田、郭泽宇
农业生物环境与能源工程、机械制造及其自动化	杜建民
农业机械化工程、机械设计及理论	塔　娜、杜文亮

注：★代表联合培养导师

2018 年度优秀博士学位论文名单

序号	学生姓名	专业	导师姓名	奖励类别
1	青格尔	作物栽培学与耕作学	高聚林	自治区级
2	党晓宏	水土保持与荒漠化防治	高　永	自治区级
3	柴智慧	农林经济管理	赵元凤	自治区级
4	孙　林	牧草遗传育种与饲草料加工	贾玉山	自治区级
5	苗庆丰	农业水土工程	史海滨	自治区级
6	潘艳飞	木材科学与技术	黄金田	校级
7	王志英	动物遗传育种与繁殖	李金泉	校级
8	白健慧	作物栽培学与耕作学	刘景辉	校级
9	韩晓敏	生物化学与分子生物学	李国婧	校级
10	马　晨	农产品加工及贮藏工程	张和平	校级
11	苗庆丰	农业水土工程	史海滨	校级

（续表）

序号	学生姓名	专业	导师姓名	奖励类别
12	党晓宏	水土保持与荒漠化防治	高　永	校级
13	孙　林	牧草遗传育种与饲草料加工	贾玉山	校级
14	青格尔	作物栽培学与耕作学	高聚林	校级
15	柴智慧	农业经济管理	赵元凤	校级
16	董　伟	农业水土工程	申向东	校级
17	高　婧	植物学	赵　君	校级

2018 年度优秀硕士学位论文名单

序号	学生姓名	专业	导师姓名	奖励类别
1	周　宇	材料加工工程	安　珍	自治区级
2	孙枭雄	木材科学与技术	多化琼	自治区级
3	吴　昊	水土保持与荒漠化防治	高　永	自治区级
4	木其尔	食品加工与安全	郭　军	自治区级
5	萨如拉	作物栽培学与耕作学	刘景辉	自治区级
6	刘鹏飞	水土保持与荒漠化防治	刘　静	自治区级
7	韩春雪	水文学及水资源	刘廷玺	自治区级
8	王静茹	水文学及水资源	马　龙	自治区级
9	张鹏飞	作物保护学	庞保平	自治区级
10	孙贯芳	农业水土工程	屈忠义	自治区级
11	何　静	结构工程	申向东	自治区级
12	岳远西	动物生产学	史彬林	自治区级
13	王　猛	水土保持与荒漠化防治	汪　季	自治区级
14	杜慧琴	林产化学加工工程	王　丽	自治区级
15	席晓敏	农产品加工及贮藏工程	张和平	自治区级
16	冯淑贞	农产品加工及贮藏工程	张和平	自治区级
17	申　芮	水利工程	张圣微	自治区级
18	闫　敏	林业	左合君	自治区级
19	周　宇	材料加工工程	安　珍	校级
20	刘春晓	农产品加工及贮藏工程	白　英	校级
21	石　双	区域经济学	杜富林	校级
22	田　喜	思想政治教育	段兴华	校级

（续表）

序号	学生姓名	专业	导师姓名	奖励类别
23	孙枭雄	木材科学与技术	多化琼	校级
24	刘　馨	设计艺术学	高晓霞	校级
25	吴　昊	水土保持与荒漠化防治	高　永	校级
26	刘莉敏	食品科学	郭　军	校级
27	木其尔	食品加工与安全	郭　军	校级
28	石慧强	水力学及河流动力学	冀鸿兰	校级
29	萨如拉	作物栽培学与耕作学	刘景辉	校级
30	刘鹏飞	水土保持与荒漠化防治	刘　静	校级
31	韩春雪	水文学及水资源	刘廷玺	校级
32	王静茹	水文学及水资源	马　龙	校级
33	黄　星	水利工程	马　龙	校级
34	高靖淳	农业昆虫与害虫防治	庞保平	校级
35	张鹏飞	作物保护学	庞保平	校级
36	孙贯芳	农业水土工程	屈忠义	校级
37	何　静	结构工程	申向东	校级
38	苏俊玲	动物生产学	史彬林	校级
39	岳远西	动物生产学	史彬林	校级
40	倪东宁	农业水土工程	史海滨	校级
41	王　猛	水土保持与荒漠化防治	汪　季	校级
42	田文静	农产品加工及贮藏工程	王俊国	校级
43	杜慧琴	林产化学加工工程	王　丽	校级
44	刘　欢	生物化学与分子生物学	王玉珍	校级
45	白　云	行政管理	席锁柱	校级
46	白　洁	计算机应用技术	薛河儒	校级
47	金　鑫	基础兽医学	杨银凤	校级
48	张　曼	基础兽医学	杨银凤	校级
49	刘纪建	木材科学与技术	于建芳	校级
50	席晓敏	农产品加工及贮藏工程	张和平	校级
51	冯淑贞	农产品加工及贮藏工程	张和平	校级
52	申　芮	水利工程	张圣微	校级
53	陈　晨	械化工程	赵满全	校级

（续表）

序号	学生姓名	专业	导师姓名	奖励类别
54	吕　冰	农业机械化工程	赵满全	校级
55	戴云亮	农业资源应用化学	钟志梅	校级
56	闫　敏	林业	左合君	校级

2018 年研究生国家奖学金名单

序号	学院	专业	学号	姓名	性别	类别
1	草原与资源环境学院	草学	2016302040022	王　伟	男	博士
2	草原与资源环境学院	草学	2016302040025	都　帅	男	博士
3	草原与资源环境学院	草学	2017302040020	成启明	男	博士
4	动物科学学院	动物遗传育种与繁殖	2016302010001	李晓凯	男	博士
5	动物科学学院	动物营养与饲料科学	2017302010009	丁　赫	男	博士
6	动物科学学院	动物营养与饲料科学	2017302010012	刘旺景	男	博士
7	经济管理学院	农业经济管理	2016302080005	张　宝	男	博士
8	林学院	林木遗传育种	2017302030002	路东晔	女	博士
9	农学院	作物保护学	2016302020011	李　玲	女	博士
10	农学院	作物保护学	2017302020015	张　玉	女	博士
11	沙漠治理学院	水土保持与荒漠化防治	2016302040012	丁延龙	男	博士
12	食品科学与工程学院	食品科学	2016302090005	何　静	女	博士
13	食品科学与工程学院	农产品加工及贮藏工程	2016302090011	白晓晔	女	博士
14	兽医学院	基础兽医学	2016302160002	金　鑫	男	博士
15	兽医学院	临床兽医学	2016302160012	李婷婷	女	博士
16	水利与土木建筑工程学院	农业水土工程	2016302060005	李根峰	男	博士
17	材料科学与艺术设计学院	材料加工工程	2016202070001	刘　波	女	硕士
18	材料科学与艺术设计学院	木材科学与技术	2016202070007	沈玉林	男	硕士
19	草原与资源环境学院	生态学	2016202040004	贾丽欣	女	硕士
20	草原与资源环境学院	草学	2016202040066	王悦骅	男	硕士
21	草原与资源环境学院	草学	2016202040070	侯鑫狄	女	硕士
22	草原与资源环境学院	草学	2017202040049	于浩然	男	硕士
23	动物科学学院	动物遗传育种与繁殖	2016202010004	马丽娜	女	硕士
24	动物科学学院	动物营养与饲料科学	2016202010028	王梦雅	女	硕士
25	动物科学学院	动物营养与饲料科学	2017202010019	杨　欢	女	硕士

（续表）

序号	学院	专业	学号	姓名	性别	类别
26	机电工程学院	农业机械化工程	2016202050020	栗霞飞	女	硕士
27	机电工程学院	农业机械化工程	2016202050024	杜晓雪	女	硕士
28	机电工程学院	农业生物环境与能源工程	2016202050025	牛文彩	女	硕士
29	经济管理学院	金融学	2016202080009	刘　妍	女	硕士
30	经济管理学院	产业经济学	2016202080012	智　荣	女	硕士
31	经济管理学院	管理科学与工程	2016202080042	刘　丹	女	硕士
32	经济管理学院	技术经济及管理	2016202080053	韩国莹	女	硕士
33	理学院	农业资源应用化学	2016202140007	王　霞	女	硕士
34	林学院	森林培育	2016202030027	王晓倩	女	硕士
35	林学院	森林经理学	2016202030032	温　晶	女	硕士
36	林学院	森林经理学	2016202030036	刘　璇	女	硕士
37	林学院	风景园林学	2017202030006	郭蕴珂	女	硕士
38	林学院	风景园林学	2017202030018	赵培霞	女	硕士
39	农学院	作物栽培学与耕作学	2016202020014	吴　强	男	硕士
40	农学院	作物遗传育种	2016202020017	刘旭婷	女	硕士
41	农学院	作物遗传育种	2016202020020	张坤明	男	硕士
42	农学院	果树学	2016202020027	张　欣	女	硕士
43	农学院	农业昆虫与害虫防治	2016202020045	贾　冰	女	硕士
44	沙漠治理学院	水土保持与荒漠化防治	2016202040031	翟　波	男	硕士
45	沙漠治理学院	水土保持与荒漠化防治	2016202040038	王　燕	女	硕士
46	沙漠治理学院	水土保持与荒漠化防治	2016202040062	徐　涛	女	硕士
47	生命科学学院	发育生物学	2016202110011	陈钰萌	女	硕士
48	生命科学学院	生物化学与分子生物学	2016202110021	牛肖翠	女	硕士
49	食品科学与工程学院	食品科学	2016202090049	折米娜	女	硕士
50	食品科学与工程学院	食品科学	2016202090057	李伟程	男	硕士
51	食品科学与工程学院	农产品加工及贮藏工程	2016202090078	郭　帅	男	硕士
52	食品科学与工程学院	农产品加工及贮藏工程	2016202090082	多拉娜	女	硕士
53	食品科学与工程学院	农产品加工及贮藏工程	2017202090048	王绍帆	男	硕士
54	食品科学与工程学院	食品加工与安全	2017212090036	任志敏	男	硕士
55	兽医学院	基础兽医学	2016202160002	高思明	女	硕士
56	兽医学院	预防兽医学	2016202160023	赵学亮	男	硕士

（续表）

序号	学院	专业	学号	姓名	性别	类别
57	兽医学院	兽医	2017212170035	尹相吉	女	硕士
58	水利与土木建筑工程学院	结构工程	2016202060001	原　奇	女	硕士
59	水利与土木建筑工程学院	水文学及水资源	2016202060009	黎明扬	男	硕士
60	水利与土木建筑工程学院	农业水资源利用与保护	2016202060039	梁珑腾	男	硕士
61	水利与土木建筑工程学院	水利工程	2017212060004	秦子元	男	硕士
62	人文社会科学学院	教育经济与管理	2016202120011	李　娜	女	硕士

2018年研究生自治区奖学金名单

序号	基层单位	专业	学号	姓名	性别	类别
1	草原与资源环境学院	生态学	2016302040002	高艺宁	女	博士
2	草原与资源环境学院	土壤学	2016302040004	王　鼎	男	博士
3	草原与资源环境学院	野生动植物保护与利用	2016302040006	马少薇	女	博士
4	草原与资源环境学院	草学	2016302040014	闫宝龙	男	博士
5	草原与资源环境学院	草学	2016302040021	徐　舶	女	博士
6	草原与资源环境学院	草学	2017302040022	张　爽	女	博士
7	动物科学学院	动物遗传育种与繁殖	2016302010008	李学武	男	博士
8	动物科学学院	动物遗传育种与繁殖	2017302010005	孙燕勇	女	博士
9	动物科学学院	动物营养与饲料科学	2017302010011	刘树林	女	博士
10	动物科学学院	动物生产学	2017302010013	邢媛媛	女	博士
11	动物科学学院	动物营养与饲料科学	2016302010013	郑亚光	男	博士
12	机电工程学院	农业生物环境与能源工程	2016302050004	仇　义	男	博士
13	经济管理学院	农业经济管理	2017302080006	李　洁	女	博士
14	经济管理学院	农业经济管理	2017302080007	裴　杰	男	博士
15	林学院	园林植物与观赏园艺	2016302030005	魏光普	男	博士
16	林学院	森林培育	2017302030004	赵　敏	女	博士
17	林学院	森林经理学	2017302030006	田　原	男	博士
18	农学院	植物学	2016302020003	王　玮	女	博士
19	农学院	作物栽培学与耕作学	2016302020006	孟丽丽	女	博士
20	农学院	蔬菜学	2016302020014	张晓艳	女	博士
21	农学院	作物遗传育种	2017302020010	张明飞	男	博士
22	农学院	作物遗传育种	2017302020011	杨东升	男	博士

（续表）

序号	基层单位	专业	学号	姓名	性别	类别
23	沙漠治理学院	水土保持与荒漠化防治	2017302250004	闫　敏	男	博士
24	沙漠治理学院	水土保持与荒漠化防治	2017302250009	杨振奇	男	博士
25	生命科学学院	微生物学	2016302110003	贾丽娟	女	博士
26	生命科学学院	生物化学与分子生物学	2016302110005	袁　鸣	女	博士
27	食品科学与工程学院	食品科学	2016302090001	王德宝	男	博士
28	食品科学与工程学院	农产品加工及贮藏工程	2016302090010	曹晨霞	女	博士
29	食品科学与工程学院	食品科学	2017302090003	侯艳茹	女	博士
30	食品科学与工程学院	农产品加工及贮藏工程	2017302090009	余中节	男	博士
31	兽医学院	基础兽医学	2016302160003	张　曼	女	博士
32	兽医学院	临床兽医学	2016302160013	沈　媛	女	博士
33	兽医学院	基础兽医学	2017302170002	贾知锋	男	博士
34	兽医学院	基础兽医学	2017302170004	杨　惠	女	博士
35	水利与土木建筑工程学院	农业水土工程	2016302060002	符　鲜	女	博士
36	水利与土木建筑工程学院	农业水资源利用与保护	2016302060012	孙　驰	女	博士
37	水利与土木建筑工程学院	农业水土工程	2017302060007	刘　倩	女	博士
38	材料科学与艺术设计学院	材料加工工程	2016202070004	王伟东	男	硕士
39	材料科学与艺术设计学院	设计艺术学	2016202070018	乌日晗	女	硕士
40	草原与资源环境学院	土壤学	2016202040016	高海燕	女	硕士
41	草原与资源环境学院	土壤学	2016202040017	常　菲	女	硕士
42	草原与资源环境学院	草学	2016202040078	康　静	女	硕士
43	草原与资源环境学院	生态学	2017202040003	曲　艳	女	硕士
44	动物科学学院	动物营养与饲料科学	2016202010016	苏　芮	女	硕士
45	动物科学学院	动物营养与饲料科学	2016202010032	张清月	女	硕士
46	动物科学学院	动物生产学	2016202010035	贺美玲	女	硕士
47	动物科学学院	养殖	2017212010006	张　娟	女	硕士
48	机电工程学院	农业机械化工程	2016202050019	李东泽	男	硕士
49	机电工程学院	农业机械化工程	2017202050016	刘晓东	男	硕士
50	机电工程学院	农业工程	2017212050014	李　建	男	硕士
51	计算机与信息工程学院	软件工程	2016202100008	史宝珠	女	硕士
52	经济管理学院	金融学	2016202080005	刘雨萌	女	硕士
53	经济管理学院	金融学	2016202080008	杨成荣	女	硕士

（续表）

序号	基层单位	专业	学号	姓名	性别	类别
54	经济管理学院	会计学	2016202080045	石　震	女	硕士
55	经济管理学院	农业经济管理	2016202080056	邵子贞	女	硕士
56	林学院	风景园林学	2016202030008	刘佳星	女	硕士
57	林学院	林木遗传育种	2016202030021	袁梦茹	女	硕士
58	林学院	森林经理学	2016202030037	刘春青	男	硕士
59	林学院	森林培育	2017202030030	华佳文	女	硕士
60	农学院	植物病理学	2016202020042	侯丁一	女	硕士
61	农学院	植物学	2017202020001	陈阳阳	女	硕士
62	农学院	蔬菜学	2017202020036	刘嘉方	女	硕士
63	农学院	作物	2017212020006	魏永富	男	硕士
64	沙漠治理学院	水土保持与荒漠化防治	2016202040030	张　超	男	硕士
65	沙漠治理学院	水土保持与荒漠化防治	2017202250021	闫晶秋子	女	硕士
66	生命科学学院	生物化学与分子生物学	2016202110017	王燕飞	女	硕士
67	生命科学学院	生物化学与分子生物学	2016202110018	王昕旭	女	硕士
68	生命科学学院	生物化学与分子生物学	2016202110020	于　爽	女	硕士
69	食品科学与工程学院	食品科学	2016202090062	陈　境	女	硕士
70	食品科学与工程学院	食品科学	2017202090013	赵　薇	女	硕士
71	食品科学与工程学院	食品科学	2017202090019	侯普馨	女	硕士
72	食品科学与工程学院	粮食、油脂及植物蛋白工程	2017202090033	李　慧	女	硕士
73	食品科学与工程学院	农产品加工及贮藏工程	2017202090041	黄　欢	女	硕士
74	兽医学院	基础兽医学	2016202160013	张超思	女	硕士
75	兽医学院	预防兽医学	2016202160016	赵洪哲	男	硕士
76	兽医学院	预防兽医学	2016202160024	郭伟强	男	硕士
77	兽医学院	临床兽医学	2016202160028	任书男	女	硕士
78	兽医学院	基础兽医学	2017202170004	苏日娜	女	硕士
79	水利与土木建筑工程学院	水文学及水资源	2016202060008	黄天宇	男	硕士
80	水利与土木建筑工程学院	水文学及水资源	2016202060011	姜　涛	女	硕士
81	水利与土木建筑工程学院	农业水资源利用与保护	2016202060037	张　鹏	男	硕士

2018 年优秀生源奖学金名单

序号	学院	专业	学号	姓名
1	动物科学学院	动物遗传育种与繁殖	2018202010038	拉希玛
2	动物科学学院	动物遗传育种与繁殖	2018202010043	谈格斯
3	动物科学学院	动物营养与饲料科学	2018202010050	辉　芳
4	动物科学学院	动物营养与饲料科学	2018202010054	齐敬宇
5	动物科学学院	动物生产学	2018202010063	杜海东
6	农学院	作物栽培学与耕作学	2018202020065	朱珊珊
7	林学院	风景园林	2018212030001	阿茹罕
8	林学院	风景园林学	2018202030054	贺肖飞
9	林学院	风景园林学	2018202030051	白孟根
10	林学院	林木遗传育种	2018202030065	王　浩
11	林学院	园林植物与观赏园艺	2018202030087	张　鑫
12	草原与资源环境学院	生态学	2018202040030	郑佳华
13	草原与资源环境学院	土壤学	2018202040032	李　静
14	草原与资源环境学院	草学	2018202040076	张　锐
15	草原与资源环境学院	草学	2018202040077	赵　坤
16	机电工程学院	机械设计及理论	2018202050032	高理君
17	机电工程学院	农业机械化工程	2018202050040	于　洋
18	机电工程学院	农业机械化工程	2018202050038	李斯琴高娃
19	水利与土木建筑工程学院	结构工程	2018202060030	杨　虹
20	水利与土木建筑工程学院	农业水土工程	2018202060057	李争争
21	水利与土木建筑工程学院	农业水土工程	2018202060052	陈　宁
22	材料科学与艺术设计学院	材料加工工程	2018202070014	于海标
23	材料科学与艺术设计学院	木材科学与技术	2018202070018	李淑静
24	材料科学与艺术设计学院	木材科学与技术	2018202070021	宋　怡
25	材料科学与艺术设计学院	木材科学与技术	2018202070017	郭　宇
26	材料科学与艺术设计学院	木材科学与技术	2018202070022	张衣智
27	材料科学与艺术设计学院	设计艺术学	2018202070029	史　枫
28	材料科学与艺术设计学院	设计艺术学	2018202070026	樊雪蓉
29	经济管理学院	会计	2018212080033	白驷琦
30	经济管理学院	会计	2018212080046	王天琪
31	经济管理学院	会计	2018212080035	段　宁

（续表）

序号	学院	专业	学号	姓名
32	经济管理学院	区域经济学	2018202080057	云　娇
33	经济管理学院	区域经济学	2018202080056	曙　光
34	经济管理学院	金融学	2018202080058	任　越
35	经济管理学院	金融学	2018202080060	赵　妤
36	经济管理学院	产业经济学	2018202080061	南　俊
37	经济管理学院	会计学	2018202080064	赵浏寰
38	经济管理学院	企业管理	2018202080065	李亚婷
39	经济管理学院	企业管理	2018202080066	孙　昂
40	经济管理学院	农业经济管理	2018202080074	陆鹏杰
41	经济管理学院	农业经济管理	2018202080070	杜娅茹
42	经济管理学院	农业经济管理	2018202080071	华金晶
43	经济管理学院	农业经济管理	2018202080077	永　梅
44	食品科学与工程学院	食品科学	2018202090059	窦　露
45	食品科学与工程学院	食品科学	2018202090067	李新淼
46	食品科学与工程学院	食品科学	2018202090082	王圆圆
47	食品科学与工程学院	粮食、油脂及植物蛋白工程	2018202090097	秦那日苏
48	食品科学与工程学院	农产品加工及贮藏工程	2018202090102	吕瑞瑞
49	食品科学与工程学院	农产品加工及贮藏工程	2018202090105	牛潇潇
50	计算机与信息工程学院	农业工程与信息技术	2018212100004	路海亮
51	人文社会科学学院	行政管理	2018202120010	薛　莉
52	人文社会科学学院	行政管理	2018202120012	张慧娟
53	人文社会科学学院	行政管理	2018202120005	高　倩
54	人文社会科学学院	行政管理	2018202120009	新特力
55	人文社会科学学院	教育经济与管理	2018202120014	薛凯丽
56	能源与交通工程学院	森林工程	2018202150011	何智民
57	兽医学院	基础兽医学	2018202170039	白努文其木格
58	兽医学院	基础兽医学	2018202170045	娜美尔格
59	兽医学院	预防兽医学	2018202170057	李伊铭
60	兽医学院	预防兽医学	2018202170063	武春霞
61	兽医学院	预防兽医学	2018202170062	乌东高娃
62	兽医学院	临床兽医学	2018202170069	金　凤

（续表）

序号	学院	专业	学号	姓名
63	沙漠治理学院	水土保持与荒漠化防治	2018202250059	张　琪
64	沙漠治理学院	水土保持与荒漠化防治	2018202250051	钱佳洋
65	沙漠治理学院	水土保持与荒漠化防治	2018202250038	胡晶华
66	沙漠治理学院	水土保持与荒漠化防治	2018202250025	白　露
67	沙漠治理学院	水土保持与荒漠化防治	2018202250054	王　宁
68	沙漠治理学院	水土保持与荒漠化防治	2018202250046	刘茜雅
69	沙漠治理学院	土地资源管理	2018202250062	郝　源
70	经济管理学院	会计	2017212080049	解礼政
71	经济管理学院	会计	2017212080047	李琪琳
72	经济管理学院	会计	2017212080045	季媛媛
73	马克思主义学院	马克思主义基本原理	2017202160007	苏　乐
74	生命科学学院	细胞生物学	2017202110011	姜萱璟
75	食品科学与工程学院	农产品加工及贮藏工程	2017202090055	史　迪
76	经济管理学院	林业经济管理	2017202080025	魏　甜
77	动物科学学院	动物遗传育种与繁殖	2017202010010	乌日罕
78	动物科学学院	动物遗传育种与繁殖	2017202010011	才文道力玛
79	动物科学学院	动物营养与饲料科学	2017202010021	玉　梅
80	动物科学学院	动物营养与饲料科学	2017202010022	苏日娜
81	动物科学学院	动物生产学	2017202010030	代　小
82	动物科学学院	动物生产学	2017202010031	吴东霖
83	农学院	植物学	2017202020004	刘小雨
84	林学院	风景园林学	2017202030020	石晓芳
85	林学院	森林保护学	2017202030032	赵艳丽
86	林学院	森林保护学	2017202030033	韩小梅
87	林学院	森林经理学	2017202030039	胡静杉
88	机电工程学院	机械电子工程	2017202050006	张蒙秦
89	机电工程学院	机械电子工程	2017202050007	王超誉
90	机电工程学院	农业机械化工程	2017202050018	金额尔都木吐
91	机电工程学院	农业电气化与自动化	2017202050028	雷禾雨
92	水利与土木建筑工程学院	水文学及水资源	2017202060016	苏文旭
93	水利与土木建筑工程学院	农业水土工程	2017202060038	代丽萍

（续表）

序号	学院	专业	学号	姓名
94	材料科学与艺术设计学院	材料加工工程	2017202070006	苏日嘎拉
95	材料科学与艺术设计学院	材料加工工程	2017202070007	包秀春
96	材料科学与艺术设计学院	木材科学与技术	2017202070013	李美玲
97	材料科学与艺术设计学院	木材科学与技术	2017202070014	刘小燕
98	材料科学与艺术设计学院	设计艺术学	2017202070021	庄淑者
99	经济管理学院	金融学	2017202080003	高　雅
100	经济管理学院	产业经济学	2017202080007	王婷婷
101	经济管理学院	会计学	2017202080014	刘　圆
102	经济管理学院	农业经济管理	2017202080021	刘雪佳
103	食品科学学院	食品科学	2017202090027	陈　璐
104	食品科学学院	食品科学	2017202090028	李立敏
105	食品科学学院	食品科学	2017202090029	如　意
106	食品科学学院	食品科学	2017202090030	胡冠华
107	食品科学学院	粮食、油脂及植物蛋白工程	2017202090035	白　雪
108	食品科学学院	农产品加工及贮藏工程	2017202090056	李　敏
109	食品科学学院	农产品加工及贮藏工程	2017202090057	包红艳
110	食品科学学院	农产品加工及贮藏工程	2017202090058	白路平
111	食品科学学院	农产品加工及贮藏工程	2017202090059	郭文婕
112	计算机与信息工程学院	计算机应用技术	2017202100006	王永军
113	计算机与信息工程学院	计算机应用技术	2017202100007	李　进
114	计算机与信息工程学院	计算机应用技术	2017202100008	胡雨萌
115	计算机与信息工程学院	计算机应用技术	2017202100009	孙　扬
116	人文社会科学学院	行政管理	2017202120013	海　日
117	人文社会科学学院	行政管理	2017202120014	芦晓萌
118	人文社会科学学院	行政管理	2017202120015	张　静
119	人文社会科学学院	教育经济与管理	2017202120018	苏日姑嘎
120	能源与交通工程学院	森林工程	2017202150006	王笑男
121	兽医学院	基础兽医学	2017202170012	鲍朝霞
122	兽医学院	预防兽医学	2017202170023	杨效林
123	兽医学院	预防兽医学	2017202170024	乌吉斯古楞
124	沙漠治理学院	水土保持与荒漠化防治	2017202250032	李　镯

（续表）

序号	学院	专业	学号	姓名
125	沙漠治理学院	水土保持与荒漠化防治	2017202250033	马思宇
126	沙漠治理学院	水土保持与荒漠化防治	2017202250035	梁钰镁
127	能源与交通工程学院	建筑与土木工程	2017212150005	张　岩
128	水利与土木建筑工程学院	水利工程	2018212060019	张浩斐
129	农学院	观赏园艺	2018202020087	高亚南
130	机电工程学院	机械工程	2018212050002	景壮壮
131	水利与土木建筑工程学院	农业水土工程	2018202060054	崔佳琪
132	计算机与信息工程学院	农业工程与信息技术	2018212100002	郭云龙
133	农学院	植物病理学	2018202020093	岳建英
134	草原与资源环境学院	植物营养学	2018202040043	孙　蕾
135	材料科学与艺术设计学院	设计艺术学	2018202070028	刘莉嘉
136	材料科学与艺术设计学院	材料工程	2018212070001	崔晓晓

2018 年校长奖学金名单

序号	学院	专业	学号	姓名
1	动物科学学院	动物遗传育种与繁殖	2015302010001	苏少锋
2	动物科学学院	动物营养与饲料科学	2015302010008	王翠芳
3	农学院	作物栽培学与耕作学	2015302020004	张婷婷
4	农学院	作物栽培学与耕作学	2015302020009	董玉新
5	农学院	作物遗传育种	2015302020010	伊六喜
6	林学院	林木遗传育种	2015302030002	段国珍
7	林学院	林木遗传育种	2015302030003	郝　蕾
8	草原与资源环境学院	草学	2015302040011	李江文
9	草原与资源环境学院	草学	2015302040014	刘丽英
10	机电工程学院	农业机械化工程	2015302050002	王晓蓉
11	水利与土木建筑工程学院	农业水土工程	2015302060005	郑　倩
12	食品科学与工程学院	食品科学	2015302090004	潘　琳
13	食品科学与工程学院	食品科学	2015302090005	王柏辉
14	食品科学与工程学院	农产品加工及贮藏工程	2015302090006	侯强川
15	食品科学与工程学院	农产品加工及贮藏工程	2015302090011	李常坤
16	生命科学学院	生物化学与分子生物学	2015302110001	刘　坤

（续表）

序号	学院	专业	学号	姓名
17	生命科学学院	遗传学	2015302110002	薛　敏
18	生命科学学院	生物化学与分子生物学	2015302110010	刘　治
19	生命科学学院	生物化学与分子生物学	2015302110011	岳文冉
20	兽医学院	预防兽医学	2015302160004	王艳芳
21	兽医学院	预防兽医学	2015302160007	邓　洋
22	动物科学学院	动物遗传育种与繁殖	2016302010001	李晓凯
23	动物科学学院	动物遗传育种与繁殖	2016302010002	赵若阳
24	动物科学学院	动物遗传育种与繁殖	2016302010008	李学武
25	动物科学学院	动物遗传育种与繁殖	2016302010009	韩文静
26	动物科学学院	动物营养与饲料科学	2016302010013	郑亚光
27	农学院	植物学	2016302020001	石晓华
28	农学院	植物学	2016302020002	韩　康
29	农学院	植物学	2016302020003	王　玮
30	农学院	作物栽培学与耕作学	2016302020006	孟丽丽
31	农学院	作物保护学	2016302020011	李　玲
32	农学院	蔬菜学	2016302020012	刘晓蕊
33	农学院	蔬菜学	2016302020014	张晓艳
34	林学院	林木遗传育种	2016302030001	吉仁花
35	林学院	园林植物与观赏园艺	2016302030005	魏光普
36	草原与资源环境学院	生态学	2016302040001	石　亮
37	草原与资源环境学院	生态学	2016302040002	高艺宁
38	草原与资源环境学院	土壤学	2016302040004	王　鼎
39	草原与资源环境学院	野生动植物保护与利用	2016302040006	马少薇
40	沙漠治理学院	水土保持与荒漠化防治	2016302040012	丁延龙
41	沙漠治理学院	水土保持与荒漠化防治	2016302040013	梁田雨
42	草原与资源环境学院	草学	2016302040014	闫宝龙
43	草原与资源环境学院	草学	2016302040015	朱国栋
44	草原与资源环境学院	草学	2016302040021	徐　舶
45	草原与资源环境学院	草学	2016302040022	王　伟
46	草原与资源环境学院	草学	2016302040023	尤思涵
47	草原与资源环境学院	草学	2016302040025	都　帅

（续表）

序号	学院	专业	学号	姓名
48	草原与资源环境学院	草学	2016302040026	孟　凯
49	机电工程学院	农业生物环境与能源工程	2016302050004	仇　义
50	机电工程学院	农业电气化与自动化	2016302050007	房佳佳
51	水利与土木建筑工程学院	农业水土工程	2016302060001	徐　昭
52	水利与土木建筑工程学院	农业水土工程	2016302060002	符　鲜
53	水利与土木建筑工程学院	农业水土工程	2016302060006	冯亚阳
54	水利与土木建筑工程学院	农业水资源利用与保护	2016302060011	朱永华
55	经济管理学院	农业经济管理	2016302080005	张　宝
56	食品科学与工程学院	食品科学	2016302090005	何　静
57	食品科学与工程学院	农产品加工及贮藏工程	2016302090007	王莉梅
58	食品科学与工程学院	农产品加工及贮藏工程	2016302090010	曹晨霞
59	食品科学与工程学院	农产品加工及贮藏工程	2016302090011	白晓晔
60	食品科学与工程学院	农产品加工及贮藏工程	2016302090012	张　晶
61	生命科学学院	微生物学	2016302110003	贾丽娟
62	生命科学学院	遗传学	2016302110004	任美艳
63	生命科学学院	生物化学与分子生物学	2016302110005	袁　鸣
64	兽医学院	基础兽医学	2016302160002	金　鑫
65	兽医学院	基础兽医学	2016302160003	张　曼
66	兽医学院	临床兽医学	2016302160012	李婷婷
67	兽医学院	临床兽医学	2016302160013	沈　媛
68	动物科学学院	动物遗传育种与繁殖	2017302010003	栾兆进
69	动物科学学院	动物遗传育种与繁殖	2017302010004	杨　峰
70	动物科学学院	动物遗传育种与繁殖	2017302010005	孙燕勇
71	动物科学学院	动物营养与饲料科学	2017302010009	丁　赫
72	动物科学学院	动物营养与饲料科学	2017302010010	李胤豪
73	动物科学学院	动物营养与饲料科学	2017302010011	刘树林
74	动物科学学院	动物营养与饲料科学	2017302010012	刘旺景
75	动物科学学院	动物生产学	2017302010013	邢媛媛
76	动物科学学院	动物生产学	2017302010015	毛晨羽
77	农学院	作物栽培学与耕作学	2017302020006	李晓婷
78	农学院	作物栽培学与耕作学	2017302020007	卢培娜

（续表）

序号	学院	专业	学号	姓名
79	农学院	作物遗传育种	2017302020010	张明飞
80	农学院	作物遗传育种	2017302020011	杨东升
81	农学院	作物保护学	2017302020012	康立茹
82	农学院	作物保护学	2017302020015	张　玉
83	林学院	林木遗传育种	2017302030002	路东晔
84	林学院	森林培育	2017302030004	赵　敏
85	林学院	森林保护学	2017302030005	万　炜
86	林学院	森林经理学	2017302030006	田　原
87	草原与资源环境学院	生态学	2017302040002	王梓璇
88	草原与资源环境学院	草学	2017302040011	撒多文
89	草原与资源环境学院	草学	2017302040018	齐　雪
90	草原与资源环境学院	草学	2017302040019	杨素文
91	草原与资源环境学院	草学	2017302040020	成启明
92	草原与资源环境学院	草学	2017302040022	张　爽
93	机电工程学院	农业机械化工程	2017302050003	靳　敏
94	机电工程学院	农业机械化工程	2017302050004	张　晶
95	水利与土木建筑工程学院	农业水土工程	2017302060004	贾　琼
96	水利与土木建筑工程学院	农业水土工程	2017302060006	刘美含
97	水利与土木建筑工程学院	农业水土工程	2017302060007	刘　倩
98	水利与土木建筑工程学院	农业水土工程	2017302060008	孙　伟
99	经济管理学院	农业经济管理	2017302080006	李　洁
100	经济管理学院	农业经济管理	2017302080007	裴　杰
101	经济管理学院	农业经济管理	2017302080008	乌尔汗
102	食品科学与工程学院	食品科学	2017302090002	郭富城
103	食品科学与工程学院	食品科学	2017302090003	侯艳茹
104	食品科学与工程学院	农产品加工及贮藏工程	2017302090009	余中节
105	生命科学学院	发育生物学	2017302110004	李登高
106	生命科学学院	生物化学与分子生物学	2017302110007	赵　微
107	能源与交通工程学院	森林工程	2017302150001	张钰乐
108	兽医学院	基础兽医学	2017302170001	高瑞娟
109	兽医学院	基础兽医学	2017302170002	贾知锋

（续表）

序号	学院	专业	学号	姓名
110	兽医学院	基础兽医学	2017302170003	石琳琳
111	兽医学院	基础兽医学	2017302170004	杨　惠
112	兽医学院	基础兽医学	2017302170006	牛春宇
113	兽医学院	预防兽医学	2017302170007	刘　阳
114	兽医学院	临床兽医学	2017302170013	马晓宇
115	沙漠治理学院	水土保持与荒漠化防治	2017302250004	闫　敏
116	沙漠治理学院	水土保持与荒漠化防治	2017302250007	高玉寒
117	沙漠治理学院	水土保持与荒漠化防治	2017302250008	王祯仪
118	沙漠治理学院	水土保持与荒漠化防治	2017302250009	杨振奇
119	动物科学学院	动物遗传育种与繁殖	2018302010001	柴　圆
120	动物科学学院	动物遗传育种与繁殖	2018302010002	哈斯高娃
121	动物科学学院	动物遗传育种与繁殖	2018302010003	图格琴
122	动物科学学院	动物遗传育种与繁殖	2018302010004	王凤红
123	动物科学学院	动物遗传育种与繁殖	2018302010006	徐冰冰
124	动物科学学院	动物遗传育种与繁殖	2018302010007	张　磊
125	动物科学学院	动物营养与饲料科学	2018302010008	马　驰
126	动物科学学院	动物营养与饲料科学	2018302010011	赵亚星
127	动物科学学院	动物生产学	2018302010012	陈　浩
128	动物科学学院	动物生产学	2018302010013	高　源
129	动物科学学院	动物生产学	2018302010016	张凌会
130	农学院	作物栽培学与耕作学	2018302020003	陈晓晶
131	农学院	作物栽培学与耕作学	2018302020004	范雅芳
132	农学院	作物栽培学与耕作学	2018302020005	海　霞
133	农学院	作物遗传育种	2018302020012	吴国芳
134	农学院	作物保护学	2018302020014	扈景晗
135	农学院	作物保护学	2018302020016	马红悦
136	农学院	作物保护学	2018302020017	闫俊杰
137	农学院	蔬菜学	2018302020018	郭嘉华
138	农学院	蔬菜学	2018302020019	邵　盈
139	农学院	蔬菜学	2018302020020	孙　聪
140	林学院	森林保护学	2018302030004	李可琢

（续表）

序号	学院	专业	学号	姓名
141	林学院	森林保护学	2018302030006	乌艺恒
142	草原与资源环境学院	草学	2018302040010	纪　羽
143	草原与资源环境学院	草学	2018302040013	卢　强
144	草原与资源环境学院	草学	2018302040019	张雨桐
145	机电工程学院	机械电子工程	2018302050005	方　梅
146	机电工程学院	机械制造及其自动化	2018302050006	王昊毅
147	机电工程学院	机械电子工程	2018302050007	王　奎
148	机电工程学院	机械制造及其自动化	2018302050008	张　杰
149	水利与土木建筑工程学院	农业水土工程	2018302060001	范雷雷
150	水利与土木建筑工程学院	农业水土工程	2018302060004	孙亚楠
151	水利与土木建筑工程学院	农业水土工程	2018302060005	王国帅
152	水利与土木建筑工程学院	农业水土工程	2018302060006	续　喆
153	水利与土木建筑工程学院	农业水资源利用与保护	2018302060010	罗红春
154	经济管理学院	农业经济管理	2018302080001	崔元飞
155	经济管理学院	农业经济管理	2018302080002	郭新雅
156	经济管理学院	农业经济管理	2018302080004	宋良媛
157	经济管理学院	农业经济管理	2018302080005	邢　霞
158	经济管理学院	农业经济管理	2018302080006	薛　芳
159	经济管理学院	农业经济管理	2018302080007	杨　莉
160	食品科学与工程学院	食品科学	2018302090001	海　棠
161	食品科学与工程学院	食品科学	2018302090002	贺喜格
162	食品科学与工程学院	食品科学	2018302090003	靳　昊
163	食品科学与工程学院	食品科学	2018302090004	刘　畅
164	食品科学与工程学院	食品科学	2018302090005	王昊乾
165	食品科学与工程学院	食品科学	2018302090006	王玉荣
166	食品科学与工程学院	食品科学	2018302090007	肖宇辰
167	食品科学与工程学院	食品科学	2018302090008	张　悦
168	食品科学与工程学院	食品科学	2018302090009	赵景娜
169	食品科学与工程学院	农产品加工及贮藏工程	2018302090010	鄂晶晶
170	食品科学与工程学院	农产品加工及贮藏工程	2018302090012	马　达
171	食品科学与工程学院	农产品加工及贮藏工程	2018302090013	孙学颖

（续表）

序号	学院	专业	学号	姓名
172	食品科学与工程学院	农产品加工及贮藏工程	2018302090014	尤利军
173	食品科学与工程学院	农产品加工及贮藏工程	2018302090015	张亚琨
174	生命科学学院	发育生物学	2018302110002	安江红
175	生命科学学院	生物化学与分子生物学	2018302110005	高静宇
176	兽医学院	预防兽医学	2018302170008	刘春羽
177	兽医学院	预防兽医学	2018302170010	周雅坪
178	兽医学院	临床兽医学	2018302170013	李　冉
179	沙漠治理学院	水土保持与荒漠化防治	2018302250001	李婉娇
180	沙漠治理学院	水土保持与荒漠化防治	2018302250004	潘　霞
181	沙漠治理学院	水土保持与荒漠化防治	2018302250006	王雨晴
182	沙漠治理学院	水土保持与荒漠化防治	2018302250007	魏亚娟

职业技术教育

概述

2018 年学校高职教育坚定不移地走以质量提升为核心的内涵式发展道路，以校企合作、产教融合为主线，持续推进人才培养模式改革，不断强化办学优势和特色，有序推进应用型本科专业转型试点发展工作，职业技术学院顺利通过“自治区级示范性高职院校建设项目”验收。

教育教学改革

立项校级教改项目 6 项。获批自治区级教育科学“十三五”规划课题 14 项，其中艺术专项 2 项。获批高等教育学会高等教育理论研究课题 5 项，其中重点课题 2 项、一般课题 3 项。校级教学成果一等奖获自治区级教学成果一等奖、二等奖各 1 项，校级教学成果一等奖、二等奖各 2 项。获自治区优秀论文一等奖 2 项、三等奖 1 项。

内蒙古农业大学 2018 年教育教学改革研究项目一览表（高职）

项目编号	项目名称	主持人	所在单位	级别
JGYB201845	基于创新能力培养的高校数学课程教学模式研究	于荣娟	职业技术学院	校级
JGYB201846	“工匠精神”背景下产品设计（家具方向）专业能力素质培养与课程设置研究	郑缇全	职业技术学院	校级
JGYB201847	创新创业教育视角下高职园艺技术专业实践教学体系的构建	李发虎	职业技术学院	校级
JGYB201848	基于能力培养的高校体育考试改革的研究与实践——以太极拳考试改革为例	张　玲	职业技术学院	校级
JGYB201849	民族文化视角下《旅游民俗文化》课程教材建设与研究	乌兰敖登	职业技术学院	校级
JGYB201850	基于“一张卡、两个质量、三个层面、四个信息、五个评价”的教学质量监控体系研究与实践	鲁晓波	职业技术学院	校级

注：所有项目同时为职业技术学院院级教育教学改革研究项目，项目编号依次为 201807YJG01、201807YJG02、201807YJG03、201807YJG04、201807YJG05、201807YJG06。

内蒙古农业大学 2018 年自治区级教育科学“十三五”规划课题一览表（高职）

序号	课题名称	负责人	所在单位	课题类别
1	土木工程应用型本科专业核心课程实践教学案例库建设	董素芹	职业技术学院	一般课题
2	基于产教融合的高职园艺技术专业实践教学模式研究	贾永红	职业技术学院	一般课题
3	基于雨课堂混合教学模式在高校《马克思主义基本原理概论》课程中的研究与实践	王　俊	职业技术学院	一般课题
4	高职院校教师综合素质提升方式与途径研究	王　耀	职业技术学院	一般课题
5	高职院校网络教学平台整体解决方案的研究与实践	程显生	职业技术学院	一般课题
6	基于校企合作的《餐饮服务与管理》课程开发研究	王艳丽	职业技术学院	一般课题
7	“互联网+”背景下高职类旅游专业人才培养模式改革研究	杨慧敏	职业技术学院	一般课题
8	基于产教融合背景下应用型人才培养 PDCA 循环教学质量监控体系的应用与评价	冯雪彬	职业技术学院	一般课题
9	创新创业背景下内蒙古高职院校经管专业人才培养模式研究——以内蒙农大职业技术学院为例	张建英	职业技术学院	一般课题
10	内蒙古涉农职业院校开设面向乡村振兴战略相关专业教育的现状与对策研究	张燕斌	职业技术学院	一般课题
11	我区应用型本科教育数学课程考核评价体系构建研究	雪　莲	职业技术学院	一般课题
12	高职院校图书馆开设面向新农村建设的农学专业教育现状及对策研究	田　青	职业技术学院	一般课题
13	高职实践教育中蒙古族工艺美术资源开发研究	郝　婷	职业技术学院	专项课题
14	蒙古族传统手工艺文化资源在艺术设计教学中的实践应用研究	武建林	职业技术学院	专项课题

内蒙古农业大学 2018 年自治区高等教育学会高等教育理论研究课题一览表（高职）

序号	课题名称	负责人	所在单位	课题类别
1	基于育人功能的高职院校“课程思政”融入性教学体系设计探索与实践	张玉香	职业技术学院	重点课题
2	应用型本科高校教师能力提升策略研究	冯雪彬	职业技术学院	重点课题

（续表）

序号	课题名称	负责人	所在单位	课题类别
3	基于高基报表数据分析的高职院校办学条件对比研究	贾永红	职业技术学院	一般课题
4	“一带一路”背景下边疆少数民族地区高职院校图书馆建设研究	高　兵	职业技术学院	一般课题
5	高校 ESP 课程体系与教学模式构建研究	文　梅	职业技术学院	一般课题

内蒙古农业大学 2018 年教学成果奖一览表（高职）

序号	成果名称	成果完成人	所在单位	获奖等级
1	旅游类专业“校企协同、三习两训”实践教学体系的创新与实践*	冯贵宗　姜海涛　郭艳光　张玉香　李　燕	职业技术学院	自治区级一等奖
2	“产教融合”建设校内生产性实训基地，“工学交替”培养技术技能型实用人才*	王　耀　刘金泉　李　明　赵永来　冯雪彬　王晓政	职业技术学院	自治区级二等奖
3	“思维导图”教学法在高职高专数学教学中的应用	于荣娟　陈红红　梁显丽　高　吉　媛　媛　董朝乐　刘俊英	职业技术学院	校级二等奖
4	基于“四课堂联动、三项目融合”的高职电子商务专业人才培养模式研究与实践	秦　烨　康耀武　马静怡　杨　静　张海鹏　魏　凤	职业技术学院	校级二等奖

注：带*的项目同时为校级一等奖教学成果。

内蒙古农业大学 2018 年自治区优秀论文一览表（高职）

序号	论文名称	完成人	所在单位	获奖等级
1	基于产教融合种子专业人才培养模式的探索与实践	黄修梅　贾永红　严海欧　杨秀清	职业技术学院	一等奖
2	基于工作过程的《土壤与施肥原理》项目化课程改革研究	武俊英　马建华　田东海	职业技术学院	一等奖
3	基于音乐教育提升高职学生综合素质途径研究	于　颖	职业技术学院	三等奖

师资队伍建设

选派 30 名教师参加国培、企业锻炼等 15 天以上的培训。对新录用的 14 名专任教师进行了教学基本功测试。在学校教学技能大赛中职业技术学院 2 名教师获三等奖，2 名教师在自治区级教学技能大赛中获二等奖。聘请校外教师 75 人，其中正高级职称 5 人、副高级职称 11 人。截至 2018 年年底，专任教师 331 人，其中教授 15 人、副教授 83 人、硕士生导师 14 人、硕士及以上学位教师 216 人。现有自治区级教学团队 2 个、校级教学团队 10 个，有自治区级教学名师 3 人、自治区级教坛新秀 3 人，校级教学名师 3 人、校级教坛新秀 4 人。

专业建设

学校职业技术学院本科招生专业 20 个（1 个专业为蒙汉语兼招专业），专科招生专业 33 个，涵盖普通文科、普通理科和农学类、牧医类、蒙牧医类、财会类、建筑类、计算机类、美工设计类、旅游类、汽驾类 11 大科类。建筑电气工程、休闲农业、旅游英语 3 个专业 2018 年未招生。继续拓展本科招生生源渠道，财务会计教育专业首次从普通高中文、理科中招生。完成应用型本科专业转型发展阶段性工作总结。学校职业技术学院组织开展了优势、特色专业申报和遴选工作，立项建设 9 个优势专业、1 个特色专业。

内蒙古农业大学 2018 年本科专业设置情况一览表（高职）

序号	专业代码	专业名称	年限	授予学位门类	所在单位
1	090102	园艺	4	农学	职业技术学院
2	090502	园林	4	农学	职业技术学院
3	090101	农学	4	农学	职业技术学院
4	082701	食品科学与工程	4	工学	职业技术学院
5	082702	食品质量与安全	4	工学	职业技术学院
6	082707	食品营养与检验教育	4	工学	职业技术学院
7	090301	动物科学（蒙汉授）	4	农学	职业技术学院
8	090401	动物医学	4	农学	职业技术学院
9	081001	土木工程	4	工学	职业技术学院
10	120201	工商管理	4	管理学	职业技术学院
11	120213	财务会计教育	4	管理学	职业技术学院
12	120214	市场营销教育	4	管理学	职业技术学院
13	120904	旅游管理与服务教育	4	管理学	职业技术学院
14	080901	计算机科学与技术	4	工学	职业技术学院
15	080903	网络工程	4	工学	职业技术学院

（续表）

序号	专业代码	专业名称	年限	授予学位门类	所在单位
16	120102	信息管理与信息系统	4	工学	职业技术学院
17	130502	视觉传达设计	4	艺术学	职业技术学院
18	130503	环境设计	4	艺术学	职业技术学院
19	130504	产品设计	4	艺术学	职业技术学院
20	080212	汽车维修工程教育	4	工学	职业技术学院
本科合计	20 个				

内蒙古农业大学 2018 年专科专业设置情况一览表（高职）

序号	专业代码	专业名称	年限	所在单位
1	510107	园艺技术	3	职业技术学院
2	510202	园林技术	3	职业技术学院
3	510102	种子生产与经营	3	职业技术学院
4	510308	饲料与动物营养	3	职业技术学院
5	510301	畜牧兽医（蒙汉授）	3	职业技术学院
6	510301	畜牧兽医（运动马驯养与管理方向）	3	职业技术学院
7	590101	食品加工技术	3	职业技术学院
8	570101	食品生物技术	3	职业技术学院
9	590107	食品营养与检测	3	职业技术学院
10	630801	电子商务	3	职业技术学院
11	630601	工商企业管理	3	职业技术学院
12	630302	会计	3	职业技术学院
13	630701	市场营销	3	职业技术学院
14	630903	物流管理	3	职业技术学院
15	540603	给排水工程技术	3	职业技术学院
16	540502	工程造价	3	职业技术学院
17	540501	建设工程管理	3	职业技术学院
18	540301	建筑工程技术	3	职业技术学院
19	610202	计算机网络技术	3	职业技术学院
20	610204	计算机系统与维护	3	职业技术学院
21	610203	计算机信息管理	3	职业技术学院
22	610205	软件技术	3	职业技术学院

（续表）

序号	专业代码	专业名称	年限	所在单位
23	650106	家具艺术设计	3	职业技术学院
24	650103	广告设计与制作	3	职业技术学院
25	650111	环境艺术设计	3	职业技术学院
26	650104	数字媒体艺术设计	3	职业技术学院
27	650101	艺术设计	3	职业技术学院
28	560703	汽车电子技术	3	职业技术学院
29	630702	汽车营销与服务	3	职业技术学院
30	560702	汽车检测与维修技术	3	职业技术学院
31	640101	旅游管理	3	职业技术学院
32	640301	会展策划与管理	3	职业技术学院
33	670301	文秘	3	职业技术学院

课程建设

加强在线开放课程、混合式课程建设和课程资源库建设，制定了专业教学资源库建设实施方案。获批建设自治区级在线开放课程1门，立项校级在线开放课程4门。

内蒙古农业大学2018年在线开放课程建设情况一览表（高职）

序号	课程名称	课程属性	课程负责人	所在单位	级别
1	高等数学*	公共基础课	梁显丽	职业技术学院	自治区级
2	Oracle数据库技术	专业课	王　俊	职业技术学院	校级
3	食品分析技术	专业课	李正英	职业技术学院	校级
4	市场营销学	专业课	吴光宇	职业技术学院	校级
5	构成艺术	专业课	武建林	职业技术学院	校级

注：带*的课程同时为校级在线开放课程。

教学管理

加强教学运行管理，完善了教学管理规章制度。开展期初、期中、期末教学检查和外聘教师教学质量检查、普通高中生源班级授课情况等专项检查。进一步加强了课程表编排、教室管理、考务管理等工作。采用超星尔雅网络课与线下课相互补充的方式开设公共选修课，全年共开设网络课程61门次，累计上课学生4 756人次。

内蒙古农业大学职业技术学院 2018—2019 学年普通本科、专科分专业学生数（高职）

系别/总人数（人）	专业数	类型	人数（人）	录取类别	专业名称	专业代码	年制（年）	总计（人）	在校生数 18 级（人）	在校生数 17 级（人）	在校生数 16 级（人）	在校生数 15 级（人）
		3 类		5 类	在校生中本科生 3 733，专科生 3 097			6 830	1 854	2 270	1 808	898
园艺园林技术系 750	共 7 个专业，其中本科 3 个、专科 4 个	本科	445	高中起点本科	农学	090101	4	89	25	35	29	
					园艺	090102	4	161	25	40	50	46
					园林	090502	4	181	30	40	50	61
				专科起点本科（专升本）	园林	090502	2	12	9	3		
					园艺	090102	2	2	1	1		
		3 年制专科	270	高中起点专科	休闲农业	510105	3	40	0	18	22	
					园林技术	510202	3	82	30	27	25	
					园艺技术	510107	3	73	26	24	23	
				对口招收中职生	种子生产与经营	510102	3	75	25	25	25	
		2 年制专科	35	五年制高职转入	园林技术	510202	2	35	0	35		
畜牧兽医技术系 811	共 7 个专业，其中本科 3 个、专科 4 个	本科	422	高中起点本科	动物科学（蒙授）	090301	4	113	19	33	29	32
					动物科学	090301	4	179	40	40	50	49
					动物医学	090401	4	122	30	34	29	29
				专科起点本科（专升本）	动物科学	090301	2	3	0	3		
					动物医学	090401	2	5	4	1		
		3 年制专科	377	高中起点专科	饲料与动物营养	510308	3	19	0	0	19	
					运动马驯养与管理	510301	3	74	20	21	33	
					畜牧兽医（蒙授）	510301	3	26	0	0	26	
					畜牧兽医	510301	3	70	21	25	24	
				对口招收中职生	畜牧兽医（蒙授）	510301	3	86	40	46		
					运动马驯养与管理	510301	3	52	30	22		
					饲料与动物营养	510308	3	50	27	23		
		2 年制专科	12	五年制高职转入	畜牧兽医	510301	2	12	0	12		

（续表）

系别/总人数（人）	专业数	类型	人数（人）	录取类别	专业名称	专业代码	年制（年）	总计（人）	在校生数			
									18级（人）	17级（人）	16级（人）	15级（人）
食品工程技术系 768	共7个，其中本科4个、专科3个	本科	534	高中起点本科	食品质量与安全	082702	4	114	30	35	49	0
					食品营养与检验教育	082707	4	179	30	40	49	60
					食品营养与检验教育（农产品质量安全检验）	082707	4	58	0	0	0	58
					食品科学与工程	082701	4	168	30	40	48	50
		3年制专科	234	专科起点本科（专升本）	食品科学与工程	082701	2	13	8	5		
					食品营养与检验教育	082707	2	2	2	0		
				高中起点专科	食品营养与检测	590107	3	86	30	27	29	
					食品加工技术	590101	3	76	26	24	26	
				对口招收中职生	食品生物技术	570101	3	72	25	23	24	
经济管理系 1 221	共8个专业，其中本科3个、专科5个	本科	711	高中起点本科	市场营销教育	120214	4	192	40	51	50	51
					工商管理	120201	4	203	40	53	48	62
					财务会计教育	120213	4	261	84	60	57	60
				专科起点本科（专升本）	财务会计教育	120213	2	40	10	30		
					工商管理	120201	2	15	5	10		
		3年制专科	392	高中起点专科	工商企业管理	630601	3	73	25	19	29	
					市场营销	630701	3	70	23	24	23	
					电子商务	630801	3	74	25	25	24	
					会计	630302	3	55	0	19	36	
					物流管理	630903	3	76	24	23	29	
				对口招收中职生	会计	630302	3	35	25	10		
					工商企业管理	630601	3	9	0	9		
		2年制专科	118	五年制高职转入	会计	630302	2	118	0	118		

（续表）

系别/总人数（人）	专业数	类型	人数（人）	录取类别	专业名称	专业代码	年制（年）	总计（人）	在校生数			
									18级（人）	17级（人）	16级（人）	15级（人）
建筑工程技术系 536	共6个专业，其中本科1个、专科5个	本科	211	高中起点本科	土木工程	081001	4	185	25	41	59	60
				专科起点本科（专升本）	土木工程	081001	2	26	10	16		
		3年制专科	314	高中起点专科	建筑工程技术	540301	3	81	29	30	22	
					建设工程管理	540501	3	7	0	0	7	
					工程造价	540502	3	82	28	29	25	
					建筑电气工程技术	540403	3	20	0	0	20	
					给排水工程技术	540603	3	63	22	21	20	
				对口招收中职生	建设工程管理	540501	3	61	25	19	17	
		2年制专科	11	五年制高职转入	建筑工程技术	540301	2	11	0	11		
计算机技术与信息管理系 860	共7个专业，其中本科3个、专科4个	本科	532	高中起点本科	计算机科学与技术	080901	4	235	85	50	39	61
					网络工程	080903	4	152	55	40	28	29
					信息管理与信息系统	120102	4	113	35	40	38	0
				专科起点本科（专升本）	网络工程	080903	2	1	1	0		
					信息管理与信息系统	120102	2	5	5	0		
					计算机科学与技术	080901	2	26	12	14		
		3年制专科	286	高中起点专科	计算机网络技术	610202	3	70	23	22	25	
					计算机信息管理	610203	3	70	24	23	23	
				对口招收中职生	计算机系统与维护	610204	3	71	25	23	23	
					软件技术	610205	3	75	25	30	20	
		2年制专科	42	五年制高职转入	计算机网络技术	610202	2	42	0	42		

（续表）

系别/总人数（人）	专业数	类型	人数（人）	录取类别	专业名称	专业代码	年制（年）	总计（人）	在校生数 18级（人）	17级（人）	16级（人）	15级（人）
艺术设计系 675	共8个专业，其中本科3个、专科5个	本科	335	高中起点本科	环境设计	130503	4	101	10	30	29	32
					产品设计	130504	4	106	15	30	30	31
					视觉传达设计	130502	4	104	15	30	30	29
				专科起点本科（专升本）	视觉传达设计	130502	2	7	4	3		
					产品设计	130504	2	1	1	0		
					环境设计	130503	2	16	7	9		
		3年制专科	325	高中起点专科	数字媒体艺术设计	650199	3	19	19			
					广告设计与制作	650103	3	24	24			
				对口招收中职生	家具艺术设计	650106	3	54	24	9	21	
					环境艺术设计	650111	3	76	27	23	26	
					广告设计与制作	650103	3	44	0	22	22	
					艺术设计	650101	3	65	22	19	24	
					数字媒体艺术设计	650104	3	43	0	22	21	
		2年制专科	15	五年制高职转人	广告设计与制作	650103	2	15	0	15		

（续表）

系别/总人数（人）	专业数	类型	人数（人）	录取类别	专业名称	专业代码	年制（年）	总计（人）	在校生数			
									18级（人）	17级（人）	16级（人）	15级（人）
车辆工程技术系 591	共4个专业，其中本科1个、专科3个	本科	262	高中起点本科	汽车维修工程教育	080212	4	244	108	57	40	39
				专科起点本科（专升本）	汽车维修工程教育	080212	2	18	14	4		
		3年制专科	225	高中起点专科	汽车检测与维修技术	560702	3	79	26	28	25	
				对口招收中职生	汽车营销与服务	630702	3	72	25	23	24	
					汽车电子技术	560703	3	74	25	25	24	
		2年制专科	104	五年制高职转入	汽车检测与维修技术	560702	2	104	0	104		
旅游管理系 618	共5个专业，其中本科1个、专科4个	本科	281	高中起点本科	旅游管理与服务教育	120904	4	263	58	86	60	59
				专科起点本科（专升本）	旅游管理与服务教育	120904	2	18	9	9		
		3年制专科	331	高中起点专科	文秘	670301	3	72	28	22	22	
					旅游管理	640101	3	76	29	22	25	
					旅游英语	670204	3	42	0	22	20	
					会展策划与管理	640301	3	71	26	23	22	
				对口招收中职生	旅游管理	640101	3	70	25	23	22	
		2年制专科	6	五年制高职转入	旅游管理	640101	2	6	0	6		

招生工作

职业技术学院年内本专科计划招生共2 406人，其中本科 835 人，专升本 100 人、专科 985 人、五年制高职转段 486 人。实际录取2 225人，其中本科 831 人、专升本 109 人、专科 923 人（区内专科 912 人、区外专科 11 人）、五年制高职转段 362 人。

学籍管理

2018 年应届毕业生2 135人，其中本科生 960 人、专科生1 175人；结业学生 56 人，其中本科 13 人、专科 43 人。2018 年结业证换毕业证学生 19 人。职业技术学院现有全日制在校生6 830人，其中本科3 733人、专科3 097人。规范学籍管理，制定了在籍学生参加境外实习成绩认定暂行办法。启用了迎新系统，实现了新生报到、学籍注册等工作的信息化管理。

教材建设

加强了教材使用论证工作，提高了教材选用的准确性、科学性和适用性。与 13 家出版机构联合举办了校园教材展示会，搭建了信息互动平台。职业技术学院教师主编出版统编教材 6 部。

内蒙古农业大学 2018 年教师出版统编教材一览表（高职）

序号	教材名称	编者姓名	所在单位	出版社	出版时间
1	新编大学生职业生涯规划	宝　音 刘　杰 郎建华	就业指导中心	中央民族大学出版社	2018 年 2 月
2	旅游交际礼仪	李　燕	旅游管理系	中国人民大学出版社	2018 年 3 月
3	预算会计	张　南	经济管理系	清华大学出版社	2018 年 5 月
4	大学生体育与健康	张殿福 高广东	体育教学部	中国石油大学出版社	2018 年 6 月
5	食品安全检测仪器分析技术	赵雪平	食品工程技术系	中国农业科学技术出版社	2018 年 7 月
6	安装工程计量与计价	张俊友	建筑工程技术系	华中科技大学出版社	2018 年 8 月

实训基地

完成了内蒙古重点学科重点实验室申报工作，获批自治区财政专项建设资金200万元。继续加强实验实训建设，投入651.07万元购置教学仪器设备，教学仪器设备总值达到8 521.13万元。完成了789台（套）教学仪器设备的报废工作。制定了《实验室安全管理办法》《实验用品管理办法》制度，进一步完善了实验室管理制度建设。新增校外实训基地15个，为了适应应用型本科专业转型发展，围绕产教融合，对校外实训基地进行优化，现有校外实训基地71个。

内蒙古农业大学2018年新增校外实训基地一览表（高职）

序号	合作单位	所在单位
1	浙江圣奥集团	职业技术学院
2	内蒙古蒙特农牧业发展有限公司	职业技术学院
3	先行迦美教育科技有限公司	职业技术学院
4	内蒙古苏宁物流有限公司	职业技术学院
5	内蒙古大牧场食品科技有限责任公司	职业技术学院
6	内蒙古壹元学信息技术有限公司	职业技术学院
7	河北王乐商贸有限公司	职业技术学院
8	北京漫动者教育科技有限公司	职业技术学院
9	北京尚观锦程科技有限公司	职业技术学院
10	内蒙古必威安泰生物科技有限公司	职业技术学院
11	天津市现代天骄农业科技有限公司	职业技术学院
12	达拉特旗赛优牧业有限公司	职业技术学院
13	内蒙古瑞云汽车服务有限责任公司	职业技术学院
14	包头市鸿瑞泰汽车销售有限公司	职业技术学院
15	内蒙古和利工程项目管理有限公司	职业技术学院

职院继续教育

积极推进非学历教育培训，全年培训普通话学员1 217人次，测试1 191人次，1 096人获证，获证率为92%。选派了3名教师参加自治区汉语委主办的普通话测试员培训班和骨干测试员培训班。学校职业技术学院承办了基层农技人员知识更新培训班，对自治区 12 个旗县区农牧业局 101 名学员进行培训。承担完成了教育厅“职业院校教师示范培训”项目和“中高职教师素质协同提高”项目，其中会计专业领军人才研修班 31 人，土木水利类培训班 9 人，财经商贸类（会计专业）培训班 20 人，参训人员来自自治区 8 个盟市中、高职院校骨干教师。

继续教育

2018 年各类培训班举办情况

培训班名称	委托办班部门	培训对象	人数	开班时间	结束时间	天数
2017 年内蒙古自治区高校辅导员培训班第一期	内蒙古自治区教育厅	干部	99	2018-01-04	2018-01-09	5
2017 年内蒙古自治区高校辅导员培训班第二期	内蒙古自治区教育厅	干部	100	2018-01-10	2018-01-15	5
2017 年内蒙古自治区高校辅导员培训班第三期	内蒙古自治区教育厅	干部	103	2018-01-16	2018-01-21	5
基层农技推广人员培训—种植一期(2017 年任务)	内蒙古自治区农牧厅	全区农技人员	56	2018-01-08	2018-01-13	5
基层农技推广人员培训—种植二期(2017 年任务)	内蒙古自治区农牧厅	全区农技人员	51	2018-01-15	2018-01-20	5
基层农技推广人员培训—种植三期(2017 年任务)	内蒙古自治区农牧厅	全区农技人员	44	2018-01-22	2018-01-27	5
基层农技推广人员培训—种植四期(2017 年任务)	内蒙古自治区农牧厅	全区农技人员	58	2018-03-12	2018-03-17	5
基层农技推广人员培训—养殖一期(2017 年任务)	内蒙古自治区农牧厅	全区农技人员	58	2018-03-19	2018-03-24	5
基层农技推广人员培训—养殖二期(2017 年任务)	内蒙古自治区农牧厅	全区农技人员	80	2018-03-26	2018-03-31	5
鄂温克族自治旗牧区实用人才助力精准脱贫培训班	鄂温克族自治旗党委组织部	干部	38	2018-04-23	2018-04-28	7
2018 年度海南州三江源环境保护与生态建设专题研修班（第一期）	中共海南州委组织部　海南州三江源办公室	干部	42	2018-06-06	2018-06-15	9
东营市河口区畜牧、渔业干部综合素质提升班（第一期）	东营市河口区畜牧局、渔业局	干部	43	2018-06-28	2018-07-01	6
东营市河口区畜牧、渔业干部综合素质提升班（第二期）	东营市河口区畜牧局、渔业局	干部	40	2018-07-02	2018-07-08	6
2018 年海南省中职骨干教师、专业带头人（培养对象）高级研修班	海南省教育厅	骨干教师、专业带头人	75	2018-07-15	2018-07-26	11
大兴安岭重点国有林管理局森林有害生物防控培训班	大兴安岭重点国有林管理局	干部	50	2018-08-05	2018-08-19	15

（续表）

培训班名称	委托办班部门	培训对象	人数	开班时间	结束时间	天数
2017年职业院校教师素质提高计划国家级培训班—畜牧兽医	内蒙古自治区教育厅	中职教师	16	2018-08-20	2018-09-22	42
2017年职业院校教师素质提高计划国家级培训班—设施农业	内蒙古自治区教育厅	中职教师	31	2018-08-20	2018-10-20	70
2017年职业院校教师素质提高计划国家级培训班—计算机应用	内蒙古自治区教育厅	中职教师	21	2018-08-20	2018-09-22	42
2017年职业院校教师素质提高计划国家级培训班—计算机网络	内蒙古自治区教育厅	中职教师	23	2018-08-20	2018-09-22	42
2018年度海南州环境保护与生态建设第二期专题研修班	中共海南州委组织部海南州三江源办公室	干部	41	2018-09-20	2018-09-29	9
新巴尔虎右旗“党建领航助推乡村振兴”主题示范培训班	新巴尔虎右旗组织部	干部	41	2018-09-26	2018-09-30	5
2018年新疆农业产业化龙头企业高级管理人才研修班	新疆维吾尔自治区农业厅	干部	49	2018-10-08	2018-10-17	9
内蒙古自治区农牧业厅基层农技推广补助项目信息化管理员培训班	内蒙古自治区农牧厅	干部	60	2018-11-07	2018-11-10	3
同德县2018年环境保护与生态建设培训班	同德县委组织部同德县环境保护和林业局	干部	30	2018-11-29	2018-12-05	7
内蒙古自治区农业技术推广骨干人员培训班	内蒙古自治区农牧厅	干部	102	2018-12-10	2018-12-15	5
内蒙古自治区农村生态能源环保骨干人员培训班	内蒙古自治区农牧厅	干部	98	2018-12-17	2018-12-22	5
鄂温克族自治旗脱贫攻坚产业发展暨畜牧业实用技术培训班	鄂温克族自治旗委组织部	干部	49	2018-12-24	2018-12-30	7
合计			1 498			345

注：表中部分2017年度的培训项目开班时间是2018年，是因项目中标后在2018年办班完成该培训项目。

成人本科专业设置

层次	专业名称	科类名称	学制	学习形式
高起专	计算机应用信息管理、园林技术、畜牧兽医、建筑工程技术	理工类	二年半	函授
	会计、工商企业管理、市场营销	文史类	二年半	函授

（续表）

层次	专业名称	科类名称	学制	学习形式
专升本	法学	法学类	二年半	函授
	经济学、金融学、工商管理、行政管理、财务管理、会计学	经济管理类	二年半	函授
	计算机科学与技术、土木工程、测绘工程、食品科学与技术、电气工程及其自动化、农业水利工程、机械设计制造及其自动化	理工类	二年半	函授
	农学、动物医学、林学	农学类	二年半	函授

2018 年度成人教育授予学士学位名单

财务管理（1 人）：许　满

测绘工程（2 人）：郭敏慧　赵垒千

电气工程及其自动化（1 人）：董　佳

法学（1 人）：薛羽彤

工商管理（1 人）：邓　鑫

行政管理（1 人）：廉　博

环境工程（4 人）：赵晓伟　张燕军　华　良　白芸境

会计学（7 人）：范　友　班　扬　李晓霞　罗婷婷　李　敏　吴丽英　王　佳

计算机科学与技术（2 人）：阿茹罕　张晓栋

林学（1 人）：韩伟力

农业水利工程（1 人）：康紫薇

农林经济管理（1 人）：张　鹏

食品科学与工程（1 人）：郭　霞

土木工程（5 人）：张智博　李亚娟　张鹏儒　杨　霞　任志军

园林（3 人）：蔺晓燕　袁　瑞　孔德雪

学科建设

工作概述

学校坚持为地方经济建设和社会发展服务的学科建设方向，抓住国家西部大开发以及实施生态建设工程等机遇，突出学科的特色和优势，重点围绕草地畜牧业、荒漠化治理与生态环境保护、乳业等进行学科方向调整和建设，形成了具有明显特色的学科群。使得农、林、牧学科优势得以加强，学科层次不断提高；新兴和交叉学科快速成长；学科特色更加鲜明，学科整体水平和科技创新能力明显提升。学校现有1个国家重点学科、3个国家重点（培育）学科、1个农业部重点学科、2个国家林业总局重点一级学科、5个自治区重点一级学科、22个自治区重点学科、4个自治区重点（培育）学科。

国家和省部级重点（培育）学科

国家和省部级重点（培育）学科

序号	名称	批准时间
1	草业科学	2002年1月
2	农业水土工程	2007年11月
3	动物遗传育种与繁殖	2007年11月
4	水土保持与荒漠化防治	2007年11月

农业部重点学科

序号	名称	批准时间
1	草业科学	2007年8月

国家林业局重点学科

序号	名称	批准时间
1	林业工程	2016年2月

（续表）

序号	名称	批准时间
2	林学	2016 年 2 月

自治区级一级重点学科

序号	名称	批准时间
1	畜牧学	2008 年 1 月
2	兽医学	2008 年 1 月
3	林学	2008 年 1 月
4	作物学	2008 年 1 月
5	农业工程	2008 年 1 月

内蒙古自治区重点学科

序号	名称	批准时间
1	农业机械化工程	1998 年 12 月
2	农业水土工程	1994 年 12 月
3	动物遗传育种与繁殖	1998 年 12 月
4	动物营养与饲料科学	1984 年 12 月
5	草业科学	1994 年 12 月
6	基础兽医学	1984 年 12 月
7	森林培育	1994 年 12 月
8	水土保持与荒漠化防治	1984 年 12 月
9	农业电气化与自动化	2008 年 1 月
10	作物栽培学与耕作学	2008 年 1 月
11	作物遗传育种	2008 年 1 月
12	预防兽医学	2008 年 1 月
13	临床兽医学	2008 年 1 月
14	森林保护学	2008 年 1 月
15	森林经理学	2008 年 1 月
16	生物化学与分子生物学	2008 年 1 月
17	水文学及水资源	2008 年 1 月
18	木材科学与技术	2008 年 1 月

（续表）

序号	名称	批准时间
19	农产品加工及贮藏工程	2008 年 1 月
20	果树学	2008 年 1 月
21	蔬菜学	2008 年 1 月
22	农业经济管理	2008 年 1 月

自治区级重点（培育）学科

序号	名称	批准时间
1	野生动植物保护与利用	2008 年 1 月
2	园林植物与观赏园艺	2008 年 1 月
3	农业昆虫与害虫防治	2008 年 1 月
4	水工结构工程	2008 年 1 月

国家和省部级重点（培育）学科介绍

草学学科

草学学科创建于1958年，是在全国首创草原本科专业的基础上发展起来。1966年开始招收国外留学生，1979年开始招收研究生，1981年获得硕士学位授予权，1993年获得博士学位授予权，2011年批准为一级学科博士学位授权点，2012年获批一级学科博士后流动站。目前为学校唯一的国家级重点学科、国家特色重点建设学科、农业部和自治区重点学科。学科自创建以来，立足于内蒙古，坚持区域特色，服务地方经济，致力于为北疆少数民族地区的生态建设、草业发展、社会稳定和文化繁荣，不断探索草学教育、科研、产业发展、民族文化传承等新途径，逐步升华和固化了自身的定位和发展目标，凝聚了一支研究方向完整、结构合理、持续稳定的师资队伍，形成了草地资源与管理、牧草育种与饲草加工、草坪与植被恢复、草地保护四个稳定的学科方向。在2012年的全国学科评估中，学术水平居于全国同类学科前列（第四名），2017年全国第四轮学科评估中获得B+的好成绩（全国第三名），是内蒙古自治区高等学校和内蒙古农业大学学科名次在全国最靠前的学科之一，为内蒙古自治区重点建设的双一流学科。

截至2018年，学科现有教学科研人员48人，其中教授17人（国家二级教授8人），副教授11人；具有博士学位39人；博士研究生导师11人，硕士研究生导师22人。学科共有国家“百千万人才工程”第一层次人选1人、获得自治区杰出人才奖2人、自治区“草原英才”9人、自治区“321人才工程”第一层次人选2人、国家牧草产业技术体系加工研究室主任和干草岗位科学家2人、国务院政府特殊津贴获得者3人、获得自治区第八届中青年创新科技奖1人、国家自然科学基金二审专家1人、国务院学位委员会草学学科评议组召集人1人、国际杂志 *Grassland Science* 的编委1人、国际草原和草地大会连续委员会委员3人；具有稳定的教学科研团队，其中教育部科技创新团队1个，自治区级教学科研团队3个。

草学学科建有多个省部级以上的教学、科研平台。主要包括国家级植物学实验教学示范中心、教育部草地资源重点实验室、农业部牧草栽培与草产品高效加工利用重点实验室、中央与地方共建高校特色优势学科草地资源与保护实验室、内蒙古科技厅内蒙古草品种育繁工程技术研究中心，还有呼和浩特市土默特左旗海流图、土默特右旗萨拉齐、锡林郭勒盟正镶白旗、赤峰市赛罕乌拉实践教学实习基地等多个研究基地，具备完善的研究条件。

2018 年，草学学科已结题科研项目 13 项；新增项目 12 项，总经费 355 万元。获内蒙古自治区科技进步二等奖 1 项；已授权专利 13 项；被国家标准采用的成果数 3 项，地方标准 3 项。国内外草学相关研究成果编著出版了系列专著 1 部，教材 2 部。公开发表学术论文 80 余篇，其中 SCI 收录学术论文 21 篇。近五年毕业本科生 123 名，硕士研究生和博士研究生分别为 27 名和 7 名。

农业水土工程

农业水土工程学科于 1986 年获得硕士学位授予权，1990 年被批准为校级重点学科，1995 年被批准为内蒙古自治区重点学科，1998 年获得博士学位授予权，2003 年获批设博士后科研流动站，2007 年被批准为国家重点培育学科。农业水土工程学科是内蒙古自治区第一个工学博士学位授权点，也是国内该学科第二个博士学位授权点，截至 2018 年已招收博士研究生 19 届，硕士研究生 32 届，博士研究生毕业人数累计 103 名，硕士研究生毕业人数累计 178 名，在校博士后研究人员 1 名。农业水土工程学科目前有专任教师 51 人，其中：博士生导师 7 人，硕士生导师 10 人。教师中具有博士学位 24 人，硕士学位 13 人。副高级以上职称教师占 74.5%，45 岁以下年轻教师占 49.02%；拥有自治区级教学名师 5 人。享受政府特殊津贴和自治区有突出贡献的中青年专家 5 人，自治区“草原英才”7 人，自治区“青年科技英才计划”2 人。

经过 50 多年的建设，特别是国家重点培育学科、自治区重点学科、重点实验室和教育部教学工作水平评估建设，农业水土工程学科下的农业水利工程专业已具有先进、完备的办学条件。目前已拥有直接为本专业教学服务的农田水利实验室、土壤物理学实验室、水力学实验室、土力学实验室、水工实验室，材料力学实验室，水文测试实验室，计算机实验室，地质工程实验室等，实验室面积达3 435平方米。依托国家、自治区和学校对重点特色学科建设资金，目前拥有各类仪器设备1 925台套，设备资金总额3 690余万元。目前有 1 个自治区级实验教学示范中心，1 个自治区重点实验室。此外，水利与土木建筑工程学院还拥有农业水土工程专业所必须的其他学科领域的专业基础课实验室，如测量实验室、工程地质实验室、力学实验室、建筑材料实验室以及计算机中心。基于学校与地方合作共建，共同受益，发挥双方积极性的办学思路，采取多种方式建设了 5 个校外固定实习基地，承担本专业学生的实践教学以及地方水利职工培训的任务。启动建设占地 400 亩的海流图农业节水综合试验基地。

2007 年，农业水利工程专业被批准为教育部特色专业建设点，2005 年被批准为内蒙古自治区品牌专业，《测量学》《理论力学》《材料力学》《结构力学》《水力学》《水泵及水泵站》《灌溉排水工程学》和《工程水文学》8 门课程被批准为自治区级精品课程，农业水利工程核心专业课教学团队被批准为自治区级教学团队。截至 2018 年，本专业已培养本科毕业生3 112人，目前在校本科生 336 人，硕士、博士研究生 84 人。毕业生广泛就业于内蒙古自治区以及其他省区水利行业规划、设计、施工和管理等部门。近 10 年本专业毕业生一次就业率均保持在 85%以上，用人单位普遍反映本专业学生具有较强的实践能力，能够较好胜任本专业领域相关工作，满足了我国水利工程行业需要的应用型、复合型人才要求。

近5年来，学科先后主持承担了“十二五”国家科技支撑计划项目课题2项、国家“十三五”重点研发计划课题2项，国家自然科学基金项目28项、其中，重点基金项目2项，内蒙古自治区科技、内蒙古自然科学基金、内蒙古科技厅、内蒙古“十二五”攻关项目、内蒙古自治区科技重大专项8项，总经费近7 431余万元；获省部级奖项6项，其中自治区科技进步一等奖2项、发表学术论文434余篇，其中核心期刊收录406篇、SCI收录8篇、EI收录32篇，主编或参编出版教材2部，专著5部。

动物遗传育种与繁殖

动物遗传育种与繁殖学科于1986年和2000年分别被国务院批准为硕士和博士学位授权点，1998年被批准为自治区重点学科，1999年和2003年学科所属的动物遗传育种与繁殖实验室分别被批准为自治区教育厅重点实验室和自治区重点实验室，2007年学科被评为国家重点（培育）学科。

学科始终密切结合内蒙古自治区的畜牧业生产实际，立足自治区草原特色家畜开展相关科学研究，以应用基础研究为主开展了许多创新性探究，在乳肉兼用三河牛、内蒙古细毛羊、锡林郭勒马、草原红牛、乌珠穆沁羊、内蒙古白绒山羊、苏尼特肉羊和巴美肉羊等新品种培育和本品种选育等重大项目研究中获得多项科技成果，在草原家畜品种遗传育种原理与方法研究领域形成了自己的特色。

学科师资力量雄厚，学术梯队的年龄、职称、学历结构合理，截至2018年年底，本学科现有教师21人，其中教授6人、副教授6人、讲师8人、高级实验师1人。教师中具有博士学位者16人，入选国家“百千万人才工程”3人。学科为国家和自治区培养了大批优秀创新型人才，截至目前，共培养博士研究生49人，硕士研究生219人。

近五年来，主持承担了国家“863”计划、国家自然科学基金、内蒙古自治区科技计划、内蒙古自然科学基金、内蒙古“十二五”攻关项目共49项，总经费4 318万元；获国家科技进步二等奖1项、自治区科技进步一等奖2项、自治区教学成果一等奖2项，国家级教学成果二等奖2项；发表学术论文487篇，其中核心期刊收录354篇、SCI收录35篇、国际会议收录25篇；主编或参编出版教材12部，专著16部。

2018年度本学科毕业博士研究生6人，硕士研究生22人；获批国家自然科学基金项目1项、国家重点研发计划课题1项，到账经费133万元；发表学术论文12篇，其中SCI收录论文8篇。

水土保持与荒漠化防治

水土保持与荒漠化防治学科是内蒙古自治区重点学科、国家林业局重点学科、国家重点（培育）学科。1984年开始招收硕士研究生，2000年12月被国务院学术委员会批准为具有博士学位授予权学科；2005年被评为自治区品牌专业；2007年本学科的骨干课程“治沙原理与技术”被评为国家级精品课程；2013 年被评为自治区级教学团队，2014 年获批自治区重点建设专业，并成为自治区级本科专业综合改革试点。

水土保持与荒漠化防治学科目前拥有沙漠治理和水土保持 2 个本科方向，1 个硕士点和 1 个博士点；研究方面形成荒漠化防治、沙区植物资源保护与利用、水土保持与水土资源利用、工矿废弃地植被恢复、地表供沙供尘机制与植被阻沙滞尘过程 5 个稳定研究方向。

本学科的学术队伍是一支在国内有一定学术影响的稳定的研究队伍，2018 年在职教职工人员共 28 人，全部为中、高级以上职称，其中教授 12 名、副教授 7 名、讲师 7 名和实验师 2 名；具有博士学位的成员 23 名、硕士学位 4 名，其中博士研究生导师 10 人（含外聘博士研究生导师 2 名），硕士研究生导师 18 人（含外聘硕士研究生导师 2 名）；2 位成员为联合国荒漠化防治公约科学技术委员会中国独立专家，1 人当选全国水土保持与荒漠化防治学科教学指导委员会副主任委员，1 人当选全国水土保持与荒漠化防治学科教材编审委员会委员，1 位成员当选全国防沙治沙标准委员会委员，2 人任中国治沙暨沙业学会常务理事，1 人当选为中国水土保持学会风蚀防治委员会主任，3 人入选内蒙古“草原英才”，2 人入选内蒙古自治区“新世纪 321 人才”，1 人当选为内蒙古防沙治沙学会副理事长，1 人当选内蒙古自治区标准化专家，1 人当为内蒙古沙漠学会理事长，1 人被评为全国优秀教师，1 人被评为全国高等学校政治思想教育先进者，1 人被评为全国林业教学名师。

2018 年水土保持与荒漠化防治学科在研国家和省部级科技纵向课题共 29 项，经费总计2 397万元，其中国家重点研发计划专项 1 项、国家重点研发计划专项课题 4 项，国家自然科学基金 7 项、自治区重大项目 1 项，国家科技支撑、行业公益专项等 16 项。科研成果获得省部级科学技术进步一等奖 1 项、三等奖 1 项。在国内学术期刊上发表论文 77 篇；主编出版专著 1 部；颁布国家林业行业标准 1 项；获得授权国家实用新型专利 21 项，2018 年培养博士 3 名，硕士 30 名，农业推广硕士 28 名，其中 1 名博士，3 名硕士学位论文被评选为自治区优秀硕士论文。2018 水土保持与荒漠化防治学科师生参加国际学术交流 1 次，国内学术会议 5 次。

本学科的实验室及教学基地有“沙地生物资源保护与培育国家林业局重点实验室”（1995 年）、“内蒙古自治区风沙物理与防沙治沙工程重点实验室”（2015 年）、内蒙古杭锦荒漠生态系统国家定位观测研究站（2015 年）、国家林业局重点实验室——荒漠生态系统保护与修复国家林业局重点实验室（2018 年）。2008 年国家财政部批准建设中央与地方共建高校特色优势学科“风沙物理学”重点实验室。在巴彦淖尔市磴口县中国林业科学研究院沙漠林业实验中心建有“内蒙古农业大学实践教学基地”（2005 年）。

木材科学与技术

木材科学与技术学科创建于 1958 年，是林业工程一级学科下设的二级学科博士点，

1998 年获硕士学位授予权，2004 年获博士学位授予权。2005 年 5 月成为国家林业局重点学科，2008 年 1 月成为内蒙古自治区重点学科。2014 年依托林业工程一级学科获批博士后科研流动站。截至 2018 年底，共培养博士研究生 24 名，硕士研究生 102 名。

学科现有专职教师 36 人，其中教授 11 人，副教授 16 人；具有博士学位教师 26 人；博士研究生导师 6 人，硕士研究生导师 9 人。近五年，学科承担国家和自治区各级各类科研课题 50 余项，科研经费总额 1700 余万元，其中科研成果获省部级奖 2 项，教学成果获省部级奖 4 项。发表论文 150 余篇，其中 SCI/EI/CPCI 收录 40 余篇；出版学术专著 4 部，编写出版教材 2 部，授权发明专利 9 件，实用新型专利 1 件。学科现有 6 个综合实验室、1 个中央与地方共建高校特色优势学科实验室，1 个工程实训中心，1 个内蒙古自治区沙生灌木资源开发利用工程技术研究中心，1 个内蒙古自治区沙生灌木资源纤维化和能源化开发利用重点实验室，1 个内蒙古自治区俄蒙进口木材加工利用工程技术研究中心，与国内外多所国际知名院校有着长期的技术合作与学术交流。

主要研究方向为沙生灌木材性与加工利用、木材物理学与干燥技术、木质复合材料及工程化利用、生物质能源与材料、家具设计与工程等方面的基础理论与应用技术。本学科主要针对我国西部干旱和半干旱地区沙生灌木资源进行开发利用及其产业化开展学科建设，在沙生灌木微观构造及其产业化利用和木材干燥理论方面取得重要成果，具有鲜明的区域特色。

森林培育

森林培育学科成立于 1958 年。1994 年成为内蒙古自治区重点学科，1995 年获硕士学位授予权，2003 年获博士学位授予权，2005 年成为国家林业局重点学科，2006 年依托林学一级学科成为博士后科研流动站。近三年培养硕士研究生 22 名，博士研究生 6 名。

本学科具有结构合理的师资队伍，其中：教授 3 人，副教授（含高级实验师）5 人，讲师（含实验师）2 人；具有博士学位教师 8 人，硕士学位教师 1 人；博士研究生导师 2 人，硕士研究生导师 5 人。学科有内蒙古森林培育林木菌根生物技术重点实验室以及林木组织培养、林木种苗、树木生理生态等实验室。学科承担国家科技计划课题、国家自然科学基金项目、948 项目、国家林业局科研项目、内蒙古重大攻关项目等科研课题，近三年项目经费达 300 余万元，其中 2018 年新增立项科研经费 99 万元。

本学科针对内蒙古和我国西部地区自然条件和林业生态与环境保护的要求，与国家六大林业重点工程建设，西部大开发，生态和环境保护、修复、改善，特别是国家“双增长”和民生林业战略紧密结合，坚持基础研究与应用研究并重，解决林业生产中的理论与技术问题，并根据学科实际，在全面发展过程中，有所侧重、强化优势、突出特色。学科以干旱半干旱地区森林培育理论与技术为重点，研究干旱半干旱地区树木对干旱缺水的反应和适应，选择抗旱树种，研究土壤蓄水保墒、节水技术；研究林草复合系统营建和经营理论与技术；探讨林木菌根基础理论及应用技术。学科立足于提高科技水平，恢复和发展森林资源，优化环境，促进社会经济发展，形成国内先进或地方特色鲜明的3个稳定的研究方向：森林培育理论与技术、林木菌根生物技术、城市林业。

学科与国内外加拿大阿尔伯塔大学、中国农业大学、北京林业大学、中国林业科学院、中国科学院等有良好的科研协作和学术交流。在矿区植被恢复、珍稀濒危动植物保护与利用、良种繁育及地力恢复等方面的研究成果，为内蒙古自治区实现生态优先、绿色发展的战略目标提供科技支撑和服务。

畜牧学

畜牧学一级学科成立于1952年，由动物遗传育种与繁殖、动物营养与饲料科学、动物生产学3个二级学科组成。1963年开始招收硕士研究生，1993年开始招收博士研究生，2000年被批准为一级学科博士学位授权点，2001年设立博士后科研流动站，2008年动物遗传育种与繁殖学科被批准为国家重点（培育）学科，2013年被批准为自治区优势特色和一级重点学科。2016年被确定为自治区第一批“双一流”建设学科。

学科拥有国家级教学团队1个、国家级精品课程1门、自治区级精品课程6门、自治区级教学团队1个、省部级重点实验室4个，国家野外科学观测研究站1个，省部级工程技术研究中心4个。现有教授18名，博士生导师14名，硕士生导师27名，具有博士学位的教师46人，7人获得自治区“草原英才”称号，7个团队入选“草原英才创新团队”，1人获得“全国师德标兵”称号，3人入选国家“百千万人才工程”；已培养博士研究生159名、硕士研究生993名，1篇博士学位论文获教育部“百篇优秀博士学位论文”。

畜牧学一级学科有7个稳定的研究方向，已初步建成在国内有重要影响、独具特色的产学研相结合的科研基地和畜牧业人才培养基地，并形成了一套完整的“学士—硕士—博士—博士后”人才培养体系。自学科成立以来，获得国家教学成果二等奖2项、自治区教学成果一等奖5项；国家科技进步二等奖2项，省部级科技进步一等奖12项，二等奖21项；获国家发明专利12项，自治区科技成果22项。

近五年畜牧学一级学科主持承担国家“973”项目、国家重点研发计划课题、国家科技部支撑项目、“十三五”重点研发专项课题、国家自然科学基金项目、农业部行业专项课题、内蒙古自治区重大专项、内蒙古自治区科技成果转化项目、内蒙古自治区科技创新引导奖励资金项目、内蒙古自治区科技计划项目等项目135项，累计经费8 318万元。在国内外学术期刊发表科研论文757篇，其中SCI收录81篇；主编或参编出版教材12部，出版学术专著23部，获国家专利7项；获中国标准创新贡献三等奖1项、自治区科技进步三等奖1项、教学成果一等奖2项，获批自治区突出贡献专家1人、自治区草原英才团队4个，教学团队1个、工程技术研究中心2个。

2018年度本学科毕业博士研究生10人，硕士研究生68人；获批国家重点研发计划课题3项、国家自然科学基金项目4项、内蒙古自治区科技成果转化项目1项、内蒙古自治区科技计划项目1项、自治区重大科技专项1项，到账经费1 100余万元；发表学术论文 90 余篇，其中 SCI 收录论文 26 篇，CSCD 收录论文 28 篇。

兽医学

兽医学学科创建于 1952 年，是建校时最早获批的一级学科之一。本学科初建时期汇聚了全国著名的兽医病理学、解剖学、药理学、微生物及免疫学、传染病学、寄生虫学及临床兽医学等各方面的专家，经过六十余年几代人的共同努力，形成了六个以草食动物为研究对象具有鲜明的地区和民族特色的研究方向，积累了大量研究成果，累计获得内蒙古自治区科技进步奖一等奖 3 项、二等奖 5 项、三等奖 7 项，取得农业部新兽药证书 2 个，为内蒙古及周边地区解决了大量的畜牧业生产中出现的重大关键问题，创造了巨大的社会及经济效益。

本学科拥有基础兽医学、预防兽医学和临床兽医学三个内蒙古自治区重点二级学科。其中，1998 年基础兽医学科被批准为博士学位授权点，2002 年兽医学科被批准为一级学科博士学位授权点。2007 年基础兽医学科所属实验室被批准为内蒙古自治区重点实验室。2009 年兽医学科被国家人事部批准为博士后流动站。2018 年本学科共招收博士研究生 13 名，硕士研究生 87 名；同年毕业研究生共 80 名，其中博士研究生 17 人，全日制学术型硕士 40 名，兽医硕士 23 名。

本学科现有教职员工 84 人，其中专任教师 77 人。专任教师中教授 27 人，副教授 26 人，博士生导师 18 人，硕士研究生导师（含博士研究生导师）40 位。专任教师中具有硕士以上学位教师 75 位，占专任教师的 89.29%。本学科拥有内蒙古自治区“草原英才”团队 2 个，“草原英才”获得者 5 人，享受国务院政府特殊津贴人员 2 名，有突出贡献的中青年专家 3 名，内蒙古自治区“高等学校青年科技英才支持计划”入选者 1 人。

2018 年本学科在研科研项目共计 22 项，其中国家基金 12 项，国家重点研发计划项目 6 项，国际合作项目 1 项，内蒙古自治区重大与科技项目 2 项，内蒙古自治区教育厅人才奖励项目 1 项，总金额达 1 530.11万元。本年度本学科共发表 SCI 收录论文 17 篇，出版各级各类专著与教材 4 部，获批国家专利 1 项。

林学

林学学科创办于 1958 年，是中国少数民族地区成立最早的林学学科，包含林木遗传育种、森林培育、森林保护学、森林经理学、野生动植物保护与利用、园林植物与观赏园艺、水土保持与荒漠化防治 7 个二级学科。从 1984 年开始陆续招收硕士研究生，2000 年开始招收博士研究生；2006 年获得林学一级学科博士学位授予权，2006 年获批林学学科博士后科研流动站。2015 年获批国家林业局重点学科，水土保持与荒漠化防治二级学科受教育部批准的国家重点（培育）学科；水土保持与荒漠化防治、森林培育、森林经理学、森林保护学二级学科同时为内蒙古重点学科。

经过多年建设，林学一级学科目前确定了 3 个特色鲜明、相对稳定的重点学科方向，包括：寒旱区森林质量精准提升、脆弱环境植被重建与品种选育、水土保持与荒漠化防治。本学科现有国防科工委遥感高分地面实验验证站，内蒙古大兴安岭森林生态系统国家野外科学观测研究站，内蒙古赛罕乌拉森林生态系统国家定位观测研究站，内蒙古杭锦荒漠生态系统国家定位观测研究站；国家林业局文冠果工程技术研究中心；林木遗传育种及菌根生物技术、风沙物理等中央与地方共建实验室；内蒙古自治区森林培育林木菌根生物技术重点实验室；风沙物理与防沙治沙工程重点实验室；沙地生物资源保护和培育国家林业局重点实验室；荒漠生态系统保护与修复国家林业局重点实验室等科9个科研创新平台。

目前，林学一级学科师资队伍共有教师87人。其中：教授26人，占教师总人数的29.9%；具有博士学位的教师64人，占教师总人数的73.6%；博士研究生导师22人，占教师总人数的25.3%；硕士研究生导师46人，占教师总人数的52.9%。本学科入选“防沙治沙”“生态经济型灌木新品种”两个“草原英才”科技创新团队；“水土保持与荒漠化防治”“森林资源经营管理”自治区教学团队。享受国务院政府津贴7人，入选自治区“新世纪321人才工程”4人、“草原英才”4人。学科团队学历结构、职称结构、年龄结构合理，形成了稳定的教学科研队伍。

近五年申请立项科研经费9 614.3万元，其中国家科研项目经费4 554.8万元，主持国家重点研发计划专项“内蒙古干旱荒漠区沙化土地治理与沙产业技术研发与示范”1项(3 000.0万元)。近5年内发表国内核心期刊500余篇，SCI收录论文43篇，申请发明授权专利18项，出版学术专著20部，省部级科研获奖8项。

作物学

作物学学科始建于1958年，从1979年开始招收硕士研究生，1984年经国务院学位委员会批准为硕士学位授权学科，含作物栽培与耕作学、作物遗传与育种学2个二级学科。2003年作物栽培与耕作学获批成为博士学位授权点，2006年获作物学一级学科获批为博士学位授权点。2007年获批内蒙古自治区级重点学科，2014年被批准设立博士后流动站，目前是自治区“双一流”重点支持学科。

截至2018年，学科共有专任教师36人，其中教授16人（含研究员1人)，副教授10人。全国优秀科技工作者2人，全国农业科研杰出人才1人，国务院特贴专家2人，自治区“草原英才”工程创新团队带头人3人，国家现代农业产业技术体系岗位科学家3人、试验站站长2人，内蒙古优秀研究生指导教师1人。

2018年招收博士研究生11名，学术型硕士研究生21名，全日制专硕22名；毕业硕士研究生20名，博士研究生8名，全日制专业学位硕士23名。

年内学科教师累计参加大型学术会议40余人次，邀请国内外专家作学术交流报告20余场。

农业工程

农业工程学科是自治区双一流建设学科、现已形成独具特色的产学研相结合的科研基地和人才培养基地。并形成了一套完整的“学士—硕士—博士—博士后”人才培养体系。农业工程学科业务范围涉及水利与土木建筑工程学院、机电工程学院、计算机与信息工程学院3个学院。由农业机械化工程、农业电气化与自动化、农业生物环境与能源工程、农业水土工程和自设的农业水利工程、农业信息技术、农业水资源利用与保护7个二级学科博士点组成。其中农业水土工程学科是国家重点培育学科。设有农业工程博士后科研流动站1个。现有自治区重点实验室1个、工程中心2个和学科平台7个，学科设备5 050余万元。农业工程学科师资力量雄厚，学术梯队组成结构合理，现有教授28名，博士导师17名，硕士导师33名。具有博士学位教师33人，享受国务院特殊津贴专家3人，教育部农业工程类专业教学指导委员会委员1人，自治区杰出人才奖1人，内蒙古“草原英才”7人。教育部科技创新团队1个，自治区科技创新团队4个，获得国家级科技进步二等奖1项，自治区科技进步一等奖4项。农业机械化工程、农业电气化与自动化和农业水土工程学科均为内蒙古自治区重点学科，农业工程一级学科有7个稳定的研究方向，研究的内容涉及学科的前沿，主要有农业水土资源评价体系及承载力研究，节水灌概原理及水盐空间变异理论，干旱寒冷地区农牧业机械化与自动化，牧区能源，农业机械测试与控制，农业剩余物料加工等。近五年主持完成了多项国家、自治区自然科学基金项目和重大项目。其中国家及国务院各部门项目14项，国家自然科学基金45项，其中重点基金项目2项，获省部级奖共12项，其中省级科学技术进步一等奖3项。发表国内核心期刊术论文853余篇，SCI收录31篇，EI收录102篇，授权发明专利15项，主编或参编出版教材2部，专著9部，省级优秀教学成果奖7项。近五年共培养博士研究生76名，硕士研究生151名。

农业机械化工程

农业机械化工程学科创建于1960年，1986年开始招收硕士研究生，分别于1990年和2000年获得硕士、博士学位授予权，1998年被确定为自治区重点学科。本学科现有教授7人，博士研究生指导教师6人，具有博士学位的教师12人。目前有享受国务院特殊津贴专家1人，教育部农业工程类专业教学指导委员会副主任委员1人。截至2018年年底，已培养博士研究生36人、硕士研究生156人，有在读博士研究生18人、硕士研究生20人。

学科坚持以草原畜牧业机械化和北方干旱寒冷地区农牧业机械化为研究特色，坚持“产、学、研”相结合，围绕农牧业机械的工作机理、设计理论及工作性能等内容进行探索和研究。研究方向涉及农牧业机械智能化研究、草业畜牧机械化工程与技术和高寒干旱地区农业装备工程与技术，主要研究范围包括：农牧业机械新技术研究、农牧业机械性能设计与试验研究、农业装备及工作过程的计算机辅助分析和虚拟样机分析、农业物料机械特性和流变特性研究、农牧业机械工作过程的仿真分析以及保护性耕作机械化技术研究等。

学科下设农业工程成套设备、畜牧工程两个研究所，并设有“农业机械化工程”

“工程测试与控制”及“草原畜牧业装备智能技术”学科实验平台，拥有2100余万元的设备。主持和参加的项目获国家科技进步二等奖和三等奖各1项、内蒙古自治区科技进步二等奖2项，研发试制了20余种适于农牧林业生产的新机具，有的设备畅销华北五省区，取得了良好的经济效益和社会效益。2018年，主持和参加科研及人才项目23项，其中主持和参加国家级及省部级自然科学基金项目15项，出版专著2部，发表SCI、EI收录论文16篇，授权发明专利2项，实用新型专利17项。

动物营养与饲料科学

动物营养与饲料科学学科于1983年和1993年分别被国务院批准为硕士、博士学位授权点，1984年被批准为内蒙古自治区重点学科，动物营养与饲料实验室2009年被评为自治区重点实验室（培育）。

学科立足于我国北方牧区草原畜牧业特色和饲料资源优势，始终以反刍动物的营养调控、饲料资源利用和畜产品品质研究为主攻方向，并兼顾单胃动物的营养与饲料研究，在长期的科学研究实践中形成了明确的具有地区特点、民族特色、专业特长和时代特征的稳定的研究方向。研究方向主要有：反刍动物营养生理与瘤胃微生态、动物营养与畜产品品质、反刍动物矿物质与维生素营养、反刍动物饲料研究与开发应用等。

学科师资力量雄厚，学术梯队的年龄、职称、学历结构合理，截至2018年有教师22人，其中教授5人、副教授7人、高级实验师2人、讲师7人、实验师1人；博士研究生导师3人，硕士研究生导师10人；具有博士学位的教师17人。学科为国家和自治区培养了大批优秀创新型人才，截至目前，共培养博士研究生90名，硕士研究生380名，其中1篇博士学位论文被评为“全国百篇优秀论文”、4篇博士学位论文被评为“自治区优秀博士学位论文”、2篇硕士学位论文被评为“自治区优秀硕士学位论文”。

近五年学科完成和在研的科研项目50余项，其中主持国家“973”项目1项、国家重点研发计划项目2项、农业部行业专项课题1项、国家科技部支撑项目3项、国家自然科学基金项目15项、内蒙古自治区重点基金项目3项，总经费3 000余万元，高级职称教师每年人均科研经费40万元；在国内外学术期刊发表科研论文200余篇，其中SCI收录32篇；出版学术专著3部，获国家专利5项；获自治区教学成果一等奖1项，获批自治区“草原英才”团队1个、教学团队1个；鉴定验收科研成果8项，制定自治区标准9项。

2018年度本学科毕业博士研究生2人，硕士研究生23人；获批国家自然科学基金项目2项、国家重点研发计划课题1项、自治区重大科技专项1项，到账经费500余万元；发表学术论文50余篇，其中SCI收录论文12篇，CSCD收录论文20篇。

基础兽医学

基础兽医学科始建于1952年，是我校最早的硕士学位授权点和早期的博士学位授权点。本学科于1963年开始招收研究生，从此开创了内蒙古自治区研究生教育的先河。

1981 年获全国首批硕士学位授予权，1998 年获博士学位授予权，从 1999 年开始招收博士研究生。1985 年至今基础兽医学科一直为自治区重点学科，2007 年学科所属的基础兽医学实验室被批准为内蒙古自治区重点实验室。

目前，基础兽医学科拥有家畜病理学、家畜解剖学、家畜组织胚胎与发育生物学、家畜生理学、兽医药理学与毒理学 5 个三级学科。现有专任教师 34 名，其中博士研究生导师 7 名，硕士研究生导师 17 名。2018 年本学科共招收硕士研究生 26 名，博士研究生 6 名；毕业硕士研究生 21 名，博士研究生 7 名。

2018 年度本学科在研的国家与自治区级各类基金项目 8 项，项目经费总额 449. 25 万元。2018 年度本学科教师和研究生在国内外学术期刊上发表论文 60 余篇，其中 SCI 收录论文 11 篇；出版各类专著与教材 4 部。

农业电气化与自动化

农业电气化与自动化学科创建于 1993 年，2003 年获博士学位授予权，2004 年开始招收博士和硕士研究生，2007 年被确定为自治区重点学科。本学科现有教授 9 人、博士研究生导师 4 人，具有博士学位的教师 12 人。截至 2018 年已培养博士 20 名、科学硕士 76 人，有在读博士研究生 10 人、硕士研究生 15 人。拥有“草原畜牧业装备智能化技术”和“现代农牧业工程技术研发及应用”内蒙古自治区“草原英才”创新人才团队 2 个。

学科以电工电子、测试与控制、计算机及信号处理等技术为基础，研究农牧业装备设施的性能测试与控制以及智能化农牧业技术及装备等。目前的主要研究方向包括：农业工程测试与控制、数字化农牧业关键技术及装备、电力系统分析与控制。

学科设有“农业电气化与自动化”“工程测试与控制”及“草原畜牧业装备智能技术”学科实验平台，拥有内蒙古自治区草业与养殖业智能装备工程技术研究中心，拥有2 000余万元的设备。主持和参加的科研项目获内蒙古自治区科技进步二等奖 2 项、内蒙古自治区科技进步三等奖 1 项，呼和浩特市丰收二等奖 1 项。主持和完成国家自然科学基金项目 12 项。2018 年发表 SCI、EI 收录论文 10 篇，登记成果 2 项，授权发明专利 1 项，实用新型专利 5 项。

作物栽培学与耕作学

作物栽培学与耕作学学科始建于 1958 年，1984 年经国务院学位委员会批准为硕士学位授权学科，2003 年建成为博士学位授权学科，2007 年获批成为内蒙古自治区级重点学科。目前该学科已成为支撑内蒙古农业大学“作物学一级学科博士点”的重要二级学科之一，也是农业农村部华北黄土高原地区作物栽培科学观测实验站、内蒙古自治区作物栽培与遗传改良重点实验室、内蒙古自治区燕麦工程实验室、内蒙古杂粮工程技术研究中心、内蒙古自治区高等学校燕麦工程研究中心、教育部—农业农村部“内蒙古农业大学乌兰察布燕麦荞麦农科教合作人才培养基地”6 个省部级研究平台与基地的重要支撑学科。

经多年的不懈发展，本学科已形成一支治学严谨、学术思想活跃、理论联系实际、学风正派、业务素质优良的师资队伍。年内共有专任教师 20 人，其中教授 9 人，副教授 4 人，讲师 5 人，助理研究员 1 人，高级实验师 1 人；具有博士学位教师 15 人，硕士学位 1 人；博士研究生导师 8 人，硕士研究生导师 11 人。全国优秀科技工作者 2 人，全国农业科研杰出人才 1 人，享受国务院政府特殊津贴专家 2 人，自治区“草原英才”工程创新团队带头人 2 人，国家现代农业产业技术体系岗位科学家 3 人、试验站站长 2 人，内蒙古优秀研究生指导教师 1 人。

学科设有“作物生理生态及决策系统、耕作制度与农业生态系统、马铃薯栽培生理与品种改良、油料作物生理与品种改良、药用植物生理与繁育、作物节水高产高效栽培理论与技术” 5 个稳定研究方向。2018 年新上国家重点研发计划项目 1 项、国家自然科学基金 1 项、内蒙古自治区科技重大专项、自治区自然科学基金等项目 11 项，获批经费3 192万元。累计发表研究论文 30 篇，其中 SCI 收录论文 4 篇、EI 收录论文 1 篇。出版专著 2 部，申报获批专利 11 项，制定地方标准 15 项；获得内蒙古科技进步一等奖 1 项、二等奖 1 项。

学科各方向结合研究内容多途径加强人才培养，年内累计招收博士研究生 8 名，学术型硕士研究生 12 名，全日制专硕 12 名；毕业硕士生 13 名，博士生 7 名，全日制专业学位硕士 13 名；指导本科毕业论文 80 人。

年内累计参加大型学术会议 25 人次，交流学术论文 8 篇，邀请国内外专家作学术交流报告 10 余次。

作物遗传育种

内蒙古农业大学作物遗传育种学科创建于 1958 年，1980 年开始招收硕士研究生，1992 年经国务院学位委员会批准为作物遗传育种学硕士学位授权点，2006 年获博士学位授权点，2007 年列为自治区重点学科。研究方向包含作物育种理论与技术、寒旱区特色作物种质创新与遗传改良。2018 年作物遗传育种学科有教授 6 人（2018 年 10 月退休 1 人）、研究员 1 人、副教授 6 人、实验师 1 名，博士研究生导师 3 人、硕士研究生导师 10 名。学科队伍力量强，是一支治学严谨、学术思想活跃、理论联系实际、学风正派、业务素质优良的学科队伍。学科承担着国家自然科学基金、内蒙古重大科技专项、国家重点研发技术项目课题、内蒙古自治区科技计划项目等 24 项课题，总研究经费2 544万元。2018 年培养博士研究生 2 人、硕士研究生 11 人。本学科重点开展作物新品种遗传改良及育种理论技术研究，注重培养作物育种新型人才，以推进自治区农作物的生产发展。

预防兽医学

预防兽医学科隶属于兽医学一级学科，1982 年开始招收硕士研究生，2003 年获博士学位授予权。2007年成为内蒙古自治区重点二级学科，现已发展为我国西部地区具有地方和民族特色的重要学科。

预防兽医学科包括兽医寄生虫学、兽医微生物与免疫学、兽医传染病学、兽医公共卫生学4个三级学科，现有专任教师21名，其中博士研究生导师8人，硕士研究生导师16人。2018年度预防兽医学科共招收硕士研究生36名，博士研究生4名；毕业硕士研究生31名，博士研究生2名。

2018年度预防兽医学科承担国家与自治区各级各类基金项目共计8项，项目经费总额806.66万元。2018年度本学科教师和研究生在国内外学术期刊上发表论文50余篇，其中SCI收录论文1篇；获批国家发明专利1项。

临床兽医学

临床兽医学科是兽医学一级学科下设二级学科之一，1985年开始招收研究生，1997年获硕士学位授予权，2003年获博士学位授予权。拥有农业部动物疾病临床诊疗技术重点实验室、现代化的宠物医院、运动马驯养基地和奶牛实习基地，为研究生学习使用新仪器设备，开展不同动物疾病诊疗实习和科技创新活动提供了优厚的条件。

临床兽医学科拥有兽医内科学（包括兽医诊断学）、兽医外科学（包括小动物疾病学）、兽医产科学和中兽医学4个三级学科。现有专任教师20名，其中博士研究生导师4人，硕士研究生导师7人。2018年度临床兽医学科共招收硕士研究生12名，博士研究生3名；毕业硕士研究生11名，博士研究生3名。

2018年度临床兽医学科承担国家与自治区各级各类基金项目计有6项，项目经费总额274.2万元。2018年度本学科师生在国内外学术期刊上发表论文30余篇，其中SCI收录论文5篇。

森林保护学

森林保护学科于1997年招生硕士研究生，2005年获博士学位授予权，2008年评为自治区重点学科，目前有森林病害持续防治、森林害虫综合防治及森林生态系统保护3个培养方向。本学科密切结合自治区在森林灾害控制方面的科技和人才需求，为保护森林生态系统健康持续生长、防治森林外来有害生物入侵培养教学、科研、生产服务等不同层次的合格人才，在自治区森林保护战线上发挥着重要的作用。

本学科现有在职教师21名，其中教授3名、副教授6名、讲师8名，实验师4名，获博士学位11人。其中博士研究生导师3人，硕士研究生导师8人。近3年该学科在校研究生19名，其中博士研究生3名。3名研究生获学校创新科研项目，1名博士论文获自治区优秀博士论文提名奖；培养的学生在科研、政府、生产等单位工作努力，成绩优异，受到用人单位的好评。

围绕林业有害生物的监控预警体系、检疫御灾体系和防灾减灾体系，学科开展林木重大病虫害发生理论与防治技术的科学研究，完成国家自然科学基金、林业行业公益专项、“948 项目”等国家级项目，及内蒙自然科学基金等省部级各类科研项目 30 项，研究经费1 000多万元，发表论文 100 余篇，SCI 收录 10 篇，出版专著 6 部。

抓住自治区重点学科的建设机遇，积极开展学科建设工作，目前拥有 720 多平方米的实验室，有光照培养箱、显微镜、气相色谱仪、农药残留测定仪等1 000多万元的仪器设备。学科坚持服务于社会，1 名教师担任自治区昆虫学会副理事长，2 名教师为自治区森林病虫害普查顾问、指导专家。

森林经理学

森林经理学科于 1999 年获硕士学位授予权，2005 年获博士学位授予权，2007 年被内蒙古自治区遴选为自治区级重点学科。以培养林业建设的高级人才、特别是适应森林资源调查、监测和管理的高级技术人才为目标。主要研究方向：森林可持续经营理论与技术、基于“3S”技术的资源环境监测与评价和森林结构与功能研究。学科拥有国家级大兴安岭科学观测研究站教学科研实训基地和，“3S”等实验室，有年轮分析系统、光谱仪、树木激光直径测量仪和遥感图像处理软件等仪器设备基本可满足学科培养的需要。

学科团队本学科点现有教师 11 人，其中教授 3 人。教师中博士生导师 3 人，硕士生导师 6 人。具有博士学位教师的比例占 72. 7%。形成具较高学历结构涵盖林学、生态学、环境科学、计算机科学、管理科学领域的学术团队。截至 2018 年年底，在校研究生 45 名，其中博士研究生 12 名，硕士研究生 33 名，博士后 1 名。

近 5 年承担国家科技支撑、公益性行业专项和国家重点研发计划项目、国家自然科学基金项目等各级各类科研项目 30 余项。到位达 800 余万元。发表论文 50 余篇（SCI 收录 5 篇），出版专著 2 部，授权国家发明专利 1 项，发布地方标准 1 项，撰写评估报告 3 部。购置大型仪器设备 500 余万元。研究生参加国内外学术交流 40 余人次。学科与阿尔伯塔大学、牛津大学、北京林业大学、中国林业科学院、中国科学院等有良好的科研协作和学术交流。森林生态服务功能计量、天然林保护效益评价、次生林抚育和人工林近自然林改造模式、林下经济植物开发与利用等可持续经营技术与示范研究成果在科技支撑、科技服务方面发挥了重要的作用。

生物化学与分子生物学

生物化学与分子生物学学科始建于 2002 年，2003 年获批硕士学位授权点，2008 年成为自治区重点学科，2012 年获批博士学位授权点。学科现有在岗教师 25 人，其中教授 9 人，副教授 8 人，讲师 8 人；博士研究生导师 8 人，硕士研究生导师 5 人，已取得博士学位的教师 14 人。入选自治区“新世纪 321 人才工程”3 人、“教育部新世纪优秀人才支持计划”2 人、“内蒙古自治区草原英才支持计划”3 人。导师队伍中有国务院政府特殊津贴和中国青年女科学家奖获得者、全国优秀科技工作者、全国三八红旗手、内蒙古自治区“五一”劳动奖章、十大杰出青年、五四青年奖章、青年科技奖等获奖者。

学科在地区特色资源动、植物抗逆功能基因的挖掘与利用、植物次生代谢产物调控与应用、药物性肝损伤、红细胞天然免疫学、纳米生物医药应用开发等方向形成了鲜明的地方特色。科研成果获得自治区政府科技进步一等奖 1 项。2018 年度主持各级项目 12 项；累计经费约 170 万元；学术论文 30 余篇，其中被 SCI 收录 7 篇；招收博士研究生 7 人，硕士研究生 38 人；毕业博士研究生 9 人，硕士研究生 41 人。

学科有内蒙古自治区植物逆境生理与分子生物学重点实验 1 个、内蒙古自治区生物化学与分子生物学实验教学示范中心 1 个、稳定的校内外实验实习基地 3 个，拥有先进仪器设备近 500 台，总价值1 300余万元。学科始终坚持“产、学、研、用”相结合的道路，与自治区大中型企业奥淳生物技术有限公司、大圣生物技术有限公司、内蒙古和盛生态育林有限公司等建立了长期合作关系并且提供技术支持。

学科高度重视理论与实践相结合，形成了理论教学以应用为目的、为实践教学服务的教学模式；每个学期按照培养方案有组织、有计划地组织研究生到科研合作单位、生产基地进行实践锻炼，提高实践能力、巩固理论知识。同时，学科组成员每年积极参加国内外的相关学术会议、并邀请国内外知名专家进行学术交流 3 次以上，加强对外合作与学术交流。

水文学及水资源

水文学及水资源学科创建于 1978 年，由原农田水利工程专业的水文教研室和地质教研室同时引进其他地质院校地质专业教师组建而成，同年学科设立了地下水开发与利用专业，该专业于 1994 年改名为水文与水资源工程专业，1978 年招收第一届本科生，2006 年被评为自治区品牌专业，2009 年成为国建特色专业建设点，该学科 1989 年开始在农业水土工程学科设立水土资源优化利用方向，并开始招收硕士研究生，1999 年招收该方向博士研究生，2001 年获得硕士学位授予权，1998 年被评为内蒙古农牧学院重点学科，2008 年被评为内蒙古自治区重点学科，2012 年在农业工程一级学科下自设农业水资源利用与保护学科为博士学位授予权，2017 年获得博士学位授权点。

近 5 年来承担了国家重点研发计划项目 1 项，国家自然科学基金重点项目 1 项，国际合作专项 1 项，面上（地区）项目 26 项，国家科技支撑项目 1 项，科技部国际合作项目 1 项，国家重大基础研究前期研究专项 1 项，内蒙古科技攻关项目 5 项，内蒙古自然科学基金重大与重点项目各 1 项，面上项目 6 项，地方政府与横向联合项目 60 余项，近 5 年来共发表学术论文 490 篇，其中 CSCD 收录 267 篇，SCI 收录 53 篇，EI 收录 45 篇，ISTP 收录 3 篇，出版专著与教材共 11 部，获省部级科技进步一等奖、二等奖各 1 项，自治区自然科学二等奖、三等奖各 1 项，自治区中青年科学技术创新奖 1 项、自治区农牧业丰收奖一等奖 1 项。

水资源可持续利用与规划：立足寒旱区气候特点和水资源短缺的现状，本着流域或区域水资源开发利用与经济发展、生态环境建设相协调的原则，进行水资源调控原理及调控技术、水资源可持续开发利用规划、水资源合理配置与风险分析等方面的研究。

水环境科学与工程：针对寒旱区水环境日益恶化、水环境保护与经济发展之间的矛盾不断加剧的现状，开展湖泊湿地环境演变规律、水环境容量及其承载能力分析、水系统中污染物运移扩散与降解过程、水生态修复原理及有效应用技术等方面的研究。

水文过程与生态效应：基于寒旱区特殊地理环境与水文特点，开展地下水—土壤—植物—大气连续体系统中水、汽、热、溶质耦合运移机理及其数值模拟大气水、地表水、土壤水、生物水、地下水相互间的转化机理及其转化关系模拟、调控技术，水文水资源系统模拟，水资源评价理论与技术方法等方面的研究。

地下水科学与工程：基于寒旱区地下水系统的补给、径流与排泄条件，开展地下水循环机理、地下水勘探技术、地下水数值模拟、地下水资源利用与管理、资源开发对地下水系统的影响评价，地下水系统恢复技术等方面的研究。

本学科有一支理论宽、能力强、素质高、业务精、结构合理的学术团队。现有教师29人，其中教授12人，副教授8人，博士25人，博士研究生导师9人，硕士研究生导师5人。在多年的教学科研工作中，获政府特殊津贴2人，获自治区有突出贡献的中青年专家称号2人，获内蒙古科技创新杰出人才奖1人、内蒙古青年科技创新杰出奖1人、内蒙古优秀青年知识分子各1人，入选新世纪百千万人才工程国家级人选、新世纪优秀人才支持计划、自治区“新世纪321人才工程”第一层次人选、内蒙古高等教育“111教育人才工程”第二层次人选各1人次，入选内蒙古“草原英才工程”4人。本学科积极进行水文学及水资源专业课程设置及培养模式的改革，注重学生的培养质量，在农业水土工程学科共培养水土资源优化利用方向的博士56名，硕士16名，在水文学及水资源学科共培养硕士131名，目前在校博士生23名、硕士生32名。

农产品加工及贮藏工程

农产品加工及贮藏工程学科是2008年批准的自治区级重点学科，2016年被内蒙古自治区列入“双一流”建设首批重点建设的学科之一；该学科现有乳制品生物技术与工程、肉品科学与技术、乳酸菌资源开发与利用，特色植物资源开发与食品保鲜与安全控制技术5个研究方向，涵盖了乳、肉、果、蔬的加工、贮藏和包装储运等工程。

拥有“乳品生物技术与工程”教育部重点实验室、“乳酸菌筛选与乳品发酵技术”国家地方联合工程实验室、“奶制品加工”农业农村部重点实验室、“乳品生物技术”教育部工程研究中心、“东北区域农业微生物资源利用”农业农村部科学观测实验站、“发酵乳制品加工技术集成”农业农村部科研基地、“乳酸菌与发酵乳制品”国家奶牛体系加工研究室、“畜产品加工”国家级特色优势学科专项资助实验室、“乳品生物技术与工程”内蒙古自治区重点实验室、“乳酸菌与乳品发酵剂”内蒙古自治区工程实验室、“乳酸菌与发酵乳制品”内蒙古自治区协同创新中心和“畜产品加工”内蒙古工程技术研究中心。拥有24名专职教师。

为加强“双一流”学科建设，制定了“一流学科建设规划”，完成了国务院学位办学位点合格评估申报和信息采集、自治区“双一流”学科建设及政策绩效评价，本年度在本学科建设中投入500万元用于学科建设设备的购置。投入125万元用于“教育部重点实验室”建设，投入120万元用于10个学科科研团队建设。

获得“奶制品加工农业农村部重点实验室”“乳品生物技术与工程内蒙古自治区重点实验室”和“发酵乳制品加工技术集成农业部科研基地”3个省部级科研平台。2018年新增锡林郭勒大庄园肉业有限公司等5家企业建立了校企合作示范基地。“乳酸菌与发酵乳制品应用基础研究创新团队”获得神农中华农业科技奖-优秀创新团队奖。

获批国家自然科学基金3项（共6项），其中青年基金1项，总金额为110万元（184.5万元）；获批内蒙自然科学基金4项（共7项），获批经费总额30万元（共41万元），其中重大项目1项，博士基金1项（共2项），地区项目2项（共4项）；获批教育厅项目1项（共2项），自治区科技引导项目1项。

顺利完成国家基金结题3项（共5项）；获批内蒙古自治区高等学校“青年科技英才”支持计划1项，获批校级双一流学科创新团队人才项目2项（共4项）。完成自治区创新引导奖励基金项目验收1项。近一年本学科教师主持各类项目67项（共101项），发表论文情况63篇（共94篇）（其中SCI、EI收录30篇（共46篇收录）），本学科教师出版专著3部（共5部），授权专利5项（共8项）。学科研究生获得内蒙古自治区研究生科研创新资助项目中重点项目1项。

本学科与内蒙古畜产品加工研究会互相协作，丰富了学科内涵。举办了“第四届内蒙古营养与食品安全学术年会暨第三届理事会第三次会员代表大会”“内蒙古畜产品加工研究会第六届二次学术年会暨绿色畜产品安全生产关键技术交流研讨会”。

本学科在研究生培养工作中的取得卓越成绩，本年度该学科共录取研究生58人（其中博士研究生6人，学术型硕士研究生16人、全日制专业学位硕士研究生23人、非全日制专硕研究生13人）。培养毕业研究生50人（其中博士研究生6人，学硕研究生16人，全日制专硕研究生20人，非全日制专硕研究生8人）。获得自治区优秀博士学位论文中2篇；获得校级优秀博、硕士学位论文中各1篇。

果树学

果树学科创建于1958年，1985年开始招收硕士研究生，1990年经国务院学位委员会批准为果树学硕士学位授权点，同时被列为校级重点学科。2007年晋升为自治区级重点学科。现已发展成为能够培养包括博士和硕士研究生的教学研究型学科。

本学科紧密结合内蒙古高原地区气候特点和果树生产实际情况，已逐步形成果树优质高效栽培技术与理论基础研究、果树种质资源与现代育种技术研究、果树抗性生理生态机制研究、观光果树的理论与技术研究4个主要的研究方向。目前在国内外同领域研究中，本学科已初步形成了具有明显地区特色和区域优势的“高原地区抗寒抗旱优质生态果树栽培及生态生理”的学科研究方向。

本学科逐步形成一支学术思想活跃，治学严谨，学风正派，业务素质优良的学术队伍。学科现有教师16名，其中教授7名，副教授4名，讲师4名，高级实验师1名；博士研究生导师2名，硕士研究生导师9名；具有博士学位教师13名；入选内蒙古自治区“草原英才”人选1名、内蒙古自治区“新世纪321人才工程”第一层次人选1名、“新世纪321人才工程”第二层次人选3名、第三层次人选1名。

本学科近年来先后承担国家自然科学基金10余项、国家民政部项目2项、内蒙古科技攻关项目5项，内蒙古自然科学基金7项、呼和浩特市科技局项目1项、内蒙古地方标准制定项目4项，以及其他各级各类科研项目多项；先后获内蒙古科技进步一等奖1项，教育部科技进步二等奖1项，农业部中华农业科技一等奖1项，获自治区科技进步二等奖2项。

2018年度本学科新增内蒙自然科学基金项目1项、自治区“草原英才”项目1项、内蒙古农业大学新品种选育专项1项，获批经费47万元。以第一作者或通讯作者共发表学术论文8篇，其中SCI收录1篇，中文核心6篇。参编十三五规划教材1部。学科在发展过程中积极开展生产一线科技服务工作，有2位教师承担呼和浩特市科技特派员专家团专家任务。

2018年度招收硕士研究生11人，毕业硕士研究生8人。

蔬菜学

蔬菜学科创建于1958年，1982年开始招收硕士研究生，1996年被国务院学位委员会批准为硕士学位授权点，2006年批准为博士学位授权点。蔬菜学学科为自治区重点学科。园艺专业为自治区品牌专业。

现有教师16名，其中教授5名，副教授6名，讲师4名，实验师1名；博士学位13名，硕士学位1名；自治区中青年专家1名，自治区“新世纪321人才工程”二层人员2名，自治区“111工程”二层人员2名，博士研究生导师3名，硕士研究生导师6名。

近10年来先后主持完成国家、自治区自然科学基金、自治区科技攻关和教育厅项目等41项，各项研究经费共计1 640万元。先后获自治区科技进步二等奖2项，三等奖6项。目前承担着国家、自治区自然基金项目、自治区科技攻关等项目23项。

本学科致力于加强人才培养及实验室建设。几十年来，学科始终把培养高素质的合格人才作为根本任务，已为博士和硕士研究生、本、专科开出了学位课、专业课等课程14余门类。已培养硕士235名，博士38名。现有自治区级重点实验室一个，设施农业工程中心一个，拥有大中型仪器设备90台套。

近年来不断加强学术交流，鼓励研究生参加各类学术会议，参编教育部“十一五”全国统编教材《蔬菜栽培学各论》（北方本），先后出版学术著作20余部，在国内外学术刊物发表学术论文400余篇。

本学科的社会服务能力不断提高。近10年来，在全区进行蔬菜新技术开发和成果推广近40项，推广面积达320多万亩，经济、社会、生态效益显著。

2018 年度本学科新增国家自然科学基金 2 项，内蒙古自治区科技攻关项目 1 项、内蒙古农业大学新品种选育专项 2 项，获批经费 295 万元。国家发明专利 2 项。发表学术论文 12 篇，其中中文核心 10 篇。学科在发展过程中积极开展生产一线科技服务工作，有 3 位教师承担呼和浩特市科技特派员专家团专家任务。

农业经济管理

农业经济管理学科历史最早可追溯到 1956 年，原内蒙古农牧学院基础教学部农业经济教研组。1981 年 8 月经内蒙古自治区人民政府和上级部门批准建立畜牧业经济管理系，同年秋季招收第一届畜牧业经济管理专业本科生，1986 年招收第一届畜牧业经济管理方向硕士研究生，2006 年获得农业经济管理二级学科博士授予权，2010 年成为农林经济管理一级学科授权点，2014 年获批博士后流动站并招生。2018 年招收博士研究生 13 人（其中，留学生 4 人），学术型硕士研究生 12 人（其中，留学生 2 人）；毕业博士研究生 7 人，硕士研究生人 3 人（其中，留学生 1 人）。

经过多年发展，学科的研究领域已经扩展到了涉农政治、经济、社会、文化、环境等领域，涉及了“三农”问题的各个方面，既包括农业政策、体制和技术创新、农业现代化、土地（草牧场）制度、合作社制度等，也包括农村中小企业与县域经济发展、农村城镇化与农村社区建设、农村社会发展与社会保障、农村国民教育与人力资源开发、农村文化发展与新农村建设、农村治理、农民收入、农村反贫困与区域协调发展、食品质量与供给安全、生态文明、资源与环境经济、应对气候变化的战略研究、全球环境变化与农业发展等。在研究方法上，本学科大量借鉴其他自然和社会科学研究方法，在定性分析的基础上，广泛采用计量经济模型与最优化分析方法，十分重视实证和案例分析。

学科现有专任教师 28 名，其中教授 10 名，副教授 6 名，讲师 12 名；具有博士学位的教师 23 名、硕士学位的教师 5 名，博士研究生导师 8 名，硕士研究生导师 14 名。其中，4 人获得自治区有突出贡献专家称号，5 人入选内蒙古自治区“草原英才”工程，5 人入选自治区“新世纪 321 人才工程”。

目前，学科拥有内蒙古自治区教育厅人文与社会科学重点研究基地“内蒙古农村牧区发展研究所”；拥有内蒙古自治区党委宣传部哲学社会科学重点研究基地“内蒙古畜牧业经济研究基地”“内蒙古自治区乡村振兴战略研究中心”；拥有内蒙古自治区草原英才团队“草原畜牧业经济理论与实践创新团队”。本学科也是内蒙古自治区农牧业经济学会挂靠单位。

2018 年学科承担国家自然科学基金、国家现代农业产业技术体系、国务院扶贫办、农业农村部、国际合作、内蒙古科技计划、内蒙古自然科学基金、内蒙古社科规划办、内蒙古社科联、内蒙古教育厅等项目 21 项，科研总经费约 260 万元；共发表科技论文 40 多篇，其中 SCI 收录 4 篇、CSSCI 论文 10 篇、中文核心期刊论文 15 篇；出版著作 4 部；主持和参与自治区党委政研室、政府研究室、财政厅、发改委、国土厅、农牧业厅、扶贫办、农业综合开发办等多个部门的项目和咨询评估，担任伊利等公司独立董事，主持参与国家发改委及自治区政府多项重大农牧业项目的分析论证工作，社会服务能力强、效果好。内蒙古自治区哲学社会科学优秀研究成果一等奖 1 项、二等奖 1 项、三等奖 3 项。

园林植物与观赏园艺

园林植物与观赏园艺学科是研究园林植物和园林设计的理论与实践的学科。重点是结合自治区的地区特点和民族特色，结合我国北方干旱、寒冷地区园林植物特点以及城市绿地系统、城市公园、居住区绿化、风景名胜区、旅游区、城市规划等发展要求，对园林植物和园林设计的理论和技术等进行研究，改善人居环境，促进现代城市建设发展。本学科有园林植物与城市森林、风景园林规划设计、风景园林工程与城市规划设计、园林地被与草坪学等研究方向，为干旱半干旱地区城市植物生态效益、城市森林体系的构建、绿地可持续发展提供技术支撑。

本学科具有 4 名指导教师，高级专业技术职称的 2 人，副高级专业技术职称的 2 人，均具有丰富的教学和实践经验。近三年的招生周期内，主持参与了近 20 项科研课题或生产实践项目，发表论文 20 余篇。近三年在校研究生 8 人，其中博士研究生 3 名。2018 年招收硕士研究生 3 名。

该学科培养德、智、体全面发展的园林植物与观赏园艺专业高级专门人才。近几年生源充足，就业稳定，培养方案科学合理，可操作性强。学科基础设施齐全，教学资源丰富。专业教室、工作空间及公共展览空间占地面积将近 500 平方米，仪器设备总价值 1 584万元。学科与内蒙古和信园蒙草抗旱绿化有限责任公司、鄂尔多斯市住房和建设委员会园林科学研究所、呼和浩特市园林科学研究所等单位签订了实训基地协议，基地具备一定规模和实训条件，能够满足研究生实践和毕业论文需要。本学科依托实践基地及相关生产实践积极开展社会服务，获得了社会的广泛认可。

农业昆虫与害虫防治

农业昆虫与害虫防治学科创建于 1958 年，1999 年开始招收硕士研究生，2001 年经国务院学位委员会批准为农业昆虫与害虫防治学科硕士学位授权点，2007 年成为内蒙古自治区重点培育学科，2013 年获得作物保护学学科博士授予权，2014 年与中国科学院动物研究所康乐院士团队合作成立草原昆虫研究中心。根据自治区农牧业发展需要、学科国内外发展趋势及本学科优势，设立了昆虫生态与分子生物学、害虫生物防治与综合治理、昆虫毒理学和昆虫分类与系统进化 4 个研究方向作为本学科的重点发展方向。

办学几十年来，学科非常重视师资队伍建设，现已形成一支职称与学历结构较合理、学风严谨、学术思想活跃、高素质的师资队伍。现有教职工 11 名，其中教授 4 名、副教授 3 名、讲师 2 名、高级实验师 1 名、实验师 1 名，已获博士学位 9 人，入选内蒙古自治区高等院校“111 人才工程”“草原英才”和内蒙古“新世纪 321 人才工程”第

一、第二层次各 1 人，先后有 8 名教师赴美国、加拿大、英国、荷兰、比利时等国留学深造或进行合作研究。本年度引进高层次人才 1 名，1 名教师公派至英国 Rothamsted Research 从事科学研究。

本年度新上国家自然科学基金项目 1 项，在国内外核心期刊上发表研究论文 16 篇，其中 SCI 收录 6 篇。2018 年招收学术型硕士研究生 5 人，专业型硕士 3 人，毕业硕士研究生 5 人，博士研究生 2 人。

购置电冰箱 2 台，1 台冷藏箱，数把移液枪。

水工结构工程

水工结构工程学科创建于 1986 年，它是由原农业水土工程的水工建筑物方向发展而来的，1987 年农业水土工程硕士点下设立了水工建筑物的研究方向。2003 年经国务院学位委员会批准为硕士学位授权点，2004 年开始招收水工结构硕士研究生，2007 年成为内蒙古自治区重点培育学科。根据自治区水利工程的发展需要、学科国内外发展趋势及本学科优势，形成了寒区新材料与新结构体系、环境岩土工程、寒区水利工程结构设计理论 3 个稳定的研究方向。

现有教师 8 名，其中教授 3 名、副教授 1 名、讲师 3 名、高级实验师 1 名，已获博士学位 5 人，博士生导师 2 人，硕士生导师 2 人。截至 2018 年，本专业已培养硕士研究生 40 人。近 5 年来，主持承担了国家自然科学基金 5 项，内蒙古自治区科技、内蒙古自然科学基金、内蒙古科技厅项目 15 项，总经费近 400 万元；发表学术论文 60 多篇，其中核心期刊收录 48 余篇，SCI 收录 2 篇，EI 收录 4 篇，主编或参编出版教材 3 部，专著 3 部。

食品科学与工程

学科拥有 1 个食品科学与工程一级学科博士学位授权点，下设食品科学、农产品加工及贮藏工程 2 个二级学科博士学位授权点和食品科学与工程一级学科硕士学位授权点以及食品科学、农产品加工及贮藏工程、粮食油脂及植物蛋白工程 3 个二级学科硕士学位授权点。食品科学与工程一级学科是内蒙古自治区首批重点建设的“双一流”学科，农产品加工及贮藏工程学科是自治区重点建设学科。内蒙古乳酸菌学会、内蒙古畜产品加工研究会、内蒙古营养学会挂靠在食品科学与工程学院。

学科拥有“乳品生物技术与工程”教育部重点实验室、“乳酸菌筛选与乳品发酵技术”国家地方联合工程实验室、“奶制品加工”农业农村部重点实验室、“乳品生物技术”教育部工程研究中心、“东北区域农业微生物资源利用”农业农村部科学观测实验站、“发酵乳制品加工技术集成”农业农村部科研基地、“乳酸菌与发酵乳制品”国家奶牛体系加工研究室、“畜产品加工”国家级特色优势学科专项资助实验室、“乳品生物技术与工程”内蒙古自治区重点实验室、“乳酸菌与乳品发酵剂”内蒙古自治区工程实验室、“乳酸菌与发酵乳制品”内蒙古自治区协同创新中心和“畜产品加工”内蒙古工程技术研究中心、“奶制品加工农业农村部重点实验室”“乳品生物技术与工程内蒙古自治区重点实验室”和“发酵乳制品加工技术集成农业部科研基地等科研平台。

2018 年获得自治区一流学科建设支持经费 850 万元，其中 500 万元用于学科建设设备的购置。

2018 年新增锡林郭勒大庄园肉业有限公司等 5 家企业建立了校企合作示范基地。“乳酸菌与发酵乳制品应用基础研究创新团队”获得神农中华农业科技奖——优秀创新团队奖。学科获批国家自然科学基金 6 项，其中青年基金 1 项，总金额为 184.5 万元；获批内蒙自然科学基金 7 项，获批经费总额 41 万元，其中重大项目 1 项，博士基金 2 项，地区项目 4 项；获批教育厅项目获批 2 项，自治区科技引导项目 1 项。获批内蒙古自治区高等学校“青年科技英才”支持计划 1 项，获批校级双一流学科创新团队人才项目 4 项目。完成自治区创新引导奖励基金项目验收 1 项。近一年教师主持各类项目 101 项，发表论文情况 94 篇（其中 SCI、EI 收录 46 篇），教师出版专著 5 部，授权专利 8 项。

学科与内蒙古营养学会和内蒙古畜产品加工研究会互相协作，丰富了学科内涵。举办了“第四届内蒙古营养与食品安全学术年会暨第三届理事会第三次会员代表大会”“内蒙古畜产品加工研究会第六届二次学术年会暨绿色畜产品安全生产关键技术交流研讨会”“冬季营养与食品安全科普大讲堂”系列讲座。编著《中国居民膳食指南 2016》（蒙古文版）；主编《吃出营养吃出健康》系列丛书（4 册），荣获“2018 年度内蒙古自治区优秀科普作品”。举办了“全民营养周”内蒙古站预热暨膳食指南与吃动平衡健康体重活动。积极参与“食品安全宣传周”和“全国科普日”活动。在锡林郭勒盟正镶白旗和赤峰市阿鲁科尔沁旗开展了“科技助力、精准扶贫”活动，参加了内蒙古自治区“百名专家走进盟市旗县科普传播行”活动。

2018 年共录取研究生 159 人（博士生 15 人，硕士生 144 人）；培养毕业研究生 87（博士生 8 人，硕士 79 人）人。

林业工程

林业工程学科最早设置于 1958 年，当时开设的专业有“森林工程”“木材加工”和“林产化工”。经过几代人半个多世纪的共同努力，使林业工程学科不断发展，办学层次不断丰富。林业工程学科于 1998 年获“木材科学与技术”二级学科硕士学位授予权，2001 年获“森林工程”二级学科硕士学位授予权，2006 年获“林业工程”一级学科博士学位授予权，2014 年由人事和社会保障部授权在我校设置“林业工程”一级学科博士后流动站。截至 2018 年，林业工程学科累计培养专科生、本科生和研究生等共计6 000余名。

学科现有专职教师 61 人，其中教授 20 人，副教授 14 人；具有博士学位教师 37 人，具有海外留学经历教师 24 人；博士研究生导师 11 人，硕士研究生导师 14 人。学科现开设木材科学与技术、林产化学加工工程和森林工程三个学科方向，主要研究方向有：沙生灌木生态采伐理论与技术、林草交错生态脆弱区道路规划与结构设计、沙生灌木材性与加工利用、木材物理学与干燥技术、木质材料先进加工技术及装备、生物质能源与功能材料 6 个研究方向。重点以我国西部干旱和半干旱地区特有沙生灌木林的开发利用为研究和服务对象，在特有沙生灌木纤维化利用方面形成优势。

近五年，学科累计承担科研项目 80 余项，科研经费总额2 300余万元，其中科研成果获省部级奖 2 项，教学成果获省部级奖 4 项。发表论文 200 余篇，其中 SCI 收录 40 余篇、EI 收录 20 余篇，出版学术专著 4 部，编写出版教材 5 部，授权发明专利 12 件。2018 年度，获得内蒙古自治区科技进步二等奖 1 项，获自治区优秀硕士研究生学位论文 4 篇。学科现拥有自治区级科研平台 5 个，专业实验室 18 个，实验室面积8 000多平方米，实验仪器设备 396 台（套），总值6 200余万元。

农林经济管理

农林经济管理一级学科包含农业经济管理和林业经济管理两个二级学科，农林经济管理学科是在 1999 年由原内蒙古农牧学院农业经济学科和原内蒙古林学院林业经济管理学科合并而成的。农业经济管理学科于 1986 年成为硕士学位授权点，农林经济管理一级学科于 2005 年成为一级学科硕士学位授权点，同年农业经济管理二级学科成为了博士学位授权点，2006 年开始招生。2010 年升级为农林经济管理一级学科授权点，2014 年获批博士后流动站并招生。2018 年学科招收博士研究生 15 人（其中留学生 5 人），学术型硕士研究生 13 人（其中留学生 2 人）；毕业博士研究生 7 人，硕士研究生人 4 人（其中留学生 1 人）。

学科现有专任教师 30 名，其中教授 12 名，副教授 6 名，讲师 12 名；具有博士学位的教师 25 名、硕士学位的教师 5 名，博士研究生导师 9 名，硕士研究生导师 16 名。5 人获得自治区有突出贡献专家称号，6 人入选内蒙古自治区“草原英才”工程，5 人入选自治区“新世纪 321 人才工程”。

目前，学科拥有内蒙古自治区教育厅人文与社会科学重点研究基地“内蒙古农村牧区发展研究所”；拥有内蒙古自治区党委宣传部哲学社会科学重点研究基地“内蒙古畜牧业经济研究基地”“内蒙古自治区乡村振兴战略研究中心”；拥有内蒙古自治区“草原英才”团队“草原畜牧业经济理论与实践创新团队”。2018 年学科承担国家自然科学基金、国家现代农业产业技术体系、农业农村部、国际合作、内蒙古科技计划、内蒙古自然科学基金、内蒙古社科规划办、内蒙古社科联、内蒙古教育厅等项目 21 项，科研总经费 283 万元；共发表科技论文 40 多篇，其中 SCI 收录 4 篇、CSSCI 论文 10 篇、中文核心期刊论文 15 篇；出版著作 4 部；主持和参与自治区党委政研室、政府研究室、财政厅、发改委、国土厅、农牧业厅、林业厅、扶贫办、农业综合开发办等多个部门的项目和咨询评估，担任伊利等公司独立董事，主持参与国家发改委及自治区政府多项重大农牧业项目的分析论证工作，社会服务能力强、效果好。内蒙古自治区哲学社会科学优秀研究成果一等奖 1 项、二等奖 1 项、三等奖 3 项。

园艺学

园艺学科创建于1958年，是内蒙古“双一流”建设学科、内蒙古自治区重点一级学科，园艺专业是自治区品牌专业。1982年开始招收蔬菜学硕士研究生，1996年获批蔬菜学硕士学位授权点，2006年获批蔬菜学二级学科博士学位授权点；1985年开始招收果树学硕士研究生，1990年获批果树学硕士学位授权点；2012年获批观赏园艺硕士学位授权点。2006年园艺学一级学科获得硕士学位授予权；为内蒙古唯一的蔬菜学二级博士点和园艺学一级学科硕士点。同年，蔬菜学和果树学被确定为内蒙古自治区重点学科。

本学科遵循“生态优先、绿色发展”的原则，紧密结合民族区域经济和产业发展需求，经过60多年的努力奋斗，建成为内蒙古自治区重点学科和自治区“双一流”重点建设学科，形成了蔬菜学、果树学、设施园艺学和寒旱区沙地园艺植物种质资源与创新利用三个主干和一个特色学科方向。

拥有“内蒙古自治区野生特有蔬菜种质资源与种质创新重点实验室”“内蒙古自治区设施园艺工程技术研究中心”和“教育部中职培训基地”3个平台。

本学科设蔬菜学、果树学、设施园艺学和寒旱区沙地园艺植物种质资源与创新利用4个稳定方向，其中蔬菜学、果树学、设施园艺学是3个主干学科方向，已逐步形成果蔬优质高效栽培技术与理论基础研究、果蔬种质资源与现代育种技术研究、果蔬抗性生理生态机制研究、设施园艺植物栽培及观光农业的理论与技术研究等研究方向。

学科专任教师为32人，其中正高级职称人员12人，副教授10名，讲师8名，专职实验技术人员3人，其中高级实验师1名。博士研究生导师6名，硕士研究生导师16名；具有博士学位教师27名。其中有国家二级教授2人，享受国务院政府特殊津贴1人，“草原英才”2人，自治区“新世纪321人才工程”人选6人；自治区“111工程”第二层人员2名。自治区深入生产第一线做出突出贡献科技人员1人；学校科技创新（培育）团队1个，自治区教坛新秀1人、学校教坛新秀2人。

近10年来先后主持完成国家、自治区自然科学基金、自治区科技攻关和教育厅项目等40余项，各项研究经费共计2 000多万元。先后获内蒙古科技进步一等奖1项，二等奖4项，三等奖6项。教育部科技进步二等奖1项，农业部中华农业科技一等奖1项，目前承担着国家、自治区自然基金项目、自治区科技攻关等项目23项。

2018年度本学科新增国家自然基金2项、内蒙古科技攻关项目2项，内蒙自然科学基金项目3项、内蒙古农业大学新品种选育专项3项，自治区“草原英才”项目1项。获批经费342万元。国家发明专利2项。共发表学术论文24篇，其中SCI收录2篇，中文核心18篇。

截至2018年，已培养博士研究生41名，培养硕士生34届，共计357名。2018年度招收博士研究生3名，授予学位2名；招收硕士研究生29人，授予学位18人。

学科在发展过程中积极开展生产一线科技服务工作，有1位教师为内蒙古自治区科技专家，5 位教师承担呼和浩特市科技特派员专家团专家任务。本学科的社会服务能力不断提高。近 10 年来，在全区进行园艺植物新技术开发和成果推广近 40 项，推广面积达 320 多万亩，经济、社会、生态效益显著。

农业资源与环境

农业资源与环境一级学科前身是原内蒙古农牧学院土壤与农业化学专业，始建于 1958 年，是我国少数民族地区第一个土壤与农业化学专业，目前一级学科包括 3 个二级学科（土壤学、植物营养学、农业资源应用化学）。2009 年被评为内蒙古特色专业，主干课程土壤学被遴选为内蒙古精品课程。1985 年土壤学二级学科开始招收硕士研究生，2003 年植物营养二级学科开始招收硕士研究生，同年教育部批准一级学科硕士学位授权点，2006 年土壤学二级学科开始招收博士研究生，2013 年农业资源应用化学二级学科开始招收硕士研究生，2016 年土壤质量与养分资源实验室遴选为内蒙古重点实验室。

学科现有专任教师 25 人，其中正高级 11 人，副高级 11 人，博士研究生导师 4 人，硕士研究生导师 15 人，具有博士学位教师 19 人，7 人具有海外留学经历；享受国务院政府特殊津贴专家 1 人，国家有突出贡献中青年专家 1 人，内蒙古科技重大奖 1 人，内蒙古“草原英才”工程 3 人，内蒙古自治区深入生产第一线做出突出贡献的科技人员 1 人，内蒙古土壤肥料学会理事长和副理事长 5 人。

学科现有省部级重点实验室 1 个，省部级实验教学示范中心 1 个，核心科研基地 1 000余亩；建筑面积 0.6 万平方米，实验室 0.5 万平方米，仪器装备水平达到国内先进水平；在区内外科研、技术推广和企业共建教学研究实习基地 10 个。

学科已形成草原土壤资源利用与环境保护、土水环境与植物生长、植物营养与施肥、生物活性物质提取与资源开发 4 个稳定的研究方向。率先在草原土壤资源合理利用与生态环境保护、在半干旱与高纬度地带农作物高产施肥理论与技术、节约型农业水肥一体化理论与技术、森林土壤与森林生态的碳汇评价指标体系构建模型、基于光谱的作物氮素营养诊断与管理技术、碱土改良技术集成等方面研究达到国内先进水平。近 5 年，承担完成省部级以上科研项目 50 项，总经费达1 559.2万元，获省部级科技奖励 1 项；发表论文 138 篇，其中 SCI 收录论文 14 篇，主编出版教材 3 部，主编出版专著 2 部，参编教材 3 部，获得专利 2 项。

师资和人才队伍建设

工作概述

2018年，学校继续坚持人才引进与培养并重的理念，围绕《内蒙古农业大学“十三五”人才队伍建设发展规划》，结合自治区“双一流”建设目标和学科发展实际，加强师资队伍建设，出台《内蒙古农业大学高层次人才引进与管理办法（试行）》《内蒙古农业大学吸引与鼓励高层次人才工作管理办法（试行）》《内蒙古农业大学引进优秀博士人才管理办法（试行）》，年内引进高层次人才3人。

全年公开招聘专任教师79人，其中博士61人（985院校15人，中国农业科学院1人，211院校11人，国外院校3人，蒙汉语兼通岗位5人），硕士18人（985院校6人，211院校3人，蒙汉语兼通岗位6人）。

支持青年教师在职攻读学位，出台《内蒙古农业大学教职工攻读博士学位管理办法》，全年有8人获得博士学位。有91人通过内蒙古自治区教育厅高等学校教师资格认定。1 662人参加了专业技术人员继续教育培训。开展专业技术资格推荐、评审和考核认定工作，28人取得正高级专业技术资格，59人取得副高级专业技术资格，106人取得中级专业技术资格（其中补2017年考核认定讲师9人），5人取得初级专业技术资格。

加大各类人才的申报、推荐力度。2018年获得自治区“草原英才”工程培养人选培养三类人选10人；“草原英才”工程创新团队三类4个；自治区优秀科技工作者2人；国务院政府特殊津贴入选2人。

师资培养与队伍建设

注重新进教师培养工作，按照高校新进专任教师多元化培训体系要求，面向学校2017年、2018年共计76名新进专任教师开展了包括岗前培训、师德师风建设、教学基本功训练、普通话培训等内容的系列培训，共计组织现场集中培训22场，开设在线培训课程120门，累计培训达2000人次。注重骨干教师的培养，2018年国家公派出国留学各类项目共计派出教师28名，单位公派教师出国学习8名，攻读博士学位教师9名。注重培养优秀教师，经过申请推荐，2018年学校获批自治区级教学名师1名，教坛新秀1名。注重提高教师掌握现代教学技术能力，组织教师进修学习，2018年暑期派出

26 名教师赴清华大学进行混合式教学培训。

专业技术职务评聘

取得专业技术资格 198 人，其中正高级 28 人，副高级 59 人，中级 106 人，初级 5 人。

正高级专业技术资格

教授（24 人）

王彩云（评聘分开）　李海军（评聘分开）　马艳红（评聘分开）
史树德（评聘分开）　郭金丽（评聘分开）　张文波　蒙仲举　宣传忠
宗哲英（评聘分开）　高瑞忠（评聘分开）　姚利宏　白　英（评聘分开）
罗小玲　张子义（评聘分开）　塔　娜　吴国荣（评聘分开）　彭　恩
胡　敏　王　耀　郭海清　胡炜东　樊文斌　黄修梅　赵明敏

推广系列教授（2 人）

王　俊　张润生

自然科学研究系列研究员（1 人）

张文羿（评聘分开）

思政研究系列研究员（1 人）

曹渊清

副高级专业技术资格

副教授（50 人）

李　蓓　石彩霞　包花尔　于肖夏　贾立国　李晓静　谭　瑶
张剑峰　斯钦毕力格　袁　帅　冯　超　任海燕　盛　艳
米艳杰　郭月峰　邓伟刚　郭文斌　黄　磊　贾文亮　郭泽宇
柴智慧　马　梅　杨　杨　王步钰　王光霞　斯　琴　刘向辉
图　雅　王兴刚　郭　欣　张　军　刘媛媛　闫　慧　丁小宽
张　博　阿古拉　周艳秋　沈向华　吴珊丹　王　锋　王瑞星
杨俊峰　张清梅　王　新　包七十三　杨　珍　李一吉　楠　极
李红霞　吕耀龙

自然科学研究系列副研究员（2 人）

段利民　钟　智

高级实验师（4 人）

赵淑文　邵玉芳　么　强　高　峰

图书系列副研究馆员（2 人）

郭冬梅（评聘分开）　段瑞梅

高级审计师（1人）

乔春霞（评聘分开）

中级专业技术资格

讲师（97人）

王海兵　塔　拉　杨中杰　邹　寅　王晓航　苗　佳　唐　慧
王慧琴　安　钢　吕　琦　白　晨　徐元庆　陈　灰　张　良
李懿璞　李正男　米俊珍　李宁宁　孙平平　潘　璐　张　键
王　东　李艳艳　李　敏　德海山　张晓明　叶文兴　陈薇薇
侯牡丹　杨宜晨　韩彦隆　刘瑞敏　郭　芳　张文杰　于文波
康飞龙　张　涛　赵东旭　贺长彬　贺　云　刘　禹　刘志强
薛慧君　李丽丽　刘宇晨　曹妍雪　夏亚男　赵　洁　顾　悦
扎木苏　伊　丽　李慧旻　谢聪娇　白　洁　特日根　陈　晨
周艳青　那仁格日勒　梁　燕　刘晓豹　石昱岑　王　瑜
乌日韩　郝　捷　道日娜　王　蕾　徐丽阳　那仁满都拉
斯琴塔娜　巩　霞　万大千　贾永杰　李丹岚　赵　婷　王海超
梁红兰　艾　敏　王怡璇　图　拉　薛　琛　朱新宇　刘　莎
吴菲菲　吴山丹　李　盼　刘志强（职院）　段孟霄　安伊凡
赵艳丽　木其尔　韩升才　包文泉　滑永春　李　龙　马迎梅
娜黑芽　部晋楠

思想政治研究系列助理研究员（7人）

王　力　乌兰巴特尔　郭政文　乌　拉　傲　棋
葛　飞（校聘）　玮丽斯

实验师（1人）

李志刚

图书系列馆员（1人）

张　慧

初级专业技术资格

助教（1人）

吴丽娜

图书系列助理馆员（2人）

樊　勇　张　玫（校聘）

助理实验师（2人）

高世华　马慧敏

各类专家、人才

特聘院士

聘用单位	姓名	名称	聘用时间
机电工程学院	汪懋华	中国工程院院士	2010 年
沙漠治理学院	尹伟伦	中国工程院院士	2010 年
农学院	官春云	中国工程院院士	2010 年
水利与土木建筑工程学院	刘鸿亮	中国工程院院士	2010 年
兽医学院	夏咸柱	中国工程院院士	2010 年
水利与土木建筑工程学院	王　浩	中国工程院院士	2011 年
农学院	康　乐	中国科学院院士	2011 年
材料科学与艺术设计学院	李　坚	中国科学院院士	2012 年
机电工程学院	罗锡文	中国工程院院士	2012 年

“全国先进工作者”入选者

单位	姓名	入选年份
沙漠治理学院	那　顺	2000
食品科学与工程学院	张和平	2015

“享受国务院政府特殊津贴”入选者

单位	姓名	入选年份	备注
原校党政办	耿庆汉	1991	（1928—2008）
动物科学学院	霍澍田	1991	
动物科学学院	王守清	1991	（1926—2012）
动物科学学院	乌　尼	1991	（1933—2018）
动物科学学院	赵志恭	1991	
动物科学学院	李祚煌	1991	（1927—1998）
计算机与信息工程学院	朱必文	1991	
林学院	冯　林	1991	（1933—2016）
农学院	林维申	1991	（1920—2016）
农学院	邵金旺	1991	
草原与资源环境学院	章祖同	1991	（1925—2015）

（续表）

单位	姓名	入选年份	备注
原校党政办	马恩伟	1992	（1934—2005）
动物科学学院	嘎尔迪	1992	
动物科学学院	林　曦	1992	
动物科学学院	沙　里	1992	（1936—2016）
动物科学学院	税世荣	1992	（1928—1995）
理学院	李东根	1992	（1935—2014）
科技处	马成麟	1992	（1935—1993）
林学院	郭连生	1992	
农学院	李心文	1992	
农学院	李学渊	1992	（1930—2013）
农学院	门福义	1992	
农学院	王丽雪	1992	
农学院	张家骅	1992	
原农林工程设计院	关　佾	1992	（1929—2017）
原设计院	张国汉	1992	（1934—2015）
草原与资源环境学院	富象乾	1992	（1926—2016）
草原与资源环境学院	高炳德	1992	
沙漠治理学院	汪玖文	1992	
沙漠治理学院	周世权	1992	（1937—2010）
原校党政办	那仁傲其尔	1993	
动物科学学院	布　和	1993	
动物科学学院	付德兴	1993	
动物科学学院	刘震乙	1993	（1922—2011）
动物科学学院	王文元	1993	
动物科学学院	赵振华	1993	
原高教研究所	崔纯璞	1993	
机电工程学院	柏大棨	1993	
机电工程学院	闻长复	1993	（1935—2003）
理学院	布音贺喜格	1993	
教务处	赵美华	1993	
经济管理学院	王秉秀	1993	（1929—2017）

（续表）

单位	姓名	入选年份	备注
农学院	李春林	1993	
农学院	刘克礼	1993	（1937—2008）
农学院	刘梦云	1993	
农学院	赵清岩	1993	
草原与资源环境学院	陈世璜	1993	（1934—2009）
草原与资源环境学院	乌力更	1993	（1934—2018）
草原与资源环境学院	张奎壁	1993	
水利与土木建筑工程学院	朝伦巴根	1993	（1940—2014）
动物科学学院	郝先谱	1994	
生态环境学院	许清云	1994	（1935—2005）
水利与土木建筑工程学院	舒子亨	1994	
沙漠治理学院	那　顺	1995	
草原与资源环境学院	张秀芬	1995	
水利与土木建筑工程学院	陈亚新	1995	（1936—2010）
机电工程学院	窦卫国	1996	
农学院	赵廷芳	1996	
草原与资源环境学院	李青丰	1997	
草原与资源环境学院	乌云飞	1997	
机电工程学院	田　德	1997	调出
机电工程学院	王竹瑛	1998	（1940—2007）
材料科学与艺术设计学院	张海升	1998	
农学院	田自华	1998	（1960—2014）
机电工程学院	郭凤祥	1999	（1936—2007）
草原与资源环境学院	刘德福	2000	
兽医学院	呼和巴特尔	2000	
水利与土木建筑工程学院	桑以琳	2000	
动物科学学院	侯先志	2001	
草原与资源环境学院	云锦凤	2001	
学报编辑部	续维国	2001	
农学院	郑克宽	2002	
动物科学学院	李金泉	2004	

（续表）

单位	姓名	入选年份	备注
动物科学学院	芒　来	2004	
食品科学与工程学院	德力格尔桑	2004	
兽医学院	杨晓野	2004	
水利与土木建筑工程学院	史海滨	2006	
农学院	高聚林	2008	
生命科学学院	周欢敏	2008	
林学院	闫　伟	2010	
食品科学与工程学院	张和平	2010	
水利与土木建筑工程学院	刘廷玺	2010	
机电工程学院	赵士杰	2012	
水利与土木建筑工程学院	李畅游	2012	
农学院	张少英	2014	
草原与资源环境学院	贾玉山	2014	
理学院	闫祖威	2014	
农学院	刘景辉	2016	
机电工程学院	王春光	2016	
动物科学学院	张文广	2018	
生命科学学院	李国婧	2018	

国家“百千万人才工程”入选者

单位	姓名	职称	入选年份	备注
草原与资源环境学院	李青丰	教授	1996	
机电工程学院	田　德	教授	1996	调离
农学院	田自华	教授	1998	（1960—2014）
动物科学学院	芒　来	教授	2004	
动物科学学院	李金泉	教授	2004	
水利与土木建筑工程学院	刘廷玺	教授	2006	
食品科学与工程学院	张和平	教授	2013	
动物科学学院	张文广	教授	2017	

“长江学者奖励计划”特聘教授

单位	姓名	职称	入选年份
食品科学与工程学院	张和平	教授	2011

“全国优秀教师”入选者

单位	姓名	职称	入选年份
水利与土木建筑工程学院	汪建平	研究员	2007
沙漠治理学院	高　永	教授	2014

“全国高校优秀思想政治教育工作者”入选者

单位	姓名	入选年份
工会	刘恩贵	1991
水利与土木建筑工程学院	汪建平	2007
宣传部	包革命	2009

“全国教育系统先进工作者”入选者

单位	姓名	入选年份
宣传部	包革命	2009

“全国模范教师”入选者

单位	姓名	入选年份
农学院	王丽雪	1993
机电工程学院	窦卫国	1999
草原与资源环境学院	高炳德	2001
草原与资源环境学院	云锦凤	2007

“国家级有突出贡献中青年专家”入选者

单位	姓名	职称	入选年份	备注
农学院	邵金旺	教授	1986	
农学院	李心文	教授	1992	
农学院	田自华	教授	1996	（1960—2014）

（续表）

单位	姓名	职称	入选年份	备注
食品科学与工程学院	张和平	教授	2013	

“全国优秀科技工作者”入选者

单位	姓名	入选年份
草原与资源环境学院	云锦凤	2005
食品科学与工程学院	张和平	2010
农学院	高聚林	2012
农学院	刘景辉	2014
生命科学学院	李国婧	2014

国家杰出青年基金获得者

单位	姓名	职称	入选年份
食品科学与工程学院	张和平	教授	2010

全国杰出专业技术人才先进集体

单位	团队名称	入选年份
食品科学与工程学院	乳酸菌与发酵乳制品创新团队	2014

“自治区杰出人才奖”入选者

单位	姓名	职称	入选年份	备注
草原与资源环境学院	高炳德	教授	2006	
草原与资源环境学院	云锦凤	教授	2007	
水利与土木建筑工程学院	朝伦巴根	教授	2007	（1940—2014）
食品科学与工程学院	张和平	教授	2009	
动物科学学院	芒　来	教授	2010	
草原与资源环境学院	韩国栋	教授	2011	
动物科学学院	李金泉	教授	2013	
水利与土木建筑工程学院	刘廷玺	教授	2013	
农学院	于　卓	教授	2015	

“自治区草原英才”培养人选

单位	姓名	职称	入选年份	备注
动物科学学院	李金泉	教授	2010	培养 2 类
农学院	高聚林	教授	2010	培养 3 类
农学院	刘景辉	教授	2010	培养 3 类
农学院	陈　勤	教授	2010	柔性引进 3 类
林学院	闫　伟	教授	2010	培养 3 类
草原与资源环境学院	韩国栋	教授	2010	培养 3 类
水利与土木建筑工程学院	史海滨	教授	2010	培养 3 类
经管管理学院	修长百	教授	2010	培养 3 类
食品科学与工程学院	张和平	教授	2010	培养 2 类
食品科学与工程学院	杜　敏	教授	2010	柔性引进 3 类
食品科学与工程学院	Jae Hyeong Ko	教授	2010	柔性引进 3 类
生命科学学院	周欢敏	教授	2010	培养 3 类
动物科学学院	芒　来	教授	2011	培养 2 类
动物科学学院	张文广	教授	2011	培养 3 类
兽医学院	曹金山	教授	2011	培养 3 类
兽医学院	曹贵方	教授	2011	培养 3 类
农学院	于　卓	教授	2011	培养 3 类
草原与资源环境学院	王成杰	教授	2011	培养 3 类
水利与土木建筑工程学院	刘廷玺	教授	2011	培养 2 类
水利与土木建筑工程学院	魏占民	教授	2011	培养 3 类
食品科学与工程学院	董同力嘎	教授	2011	刚性引进 3 类
生命科学学院	李国婧	教授	2011	培养 3 类
生命科学学院	王瑞刚	教授	2011	培养 3 类
生命科学学院	张　峰	副教授	2011	刚性引进 3 类
周欢敏实验室	傅海安	教授	2011	柔性引进 3 类
动物科学学院	张润厚	教授	2012	柔性引进 3 类
兽医学院	夏咸柱	教授	2012	柔性引进 1 类
兽医学院	刘淑英	教授	2012	培养 3 类
农学院	康　乐	教授	2012	柔性引进 1 类
草原与资源环境学院	李青丰	教授	2012	培养 2 类
草原与资源环境学院	贾玉山	教授	2012	培养 3 类

（续表）

单位	姓名	职称	入选年份	备注
草原与资源环境学院	石凤翎	教授	2012	培养3类
机电工程学院	罗锡文	教授	2012	柔性引进1类
水利与土木建筑工程学院	王　浩	教授	2012	柔性引进1类
材料科学与艺术设计学院	李　坚	教授	2012	柔性引进1类
经管管理学院	盖志毅	教授	2012	培养3类
经管管理学院	乔光华	教授	2012	培养3类
经管管理学院	包庆丰	教授	2012	培养3类
动物科学学院	闫素梅	教授	2013	培养3类
兽医学院	刘大程	教授	2013	培养3类
林学院	张国盛	教授	2013	培养3类
沙漠治理学院	高　永	教授	2013	培养3类
水利与土木建筑工程学院	屈忠义	教授	2013	培养3类
水利与土木建筑工程学院	杨树青	教授	2013	培养3类
食品科学与工程学院	吉日木图	教授	2013	培养3类
食品科学与工程学院	孟和毕力格	教授	2013	培养3类
食品科学与工程学院	格日勒图	教授	2013	培养3类
食品科学与工程学院	郭丽如	副教授	2013	柔性引进3类
生命科学学院	段开红	教授	2013	培养3类
理学院	闫祖威	教授	2013	培养3类
农学院	任长忠	研究员	2013	柔性引进3类
动物科学学院	史彬林	教授	2015	培养3类
农学院	张少英	教授	2015	培养3类
农学院	张永平	教授	2015	培养3类
水利与土木建筑工程学院	张　生	教授	2015	培养3类
农学院	李立军	教授	2015	培养3类
水利与土木建筑工程学院	李瑞平	教授	2015	培养3类
食品科学与工程学院	陈永福	副研究员	2015	培养3类
动物科学学院	敖长金	教授	2015	培养3类
生命科学学院	万　方	教授	2015	刚性引进3类
动物科学学院	白永胜	教授	2016	柔性引进3类
动物科学学院	高　峰	教授	2016	培养3类

（续表）

单位	姓名	职称	入选年份	备注
草原与资源环境学院	红　梅	教授	2016	培养3类
农学院	孟瑞霞	教授	2016	培养3类
食品科学与工程学院	孙志宏	副研究员	2016	培养3类
食品科学与工程学院	张美莉	教授	2016	培养3类
沙漠治理学院	蒙仲举	副教授	2017	培养3类
材料与艺术设计学院	毕力格巴图	教授	2017	培养3类
食品科学与工程学院	陈　霞	教授	2018	培养3类
草原与资源环境学院	格根图	教授	2018	培养3类
农学院	李小燕	教授	2018	培养3类
草原与资源环境学院	任海燕	副教授	2018	刚性引进3类
材料与艺术设计学院	王喜明	教授	2018	培养3类
草原与资源环境学院	王忠武	副教授	2018	培养3类
草原与资源环境学院	云　岚	教授	2018	培养3类
农学院	赵宝平	副教授	2018	培养3类
农学院	赵明敏	教授	2018	刚性引进3类
经济管理学院	赵元凤	教授	2018	培养3类

自治区“草原英才”工程产业创新创业人才团队

单位	姓名	职称	团队名称	入选年份	备注
动物科学学院	李金泉	教授	草原家畜遗传资源保护创新团队	2011	团队3类
草原与资源环境学院	韩国栋	教授	草地资源可持续利用创新团队	2011	团队3类
动物科学学院	芒　来	教授	马科学研究与马业产业化创新人才团队	2012	团队3类
农学院	刘景辉	教授	燕麦种质资源利用创新人才团队	2012	团队3类
水利与土木建筑工程学院	李畅游	教授	河湖湿地水环境保护与修复技术研究创新人才团队	2012	团队3类
水利与土木建筑工程学院	刘廷玺	教授	半干旱地区影响水资源高效利用及其调控技术创新人才团队	2012	团队3类
食品科学与工程学院	张和平	教授	乳酸菌与发酵乳制品应用基础研究团队	2012	团队2类

（续表）

单位	姓名	职称	团队名称	入选年份	备注
生命科学学院	周欢敏	教授	家畜种质材料创制创新人才团队	2012	团队 3 类
兽医学院	曹金山	教授	天然药物有效成分的提取工艺及其药理学研究创新人才团队	2013	团队 3 类
农学院	高聚林	教授	玉米高产高效创新团队	2013	团队 3 类
机电工程学院	武　佩	教授	草原畜牧业装备智能化技术创新团队	2013	团队 3 类
水利与土木建筑工程学院	史海滨	教授	北方旱区农业节水技术与环境效应研究创新团队	2013	团队 3 类
材料科学与艺术设计学院	王喜明	教授	沙生灌木纤维化能源化开发利用技术创新团队	2013	团队 3 类
经济管理学院	修长百	教授	牧区草原畜牧业产业组织体系研究和草原畜牧业理论与实践创新团队	2013	团队 3 类
食品科学与工程学院	靳　烨	教授	高效绿色肉与肉制品生产与加工关键技术与产业化开发创新团队	2013	团队 3 类
生命科学学院	李国婧	教授	旱生植物遗传资源挖掘与利用技术创新团队	2013	团队 3 类
草原与资源环境学院	石凤翎	教授	内蒙古高原乡土草种质资源遗传改良与利用创新人才团队	2015	团队 3 类
兽医学院	刘淑英	教授	羊疫病防控关键技术的集成创新与应用创新人才团队	2015	团队 3 类
沙漠治理学院	高　永	教授	防沙治沙科研创新人才团队	2015	团队 3 类
动物科学学院	闫素梅	教授	改善奶牛乳腺健康和乳品质的营养调控技术研究创新人才团队	2015	团队 3 类
动物科学学院	张文广	教授	家畜生物信息学及应用创新人才团队	2015	团队 3 类
材料科学与艺术设计学院	黄金田	教授	林木资源高效增值利用创新人才团队	2016	团队 3 类
草原与资源环境学院	贾玉山	教授	草产品加工利用关键技术研发与产业化示范创新人才团队	2016	团队 3 类

（续表）

单位	姓名	职称	团队名称	入选年份	备注
农学院	张少英	教授	甜菜高产高糖高效调控技术研发创新人才团队	2016	团队3类
动物科学学院	敖日格乐	教授	肉牛种质资源培育与创新利用创新人才团队	2017	团队3类
林学院	白玉娥	教授	生态经济型灌木新品种选育产业创新团队	2017	团队3类
生命科学学院	段开红	教授	农业生物发酵产业创新人才团队	2017	团队3类
农学院	樊明寿	教授	马铃薯高产高效技术创新团队	2017	团队3类
动物科学学院	齐景伟	教授	反刍动物功能性复合生物饲料研制与应用创新人才团队	2017	团队3类
草原与资源环境学院	红　梅	教授	土默川平原盐碱地生态修复机理与技术创新集成团队	2018	团队2类
水利与土木建筑工程学院	屈忠义	教授	盐渍化灌区水盐运移机理与盐碱障碍生态调控技术创新人才团队	2018	团队2类
机电工程学院	张　永	教授	现代农牧业工程新技术研发及应用创新人才团队	2018	团队2类
动物科学学院	张　玉	教授	畜禽安全生产与健康养殖协同创新人才团队	2018	团队2类

自治区“深入生产第一线做出突出贡献的科技人员”入选者

单位	姓名	入选年份	备注
后勤管理处	李继光	1993	
农学院	魏景云	1993	(1949—1999)
职业技术学院	王效亮	1995	
机电工程学院	王竹瑛	1995	(1940—2007)
农学院	郑克宽	1995	
职业技术学院	葛茂悦	1997	
机电工程学院	杜文亮	1999	
农学院	张　胜	1999	
草原与资源环境学院	敖特根	2001	
草原与资源环境学院	索全义	2001	

（续表）

单位	姓名	入选年份	备注
机电工程学院	赵满全	2001	
草原与资源环境学院	刘果厚	2003	
保卫处	侯海旺	2005	（1960–2010）
农学院	支中生	2005	
农学院	刘景辉	2007	
食品科学与工程学院	任文明	2007	
水利与土木建筑工程学院	田存旺	2009	
兽医学院	祁生旺	2011	

自治区“优秀教师”入选者

单位	姓名	入选年份	备注
生命科学学院	周欢敏	1997	
水利与土木建筑工程学院	申向东	2004	
兽医学院	马学恩	2009	
食品科学与工程学院	张和平	2009	
机电工程学院	王春光	2009	
经济管理学院	修长百	2009	
职业技术学院	葛茂悦	2009	
动物科学学院	菊林花	2012	
农学院	刘景辉	2012	
机电工程学院	童淑敏	2012	
理学院	许　辉	2014	
理学院	苏金梅	2014	
机电工程学院	赵士杰	2014	

自治区“优秀教育工作者”入选者

单位	姓名	入选年份	备注
水利与土木建筑工程学院	王耀强	2004	
机电工程学院	杜健民	2009	
人文社会科学学院	席锁柱	2012	

（续表）

单位	姓名	入选年份	备注
生命科学学院	李国婧	2014	

自治区“优秀德育工作者”入选者

单位	姓名	入选年份	备注
草原与资源环境学院	斯日古楞	2017	

自治区“高校优秀思想政治理论课教师”入选者

单位	姓名	入选年份	备注
马克思主义学院	刀丽芳	2017	

自治区“新世纪321人才工程”入选者

单位	姓名	职称	入选年份	备注
计算机与信息工程学院	高　静	教授	2017	第一层次
农学院	郭金丽	副教授	2017	第一层次
农学院	赵　君	教授	2017	第一层次
农学院	景　岚	教授	2017	第一层次
农学院	张永平	教授	2017	第一层次
生命科学学院	李国婧	教授	2017	第一层次
生命科学学院	王瑞刚	教授	2017	第一层次
生命科学学院	张　峰	教授	2017	第一层次
材料与艺术设计学院	毕力格巴图	教授	2017	第一层次
水利与土木建筑工程学院	李瑞平	教授	2017	第二层次
水利与土木建筑工程学院	李仙岳	教授	2017	第二层次
农学院	史　丽	教授	2017	第二层次
农学院	王志刚	教授	2017	第二层次
草原与资源环境学院	李　斐	教授	2017	第二层次
食品科学与工程学院	陈永福	研究员	2017	第二层次
草原与资源环境学院	格根图	教授	2017	第二层次
食品科学与工程学院	孙文秀	教授	2017	第二层次
食品科学与工程学院	孙志宏	研究员	2017	第二层次

（续表）

单位	姓名	职称	入选年份	备注
经济管理学院	刘玉春	教授	2017	第二层次
沙漠治理学院	蒙仲举	副教授	2017	第二层次
生命科学学院	刘惠荣	教授	2017	第二层次
农学院	赵宝平	副教授	2017	第二层次

自治区“有突出贡献的中青年专家”入选者

单位	姓名	职称	入选年份	备注
理学院	李东根	教授	1988	（1935—2014）
农学院	门福义	教授	1988	
计算机与信息工程学院	朱必文	教授	1988	
科技处	马成麟	教授	1990	（1935—1993）
动物科学学院	嘎尔迪	教授	1992	
沙漠治理学院	周世权	教授	1992	（1937—2010）
水利与土木建筑工程学院	朝伦巴根	教授	1994	（1940—2014）
草原与资源环境学院	高炳德	教授	1994	
林学院	郭连生	教授	1994	
农学院	李岩涛	教授	1994	
沙漠治理学院	那　顺	教授	1994	
动物科学学院	金曙光	教授	1996	
水利与土木建筑工程学院	李畅游	教授	1996	
水利与土木建筑工程学院	桑以琳	教授	1996	
沙漠治理学院	王林和	教授	1996	
农学院	慈忠玲	教授	1998	
草原与资源环境学院	刘果厚	教授	1998	
学报编辑部	续维国	编审	1998	
林学院	闫　伟	教授	1998	
农学院	张少英	教授	1998	
机电工程学院	赵士杰	教授	1998	
生命科学学院	段开红	教授	2000	
计算机与信息工程学院	裴喜春	教授	2000	
机电工程学院	田　德	教授	2000	调离

（续表）

单位	姓名	职称	入选年份	备注
农学院	云兴福	教授	2000	
水利与土木建筑工程学院	姬宝霖	教授	2002	
水利与土木建筑工程学院	申向东	教授	2002	
兽医学院	申之义	教授	2002	
兽医学院	李云章	教授	2004	
沙漠治理学院	刘　静	教授	2004	
水利与土木建筑工程学院	刘廷玺	教授	2004	
理学院	闫祖威	教授	2006	
兽医学院	张七斤	教授	2006	
机电工程学院	赵满全	教授	2006	
食品科学与工程学院	张和平	教授	2008	
经济管理学院	修长百	教授	2008	
经济管理学院	乔光华	教授	2010	
材料科学与艺术设计学院	王喜明	教授	2010	
农学院	于　卓	教授	2010	
动物科学学院	李金泉	教授	2012	
水利与土木建筑工程学院	史海滨	教授	2012	
经济管理学院	包庆丰	教授	2012	
经济管理学院	盖志毅	教授	2015	
沙漠治理学院	高　永	教授	2015	
动物科学学院	齐景伟	教授	2017	
经济管理学院	张心灵	教授	2017	

自治区“优秀专业技术人员”入选者

单位	姓名	入选年份	备注
林学院	田有亮	1999	
食品科学与工程学院	德力格尔桑	1999	
动物科学学院	李金泉	2003	
机电工程学院	王春光	2003	

自治区“优秀科技工作者”入选者

单位	姓名	入选年份	备注
草原与资源环境学院	云锦凤	2005	
机电工程学院	赵满全	2010	
食品科学与工程学院	张和平	2010	
农学院	高聚林	2012	
水利与土木建筑工程学院	史海滨	2012	
生命科学学院	李国婧	2014	
农学院	刘景辉	2014	
人文社会科学学院	盖志毅	2016	
草原与资源环境学院	韩国栋	2016	
食品科学与工程学院	孙志宏	2017	
草原与资源环境学院	红　梅	2018	
食品科学与工程学院	靳　烨	2018	

2018年正高级职称名单

动物科学学院

教授（19人）

李金泉　芒　来　敖长金　闫素梅　敖日格乐　张文广　张家新
娜仁花　史彬林　赖双英　张　玉　齐景伟　高爱琴　赵艳红
高　峰　娜仁花　张燕军　王海荣　李大彪

兽医学院

教授（28人）

李培锋　王凤龙　郝永清　杨　英　呼和巴特尔　曹贵方
王纯洁　杨晓野　李云章　曹金山　刘淑英　杨银凤　关平原
张七斤　韩润林　巴音吉日嘎拉　格日勒图　申之义　莫　内
哈斯苏荣　额尔敦木图　刘大程　吴树清　杨莲茹　王　瑞
周伟光　温永俊　刘俊平（推广）

农学院

教授（36人）

高聚林　于　卓　云兴福　刘景辉　庞保平　张少英　李连国
郝丽珍　崔世茂　樊明寿　马　庆　张　胜　霍秀文　周洪友

侯建华　逯晓萍　赵　君　蒙美莲　张永平　李立军　胡　俊
石　岭　孟瑞霞　白瑞琴　张力君　郭世华　李小燕　盛晋华
刘　艳　陈立红　李海平　史　丽　王　萍　刘志华　王志刚
景　岚

林学院

教授（18人）

闫　伟　张秋良　白淑兰　常金宝　铁　牛　德永军　高润宏
张国盛　白玉娥　田有亮　张秀卿　张　韬　方　亮　段广德
张明铁　安慧君　马秀枝　段立清

草原与资源环境学院

教授（29人）

王明玖　米福贵　周　梅　韩国栋　卫智军　石凤翎　刘果厚
李青丰　李跃进　赵萌莉　贺　晓　贾玉山　王俊杰　李钢铁
武晓东　宛　涛　索全义　王成杰　王建光　红　梅　李造哲
李　斐　张　众　金　洪　海　棠　魏江生　乌　恩
格根图（推广）　云　岚

沙漠治理学院

教授（11人）

高　永　刘　静　汪　季　张武文　许　丽　崔向新　兰登明
秦富仓　王树森　吴丽芝　张成福

机电工程学院

教授（28人）

王春光　武　佩　赵满全　杜文亮　杜健民　赵士杰　陈　智
郁志宏　田海清　李旭英　张　永　钱珊珠　张　云　李海军
刘伟峰　李　林　申庆泰　卜乐平　张丽春　韩进玉　郭　永
尚士友　葛丽娟　吴桂芳　张红旗　高　雄　马彦华　王　芳

水利与土木建筑工程学院

教授（34人）

李畅游　刘廷玺　史海滨　申向东　李　平　裴国霞　魏占民
朱仲元　张　生　韩克平　姬宝霖　屈忠义　牟献友　吕志远
白　英　冀鸿兰　贾德彬　李晓丽　葛岱峰　王永康　胡守忠
刘小燕　杨树青　李瑞平　赵占彪　邹春霞　李树荣（正高级工程师）
史小红　马　龙　姚占全　李仙岳　桑以琳　李红云　张圣微

材料科学与艺术设计学院

教授（17人）

王喜明　安　珍　黄金田　高晓霞　薛振华　张明辉　毕力格巴图
宁国强　吴日哲（一级美术师）　多化琼　王　丽　张桂兰
王雅梅　冯利群　苗　瑞　李　奇　王　欣

经济管理学院

教授（21 人）

修长百　乔光华　包庆丰　赵元凤　张心灵　盖志毅　姜冬梅
乌云花　姚凤桐　杜富林　刘秀梅　高　潮　赵益平　张　微
王　芳　田艳丽　胡尔查　根　锁　句　芳　刘玉春　宝音都仍

食品科学与工程学院

教授（25 人）

张和平　靳　烨　贺银凤　孟和毕力格　孙天松　格日勒图
张美莉　吉日木图　董同力嘎　陈忠军　郭　军　双　全　范贵生
杨　军　殷文政　韩育梅　李少英　杨晓清　赵丽华　赵丽芹
王俊国　孙文秀　陈永福（研究员）　陈　霞　孙志宏（研究员）

计算机与信息工程学院

教授（9 人）

薛河儒　付学良　刘　霞　高　静　周根宝　王　健　李宏慧
李美安　潘　新

生命科学学院

教授（19 人）

李国婧　周欢敏　王茅雁　王瑞刚　张焱如　段开红（正高级工程师）
刘惠荣　冯福应　王玉珍　赵国芬　魏建民　尹　俊　韩　冰
白　薇　陈有君（研究员）　张　峰　杨　燕　万　方　曹俊伟

人文社会科学学院

教授（6 人）

郭宝亮　格日勒图　丁雪华　张银花　席锁柱　王利清

外国语言学院

教授（8 人）

徐莉林　张晓华　薛世彪　娜日苏　李春兰　刘翠兰　常　云
何　英

理学院

教授（23 人）

闫祖威　许　辉　孙景琦　苏金梅　阿木古楞　李凤敏
敖特根巴雅尔　姚贵平　吕　雄　王克冰　姚　虹
布和额尔敦　阿　娟　盛显良　钟志梅　张彩琴　杨丽英

李蜀眉　张秀芳　贺文英　包　锦　冯永娥　王振寰

能源与交通工程学院

教授（10 人）

朱守林　戚春华　塔　娜　刘树民　王国忠　梁　鸿　厚福祥
陈松利　辛海升　张　雁

体育教学部

教授（4 人）

张进才　潘海波　巴雅尔晋格勒　青　春

马克思主义学院

教授（5 人）

霍如涛　高丽萍　付国强　嘎布拉　包　羽

职业技术学院

教授（13 人）

郝拉柱　冯贵宗　付和平　贾克力　郑云胜　李正英　王立中
杜晨光　赵永来　刘金泉　武俊英　郭奇斌　李　明

编审（3 人）

学报编辑部

苏德毕力格　石　林

宣传部

敖特根其木格

思想政治研究系列研究员（8 人）

财务处

冀兆荣

党政办公室

王永明　侯晨曦

动物科学学院

额尔敦

工会

靳小平

纪委、监察审计处

郑培亮

招生就业处

付建军

资产经营公司

汪建平

档案系列研究馆员（1人）

档案馆

范秀琴

主任医师（2人）

校医院

金海英　　孟　斌

图书系列研究馆员（1人）

图书馆

邬卫华

2018年退休人员名单
（55人）

杨秀忠	王鸣进	白　钢	任维新	贾克力	尚　勇	王存喜
许连平	乔春梅	达楞古日巴		樊明成	何飞鸿	芦永兴
张继平	高晓明	常同元	张广宝	韩景莲	夏丽云	乌云格日乐
邢广发	申之义	方　亮	蔡振涛	韩克平	张进才	张大鹏
马　庆	李畅游	胡尔查	孙小平	张　云	卜乐平	郝丽珍
张　青	闫晚姝	代丽君	王　虹	桂呈森	郑云胜	刘　英
刘文芝	弥铁钢	李　艳	王　勋	赵润月	徐文清	宝力道
王　芳	关冬月	敖力格日玛		张丽娟	赵文玲	杨俊恒
李凤玲						

2018年去世人员名单
（25人）

伍德瑛	余茂莉	和宗汉	徐修容	赵补全	乌　尼	石淮芬
乌力更	安新生	包　毅	巫朝福	张先炼	郑秀花	李　馥
杨玉明	孔生贵	马鹤松	恩　和	马二维	李　斌	马义元
乌日图那斯图		其其格	娜　仁	胡玉珍		

科学研究与社会服务

工作概述

本年度获得经费有新的突破。本年度科研经费进账总数为1.85亿元。重点抓了国家和自治区各类科技项目组织申报和积极争取工作，推荐申报国家自然科学基金、国家重点研发计划、自治区科技计划等各级各类科技项目916项，获批201项，其中，国家自然科学基金63项、社科基金1项，国家重点研发计划重点专项项目2项、课题8项，科技部国际合作专项1项。

科技成果获奖数目保持稳定。学校“乳酸菌与发酵乳制品应用基础研究创新团队”荣获神农中华农业科技奖优秀创新团队奖。学校作为第一完成单位获得内蒙古自治区科技进步奖3项，其中二等奖2项，三等奖1项；张文广获得中青年科学技术创新奖；陈章景、郝熙英分别于弗吉尼亚理工大学、加拿大农业部列桥研究中心合作获得国际科学技术合作奖。作为主要参加单位获得自治区科技进步一等奖1项、二等奖2项。学校作为第一完成单位联合申报的获得自治区第七届哲学社会科学优秀成果政府奖3项，其中一等奖1项、二等奖2项。我校作为第一完成单位获得内蒙古自治区农牧业丰收一等奖2项。授权发明专利16项，实用新型专利64项，外观专利1项。

科研平台建设取得新进展。新获批1个国家林业局重点实验室，1个自治区重点实验室，新获批2个自治区工程技术研究中心。

7月26—28日，中国农业科技管理研究会农业高校科研管理工作委员会2018年年会、第38届全国农业高校科研管理研究协作组会议、第九届全国农林高校哲学社会科学发展论坛（简称全国农林高校“科技三会”）在我校隆重举行，增加了我校在全国农林院校中的影响力。

学校与内蒙古阴山优麦燕麦研究院签订协议开展燕麦产业产、学、研合作。学校参加了2018赤峰·中国北方农业科技成果博览会暨全国农高会新丝绸之路创新品牌展示交易会，第九届中国国际现代农业博览会，2018年内蒙古科技活动周暨全区第二十三届科普活动宣传周启动仪式，第二十五届中国杨凌农业高新科技成果博览会。组织选拔参加内蒙古自治区科普讲解大赛，获二等奖2人，优秀奖1人及优秀组织奖；组织参加内蒙古科技活动周，获先进个人1人及先进集体；组织申报优秀科普作品2部、内蒙古自治区科普专家团成员20人、内蒙古自治区青年科技工作者协会会员35人。完成2017年全国科普统计调查。

科研项目及经费

2018 年国家自然科学基金项目

序号	项目批准号	负责人	院系所	项目名称	项目类别	直接费用（万元）	开始日期	结题日期
1	21805142	云雪艳	食品科学与工程学院	聚（L-乳酸）薄膜内气体高速渗透通道的构筑及选择透过机制研究	青年科学基金项目	24.5	2019-1-1	2021-12-31
2	31802257	贺鹏飞	兽医学院	奶牛子宫内膜上皮α7nAChRs抗炎机制研究	青年科学基金项目	22	2019-1-1	2021-12-31
3	31860136	红　梅	草原与资源环境学院	氮沉降和降水变化对短花针茅荒漠草原土壤动物群落结构和多样性的影响与机制	地区科学基金项目	40	2019-1-1	2022-12-31
4	31860184	姚利宏	材料科学与艺术设计学院	循环模拟地震波作用下木结构榫卯节点的力学响应机制	地区科学基金项目	40	2019-1-1	2022-12-31
5	31860185	张明辉	材料科学与艺术设计学院	木材弛豫机制下空隙与质子密度的动态变化研究	地区科学基金项目	41	2019-1-1	2022-12-31
6	31860187	薛振华	材料科学与艺术设计学院	木材细胞壁主分子链聚集态结构对热湿作用的响应与协调机制研究	地区科学基金项目	41	2019-1-1	2022-12-31
7	31860211	张　恒	林学院	中蒙边境森林草原火灾动态及其对气候变化的响应	地区科学基金项目	41	2019-1-1	2022-12-31
8	31860217	万永青	生命科学学院	中间锦鸡儿WRKY转录因子参与非生物胁迫的分子机制	地区科学基金项目	40	2019-1-1	2022-12-31
9	31860218	叶冬梅	林学院	白杆群体谱系地理学与景观遗传学研究	地区科学基金项目	40	2019-1-1	2022-12-31
10	31860409	郭世华	农学院	粳糯谷子waxy基因启动子载体构建及胚乳瞬时表达分析	地区科学基金项目	36	2019-1-1	2022-12-31

（续表）

序号	项目批准号	负责人	院系所	项目名称	项目类别	直接费用（万元）	开始日期	结题日期
11	31860423	包小兰	食品科学与工程学院	亚麻籽蛋白酶解肽抑制胆固醇吸收的生物学功效及其机制的研究	地区科学基金项目	40	2019-1-1	2022-12-31
12	31860434	包秋华	食品科学与工程学院	益生乳杆菌进入VBNC态过程中的抗逆机理研究	地区科学基金项目	41	2019-1-1	2022-12-31
13	31860439	陈忠军	食品科学与工程学院	谷氨酸棒杆菌中脂肪酸的合成机制及调控研究	地区科学基金项目	39	2019-1-1	2022-12-31
14	31860448	丹　彤	食品科学与工程学院	基于三代测序技术研究嗜热链球菌胞外多糖的生物合成机制	地区科学基金项目	40	2019-1-1	2022-12-31
15	31860489	赵明敏	农学院	烟草脉斑驳病毒变异株的非编码RNA引发症状减轻的分子机制	地区科学基金项目	40	2019-1-1	2022-12-31
16	31860495	赵　君	农学院	利用GFP标记的大丽轮枝菌结合蛋白组测序揭示马铃薯抗黄萎病的分子机制	地区科学基金项目	42	2019-1-1	2022-12-31
17	31860540	马　强	农学院	产黄青霉菌剂防治苹果腐烂病的作用机制研究	地区科学基金项目	39	2019-1-1	2022-12-31
18	31860553	王　萍	农学院	基于定量蛋白组学的中国特有种——沙芥对干旱胁迫的响应机制及耐旱基因鉴定	地区科学基金项目	40	2019-1-1	2022-12-31
19	31860558	霍秀文	农学院	基于转录组学的山药（*Dioscorea opposita*）块茎膨大期淀粉合成的机理研究	地区科学基金项目	40	2019-1-1	2022-12-31
20	31860573	崔世茂	农学院	二氧化碳加富条件下温室黄瓜叶表气孔运动和发育对高温的应答机制	地区科学基金项目	37	2019-1-1	2022-12-31
21	31860626	肖红梅	生命科学学院	基于多组学联合分析的山羊绒毛生长启动机制研究	地区科学基金项目	39	2019-1-1	2022-12-31

（续表）

序号	项目批准号	负责人	院系所	项目名称	项目类别	直接费用（万元）	开始日期	结题日期
22	31860627	张燕军	动物科学学院	基于microRNA－mRNA联合分析对绒山羊胚胎期次级毛囊发生发育分子调控作用的研究	地区科学基金项目	39	2019-1-1	2022-12-31
23	31860628	赵艳红	动物科学学院	褪黑激素调控绒山羊次级毛囊周期生长中关键lncRNAs的筛选及其分子机制	地区科学基金项目	39	2019-1-1	2022-12-31
24	31860636	赵一萍	动物科学学院	蒙古马肠道菌群结构和功能基因多样性与马肠胃炎相关性研究	地区科学基金项目	40	2019-1-1	2022-12-31
25	31860637	苏　蕊	动物科学学院	内蒙古绒山羊不同毛被类型遗传变异相关基因的筛选及表达调控解析	地区科学基金项目	40	2019-1-1	2022-12-31
26	31860640	齐旺梅	兽医学院	瓢鸡无尾性状的分子遗传机理研究	地区科学基金项目	40	2019-1-1	2022-12-31
27	31860642	格日乐其木格	动物科学学院	mTOR通路对蒙古马血睾屏障建立的调控作用及其机制	地区科学基金项目	39	2019-1-1	2022-12-31
28	31860652	李大彪	动物科学学院	葡萄糖和泌乳相关激素对奶牛乳腺上皮细胞乳蛋白合成的影响及其作用机制研究	地区科学基金项目	39	2019-1-1	2022-12-31
29	31860658	王海荣	动物科学学院	高精日粮中添加苦豆子对蒙古羔羊瘤胃微生态及免疫机能的影响机制	地区科学基金项目	40	2019-1-1	2022-12-31
30	31860666	宣传忠	机电工程学院	基于时空轨迹数据和声信号的放牧羊群牧食行为研究	地区科学基金项目	39	2019-1-1	2022-12-31
31	31860670	马艳红	农学院	蒙古冰草干旱胁迫相关microRNA及其靶基因鉴定与调控机制研究	地区科学基金项目	39	2019-1-1	2022-12-31
32	31860672	云　岚	草原与资源环境学院	基于全基因组关联分析的新麦草分蘖相关性状基因定位	地区科学基金项目	40	2019-1-1	2022-12-31

（续表）

序号	项目批准号	负责人	院系所	项目名称	项目类别	直接费用（万元）	开始日期	结题日期
33	31860689	曹贵方	兽医学院	绵羊胚胎发育中Brachyury基因的突变表达与呼伦贝尔短尾羊“短尾征”关系研究	地区科学基金项目	41	2019-1-1	2022-12-31
34	31860693	么宏强	兽医学院	双峰驼胎盘免疫调节因子的免疫促进与抑瘤作用机理研究	地区科学基金项目	39	2019-1-1	2022-12-31
35	31860718	杨　英	兽医学院	穴位埋线对竞技赛马运动耐力改善的研究	地区科学基金项目	40	2019-1-1	2022-12-31
36	31860720	毛　伟	兽医学院	金黄色葡萄球菌感染奶牛中性粒细胞天然免疫防御过程中PGE2合成分泌的研究	地区科学基金项目	39	2019-1-1	2022-12-31
37	31860721	何秀玲	兽医学院	胆酸对代谢性炎症的调控作用及其机理研究	地区科学基金项目	36	2019-1-1	2022-12-31
38	31860722	刘　博	兽医学院	PGE2和PGF2α对奶牛子宫内膜上皮细胞促增殖作用及其机制研究	地区科学基金项目	39	2019-1-1	2022-12-31
39	31861143001	赵萌莉	草原与资源环境学院	阴山北麓农牧交错带生物多样性与生态系统功能及恢复机制研究	国际（地区）合作与交流项目	160	2019-1-1	2023-12-31
40	41807079	李　龙	沙漠治理学院	砒砂岩区水力侵蚀下微地貌重塑与土壤有机碳空间再分配的耦合机制	青年科学基金项目	24	2019-1-1	2021-12-31
41	41861001	王海兵	沙漠治理学院	戈壁沙尘释放率及其对地表异质性响应机制的研究	地区科学基金项目	41	2019-1-1	2022-12-31
42	41861005	赵鹏武	林学院	林草交错区森林死亡后粗木质残体对林木更新的影响机制	地区科学基金项目	41	2019-1-1	2022-12-31

（续表）

序号	项目批准号	负责人	院系所	项目名称	项目类别	直接费用（万元）	开始日期	结题日期
43	41861044	高　永	沙漠治理学院	大气—沙土界面动态过程对沙柳沙障耐蚀性的强化机制	地区科学基金项目	40.8	2019-1-1	2022-12-31
44	41867011	格日乐	沙漠治理学院	梯度应力下植物根系在固土抗蚀受损后自修复的生物力学响应机制	地区科学基金项目	40	2019-1-1	2022-12-31
45	41881220650	张成福	沙漠治理学院	中阿土地退化/荒漠化与生态系统修复双边研讨会	国际（地区）合作与交流项目	3	2018-9-27	2018-12-31
46	51809141	童　新	水利与土木建筑工程学院	半干旱典型固沙灌木水分调控机理及其对干旱胁迫与持续降水的响应	青年科学基金项目	26	2019-1-1	2021-12-31
47	51809142	高晓瑜	水利与土木建筑工程学院	地下水浅埋区考虑作物根系吸水对土壤水盐分层响应差异的农田水分生产力模型与模拟	青年科学基金项目	25	2019-1-1	2021-12-31
48	51811530388	史小红	水利与土木建筑工程学院	中国和芬兰湖泊生物地球化学及生态系统代谢过程	国际（地区）合作与交流项目	10.88	2018-8-1	2018-12-31
49	51865047	郁志宏	机电工程学院	基于动力学和气固两相流特性耦合的高能效切碎机设计理论研究	地区科学基金项目	40	2019-1-1	2022-12-31
50	51869015	朱仲元	水利与土木建筑工程学院	典型草原不同时期干旱成灾机理及其对关键气象要素的响应	地区科学基金项目	41	2019-1-1	2022-12-31
51	51869016	马　龙	水利与土木建筑工程学院	中国北方地区气候因子突变与停滞机制及水资源响应与应对研究	地区科学基金项目	41	2019-1-1	2022-12-31
52	51869017	段利民	水利与土木建筑工程学院	半干旱沙丘—草甸相间地区蒸散发时空尺度效应与耦合拓展	地区科学基金项目	41	2019-1-1	2022-12-31

（续表）

序号	项目批准号	负责人	院系所	项目名称	项目类别	直接费用（万元）	开始日期	结题日期
53	51869018	贾德彬	水利与土木建筑工程学院	固沙植被吸水源解析及其对干旱胁迫和地下水波动响应研究	地区科学基金项目	41	2019-1-1	2022-12-31
54	51869019	刘　霞	水利与土木建筑工程学院	盐渍化灌域不同尺度土壤可溶性物质源汇转化迁移分异规律与驱动机制	地区科学基金项目	40	2019-1-1	2022-12-31
55	51869020	孙　标	水利与土木建筑工程学院	寒旱区沙地—草原交接带典型湖泊水盐源解析与生命演化归趋模拟	地区科学基金项目	41	2019-1-1	2022-12-31
56	51869021	卢俊平	水利与土木建筑工程学院	寒区沙地水库氮磷内外源协同作用污染机理研究	地区科学基金项目	42	2019-1-1	2022-12-31
57	51869022	李晓丽	水利与土木建筑工程学院	载荷—冻融—盐侵耦合作用下砒砂岩复合土耐久性机理研究	地区科学基金项目	41	2019-1-1	2022-12-31
58	51879132	史海滨	水利与土木建筑工程学院	河套灌区暗管排水下水—盐—氮运移特征及灌溉—施肥—排水调控机制研究	面上项目	61	2019-1-1	2022-12-31
59	71863028	赵元凤	经济管理学院	牲畜天气指数保险：牧户需求、收入效应和行为影响——基于牛羊天气指数保险的准自然实验	地区科学基金项目	29	2019-1-1	2022-12-31
60	71863029	侯国庆	经济管理学院	环境规制与生产效率对奶牛家庭牧场经营规模选择的影响研究	地区科学基金项目	28	2019-1-1	2022-12-31
61	71873072	柴智慧	经济管理学院	农业大灾保险对规模经营农户生产要素配置行为的影响研究	面上项目	49	2019-1-1	2022-12-31
62	81860652	万　方	生命科学学院	大麻二酚抗白血病的机制研究——应用 CRISPRi 文库解析多靶点药物作用	地区科学基金项目	35	2019-1-1	2022-12-31

（续表）

序号	项目批准号	负责人	院系所	项目名称	项目类别	直接费用（万元）	开始日期	结题日期
63	18BMZ096	鲍晓艳	人文社会科学学院	乡村振兴战略下蒙古族传统文化的保护与发展研究	国家社会科学基金项目	20	2018	2020

2018年新上各类科技项目经费和项目来源结构比例

项目	来源				
	国家基金	国家部委项目	自治区基金	自治区有关厅局项目	其他类项目
经费数	13.9%	37.8%	1.8%	43.2%	3.3%
项目数	13.5%	9.4%	14.1%	39.4%	23.6%

在研500万元以上的国家、自治区科技计划和公益性行业项目

序号	项目名称	主持人	起止时间	经费（万元）	项目类别	所属单位
1	东北西部春玉米抗逆培肥丰产增效关键技术研究与模式构建	王志刚	2017—2020	3528	国家重点研发项目	农学院
2	中蒙孵化器、联合实验室、技术转移中心科研能力建设	刘廷玺	2017—2019	500	自治区重大专项	水利与土木建筑工程学院
3	内蒙古河套灌区暗管排水排盐关键技术研究与示范	史海滨	2018.7—2020.12	800	自治区重大专项	水利与土木建筑工程学院
4	马铃薯优质多抗适应性强新品种培育	于　卓	2018.1—2020.12	500	自治区重大专项	农学院
5	具有预防和改善代谢性疾病益生乳酸菌的筛选、功能评价及其产业化技术集成	张和平	2018.7—2021.6	650	自治区重大专项	食品科学与工程学院

（续表）

序号	项目名称	主持人	起止时间	经费（万元）	项目类别	所属单位
6	重点区域荒漠化过程与生态修复研究示范	高　永	2018—2020	500	自治区重大专项	沙漠治理学院
7	内蒙古中西部生态脆弱区“草—畜”生产体系关键技术研究与示范	韩国栋	2018—2020	660	自治区重大专项	草原与资源环境学院
8	畜禽养殖废弃物资源化利用研究与示范	张佐忠	2018—2020	560	自治区重大专项	动物科学学院
9	大型煤矿和有色矿矿井水高效利用技术与示范	刘廷玺	2018. 7—2021. 6	1993	国家重点研发项目	水利与土木建筑工程学院
10	内蒙古雨养灌溉混合区春玉米规模化种植丰产增效技术集成与示范	高聚林	2018. 7—2020. 12	2853	国家重点研发项目	农学院

2018 年新认定的重点实验室与工程技术研究中心

实验室名称	负责人	发文机关	文号	发文时间
荒漠生态系统保护与修复国家林业局重点实验室（筹建）	秦富仓	国家林草局	林科发〔2018〕31 号	2018-3-6
内蒙古自治区农牧业大数据研究与应用重点实验室	高　静	科技厅	内科发基字〔2018〕7 号	2018-9-20
内蒙古自治区草食家畜饲料工程技术研究中心	齐景伟	科技厅	内科发计字〔2018〕26 号	2018-12-25
水资源高效利用与河湖湿地修复技术内蒙古自治区工程研究中心	刘廷玺	自治区发改委	内发改高技字〔2018〕1471 号	2018-12-4
农业基因组大数据内蒙古自治区工程研究中心	张文广	自治区发改委	内发改高技字〔2018〕1471 号	2018-12-4
内蒙古乡村振兴战略研究中心	吕清禄	自治区党委宣传部	内党宣办发〔2018〕38 号	2018-11-12
发酵乳制品加工技术集成农业部科研基地	张和平	农业农村部		2018

2018 年获得授权的专利

序号	标题	申请人	公开（公告）号	专利类型	发明人
1	具有保温防湿性能的木结构墙壁	内蒙古农业大学	CN108316541B	发明授权	李哲锋　徐乃丹
2	一种实验用鼠固定器	内蒙古农业大学	CN108392291B	发明授权	关　红　何秀玲　韩宝生 郭文斌　毛　伟　李　欣
3	兽医专用的动物口径撑开保持装置	内蒙古农业大学职业技术学院	CN210144802U	实用新型	郭永清　张小宇　任　宏 赵宇飞　文　强
4	在木材表面经多次化学镀铜、镍制备双层电磁屏蔽材料的方法	内蒙古农业大学	CN108707883B	发明授权	潘艳飞　黄金田　赵胜利 王　欣
5	一种沙漠种植打孔防塌陷免回沙护壁	内蒙古农业大学职业技术学院	CN209964584U	实用新型	董素芹　郭聪睿　高　兵 乔俊飞　杜　娟
6	一种上床下椅组合家具	内蒙古农业大学职业技术学院	CN209733194U	实用新型	郑缇全　武建林　李晓飞 王　锋　穆　仁
7	一种高强度的泡沫铝材料及其制备方法	内蒙古农业大学	CN109207880B	发明授权	郭泽宇　张玉辉　武　洁 刘建宏
8	一种试验用羊笼	内蒙古农业大学	CN209628315U	实用新型	王海荣　高爱武　齐景伟 杨金丽　石彩霞　曹　平
9	一种防尘型路面刻纹机	内蒙古农业大学	CN209602934U	实用新型	高明星　关　鹏　霍艳辉 朱守林
10	一种兽医用工具箱	内蒙古农业大学职业技术学院	CN209564222U	实用新型	郭永清　郭志凯　张小宇 赵宇飞　任　宏
11	一种多媒体可调角悬架	内蒙古农业大学职业技术学院	CN209569503U	实用新型	董素芹　高　兵　郭聪睿 乔俊飞　杜　娟　王　俊
12	实验用青贮搅拌装置	内蒙古农业大学	CN209501498U	实用新型	付志慧　格根图　贾玉山 任秀珍　侯美玲　尤思涵 包　健　侯鑫狄　范美超 荣　荣　赵牧其尔　张　静 郝俊峰　马　天　都　帅 王　伟　成启明　降晓伟 卢　强　于浩然　李宇宇 任志花　司　强　李俊峰 卜振鲲　刘丽英　撒多文
13	一种地下蓄水缓渗装置	内蒙古农业大学	CN209509069U	实用新型	李　杨　旭日纳　高　宁 李素珉

（续表）

序号	标题	申请人	公开（公告）号	专利类型	发明人
14	一种田间收割压实裹包装置	内蒙古农业大学	CN209466708U	实用新型	马　天　格根图　贾玉山 尤思涵　包　健　侯鑫狄 范美超　荣　荣　赵牧其尔 张　静　郝俊峰　都　帅 王　伟　成启明　降晓伟 卢　强　于浩然　李宇宇 任志花　司　强　李俊峰 卜振鲲　刘丽英　撒多
15	一种用于木本植物侵染性克隆接种的装置	内蒙古农业大学	CN209468446U	实用新型	李正男　马　强　孙平平
16	一种高架桥防撞墙外围升降施工装置	内蒙古农业大学职业技术学院	CN209443379U	实用新型	董素芹　乔俊飞　高　兵 乔玉芳　王燕荣　杜　娟
17	车载羊用防疫装置	内蒙古农业大学	CN209426645U	实用新型	武　佩　王昊毅　苏　赫 宣传忠　王　奎　朱晓波 杨　磊　马彦华　林祥光 王　栋
18	一种羊用分群装置及其控制系统	内蒙古农业大学	CN209390849U	实用新型	武　佩　王　奎　刘艳秋 武晓玉　宣传忠　王昊毅 刘忠舍　朱晓波　苏　赫 张海军　马彦华
19	一种升降式马蹄修蹄架	内蒙古农业大学职业技术学院	CN209376507U	实用新型	王怀栋　任　宏　郭　园 王　勇　郭永清　张小雨 赵宇飞
20	一种农业用浅层土质采样器	内蒙古农业大学	CN209387322U	实用新型	刘美英　李文龙　高　永 张有新
21	一种模拟雨滴击溅侵蚀的演示装置	内蒙古农业大学	CN209388561U	实用新型	李　龙　秦富仓　杨振奇 任小同　马　鑫　钱秋颖 芳　菲　杜　洲　廉　琪
22	一种磁力式排种器	内蒙古农业大学	CN209358983U	实用新型	刘　飞　李大鹏　林　震 张　涛　赵满全　王　晖 赵红阳　周嘉琦　崔自然 邬秉寅　赵显超
23	一种草原火灾用灭火弹	内蒙古农业大学	CN209361718U	实用新型	伊伯乐　张　恒
24	一种揉碎玉米秸秆螺旋—气力耦合输送装置	内蒙古农业大学	CN209367168U	实用新型	青　林　乌兰图雅　王春光
25	一种多功能土壤修复车	内蒙古农业大学	CN209318425U	实用新型	杨永志　闫海霞　孙文静 马穆德　孙　冰　王树娟

（续表）

序号	标题	申请人	公开（公告）号	专利类型	发明人
26	一种适用于盐碱地苜蓿切割装置	内蒙古农业大学	CN209283739U	实用新型	撒多文　贾玉山　格根图　都　帅　王　伟　成启明　卢　强　降晓伟　于浩然　任志花　李宇宇　司　强　卜振鲲　李俊峰
27	一种沙生植物培育箱	内蒙古农业大学	CN209283818U	实用新型	党晓宏
28	一种利用冷凝水的节水造林系统	内蒙古农业大学	CN209234542U	实用新型	唐国栋　高　永　党晓宏　蒙仲举　韩彦隆　李婉娇　王祯仪　刘　博　石　涛　焦宏远
29	一种升降式球头马蹄修蹄架	内蒙古农业大学职业技术学院	CN209234633U	实用新型	王怀栋　王　勇　郭永清　任　宏　张小雨　赵宇飞
30	一种专用于青贮乳酸菌接种装置	内蒙古农业大学	CN209243059U	实用新型	成启明　贾玉山　格根图　白史且　李　平　撒多文　王　伟　都　帅　降晓伟　卢　强　侯鑫狄　包　健　李宇宇　任志花　于浩然　范美超　张　静　荣　荣　赵牧其尔　卜振鲲　司　强　李俊峰　郝俊峰　付志慧　马　天
31	一种青贮微生物菌落数量统计用分格培养皿	内蒙古农业大学	CN209243066U	实用新型	卜振鲲　贾玉山　格根图　刘庭玉　尤思涵　都　帅　撒多文　王　伟　成启明　降晓伟　卢　强　侯鑫狄　包　健　李宇宇　任志花　于浩然　范美超　张　静　荣　荣　赵牧其尔　司　强　李俊峰　郝俊峰　付志慧　马　天
32	一种青贮发酵监测装置	内蒙古农业大学	CN209243068U	实用新型	卢　强　贾玉山　格根图　撒多文　侯美玲　刘鹰昊　都　帅　成启明　侯鑫狄　包　健　于浩然　任志花　李俊峰　司　强　卜振鲲
33	一种板膜共振的电声马头琴	内蒙古农业大学	CN209249066U	实用新型	李哲锋　邓　魏　李振瑞
34	一种揉碎玉米秸秆的喂料器	内蒙古农业大学	CN209218887U	实用新型	乌兰图雅　青　林　谢胜仕　王春光　王晓蓉

（续表）

序号	标题	申请人	公开（公告）号	专利类型	发明人
35	一种青贮试验样品搅拌装置	内蒙古农业大学	CN209222044U	实用新型	任志花 贾玉山 格根图 刘丽英 王 伟 都 帅 尤思涵 成启明 撒多文 卢 强 降晓伟 鑫 狄 包 健 于浩然 李宇宇 范美超 赵牧其尔 荣 荣 张 静 司 强 李俊峰
36	防止坡面径流侵蚀的生态护坡系统	内蒙古农业大学	CN209211464U	实用新型	刘 龙 郭月峰 姚云峰 秦富仓 董晓宇 祁 伟 高玉寒 王 慧 王佳坤
37	一种草地生态监测固定样方工具	内蒙古农业大学	CN209214948U	实用新型	张 爽 卫智军 吕世杰 刘 佳 田 野 李 泽 郤国萍 丁莉君
38	一种沙粒休止角快速测量装置	内蒙古农业大学	CN209215155U	实用新型	李 龙 秦富仓 杨振奇 钱秋颖 马 鑫 任小同 芳 菲 廉 琪 杜 洲
39	一种新型铡草刀	内蒙古农业大学	CN209151640U	实用新型	郝俊峰 格根图 贾玉山 刘庭玉 刘丽英 王 伟 都 帅 尤思涵 成启明 撒多文 包 健 侯鑫狄 降晓伟 卢 强 范美超 赵牧其尔 荣 荣 张 静 李宇宇 任志花 于浩然 马 天 付志慧 卜振鲲 司 强 李俊峰
40	一种饲草晾晒和饲喂一体装置	内蒙古农业大学	CN209151921U	实用新型	于浩然 贾玉山 格根图 都 帅 王 伟 成启明 卢 强 降晓伟 任志花 李宇宇 司 强 卜振鲲 李俊峰 包 健
41	一种罐装青贮压实装置	内蒙古农业大学	CN209160054U	实用新型	李俊峰 贾玉山 格根图 刘丽英 王 伟 都 帅 撒多文 成启明 降晓伟 卢 强 侯鑫狄 尤思涵 包 健 李宇宇 任志花 于浩然 范美超 张 静 荣 荣 赵牧其尔 司 强 卜振鲲 马 天 郝俊峰 付志慧

（续表）

序号	标题	申请人	公开（公告）号	专利类型	发明人
42	一种水土保持用的防护网	内蒙古农业大学	CN209162851U	实用新型	董晓宇　郭月峰　姚云峰　王　慧　王佳坤　刘　龙　高玉寒　祁　伟
43	一种牧草取样器	内蒙古农业大学	CN209166875U	实用新型	李宇宇　贾玉山　格根图　张玉兰　马千鹏　刘庭玉　刘丽英　王　伟　都　帅　尤思涵　成启明　撒多文　降晓伟　卢　强　侯鑫狄　包　健　任志花　于浩然　范美超　张　静　荣　荣　赵牧其尔　卜振鲲　司　强　李俊峰　郝俊峰　付志慧　马　天
44	一种移动式生物炭造粒机	内蒙古农业大学	CN209138573U	实用新型	高聚林　孙继颖　左新利　包海柱　王志刚　于晓芳　胡树平　苏治军　王　振　闹干朝鲁　韩升才　李懿璞　高　鹏　李建荣　刘　福
45	植物蒸腾测试箱	内蒙古农业大学	CN209132237U	实用新型	董晓宇　郭月峰　姚云峰　刘　龙　高玉寒　祁　伟　王　慧　王佳坤
46	一种草地水土保持网	内蒙古农业大学	CN209105826U	实用新型	卫智军　张　爽　刘　佳　田　野　郃国萍　李　泽　丁莉君　吕世杰
47	一种适用于草本群落的野外模拟增温装置	内蒙古农业大学	CN209105827U	实用新型	卫智军　刘　佳　张　爽　吕世杰　田　野　李　泽　郃国萍　丁莉君
48	羊用剪甲翻转装置	内蒙古农业大学	CN209107664U	实用新型	段嘉兴　郭　芳　李海军
49	一种锤片式饲料粉碎机的锤片	内蒙古农业大学	CN209109273U	实用新型	田海清　钱　义　王　迪　王海庆　于智坤　王　新　王世超　尚振禹　周贤达
50	一种简易草捆升降装置	内蒙古农业大学	CN209113422U	实用新型	司　强　贾玉山　格根图　刘庭玉　刘丽英　撒多文　都　帅　王　伟　成启明　降晓伟　卢　强　于浩然　李宇宇　任志花　李俊峰　卜振鲲　尤思涵　包　健　侯鑫狄　范美超　荣　荣　赵牧其尔　张　静　郝俊峰　马　天　付志慧

（续表）

序号	标题	申请人	公开（公告）号	专利类型	发明人
51	一种实验用鼠固定器	内蒙古农业大学	CN209091701U	实用新型	关　红　何秀玲　韩宝生　郭文斌　毛　伟　李　欣
52	保定翻羊器	内蒙古农业大学	CN209091706U	实用新型	武　佩　薛　晶　苏　赫　杨建宁　范秀琴　韩宝生　马彦华　宣传忠
53	一种膜透式农田土壤剖面气体采集装置	内蒙古农业大学	CN209102477U	实用新型	温　馨　红　梅　赵巴音那木拉　李艳勤　张宇晨
54	一种图书管理用阅览架	内蒙古农业大学职业技术学院	CN209073747U	实用新型	高　兵　董素芹　王　伟
55	可控制承雨面积的土壤溅蚀收集装置	内蒙古农业大学	CN209085969U	实用新型	郭雒敏　李晓丽
56	一种羊用夹持机构	内蒙古农业大学	CN209059529U	实用新型	武　佩　王　奎　刘艳秋　武晓玉　宣传忠　王昊毅　刘忠舍　朱晓波　苏　赫　张海军　马彦华
57	一种干旱半干旱地区中小型土壤动物分离装置	内蒙古农业大学	CN209030912U	实用新型	叶　贺　红　梅　赵巴音那木拉　李　静　闫　瑾　高海燕
58	一种模块化组装木门及其制造方法	内蒙古农业大学	CN108729813B	发明授权	姚利宏　薛振华　张　源　王　哲　何恩霞　李　超　李英洁
59	一种原状土柱模拟滴灌（马铃薯）农田养分淋溶的装置	内蒙古农业大学	CN209014570U	实用新型	刘小雨　石晓华　秦永林　陈　杨　樊明寿　贾立国　于　静
60	一种用于线切割的四分直齿轮夹具	内蒙古农业大学	CN208977015U	实用新型	张志强　李梦琳　康立非　杜文亮　苏日嘎拉图
61	一种小型液压缸自动检测系统	内蒙古农业大学	CN208968590U	实用新型	张志强　马宗雨　马一铭　杜文亮　陈　震
62	一种幼苗移栽打孔装置	内蒙古农业大学	CN208924595U	实用新型	云　岚　马博原　李　珍　王　俊　盛　誉　石凤翎
63	一种水力侵蚀条件下的坡面土壤流失演示模型	内蒙古农业大学	CN208938479U	实用新型	秦富仓　李　龙　王勇铁　杨振奇　任小同
64	降雨收集装置	内蒙古农业大学	CN208921887U	实用新型	刘　龙　郭月峰　姚云峰　秦富仓　王　慧　祁　伟　高玉寒　董晓宇　王佳坤

（续表）

序号	标题	申请人	公开（公告）号	专利类型	发明人
65	干旱半干旱区土壤剖面标本采集装置	内蒙古农业大学	CN208902441U	实用新型	赵巴音那木拉　红　梅　兴　安　德海山　叶　贺　温　馨
66	便携式羊只位置检测装置	内蒙古农业大学	CN208887661U	实用新型	朱晓波　宣传忠　武　佩　王昊毅　马彦华　王　奎　杨　磊　刘艳秋　杨建宁
67	书写专用训练纸（会计专业阿拉伯数字）	内蒙古农业大学职业技术学院	CN305155123S	外观设计	刘建国
68	书写专用训练纸（会计专业汉字数字）	内蒙古农业大学职业技术学院	CN305155124S	外观设计	刘建国
69	一种叶菜播种装置	内蒙古农业大学职业技术学院	CN208807062U	实用新型	杨　进　李红杰　高世华　马慧敏
70	一种饲喂羊栏	内蒙古农业大学；内蒙古金莱牧业科技有限责任公司	CN208768681U	实用新型	王瑞军　韩文静　张燕军　苏　蕊　王志英　李金泉
71	自动售药装置	内蒙古农业大学 内蒙古师范大学	CN208766773U	实用新型	孙芊芊　王　鹏　施　思　王洪波　王　芳
72	一种新型自动深松地下滴灌铺管机	内蒙古农业大学职业技术学院 内蒙古自治区水利科学研究院 中国水利水电科学研究院	CN208739522U	实用新型	王荣莲　王建东　莫　彦　任志宏　昝慧龙　牛文学　于　健　宋日权　史吉刚
73	一种可调株距的牧草播种器	中国农业科学院草原研究所 内蒙古农业大学	CN208739555U	实用新型	尹　强　王　伟　王育青　闫志坚　刘鹰昊　贾玉山　格根图　武海霞　周天荣　刘慧娟　孙世贤　王志军　刘丽英　孙　林　侯美玲　肖燕子　王　慧　白健慧
74	一种人工湿地自动控温大棚	内蒙古农业大学职业技术学院	CN208739714U	实用新型	王彦隽　苏　洁　赵　戎　吕彩霞
75	一种用于坡面水土保持的构造物	内蒙古农业大学	CN208748669U	实用新型	刘　龙　郭月峰　姚云峰　秦富仓　祁　伟　吴晓光　高玉寒　尉迟文思　韩兆敏　董晓宇　王　慧　王佳坤

（续表）

序号	标题	申请人	公开（公告）号	专利类型	发明人
76	一种新型便于取苗的育苗架	内蒙古农业大学	CN208724493U	实用新型	云　岚　马博原　李　珍　王　俊　郭宏宇　石凤翎
77	一种饲草青贮袋	中国农业科学院草原研究所 内蒙古农业大学	CN208699511U	实用新型	王　伟　尹　强　贾玉山　格根图　周天荣　武海霞　刘鹰昊　闫志坚　王育青　王志军　肖燕子　侯美玲　刘丽英　孙　林　范文强　降晓伟　刘慧娟　孙世贤　王　慧　白健慧
78	一种秸秆切割试验辅助夹具	内蒙古农业大学	CN208681755U	实用新型	王　芳　杨　铮　刘鹏伟　贾昭炎　王洪明
79	一种地表热量驱动的节水造林装置	内蒙古农业大学	CN208657574U	实用新型	党晓宏　高　永　唐国栋　丁彦龙　张　超　潘　霞
80	一种新型森林防火服	内蒙古农业大学	CN208660170U	实用新型	王玉霞　张　恒
81	一种人工湿地的冬季保温装置	内蒙古农业大学职业技术学院	CN208648890U	实用新型	王彦隽　张俊友　张燕斌　吴菲菲
82	一种光伏玻璃表面降尘试验装置	内蒙古农业大学	CN208656722U	实用新型	陈　曦　杜美娥　高　永　翟　波　高　亮　吕新丰　吴小龙　王　静　刘湘杰　唐国栋　葛　楠
83	一种用于实验的植物病毒接种装置	内蒙古农业大学	CN208609464U	实用新型	赵明敏　陈雅寒　路　妍　赵　健
84	树干径流量测量装置	内蒙古农业大学	CN208567987U	实用新型	刘　龙　郭月峰　姚云峰　秦富仓　祁　伟　吴晓光　高玉寒　尉迟文思　韩兆敏　董晓宇　王　慧　王佳坤
85	一种瑜伽砖	内蒙古农业大学职业技术学院	CN208493135U	实用新型	张　玲
86	一种羊骨粉碎装置	内蒙古农业大学	CN208437010U	实用新型	莎日娜　高爱武　格日勒图
87	一种液体有机肥发酵及马铃薯田配套施肥设备	内蒙古农业大学	CN208370216U	实用新型	石晓华　陈　杨　秦永林　张　猛　樊明寿
88	一种利用等离子体对液态乳进行处理的装置	内蒙古农业大学	CN208370582U	实用新型	吕晓桂　王　鹏　利　民　李凤敏
89	用于土壤水分运移的分析实验装置	内蒙古农业大学	CN208366775U	实用新型	郭月峰　祁　伟　姚云峰　高玉寒　王佳坤　董晓宇　王　慧　王　卓　仲　宸　刘　璐　尉迟文思　韩兆敏　刘　龙

（续表）

序号	标题	申请人	公开（公告）号	专利类型	发明人
90	一种玉米秸秆还田机上配置的六自由度调节指盘聚拢装置	内蒙古农业大学	CN208338342U	实用新型	牛文学 苏治军 李懿璞 赵永来 高 伟 王富贵 高子博
91	一种适用于牧草试验小区的农药喷洒装置	内蒙古农业大学	CN208338728U	实用新型	米福贵 王晓龙 撒多文 靳慧卿 孟 凯 贾振宇 闫利军
92	一种气爆式自震动深松机	内蒙古农业大学职业技术学院	CN208317283U	实用新型	牛文学 赵永来 高 伟 王利鹤 刘志强 蔺建波 李 盼 苗 佳 王 新 库银柱 丁亚庆
93	一种玉米秸秆聚拢喷菌覆土还田机的镇压装置	内蒙古农业大学	CN208317303U	实用新型	杜建民 高 伟 王 振 谢 岷 赵永来 蔺建波 高子博
94	一种可移动太阳能水肥灌溉装置	内蒙古农业大学	CN208300428U	实用新型	白燕英 李 明 赵 君 张栋良 刘金泉 胡 云 贺亮生
95	一种会计展示装置	内蒙古农业大学职业技术学院	CN208315143U	实用新型	何晓晨 陈晓东
96	一种便携式野外植物标本收集装置	内蒙古农业大学	CN208278507U	实用新型	赵淑文 胡 云 田 军 李 红 杨永志 刘利平 贺亮生
97	一种检测动物行为的颈环	内蒙古师范大学 内蒙古农业大学	CN208191836U	实用新型	张丽娜 姜新华 武 佩 刘艳秋 张曦宇
98	一种玉米新型秸秆聚拢喷施菌覆土还田机	内蒙古农业大学	CN208159174U	实用新型	高聚林 于晓芳 赵永来 崔红梅 牛文学 王利鹤 高子博
99	一种野外草地调查自动剪草器	内蒙古农业大学	CN208143820U	实用新型	卫智军 丁莉君
100	一种便携式牧草产量测定器	中国农业科学院草原研究所 内蒙古农业大学	CN208125408U	实用新型	尹 强 王 伟 闫志坚 王育青 贾玉山 格根图 武海霞 周天荣 刘桂香 刘慧娟 孙世贤 王志军 刘丽英 孙 林 侯美玲 肖燕子 冯骁骋 刘鹰昊 王 慧 白健慧 于 洁 孟元发
101	一种气吸式葵花排种盘	内蒙古农业大学	CN208079767U	实用新型	赵满全 李凤丽 栗霞飞 刘 飞 刘晓东 张 涛 周 鹏 杜 兰 樊 琦

（续表）

序号	标题	申请人	公开（公告）号	专利类型	发明人
102	一种免挖沟苜蓿播种器	内蒙古农业大学	CN208047257U	实用新型	米福贵　孟　凯　李星月 冀晓婷　韩亚琼　靳慧卿 王晓龙　贾振宇
103	一种模块化组装木门及其制造方法	内蒙古农业大学	CN108729813A	发明申请	姚利宏　薛振华　张　源 王　哲　何恩霞　李　超 李英洁
104	在木材表面经多次化学镀铜、镍制备双层电磁屏蔽材料的方法	内蒙古农业大学	CN108707883A	发明申请	潘艳飞　黄金田　赵胜利 王　欣
105	一种适合流式细胞仪前处理的植物组织破碎刀	内蒙古农业大学	CN207894695U	实用新型	徐　舶　高　霞　石凤翎 高翠萍　云　岚
106	一种适合流式细胞仪的植物样品处理板	内蒙古农业大学	CN207894696U	实用新型	徐　舶　高　霞　石凤翎 高翠萍　云　岚
107	一种农村生活污水人工湿地预处理装置	内蒙古农业大学职业技术学院	CN207845452U	实用新型	王彦隽　贾辛慧　岳志芳 闫永利　杨海燕
108	一种新型甜高粱弯曲强度测定仪	内蒙古农业大学	CN207816734U	实用新型	刘晓东　王春光　郭文斌 栗霞飞　杜晓雪　李　建
109	一种实验用鼠固定器	内蒙古农业大学	CN108392291A	发明申请	关　红　何秀玲　韩宝生 郭文斌　毛　伟　李　欣
110	一种人工湿地水位控制装置	内蒙古农业大学职业技术学院	CN207676225U	实用新型	王彦隽　杨海燕　岳志芳 贾辛慧　闫永利
111	一种具有良好保温防湿性能的木结构墙壁	内蒙古农业大学	CN108316541A	发明申请	李哲锋　徐乃丹

学生工作与招生就业工作

学生工作

概况

2018 年，学生工作以深入学习党的十九大精神及贯彻落实《全国高校思想政治工作会议》精神为主线，坚持“四个不懈”，努力在“围绕学生、关照学生、服务学生，不断提高学生思想道德水平、政治觉悟、道德品质、文化素养，让学生成为德才兼备、全面发展的人才”上下功夫。不断增强教育实效、提升服务质量、提高管理水平，完善工作体系，提升执行力，扎实推进常规工作，圆满完成了工作任务。

日常管理

加强对违纪学生的跟踪教育与管理。为违纪学生设立了文明督查岗、校园联防岗、信息联络员等多个锻炼岗位，帮助他们认识错误、改正缺点。45 名同学撤销了违纪处分。

学风建设

2018 年，全校 829 个班级参加了创建活动，评出 33 个优良学风班集体创建标兵班，93 个优良学风班集体创建优秀班和进步班。

征兵入伍工作

加强国防教育，圆满组织完成了 2018 级 6 291余名新生的军训工作，通过集中授课、小班授课完成了军事理论课教学任务。

心理健康教育工作

2008 年学校心理健康教育工作从大学生身心发展着手，全面实践全国高校思想政治工作会议精神，旨在培育大学生理性平和健康心态，加强校园人文关怀与心理咨询的支持性，定方向、立标准、建机制、创新路，突出工作的科学性、专业性、特色性。

心理健康教育宣传工作方面，邀请内蒙古广播电视台入校举办《雷蒙读书会》内蒙古农业大学心理专场，受到广大师生喜爱，提升了心理中心的社会影响力；组织开展“新生走进心理中心”参观体验活动，接待 2018 级新生6 000余人次；举办丰富多彩的第十四届大学生心理文化活动月、第四届“心悦杯”心理微电影大赛；开展主题讲座 25 场，覆盖5 436人次；针对学生不同需求开展不同形态的活动，例如工作坊、素质拓展、茶话会等活动，893 人次参加，反响良好。

心理辅导与服务工作队伍技能方面，制定《内蒙古农业大学心理咨询师考核办法》，以培养具备专业素养、工作热情、认真负责的心理咨询师团队；针对大一、大二年级学生选拔与培养“朋辈心理辅导员”，并开展第一届学生“朋辈心理辅导员”专业技能培训，组建第一届朋辈心理辅导员队伍，加强我校心理健康教育工作中学生骨干的力量，使心理健康教育危机排查工作深入班级。

助学工作

不断完善各项资助政策及以奖、贷、助、补、减、免、勤、偿及新生“绿色通道”的资助体系。2018 年共评选出校级三好学生 865 人，优秀学生干部 437 人，2018 届优秀毕业生 600 人；共评选出区级三好学生 346 人，优秀学生干部 70 人，优秀毕业生 459 人；完成国家开发银行生源地信用助学贷款网上回执5 756个，校本部共收到各地生源地贷款5 736笔，贷款金额3 819. 99万元；共报送符合应征入伍服兵役国家资助应征条件的学生 129 人，其中，毕业生应征入伍 36 人，在校生应征入伍 51 人，退役复学学生 40 人，毕业生直招士官 2 人，资助金额共计 165. 3 万元；报送符合退役士兵学费资助条件的学生 2 人，资助学费 0. 81 万元；报送符合嘎查村任职贷款代偿条件的毕业生 3 人，代偿金额 3. 97 万元。所有资助款在教育厅审核无误后已汇入学生本人或家长银行卡中。学校设有固定勤工助学岗位1 641个，临时岗位约3 410人次，发放勤工助学工资 648. 48 万元；减免学费 2 人，减免金额 0. 7 万元；发放困难补助 15 人，资助金额 3. 07 万元；评选出国家奖学金 46 人，国家励志奖学金 737 人，国家助学金7 372人，发放国家奖助学金2 616. 9万元；发放校内优秀学生奖学金 543. 3 万元，获奖学生21 334人次；通过“绿色通道”为 14 名新生办理了入学手续。2018 年学校有校友奖学金、蒙草励志奖学金、勤则通助学金、孟丽红助学金等 21 项奖助学金；共评选出企事业团体个人奖助学金 844 人次，发放奖助学金总额 310. 9 万元。

坚持做实家庭经济困难学生的认定工作。严格按照《内蒙古农业大学家庭经济困难学生认定办法》，通过学生本人申请、班级（或年级或专业）民主评议、学院审核、院校两级公示的认定程序，建立了学校和学院两级家庭经济困难学生数据库。2018 年认定家庭经济困难学生10 628人。

班主任与辅导员队伍建设

完成了全校班主任和辅导员的考核工作，共评选出 198 名优秀班主任和 86 名优秀辅导员。学校举办了第六届辅导员职业能力大赛。

招生就业工作

概况

2018 年在学校党委和行政的领导下，招生就业处把“两学一做”专题教育和日常工作紧密结合，努力培养提高职工政治素养和业务水平，进一步转变机关作风，切实增强管理服务能力。班子注重团结，分工合作，形成合力。

招生工作

本专科（含蒙古语授课、中外合作办学、高职高专、少数民族预科班、民族班）计划招生8 245人，录取学生8 319人（专升本未占计划录取），实际报到8 175人，报到率为 98. 27%，计划完成率为 99. 15%。

就业工作

学校以“促进学生全面成长发展”为出发点，在人才培养过程中注重学生专业实践能力和职业发展能力的提升，形成包括职业生涯发展教育、就业技能技巧教育、就业实习实践等于一体的就业教育体系，有效提升学生服务社会发展的能力。

2018 年共安排完成了 2015 级《就业指导》课程 34 个教学班，合计 544 学时。2017 级《职业生涯规划》课程 35 个教学班，合计 560 学时。本学年分春秋两学期开课，2018 年对教学内容和考试模式进行了调整，在课程中加大创业教育内容，并对教材进行了重新编写。除生涯课程教学外，学校还开设“模拟面试”“简历门诊”工作坊、“职言不讳生涯论坛”“职业生涯规划大赛”“公务员模拟考试大赛”等系列活动。

学校着力于为用人单位提供多元化、立体化的就业服务体系，通过发布毕业生招聘服务指南，开辟精准推荐绿色通道，全程招聘助理协助，提供了包括综合招聘、学科专场、区域专场、校友专场、蒙古语授课专场等大中小型双选平台，方便各类用人单位选聘我校毕业生。学校以“农大就业网”为核心的“互联网+就业服务”线上服务体系，为学生提供精准服务，实现供需资源交换的有效平台。校园招聘已成为毕业生就业的主渠道。近年来，随着学校办学声誉和人才培养质量的不断提升，来校招聘用人单位数量和质量逐年递增。

学校重视与地方建立全方位长期合作关系，与昆山市、湖州市、兴安盟等签订了校地人才合作协议，在科研成果转化、毕业生就业、学生实习实践、创新创业等方面进行深层次合作。

2018 年本专科招生计划、录取、报到情况统计

	按层次分									按招生区域分				按授课语种		按授课地点分						合计
计划	本科							专科		区内		区外		蒙授	汉授	本部		职院				8 245
	7 245							1 000		6 789		1 456		1 070	7 175	6 425		1 820				
	提前艺术	本科扶贫定项	本一	本二	预科转段	专升本	高职	普专	高职	本科	专科	本科	专科			本科	专科	本科		专科		
																		普高	高职	普专	高职	
	120	136	1 413	4 714	117	0	745	650	350	5 810	979	1 435	21	1 070	7 175	6 410	15	90	745	635	350	
	按层次分									按招生区域分				按授课语种		按授课地点分						合计
录取	本科							专科		区内		区外		蒙授	汉授	本部		职院				8 319
	7 340							979		6 863		1 456		1 074	7 245	6 411		1 908				
	提前艺术	本科扶贫定项	本一	本二	预科转段	专升本	高职	普专	高职	本科	专科	本科	专科			本科	专科	本科		专科		
																		普高	高职	普专	高职	
	120	136	1 109	5 006	115	109	745	629	350	5 904	959	1 436	20	1 074	7 245	6 400	11	195	745	618	350	
	按层次分									按招生区域分				按授课语种		按授课地点分						合计
报到	本科							专科		区内		区外		蒙授	汉授	本部		职院				8 175
	7 239							936		6 787		1 388		1 067	7 108	6 316		1 859				
	提前艺术	本科扶贫定项	本一	本二	预科转段	专升本	高职	普专	高职	本科	专科	本科	专科			本科	专科	本科		专科		
																		普高	高职	普专	高职	
	120	136	1 103	4 915	114	106	745	590	346	5 863	924	1 376	12	1 067	7 108	6 306	10	188	745	580	346	

2018 级（本专科）学生基本情况分专业统计

专业名称	批次	计划数	录取数	报到数
包装工程	本科二批	60	60	59
材料科学与工程	本科二批	60	60	57
财务会计教育	本科二批	85	85	84
草业科学	本科二批	90	124	123
草业科学（蒙）	本科二批	30	30	29
测绘工程	本科二批	60	60	59
产品设计	本科二批	15	15	15
车辆工程	本科二批	35	35	35
城乡规划	本科二批	62	62	61
道路桥梁与渡河工程	本科二批	65	65	65
地质工程	本科二批	30	30	30
电子科学与技术	本科二批	35	35	34
电子商务	本科二批	60	60	60
动物科学	本科二批	160	160	155
动物科学（蒙）	本科二批	20	20	20
动物药学	本科二批	60	60	57
动物医学	本科二批	150	150	150
动植物检疫	本科二批	62	62	60
法学	本科二批	90	91	91
法学（蒙）	本科二批	30	30	30
给排水科学与工程	本科二批	60	60	58
工程造价	本科二批	35	35	35
工商管理	本科二批	102	102	102
工业设计	本科二批	35	35	35
行政管理	本科二批	60	60	59
行政管理（蒙）	本科二批	60	60	60
化学工程与工艺	本科二批	33	33	33
环境工程	本科二批	60	60	58
环境设计	本科二批	10	10	10
计算机科学与技术	本科二批	175	175	174
建筑学	本科二批	30	30	28

（续表）

专业名称	批次	计划数	录取数	报到数
交通工程	本科二批	60	60	60
交通运输	本科二批	60	60	58
经济学	本科二批	62	62	62
林学	本科二批	93	97	96
林学（蒙）	本科二批	60	60	58
旅游管理与服务教育	本科二批	30	30	30
旅游管理与服务教育	本科二批	30	30	28
木材科学与工程（复合应用）	本科二批	130	130	121
农学	本科二批	115	115	114
农业电气化	本科二批	60	60	59
农业电气化（蒙）	本科二批	30	30	29
农业机械化及其自动化（卓越）	本科二批	47	46	46
农业资源与环境	本科二批	60	78	78
农业资源与环境（蒙）	本科二批	30	30	30
汽车维修工程教育	本科二批	80	80	80
汽车维修工程教育（普高）	本科二批	30	30	29
人文地理与城乡规划	本科二批	60	68	66
乳品工程	本科二批	32	34	32
软件工程	本科二批	62	62	62
森林保护	本科二批	60	55	54
森林保护（蒙）	本科二批	30	30	30
森林工程	本科二批	30	30	28
设施农业科学与工程	本科二批	60	60	58
社会工作	本科二批	30	30	30
社会工作（蒙）	本科二批	30	30	30
生物工程	本科二批	62	62	62
生物科学类	本科二批	122	122	119
食品科学与工程	本科二批	0	114	114
食品营养与检验教育	本科二批	30	30	30
食品质量与安全	本科二批	92	112	112
市场营销教育	本科二批	40	40	40

（续表）

专业名称	批次	计划数	录取数	报到数
视觉传达设计	本科二批	15	15	15
水产养殖学	本科二批	60	60	57
水利水电工程	本科二批	60	60	57
水土保持与荒漠化防治	本科二批	90	124	123
土地资源管理	本科二批	60	103	103
土木工程	本科二批	85	85	82
网络工程	本科二批	105	105	105
网络工程（大数据方向）	本科二批	60	60	58
物联网工程	本科二批	62	62	61
物流管理	本科二批	60	60	60
消防工程	本科二批	60	60	60
信息管理与信息系统	本科二批	84	84	82
信息管理与信息系统（大数据方向）	本科二批	60	60	60
英语	本科二批	90	90	90
应用化学	本科二批	32	32	32
应用统计学	本科二批	60	60	59
园林	本科二批	90	88	86
园艺	本科二批	115	114	113
植物保护	本科二批	60	60	60
植物科学与技术	本科二批	60	60	59
制药工程	本科二批	62	62	62
中外合作项目（理科）	本科二批	0	28	25
种子科学与工程	本科二批	60	60	60
设计学类	本科提前 A	120	120	120
动物科学（蒙）	本科提前 B	15	15	15
动物医学（蒙）	本科提前 B	15	15	15
风景园林	本科提前 B	26	26	26
机械设计制造及其自动化	本科提前 B	30	30	30
农业水利工程	本科提前 B	25	25	25
水文与水资源工程	本科提前 B	25	25	25
财务管理	本科一批	62	62	62

（续表）

专业名称	批次	计划数	录取数	报到数
测绘工程（民）	本科一批	25	25	25
电气工程及其自动化	本科一批	130	130	128
动物科学（蒙）	本科一批	105	103	102
动物医学（蒙）	本科一批	45	45	45
风景园林	本科一批	34	34	33
会计学	本科一批	62	62	62
机械设计制造及其自动化	本科一批	100	100	96
机械设计制造及其自动化（民）	本科一批	25	25	25
金融学	本科一批	90	90	90
农林经济管理	本科一批	60	60	58
农林经济管理（蒙）	本科一批	60	60	59
农业机械化及其自动化（蒙）	本科一批	30	30	30
农业水利工程	本科一批	50	50	50
少数民族预科班	本科一批	120	120	120
食品科学与工程	本科一批	120	120	119
食品科学与工程（蒙）	本科一批	60	60	60
水文与水资源工程	本科一批	50	50	48
土地资源管理（蒙）	本科一批	33	33	33
新能源科学与工程	本科一批	60	60	60
英才基地班	本科一批	32	32	32
英才基地班（蒙）	本科一批	30	30	30
园林（蒙）	本科一批	30	30	30
食品科学与工程类	本科二批	150	0	0
自然保护与环境生态类	本科二批	150	0	0
畜牧兽医	高职高专	55	63	61
畜牧兽医（运动马驯养与管理方向）	高职高专	60	59	50
电子商务	高职高专	30	25	25
给排水工程技术	高职高专	30	25	23
工程造价	高职高专	30	30	29
工商企业管理	高职高专	25	25	25
广告设计与制作	高职高专	30	27	24

（续表）

专业名称	批次	计划数	录取数	报到数
环境艺术设计	高职高专	30	29	27
会计	高职高专	25	25	25
会展策划与管理	高职高专	30	29	26
计算机网络技术	高职高专	25	25	23
计算机系统与维护	高职高专	25	25	25
计算机信息管理	高职高专	25	25	24
家具艺术设计	高职高专	25	25	24
建设工程管理	高职高专	25	25	25
建筑工程技术	高职高专	30	30	29
旅游管理	高职高专	55	55	54
汽车电子技术	高职高专	25	25	25
汽车检测与维修技术	高职高专	30	26	26
汽车营销与服务	高职高专	25	25	25
软件技术	高职高专	25	25	25
食品加工技术	高职高专	30	27	26
食品生物技术	高职高专	25	25	25
食品营养与检测	高职高专	30	30	30
市场营销	高职高专	40	36	34
数字媒体艺术设计	高职高专	25	20	19
饲料与动物营养	高职高专	20	30	27
文秘	高职高专	30	30	28
物流管理	高职高专	25	25	24
艺术设计	高职高专	30	25	22
园林技术	高职高专	30	30	30
园艺技术	高职高专	30	28	26
种子生产与经营	高职高专	25	25	25
	本科高水平运动员	33	26	26
	预科转段	117	115	114
	专升本	0	109	106
合计		8 245	8 319	8 175

备注：自然保护与环境生态类、食品科学与工程类按类招生，入校时学生根据个人意愿选择大类内专业后按相应专业报到。

2018 年研究生人数统计

学院名称	硕士研究生			博士研究生			往届延期		合计	
	2016 级	2017 级	2018 级	2016 级	2017 级	2018 级	硕士研究生	博士研究生	硕士研究生	博士研究生
动物科学学院	31	61	80	14	16	16	9	12	181	58
兽医学院	33	77	91	13	14	13	5	20	206	60
农学院	42	85	112	14	15	20	3	24	242	73
林学院	36	109	145	5	8	9	1	8	291	30
草原与资源环境学院	39	73	90	19	23	22	2	32	204	96
沙漠治理学院	40	59	76	7	9	8	1	4	176	28
机电工程学院	24	44	54	7	8	8	2	11	124	34
水利与土木建筑工程学院	31	66	74	14	10	12	4	11	175	47
材料科学与艺术设计学院	16	24	37	1	1	4	2	2	79	8
经济管理学院	27	116	147	6	10	10	20	19	310	45
食品科学与工程学院	35	111	153	12	9	15	3	18	302	54
计算机与信息工程学院	10	13	28	2	3	3	3	5	54	13
生命科学学院	24	27	39	7	5	8	1	16	91	36
人文社会科学学院	33	158	113	0	0	0	6	0	310	0
理学院	8	5	8	1	0	1	1	1	22	3
能源与交通工程学院	2	12	20	0	1	1	0	2	34	4
马克思主义学院	8	11	13	0	0	0	2	0	34	0
合计	439	1 051	1 280	122	132	150	65	185	2 835	589

2018 年各项校园招聘活动举办情况

服务类型	数量
举办大型双选会	4 场 560 家单位
举办中型双选会	3 场 170 家单位
举办专场招聘会	420 场
发布招聘信息	2750 条

全面细致摸清家庭经济困难、就业困难、少数民族、意向到基层就业、自主创业、参军入伍等群体的情况，建立重点关注、重点推荐、重点服务，对就业过程中产生的费用直接补贴，并给予职业生涯规划咨询、就业推荐、技能培训、择业指导等全方位援助。另外，根据内蒙古自治区高校毕业生求职创业补贴发放工作文件，经前期材料审核，2018 届1 780名毕业生领取了求职创业补贴每人1 000元，用于毕业生在求职创业过程中的相关费用补助。2018 年共有毕业生8 314人，比上年减少 28 人，总体就业情况较好，就业质量有所提高。根据教育部毕业生就业监测系统的统计，截至 2018 年 9 月 1 日统计，内蒙古农业大学2018 届毕业生8 314人中，升学989 人，出国（出境）深造 27 人，占 12.22%，国家基层项目就业 68 人，占 0.82%，其他各类就业 5 687人，占 68.40%，总体就业率为 81.44%。

2018 届毕业生分学历就业统计

学历	毕业生人数	升学（出国）	比例（%）	就业	比例（%）	总就业比例（%）
本科	6 313	922	14.60	4 271	67.65	82.26
专科	1 191	55	4.62	1 119	93.95	98.57
博士	72	0	0.00	36	50.00	50.00
硕士	738	39	5.28	329	44.58	49.86
总计	8 314	1 016	12.22	5 755	69.22	81.44

学校重视创新创业工作，依托中科创新创业学院，开展创新创业工作。成立创新创业教育工作领导小组，设立创新创业教育专项经费，优化硬件设施，校院两级创业场所达5 000平方米。突出学院主体地位。结合学院特色，抓好创新创业工作的落实，人员上推行“一岗双责”，场所经费上积极倾斜，形成了“一院一品”的双创工作格局。加强创新创业课程建设。2018 年选拔 4 位老师进行培训，并开设大学生创新创业课程。搭建平台，全程护航大学生创新创业。

以大学生科技创新实验室为基础阵地，坚持“继承与创新并举、普及与提高并重”的原则，不断推进学生科技创新活动日常化、普及化、社会化和多样化。

设立大学生科技创新基金，支持学生开展科技创新活动。食品科学与工程学院科创中心和材料科学与艺术设计学院的蒙古文造型艺术研究创新团队先后被评为“小平科技创新团队”。

以开展“互联网+”大学生创新创业大赛、“挑战杯”全国大学生课外学术科技作品竞赛和“创青春”全国大学生创业计划大赛等赛事为龙头，鼓励并支持各学院根据专业特色开展科技创新竞赛活动，如生命科学创新创业大赛、测绘技能大赛、交通科技大赛、植物分类鉴别大赛等活动，取得了良好的效果，产生了广泛的影响。

2018 年学校在第四届中国“互联网+”大学生创新创业大赛内蒙古赛区中，获得四项金奖、两项银奖、三项铜奖，金牌总数全区第一，并获得“青年红色筑梦之旅”活动优秀组织奖，并在厦门大学举行的全国总决赛中，获得一项银奖、三项铜奖，“青年红色筑梦之旅项目”是自治区唯一获得该赛道银奖的学校，也是自治区高校在青年红色筑梦之旅赛道中获得的最高奖项。获第九届中国大学生方程式汽车大赛二等奖 1 项，获“创青春”全区大学生创业大赛特等奖 4 项。

2018 年各类奖、助学金情况统计

序号	项目	资助人数	资助标准		资助金额(元)
1	国家奖学金	46	本专科	8 000 元/(年·生)	368 000
2	国家励志奖学金	737	本专科	5 000 元/(年·生)	3 685 000
3	国家助学金	7 372	本专科	3 000 元/(年·生)	22 116 000
4	专业奖学金	21 334	本专科		54 33 000
5	英才奖学金	398	本专科	5 000 元/(年·生)	1 990 000
6	何康奖学金	8	本专科	4 000 元/(年·生)	32 000
7	新神农奖学金	10	本专科	2 000 元/(年·生)	20 000
8	张光斗奖学金	2	本专科	8 000 元/(年·生)	16 000
9	新兴铸管奖学金	12	本专科	3 000 元/(年·生)	36 000
10	刘光文奖学金	1	本专科	2 000 元/(年·生)	2 000
11	语言成绩优异奖学金	1	本专科	5 000 元/(年·生)	5 000
12	勤则通助学金	20	本专科	12 000 元/(年·生)	240 000
13	香港轩辕教育基金会种子助学金	60	本专科	3 000 元/(年·生)	180 000
14	应善良助学金	120	本专科	1 500 元/(学期·生)	180 000
		120	本专科	1 750 元/(学期·生)	210 000
15	新长城自强助学金	3	本专科	3 000 元/(年·生)	9 000
16	新长城孟丽红助学金	40	本专科	3 000 元/(年·生)	120 000
17	千手千眼观音院助学金	10	本专科	1 000 元/(学期·生)	10 000

（续表）

序号	项目	资助人数	资助标准		资助金额(元)
18	“凯虹成长”企业助学金	5	本专科	3 000 元/(年·生)	49 000
		10	本专科	2 000 元/(年·生)	
		14	本专科	1 000 元/(年·生)	
合计		30 333			34 711 000

备注：

1. 专业奖学金分为一等 500 元，二等 350 元，三等 200 元，单项 200 元，过六级 300 元，破校级体育赛事纪录1 000元，破区级纪录2 000元，每学期各评一次。

2. 应善良助学金资助标准：2017 级是1 500元/（学期·生），2018 级是1 750元/（学期·生）。

各类竞赛获奖情况

竞赛名称	获奖级别	参赛作品	授予单位	获奖时间
第四届“心悦杯”校园心理微电影大赛(第十四届心理文化活动月)	一等奖	《愿有勇气去热爱》 经济管理学院	内蒙古农业大学 学生工作处	2018. 12
	一等奖	《皮球》 职业技术学院	内蒙古农业大学 学生工作处	2018. 12
	二等奖	《愿你历尽千帆 归来仍是少年》 能源与交通工程学院	内蒙古农业大学 学生工作处	2018. 12
	二等奖	《梦醒》 计算机与信息工程学院	内蒙古农业大学 学生工作处	2018. 12
	三等奖	《心墙》 草原与资源环境学院	内蒙古农业大学 学生工作处	2018. 12
	三等奖	《留住那片蓝图》 林学院	内蒙古农业大学 学生工作处	2018. 12
	三等奖	《渗透进阁楼的阳光》 机电工程学院	内蒙古农业大学 学生工作处	2018. 12
	最佳 男主演	李国浩 计算机与信息工程学院	内蒙古农业大学 学生工作处	2018. 12
	最佳 女主演	高佳琪 经济管理学院	内蒙古农业大学 学生工作处	2018. 12
	最佳导演	徐万超 经济管理学院	内蒙古农业大学 学生工作处	2018. 12
	最佳编剧	孙利民 职业技术学院	内蒙古农业大学 学生工作处	2018. 12

（续表）

竞赛名称	获奖级别	参赛作品	授予单位	获奖时间
"心之四季" 一院一精品活动 （第十四届心理文化活动月）	一等奖	你好，亲爱的自己 沙漠治理学院	内蒙古农业大学 学生工作处	2018. 12
	二等奖	"说出你的心声" 脱口秀大赛 经济管理学院	内蒙古农业大学 学生工作处	2018. 12
		运动中"乐" "乐"在活动 机电工程学院	内蒙古农业大学 学生工作处	2018. 12
		减压杂货铺 草原与资源环境学院	内蒙古农业大学 学生工作处	2018. 12
	三等奖	倾诉者 林学院	内蒙古农业大学 学生工作处	2018. 12
		与心相约，从心开始 农学院	内蒙古农业大学 学生工作处	2018. 12
		"寒冬暖心，微言大爱" 微情书评比大赛 计算机与信息工程学院	内蒙古农业大学 学生工作处	2018. 12

校友会工作

校友会简介

内蒙古农业大学校友会成立于2012年8月1日。是以毕业的16万校友为会员的具有独立法人的社会组织团体。母校设有校友总会，常设办公室1个，在北京市，天津市，山东省，广东省，呼和浩特市、包头市、鄂尔多斯市、赤峰市、乌海市、通辽市、二连浩特市、呼伦贝尔市、满洲里市、乌兰察布市、巴彦淖尔市、阿拉善盟、锡林郭勒盟、兴安盟、牙克石林管局、深圳市等20个地区单位成立了校友分会。各学院成立了由1名院领导和1名联络员组成的校友工作联络组织。校友会是依法在内蒙古自治区民政厅登记的非营利性法人社会团体，本会由符合本章程要求、承认并遵守本章程的内蒙古农业大学校友志愿组成。本会活动遵守国家的宪法、法律、法规和国家有关政策，遵守社会道德风尚。本会旨在加强母校和校友以及校友间的联系，增强热爱母校的凝聚力、校友间的合作力，更好地为经济和社会发展服务。本会接受内蒙古自治区教育厅和内蒙古自治区民政厅的业务指导和监督管理。

校友会章程

章程共八章，四十八条。具体为第一章总则；第二章业务范围；第三章会员；第四章组织机构和负责人的产生、罢免；第五章资产管理、使用原则；第六章章程的修改程序；第七章终止程序及终止后的财产处理；第八章附则。

校友活动

2018年，代表学校参加广东校友分会年会。汪建平、曹恪、刘恩贵组成专班，编撰出版了《内蒙古农业大学优秀校友风采》，为学校审核评估工作提供了有利的支撑材料。慰问优秀校友王秀芝，并邀请来校为师生作党的十九大精神宣讲报告；邀请企业界的校友返校作就业专题报告会。邀请知名校友和校领导及有关处室的领导举办校友奖学金发放仪式大会及优秀校友报告会等相关活动。

完善校友网络，加强组织机构建设

校友会网站在原有基础上进行网页改造、完善建设，并对校友网站管理人员进行了培训。

校友会日常工作

完成校友会年检和校友会财务审计工作和校友会组织机构代码证年检、党建工作报表、党建工作考核等项日常工作。协助内蒙古自治区民政厅完成问卷调查和统计报表等工作以及校领导和学校其他职能部门下达的各项任务。

附录：学生工作表彰

2017—2018学年优秀辅导员名单

动物科学学院（3人）

胡晓燕　梁水源　杜　炜

兽医学院（3人）

王阿荣　陈萌萌　乌尼日其其格

农学院（7人）

申　鸣　郭嘉华　曹　阳　龚　静　何霜霜　张　力　张　东

林学院（8人）

海　明　袁梦茹　桑萨尔珠拉　爱　华　李可琢

乌日嘎其其格　包田梅　米　洁

草原与资源环境学院（3人）

斯日古楞　孙　宇　郭　月

沙漠治理学院（4人）

娜　乐　娴妮尔　蔺　博　孙　成

机电工程学院（7人）

包那日苏　仇　义　金额尔都木图　高文婷　王　帅　高理君
张　帆

水利与土木建筑工程学院（12人）

王　力　高嘉瑞　张帼荣　李鑫磊　刘　娜　陈　琼　黄金铭
李根峰　王丽丽　孙明扬　赵晓泽　王倩玉

材料科学与艺术设计学院（2人）

王雪鹏　刘集锋

经济管理学院（6人）

徐金鹏　张亚欣　霍宇杰　陆鹏杰　杨　洁　韩　璐

食品科学与工程学院（11人）

王彩霞　要　铎　刘孟禹　张　悦　李权威　李丹阳　春　艳
任志敏　屈　媛　戈美玲　王　佼

计算机与信息工程学院（5人）

庄　霞　任燕东　萨日娜　冯柏杨　安宏宇

生物科学学院（5人）

孙丽鹏　王笑冰　周佳欣　宋钰琪　国情文

人文社会科学学院（1人）

刘漫中

外国语言学院（2人）

孙玉伟　梁晓琪

理学院（2人）

倪　芳　朱广楠

能源与交通工程学院（4人）

柴志虹　李宝乐　王　浩　刘　哲

国际教育学院（1人）

刘　圆

2017—2018学年优秀班主任名单

动物科学学院（8人）

曹琪娜　乌尼尔夫　萨茹丽　乌　兰　那仁巴图　胡晓燕　吴额尔敦

刘志红

兽医学院（6 人）

王文龙　云　鹏　李平安　丁玉林　包国荣　呼格吉勒图

农学院（16 人）

于　静　青格尔　杨彦明　燕　飞　刘杰才　路　妍　樊　丽
于晓芳　霍秀文　李小雷　孙晓华　崔世茂　史树德　马艳红
贺学勤　李立军

林学院（12 人）

张剑峰　李亚峰　托　亚　余瑞卿　安慧君　冯丽娜　韩胜利
金　娟　海　明　丛　林　白淑兰　李建强

草原与资源环境学院（7 人）

唐　芳　那　亚　赵世翔　许学慧　邢海峰　王忠武　陈　杨

沙漠治理学院（7 人）

娜　乐　杨　霞　赵杏花　米艳杰　范淑花　郑　硕　李　龙

机电工程学院（9 人）

崔红梅　徐晓旭　张　忱　张春慧　邓伟刚　张建超　张永志
刘　飞　马彦华

水利与土木建筑工程学院（11 人）

陈立永　王　力　裴成霞　周海龙　郭金燕　杜丹丹　姚姣转
李　昊　张　琦　翟涌光　三　叶

材料科学与艺术设计学院（8 人）

杨慧君　红　岭　李　奇　郭政文　焦德凤　姚利宏　李维生
王雪鹏

经济管理学院（16 人）

张　立　董文燕　石　芳　乌云花　王瑞梅　郭　慧　田　洁
陶　华　冯静蕾　刘玉春　牛　婷　张心灵　赵元凤　张旭光
卓　娜　李荣英

食品科学与工程学院（15 人）

韩育梅　高爱武　张凤梅　陈忠军　郭　军　乌云达来　田建军
王越男　包秋华　刘文俊　成培芳　丹　彤　何秋雯　金　花
王彩霞

计算机与信息工程学院（4 人）

张文婧　张　丽　刘江平　张永安

生命科学学院（5 人）

刘竟然　李国光　白　薇　刘　扬　王玉珍

人文社会科学学院（8人）

吴玉红	乌云高娃	张银花	康俊英	黄栓成	徐　付	乌日韩
杨曙光						

外国语言学院（3人）

孙玉伟	夏雨春	张晓华

理学院（6人）

李丽霞	李　春	贾子君	官　布	安瑞鑫	包爱国

能源与交通工程学院（6人）

郭根胜	付海东	李　明	刘文忠	柴志虹	万大千

职业技术学院（51人）

宝秋利	胡　云	刘银鸽	傲　棋	李发虎	武俊英	尹　春
陈玉洁	乌伦吉如嘎		包志刚	雷雨澎	沈向华	田东海
黄海英	薛宝玲	栗丽萍	张艳芳	邹　寅	曹志军	王瑞星
艾云辉	白艳茹	秦　烨	郑　博	薛　琛	于楚昊	玮丽斯
程慧娟	吴菲菲	王彦隽	奥　森	张燕斌	姜海涛	周艳秋
程显生	何　婷	包永红	于荣娟	李晓飞	赵羽中	董智勇
杨丹丹	闫占军	宋　开	牛文学	赵姝娴	刘　杰	范　青
史燕飞	刘　洋	付惠君				

2017—2018学年优良学风班集体创建“标兵班”名单

动物科学学院	2015级动科汉1班	2016级动科蒙1班
兽医学院	2016级动物医学蒙医2班	2016级英才基地班
农学院	2016级园艺1班	2017级农学卓越班
林学院	2015级园林汉1班	2017级林学卓越班
草原与资源环境学院	2016级英才基地班	
沙漠治理学院	2017级土地资源管理1班	2017级英才基地班
机电工程学院	2015级工业设计班	2016级农机卓越班
	2017级机制1班	
水利与土木建筑工程学院	2016级给排水科学与工程1班	
	2016级给排水科学与工程2班	
	2017级水利水电工程1班	
材料科学与艺术设计学院	2015级材料科学与工程2班	
	2015级木材科学与工程双语2班	
经济管理学院	2015级农经1班	2015级会计1班

	2016 级农经 S1 班	
食品科学与工程学院	2016 级食品卓越班	2017 级食品卓越班
计算机与信息工程学院	2016 级计科卓越班	2017 级计科卓越班
生命科学学院	2016 级生科 S1 班	2017 级生科 1 班
人文社会科学学院	2016 级行政管理汉 1 班	
外国语言学院	2016 级 2 班	
理学院	2015 级应用统计学 2 班	
能源与交通工程学院	2015 级新能源科学与工程班	
	2017 级交通工程 1 班	

2017—2018 学年优良学风班集体创建“优秀班”名单

动物科学学院	2016 级动科卓越班	2016 级水产 1 班
	2017 级英才基地班	
兽医学院	2015 级动物医学汉 2 班	2016 级动物医学卓越班
	2017 级动物医学汉 1 班	2017 级动物药学 1 班
农学院	2016 级植保 2 班	2016 级植科 2 班
	2017 级农学 1 班	2017 级设农 1 班
林学院	2016 级林学卓越班	2016 级林学蒙班
	2016 级园林汉语 1 班	2016 级园林汉 1 班
	2017 级园林 2 班	
草原与资源环境学院	2016 级草业科学卓越班	
	2016 级农业资源与环境项目班	
	2017 级草业科学卓越班	
沙漠治理学院	2016 级土地资源管理 1 班	
	2016 级水土保持与荒漠化防治 1 班	
	2017 级土地资源管理 2 班	
	2017 级水土保持与荒漠化防治卓越班	
机电工程学院	2015 级电气 1 班	2015 级车辆班
	2015 级电气 4 班	2016 级工业设计班
	2016 级机制 2 班	2017 级机制 3 班
	2017 级农机卓越班	
水利与土木建筑工程学院	2015 级测绘工程 1 班	2015 级土木工程 3 班
	2016 级造价工程 1 班	2017 级建筑学 1 班
	2017 级土木工程 1 班	2017 级环境工程 2 班
	2017 级水文与水资源工程 1 班	

材料科学与艺术设计学院	2016 级木材科学与工程双语 1 班	
	2017 级风景园林 1 班	
	2017 级风景园林 3 班	
	2017 级视觉传达班	
	2017 级材料科学与工程 2 班	
经济管理学院	2016 级农经蒙 2 班	2016 级农经 1 班
	2016 级会计 1 班	2016 级农经蒙 1 班
	2016 级金融 1B2 班	2016 级财管 2 班
	2017 级财管 1 班	2017 级财管 2 班
食品科学与工程学院	2016 级食品 1 班	2016 级食品 2 班
	2017 级食品 2 班	2017 级食品 8 班
	2017 级食安 1 班	2017 级食安 2 班
计算机与信息工程学院	2016 级软工 2 班	2016 级网工 1 班
	2016 级信管 2 班	2017 级软工 2 班
生命科学学院	2016 级生技 S2 班	2016 级制药 2 班
	2017 级生技 2 班	2017 级制药 1 班
人文社会科学学院	2016 级行政管理蒙 2 班	2016 级法学 3 班
	2017 级行政管理 1 班	2017 级法学 3 班
外国语言学院	2016 级 3 班	
理学院	2015 级化学工程与工艺班	
能源与交通工程学院	2016 级交通运输 1 班	2016 级交通运输 2 班
	2017 级交通运输 2 班	

2017—2018 学年优良学风班集体创建“进步班”名单

动物科学学院	2016 级动科汉 2 班	
兽医学院	2016 级动物药学汉 1 班	
农学院	2016 级农学 2 班	
林学院	2016 级森保汉班	
草原与资源环境学院	2016 级草业科学蒙班	
沙漠治理学院	2017 级水土保持与荒漠化防治 3 班	
机电工程学院	2015 级机制民族班	2015 级农电 1 班
水利与土木建筑工程学院	2017 级水文与水资源工程 2 班	
	2017 级环境工程 1 班	
材料科学与艺术设计学院	2016 级材料科学与工程 2 班	
经济管理学院	2016 级经济 1 班	2016 级工商 2 班

食品科学与工程学院	2017 级食品 6 班
计算机与信息工程学院	2016 级物联网 1 班
生命科学学院	2016 级生技 S3 班
人文社会科学学院	2016 级行政管理蒙 1 班
外国语言学院	2017 级 1 班
理学院	2015 级电子科学与技术班
能源与交通工程学院	2017 级新能源科学与工程 2 班

交流与合作

工作概述

学校历来重视国际交流与合作、开放办学，在建校初期，就选派了青年教师到苏联学习深造，为学校培养了第一批青年学术骨干。改革开放以来，通过建立校际间交流与合作关系、日本 JICA 项目和加拿大的 CIDA 项目等途径，与国际高等教育发达国家的大学和机构进行了教学、科研、学术交流以及教师和学生互换等交流与合作。进入 21 世纪以来，学校大力引进国外优质教育资源，全面深入开展国际交流与合作，逐步增设英汉双语授课本科专业，加大引进国外高校的教授来学校开展教学和科研活动，应邀来学校任教、学术交流、科研合作和咨询活动的国外专家教授逐年增多。积极为中青年教师和学生创造条件，争取国家留学基金委各类公派出国项目，同时加大自筹资金，选派中青年教师和优秀学生赴海外进修、留学。积极推进构建“一带一路”教育共同体，加强与“一带一路”沿线国家特别是“中俄蒙走廊”国家的教育合作，扩大学生的双向流动、促进双边及多边科技合作、扩大援外教育和培训项目。加强出国师生的出国留学行前培训，加大平安留学的宣传。

国际合作

不断加强与国外院校和机构的合作，2018 年分别与沙特阿拉伯费萨尔国王大学、国际水管理研究所、国际干旱地区农业研究中心、新潟大学等 4 所大学与机构签订了合作与交流协议，就教师交流、学生交流和科研合作等方面达成了合作意向。截至 2018 年，共与 21 个国家的 65 所大学和机构签订了合作备忘录或协议。

国际交流

全年接待各国来访团组和个人共计 223 人次，较上年增加 12%。其中：国外院校、政府机构等来访占比 31%；来校授课、讲座、科研合作占比 30%；学术交流、会议、实习等来访占比 25%；其他 14%。主要来自美国、英国、加拿大、波兰、俄罗斯、蒙古国、沙特阿拉伯等十几个国家，既有发达国家，也有“一带一路”沿线国家，特别是“中俄蒙走廊”的蒙古国和俄罗斯多次来访商讨加强并拓宽合作。

2018 年，学校共派出 86 人次专家学者参加国际学术会议、进行学术交流和培训等。共有 28 名教师和 18 名学生获得国家留学基金委各类项目的资助出国访学和攻读学位。

2018 年因公临时出国出境人员名单

序号	姓名	职务/职称	所去国家	出国时间	出访天数	出访内容
1	韩国栋	院长、教授	蒙古国	2018. 4. 8	5 天	参会
2	乔光华	院长、教授	蒙古国	2018. 4. 8	5 天	参会
3	乔　彪	副校长	塞尔维亚	2018. 7. 2	5 天	参加论坛
4	孙云霞	副处长翻译	塞尔维亚	2018. 7. 2	5 天	参加论坛
5	张美莉	教授	澳大利亚	2018. 4. 23	8 天	学术交流
6	乔　彪	副校长	英国	2018. 5. 27	21 天	培训
7	哈斯苏荣	教授	沙特阿拉伯	2018. 4. 29	5 天	洽谈合作
8	吉日木图	教授	沙特阿拉伯	2018. 4. 29	5 天	洽谈合作
9	陈有君	教授	秘鲁	2018. 5. 23	12 天	参会及学术交流
10	赵　君	教授	罗马尼亚	2018. 7. 1	10 天	参会及学术交流
11	王忠武	副教授	英国	2018. 5. 20	6 天	参会
12	蒙仲举	副教授	法国	2018. 6. 24	11 天	参会
13	高　永	教授	法国	2018. 6. 24	11 天	参会
14	党晓宏	教授	法国	2018. 6. 24	11 天	参会
15	赵艳红	教授	澳大利亚、新西兰	2018. 8. 24	10 天	学术交流
16	苏　蕊	副教授	澳大利亚、新西兰	2018. 8. 24	10 天	学术交流
17	王志新	高级实验师	澳大利亚、新西兰	2018. 8. 24	10 天	学术交流
18	王志英	讲师	澳大利亚、新西兰	2018. 8. 24	10 天	学术交流
19	李钢铁	教授	斐济	2018. 6. 2	5 天	参会
20	乔光华	院长、教授	蒙古国	2018. 6. 20	6 天	参会
21	宝音都仍	副院长、副教授	蒙古国	2018. 6. 20	6 天	参会
22	刘玉春	副教授	蒙古国	2018. 6. 20	6 天	参会
23	曹金山	常务副院长、教授	日本	2018. 7. 1	6 天	参会
24	王建光	院长、教授	日本	2018. 7. 7	5 天	参会

（续表）

序号	姓名	职务/职称	所去国家	出国时间	出访天数	出访内容
25	赵萌莉	教授	日本	2018. 7. 7	5 天	参会
26	王明玖	馆长、教授	日本	2018. 7. 7	5 天	参会
27	石凤翎	教授	日本	2018. 7. 7	5 天	参会
28	格根图	教授	日本	2018. 7. 7	5 天	参会
29	史海滨	教授	巴西	2018. 8. 10	10 天	参会
30	申向东	教授	巴西	2018. 8. 10	10 天	参会
31	杨树青	教授	巴西	2018. 8. 10	10 天	参会
32	姚利宏	副教授	韩国	2018. 8. 19	8 天	参会
33	芒　来	副校长、教授	蒙古国	2018. 8. 22	8 天	学术交流
34	乌云达来	副教授	蒙古国	2018. 8. 22	8 天	学术交流
35	张心壮	讲师	蒙古国	2018. 8. 22	8 天	学术交流
36	孙云霞	副处长、翻译	俄罗斯	2018. 7. 23	7 天	合作洽谈和俄语进修
37	薛世彪	教授	俄罗斯	2018. 7. 23	7 天	合作洽谈和俄语进修
38	彭运潮	教授	俄罗斯	2018. 7. 23	7 天	合作洽谈和俄语进修
39	程怡宁	讲师	俄罗斯	2018. 7. 23	7 天	合作洽谈和俄语进修
40	白东义	讲师	蒙古国	2018. 8. 22	8 天	学术交流
41	赵一萍	助理研究员	蒙古国	2018. 8. 22	8 天	学术交流
42	格日乐其木格	讲师	蒙古国	2018. 8. 22	8 天	学术交流
43	旭荣花	副研究馆员	蒙古国	2018. 7. 25	12 天	进行资料采集
44	哈斯苏荣	教授	蒙古国	2018. 7. 20	5 天	开展合作科研项目
45	闫祖威	教授	南非	2018. 9. 29	10 天	参会
46	格日勒图	院长、教授	澳大利亚	2018. 8. 12	7 天	参会
47	赵明敏	教授	意大利	2018. 9. 19	5 天	参会
48	周洪友	教师	澳大利亚	2018. 9. 3	10 天	参会及学术交流
49	孟焕文	教师	澳大利亚	2018. 9. 3	10 天	参会及学术交流
50	王　东	博士后	澳大利亚	2018. 9. 3	10 天	参会及学术交流
51	赵萌莉	教授	加拿大	2018. 9. 11	11 天	项目研讨及参会
52	李治国	副教授	加拿大	2018. 9. 11	11 天	项目研讨及参会
53	陈忠军	教授	英国	2018. 10. 19	7 天	参会
54	段开红	教授	英国	2018. 10. 19	7 天	参会
55	芒　来	副校长、教授	蒙古国	2018. 9. 4	5 天	执行交流活动任务

（续表）

序号	姓名	职务/职称	所去国家	出国时间	出访天数	出访内容
56	韩国栋	院长、教授	蒙古国	2018. 9. 4	5 天	执行交流活动任务
57	高　永	教授	蒙古国	2018. 9. 3	6 天	执行交流活动任务
58	孙云霞	副处长、翻译	蒙古国	2018. 9. 3	6 天	执行交流活动任务
59	彭　静	副主任	蒙古国	2018. 9. 3	6 天	执行交流活动任务
60	杨敖日格乐	科员	蒙古国	2018. 8. 31	9 天	执行交流活动任务
61	张成福	教授	阿根廷	2018. 9. 25	7 天	参会
62	靳　烨	教授	美国	2018. 9. 15	40 天	合作研究与学术交流
63	张美莉	教授	印度	2018. 10. 21	8 天	参会
64	史小红	教授	芬兰	2018. 10. 3	8 天	学术交流
65	冯素珍	高级实验师	芬兰	2018. 10. 3	8 天	学术交流
66	赵胜男	助理研究员	芬兰	2018. 10. 3	8 天	学术交流
67	米福贵	教授	丹麦	2018. 11. 20	7 天	参会
68	王　志	副处级	澳大利亚	2018. 11—2018. 12	21 天	培训
69	赵　君	教授	苏丹、尼日利亚、塞内加尔	2018. 11. 26	12 天	学术交流和合作洽谈
70	侯国庆	讲师	蒙古国	2018. 12. 24	5 天	实地调研
71	周　杰	讲师	蒙古国	2018. 12. 24	5 天	实地调研
72	高　博	讲师	蒙古国	2018. 12. 24	5 天	实地调研
73	喜　喜	副教授	蒙古国	2018. 7. 22	10 天	带学生实习
74	黄　华	副教授	蒙古国	2018. 7. 22	10 天	带学生实习
75	魏丽颖	副教授	蒙古国	2018. 7. 22	10 天	带学生实习
76	包慧敏	副教授	蒙古国	2018. 8. 24	11 天	带学生实习
77	田瑞芳	讲师	蒙古国	2018. 8. 24	11 天	带学生实习
78	赵元凤	教授	美国	2018. 3. 20	32 天	校内因公
79	李志华	讲师	英国	2018. 7. 15	36 天	短期研修
80	王艳虹	讲师	英国	2018. 7. 15	36 天	短期研修
81	杨志宏	讲师	英国	2018. 7. 15	36 天	短期研修
82	阿　荣	讲师	英国	2018. 7. 15	36 天	短期研修
83	栗丹丹	讲师	英国	2018. 7. 15	36 天	短期研修
84	方文君	讲师	英国	2018. 7. 15	36 天	短期研修

（续表）

序号	姓名	职务/职称	所去国家	出国时间	出访天数	出访内容
85	刘美改	讲师	英国	2018. 7. 15	36 天	短期研修
86	邢冠英	讲师	英国	2018. 7. 15	36 天	短期研修

2018 年国家留学基金管理委员会资助出国人员名单（学生）

序号	姓名	留学身份	留学国别	留学院校	项目名称
1	刘岩涛	硕士	乌克兰	哈尔科夫国立大学	独联体互换奖学金
2	马佳星	硕士	乌克兰	哈尔科夫国立大学	独联体互换奖学金
3	秦晓璇	硕士	乌克兰	乌克兰国立科技大学	独联体互换奖学金
4	王东成	硕士	乌克兰	哈尔科夫国立大学	独联体互换奖学金
5	苏　蕊	硕士	乌克兰	哈尔科夫国立大学	独联体互换奖学金
6	王　超	硕士	摩尔多瓦	摩尔多瓦科学院大学	独联体互换奖学金
7	刘建新	硕士	匈牙利	布达佩斯技术与经济大学	匈牙利互换奖学金
8	王雅栋	本科生	匈牙利	布达佩斯考维纽斯大学	匈牙利互换奖学金
9	刘文阳	硕士	匈牙利	佩奇大学	匈牙利互换奖学金
10	孟　圆	本科插班生	加拿大	加拿大阿尔伯特大学	优秀本科生交流项目
11	乔　贤	博士	美国	威斯康星大学麦迪逊分校	国家建设高水平大学
12	仇　义	博士	美国	康奈尔大学	国家建设高水平大学
13	房佳佳	博士	美国	普渡大学	国家建设高水平大学
14	樊如月	博士	加拿大	萨斯喀彻温大学	国家建设高水平大学
15	刘安琪	博士	以色列	以色列火山研究中心	国家建设高水平大学
16	刘美含	博士	葡萄牙	里斯本大学	国家建设高水平大学
17	卢培娜	博士	加拿大	斯威夫特卡伦特研发中心	中国教育部与加拿大农业部合作项目
18	赵天启	博士	加拿大	斯威夫特卡伦特研发中心	中国教育部与加拿大农业部合作项目

“一带一路”教育合作

学校不断加强与“一带一路”沿线国家大学及科研机构的交流，在学术交流、科学研究、师生互派、人才培养培训、对外援助等方面广泛开展合作；注重教育共同体的建设，分别加入“一带一路　南南合作农业教育科技创新联盟”和“一带一路　动物科技创新联盟”。2018 年，获批教育部教育援外项目 1 项，项目名称为“基于高通量测序分析蒙古国双峰驼抗体库的多样性”。当年 9 月在蒙古国举办了“中国内蒙古生态文明建设”主题讲座暨沙漠治理成效展览。学校派出 43 名学生赴蒙古国生命科学大学开展专业实习、蒙古国生命科学大学派出 44 名学生来我校进行实习交流。招收“一带一路”沿线国家留学生 144 人，其中蒙古国留学生占比 95%。

2018 年内蒙古农业大学在校政府奖学金资助国外留学生统计

<table>
<tr><th colspan="2">项目类别</th><th>在校人数</th><th>男生</th><th>女生</th><th>蒙古国</th><th>其他国家</th></tr>
<tr><td colspan="2">2018 年在校留学生总数</td><td>144</td><td>60</td><td>84</td><td>137</td><td>巴基斯坦 4 人；塔吉克斯坦 1 人；加纳 1 人；吉尔吉斯斯坦 1 人</td></tr>
<tr><td colspan="2">2018 年在校自费留学生</td><td>0</td><td>0</td><td>0</td><td>0</td><td></td></tr>
<tr><td rowspan="6">2018 年在校政府奖学金留学生</td><td>中国政府奖学金</td><td>98</td><td>42</td><td>56</td><td>92</td><td>巴基斯坦 4 人；加纳 1 人；吉尔吉斯斯坦 1 人</td></tr>
<tr><td>自治区政府奖学金</td><td>19</td><td>7</td><td>12</td><td>19</td><td></td></tr>
<tr><td>孔子学院奖学金</td><td>0</td><td>0</td><td>0</td><td>0</td><td></td></tr>
<tr><td>蒙古国边防军</td><td>4</td><td>4</td><td></td><td>4</td><td></td></tr>
<tr><td>丝绸之路奖学金</td><td>17</td><td>5</td><td>12</td><td>17</td><td></td></tr>
<tr><td>亚太森林组织奖学金</td><td>6</td><td>2</td><td>4</td><td>5</td><td>塔吉克斯坦 1 人</td></tr>
<tr><td colspan="2">小计</td><td>144</td><td>60</td><td>84</td><td>137</td><td>2018 年在校留学生除来自蒙古国留学生外，剩余 7 人，分别来自 4 个国家</td></tr>
<tr><td colspan="2">总计</td><td colspan="5">144 人</td></tr>
</table>

聘请中国香港科研人员和外国籍专家教师

2018 年，学校共续聘 1 名语言外教，新聘 1 名语言外教，续聘 2 名外籍专家，新聘 1 名外籍专家，新聘中国香港科研人员 1 名。

出国留学行前培训

学校作为自治区唯一一家“教育部出国留学培训与研究中心”，2018 年共承办两期教育部“平安留学”出国留学行前培训会。6 月在我校举办 2018 年春季教育部“平安留学”出国留学行前培训会内蒙古专场；11 月，在内蒙古科技大学包头师范学院举办 2018 年秋季教育部“平安留学”出国留学行前培训会。秋季培训采用实景培训的形式，是首次送实景培训到基层。内蒙古农业大学出国留学培训与研究中心自 2015 年成立以来，与自治区教育厅协办，已经累计培训出国留学人员 5 000多人次。

外教语言与国际文化论坛

2018 年 4 月至 5 月举办第四届“内蒙古农业大学外教语言与国际文化论坛”，共邀请 7 名中外专家学者、举办 7 场专题讲座，为全程参与活动的学生颁发课程学习证书。论坛丰富了学校师生的外语学习生活、拓宽了师生的学习思路和方法、培养了师生用不同思维方式进行思考的习惯。

发展翻译人才队伍

学校于 2016 年组建翻译人才队伍，现有英语、日语、俄语、蒙古语、法语、德语、韩语、西班牙语和意大利语 9 个语种的 85 名翻译人员。超过 1/4 的翻译队伍成员是外语专业出身，超过 2/3 有海外留学或访学经历，在推进“‘一带一路’教育对外开放”和提高学校国际化水平中日渐发挥积极作用；同时，促进学校“双一流”建设和提高教育教学水平和质量、加快相关学科与国际接轨。2018 年共派出参加国内翻译培训 8 人次，参加国外翻译培训 4 人次，参加国内学习会议 12 人次，涵盖英语、日语、蒙古语、俄语四个语种。

中外合作办学项目

2010 年教育部批准内蒙古农业大学与加拿大阿尔伯塔大学的本科生中外合作办学项目。2018 年招收项目学生 24 名，出国继续学习学生 15 名。

引智项目

2018 年，学校共获批六项引智项目，合计引智经费约 52 万元。

2018 年获批引智项目一览

项目编号	项目名称	资助经费（万元）
S20181500008	肉羊生态养殖安全生产关键技术的引进与集成应用	5
S20181500010	马铃薯和向日葵土传病害微生态调控技术的研究	1.88
YS20181500010	丝绸之路经济带智能菌肥引进与盐碱地改良技术示范与推广	5
20185000009	针对内蒙古特色作物土传病害的微生态调控技术的引进	10
20185000010	肉羊福利化精准饲养关键技术的引进与集成应用	15
20185000011	丝绸之路经济带智能菌肥与盐碱地改良技术引进	15

管理与服务

发展规划工作

概况

发展规划处全体人员团结协作、密切配合、共同努力，坚决贯彻落实学校 2018 年工作要点等有关文件精神，对内不断完善部门工作职能，努力提高工作水平与质量，对外积极争取社会支持，特别是在本科审核评估、高等教育研究、教育统计、学校管理体制改革、重点项目管理、对口支援等几项重要工作中，领导班子及全体人员以高度的事业心、责任感，心往一处想，劲往一处使，工作取得了较好的效果。

重点项目

完成了由发展规划处牵头的特色项目撰写工作；参与了自评报告的撰写工作，重点参与了学校的办学定位、发展目标、办学特色、服务面向各种办学指标的把关与校对。

发展规划处协同教务处、科技处、人事处等部门，制定了内蒙古农业大学专项工作考核评比实施方案，完成了 2017 教育年度专项工作的考核评比。完成农学院、园艺与植物保护学院筹备建设的相关协调工作。

基层统计报表

填报完成 2018 年地方所属学校基本建设完成情况年报表。2018 年分类学生情况表。完成了 2018 年高等学校基层统计报表工作。发展规划处牵头会同教务处、图书馆、网络中心、研究生院、人事处、国有资产处、学生工作处等单位，编制形成了 2018/2019 学年高等教育统计报表。完成了 2018 年高校教学基本状态数据采集工作。

省部共建

在 2017 年工作的基础上，继续开展了内蒙古自治区与教育部共建内蒙古农业大学的后续工作，争取学校进入共建高校行列。2017 年 6 月 27 日国家林业局局长张建龙主持召开防沙治沙产学研合作协调会议，建议内蒙古农业大学、中国林业科学研究院、亿利资源集团有限公司就成立中国荒漠化防治联盟进行研讨，提出建设方案报国家林业局审核。

对口支援

积极协调中国农业大学，继续落实两校制定的《中国农业大学、内蒙古农业大学关于进一步深入开展对口支援工作的实施意见》。完成了吉林大学对口支援内蒙古农业大学有关学科的协调、协议起草工作。

人事管理

概况

人事管理紧紧围绕学校的中心工作，结合自治区“双一流”建设目标和学科、师资队伍建设发展实际，对《内蒙古农业大学学高层次人才引进与管理办法（试行）》（内农大校发〔2011〕29号）进行修订，形成了《内蒙古农业大学吸引与鼓励高层次人才工作管理办法》（试行）和《内蒙古农业大学引进优秀博士人才管理办法》（试行）。围绕人才建设，促进学校内涵式发展。

岗位聘任、考核

完成专业技术资格申报、评审和认定工作，本年度共198人通过学校专业技术资格的评审及考核认定，其中：正高级28人，副高级59人，中级106人，初级5人。对岗位变动的179人进行了聘任。

加强教职工年度岗位考核，结合新一轮专业技术岗位聘任工作，制定了《教学科研岗位考核办法的指导性意见》和教学科研岗位综合测评、业绩量化考核指标体系，指导学院制定了适合各学院学科建设与人才培养需要的岗位考核办法，并已备案实施。对全校各类岗位共计2 013人进行了年度岗位考核，其中，优秀280人，合格1 620人，基本合格3人，不合格3人，未定等次91人，未参加考核16人。

人事调配

各类新增80人。其中全年公开招聘专任教师79人，博士61人（985院校15人，中国农科院1人，211院校11人，国外院校3人，蒙汉语兼通岗位5人），硕士18人（985院校6人，211院校3人，蒙汉语兼通岗位6人）。通过“绿色通道”引进高层次人才3人，接收转业军人1人；各类减员87人，其中退休52人，调出2人，去世25人，解除聘用8人。

劳资与社会保险

全校在职、离退休人员全年工资津贴、离退休费发放情况汇总结果：在职人员基本工资9 725.79万元，基础性绩效工资4 258.42万元，奖励性绩效工资10 194.19万元（其中基础津贴4 804.42万元、业绩津贴2 541.45万元、课时津贴2 505.99万元、导师津贴342.33万元），国家规定的津贴补贴614.38万元（女卫6.35万元、艰苦边远地区补贴607.62万元、劳模津贴0.41万元），自治区规定的津贴补贴1 218.90万元（误餐补贴

744.44 万元、取暖补贴 474.46 万元)。工资津贴中代扣养老保险1 911.80万元、职业年金 931.76 万元、基本医疗保险 475.34 万元、失业保险 120.54 万元、住房公积金 2 789.69万元。

其他校内津贴 1 912.59万元：即班主任津贴 477.99 万元、在职研究生课时津贴 24.39 万元、双学位课时津贴 166.94 万元、监考阅卷费 193.18 万元、教研室津贴 164.33 万元、人文德育和职业生涯课时津贴 22.31 万元、考核奖励津贴 64.6 万元、特岗津贴 387.62 万元、其他补发 411.23 万元。发放加班费 27.35 万元。

全年发放离休 18 人离休费 19.63 万元、退休 1 007人退休费6 640.62万元。发放离退休人员和遗属（56 人）取暖补贴 246.44 万元。

人事档案

年内进行了干部人事档案库房搬迁工作，同时按照治区党委组织部《全区干部人事档案数字化方案》要求，组织开展干部人事档案数字化工作。目前干部人事档案数字化前期的材料查缺整理工作已结束，正在进行干部人事档案材料补充工作。

全年鉴别、收集、整理、归档个人零散档案（活页）3 000余份。转递个人档案 10 卷，查（借）阅个人档案 800 余卷，接收 2018 年新入职专任教师（博士）档案 47 卷，专任教师（硕士）档案 14 卷，校聘岗位人员档案 41 卷，并完成档案初审工作。整理去世人员档案 24 卷，追收回去世人员生平 3 份，按照人事档案整理规定装订立卷归入校档案馆 24 卷。并追收历年需入归档文书档案 170 余份。

进一步规范干部人事档案的材料收集，与学校党委组织部共同拟定了《内蒙古农业大学干部人事档案材料收集归档办法》。

人事信息平台

积极推进人事管理信息网络平台建设工作。积极参与人社厅“内蒙古人事人才业务系统”建设工作，完成基本信息的审批、变更业务 537 次；审核教育部、教育厅“全国教师信息系统”数据1 783条；加强 OA 协同办公系统维护和建设工作，全年办理人字文件 28 个、职改制文件 7 个，接收校内文件 78 个，签发、封发、套红和签收 339 次，发布公告 33 个，处理处级干部请假审批表 436 条，普通教职工因私请销假审批业务 286 条。OA 系统全年处理考勤相关业务 14 954条，通过考勤发现异常人员巫小彤和闫伟，请病假后辞职人员王海秀和张岑。新建流程各学院聘期考核工作业绩审核小组成员推荐表，共处理 24 条申报流程；全年更新人事处网页信息中招聘公告 47 条，专业技术人员工作 23 条，规章制度 1 条，服务指南 3 条，资料下载 1 条，通知公告 36 条；进行学校人事管理信息系统建设工作，发布《关于做好教职工各类证书信息采集工作的通知》的公告，审核和更新全校所有教职工相关证书信息46 963条；填报发展规划处安排的《高等教育基层统计报表》教职工2 236人，填报数据15 652条；汇总《高层次人才、优秀博士人才业绩统计考核》数据 125 人；汇总《关于召开 2018 年全国农林水高校人事管理研究协作组常务理事会议的通知》回执和通讯录数据 55 人。

其他工作

及时进行全校教职工的年度考核备案和年度逐月考勤结果汇总工作。认真开展人员调动、教职工退休、新进教职工的去编、列编工作，及时完成教育厅、人社厅部、财政厅部署的全校教职工基本信息的采集、整理、上报工作和财政供养人员信息的填报工作。认真完成分管校领导交办的其他日常性工作。

重大事件

1. 人事处成功举办 2018 年全国高校农林水高校人事管理研究协作组常务理事会议。

2. 根据人社厅指示，首先向高工委申报《关于部分五、六级职员岗位聘任中有关问题及处理意见的请示》（内农大校字〔2018〕40 号），同时收到高工委批复《关于自治区直属高等院校部分处级干部岗位聘任中有关问题的情况说明》，其中“同意在 2014 年 6 月前对部分不具有专业技术职务且因年龄不满一个聘期而免职的原管理五、六级职员，均保留其相应工资待遇至退休。”

财务管理

概况

学校实行“统一领导、分级管理、集中核算”的财务管理体制，财务处是学校财务管理的职能部门，作为学校的一级财务机构，在校党委、行政的领导下，统一管理学校的各项财务会计工作，保证会计资料合法、真实、准确、完整。财务处负责全校的会计核算、资金运行以及各项财务管理工作，包括全校教育事业经费收支、专项经费收支、各非独立法人单位的财务收支、制订财务制度、编制财务收支预决算、开展财务分析等，实行财务监督，检查经济效益。

财务处下设 8 个直属科室和 3 个委派财务机构：财务管理科、事业经费核算科、专项资金核算科、收入管理科、基建财务科、出纳科、后勤财务科、校园卡服务中心、饮食服务中心财务部、校医院财务室、基础教育财务部。

教育事业经费

2018 年教育事业经费预算收入 83 222.73万元，包括财政拨款和自筹收入。其中，财政拨款收入63 120.65万元，占预算收入的 75.85%，包括：生均定额拨款 31 566.97 万元，离退休经费拨款 740.12 万元，基本医疗保险等经费 1 218.68万元，财政专项经费拨款27 860.71万元，其他部门拨入专款1 734.17万元；自筹经费收入20 102.08万元，占预算收入的24.15%，包括：本专科生学费11 997.99万元，研究生学费2 478.58万元，学生公寓收入2 298.82万元，其他收入1 934.69万元，纳入预算管理的非税收入1 392万元。

2018年教育事业经费预算支出83 222.73万元。其中，人员经费支出47 522.23万元，占预算支出的57.10%，包括：在职人员经费29 103.13万元，离退休人员经费1 670.23万元，学生助学金10 170.14万元，住房公积金2 703.72万元，工会经费、福利费、遗属生活费、社保费等经费3 874.74万元；公用经费支出35 700.50万元，占预算支出的42.90%，包括：办公交通差旅等公务费761.76万元，后勤运行费（含水电暖物业电讯等费用）4 019.95万元，维修费4 835.55万元，设备费9 688.54万元，图书经费750万元，业务费6 746.20万元，学生公寓费1 366万元，其他费用7 532.5万元（其中贷款本金及利息2 733.66万元）。

科研经费

2018年科研经费收入27 759.81万元。其中，国家重点研发计划5 346.58万元，国家自然科学基金2 711.76万元，国家社科基金19万元，科技厅及其他科研专款11 155.10万元，教育厅科研经费拨款57.50万元，委托科研项目8 469.87万元。

2018年科研经费支出21 319.21万元。其中，国家重点研发计划4 339.91万元，国家自然科学基金3 115.74万元，国家社科基金110.91万元，科技厅及其他科研专款6 860.53万元，教育厅科研经费拨款71.52万元，委托科研项目6 820.60万元。

基本建设经费

2018年基本建设经费收入2 843.2万元。其中，财政拨款1 651万元（政府新增债券兽医实验楼建设项目），学校教育事业费结转自筹基建经费1 155万元，零星收回售房款等37.2万元。

2018年基本建设经费支出9 728.49万元。其中，新校区建设项目6 597.2万元，偿还新校区建设贷款本金1 000万元，财政项目支出1 565万元，其他基建项目497.4万元，农业部马属动物遗传育种与繁殖科学观测试验站支出68.89万元。

制度建设

根据国家新出台的财务管理制度和规定，结合学校自身发展特点和思路，完善学校的一系列财务管理制度。财务处认真梳理学校已出台在用的财务管理相关制度，编订了《内蒙古农业大学财务制度汇编》。

财务预算管理

2018年，学校预算收入5.45亿元，但各项事业发展资金需求较大，财务处与各部门充分讨论经校长办公会审定，校党委批准，2018年预算支出安排7.4亿元，赤字

1.95 亿元。财务处认真分析各部门以前年度资金结余情况，用于解决本年预算赤字，较为科学合理地编制了学校《2018 年度教育事业经费收支预算方案》。

筹措资金

积极争取财政追加拨款，努力开拓财源、多渠道筹集资金。2018 年，从财政部门取得的教育事业追加经费达到 2.79 亿元（不包含退回财政年底无法支付的新增债券资金4 449.04万元），为学校发展和建设提供了资金保障。

费用收缴与管理

学费是学校事业收入的重要来源，财务处不断完善各项收费制度和工作程序，认真做好各项费用的收缴与管理工作。2018 年，学校继续采用网上直缴收费方式进行收费，校本部全年累计缴费人数 2.8 万人，收取学生学费、住宿费、双学位学费等 3 大类，收费总金额达 2 亿元；基础教育累计缴费6 000余人，收费总金额达4 000万元。

经费支出与管理

支出管理是财务管理工作的重中之重，财务处对一切经费支出严格按财务制度办理，同时尽可能为广大教职工和学生提供良好的服务。继续全面使用网上预约报账系统，大幅提高了报账效率，为教职工办理业务节约了时间。

科研经费管理

2018 年，学校承担的科研项目和获得的科研经费继续呈增长的态势，财务处积极配合科研项目负责人编制科研项目预算，按照预算认真审核每一笔支出，配合科技处进行科研项目中期检查、结题、验收、审计等各项工作。

资金支付管理

2018 年，财务处继续使用“银校互联”系统，运用银行先进结算技术，真正实现无现金报账结算。学校全年资金流量达 12 亿元。通过银校互联系统，优化了财务流程，减轻了出纳的工作压力，提高了工作效率。同时，在有效防范职务犯罪、控制支付限额、减少现金保管的成本与风险、财务内控等方面都得以加强。

认真落实巡视整改方案

根据《中共内蒙古农业大学委员会关于落实自治区党委第二巡视组巡视反馈意见的整改方案》的任务安排，财务处共涉及四个整改任务，其中，牵头整改“执行财经纪律不严格”的问题，协助整改“暂付款清理不彻底”“新校区建设出现设计施工缺陷”“采购货物、工程和服务未履行政府采购审批手续”等三个问题。“执行财经纪律不严格”的问题包含两个问题，其中，科研经费管理不严的问题已整改完成，国有资产流失的问题正在整改；2018 年，新核销暂付款 482.24 万元。

其他工作

2018 年，内蒙古自治区财政厅对我校 2017—2018 年“双一流”建设专项资金开展绩效评价工作，财务处配合相关部门撰写“双一流”建设专项绩效评价自评报告，提供绩效自评佐证材料，参加专家座谈会等，圆满完成了绩效评价工作。

国有资产管理

概况

学校国有资产管理坚持资产管理与预算管理、财务管理、价值管理、实物管理相结合的基本原则，实行“国家所有、统一领导、分级管理、责任到人”的管理体制。2018 年是学校实施“十三五”教育事业发展规划的重要一年，也是学校接受自治区党委第二巡视组巡视、教育部本科教学审核评估的一年。一年来，在校党委和行政的正确领导下，国有资产管理处领导班子团结和带领全处工作人员，克服困难，扎实工作，较好地完成了全年的工作任务。

制度建设

年初，在校园网上发布了《2018—2019 年本级政府采购集中采购目录、限额标准和公开招标数额标准》《内蒙古自治区财政厅关于进一步贯彻落实自治区高校 科研院所科研仪器设备采购政策的补充通知》等政府采购相关规定，制定《内蒙古农业大学关于对〈内蒙古自治区财政厅关于发布 2018—2019 年自治区本级政府集中采购目录及有关政策的通知〉的实施意见》《内蒙古农业大学校所属企业基本情况及企业改革意向方案》，下发《关于加强固定资产验收管理的通知》《关于编制 2019 年度教育事业费收支预算的通知》。

固定资产管理

2018 年底校本部（不含职院）固定资产总值为 222 135.22万元，新增资产总值 14 643.55万元。其中房屋增加 1 084.28万元；构筑物增加 1 063.10万元；仪器设备增加 6 085台件，账面原值 10 184.31万元；家具增加 4 573 台件，账面原值 273.46 万元；图书增加 3.2 万册，账面原值 648.83 万元；软件增加 762 套，账面原值 1 389.21万元；文物陈列品增加 1 件，账面原值 3 605元。

严格按照《内蒙古农业大学固定资产验收管理办法》和政府采购相关规定进行验收、登记、入账。全年验收政府采购项目 86 个，项目资金总额 9 602.31万元。

按照《内蒙古自治区财政厅关于开展 2018 年度自治区本级行政事业单位国有资产

管理年度核查工作的通知》（内财资〔2018〕1248 号）文件要求，对学校所有的国有土地使用证、房屋产权证、固定资产卡片、固定资产明细账和 50 万元（含 50 万元）以上仪器设备实物进行了核查盘点。同时为进一步摸清家底，各单位在 2016 年资产清查的基础上进一步自查，明确每一件“在用”固定资产的使用单位、领用人和存放地点，明确资产存量。

完成了沃森农牧业国际交流培训中心的注销工作；内蒙古农业大学机械厂已完成清产核资并出具审计报告，正在清理债权债务问题，人员安置方案已报送学校人事处和教务处，完税和工商注销手续计划 2019 年完成。按财政厅要求完成校属企业 2018 年资本经营预算收益的核查工作和 2019 年国有资本经营预算的编报工作。

政府采购管理

夯实政府采购预算管理办法执行力度，提高政府采购执行效率。规范政府采购程序。2018 年，全年共申报采购计划 98 项，采购预算 25 837. 03万元。其中，中央支持地方高校发展专项 1 212万元，自治区双一流学科建设专项 4 950万元，自治区高等教育专项资金 2 000万元，自治区政府债券资金 5 071万元，学校自筹资金（包括年初预算国库集中支付）12 604. 03万元。完成的采购计划 89 项，采购预算 20 717. 24 万元。

房屋土地管理

严格按照《内蒙古农业大学土地、房屋和经营性资产管理规定》对学校出租的房屋进行管理，全年共收取租金 299. 38 万元。

年内共完成校外租户拒绝腾退经营性房屋等法律诉讼 4 起，成功收回房屋 4 间，敦促赛罕区法院执行房租收入 2 笔，共计 4. 7 万元。积极协调土默特右旗国土资源局办理职业技术学院小学约 60 亩土地使用证书；协调土默特左旗国土资源局办理学校海流图科技园区 60 亩土地建设用地变性手续；努力敦促自治区高级人民法院、呼和浩特市赛罕区人民法院执行部门协助学校校收回金岁小区租用的约 6. 5 亩土地。

巡视整改工作

按照自治区党委第二巡视组的反馈意见和学校党委的巡视整改方案，召开处级干部巡视整改专题民主生活会 1 次；转发《内蒙古自治区党委办公厅 自治区人民政府办公厅关于进一步做好办公用房清理整改工作的通知》，对学校所属 45 家处级单位办公用房再一次进行全面清理，整改清理办公用房 171 间，腾退办公用房 4 间；研究制定暂付款清理方案，积极推进暂付款清理工作，截至 2018 年 12 月 31 日，共清理暂付款约 569. 6 万元；积极配合公安部门，提供有关证明材料，将杨建华非法占用国有土地及房屋开办秋实中学食堂案件移交司法机关处理。

固定资产基本情况（2018年）

序号	资产名称	年初数			本年增加			本年减少			年末数		
		数量	单位	金额（元）	数量	单位	金额（元）	数量	单位	金额（元）	数量	单位	金额（元）
1	土地	10 209	亩	8 305 015.00	0	亩	0.00	0	亩	0.00	10 209	亩	8 305 015.00
2	房屋及构筑物		平方米	855 073 764.3		平方米	21 473 815.37		平方米	0.00		平方米	876 547 579.68
	其中：房屋	1 682 955.9	平方米	702 880 526.6	12 689.09	平方米	10 842 842.10	0	平方米	0.00	1 695 645	平方米	713 723 368.7
	构筑物			152 193 237.7	0		10 630 973.27	0					162 824 210.98
3	仪器设备	82 050	台	1 003 966 099.07	6085	台	101 843 094.82	17 845	台	46 804 022.54	70 290	台	1 059 005 171.35
4	家具	192 475	件	115 599 898.41	4 573	件	2 734 626.57	38 253	件	7 893 252.44	158 795	件	110 441 272.54
5	图书	1 690 061	册	43 031 275.71	32 491	册	6 488 321.93	0	册	0.00	1 722 552	册	4 951 9597.64
6	软件	2 846	套	88 754 401.13	762	套	13 892 066.06	345	套	200 909.11	3 263	套	102 445 558.08
7	文物陈列品	34	件	306 149.20	1	件	3 605	0	件	0.00	35	件	309 754.2
8	动植物	194 803	头（棵）	759 125.00	0	头	0.00	4	头	8 720	194 799	头	750 405
9	机动车辆	325	台	14 054 603.75	0	台	0	108	台	143 331	217		1 391 1272.75
10	无形资产	11	项	116 525.00	0	项	0	0	项	0.00	11	项	116 525

离退休管理工作

概况

截至2018年12月31日，离退休人员共计1 028人，其中离休干部18人，厅级退休干部27人，其他退休人员983人；工作人员6人，设离休科、退休科2个业务科室，3个正科级岗位（含党总支正科级秘书）。周忠祥任处长兼党总支书记，李淑玲任副处长。2018年离退休人员工作处紧紧围绕学校中心工作，推进“两学一做”学习教育常态化制度化，以习近平新时代中国特色社会主义思想为指导，深入学习贯彻党的十九大精神，加强党建与思想建设，引导广大离退休老同志不断增强“四个意识”、坚定“四个自信”、做到“两个维护”。关心服务老同志，组织老同志积极开展正能量活动。

党建与思想政治工作

离退休人员工作处党总支下设18个党支部，其中1个在职党员组成的机关党支部，17个离退休党支部。截至2018年12月31日有党员536名。党总支学习了党的十九大报告、习近平总书记视察内蒙古的重要讲话精神和参加全国两会内蒙团审议时的重要讲话精神等。以党支部为单位组织老党员进行有奖答题活动，强化学习效果。机关党支部将“两学一做”与坚持“三会一课”制度相结合，重点学习了《习近平新时代中国特色社会主义思想三十讲》等内容。组织开展离退休党支部老党员“主题党日”活动，参观乌兰夫故居及老牛坡“红色教育”基地，重温革命先辈历史，提高党性教育。按照校党委组织部的工作安排，按时完成离退休干部党组织书记、委员工作补助发放工作。按时完成离退休党员、在职党员扩展信息采集工作和《全国离退休干部党组织、党员基本信息专项统计》的上报工作，并为核查出未转党组织关系的退休党员办理转接程序，加强基层党建工作，完善规范了党支部管理工作。党总支进一步加强学习十九大精神宣传氛围，积极在离退休干部群众当中，普及宣传学校本科教学工作审核评估知识内容。党总支完成了本单位正版软件清查工作，完善加强了本单位网络与信息安全检查维护工作。按照“关于进一步做好办公用房清理整改工作的通知”要求，对部门的办公用房进行了重新调整。

离退休人员管理与服务

落实“两个”待遇，精准服务老同志。2018年1月初，王万义校长向离退休职工代表通报了学校过去一年的情况；订阅了党刊、杂志、报纸等供老同志阅读学习，为离休干部、退休校领导、所属离退休党支部书记订阅《学习参考》《老年世界》等杂志；坚持离休干部每月必访、生病住院必访、重大变故必访、重要节日必访。及时探视因病住院的老同志。通过送达书报、走访慰问和到医院看望等各种形式走访慰问离退休老干部。春节期间对 18 名离休老干部、27 名退休厅级老干部进行了慰问并发放了慰问金；对 33 名老干部遗孀进行了慰问并发放了慰问金；给 209 名患大病、常年卧床和 90 岁以上的老同志、83 名因病住院的老同志发放了慰问金；向所有离退休人员发放了春节慰问金。2018 年春节前夕共发放慰问金 223.09 万元。为所有离退休老同志进行了体检，为 61 位 70、80、90 岁生日的老同志发放了生日礼物。在停暖后、供暖前走访了部分身体不好、生活困难的老同志。全年接待来访的离退休老同志达 600 多人次。

老年文体协会

积极组织退休教职工开展以“展示阳光心态，体验美好生活，畅谈发展变化”为主题的正能量活动。老年文体协会举办了各类文体活动，包括文艺演出、庆“三八”老年门球赛、台球邀请赛、乒乓球赛、网球赛、竞技麻将比赛、书画作品展等。11 月初面向全体老同志举办了系列文体比赛，200 余人参加了比赛。

关心下一代工作委员会

完成了关工委的换届工作。新一届关工委常务班子坚持“围绕中心、配合补充、因地制宜、量力而为、立足基层、注重实效”的工作方针，秉承“帮忙不添乱”，开展活动“少而精”的工作理念，常务班子 3 位老领导开展了扎实有效的活动。7 月，由关工委牵头与老教授协会共同组建了“老教授报告团”。报告团共举办 22 场报告会，为学校的学风、教风建设、传承农大精神贡献了力量。这项工作受到了教育部评估专家的高度肯定和好评。

老教授协会

充分发挥老教授协会作为校党委和学校联系老教授的桥梁和纽带作用，团结广大离退休老教授为学校的人才培养贡献智慧和力量。与校关工委共同组建“老教授报告团”；开展服务“三农”活动；老教授督导员为学校接受教育部教学质量审核评估做了大量细致的工作等。10 月被中国老教授协会评为“科教兴国优秀项目奖”先进集体。

老年大学

办好老年大学分校，满足老同志们对高质量生活的需求。老年大学分校开设了书法、音乐、舞蹈、太极拳、电子琴等专业，现有 8 个班 350 名学员。

审计工作

财务审计

2018 年完成可研审计及审签 86 项，审计资金总额3 361万元。按照学校部署，对职业技术学院、资产经营总公司、校医院2013—2018年经营情况、财务状况进行了审计，完成了机电工程学院机械厂的清产核资工作及沃森农牧业国际交流培训中心企业注销清算工作。

工程审计

2018年共实施基本建设、维修工程结算审核200项，报审总金额5 800.62万元，审定金额4 817.13万元，平均核减率16.95%，共为学校节约资金983.23万元。按照《内蒙古农业大学建设工程项目全过程跟踪审计实施办法》，对兽医实验楼建设项目进行全过程跟踪审计，针对隐蔽工程、变更工程和原材料进行审计，对施工单位按月报送的工程进度进行审核，有效地保证了工程进度和实施质量。

网络信息工作

概况

信息与网络中心是学校信息化规划、建设、管理与服务的职能机构。中心的前身是2000年成立的“网络与计算中心”（设在计算机与信息工程系）及2001年成立的“现代教育技术中心”，2007年撤销“现代教育技术中心”，成立“信息与网络中心”，2014年，电化教育等相关科室调整至教务处，信息与网络中心调整为现行机构。中心现设主任1名，副主任1名，总工程师1名，下设中心办公室、信息系统部、网络运行部和维护服务部，现有工作人员共10人，具有高级职称4人，中级职称6人。

网络与信息化基本状况

校园网基础设施。校园网为核心、汇聚和接入三层结构的万兆网络。新校区与西校区建有校园网核心机房，两校区之间双万兆互联，构成校园网双核心架构；核心与汇聚间为双万兆连接；新校区万兆到楼宇，千兆到桌面，东、西校区为千兆到楼宇、百兆到桌面。有网络设备1 077台。布设信息点20 000多个，光纤长度132千米，接入楼宇75栋。无线网络布设接入点（AP）共2 533个，基本覆盖了学校教学、办公楼宇以及部分室外场所。

校园网出口。校园网出口总带宽为12Gb，通过UGS9560万兆防火墙连接三个出口，分别是教育网1 000Mb，联通7 000Mb，电信4 000Mb。

信息化设施。数据中心拥有服务器70余台，其中物理服务器43台，云服务平台虚拟化主机28台，CPU数为250颗，内存10TB。有8GB光纤磁盘阵列六套（EMC VNX5500、HW5500v3、HW5300 v3、EMC Unity400），总存储空间为519TB。

网络及数据机房。新校区信息与网络中心机房位于综合教学楼B座，作为校园网及数据中心主机房，机房总面积为420平方米，配置机柜50个，配备2台120KVA

UPS，3 台 60KVA 和 2 台 30KVA 空调，有完善的消防、动力、环境、安防等监控系统。

西校区信息与网络中心机房位于图书馆三楼，作为数据中心灾备机房，面积 260 平方米。安装 120KVA UPS 2 套，2 台 100KVA 机房精密空调和 2 台 12.5KVA 普通空调，实配机柜 31 个，有完善的消防、动力、环境、安防等监控系统。

应用系统与信息服务。用于公共网络服务的有网站群、域名服务、邮件服务、统一身份认证、服务门户、数据交换平台、微信服务平台、网络计费、正版化软件平台、VPN 接入等。

用于职能处室业务服务的系统有人事管理系统、科研系统、协同办公系统、学工系统、迎新系统、宿舍管理系统、资产管理系统、图书管理系统、安保监控系统等。

用于教学管理的应用服务有本科生综合教务系统、网络教学平台、教学资源中心、实践教学管理系统、教材管理系统、双学位及转专业系统、平时成绩管理系统、研究生管理系统、多媒体教室管理系统、自助打印系统、仪器设备管理系统等。

用于财务相关业务服务的系统有财务报账系统、收费系统、支付系统、个人收入申报系统、工资账务查询系统、校园一卡通系统等。一卡通业务已覆盖了全校的就餐、消费、洗浴、打开水、会议、考勤、门禁、图书借阅、上机、上网等应用领域。

网络安全与运维。在校园网出口和数据中心前端部署了万兆下一代防火墙，实现内、外网和数据中心网络层的安全防护和隔离，数据中心防火墙还具备了 IPS、AV 和 URL 过滤等功能；网站群系统配备了网页防篡改系统，保证了学校网站系统的安全；使用校园网计费系统，实现有线网络准出认证，无线网络准入认证，全校用户使用统一身份实名上网；使用计费日志系统实现上网日志的留存；部署 WEB 应用防火墙（WAF）功能，对 WEB 应用层进行防护。使用 SSL VPN 设备，并与计费认证系统对接，为学校用户提供校外安全访问接入。

使用 Whatsup、CactiEZ 等自建网络管理系统，实现了流量监控、性能监控、拓扑监控和流量分析等功能。运用 iMC（智能管理中心）建成统一的校园网络运行、管理、监控平台。部署了运维审计系统，对网络设备、服务器的运维实现统一管理，统一授权、认证和审计；部署了日志审计系统及 Panabit 海量日志系统，收集保存设备运行日志，用于安全审计。

校园网按流量计费，注册用户数3 3000余人，高峰并发在线用户 14 000人。邮件系统采用腾讯企业邮箱，教师和学生都可以拥有一个不限容量的邮箱。

信息化建设

网络基础设施建设。单独设计了人事专网、档案管理专网，保障了重要数据的安全隔离。

完成西校区灾备机房 UPS 290 块电池组的更换、优化工作，增强了后备供电能力，完成东区汇聚机房的空调、UPS 升级工作，保障了双活容灾系统及东校区校园网的安全运行。

重新布设了通往新校区宿舍楼、西区的多条 24 芯、48 芯、96 芯光缆，并完成光纤链路的迁移工作。多次解决因东影南路下穿工程导致的光纤链路中断问题。

校园网建设。将电信 3G、联通 7G、教育网 1G 的出口带宽，扩容为电信 4G、联通 7G，教育网的 1G（500M IP v4 和 500M IP v6），校园网总出口带宽达到 12G。

对无线网络进行了优化，为新区教学楼、图书馆、理学院、车队等地增设了无线接入点，完成新区室外无线接入点的安装，三校区部署的无线 AP 数量为 2 533个。改善无线网络的使用效果，在全校范围实施了无感知认证上网，解决了无线网络用户每次登录时都需要输入用户名和密码的问题。

更换东区和西区办公区老化的网络接入设备，改善了老师们的入网环境。共更换了 61 台交换机（东校区 26 台，西校区 35 台）。协助团委安装广播系统，规划新 IP，调试相关的网络设备 50 多台。

从教育网申请了 DNS IPv6 权威域名服务，同时申请了 2001:250:E05::/48 的 IPv6 地址，调通了内蒙古大学到我校的 IPv6 路由，为下一步全校网络部署 IPv6 做好了准备。

数据中心建设。数据中心存储系统扩容，有效提升了应用系统建设的存储支撑能力；现有虚拟化平台和数据备份系统进行升级、提高数据中心云平台的管理能力。

统筹规划并建设完成教务云平台，融合了网络虚拟化、存储虚拟化及云安全管理技术，为教学类应用的开展提供了基础支撑环境。

智慧校园建设。建设主数据平台，建立全校标准统一的权威主数据中心，提升数据治理的能力。推进跨部门数据梳理，逐步提升数据质量。

建设师生一站式服务大厅，将应用以服务大厅的形式展现。为管理人员提供教职工信息管理功能；为教职工提供信息采集、修改功能，并将数据梳理和展示为个人数据中心；为学生提供基础信息收集、审核、查询统计、管理等功能。

升级迎新系统，完善招生数据管理、新生报到、自动分班、缴费、现场迎新及移动迎新等功能，对宿管系统进行功能定制，保证数字迎新工作顺利开展。

升级微校园平台，提供表单及流程设计器，上线师生请假、信息化数据填报、信息系统管理等业务流程。

建设农大云盘系统，方便个人数据存储及教学和科研资源文档的共享。

利用站群系统上线农大主站和部分二级网站移动版。

网络信息安全与管理运维。调试、安装了 Panabit（派网）网络管理设备及海量日志系统，提高了校园网安全管理和运维的便利性。对校园网上网流量根据协议和运营商带宽进行优化，提升用户上网的体验。

和内蒙古网信办共同规划、安装了网络探针设备，校园网的安全监控和管理水平得到了提升。

图书馆工作

概况

内蒙古农业大学图书馆成立于1952年，初为内蒙古畜牧兽医学院图书馆，1953年随学校搬迁到昭乌达路306号，馆舍面积为400平方米，之后馆舍面积扩大至1 500平方米，1958年更名为内蒙古农牧学院图书馆。1999年4月内蒙古农牧学院、内蒙古林学院合并为内蒙古农业大学，两校图书馆合并为内蒙古农业大学图书馆，2003年新建图书馆落成。

全馆设有7个部室，分别为文献借阅部、文献建设部、文库建设与服务部、蒙古文文献部、系统与数字化部、学科服务与用户教育部及办公室。

馆藏情况

项目	文献总量	当年新增
纸质图书	1 663 895册	50 260册
中文期刊	141 756合订本	1 063种/份
外文期刊		62种/份
报纸		73种/份

服务情况

服务内容	数量统计
全年接待读者	706 573人次
借阅图书册数	56 603册
创客空间、研修间使用情况	8 402小时/2 740人次
文献检索课教学任务	896课时/1 748人
新入学本科生图书馆使用讲座	5 031人/62场
出具查证报告	465份
馆藏资源与数据库使用培训	831人次
查收、查引	2 080篇
中、外文文献传递	284篇

（续表）

服务内容	数量统计
知识产权数据	880 条
内农大文库当年收集书刊、手稿	286 册/种（件）
农大机构知识库	新增期刊论文 1 662 篇
	新增学位论文 681 篇
	新增会议论文 152 篇
	新增专利 137 个
	学者库新增 255 位教师信息

档案馆工作

概况

内蒙古农业大学档案馆由原内蒙古农牧学院档案科与原内蒙古林学院档案科合并组建而成。前身为成立于 1988 年 1 月的内蒙古农牧学院档案科。

档案馆负责学校的档案行政管理各种门类档案的业务管理工作。档案馆隶属党政办公室，馆长由党政办主任兼任。现有在职档案专兼职工作人员 11 人，其中研究员 1 人，研究馆员 1 人，副研究馆员 2 人，馆员 2 人，助理馆员 5 人；博士研究生学历 1 人，硕士研究生学历 2 人，本科学历 8 人。下设办公室、收集整理部、保管利用部、信息技术部。档案馆馆址设在学校 6 号教研楼一楼，使用面积 900 平方米，其中 650 平方米为档案库房，库存档案 12 万余卷件。

2000 年在内蒙古自治区高校中率先晋升为国家一级档案管理，并被评为“九五”期间全区档案工作先进集体；2002 年被内蒙古自治区档案局评为全区档案利用服务考核优秀单位；2010 年内蒙古农业大学档案馆党支部被评为内蒙古农业大学先进基层党支部；2009—2015 年，连续七年被评为内蒙古农业大学消防工作先进单位。

收集整理和查询利用

在学校各职能部门的大力支持和配合下，顺利完成 2017 年档案资料的收集、归档工作。共接收各门类档案 8 338卷（件、张）、作废公章 11 枚，其中教学档案 2 592卷（件），党群、行政档案 1 596件、215 卷，科研档案 189 卷、13 件，实物档案 79 件，财会档案（2016 年）2 584卷，出版档案 676 件，已故人员档案 27 卷，外事档案 155 件，基建档案 87 件，教师业务档案 46 卷，文件汇编 12 卷，声像档案（光盘）66 张。已整理各门类档案 6 165卷（件）。

在档案利用方面，围绕学校中心工作，大力开发利用档案信息资源，为学校相关部门和校友提供多种形式的档案利用服务。全年共接待查档利用者1 955人，利用档案4 452卷、346件、图纸197张，出具学历/毕业证明、蒙授录取证明及大学外语四、六级成绩证明、已故证明621份，提供档案查询705次、复印件8 767页、拍照16 010张，为出国留学人员翻译中英文成绩表/毕业证/学位证124份，为教育部学位认证中心、教育厅就业指导中心等认证机构进行学历认证151份，发传真322页、发邮件11封，为外地利用者寄快递18份。

完成学校2017年度大事记的编写和文件汇编。制作了一楼大厅《档案馆简介》《内蒙古农业大学简介》宣传栏和《查阅档案流程图》《办理学籍材料流程图》等14块牌匾。

制度和信息化建设

结合学校档案工作实际，对原有档案管理的各项规章制度进行补充和完善，重新修订了《内蒙古农业大学档案归档范围和保管期限表》以及《内蒙古农业大学档案鉴定销毁制度》等11项规章制度、《专职档案人员工作职责》等11项工作职责，进一步明确各单位归档范围和要求，使学校的档案工作更加规范化、科学化。

按照档案数字化建设目标要求，全面启动档案数字化加工项目，完成对学校1978年恢复高考以来学籍档案、录取新生名册以及2013—2016年毕业的研究生学位材料等35万页教学档案的数字化扫描加工。同时抽专人对学校17个教学单位、2017届毕业生的2 139卷学籍档案信息进行补充完善，确保档案数字化工作的顺利进行。

请专家来校将多媒体档案管理系统升级到最新版本并重新部署测试，对全校各单位100余名档案专、兼职人员进行系统培训，就如何通过档案管理系统整理、上传、利用电子文件和档案系统与OA系统、校园数字化平台集成过程中所涉及的技术对接问题以及处理在运行过程中出现的相关问题进行讲解，使档案专兼职人员初步熟悉电子文件的归档流程，为进一步推进学校档案数字化工作奠定了基础。

管理工作

按照内蒙古自治区档案局的要求，统计汇总完成《内蒙古农业大学2017年档案事业统计综合年报》。

档案工作实行部门立卷制度，学校各处级单位设专兼职档案人员100名，负责本单位形成档案的收集、积累、立卷和归档工作。全校已形成以档案为中心、专兼职档案人员相结合的档案管理网络。

举办兼职档案工作人员培训，分别采取集中和个别指导等方式对兼职档案工作人员进行业务培训，提高档案工作水平，从而保证档案收集、归档工作的顺利进行。

重视保密宣传教育，组织学习保密工作相关文件，加强日常管理，进一步完善对档案库房的规范化管理，做好库房档案“八防”工作，对馆藏档案按目录抽查，及时发现存在的档案安全隐患，及时采取多种措施补救，保障档案的安全。年内未发生过泄密、丢失档案等事件。

学报期刊工作

概况

《内蒙古农业大学学报》创刊于1957年，当时刊名为《内蒙古畜牧兽医学院院刊》（内蒙古农业大学创建于1952年，当时校名为内蒙古畜牧兽医学院）。这是内蒙古高校创办最早的学报，也是内蒙古创办最早的科技期刊之一，后停刊。1965年复刊时刊名定为《教学与科研》。主编：王鹤田；副主编：庄幼纯、哈斯。按畜牧、草原、兽医、农学、植保等专业指定人员，分工负责本专业稿件的审定工作。学报日常工作设在教务处科研科。《教学与科研》共出版2期，于1967年停刊。1980年复刊，同时更名为《内蒙古农牧学院学报》。主编：张荣臻；副主编：庄幼纯。学报复刊后为半年刊。1986年12月被批准在国内公开发行，期刊登记号为内蒙古自治区期刊出期字第102号。1987年经重新登记后，《内蒙古农牧学院学报》国内统一刊号为：CN15-1062。1990年12月被批准在国内外公开发行，同时改为季刊发行。

1999年《内蒙古林学院学报》（哲社版）创刊。

1999年，原内蒙古农牧学院和原内蒙古林学院合并成立新的多科性大学——内蒙古农业大学。同时对原《内蒙古农牧学院学报》和原《内蒙古林学院学报》进行刊名变更，原《内蒙古农牧学院学报》更名为《内蒙古农业大学学报》（自然科学版），国内连续出版物号为CN15-1209/S，国际标准刊号为ISSN 1009-3575，DOI：10.16853/j.cnki.1009-3575，现为双月刊；原《内蒙古林学院学报》（哲社版）更名为《内蒙古农业大学学报》（社会科学版），国内连续出版物号：CN15-1207/G，国际标准刊号：ISSN1009-4458，DOI：10.16583/j.cnki.1009-4458，现为双月刊。

2002年创办《内蒙古农业大学学报》（蒙古文综合版），2017年根据自治区新闻出版广电局要求更名为《内蒙古农业大学学术研究》，目前在内蒙古自治区内部交流发行，准印号为内蒙古自治区内部资料15-031/C，现为半年刊。

内蒙古农业大学学报编辑部为学校直接领导的二级教学科研机构，编辑部下设3个编辑室，即社会科学版编辑室、自然科学版编辑室和蒙古文综合版编辑室。

学报编辑部现有工作人员9人，其中编审2人，副教授1人，副编审2人，编辑2人，助理编辑2人。

编委会名单

《内蒙古农业大学学报》（自然科学版）编辑委员会

主任：王万义

副主任：芒　来　苏德毕力格

委员：（按姓氏笔画为序）

丁雪华　王万义　王明玖　王春光　王喜明　史海滨　刘廷玺　牟献友
芒　来　闫祖威　张和平　张　生　李国婧　李畅游　李金泉　杜健民
苏双平　苏德毕力格　齐景伟　陈　智　武　佩　周欢敏　赵怀青
赵萌莉　敖长金　铁　牛　高聚林　高　静　曹金山　塔　娜　葛茂悦
韩国栋　靳　烨　薛河儒

《内蒙古农业大学学报》（社会科学版）编辑委员会

主　任：王万义

副主任：侯晨曦　芒　来　苏德毕力格

委　员：（按姓氏笔画为序）

王万义　王小智　王中东　王永明　王效亮　包庆丰　乔光华　乔　彪
任　强　刘文俊　吕清禄　牟献友　芒　来　邬建刚　张　文　张　生
李畅游　李俊霞　杜健民　汪建平　苏双平　苏德毕力格　郑俊宝
郑培亮　哈斯巴根　侯晨曦　修长柏　赵柏峰　席锁柱　徐莉林
高　潮　盖志毅　彭　恩　靳小平　冀兆荣

《内蒙古农业大学学报》（蒙古文综合版）编辑委员会

主任委员：芒　来

副主任委员：苏德毕力格

委　员（以蒙古文字母为序）：

阿木古楞　额尔敦　额尔敦木图　敖特根巴雅尔　敖特根其木格
毕力格巴图　包庆丰　宝音都仍　布和额尔敦　格日勒图　芒　来
席锁柱　苏德毕力格　苏双平　双　全　塔　娜　特木尔布和
铁　牛

组织机构

主　任：苏德毕力格

副主任：苏双平

办公室主任：赵殿武

自然科学版编辑室

主　编：苏德毕力格（编审）

副主编：苏双平（副教授）　赵怀青（副编审）

责任编辑：石　林（编审）　赵怀青（副编审）　董泰音（编辑）

社会科学版编辑室

主　编：苏双平（副教授）

副主编：王小智（副编审）

责任编辑：赵殿武（编辑）　张　榕（助理编辑）

蒙古文综合版编辑室

主　编：苏德毕力格（编审）

副主编：敖特根其木格（编审）

责任编辑：敖特根（助理编辑）

主要工作

编辑出版《内蒙古农业大学学报》（自然科学版）6 期，《内蒙古农业大学学报》（社会科学版）6 期，《内蒙古农业大学学术研究》（蒙古文综合版）4 期。学报办刊质量有了进一步提高，根据《中国学术期刊（光盘版）》电子期刊社有限公司出版的《中国学术期刊影响因子年报》发布的 2014—2018 年影响因子情况，《内蒙古农业大学学报》（自然科学版）2018 年影响因子为 0.526，居全区高校自然类期刊首位，《内蒙古农业大学学报》（社会科学版）影响因子为 0.356，位居全区高校第二位。各版学报通过了内蒙古自治区新闻出版广电局 2017 年度期刊核验。

学报编辑部认真执行“三审”制度，严格专家审稿把关，加强编辑质量控制，在编辑规范化方面也有了很大的进步。按照有关规定，加强审读工作，编校质量、装帧印刷质量等方面都有了明显提高。

加强编辑队伍的培训，编辑队伍在专业化和规范化方面得到了加强。组织编辑人员参加国家和自治区新闻出版业务培训和继续教育培训及相关会议学习交流共 20 人次，编辑队伍业务水平不断提高。

根据国家新闻出版有关规定，安排 2 名编辑人员参加出版职业资格考试，取得出版中级职业资格证书。因学校法人变动，对《内蒙古农业大学学报》（自然科学版）和《内蒙古农业大学学报》（社会科学版）期刊出版许可证的法定代表人进行变更，法定代表人由王万义变更为高聚林。

围绕学校办学特色、学科优势，着眼于内蒙古的地区特点和民族特色等方面打造蒙古文版学报的办刊特色，在多年办刊基础上，向国家新闻出版广电总局申请创办《草原畜牧业研究（蒙古文版）》期刊。

贯彻落实中国科学技术协会、教育部、国家新闻出版广电总局、中国科学院、中国工程院《关于准确把握科技期刊在学术评价中作用的若干意见》文件精神，注重登载论文的学术性、创新性和实践性，注重登载民族地区的学术成果。关注校内外作者承担的各级各类科研项目的研究，关注各学科的研究前沿和热点问题，充分发挥学报在学术研究成果评价中的平台作用。

党建与思想政治工作

加强期刊阵地建设和管理。严格落实意识形态工作责任制要求，制定《内蒙古农业大学学报编辑部落实意识形态工作责任制实施办法》，做到责任编辑流程意识形态工作全覆盖。学报编辑部以习近平总书记关于加强意识形态工作的相关思想为指导，按照内蒙古自治区新闻出版广电局、内蒙古自治区教育厅和内蒙古农业大学党委关于落实意识形态责任制的有关要求，严格落实“三审三校”制度，认真把好政治导向关、价值取向关、内容题材关、出版质量关。严格落实内部审读工作，层层落实意识形态责任制，强化主体责任，坚守了意识形态防线。

所获奖励

2018 年 10 月，《内蒙古农业大学学报》（自然科学版）入编《中文核心期刊要目总览》2017 年版（即第八版）之综合性科学技术类核心期刊。

基础教育

概况

基础教育中心（党总支）是学校的教辅机构，李立峰同志任基础教育中心主任兼党总支书记；于涛任基础教育中心副主任。党总支委员会由李立峰、于涛、刘俊、张晓岚、胡燕组成，下设农大附中小学语文学科、小学数学学科、小学英语学科、综合学科、初中、科教服务党支部和幼儿园 7 个党支部，共有党员 69 名。所属附属中学和幼儿园两个单位，附属中学校长李立峰（兼），副校长王凤玲、刘俊、胡燕、于涛（兼）；幼儿园园长张晓岚，副园长李琼、刘丽敏。现有教职工 433 人，其中，正式职工 46 人（附中 23 人、幼儿园 20 人、中心行政 3 人），外聘工 387 人（附中 314 人，幼儿园 75 人）；附中 95 个班 4 654名学生（小学共 71 个班 3 296人，农大子弟 349 人；中学共 24 个班 1 358人，农大子弟 153 人），幼儿园 18 个班 685 名幼儿（农大子弟 148 人）。办公室在附属中学励志楼 517 房间，电话 4966840。

党建、思想政治教育和工会工作

党总支以“两学一做”教育活动为抓手，全年集中学习研讨 39 次，其中中心组扩大学习 8 次、集中学习 21 次、专题研讨 2 次、党课 4 次、党政联席会议 4 次。党总支完成增补委员和党支部换届调整及培训工作。附中建设了党建工作室，附中按学科进行了党支部的调整设置，共设党支部 6 个。党总支为各党支部购买了党务工作参考书籍，编印了《党支部工作手册》；为全体党员购买了学习资料和学习笔记本，充分利用校园网上传学习资料；组织党员参加了应知应会知识答题、农业大学本科教学审核评估工作应知应会 100 题、“北疆先锋网”组织的网上知识竞赛活动，按照有关要求撰写了心得体会并分享交流。各党支部坚持每双周组织 1 次政治理论学习，全年重点学习了党的十九大精神、习近平总书记系列讲话精神等政治理论。组织教职工集中观看纪录片《厉害了，我的国》、专题片《将改革进行到底》《辉煌中国》《榜样 3》等。开展一期党支部委员培训和以“历奇”体验实现超越为主题的素质拓展训练。党总支书记和组织委员分别以《如何紧密围绕中心工作做好党支部工作》和《如何做好发展党员和教职工思想政治工作》为主题，讲了党课、邀请内蒙古农业大学师德师风报告团成员高潮教授为基础教育中心党总支委员、党支部书记、全体党员和骨干教师100余人作了主题为《改变，从阅读开始》宣讲报告、组织全体教职工收看庆祝改革开放40周年大会。

附中和幼儿园各党支部根据工作实际，设立了党员示范岗，组织开展了庆祝“三八节”活动、赴凉城县岱海镇井沟子自然村贺龙革命活动旧址参观学习、赴内蒙古美术馆参观《自治区发展建设成就画展》、端午节主题党日活动暨“文化寻力”传播中国文化，“领会党的十九大精神，争当雷锋新时代传人”主题活动、学习全国优秀共产党员先进事迹专题组织生活会等；积极搭建“学、做”平台。附中党员教师利用假期修订校本教材（学科指南）、义务承担分拣教材等任务；幼儿园党员教师带头承担实习生和青年教师培养任务；科教服务党支部继续规范“钉钉办公、劳动用工备案等工作”；认真维护和更新党员信息系统，确保党员底数清楚、信息完整，加强了聘用工党员和组织关系未转来党员的信息统计和教育管理工作全年转出党员2人，转入党员2人；在农业大学“七一表彰”中，党总支和幼儿园党支部被评为先进基层党组织，1名党员获得优秀党务工作者荣誉称号，1名党员获得优秀共产党员荣誉称号。

坚持把意识形态纳入党建工作责任制，落实好意识形态责任清单。依法规范讲座、讲坛、报告会、研讨会等各类校内活动的审批和监管；持续加强网络阵地管理；加强课堂教学过程监控，严格审核把关各类讲座报告内容，严格印刷室管理程序；坚决抵御和严格防范宗教渗透，校园内禁止从事宗教活动、散发宗教类出版物及宣传品。党总支结合附中和幼儿园实际，开展了社会主义核心价值观、依法治国、爱国主义、志愿者精神、社会公德、诚信意识、文明礼貌等系列思想政治教育活动。关注教职工特别是外聘工思想动态，加强教职工思想教育，做好教师教育过程记录。强化规矩和纪律意识，依法办学，规范办学行为，坚决杜绝有偿补课、体罚或变相体罚现象。党总支书记分别与附属中学、幼儿园签订了2018年度《维护稳定、创建平安校园及完成校园治安综合治理目标管理责任书》《防火安全目标管理责任书》《施工单位及用工单位综合治理 防火安全责任状》《2018年落实党风廉政建设目标责任书》《2018年师德师风建设目标责任书》《基础教育中心2018年落实意识形态工作责任制目标责任书》。

工会组织健全，按时按要求换届改选委员会委员，做到教职工入会及时。不断加强基础教育中心工会和教代会工作，积极推进民主管理进程。召开了全体教职工大会通报财务收支预算情况等重大事项，及时做好收缴会费工作，并定期向会员公布经费使用情况，接受会员的监督，年终向校工会以报表的形式汇报经费使用情况，年末向单位负责人进行年度工作汇报。建设“教职工之家”，组织并完成了教职工个人体检，看望慰问生育、生病、住院和生活困难教职工。全年看望生病，困难职工5次以上，看望生孩子的女教工10次以上，发放慰问金10 000余元。大力开展工会网上工作，在基础教育中心网站、农大附中网站、幼儿园网站建设“网上职工之家”，每个工会小组都自觉运用改革创新精神谋划推进工会工作，运用网络技术手段，推动工会工作再上新台阶。以

“立德树人”为核心加强教职工思想教育和师德建设，进一步开展“好职工‘六大创建’活动，重点开展“文明科室、文明处室”竞赛活动、举行“做文明校园创建的践行者”、举行了2018年教工趣味运动会、举办了庆祝三八妇女节茶艺会、青年教师基本功大赛、纪念毛泽东125周年诞辰暨改革开放40周年书画作品展和文艺展演等活动，分会教师参加全国2018年度课堂教学展示与观摩系列活动。分会掌握群众信息，能及时向学校领导和上级领导反映困难教职工情况及教职工提出的问题、建议。建立了困难教职工详细情况统计表，以及离退休老教师慰问表，努力为教职工排忧解难。积极参加农大“书香校园”读书活动，全年共分享图书24本，认真组织“博爱一日捐”活动，参加校工会举办的“乒羽杯”获团体总分“第六名”、参加校工会举办的“教职工万米接力赛“获团体总分“第一名”、参加农大校运会，基础教育分会获得团体总分“第二名”、参加校工会举办的“教工足球赛”获团体总分第四名、分会获“品牌活动”一等奖。

附属中学

一年来，附属中学认真贯彻落实“精品办学、内涵发展”改革思路，以安全稳定为基础，教育教学为中心，管理服务与校园建设为保障，重点开展了以下工作：

一是安全稳定和综合治理工作。制定《安全工作责任清单》，全面排查安全隐患并形成《安全隐患台账》。同时，通过法律顾问专题讲座进一步提高教职工的法律意识，防范法律风险。针对校门安全、交通安全、楼道安全、小饭桌、防火防盗防恐、食品安全、预防保健、人身安全、计划生育等问题，通过开展深入的调研和宣传教育，进一步完善了值周制度、教师和学生志愿者制度、定期巡查制度和预警机制，制订了雨天灾害、雾霾天气应急预案等紧急情况预案，加强了校园安全监控系统建设，更换了消防水带等消防设施，开展了安保人员培训以及交通、防火、防踩踏、法制校园等讲座，全年安全稳定无事故，实现了“平安校园建设”工作目标。

二是“文明校园”创建。按照学校文明校园创建工作要求，在参与呼和浩特市“创文明城市”的工作基础上，制定《文明校园创建方案》，谋划开展了“更有质量的教育”研讨、强化领导班子建设、“文化寻力”基地学校建设、教职工基本功大赛、师德师风建设、校园文化建设规划、最美教师最美教室评比、中华优秀传统文化进校园、社会主义核心价值观教育和阵地建设等一系列工作安排，真正把文明校园创建任务落实到位。

三是严格方案和程序做好招生工作。严格按照招生程序和要求顺利完成了2018年招生工作，一年级12个教学班，录取578名新生；七年级8个教学班，录取451名学生。目前附中在校生从2014年9月的5 509人缩减到4 659人。

四是工会和教代会工作。召开全体教职工大会通报财务收支预算情况等重大事项。建设“教职工之家”，组织教职工进行体检，看望慰问生育、生病、住院和生活困难教职工，组织开展教职工趣味运动会等文体活动。参加大学运动会、万米接力赛等均获得优异成绩。

五是切实加强师资队伍建设。高度重视师资队伍建设，全年解聘教师 8 人，新进教师 13 人。共 554 人次参加区内外培训，利用寒暑假开展集中师资培训。调整了教学委员会和年级组委员会，设立了教研室；获得五项自治区 2018 教育科学规划项目；保证每周一个半天的中学专题学科组活动时间，逐步规范学科教研活动，为全体教师提升学科素养搭建了平台载体；共派出 70 余位师生参与了国际文化交流活动，2018 年 6 月美国北卡罗来纳州学区 13 名师生回访参观交流。

六是全面实施师生体质提升工程。针对师生的体质状况，全面实施了师生体质提升工程。“一个目标、二个机制、三项落实制度、四个品牌特色、五项具体措施”为主要内容的师生体质提升工程成效显著。体育组组建了篮球、足球、网球、花样跳绳等训练队，以学生自愿参与为主，每天课内学习结束后，训练一小时，趣味性与技术性相结合，既增强了学生的体质，又让学生体验到运动的快乐。

七是细化教学过程监控提升教育教学质量。第四届“五四制”初中毕业生 2018 年中考取得全市总均分第三名的好成绩，出库率 96.7%。八年级生物、地理两门总均分全市第一名。小学各年级 2017—2018 学年全部达到赛罕区优标，六年级“小班精品化”教学成效明显，249 名毕业生中有 110 人（总比例达 44%）升入启秀、秋实、桥华和敬业等优质初中。

八是积极争取各方经费改善办学条件。今年，共争取经费 600 多万元，暑期对东门、南操场、网球场、智慧课堂、乐学楼门窗、C 区卫生间以及校园监控摄像头、应急灯等进行了维修改造。

九是表彰奖励。学校被赛罕区教育局评为“民办教育优秀学校”“校园安全管理工作优秀集体”；获得内蒙古农业大学教职工万米接力赛 A 组团体第一名、第 53 届田径运动会团体总分第二名；学生女子篮球队荣获全市中学生篮球赛亚军，学生男子篮球队荣获全市中学生篮球赛第三名；学生武术队首次参加全国传统武术比赛荣获团体第三名；学生舞蹈队舞蹈《顶碗舞》《咖喱咖喱》在呼和浩特第二届美育节中荣获群舞 A 组三等奖；学生舞蹈《俏花旦》荣获赛罕区艺术节一等奖、《奔腾》荣获二等奖。于涛荣获赛罕区教育局民办学校“十佳校长”荣誉称号，杨瑞珍荣获赛罕区教育局民办学校“十佳班主任”，巩慧峰荣获赛罕区“优秀教育工作者”，赵燃、茹捷、王佳节、徐红艳荣获赛罕区教育局“优秀教师”，张喆、邹鸿、温静、武永兰、邵彩英、于非非荣获赛罕区教育局“优秀班主任”，张喆荣获赛罕区教育局教育局“优秀少先队辅导员”；张文彦荣获自治区初中生物学知识竞赛“优秀辅导教师”、全市初中生物课堂观摩课“优秀奖”；王存芳、茹捷荣获自治区初中生物学知识竞赛“优秀辅导教师”；陈璐荣获“靓丽内蒙古，师生写芳华”——呼和浩特市全市中小学、幼儿园师生美术、书法、摄影作品展“优秀辅导教师”；董建义、闫月霞、梁秀珍、张馨、李云峰荣获呼和浩特市第一届中小学教育机器人竞赛活动“优秀指导教师”；王艳宏荣获第十六届“全国中小学信息技术创新与实践活动”NOC·智能机器人工程任务挑战主题活动决赛“优秀指导教师”；李婧荣获“我爱祖国海疆”等模型教育竞赛活动“优秀辅导员”；张磊荣获呼和浩特市中学生篮球赛市区组比赛“优秀教练员”；臧浦乐荣获呼和浩特市中学生田径运动会“优秀教练员”；海陆宇荣获呼和浩特市第三届中小学体育教学技能比赛小学组二等奖，李胜男荣获小学组三等奖；李峰荣获呼和浩特市中学生篮球赛优秀教练员；秦荣荣获自治区中小学优秀体育教学观摩展示活动一等奖、呼和浩特市中学生田径运动会“优秀教练员”；张琦荣获内蒙古自治区中小学体育教学观摩展示活动二等奖、呼和浩特市中学生田径运动会“优秀教练员”、赛罕区教育局“优秀教师”。王娅娇荣获呼和浩特第二届美育节“优秀指导教师”；马建华荣获呼和浩特第二届美育节“优秀指导教师”、赛罕区艺术节“金牌教师”；陈晓鹏荣获内蒙古大众跆拳道联赛“优秀裁判员”、全国传统武术比赛“优秀裁判员”；赵燃荣获全国传统武术比赛“优秀教练员”、全市中学生篮球赛“优秀教练员”；张瑞鑫荣获全国传统武术比赛“优秀教练员”；李胜楠、海陆宇、营梦圆荣获呼市青少年网球公开赛“优秀教练员”。

幼儿园

2018 年，幼儿园从加强学习、提高认识入手，按照“抓整体、树群体、扬个体”的工作思路，加强政治理论和业务学习，提高全体职工自身修养，开展各类实践活动提升办园品质，圆满完成了工作任务。

一是加强政治学习和业务学习，重视思想教育，树立崇高的理想信念。通过师德师风教育活动，教师从根源上找出自己的不足，端正学习态度，提高自身素质。引进“阅读”“数学”“音乐”等游戏化学习材料，通过听专家解读，教师观摩互评、专家点评、园内教研等活动进行新教材的学习培训，把教学过程遇到的问题集中统一研讨，拿出解决方案在教学中再实践。在深入学习游戏化课程的基础上，积极进行幼儿园园本课程的构建与实施，了解园本课程的真正含义。通过听、看专家报告，逐渐转变观念，树立正确的教育观、儿童观、服务观，并使之转化为教育行为，体现以儿童发展为本的理念，逐渐建构适合本园实际的课程。

二是加强“教研组”建设，提高教研质量。教研组是教师学习的主阵地，教研活动是提高保教水平的重要手段之一，教研组制定出相应的学习制度，形成“我要学”的学习氛围。教研活动采用学与思、教与研的有机结合，理论与实践相互转化，促进了教师更新教育观念，优化教育行为。业务学习通过听读、组织观摩活动、结合实际开展研讨，在学习中牢固树立以幼儿为主体的观念。名师工作室、教师梯队建设逐步完善，培养计划有效实施，提供机会让教师外出观摩、听课、听讲座等，开阔其眼界，提高教育教学能力。优秀青年教师成长显著，3 月谭辉老师在赛罕区幼儿园保教人员基本功大赛中获三等奖，6 月季玲老师在呼和浩特市第四届幼儿园青年教师教学基本功大赛中获二等奖。

三是开展系列活动，全面提升教师能力。幼儿园对照《幼儿园一日活动常规》的要求，通过半日活动跟踪来检查督促教师对各环节的组织，消除孩子的等待现象，为幼儿创设一个健康、和谐、安全、丰富、新颖的生活和活动环境，充分尊重幼儿的人格和权利。及时挖掘生活常规的教育功能，将常规培养同幼儿生活实际紧密结合起来，使幼儿形成良好的学习、生活习惯，逐步提高了他们的自理自律能力。创意美术活动在幼儿园落地，通过教师培训、成果展示等，培养幼儿美术兴趣，激发幼儿艺术创造和审美才能，发展幼儿的空间思维和动手能力，以增加幼儿在美术学习活动中的积极体验为中心，让他们在更为自然、真实的情境中体验美、创造美。在12月大班和苗班开展了“享受艺术、快乐成长”创意美术画展，为期一个月的画展，调动了孩子们的艺术表现力，激发了他们的艺术潜能，享受艺术创作的乐趣。

四是严格方案和程序做好招生工作。严格按照招生程序和要求顺利完成了2018年招生工作，共招150名幼儿。

五是家长进课堂，携手助成长。一月一次的家长特色助教活动，让小朋友们感受、体验形式多样，内容丰富的学习活动，每一次活动都给孩子们带来了意外的收获与快乐。

六是做好厨房拆迁的准备工作，保证幼儿园日常工作的顺利开展。2018年拆除旧厨房和新建综合楼开工，新建综合楼手续6月正式批复，旧厨房拆迁和临时厨房启用及搬迁工作要同时完成。全体行政、后勤人员经过2个月的努力，新校区厨房取得餐饮卫生许可证，9月由益得公司依维柯冷藏保温厢式车作为送餐车开始送餐，确保600余名幼儿按时吃上了热饭。新建综合楼也于9月底顺利开工建设。

七是做好卫生保健管理工作，保幼儿身体健康。落实保教并重原则，细化卫生保健管理工作，切实按照程序规范卫生消毒环节，保证卫生消毒工作更加制度化、规范化、精细化，促进幼儿身心健康发展，保健工作在呼市妇幼保健院年检验收工作中得到了好评。

八是丰富膳食品种，提升饮食品质。2018年，将提高伙食档次、丰富主副食品种花样作为重要工作，按照季节的变化有针对性的调节膳食结构，并变换花样为幼儿加工制作副食。增加了海鲜产品，大青虾、鱼柳、鱿鱼、鳕鱼等进入常规食谱，保证多样蛋白质食物的摄入，保障幼儿健康。

九是幼儿园的绿化美化及安全工作。4月沿幼儿园外围栅栏，栽种了蔷薇等灌木，使幼儿园的树木品种更加多样化。与保安公司沟通协商，9月将门卫更换为2名“铁甲保安”，更加严格执行门卫工作制度，规范家长接送制度和教职工出入制度。

科技园区工作

概况

科技园区围绕“十三五”规划建设目标，以工程建设、园区绿化、美化为重点，抓好园区基础设施、道路、灌溉管网等建设，进一步夯实园区发展基础，加快园区教学科研服务功能的完善和提升。2018 年，园区加大力度开展种植养殖项目，优化园区生态环境。加快园区基础设施建设，增强综合配套能力。加强海流图园区和东园区的日常管理，提高实践教学科研服务的质量和水平。制作完成海流园区发展历程宣传片，组织完成标识系统一期建设。

主要工作

完成了教学示范实验猪场供水供电工程、猪场和羊场绿化灌溉管道工程、能源学院彩钢板房及猪场附属彩钢板房工程的设计及施工。对七台变压器、现有机井、管网和约 5 千米的线路进行管理和维护；土默特左旗发改委项目对海流图园区明渠（50 厘米槽和 60 厘米槽）进行承砌共计铺设 7.3 千米；水建院项目在海流图园区建蒸渗实验站一个、新建半径为 180 米的喷灌圈一个并配套水电。整理和改良 2 000亩土地，施牛粪约 1 万立方米。对现有的 250 亩苗圃及 3 万余株行道树、防护林、绿化带进行正常养管；种植花灌木 3 873丛，樟子松 298 棵，山桃 1 348棵，杨树（自供苗）5 626株；种植青贮玉米 640 亩，明地蔬菜，小麦，莜麦等小杂粮 50 余亩，对已种植的苜蓿 2 300亩进行正常管理和收获，新种苜蓿 600 亩；对 14 栋温室、3 个大棚和 1 个连栋大棚约 30 亩进行改良整理并少量试种各种蔬菜，同时启动了智能化温室，进行育苗和水肥一体化种植蔬菜和花卉，供学生参观实习和教师科学研究使用。8 个鱼池共计 67 亩，养殖各种鱼。2018 年出鱼约 3 万斤，供内蒙古农业大学教职工福利所用。少许养殖牛、羊、猪，驴。海流图园区种植燕麦 100 亩，各种牧草 460 亩，养殖骆驼 10 峰，在苗圃和温室育 20 万株草本苗，供学生教学实习和教师进行科学研究。为农学院教师提供一座温室，50 亩明地进行中药材的育苗和种植。林学院、农学院、机电工程学院及能源与交通工程学院学生在海流图园区教学和科研实习的人数约 3 500人次。

东园区完成了办公区院面硬化、土地整理、办公室维修、钢制围栏等工程，完成了树木砍伐清理等工程，完成了西南区、东南区、东北区、西北区渣土清理及土方等工程。清除东园区内积存渣土及垃圾 58 000余立方米，清除各种枯树 2 600余株，对新办公服务区进行硬化，面积 500 余平方米，新修东园区砂石行道 1 280平方米。整理出教学实习用地 160 亩，整体规划了东园区绿化，新栽植乔木 1 800株，花灌木 39 000株，种植苜蓿 43 亩。

后勤管理工作

概况

内蒙古农业大学后勤管理处是学校后勤管理服务的职能部门，下设基本建设科、房产管理科、节能管理科、综合核算科、质量监督科、劳动用工科六个科室和物业中心、饮食服务中心、学生公寓管理服务中心、校医院、交通运输中心、接待服务中心、修建中心七个服务实体。现有在编教职工 152 人，担负着全校师生科研和生活服务的重任。

党建、思想政治和工会工作

后勤管理处所属部门共有后勤机关、物业中心、饮食中心、学生公寓中心、校医院、交通运输中心、修建接待 7 个党支部，共产党员 82 名。2018 年，后勤管理处领导班子成员，始终坚持深入学习党的十九大精神，深入学习习近平总书记系列重要讲话精神，推进“两学一做”学习教育常态化制度化。后勤管理处各党支部严格按照校党委部署，认真制定了政治理论学习计划，按照学懂弄通做实的要求，做到了学习时间保证，人员保证，同时每次保证有一个明确的学习主题，不断丰富学习内容和形式，坚持学以致用，不断追求学习效果和作用。加强党性锻炼，自觉用新思想新理论新战略武装头脑，做合格的共产党员。与各中心负责人签订了《党风廉政建设责任书》《意识形态责任书》，把意识形态同党风廉政、综合治理、安全生产统一纳入“一岗双责”。按照学校的要求建立健全舆情会商研判和应急处置机制，科室和中心设有专门的舆情信息员，及时向学校报送舆情信息。工会组织全体教职工进行了健康体检，看望慰问退休老职工，积极参加学校组织的文体活动，在本年度教职工“乒羽”比赛和五人制足球赛中均取得了团体第一名的佳绩。

日常工作

开展年度后勤服务全成本核算和服务费测算，为学校重大活动、会议、接待等提供后勤保障；发放已办理完结的房屋产权证 300 余本，新办不动产证 30 余本，上报 900 名教职工住房补贴申请资料，涉及金额 1 100余万元；完成水电暖设施设备检修、改造工程 30 余项，零星维修 600 余次，认真做好三校区 110 万平方米住宅区道路、广场、游园、办公楼、实验楼、教学楼等公共场所保洁工作；采取自主经营、目标管理和引进特色经营相结合的模式，基本大伙餐厅以保障型学生伙食为主，特色餐厅拓展为改善型伙食，每天饭菜花色品种有近 200 种，学生就餐率达 75%以上，满意率达 90%以上；组织各学院开展了宿舍文化活动月、“文明宿舍创建周”等活动，丰富学生的生活，受到同学们的欢迎和好评；校医院全年开展健康咨询、讲座、活动 57 场，接诊 3. 5 万人次，同时为教职工进行年度体检，通过对学生开设选修课程，加强卫生宣传教育；全年完成教学、实习、其他公务用车共运行 390 000千米，完成教学实习师生 36 000人次，用车 630 台次；认真做好新生报到、军训教官、外教专家、单身职工的用房服务工作，接待好社会客源入住工作，努力提高经济效益。

安全工作

与各部门签订了生产安全责任状，完成了全校区供水系统的净化、清洗、消毒和水质检验工作，定期对锅炉、配电室、露天箱变、库房及车棚进行地毯式排查，杜绝安全隐患；建立食品安全快检室，加强对食品原材料管控，严格执行新版《餐饮服务食品安全操作规范》，积极推进“6T 实务”管理，提升食堂管理水平，制定了水、电、蒸汽以及天然气安全生产管理办法；自治区教育厅在学校新校区餐厅召开全区食品安全现场观摩会，来自 210 余名全区各高校和盟市旗县教育部门的食品安全管理工作负责人员餐厅的洗消间、留样室、集中加工配送中心、智能保鲜冷藏室、库房、物流中心、快检室等功能间以及食品加工流程进行了现场观摩，参观了全自动洗菜机、全自动除渣超声波消毒喷淋烘干一体洗碗机、全自动洗筷子机、刀具案板一体消毒柜等先进生产设备以及“明厨亮灶”、门禁系统等设施；对学生宿舍进行违禁用品、防火防盗大检查，开展法制宣传和防火宣传活动，消除安全隐患，同时严格执行重大节日、夜间轮流值班制度，进行 24 小时值班，确保公寓区学生安全；交通运输中心成立安全检查小组，监督、检查驾驶员和车辆安全运行，全年无一起重大责任事故，安全、高效的完成了教学实习、科研用车任务；一直对师生开展公共安全卫生教育活动，举办多场健康讲座，严格按照卫生部门的相关规定做好传染病管控工作，及时网报，并跟踪管理。

基建维修

积极完成兽医实验楼、幼儿园综合楼、风沙物理学实验楼、足球馆等拟建工程项目前期报建手续，兽医实验楼、幼儿园综合楼项目开工并主体封顶；完成拟建项目设计、维修改造工程政府采购申请 6 项，预算金额 553.5 万元，完成 30 万元以下小型应急维修项目校内立项审批 7 项，预算金额 171 万元；完成西区博学楼（瑞地食堂、东区资产经营公司）卫生间维修改造、西区旧报告厅（甜菜生理研究室、网络中心双电源改造）、西区桃园餐厅的后厨改造及学生公寓粉刷维修改造等 4 项大型维修改造工程，7 项 30 万元以下的小型应急维修工程，46 项零星维修工程，合计完成总造价约 3 200万元工程项目，确保了学校的正常教学秩序和本科教学工作审核评估工作。完成市政府东影南路下穿农大地道工程项目所涉及新校区地下管线和道路的重建；素质拓展场地、2 个 5 人制足球场地和 3 个篮球场地的重建恢复；交通运输中心办公楼及车库涂脸粉刷等工作；配合财务处、审计处完成了新校区一期建设项目的竣工财务决算。

节约型校园建设

加大节能减排工作管理，完成了东区和西区的水平衡测试工作，并通过了呼和浩特市水资源管理局的验收；优化了东、西校区路灯控制系统，安装了光感控制器，将开、关路灯的时间控制的更加精细，更深层次地挖掘了校园路灯的节能潜力；充分发挥节能监管平台的作用，对各用电用水单位进行不间断的监测和排查，及时发现和排除常明灯、常流水、异常用水用电等问题，有效减少了浪费。

重要事件

1. 评选出“爱岗敬业”劳动者 5 名。
2. 后勤管理处共有 8 人获得 2018 年度“全国高等农业院校后勤系统先进工作者”

称号。

3. 高建勇获得全区首届最美公寓人称号。

4. 张海获全区高校学生公寓管理先进个人称号。

5. 乌力吉被评为全区高校学生公寓专家库首批专家。

6. 校医院荣获内蒙古自治区医疗保障局A级定点医疗机构。

7. 校医院作为呼和浩特市基层医疗机构检查点接受全国人大常委会副委员长蔡达峰一行关于传染病法执行情况的调研活动。

8. 校医院荣获内蒙古自治区医疗保障局A级定点医疗机构。

物业中心

中心承担着全校供水、供暖、供电、绿化、保洁的任务，三校区设有水暖4个班组、供电4个班组、绿化5个班组、保洁卫生5个班组，中心主任周春生，现有正式工58人，集体工10人，外聘工248人。

全年共完成水电暖日常维修、检修和抢修任务600余次，完成学校举办的各类大型会议、比赛、考试、文艺汇演等活动的保电任务20余次，完成维修工程项目共计30余项；对南区浴室太阳能、电锅炉设备进行了彻底的清洗和维修，确保了整套设备正常使用，完成了全校供水系统的净化、清洗、消毒和水质检验工作；积极协调水务局、水资源局和供排水等市政业务主管部门完成了学校自备井收费主体的变更工作，使东、西两校区四口自备井正常合法使用；做好学校日常绿化养护和环境保洁工作，绿化养护面积共计40.8万平方米，保洁面积共计66.7万平方米，顺利接收南区二期绿化工程，纳入南区绿化工作范围；结合学校本科教学工作审核评估，为营造良好的校园氛围积极协调呼和浩特市园林局引进金叶复叶槭、紫叶稠李、独杆红叶榆叶梅、光辉海棠新品种树木380株；针对校区内多年退化的草坪选用耐旱新品种草坪在重点区域进行了补植，对各校区绿化喷灌系统、游园道路、家属区违规占有的绿地进行了修补恢复等。

配合学校办公室面积超标普查工作，安装迁移办公电话、故障申告、实名登记等业务150余件，代办其他各类电信业务50余件，邮政服务、便民缴费等业务稳步发展。切实保证全校通讯、邮件、档案的安全及时投递。

中心始终坚持贯彻“安全第一、预防为主、综合治理”的工作方针，安全工作领导小组定期、不定期深入工作一线对照责任目标所规定的内容和落实情况进行督导检查，对学校自备井房、供水系统、锅炉、配电室、露天箱变、库房及车棚为重点进行地毯式排查。中心安全领导小组对排查出的问题现场研究解决办法，及时予以了整改，对可能存在的安全隐患责成相关责任人限期整改，并定下时限组织“回头看”。同时，积极发挥党员先锋模范带头作用，按照党员所在岗位，结合岗位责任制，设置党员安全管理责任区。在党员责任区里，每名党员联系2~3名职工群众，对职工群众进行经常性安全教育引导，明确安全责任，规范操作流程，形成了“纵向到底、横向到边”的安全责任网络体系。

饮食服务中心

中心下设综合办公室、物资采供部、维修保障部、食品安全监督部，共有 14 个学生食堂（其中 3 个清真食堂）和 1 个加工配送中心，食堂总面积 3 万平方米，餐位 9 000个。现有正式职工 22 人，大集体职工 4 人，外聘工 165 人，为近 3 万余名师生提供餐饮服务。

中心采取自主经营、目标管理和引进特色经营相结合的模式，基本大伙餐厅以保障型学生伙食为主，特色餐厅拓展为改善型伙食。2018 年在学校党委、行政和后勤管理处的正确领导下，在学校相关部门大力支持下，饮食服务中心高度重视食品安全工作，加强后厨基础设施修缮，建立了食品安全快检室，加强食品加工全过程管理，做好台账记录、留样记录、晨检记录、洗消记录、卫生检查记录、安全生产记录、食品添加剂使用等相关记录；定期组织各餐厅经理进行互观互检，推进食品安全的监督和管理；为西校区桃园餐厅一楼和二楼分别配置全自动除渣超声波消毒喷淋烘干一体洗碗机和全自动洗筷子机以及 19 台刀具案板及毛巾一体消毒柜，确保食材加工过程和餐具洗消过程厨具和餐具卫生安全；进行电路改造，利用暑假完成了西区一餐厅、二餐厅、清真餐厅整体电路改造任务。认真做好消防工作，更换东西区老旧消防栓，配备 50 个干粉灭火器用于食堂微型消防站建设，同时在西区桃源餐厅安装了液沫式前端油烟净化一体机，排除消防隐患；对后厨的上下水管道、吊顶、墙面进行改造维修，有效确保了食品安全。

自治区教育厅在学校南校区餐厅召开全区食品安全现场观摩会中心举办第二届烹饪技能大赛暨 2017—2018 年度文明餐厅、文明特色组、优秀职工表彰活动。精心策划制作了《舌尖上的农大》食品安全管理纪录片，多次组织各餐厅职工进行宣传学习。每学期开学前均对全体从业人员进行岗位培训。选派职工参加全国、全区伙专会开展的有关食品安全监管等各类学习培训班，不断提高职工的管理水平和综合素质。

学生公寓管理服务中心

中心设有办公室、宿舍管理部、物业部、学生教育管理部、国际教育部，中心主任乌力吉（兼），副主任谢君，现有职工共计 226 名，其中正式工 17 人，大集体 6 人，外聘工 203 人，管理 32 栋宿舍楼（其中含国际教育学生宿舍楼 1 栋，教工宿舍楼 2 栋）。

学生公寓中心坚持“以学生为本”的服务宗旨，坚持“立德树人”的教育理念，坚持“以加强规章制度建设”为基础的管理理念，把服务学生成长成才作为出发点。中心实行值班员立岗制度，目前刷卡率稳定在 90%以上。有效杜绝公寓楼内失盗、诈骗、推销物品等现象发生；定期对公寓违禁电器进和消防设施行检查，联合学生处、保卫处对公寓进行违禁电器、管制刀具大检查，查处部分违禁用品，减少公寓的安全隐患；改善住宿条件，利用假期，完成 15 号楼进行整体改造、毕业生 1 100多间宿舍的整体维护、5 000多间宿舍的日常维护和维修；

组织各学院开展了宿舍文化活动月活动。各学院开展了“文明宿舍创建周”、舍歌大赛、美化大赛、装饰大赛等活动，充分发挥公寓辅导员和学管会的育人作用，使学生宿舍日常卫生、宿舍纪律、宿舍文化等综合成绩的量化管理与学生的评优评先、奖助学金、发展党员、学风建设等切身利益挂钩，让学生主动参与宿舍建设。此外，学生公寓开展爱心捐赠和有偿回收生活用品活动，把回收物品赠送给下学年的家庭经济困难学生，组织学管会在公寓区定期开展义务劳动。

校医院

校医院院长孟斌，副院长杨更生，现有职工 53 人，其中正式职工 21 人，外聘工 32 人（从事社区卫生工作 8 人），正高职称 2 人、副高 5 人，中级职称 16 人。医院始终坚持“立足校园、面向社区、服务大众、共享健康”的服务方向，坚持“创新、协调、绿色、开放、共享”的发展理念，坚持以群众为中心的发展思想。同时承担政府赋予的社区卫生服务工作，实行一个机构两种职能的管理模式，将医院与社区卫生工作相结合，以提高师生员工健康素养、预防传染病发生为工作目标，开展多种形式的健康促进工作。作为自治区本级职工基本医疗保险定点医院，呼和浩特市城镇职工、居民基本医疗保险及城镇职工门诊统筹结算的定点医疗机构，服务广大师生员工及社区居民。全年总计接诊 3.5 万人次，实现医疗收入 597.8 万元；完成研究生及新生体检 2 万人次，教职工及辖区居民体检 2 584人；接种甲肝及乙肝疫苗 11 600针次；为新生 6 200人进行结核菌素试验，筛查结核病，网报传染 51 例；开设《大学生健康教育》选修课，承担 6 个班次的授课任务；为 26 814名大学生的参保基数的核定。医院投入 10 万元，购买了超声骨密度仪、电动妇科综合床等设备。

交通运输服务中心

中心现有员工 16 人，正式职工 8 人，外聘人员 8 人，中心主任杨利平。在学校各级领导的关心支持下，认真学习、贯彻习近平新时代中国特色社会主义思想，坚持以教学为本，围绕新发展理念和任务要求，坚持改革创新、交通先行、民生为先、安全发展，团结拼搏，进取争先，全面完成了各项目标任务。

全年教学、实习、其他公务用车共运行 36 万千米，共运输教学实习师生 38 000余人，用车 1 600车次，全年零事故完成了学校的日常公务、科研、教学实习等用车任务。

中心通过完善管理制度，加强制度落实，加大管理力度，有效提高服务意识和质量。切实按照“安全第一，预防为主”的方针，成立安全检查小组，监督、催促驾驶员安全运行，对驾驶员进行安全教育，与驾驶员签订《安全合同责任状》，保证了学生实习高峰期间运输工作的安全顺畅。同时与交警队建立密切合作机制，加强安全教育管理，学习带动工作，安全高效完成任务。汽车维修保养，一方面驾驶员按照要求进行日常维护保养，另外中心安全委员会从汽车修理厂中，筛选出修理技术强，维修价格低、售后服务好的修理公司，有效降低了中心运行成本，起到了很好的节约效果。中心坚持把安全运行、服务至上作为重点工作，在日常运输管理上，加大节油奖惩力度，节约运行成本，提高车辆的运行能力。

修建中心

中心现有职工 6 人，正式职工 1 人，集体职工 3 人，外聘工 2 人，主任吴中立。

全年完成楼宇防水、线路和给排水改造、墙体粉刷、建筑物门窗及玻璃等维修任务约 180 余项，预算金额约 240 万元，涉及三校区教学楼、农学院、学生公寓、图书馆、外语学院、兽医院、动科院、林学院等五十余座楼宇和公共设施。中心高度重视中心的综合治理工作，将安全生产、防火、防盗等工作贯穿到日常管理工作当中，全年未发生任何安全生产事故。经常深入施工现场检查和落实安全生产工作，为高空作业人员购买了意外保险，对在工作一线管理人员和施工人员进行文明施工、安全生产、防火、防盗等安全教育，不断提高他们的安全生产意识，并对现场管理人员在生产安全方面进行了分工负责，责任到人。

接待服务中心

中心现有职工 15 名，其中正式职工 1 名，临时工 14 名，主任寇起旺，共有客房 50 间，其中东区 38 间，西区 12 套，合计床位 96 个。

加强中心建设，中心要求广大职工高度树立安全第一、安全无小事的思想，采取领导和职工齐抓共管的方针，把防火、防盗放在首位，每一个安全环节必须按要求做到位，与职工签订《综合治理责任书》《防火安全责任书》；加强管理监督力度，联合保卫处、后勤处等部分定期对房间安全隐患就行排查，杜绝安全隐患。

2018年表彰与奖励

2018 年科研获奖情况

学校作为第一完成单位获得的国家和省部级科技奖

序号	获奖名称	获奖类别及等级	获奖人员	备注
1	乳酸菌生物多样性及功能基因组研究	内蒙古自治区自然科学二等奖	孙志宏、刘文俊、张文羿	2017
2	牧区饲草安全储备技术研发与应用	内蒙古自治区科技进步二等奖	贾玉山、格根图、都　帅、赵景峰、韩国栋、王志军、娜日苏	2017
3	家畜繁育生物技术集成应用	内蒙古自治区科技进步三等奖	周欢敏、李喜和、李　峰、张　立、王建国	2017
4	中青年科学技术创新奖	个人奖	张文广	2017
5	国际科学技术合作奖	个人奖	陈章景（弗吉尼亚理工大学）	2017
6	国际科学技术合作奖	个人奖	郝熙英（加拿大农业部列桥研究中心）	2017
7	马铃薯减肥增效技术及应用	教育部高等学校科学研究优秀成果奖科技进步奖二等奖	樊明寿、贾立国、秦永林、陈　杨、于　静、郝云凤、邢　杰、杜文亮、张子义	2018
8	《草地退化的时空变化格局及其驱动因素的实证研究》	内蒙古自治区第七届哲学社会科学优秀成果政府奖	马　梅、乔光华	2018
9	《政策性农业保险的收入效应研究——以内蒙古自治区为例》	内蒙古自治区第七届哲学社会科学优秀成果政府奖	柴智慧、赵元凤	2018
10	《马克思社会发展理论的中国化时代化大众化研究》	内蒙古自治区第七届哲学社会科学优秀成果政府奖	高丽萍、娜日斯、杨慧兰、李红霞、包斯日古楞、白志琴	2018
11	“农户家禽养殖保险参与意愿及保费支付水平研究——基于不同经营规模水平下的分析”	内蒙古自治区第七届哲学社会科学优秀成果政府奖	侯国庆	2018
12	《农业现代化进程中农牧户兼业动机及影响因素研究——以内蒙古农村牧区为例》	内蒙古自治区第七届哲学社会科学优秀成果政府奖	句　芳	2018
13	“最优策略下的商业银行信用风险的小样本评级模型”	内蒙古自治区第七届哲学社会科学优秀成果政府奖	李战江	2018

（续表）

序号	获奖名称	获奖类别及等级	获奖人员	备注
14	“沃伦·黑斯廷斯与英国在印度的殖民知识生产”	内蒙古自治区第七届哲学社会科学优秀成果政府奖	李士珍	2018
15	《内蒙古农业科技扶贫的探索与研究》	内蒙古自治区第七届哲学社会科学优秀成果政府奖	王怀栋、吴　鹏、刘玉玺、杜立峰、付和平、李　明	2018

受自治区级以上表彰奖励的单位及个人

受自治区级以上表彰奖励的单位

序号	获奖单位	授予称号	授予单位	授予时间
1	内蒙古农业大学	全国第五届大学生艺术展演活动高校优秀组织奖	教育部办公厅	2018年9月21日
2	内蒙古农业大学	全国第五届大学生艺术展演活动艺术表演类舞蹈一等奖	教育部办公厅	2018年9月21日
3	共青团内蒙古农业大学委员会	2018年全国大中专学生志愿者暑期“三下乡”社会实践活动优秀单位	团中央学校部、全国学联秘书处	2018年11月7日
4	共青团内蒙古农业大学委员会	2018年度“全区五四红旗团委”	共青团内蒙古自治区委员会	2019年4月26日
5	内蒙古农业大学动物科学学院团总支	全区五四红旗团支部	共青团内蒙古自治区委员会	2019年4月26日

受自治区级以上表彰奖励的个人

序号	获奖人姓名	授予称号	授予单位	授予时间
1	游明坤	2018年度“全区优秀共青团员”	共青团内蒙古自治区委员会	2019年4月26日
2	张　鑫	2018年度“全区优秀共青团员”	共青团内蒙古自治区委员会	2019年4月26日
3	柴志虹	2018年度“全区优秀共青团干部”	共青团内蒙古自治区委员会	2019年4月26日
4	郭　倩	2018年度“中国大学生自强之星”奖学金推报工作优秀组织个人	团中央基层建设部、全国学联秘书处	2019年7月11日

2018 年自治区“三好学生”名单

动物科学学院（11 人）

徐惠敏	崔志洁	吴青春	朝洛门	希　龙	苗　静	孙云霄
陈莉莉	岱红艳	安塔娜	姜惺伟			

兽医学院（14 人）

辛雅明	王　振	王　岩	甘迪嘎	赵江还	王鹏飞	金思佳
赵宝宝	尚柯含	李媛媛	海雅斌	李易聪	石瑶玥	高　蓉

农学院（16 人）

丛云鹤	黄晓雅	魏　娜	葛明然	朱雪青	薛　慧	关丽娟
伊晓梅	张　帜	林　婧	赵雅杰	卿香玉	杜文英	王　蕊
张月容	张燕敏					

林学院（20 人）

王　晗	李泓萱	翟秀峰	刘　政	金　莎	康　平	张晓荣
李佳慧	李紫琳	李百和	张睿男	郭　欣	高　羽	贺君星
任　聪	安格尔	赵志敏	庞　岩	王佳丽	李佳艳	

草原与资源环境学院（11 人）

王紫隆	陈　哲	苏　民	袁　帅	那木拉	程　宇	刘玉玲
李庆伟	宋伟江	范雯婧	达格尼			

沙漠治理学院（13 人）

盛钰芳	施政乐	叶芝林	徐雅洁	纪鑫娜	刘　凡	李萌萌
蒋瑶钰	肖媛媛	谢　书	张士博	呼和套格	那日嘎拉	

机电工程学院（23 人）

周云鹤	田广智	王昊有	宋财柱	孙琢刚	刘天冉	郭　晓
王钰丰	隋明慧	赵一宇	李欣统	郭　峰	刘　凯	梁子安
张雪妍	赵　云	单肄超	陈　静	康瑞浩	陈皓然	聂明栋
刘鹏伟	才仁多尔吉·道尔加拉					

水利与土木建筑工程学院（25 人）

刘　颖	刘永红	黄艳茹	孙明扬	许　瑞	刘　露	阿音嘎
白　露	刘　瑞	张美桃	袁一翔	郑殿利	高嘉瑞	朱海涛
马　乐	宿夏姝	黄政容	任亚楠	张江浩	薛中姝	张帼荣
张自豪	周芝宏	杨建婷	王雪晴			

材料科学与艺术设计学院（15 人）

王　璐	高　颖	赵　敏	赵晓杰	沈靖琪	王　非	庄　圆

范　泽　张百艳　周莹莹　郎涵予　刘　璐　武　静　孙晓杰
温国庆

经济管理学院（28人）

郑思华　徐　燕　洪思源　徐淑杰　孙　莹　韩佳莉　萨仁图雅
陈利霞　李泓颖　郝　冰　杜佳伟　郑伟然　李彬彦　杨苏日娜
郭　林　刘晓丽　赵昊璨　韩鲜光　朱雅雯　刘佳媛　王佳宇
金　鸽　李　梦　张　铭　白若琳　冀俊青　苗梦迪　张萨础拉

食品科学与工程学院（20人）

邢雪娇　赵雪妮　王　静　胡佳星　付加利　刘　婷　刘凯龙
洋　洋　徐继莹　韩晨峰　张　娜　于　颖　全柯谕　张璐瑶
闫　娇　苏秀敏　任　静　王　昕　贾慧琼　郭超男

计算机与信息工程学院（13人）

王宝利　乌日力嘎　韩新宇　穆丽娜　武锦秀　索　妮　付东霞
张宇燕　李　迁　石径宇　周港辉　任　静　赵霖卿

生命科学学院（10人）

丁　悦　史苏苏　高　娜　邓　茹　王月明　史志远　兰慧青
耿小川　王林林　徐雅晨

人文社会科学学院（12人）

陈思禹　额尼日勒　苏彦桦　张瑞雪　李春艳　苏日娜　娜日苏
张秀荣　黄亚茹　朵　仁　白　洁　其力木格

外国语言学院（5人）

刘文杰　刘思奇　郑海宾　高萌萌　卜新潮

理学院（7人）

张娜娜　张健婷　艾天宇　何应春　郝晓星　刘梦娜　范玲玉

能源与交通工程学院（12人）

范国瑞　于长江　孙鸣伟　张文杰　郑艺炜　蒋琼娅　李文华
刘羽峰　吴树正　钟惠林　石　鑫　何　悦

国际教育学院（1人）

李儒弢

研究生院（24人）

王红红　美　丽　王亚婷　史晓雪　王　位　杜晓雪　史宝珠
薛　芳　智　荣　潘文君　郝思文　高霞霞　武建华　于小丽
陈晓娜　于思佳　杨杉杉　侯强川　景智波　王　宇　张　曼
吕天星　刘晶晶　黄天宇

职业技术学院（66 人）

李文正　王　婧　班慧婷　于军涛　赵双双　娜荷雅　韩玉先
赵晓乐　朱宏雪　许艳菲　王永伟　孙　静　王　平　张　雪
于娇娜　李玉花　魏　茹　贺春灵　张芳芳　李　雪　裴启林
李惠玲　张向阳　杨惠婷　杜燕清　王　帆　房　雪　王　双
李政羽　陈芳芳　刘云鹤　贾媛媛　郭艳慧　李　宁　李　宁
郭玉平　王文娟　尹文竹　马云峰　王建国　王恩涛　张书宇
李　舸　陈　庚　李佳成　曲志颖　王宏宇　张宏秀　陈旭旸
赵明霞　梁壮壮　董　钰　高田恬　张志伟　张嘉敏　乔　掇
王旭彤　崔　浩　徐　臻　李宇鹏　王　敏　姜雪霞　安海艳
刘丽媛　曹　洋　杨希坪

2018 年自治区“优秀学生干部”名单

动物科学学院（2 人）

姜惺伟　陶　力

兽医学院（1 人）

孙伟姣

农学院（5 人）

边　敏　杨德志　狄晨璐　姚知含　李乐乐

林学院（4 人）

段嘉靖　祁来庆　石玮琦　李　宇

草原与资源环境学院（2 人）

树　平　张　轲

沙漠治理学院（2 人）

郭欣宇　苏佳慧

机电工程学院（4 人）

贺晓磊　杜志国　李书博　察苏娜

水利与土木建筑工程学院（7 人）

朱伟航　王江涛　黄金铭　王立波　邵　婷　韩倩倩　邢怡超

材料科学与艺术设计学院（6 人）

林美月　周柁安　贾星宇　李　杨　王佳楠　张　婧

经济管理学院（5 人）

杨　洁　蔡诗佳　张月彬　张艳丽　圆　圆

食品科学与工程学院（3人）

逯泽宇　　王宏迪　　杨姝玉

计算机与信息工程学院（2人）

冯柏杨　　甄　鑫

生命科学学院（5人）

张婷婷　　谢永强　　吴海杰　　白　嵘　　高凤芝

人文社会科学学院（2人）

丁　怡　　婷　婷

外国语言学院（2人）

王惠婷　　刘　慧

理学院（2人）

周广颖　　赵丽媛

能源与交通工程学院（2人）

赵国盛　　王晨宇

研究生院（4人）

沈玉林　　王　莹　　栗霞飞　　许　梁

职业技术学院（10人）

孙伟琪　　刘昊东　　弓云霞　　方旭东　　王正春　　韩佳茹　　岳丹丹
张书宇　　王心雨　　崔　浩

2018年自治区“优秀大学毕业生”名单

动物科学学院（16人）

郭丽丽　　杨可心　　尚方正　　赵　璐　　郝　颖　　李　茹　　马宇浩
谈格斯　　高阿如汗　嘎力巴　　萨日盖　　萨日娜　　辉　芳　　赵旭昊
翁美其　　张　晶

兽医学院（14人）

乌东高娃　陈　猛　　志　明　　白伟琴　　娜美尔格　蔡　硕　　李　博
马　园　　赵锦华　　赵润涛　　周程锴　　武春霞　　付　璐
白努文其木格

农学院（23人）

秦园园　　孙英楠　　李胜泽　　韩宇婷　　胡　晗　　王　琦　　岳轩宇
崔晓晗　　卢文丽　　王朝军　　马嘉俊　　米　丹　　陆晓玉　　吴　凡
何霜霜　　张静航　　岳建英　　徐思远　　王艳红　　陈宝慧　　刘金钰

刘　华	孙艳楠

林学院（20 人）

祁冰洁	常莉莉	王彩虹	刘莹莹	任雪毓	赫淑华	王彩鑫
刘　璐	刘　乐	张雅喃	哈斯图雅	刘　亚	刘彩霞	萨仁其木格
张　娜	包　晋	姚俊秀	贺肖飞	白孟根	阿茹罕	

草原与资源环境学院（14 人）

李佳璞	赵　坤	郑佳华	陈　杨	王紫隆	张　锐	孙　蕾
李文龙	薄　翔	陈子宁	刘重阳	苏日娜	段东亮	
宝音陶格图格						

沙漠治理学院（20 人）

何雪松	贺琦丹	苑园园	孟　凡	李月颖	王志强	杨　婕
王　宁	于美玲	王　卓	特日格勒	南　丁	高萨茹拉	何荣荣
苏日娜	孙冬杰	孙　成	张　琪	胡晓婷	黄　芮	

机电工程学院（23 人）

杨　帆	杜　婧	常　浦	赵亚茹	张天闻	单小雨	吉鸿毅
辛　策	王明玮	韩宏泽	栾贻函	吕　斌	闫　宁	吴　宏
张　静	王伟丞	周泽煦	朱　林	马士博	高子博	王　欢
秦立新	高理君					

水利与土木建筑工程学院（32 人）

庞天宇	王　琨	张振超	杨　恒	乔佳恒	乔　露	王苗新
朱金彤	罗崧豪	关　爽	袁　冶	郑金丽	牛　聪	何鸣雪
郝　璐	韩志明	罗诗琦	徐鹏程	李争争	李小院	席浩南
李红芳	张　璐	胡　臻	王振鸣	尚　浩	孙伟东	赵晓泽
赵　坤	杨　莹	常　帅	陈　宁			

材料科学与艺术设计学院（26 人）

徐　航	史　洁	闫　冰	刘思宇	韩栋帅	杜雨轩	支　敏
史　枫	李艾珂	刘小雪	郝　婷	郭玉玲	张　卉	胡鑫伟
王　震	薛　岳	何　静	郭　宇	梁玉堂	王玉良	尹若男
郝春旭	王浏浏	王秋怡	王乐泉	王　科		

经济管理学院（40 人）

赵浏寰	刘　玥	王　帅	李梦迪	李　娜	赵　妤	杨　敏
孙丹妮	石　瑞	高晨蕊	赵　欣	白驷琦	段　琳	李俊姿
陈舒婷	张慧慧	张凯波	张润芳	路宏玲	谷　妍	张　干
王多民	王　丹	于　娜	左　洁	李牧臻	温佳敏	王雨墨
张亚欣	陆鹏杰	杨思琪	桑　霖	杜娅茹	永　梅	刘佳伟

栾赫洺　杨紫彬　冯远征　孙　昂　南　俊

食品科学与工程学院（22 人）

赵晓娟　马立清　杜　婷　党　娜　汤海霞　马　腾　贺佳鑫
石凯欣　王圆圆　刘　瑶　牛沁雅　王越溪　吕瑞瑞　李梦雨
窦　露　陈　丽　郭　帅　关　宁　彭江英　牛慧芳　张　猛
张立莹

计算机与信息工程学院（17 人）

王　星　有　思　王　彬　薛兆恩　孟祥璐　徐嘉慧　金书雯
宿　剑　魏传杨　赵凤枝　张　蕾　徐励兴　杜文燕　张　丹
杨　柳　赵慧敏　王　悦

生命科学学院（13 人）

徐慧欣　高晓丹　徐美丽　王建霞　朱嘉帅　杨晓茹　贺丽娜
杨春香　庄　敏　李　欣　梁晓雪　王　颖　闫伟东

人文社会科学学院（12 人）

白　雪　王　杰　王宏达　潘海龙　李永慧　乔　凯　王　丹
新特力　海日汗　周倩尧　杜　冰　常　丹

外国语言学院（5 人）

侯锦瑶　徐皓强　仉文平　郭雅欣　李　岩

理学院（8 人）

郭明亮　蔡朝阳　汪效同　曾钰鑫　杨钦钊　曹梦娜　高　婧
陆艳梅

能源与交通工程学院（14 人）

王艳茹　薛艳华　范　鑫　王晓辉　李建民　肖龙燕　孙志刚
刘　鑫　付长江　阎凯香　何家倩　武欣宇　周　敏　吴　涵

研究生院（47 人）

于　岩　赵天启　范文强　武　岩　李　珺　陈圣阳　李宏伟
王振宇　刘德环　淮守成　张宝雯　曹　蕊　刘宇晨　马　敏
王月娟　闫　鑫　刘星铭　郝　蕾　张　磊　梁晓琳　边玉明
齐　天　柴家发　路　标　关潇滢　白　杨　王　妍　张鹤宇
王伟兰　孙程鹏　陈晓娜　李晓燕　杨杉杉　李　娜　贾炜姣
刘　颖　高婉婷　杨小冲　何　君　林晓龙　杨　帆　韩瑞鑫
胡晓鲁　王怡靖　郝祥云　王威娜　韩冬冬

职业技术学院（93 人）

赵雪东　任永仙　徐　涛　郭凯鹏　孙　乐　乔延慧　包雨萌

刘淑平 张宇波 闫晓杰 靳永星 许艳菲 于云鹤 王仙龙
吕 杰 徐慧保 杨 迎 张桂芳 王 颖 张慧芳 程思源
王瑞芬 袁兆月 付 琦 王梦凡 武 娜 刘颖如 王 姣
赵 茹 杨 洋 田佳龙 樊慧慧 孙 娜 李 雪 赵妍颖
韦佳丽 王 璐 刘淑颖 付雅茹 庞乐乐 刘 江 陈芳芳
李 琛 闫姝悦 曹 涵 高铭泽 杜燕清 冯 雪 王 帆
任建蓉 房 雪 陈 勖 田晓春 袁 凤 王 钰 付春蝶
崔 进 蔡 靓 刘洋洋 沈玉杰 王 杰 张淑娟 丁 苑
薛 磊 侯一敏 于建霞 邢 浩 王柯蓉 戚云杰 李 红
于 蒙 陈 庚 王心雨 李佳成 陈旭旸 郝兴燕 杜雨忆
董铁铮 李婉立 韩 雪 胡中华 高 强 王 明 李宇鹏
杨旭磊 张雅星 蔡若楠 赵慧敏 赵海艳 侯佳琪 李宏佑
张 陆 韩瑞莹

2017—2018 学年内蒙古农业大学“三好学生”名单

动物科学学院（32 人）

乌达巴拉 其波日哈斯 陶 力 郑 越 娜日苏 希 龙
张 佳 王翊帆 贺 霞 武仁茹拉 包孟和 安塔娜 周志斌
赵旭阳 王浩然 张 楠 王 璐 张崇妍 尹 娜 毛金菊
呼和木仁 刘朝乐门 达拉胡 杨 景 南 丁 乌日查呼
乌吉斯古楞 德力格尔 其 根 姜韶华 王俊兰
吉日嘎拉其其格

兽医学院（38 人）

甘迪嘎 刘壮壮 辛雅明 樊雅茹 蓝天阳 王 振 苏德汗
张艳敏 王亚新 刘艳龙 侯 斌 刘宏艳 段学琴 蔡文慧
金思佳 阿如罕 阿如娜 白亚娟 张智颖 苗 春 胡雅琳
李 超 马秀玲 刘海江 郝榕榕 李易聪 孔 敏 赵维宏
王德娟 都 兰 俊 杰 李陆陆 张永祥 高明阳 张雅婷
芦泽楷 宋 冉 弓玲玲

农学院、园艺与植物保护学院（46 人）

乌金木吉 菅雨欣 邢丽南 刘 辉 金兴红 葛礼姣 李宪杨
岳卓荦 李均容 李 敏 卢 辰 陈晓娜 张 娟 邓佳燕
王小雪 陈天奇 李文琦 冯伊彤 李彦如 刘 荣 史荣华

刘亚柯　张娇娇　李淑怡　周海迪　高天宇　崔雪梅　郭　丹
程　茗　齐　月　潘　琦　刘靖煜　窦淑贤　杨志雪　郝雨水
黄小龙　史啸天　杨淑玥　曹建宇　陆雅萱　徐立新　张　宇
卫宇鑫　屈子人　王双红　吴　昊

林学院（36人）

刘瑞霞　张瑞曦　李佳慧　马婷玉　杨　洋　翟秀峰　陈　锐
丰　硕　张　敏　刘晏铭　甄雅星　刘丽佳　李艳飞　王玲玲
菅亚男　袁誉嘉　兰智鑫　侯欣忱　田　颖　刘筱雯　李佳艳
王海娇　李星月　郝文颖　王　宁　赵吴超　刘洺岐　王若彤
李　媛　张楷佳　孙媛媛　乌恩巴音　包明川　包福海　刘　欢
郑艺伟

草原与资源环境学院（31人）

苏日娜　王丽洁　王智勇　孙珊珊　鞠　馨　方　爽　王　雨
周雅欣　姜晓红　包伟民　吴雨洁　王　娜　陈国康　沈婷婷
王　娇　孙鹏波　武杰瑞　范雯婧　王　淑　何梦韩　李原硕
赵丹阳　刘艺伟　黄真真　李　鑫　包彩云　潮鲁濛　包庆格乐
刘明昊　陈月亭　张天婵

沙漠治理学院（35人）

智　强　呼和套格　纪鑫娜　刘圆媛　靳瑞瑞　邵文倩　宁　璐
郭欣宇　王晓敏　聂红蕾　刘　佳　刘逸滨　施政乐　宋云琪
李萌萌　段晓婷　杨伊钢　李子欣　林南屏　蒋瑶钰　谢　书
陈亚男　张梦凡　都来玛　包雯雯　刘春娇　王斯静　武　鑫
王　楠　周　磊　赵嘉琪　刘春颖　付照琦　侍世玲　郭文俊

机电工程学院（60人）

郭小虎　巩　旭　王鹏程　王　智　高新超　颉耀耀　张宇航
敖日格乐　苏格尔　王光明　包玉田　李　旭　刘梦宇　赵国锋
李　凯　范博文　王逸康　李欣统　李佳杭　吴　冲　马明军
童显银　陈皓然　李春星　张钰蓉　单肆超　胡　晶　闫静心
王永杰　孙祥东　李　南　周庭邑　南　定　修振东　吕嘉伟
王　旭　李金恒　刘鹏伟　陈　静　力文新　刘文航　朱立鑫
杨巨伟　魏宏宇　许志鸿　吴志强　吉日嘎郎　王龙腾　徐启飞
代妍玮　李　浩　春　晖　刘　佳　王鹏丞　王文兵　王云霄
许　怡　姚　亮　李亚明　梁额尔敦吉力合

水利与土木建筑工程学院（74人）

阿音嘎　刘人杰　刘　露　张　璇　刘永红　丛玉凤　张新磊

薛东雨　王　龙　张慧敏　谷亚男　孙肖肖　边苗苗　宋飞宇
华振旭　李梦菲　贾智富　韩倩倩　朱冰怡　石震宇　黄文轩
胡云龙　艳　艳　孙　媛　刘　娜　周铁刚　李鑫磊　陈孜蓉
任宏飞　郭　扬　王　瑶　闫丽丽　李春颖　王雪晴　范鑫荣
王福成　闫　妍　王克志　张起凤　吕志庆　裘思谦　余亚兵
白林瑞　谢继明　陈文豪　梁子鹏　王江龙　贾艳珺　田浩良
白跃青　王　昕　李　娜　卢宗福　白学文　黄　馨　沈玉才
范美玲　邢国斌　付来臣　张敬泽　李国苗　艾思琪　王　炳
白　吉　张好好　孙　武　陈　宇　李典哲　宋凯旋　张静之
伦　硕　李慧敏　宋之怡　孙　轩

材料科学与艺术设计学院（47人）

李　敏　周　颖　高文利　马毓言　王佳楠　李　杨　代带兄
马久岩　张　倩　高　杰　永　军　王　磊　李振瑞　王　琦
王　宁　何赛伊　阴朝隽　李庆鑫　生佳鑫　王雪婷　玉　霞
包其布热　赵　琪　张云鹏　刘　慧　张玉君　付方伟　周　敏
胡惠翔　刘月妍　郑帅帅　赵　宁　李梦洁　刘立新　李如玉
冯婧伊　白　艳　张琛雪　赵素君　王雪辰　刘　锐　吕利沙
朱莉莉　胡帅奇　张永乐　赵红娜　耿佳俊

经济管理学院（85人）

伊莉宫　李思梦　樊雅玲　马文倩　闫伟婷　李泓颖　蔡诗佳
莫其尔　白跃宇　王春华　王艳丽　贾晓宇　武妍兵　郭　琦
吕晓璐　孙　燕　吕佳怡　李青娟　刘　浩　越　源　高雅婷
兰　倩　柴晓敏　朱雅雯　李　鑫　兰　芳　武佳媛　丁　妮
何子阳　刘靖雨　王志丹　吴月丰　王佳宇　郑嘉欣　谢芳宇
苏日古嘎　白　梅　木其乐　小　鹰　明　哲　李秋杰　李　梦
汝忠伟　郃天旭　娜布其　张　婷　云玉玲　高　乐　吴燕飞
冀俊青　崔冬冬　张耀方　王兆麟　王宏渊　高英杰　田铭君
宝艳君　王一卿　王亚妮　王　鑫　雷佳丽　张丽蓉　李雪莹
周雪辰　姜文雅　孔文婷　赵国华　宋春楠　宋　威　杨　鸣
王璐瑶　白嘎拉　乌云夫　海日汉　李　枭　王　娟　赵雅琴
丁亚茹　刘雅芬　张安娜　刘学钰　王　旭　张桐硕　赵佳妮
张　杰

食品科学与工程学院（49人）

康淑芳　浩日娃　陈乌云　吴丹丹　任丽娜　安　玲　王　刚

郭慧芳	李　娜	张丹阳	李彩燕	陈文文	李树勋	苏秀敏
王　敏	闫　娇	刘　静	李全胜	徐敏敏	胡娅洁	祁雅楠
李　婧	王　蒙	贾慧琼	杨　阳	倪　荣	徐王雯楚	班　超
李　茹	王晨蕾	侯钰昆	康婧超	玉　霞	阿如汗	
阿日根图亚		策力格尔	孙诗艳	周子超	王鹤静	孟雅楠
王耀亭	李培培	郝雨欣	张恩馨	王　莹	郝瑞霞	徐晓婷
刘恬恬	朱梦缘					

计算机与信息工程学院（29人）

萨日娜	乌日力嘎	翠　英	龚雅若	朱福建	孙昱霞	王玮婕
郝雅琼	张丽苗	王雪银	石径宇	翟成轩	高亚锋	王哲旭
孟　欣	赵霖卿	胡　枫	张庆哲	任　静	李　迁	甄　鑫
王　涛	王嫣然	马舒婷	邢文璇	刘珈彤	贾九泰	孟　然
李创新						

生命科学学院（31人）

张　越	鲁　娜	张婷婷	郝瑞花	裴　婷	赵晓倩	谭　芳
达尔罕夫	王雅杰	李　娜	刘新静	林红妍	张　苗	白娅娟
丁雪敏	史志远	李　聪	窦　乐	刘　雨	吴海杰	张迎春
常紫茹	任　静	吴莎莎	严　娜	姚辉雄	王玉敏	孟钰棋
张　霏	乔宇磊	尚晓蕊				

人文社会科学学院（34人）

萨其日娜	婷　婷	苏日娜	阿丽玛	慧　敏	师　慧	胡佳敏
李　敏	孟　浩	海　军	明　霞	阿斯娜	黄亚茹	安　琪
胡晓宇	李世红	杜瑞波	邢师源	王　魁	高宇婷	侯　霞
赵　婧	苏天资	渠智慧	韩科杨	赵纯详	贺　瞳	郭宇宇
智　慧	萨日嘎	吴萨日那	圆　喜	韩瑞瑞	蒋道日敖	

外国语言学院（10人）

王惠婷	张倩楠	訾　苗	李泽宇	卜新潮	王　鹤	吕鑫鑫
路　琪	何　娜	张　乐				

理学院（21人）

翟忱斌	张　厅	刘睿劼	张健婷	于申宜	范玲玉	曹欣欣
闫丝雨	何应春	崔博文	韩　慧	杨欣悦	王　杰	王雨荷
张　琪	李　倩	张景华	谢　琪	吴雨轩	郭志芳	侯君棋

能源与交通工程学院（35人）

李志才	刘慧芳	庞　坤	阿如汗	郭鹏飞	许婷婷	郑艺炜

丛　扬　王晨宇　于长江　孙振兴　徐宗原　齐钰萌
阿拉坦巴根　乔钟宝　丁　旭　姚平平　吕嘉鑫　袁杰银
张　芸　郝　良　斛三强　梁通倩　李时荣　赵方州　刘凤姣
王　培　白红心　郝道日敖　陈　崎　张　斌　武继开　裴　娆
李岳飞　赵　娜

研究生院（51 人）

兰　雪　吴　强　李景伟　刘　璇　贾丽欣　高海燕　张　超
陈　婧　王悦骅　丽　丽　原　奇　黄天宇　黎明扬　刘　波
刘　妍　折米娜　李伟程　多拉娜　陈钰萌　李　娜　王　霞
赵学亮　范一星　周渊涛　韩春雪　白晓晔　唐　凯　金　鑫
李婷婷　杨　欢　刘嘉方　郝敏佳　魏雨思　杨海波　李　祥
张　帆　李炜东　习　羽　秦凤梅　程　财　张辰熙　潘　晨
白超玛　呼　荣　任志敏　段广东　尹相吉　刘旺景　田　原
成启明　闫　敏

职业技术学院（121 人）

李　琳　吴丹阳　李向河　张鲜新　范志欢　李玉花　张榆欣
刘秀芳　罗　颖　王　璐　陈文琳　孙永华　刘艳玲　岳丹丹
史敦文　刘家利　张　咪　乔俊良　白红瑞　塔　娜　田　雨
韩向杰　朱　乐　高建鑫　赵双双　李建文　王新园　李建武
胡晓燕　白育瑄　康　宇　李小杰　王雪羽　董　麒　刘　星
刘　焕　宋　艺　孙雪晴　李燕荣　段　超　张新杰　李　佳
李　娜　杜忠义　范艺朦　曹　洋　孔德时　贾舒其　姚志霞
常佳悦　董晓霞　张丽梅　李　宁　王宇生　李　洋　高艺源
郭立伟　关春雪　张宏秀　穆文玉　刘　畅　蒋小宇　牟小芳
付　明　杨希坪　雷聪颖　赵家敏　索青慧　石建华　董慧茹
李梦月　王佩祺　杜沁怡　郑恺璐　夏灵石　王　芳　高　悦
刘昌乐　宋　贺　左呈冉　张之玄　乌日娜　张雅慧　许慧鑫
刘　欢　岳婷婷　梅　跃　车　璐　王星月　刘晓雪　牛　乐
周旭日　王　东　刘　蓉　萨仁照日格　邬　卓　范丽英
韩慧敏　刘　璐　谭　月　邵　瑾　王青怡　王鑫鑫　尹凯雯
苏　莹　张辉辉　张子铭　王伟玉　薛丽伟　王　磊　富海萍
白金菊　贾　昆　王　欢　高嘉伟　孙美丽　李明蓉　刘钰杰
刘　虎　刘昌欣　张燕飞

2017—2018学年内蒙古农业大学“优秀学生干部”名单

动物科学学院（13人）

哈斯塔娜	黄秀琴	张小键	娜日格乐	王永胜	张利宇	亓迎澳
信连震	昂格乐玛	伊拉古其	许春会	兰海姣	王永雄	

兽医学院（24人）

侯丽娜	杨超	付睿	蒲思斯	卡楚拉	徐子萱	广烨蓉
李文莹	张依	吉日木图	其勒木格	曹丽光	贾茜涵	张志怡
汤君宇	李超	格日乐她娜		王梦旖	张越	魏梓恒
王永琴	薄蓉	贺嘉惠	哈斯额日登尼			

农学院、园艺与植物保护学院（25人）

陈鹰	代琴	薛如愿	赵志伟	司德立	李恺	董子涵
崔文婧	江山	王丽娜	韩宇	石鑫鑫	庞慧敏	刘远航
王亚文	张宝	李谢宏升	鲍鑫茹	刘永婧	张宏杰	吕慧
赵嘉宇	沙丹	赵竞	王其辉			

林学院（19人）

蔺嘉茗	靳佩林	祁来庆	李佳慧	赵志敏	常田田	甄雅星
郭金波	李瑾	郭效诚	英英	张敏	李星月	冯月
王皓茹	格根珠拉	包明川	钟富祥	古丽娜		

草原与资源环境学院（15人）

李龙	王学冉	袁帅	张轲	孙宇	连植	白暑光
明霞	闫海雯	李庆伟	闫旭	刘世尧	孟畅	高佳荷
杜锦瑜						

沙漠治理学院（ 15人）

乌云嘎	马天阳	奇宇	张鑫宇	蔡鹏	郭璐	郑羽泽
肖媛媛	于洋	赵金洋	韩乐	夏清	霍沐晗	张然
宝乐尔其木格						

机电工程学院（23人）

李洪旭	李健	尚佳璐	朱明远	戴建国	张智博	秦怡
解晓菲	乔志杰	李琦	孔令彪	李哲	董德严	任泽栋
赵志伟	那木斯来	黄星星	王皓宇	岳强	邢佳	钱峰
郭文锴	苏海文					

水利与土木建筑工程学院（39 人）

李昀燊	朱伟航	王　佳	范琴琴	陈　露	郑殿利	宋倍贝
范锦麟	王　葵	刘秀霞	李　贺	曹子文	张　鹏	文　明
鲍宏达	马　乐	姜彦同	许雅婷	王秋娜	黄政容	丁　睿
张江浩	吴　端	仝慧如	侯晴晴	王　馨	东　东	于博越
沈　洁	赵　唯	乔建新	赵伟英	刘　博	付立新	杨俊雨
易晓周	邱中坚	刘德芳	马　程			

材料科学与艺术设计学院（21 人）

张百艳	温国庆	白荟蓉	梁永健	苏旭东	穆　荣	冯　艳
孙晓杰	康鑫鑫	武　静	郎　真	周柁安	袁志磊	任志颖
樊鑫炎	张子阳	刘安琪	李　帅	齐　萌	刘瑀琪	秦宇婷

经济管理学院（43 人）

阿如汗	圆　圆	石　璐	韩佳莉	郝　冰	张　宇	李彬彦
杨　洁	白　乐	韩光前	耿　真	樊家耀	梁　蓉	金　鸽
陈昱含	刘佳媛	张　宁	霍雨佳	刘仕达	徐　扬	赵佟拉嘎
包萨仁	郝纪玮	白若琳	张艳丽	李　明	王　洁	宋亚琼
陈子迪	武佳迪	陈嘉慧	王智艺	贺嘉欣	唐珂儿	王雨欣
赵　鑫	孟泽霖	杨晓彤	郭飞菲	樊星彤	田　乐	王　娟
徐婉婷						

食品科学与工程学院（21 人）

洋　洋	李伟娜	赵雪妮	张静雯	梁振华	尤儒雅	董　越
周紫怡	魏　雨	张义飞	张利妹	许　明	阿苏如	杨　青
于　媛	何传佳	刘嘉琪	杨　敏	许振宇	孙卓鸿	侯博辉

计算机与信息工程学院（13 人）

高明星	刘美辰	张　棋	王亚飞	侯牙牙	章瀚中	刘伟华
张　涛	任　健	李　莉	包晶文	赵泽江	陈　蓉	

生命科学学院（16 人）

赵新月	王笑冰	李　梅	王　璐	赵雨洁	赵　弘	付梦蓉
杨欣熔	赵　丹	陶　源	李俊达	杨　骄	张鹏燕	刘丹丹
苏　昕	张　晰					

人文社会科学学院（15 人）

齐冬梅	娜日苏	路如意	周宏伟	朵　仁	孙那日苏	马　媛
暴学宁	包叶茹	石志强	武文斌	樊日冬	贺晓轩	陈丽丽
敖恩达古拉						

外国语言学院（7 人）

叶化囡　郭　乐　高萌萌　贾文雪　王　健　杜　玉　江文博

理学院（10 人）

张娜娜　赵　薇　崔俊杰　吕怡楠　赵　旭　康嘉莉　倪巾蕊
张文宇　刘曼茜　张迪萌

能源与交通工程学院（18 人）

高健凯　李文华　何俊杰　滕　瑞　张文杰　于晓雨　刘　昊
钟惠林　王　敏　张　莹　石　鑫　赵方州　傅　钰　张睿智
贾雪珊　齐源达　赵春波　李晨辉

校团委（5 人）

胡晓璐　郝文博　顾　桐　李敏舟　游明坤

研究生院（22 人）

李　欣　吴　澜　哈斯格日乐　张瑞雪　崔家荣　婀妮尔
高思明　杜　炜　李鹏飞　史瑞庭　叶　贺　刘晓东　王宇祥
袁小龙　胡　健　刘建林　董晓宇　闫伟岳　阿苏日呼　胡天航
李薛强　杨东升

职业技术学院（73 人）

刘水源清　高尚弘　李　雪　于冬雪　王　英　冯　玲　乌仁图雅
纪秀艳　张美霞　王可欣　张向阳　刘园园　张立茹　范颖超
郭智慧　高　幸　张学星　郝　婷　刘　欢　安海艳　张艳萍
王志伟　格根塔娜　王　江　范艺朦　秦　冉　魏玉晶　娜荷雅
刘燕平　郝佳乐　程晓慧　李　洋　何　衍　梁　莎　孙海莹
雷聪颖　徐文晶　赵　洋　张国欣　栗晓东　王泓蕲　张小瑞
付开愚　李　飞　郑　平　赵婷婷　张雅慧　贾亮亮　贺晓雪
岳婷婷　张　慧　贾佳佳　周丽慧　徐东阳　薛　慧　李　宁
王佳欣　樊俊楠　韩赛红　刘佳玲　孟秋芃　李　蔓　杨春宇
刘　研　李　斌　于丹丹　李雅卓　孙嘉丽　宫兴杰　天　山
闫佳乐　张燕飞　苏士家

内蒙古农业大学 2018 届“优秀大学毕业生”名单

动物科学学院（17 人）

郭丽丽　萨日盖　嘎力巴　高阿如汗　谈格斯　萨日娜　辉　芳
李　茹　郝　颖　尚方正　赵　璐　张　晶　翁美其　杨可心
郭俊涛　赵旭昊　马宇浩

兽医学院（16 人）

白伟琴　志　明　陈　猛　乌东高娃　蔡　硕　娜美尔格　付　璐
武春霞　马　园　李　博　魏黄思梧　赵锦华　赵润涛　周程锴
王苏日古嘎　白努文其木格

农学院（29 人）

岳轩宇　宋　丹　王　琦　韩宇婷　冯学颖　李胜泽　秦园园
崔晓晗　李　震　米　丹　张静航　吴　凡　岳建英　何霜霜
王艳红　孙艳楠　李亚萌　孔祥骞　陈宝慧　陆晓玉　孙英楠
胡　晗　卢文丽　王朝军　马嘉俊　徐思远　白　娟　刘　华
刘金钰

林学院（25 人）

阿茹罕　白孟根　张睿家　王思涵　祁冰洁　哈斯图雅　刘　璐
刘莹莹　芮　雪　刘　乐　任雪毓　王彩虹　刘彩霞　窦　旭
张　鑫　张　娜　包　晋　贺肖飞　张雅喃　赫淑华　常莉莉
王彩鑫　刘　亚　姚俊秀　萨仁其木格

草原与资源环境学院（16 人）

张　锐　苏日娜　段东亮　王紫隆　薄　翔　李文龙　孙　蕾
李佳璞　张雅洁　邵田田　郑佳华　赵　坤　陈子宁　陈　杨
刘重阳　宝音陶格图格

沙漠治理学院（26 人）

南　丁　何荣荣　特日格勒　苏日娜　高萨茹拉　贺琦丹　于美玲
王　宁　张　琪　孙冬杰　何雪松　孟　凡　孙　成　白　露
张锡童　钱佳洋　苑园园　李月颖　忽必太　杨培燕　辛　慧
黄　芮　王志强　杨　婕　胡晓婷　王　卓

机电工程学院（30 人）

高理君　单小雨　周煜钧　赵亚茹　张天闻　赵晓东　常　浦
吕　斌　田广智　杜　婧　吉鸿毅　韩宏泽　刘媛媛　闫　宁
吴　宏　周泽煦　张　静　刘德虎　马士博　柳　佳　王伟丞
辛　策　秦立新　朱　林　高子博　王　欢　王明玮　杨　帆
张经豪　栾贻函

水利与土木建筑工程学院（49 人）

韩志明　田　璐　庞天宇　吴玉冬　王　琨　王　璐　郝　璐
何鸣雪　张　璐　李红芳　刘紫潇　席浩南　李小院　吕　萌
乔　露　张铁杰　袁　冶　杜　聪　关　爽　郑金丽　郭雅琼
宝文智　卢　慧　陈　宁　胡　臻　张利伟　王振鸣　罗崧豪

李争争	乔佳恒	朱金彤	常　帅	牛　聪	徐鹏程	杨　莹
智士伟	张彦彦	丁雪平	罗诗琦	杨　恒	胡　超	孙伟东
赵晓泽	赵　坤	尚　浩	王苗新	张振超	罗元凯	王　哲

材料科学与艺术设计学院（33 人）

刘思宇	支　敏	杜雨轩	何　静	史　枫	赵晓杰	韩栋帅
刘小雪	郝　婷	王　震	王　科	张　卉	高　颖	胡鑫伟
李艾珂	林美月	闫　冰	薛　岳	赵　敏	郭　宇	梁玉堂
曹小红	张衣智	王　非	王秋怡	王乐泉	王浏浏	尹若男
王玉良	郝春旭	史　洁	徐　航	郭玉玲		

经济管理学院（64 人）

南　俊	乌日嘎	张凯波	张亚欣	王　丹	段　琳	周婉馨
李梦迪	赵　欣	孙丹妮	刘　玥	永　梅	刘佳伟	图力古尔
石　瑞	白驷琦	王　帅	高晨蕊	陈舒婷	陶晓宁	赵　好
杨　敏	张慧慧	贾媛媛	李　娜	李牧臻	王　萌	王雅娜
于　娜	谷　妍	王多民	路宏玲	张　干	乔瑞红	张润芳
左　洁	宋娇娇	李晓敏	李采虹	李海艳	王雨墨	温佳敏
李俊姿	贾宇轩	赵浏寰	李亚婷	纪姁含	陆鹏杰	杨思琪
华金晶	张亚楠	董科科	姚彤佳	王娅如	高佳楠	任　越
桑　霖	栾赫洺	杨紫彬	冯远征	孙　昂	杜建娥	杜娅茹
白志民						

食品科学与工程学院（32 人）

刘　瑶	陈　丽	关　宁	王越溪	窦　露	吕瑞瑞	李梦雨
牛沁雅	郭　帅	王　娜	赵晓娟	牛慧芳	彭江英	贺佳鑫
马　腾	孙茹欣	马立清	王中健	张立莹	王圆圆	汤海霞
贾美芳	石凯欣	张　猛	党　娜	杜　婷	李雪馨	周志敏
张慧珍	梁春月	史俊霞	闫　旭			

计算机与信息工程学院（21 人）

王　爽	赵慧敏	王　星	有　思	薛兆恩	王　彬	徐嘉慧
宿　剑	赵凤枝	金书雯	张　蕾	徐励兴	翟颖琦	张　丹
杜文燕	杨　彤	魏传杨	郭笑楠	王　悦	杨　柳	孟祥璐

生命科学学院（16 人）

高　娃	杨春香	闫伟东	李　欣	梁晓雪	庄　敏	王　颖
杨晓茹	徐美丽	高晓丹	杨小荣	贺丽娜	徐慧欣	王建霞
史　娜	朱嘉帅					

人文社会科学学院（15 人）

李永慧　乔　凯　潘海龙　白　雪　王　杰　王宏达　王　丹
高　倩　郭秀芳　张慧娟　周倩尧　杜　冰　常　丹　新特力
海日汗

外国语言学院（8 人）

郭雅欣　侯锦瑶　可　欣　徐皓强　李　岩　王旭宁　蒋世杰
仉文平

理学院（12 人）

郭明亮　陆艳梅　汪效同　曹梦娜　曾钰鑫　邓志文　蔡朝阳
高　婧　白皓宇　薛旭琪　闫维源　杨钦钊

能源与交通工程学院（16 人）

武欣宇　周　敏　王艳茹　薛艳华　李建民　王晓辉　刘　鑫
孙志刚　范　鑫　许　坤　肖龙燕　吴　涵　阎凯香　付长江
杨丽霞　何家倩

研究生院（67 人）

于　岩　张少博　刘文亭　刘鹰昊　武　岩　赵天启　范文强
李　珺　史晓雪　陈圣阳　李宏伟　王振宇　刘德环　陈鹏宇
淮守成　张宝雯　曹　蕊　马　敏　王月娟　张　嵘　闫　鑫
刘星铭　王林慧　刘宇晨　王文娟　郝　蕾　潘文君　张　磊
边玉明　梁晓琳　许　梁　齐　天　柴家发　石　悦　路　标
关潇滢　白　杨　王　妍　张鹤宇　李　智　邓　渊　李晓燕
陈晓娜　孙程鹏　于思佳　武志华　杨杉杉　贾炜姣　李　娜
甘　晶　王伟兰　刘　颖　高婉婷　杨小冲　何　君　林晓龙
郑　岩　李明慧　韩瑞鑫　胡晓鲁　杨　帆　吕天星　王怡靖
苏　星　郝祥云　王威娜　韩冬冬

职业技术学院（108 人）

赵雪东　任永仙　徐　涛　郭凯鹏　孙　乐　乔延慧　包雨萌
萨仁呼　刘淑平　张　雪　张宇波　闫晓杰　邓志明　靳永星
许艳菲　王　霞　王金爱　于云鹤　王仙龙　李星月　吕　杰
张啸天　徐慧保　杨　迎　王　颖　张慧芳　程思源　贾先枝
王瑞芬　侯梦媛　薛秀敏　袁兆月　张桂芳　付　琦　王梦凡
武　娜　刘颖如　王　姣　赵　茹　杨　洋　杜燕清　冯　雪
田佳龙　王　帆　樊慧慧　孙　娜　李　雪　赵妍颖　韦佳丽
王　璐　刘淑颖　任建蓉　付雅茹　房　雪　陈　勖　庞乐乐
田晓春　刘　江　陈芳芳　郭玉平　李　琛　闫姝悦　袁　凤

曹　涵	高铭泽	蔡　靓	王　珏	陈凤羽	张淑娟	沈玉杰
王　杰	崔　进	付春蝶	侯开慧	刘洋洋	丁　苑	陈　庚
薛　磊	侯一敏	于建霞	邢　浩	白国英	张　娜	王柯蓉
戚云杰	王心雨	李佳成	陈旭旸	李　红	郝兴燕	于　蒙
韩　雪	董鉄铮	胡中华	高　强	李婉立	杜雨忆	王　明
李宇鹏	杨旭磊	赵慧敏	蔡若楠	赵海艳	侯佳琪	张雅星
韩瑞莹	张　陆	李宏佑				

2018年毕业生、学位获得者名单

2018 年度授予博士学位人员名单

动物科学学院（11 人）

徐元庆　勿都巴拉　奈日乐　栗瑞兰　萨如拉　张　通　胡斯乐
丹　妮　刘志友　石惠宇　张鹏飞

兽医学院（7 人）

高　甜　智达夫　冯　平　毕艳楠　田巧珍　齐仁罕达　刘志国

农学院（17 人）

潘　璐　孙世君　石　悦　陈　龙　张　贵　高凤云　张志芬
于　博　米俊珍　孟繁昊　王晓娇　伊六喜　席先梅　黄春燕
单艳敏　于传宗　郑清岭

草原与资源环境学院（11 人）

刘鹰昊　贺一鸣　刘文亭　阿娜克斯　王　珊　宋文娟　乌云塔娜
刘丽英　李江文　张睿洋　图门巴雅尔

林学院（3 人）

策仁尼玛　韦东山　郝　蕾

沙漠治理学院（3 人）

贾　旭　张惜伟　李雨薇

机电工程学院（9 人）

韩　丁　张永安　殷晓飞　宗哲英　康飞龙　李凤丽　张　涛
陈　燕　李　佳

水利与土木建筑工程学院（4 人）

吴俊臣　薛慧君　李　玮　李　彬

材料科学与艺术设计学院（4 人）

张晓涛　李丽丽　张少博　马弘跃

经济管理学院（6 人）

刘宇晨　徐利飞　鲍震宇　赵大军　苗　静　康晓虹

食品科学与工程学院（7 人）

袁　倩　郭慧玲　任　艳　宋宇琴　伊　丽　王朝霞　赵　洁

生命科学学院（9 人）

白万富　万永青　其其格　武志华　邹　博　刘　坤　柴文娟
崔海辰　凌　宇

计算机科学与信息工程学院（2 人）

郜晓晶　　周艳青

2018 年度授予硕士学位人员名单

动物科学学院（63 人）

学术型硕士（32 人）

张秋旭　杨　硕　张倩茹　史晓雪　李宏伟　谢遇春　高雅罕
佳木泰　脑民塔拉　恩和玛日特　海日汗　王月星　王宏浩
李　超　李子健　张　花　孙　梅　崔爽青　邴新帅　王晓鹏
谢明欣　温　琦　张永胜　包斯琴高娃　霍　敏　王艳欣
宋海燕　贾炳玉　王特日格乐　王雅莉　郭雪梅　段元霄

全日制专业硕士（21 人）

李　刚　朱玉霞　陈利青　旭仁其木格　青　柏　哈斯呼
张永昌　达拉吉如嘎　孟子琪　吴迎朝　李科南　茹　婷
娜美日嘎　刘志杰　彭丽芳　郭洪侠　韩俊英　赵　硕　穆　卿
文　强　白音塔拉

在职专业硕士（10 人）

高　博　乌日汗　包塔娜　张　巍　李志民　沙仁高娃　范海洋
曹文佳　杨　堃　侯文乾

兽医学院（69 人）

学术型硕士（34 人）

李秀男　王怡靖　李茜如　贾志鹏　刘新宇　段云娇　赵　娟
吴丹丹　张召议　李　敏　王　俊　罗园渠　蒋瑞东　刘　伟
杨茜雯　贺海燕　杨　帆　胡晓鲁　张亚坤　李松建　史晓娜
卢海鹏　梁　禄　韩瑞鑫　王新芳　梁　萌　韩亚儒　王文蕊
黄　敏　朱璐宇　宝力格　张丽霞　白丽艳　白银荣

全日制专业硕士（23 人）

胡格吉乐图　王莉鑫　王文武　常塔娜　额叶勒德格
张晓宇　王　旭　张铁庄　郝普国　徐先达　张云星　乔　锋
牛广胜　吕金宝　郭宏年　阎晓焕　李桂宇　王海峰　哈爱日
齐力格尔　安　冬　孙　华　苏　星

在职专业硕士（12 人）

刘　艳　澈丽木格　李晓琳　李　悦　贾　凡　春　梅　牧　兰

李菁雯　王浩珲　杨萨日娜　崔　强　陈　振

农学院（110 人）

学术型硕士（42 人）

李小艳　刘　佳　项雯慧　方婧雯　路　标　申荣荣　乌日力格
高　宇　刘　琦　王志敏　王丰丰　高霞霞　王　妍　武建华
霍宏丽　田艳花　曹国丽　孙梦媛　常东东　贾瑞芳　张旭婷
赵攀衡　赵晓宇　黄铖程　胡万吉　白　雪　韦炳奇　张　剑
张佳佳　马怀龙　杨新英　何丹丹　张鹤宇　赵宽厚　张丰屹
万东璞　牟英男　马　宇　张博文　白　杨　赵晓军　李　杨

全日制专业硕士（34 人）

夏　欣　邓　渊　龙金飞　翟学婧　周　堃　白　杰　关潇滢
杨　丽　郝江宁　田　宇　李　驰　石胜华　郑　伟　党宏波
李　振　张　琦　孟天天　杨　帆　周艳荣　逄　鹏　张凌宇
刘亚楠　杨　哲　魏淑丽　白　雪　孙　雯　张　莹　孙洪利
何婷婷　常　悦　李　杰　李香逸　潘佳楠　张鹏飞

在职专业硕士（34 人）

苗艳芳　范建伟　许美荣　余　强　连雪峰　马　丹　高得道
李新宇　张英博　白春雷　王大千　景　楠　宋　颖　李浩文
张世国　刘兆发　杨　晶　王　霞　安　琛　秦红红
额尔登陶古　王宇　邢广军　张　蕾　贾　力　贾　琦
纳　森　郃冠楠　王文娟　赵　创　杨晓雨　姚登伟　赵　越
范　珍

林学院（116 人）

学术型硕士（30 人）

吕依桐　徐伟玮　杨　磊　哈布尔　乔　宇　梁　芝　潘文君
色楞格　吴俊仪　杨　琳　王　菊　张　磊　梅丽丽　边玉明
王美媛　杨　岳　梁晓琳　李晓欣　郑靖宇　白　杨　李　娜
任　燕　常　峥　王　硕　苏兴权　耿铁桥　阿日根　巴　特
孟飞轮　王志昊

全日制专业硕士（44 人）

侯　捷　巴　音　韩　琪　樊佩佩　张　欣　张晓宇　张海燕
王　萍　王　澜　谭春燕　娜仁格日乐　吕梦瑶　贺向程
郭凯琪　樊洛岑　张云冉　王　琦　罗　毅　刘春兰　靳　韬
张文宁　张恒玮　项　青　王　慧　秦　鹏　刘申雨雯　高　硕
丹　娜　许　梁　李颖异　包颖亮　张　雪　张艳雨　乔　宇

李　婷　谷丹丹　周博圆　吴　婧　高海军　敖特日贵　杨　杨
杨斯亮　王　媛　马晓璐

在职专业硕士（42人）

郭　顺　张朝霞　周　扬　田芳雯　李　金　焦相杰　丰　洁
杨宇晨　张　颖　张成伟　莫日根高娃　王亚男　许聪丽
王永刚　塔　拉　安格日格　刘鹏飞　赵伟波　希吉日图雅
吕国慧　张哲轩　赛　娜　霍必特　卢正春　李　培　鲍金山
高震宇　杨娇枝　王茹燕　李　芳　蔚炜华　高　玉　韩　宁
贺　丹　倪建宇　宁　磊　沈巧燕　史海波　王　鹏　杨怡然
尹进元　张天月

草原与资源环境学院（90人）

学术型硕士（45人）

杜珠梅　于丰源　韩梦琪　范文强　韩亚琼　闫　伟　刘胜男
石文宏　丁　茹　郭　娜　叶丽娜　张　晨　王舒新　赵天启
靳宇曦　段茹晖　索荣臻　肖星卉　格日乐高娃　李雅璐
王亚婷　田　慧　蔺伊村　苏米亚道尔吉　武　岩　美　丽
李　凯　宋纪雷　张岚彪　贺　敏　侯　林　庞文强　吴　敏
兰　庆　高　兴　高　昕　王天乐　王　亮　舒常禄　王　玺
霍利霞　姜　莹　杨海明　钱洁鑫　特日格乐

全日制专业硕士（6人）

娜　娜　王　鑫　张　蓉　刘　畅　宋佳奇　武　昭

在职专业硕士（39人）

董瑞强　贾树生　王艳荣　苗　刚　宝　音　哲力蒙嘎　刘　智
苏　敏　任　艳　张凤友　刘永绪　魏　伟　贺嘉宁　张义博
曹　蒙　王　涛　杨　朔　王海霞　郝海兵　李超林　白浩廷
崔丽光　梁子权　刘芳菲　刘　佳　刘燕娇　刘　阳　毛晓琳
宁可仁　宋　杰　王娅男　徐　敏　赵　军　赵　越　高　艳
何蒙童　李　元　牛承霖　塔　拉

机电工程学院（60人）

学术型硕士（26人）

陈鹏宇　薛冬梅　张　琪　刘德环　张　春　张志强　海　梅
康宏源　刘志鑫　陈　程　皮伟强　杜　玲　田　娜　史海舰
王少丹　张曦宇　王鹏鹏　王洪明　刘　钊　陈利杰　曲忠亮
赛音朝格图　刘雪宁　田　健　周　鹏　淮守成

全日制专业硕士（21人）

邵志威　闫　鹏　赵子龙　李汪灏　弭龙凯　张　磊　张　恒
张　悦　刘金涛　赵志宇　赵方超　武建强　刘贵权　侯俊花
肖　越　张　裕　王砹敏　张宝雯　李雪姣　杨雪頔　安堃娟

在职专业硕士（13人）

经日娜　海　柱　王宜国　张黎公　邢　鑫　苏　祺　杭　刚
贾聪平　吕天齐　王虎虎　肖海波　赵浩琳　李鑫磊

水利与土木建筑工程学院（81人）

学术型硕士（34人）

陈海丽　常　平　邬尚赟　王仁远　刘　政　王　磊　张　克
罗布桑沙日布　郭　宇　丁宗江　丁艳宏　李　哲　王　凡
付晨星　苏婷婷　孙云岭　刘　敏　李雪松　杨　旭　袁博文
王思楠　韩知明　吕　杰　李国华　祁秀娇　汪雪琴　马立群
陈小平　付青云　郝祥云　赵东源　张　磊　朱　科　白　勇

全日制专业硕士（18人）

汪　阳　胡勇平　邹欲晓　熊　路　白　岩　谢杭彬　牛德元
王威娜　吴其慧　石　峰　宛　恒　吴伟男　王　驰　高鹏程
侯聚峰　刘丹丹　韩冬冬　杨　璐

在职专业硕士（29人）

田元博　杨　帆　张文彪　陈　琳　步卓卿　崔　勐　甘俊礼
王建鑫　高洪达　李　娟　陈　晨　李俊丁　丁　慧　王　琪
柳剑峰　陈冠龙　薛　蓉　袁宝华　李瑞雪　马志远　韩聪慧
许德浩　武　迪　高文龙　金雅茜　商振清　冯　静　马旭良
周　龙

材料科学与艺术设计学院（24人）

学术型硕士（17人）

张菲然　安宇宏　扈佳琪　平立娟　李　严　张振新　李亚玲
魏欣越　于　岩　刘　虹　徐　诺　斯　琴　白雨桐　岳慧媛
曹增博　蒯燕飞　陈思禹

全日制专业硕士（7人）

奥亚茹　周　玢　杨　敏　毛　燚　吴　爽　王红红　何恩霞

经济管理学院（183人）

学术型硕士（38人）

图木兴图日　张　婧　斯琴塔娜　王梓予涵　王月娟　周志颖

马　敏　李晓娟　巴图乌力吉　吴　迪　崔雪妍　李　妍
周　佳　任鑫帅　吴　迪　王雅楠　刘　媛　王　禄　刘　璇
张丽娟　吉日嘎拉赛罕　张晓婧　王　超　王姝琦　张　舒
胡茜茜　朱海霞　田　芳　郝　悦　乌云额尔德尼　崔建荣
毛凌峰　周艳青　珠拉琪琪格　杨　洋　周　旋　秀　兰
娜和雅

全日制专业硕士（63 人）

王丹丹　宋雅倩　司　凯　刘星铭　蔚　翔　张晓楠　王成安
张辰辰　王　峥　罗　妍　武佩文　罗　娜　卫　波　贾　凡
王　扬　张晓娜　王林慧　崔亨年　李　婧　魏晓倩　安丽娜
郭建琴　李宇彬　薛新燕　王宇翔　赵　星　李世娟　赵临桃
王译曼　王　焱　王馨蕾　王　伟　于　洋　牛志杰　叶晗迪
张俊钢　闫　鑫　王丹阳　董少华　佟洪剑　苏　丹　于　童
三　叶　张　轩　张　嵘　苏　雪　苏宁巴乐　付　瑶　孙佳爽
魏乘秋　敖道胡　李　洁　栾　雪　卢劭夫　孙晓龙　王红樾
马亭亭　王皓琳　塔　娜　高　慧　杨玺东　郝　璐　李　然

在职专业硕士（82 人）

阿拉腾毕力格　高　蕊　邓超楠　王飞俊　张喜庆　王蒙超
杨　鑫　张　睿　德吉得　赵宇哲　谢鸿焱　田　浩　苗　慧
李　纳　韩伯鑫　王丹宏　陆明君　贾　哲　任　杰　刘　宇
石彩霞　李　龙　杜育林　杜宏月　孟祥铭　刘立鹏　唐雅楠
丁　奕　康凯桓　康凯桓　李尚芮　陈小娟　窦晓宇　缪国才
张海东　李妍珏　董　韬　崔　雪　李莉杰　郝　雯　付　煜
张　婧　王　剑　高媛媛　李一童　金　元　张丽敏　戴静宁
韩　兴　范　征　赵珠丽　崔　娜　董锦孟　龚　泽　韩乔玲
兰少博　李霖泽　李　鑫　李永生　刘　岚　刘　雨　王煜灵
王众阳　谢　敏　闫　岩　叶　青　于承禾　翟宇亮　张　晶
张　倩　张文杰　张越慧　张治国　赵　栋　刘　婷　邱　浩
苏　晨　王希萌　王雨溪　张　亮　赵　静　郑书童

食品科学与工程学院（123 人）

学术型硕士（40 人）

忻胜兵　赵　洁　任彩霞　边燕飞　袁兴宇　刘乃齐　王治洲
何　君　刘　敏　吴　荣　李　畅　刘亚东　高婉婷　郭　雁
伊日贵　郑海武　阿热格其　王彦杰　米智慧　靳汝霖　李丽娜
秦大苏达那木　TSOGTGEREL TSEDENSODNOM　雷　虹

刘　颖　　周亭亭　　霍　瑞　　杨小冲　　文　芳　　张　鑫　　杨　蕾
武士美　　马慧敏　　许伟瀚　　吴　楠　　赵燕霞　　尚一娜　　林晓龙
田　蕊　　杨　扬　　德力格尔吉日嘎拉

全日制专业硕士（45人）

郝　甜　　唐莹莹　　高文婷　　侯亚琼　　付娅男　　高　婕　　冯国雪
刘　颖　　徐　畅　　张敏欢　　许　兵　　李　良　　郭　楠　　王　燕
吕　娇　　郝　梦　　郑　岩　　邬　婷　　王苏和　　高　杰　　姜晓仙
杨　禄　　李甜甜　　王春燕　　珠　娜　　李　枝　　吴姝宓　　姜文慧
董　薇　　黄　天　　李明慧　　霍麒文　　萨如拉　　白　琰　　柳　青
赵丽贞　　孙雅如　　陈　鹿　　张慧洁　　马　微　　刘　兰　　杜　宝
宋雅楠　　蒋宇慧　　道日娜

在职专业硕士（38人）

王光宇　　夏　楠　　张永辉　　陈玲菲　　于　波　　刘　锦　　闫志花
姜天龙　　陈　洋　　景　钰　　于　涛　　王春丽　　刘　爽　　杨　博
白　灵　　王慧敏　　樊宇岚　　韩海峰　　胡　媛　　李　童　　刘　佳
孟　阳　　秦钰涵　　曲珍玉　　王雅娟　　温小娟　　徐玉兰　　杨　洋
姚　菲　　张　蓉　　曹　月　　崔劭捷　　李慧娟　　张　丽　　李彦铮
石　静　　屈茹琪　　鲁　娜

计算机与信息工程学院（19人）

学术型硕士（8人）

赵莎莎　　姚　虎　　陈　桐　　王思宇　　刘其其　　任经伟　　董如意
曹　蕊

全日制专业硕士（4人）

王　艳　　康正岳　　高　悦　　金　鑫

在职专业硕士（7人）

魏志鸿　　米晓琴　　包艳杰　　高子明　　李思臻　　刘　佳　　赵瑛琳

生命科学学院（46人）

学术型硕士（31人）

杨　威　　宋云皓　　刘　晓　　郭梓茹　　刘超群　　刘建政　　杨天瑞
任方媛　　张晓慧　　贾炜姣　　李　娜　　杨杉杉　　孟和其其格
田志鹏　　武志娟　　高金玉　　孙　慧　　赵丽娇　　张德露　　刘　梦
李京坤　　王　岩　　杨耀刚　　庞玉娟　　邹　凯　　张凯帅　　张　星
殷远滔　　王大清　　赵雅婷　　李　杰

全日制专业硕士（13人）

冯玉衡　　沈杨扬　　王晓萌　　何　彤　　王　强　　杜　伟　　马　强

韩哲先　高瑞明　刘春妍　杨松林　刘　凤　孙　睿

在职专业硕士（2 人）

吴　迪　潘振鑫

能源与交通工程学院（13 人）

学术型硕士（3 人）

范　乐　柴家发　张　岩

全日制专业硕士（9 人）

刘兵兵　孙　萌　韩　斌　邵　强　李小江　刘　通　殷潇潇
李鹏程　阴晓飞

在职专业硕士（1 人）

云　瑾

理学院（8 人）

学术型硕士（8 人）

何　静　王文娟　杨　柳　宫聚辉　刘　慧　王　娟　郝　威
邵婷婷

马克思主义学院（3 人）

学术型硕士（3 人）

牛　靓　吕文珍　齐　天

人文社会科学学院（34 人）

学术型硕士（15 人）

乌达木巴雅尔　红湖尔珠拉　达古鲁拉　包明明　赵晓娜
孟根那布其　白晓岚　额尔敦通拉嘎　甘　晶　高　阳
鲍　晨　王伟兰　季雪晴　胡尔卿　阿拉坦其其格

全日制专业硕士（19 人）

宋　雯　张天纬　白　路　白俊平　温永利　黄瑞生　栗　静
金剑琳　程　锐　张炳来　李慧芳　李　谦　王　硕　云志猛
杨　燕　原　磊　杨　欢　张海凤　王　超

沙漠治理学院（68 人）

学术型硕士（34 人）

王则宇　孙晓瑞　李晓燕　陈晓娜　刘艳琦　麻云霞　王少雄
潘羿壅　孙程鹏　张晓娜　都拉木扎布　赵纳祺　唐国栋
李雪松　温　健　赵文昊　刘思禹　赵晶晶　阿荣吉日嘎拉
郭婧宇　刘宇胜　范田芳　彭　中　那穆斯日扎布　于思佳
刘晶晶　刘　莹　周美超　张　威　王　香　王　强　马　媛

吴　强　　张　涛

全日制专业硕士（9 人）

刘旭东　阮文潇　王文学　郭　娇　鄂佳庆　张　岑　温都苏
马　蓉　凤一鸣

在职专业硕士（25 人）

李　鹤　李嘉明　李　敏　高　磊　张晓勇　杨鹏飞　邵　帅
旭仁塔娜　边凯同　赵　巍　王红霞　郭志伟　韩　雪　王晓军
孟庆琛　李　鑫　孟祥堃　田子金　于　鑫　布日古德　丁　威
贺利凯　刘　彬　王莉宁　周凌峰

2018 届普通高等教育本科毕业生名单

动物科学学院

动物科学（161 人）

白晓彤　宝婧婧　仇欣然　冯建宇　高　攀　郭丽丽　江　阳
李慧敏　李可心　石晓勇　宋娟娟　田丽娜　王　乐　王　雪
邬丽霞　吴泽如　杨可心　杨鹏旭　张　晶　张　祺　赵永鑫
郑晨婷　朱寿谦　訾　阳　毕奎静　杜海东　巩　琪　海尔汗
胡　萍　胡　耀　蒋文丽　李阿康　李嘉欣　李　科　马　涛
马线线　乔　乐　尚方正　王建超　王　俊　王娅妮　王正春
严晓春　杨　杰　杨金鑫　于文杰　张叁保　张紫奇　郑　鹏
白　璐　曹家铭　曾　林　韩东山　皇甫明科　黄瑞德　籍修运
贾文超　李修朋　李彦升　李振维　梁晓帅　马冬晨　齐敬宇
色音高娃　孙燕强　谭清庆　武思同　徐惠敏　徐　萍　杨艳春
张　婧　张　鑫　张彦旭　张　哲　赵　璐　周　琦　陈　创
陈　杰　郭俊涛　郝　颖　洪　磊　胡志文　黄皓炜　贾　斌
焦成点　李　茹　廖诗杰　刘欣彤　刘艳兵　罗网镛　马艳慧
马一东　马宇浩　马政华　毛金钟　宋科锋　唐洪洪　张德东
张　浩　张　鑫　赵起越　赵勇超　朱玉杰　阿日巴吉呼
阿雅拉嘎　巴　音　岗岗其其格　高阿如汗　拉希玛　乔　雪
秋　收　苏日他拉图　谈格斯　乌雅汗　吴全胜　希吉日
英　福　占　登　阿拉达日呼　阿如罕　包那日苏　车力木格
嘎力巴　吉日格乐　丽　娜　马永杰　青巴图　萨其日拉图
萨日盖　腾　和　王利强　乌恩其　乌日贡玛拉　乌娅汉
希吉日图雅　赵哈申　包青格乐　辉　芳　李塔拉　明　芝

努格其其格　其根　其木德　恰娜　秋梅　任冬冬
萨日娜　檀柏松　阿日古娜　白嘎拉　白文君　玲玲　刘俊志
满都胡　木其叶乐　齐卫栋　苏都格日乐　苏力德　扎拉嘎木吉
赵额尔敦　朱娜

水产养殖学（40 人）

陈宇欣　段凯越　樊金星　关莹　江美丽　李旭日　李雪
刘容容　罗兴　吕红雨　任佳　史小凡　覃坤德　王天越
蔚敏　吴斌杰　薛根亮　姚宏心　俞炎坤　张文平　赵佳惠
赵旭昊　曾宏亮　樊旭春　高娃　关浩　黄杰鸿　刘玉辉
马红丽　齐轩皓　孙姗姗　蔚志伟　魏宇　翁美其　吴运尊
夏丽平　肖钰　闫莉　杨璇　叶庆达

兽医学院

动物医学（77 人）

陈猛　程慧欣　崔琦　丁学东　杜宇　杜哲轩　郭芳
郭敏　国丁丁　郝文倩　黄浩　江撼　兰晓晨　李赫强
李金芝　李泽浩　那英塔　裴婷　舒翔　孙金旭　汪静
魏韶晖　乌东高娃　吴立冬　吴洛滨　吴祁　姚航　于诗仪
翟琪安　张俊涛　赵静　阿拉腾苏布道　白伟琴　包宏宇
包庆贺　包智盛　毕希拉图　冬花　额日登陶格陶　海英
嘿勒根　吉格木德　马慧祥　娜美尔格　娜日苏　前德门　萨日娜
石振南　吉尔　姚查干　伊布格勒　依登加甫·巴登玛热　赵那日苏
志明　白玉美子　蔡硕　陈有亮　都兰　胡日查　蒋强
荆莹　孔德来　李宏生　李欣航　李鑫泳　青格尔　苏利德
孙海涛　唐雪平　王腾宇　王婷　乌吉古斯楞　希古日干
徐永龙　袁蕊　张新民　赵月

动物药学（64 人）

高雄　宫哲　郭妍灵　郝欣蔚　何介　黄德浩　黄玮
季珂萌　贾耽　贾慧芳　江海澎　李冬芳　李敏　李倩宾
李紫薇　刘维天　莫尚昆　谭晓风　田艳萍　汪洋　王慧
魏黄思梧　张赫　张瑞慧　张徐　赵润涛　赵艳红　周晓靓
包伟东　董文学　付鹤　付璐　耿方江　韩宵鸽　景晓霞
李浩波　李雁飞　李智　刘东霞　刘祺　刘庆利　刘伟
秦浩华　任智慧　王涛　王续　王燕　魏思圆　武春霞
张冰　张佳　周程锴　朱兴全　阿拉木斯　白努文其木格
白云瑞丹　查和热嘎　都兰　呼格吉乐　吉庆　吉仁太　金凤

顺佈尔　苏　门

动植物检疫（48人）

毕天奇　付　军　郭苗苗　郭振双　韩　宇　贾琴琴　李　博
李　阔　李伊铭　李泽宇　刘佳瑶　刘　微　马　园　秦　云
宋　歌　谭　琰　唐　霄　王靖萱　徐鹏飞　张齐政　张　璇
赵　琪　左　娜　常凡凡　陈旭楠　迟依明　段　蓉　范　蕊
符江涛　龚鹏飞　韩　冬　李东艳　李嘉麟　李　凯　李　伟
吕沅芷　苗清新　那木尔　彭雪松　乔一丹　盛东晨　孙亚杰
王　欢　王　璐　王　宁　王　莹　赵锦华　郑荣启

农学院

农学（78人）

曹　志　常帅帅　陈燕福　高　静　侯　如　李　鹏　李　欣
李　园　刘世杰　祁月娥　秦路发　秦园园　苏莹莹　孙英楠
万　俊　王金鑫　邢　毅　闫世伟　杨识超　杨永升　于胜男
于晓婧　张莹莹　赵新宇　赵艳龙　周光远　白成伟　卜文宣
程　娟　樊佳嘉　冯　伦　冯学颖　高飞雁　郭晶涛　韩宇婷
胡　晗　贾　硕　井　平　李胜泽　李　爽　李延飞　李宇晨
刘　蒙　龙　美　吕淑溶　马成才　任增辉　时健祎　王海涛
徐义来　许　鹏　张淑娟　邹润厚　崔　健　郭　雪　康勇建
李红苇　李学博　李英浩　刘欣洋　马晓宇　宁可真　宋　丹
田　甜　王　彪　王　琦　王　野　王　英　王振宇　吴鹏博
杨明宇　岳轩宇　张成成　张　健　张　婧　张宇璐　周　强
朱珊珊

设施农业科学与工程（49人）

陈天阳　崔立星　崔晓晗　崔治泽　贾　玥　李雅鑫　李云槐
李　震　李宗昊　刘　铁　卢文丽　石雅君　孙　旭　王　宁
王羲珠　王　焱　武卓奇　薛志雨　闫子涵　杨锦欣　于洪涛
于利兵　岳勇飞　张　伟　周　禹　曹静波　陈　越　陈泽宇
冯泽宇　吉日格勒图　康嘉庆　康鹏飞　梁立媛　刘念奇
刘宇超　马嘉俊　荣　蓉　田佳琪　汪靖翔　王朝军　王继如
王　荣　王　贤　王　欣　王昭娟　吴佳旺　闫晓倡　张　龙
张清喆

园艺（79人）

陈　旭　高书敏　韩晓菲　侯孟琪　李科甫　李天民　李婉璐
李艳霞　刘江澜　刘　乐　柳亚奇　穆生友　潘　悦　邱雪燕

萨仁格日丽		孙　开	孙雨晨	唐　雨	王　佳	杨丽晶
游杜椿	于广泉	余　江	张亚丹	张艳彦	张毅辉	赵雪琳
周　影	阿力腾图叶		安景源	曹　娜	陈铃艳	陈美玲
高　涵	郭德勇	郭淑娟	雷傲雪	李　戎	刘美岑	陆晓玉
吕　凡	米　丹	倪昊东	屈俊俊	王雅茹	王　尧	邬静怡
吴俊文	徐　茹	闫雨婷	杨婧轩	易晓田	张若男	张子健
陈忠祥	董竹萌	韩　静	郝　娜	黄　菊	金晓蕾	李东方
李莉娜	李　瑞	李雅楠	刘意群	宁倩男	任清芝	茹添娇
盛英华	宋子轩	孙　阳	王　昊	王亚萍	于　扬	昝雪萍
张少娟	张永翥	赵　开	周志华			

植物保护（73人）

白　娟	白　杨	陈立鹏	郭秋丽	郝向玲	何霜霜	贺玮玮
晋　阳	荆　越	李日泽	李亚萌	连紫倩	刘涵淼	刘雨薇
毛亚琦	强运韬	任建慧	孙伟佳	王永杰	韦学锋	吴　凡
杨金科	杨小妮	杨云鹏	张子健	赵　晨	钟建华	陈夏昀
陈小霞	邓景丹	董钰莹	樊丽佳	付海漫	高　健	蒋加丽
康瑞磊	李睿光	李玥仪	刘　淼	孙振琪	仝烨鑫	王海超
王　骞	邢　星	徐思远	岳建英	张静航	赵　萍	周冠雄
周建雄	常　群	陈宝慧	陈嘉禄	崔　悦	海　盟	韩　震
李凯旋	李雅荣	李　智	刘锦泽	刘　麟	沈　彤	司国帅
苏　珂	王　超	王佳琪	王金冠	王艳红	王贻卉	王玥洋
张　萌	张　圆	赵　璐				

植物科学与技术（26人）

包　涵	董书报	冯生杰	何　欢	贾沙沙	孔　硕	孔祥骞
赖　森	李昌伦	刘　超	刘红媛	刘　华	刘金钰	路亚南
齐　贝	隋文雪	孙　静	田丽娟	万　雪	王　宇	闫伊茹
张卉欣	张　猛	张　帅	张艳奇	折俊梅		

种子科学与工程（26人）

范菠菠	高树强	郭怀怀	郝少波	李阿立	李　靓	李　强
李文静	林道仁	刘　欢	马立晓	米　浩	穆可彬	隋福庆
孙艳楠	汪文晶	王富豪	王健鹏	王利青	魏嘉宁	闫鑫瑶
张巧芳	甄子龙	周　宇	朱建楠	朱志远		

林学院

城乡规划（65人）

丁　浩	范　辉	付紫茵	高雪艳	郭书辰	郝　帅	侯智文

李艺彤	刘 帅	刘 伟	刘奕涵	陆 磊	马 帅	满 达
聂家琦	秦 科	师美利	孙杜娟	孙 磊	孙晓岚	王东奇
王 浩	王 宏	王 权	王依灵	徐佳楠	杨 鑫	由 跃
于庆阳	张辰爽	张 凯	张名琪	张睿家	陈 曦	高文昕
哈特热	郝月华	侯秀娟	黄鑫瑶	贾 科	金 洋	孔繁强
李 龙	李 鑫	李筑波	刘嘉欣	刘天琦	倪 翔	祁冰洁
乔晔锋	曲 阳	苏雪明	孙艳雪	王 杰	王思涵	王 璇
王雅宁	肖海涛	邢久洁	叶彩霞	于 涛	张 乐	张立坤
赵存燕	朱世晨					

林学（82人）

薄慧迪	常莉莉	陈国鑫	陈 佳	陈 洋	崔永欣	杜英军
高 鹏	赫淑华	贾永铭	姜佳岷	李 霞	梁艳君	梁 颖
刘莹莹	娜仁图娅	任雪毓	荣 富	芮 雪	王彩虹	王龙凤
王思进	王 泽	魏海琦	吴泽农	徐 庆	杨日东	袁 响
周婧琪	包洪胜	卜松雪	狄佳麟	谷越秋	郭治宏	侯艳青
姬媛媛	巨军浩	康 迪	李慕婷	刘 乐	刘 璐	满永旭
牛若恺	齐宸槿	秦 月	谭宇彬	王彩鑫	王 玲	王 瑞
王予彤	吴 轩	杨 柳	叶志玮	于惠同	张雅喃	赵晨曦
赵智敏	周 宇	阿布日古	阿木其提	白 松	包春连	包苏岳勒
查 纳	高乌拉日拉		宫兆东	哈斯图雅	哈斯西桂	呼喜古其
李 白	李桂英	李 梅	李荣荣	裴冬冬	其乐甘	其力木格
淑 芳	王 浩	乌日娜	旭 贵	湛玲玲	张栓柱	

消防工程（55人）

曹哲铭	达 来	董川成	冯浩然	郭 威	郝 磊	李赫威
李 靖	李鹏龙	刘 江	刘同双	宁继禹	牛嘉鹏	牛宇维
石炳东	史 磊	苏 正	孙建辉	王强华	王天雨	王 钊
于鸿江	张 彪	张国强	张 浩	张子健	朱春艳	柴 源
陈舜达	单吉言	窦 旭	耿道通	胡文远	贾圣孔	雷翔宇
李卿濮	李 鑫	李兆国	刘久昌	刘 磊	刘 祺	刘玉新
吕宗辉	庞泽宇	乔国伟	乔亚梅	宋根海	孙子健	王 廉
王选丞	王 宇	武立坤	邢少帅	张新民	赵秀坤	

森林保护（78人）

车 蓉	单慧敏	丁 阳	郭精存	韩 杰	李佳星	李娴娴
李振江	李资聪	梁 悦	刘彩霞	刘 欢	刘 鹏	刘 亚
马建一	马庆辉	马瑞峰	孙 科	王春慧	王翰琛	王凯平

温佳伟　温嘉伦　闫添君　杨　超　杨　念　张　淼　赵婷婷
郑会尧　周　卓　常景丽　方宗祺　付泽坤　傅俊杰　兰雪峰
李贾鑫　李　璐　李　佩　李艳娇　李　扬　刘学炟　刘　俞
柳思伦　马光宇　那　琴　孙朝宇　滕秋豪　托　娅　王　昊
王　恒　王　晶　王　强　王旭东　吴　楠　邢禄鹏　张　鑫
郑玥恺　包　畅　宝金鹰　才拉干　胡日査　梁玲瑜　茉　莉
木其日　娜美拉　萨仁夫　萨仁其木格　山　虎　斯力木格
苏日娜　王彩虹　乌仁赛罕　乌日格木乐　乌日娜
吴呼格吉勒吐　谢　飞　雪　莲　杨　凯

园林（147人）

奥晓峰　曹　琳　陈晓玲　成丹文　程达志　崔佳佳　高　磊
郭建成　韩雪敏　郝柄达　姜冠男　靳瑞琳　兰　倩　李　沫
刘春雨　刘家媛　刘郡程　刘　洋　任家豪　任　康　唐兴慧
王金宠　王菁颐　王　乐　徐　裕　许文吉　张栋梁　张舒心
张　鑫　张雪婷　赵　慧　朱卫国　包燕强　曹　楠　崔旭和
符东辉　付东旭　谷婉煜　郭建青　郭　帅　李佳琪　连琼宇
林美辰　刘宝山　刘炳华　刘琳琳　石晓霞　唐品川　王嘉月
王靖维　乌佳丽　吴　龙　薛小欢　杨尚臻　尹　涛　张　萌
张明艳　张　娜　张雪影　张　扬　赵德雄　赵　月　包　晋
陈雨菲　房　硕　郭媛媛　霍锦超　贾素宏　姜婷婷　李安玉
李锦浩　李佩贞　李　唐　李炜昊　李心愿　刘　畅　刘　洋
路　成　吕　媛　沈　菲　孙静依　孙正阳　田佳琦　王巧元
王玉杰　熊国燕　杨　睿　张　雪　赵玉荣　安嘉雯　曹　乐
高雨楠　贺肖飞　黄　菊　贾慧娟　姜硕原　李瑷妮　李金凤
梁　蕾　刘　畅　吕俊霞　吕腾云　马博伦　马小芳　孙　健
孙雨晴　陶格苏　田苑文　王　佳　王振宇　魏永强　徐佳文
薛　静　姚俊秀　翟明猛　张　凤　张　舒　张玉霞　赵乐乐
朱鹏飞　阿茹罕　白孟根　包永亮　布　鲁　彩　虹　澈力格尔
达尼斯　代立军　海　青　洪斯琴　呼斯乐　金　鸽　丽　丽
孟根陶勒　苏乐德乌都　苏日娜　郜阿如娜　王彬彬　王　霞
温都日格　文　龙　乌尼尔　乌尼勒　乌日古玛　秀　梅　伊日贵
意拉拉塔

草原与资源环境学院

草业科学（111人）

鲍显宸　崔宇豪　董雨萌　赫亚东　侯帅君　李倩倩　李雯雯

李泽 吕广一 吕玉茹 苗金恒 邵田田 孙艳超 王奉琪
王静 王欣月 越炜 张海娟 张慧敏 张加涛 张璐
张珊 赵改梅 阿拉腾布日古德 安振东 鄂思伟 高小雁
高志乐 郭晓宇 贺鑫宇 吉智 冀超 康慧 李佳璞
李堃 刘晨 刘宇婷 乔一丹 商博 石佳奇 曙光
隋欣 谭振 王俊 薛琬臻 张敏 张琦 张乾
张雅洁 张艺桐 赵二杰 赵坤 郑佳华 朱毅 阿拉斯
昂黑鲁玛其其格 包秋兰 包瑞梅 宝音陶格图格 查娜
常欢欢 陈杨 哈斯图娅 莉莉 刘光兴 明慧
那木加甫·托力木吉 娜尔格 娜庆 伊德 张佳伟 张锐
珠拉 祖兰改日力 布·布仁达拉 崔思宇 段东亮
哈日雅紫 韩宇峰 李彬州 李俊峰 李荣恒 李晓杰 李鑫
刘鑫 罗瑞峰 吕丽娟 吕文博 马天 牛茹 郄国萍
石子英 孙永慧 唐艾嘉 万偈譞 王斌 王慧 王婧
王紫隆 韦玮 吴月娇 徐立杰 徐学宝 杨东 杨少博
岳春艳 詹鹏 张鹏程 张雪风 赵帅 周秀娟

农业资源与环境（63人）

薄翔 边会智 陈晓有 陈增彤 段迪 高飞 郭思宇
贾禹泽 李少华 李文龙 刘楠 吕静 屈春燕 孙蕾
田凯 汪崇屹 王宇 姚智峰 袁鑫 张思奇 赵海宏
周娜 邹勇 安琪 柴思捷 常红 陈秋雨 陈子宁
崔江涛 桂永磊 李静 李梦然 李宇恒 刘万通 刘玉峰
刘重阳 庞馨月 石焱 王强 吴明远 闫志蕊 阳婷
张加忱 张凯 张有新 阿拉木斯 阿拉坦呼 阿茹娜 敖文君
常安 德力格日胡 海日汉 侯乌恩吉雅 罗车力木格
满达拉 其布日其其格 青林 苏日娜 苏日娜 孙佳雪
王磊 乌英嘎 伊日贵

沙漠治理学院

人文地理与城乡规划（104人）

白楠 邓芳草 格日乐才次克 郭璞宁 何雪松 胡庭阳
胡旭 冀雪 李洪杰 李晓东 林苡丞 刘佳乐 刘雅雯
马超 陕瑞 万雨岚 王婧仪 王娜 王娅骄 魏博华
吴润泽 徐硕 杨进宝 张德伟 张飞扬 张瑾 张晓雪
祝钰钦 巴迪娜 蔡玉婷 陈吉 盖金星 高雅婷 贺琦丹
贺帅 康禄 李国龙 刘婷 刘霞霞 马晨 宋晓涛

王　玥　　王正响　　魏晓帅　　叶尔登达拉　　俞泽华　　苑园园
张耀方　　赵晨玉　　赵洪磊　　周　杰　　暴丽冉　　曾令建　　陈家欢
冯　霜　　冯志倩　　谷　倩　　郝　雨　　胡向军　　花之础　　李　敏
李　新　　李月颖　　刘　培　　刘　茹　　孟　凡　　穆其尔　　祁　帅
宋凯璇　　苏布森才次克　　王爱二　　王　芬　　王海燕　　王金楠
王事成　　魏　军　　张　萌　　赵雅婷　　安沛红　　曹　莉　　曹　阳
丁奋谦　　高　翔　　韩启明　　何璐瑶　　栗彦晨　　林　萍　　刘晨光
刘嘉琳　　刘　洋　　卢立强　　沈君生　　田瑞龙　　王昌盛　　王　瑞
王瑞平　　王之裕　　王志强　　魏佳琪　　杨　婕　　杨紫贻　　张　媛
赵晓男　　赵　耀

水土保持与荒漠化防治（90 人）

白潞翼　　白　露　　程冀文　　董丽军　　郭俏俪　　郝迎春　　忽必太
胡晶华　　贾瑞庭　　贾祖维　　李国梁　　李　甜　　李中天　　刘　峰
刘娜娜　　罗瑞峰　　钱秋颖　　王　宁　　王　鑫　　项　乐　　杨　洁
姚栋栋　　于　浩　　于美玲　　张　娜　　张锡童　　赵晨曦　　赵宏胜
赵泽华　　包晨曦　　陈　峰　　陈昊宇　　陈　伟　　陈　旭　　丰　菲
高天笑　　管雪薇　　郭建江　　郭　静　　郝艳玲　　霍沛文　　李辰杰
李春利　　李　琳　　李　扬　　刘茜雅　　刘　伟　　刘　莹　　刘泽蒙
钦　柏　　邵英峰　　王博隆　　王海瑞　　王润东　　王　卓　　杨瑞萍
赵家睦　　赵少华　　甄新宇　　郑雯丹　　仲　宸　　朱海滨　　朱家晟
宝鲁尔　　朝宝嘎　　韩韩盖　　何萌萌　　呼格吉乐吐　　李哈斯那
明　玲　　南　丁　　赛音巴图　　特格西巴雅尔　　特日格乐　　特日格勒
乌仁斯琴　　吴小星　　阿斯布尔　　白秀丽　　宝音那木和其　　代香荣
高萨茹拉　　韩文明　　好斯白乙拉　　何荣荣　　苏　道　　苏日勒格
苏日娜　　王秋红　　赵志鑫

土地资源管理（108 人）

包淑梅　　蔡　楠　　都日雅拉　　关凯民　　何国铖　　何元奎　　黄晓茹
江国鑫　　李　瑞　　刘　旭　　吕晨曦　　马　麟　　苗　育　　孙　成
孙冬杰　　唐泽宇　　王纪风　　王　杰　　王　莹　　武　翰　　杨文明
杨　宇　　姚雪松　　尹永锋　　袁艺博　　张玉杰　　智　苑　　朱艳雪
蔡雨峰　　曹晶晶　　曹　壮　　郭　爽　　郝　源　　贺占玲　　侯　瞬
景艳宾　　李化冬　　李　蕊　　李彦萱　　刘　浩　　刘　婷　　路　帆
马英楠　　戚雅丽　　钱佳洋　　石　婷　　田　亮　　田悦欣　　闫士元
杨振国　　于　军　　张　晗　　张　宁　　张　琪　　赵星宇　　郑　阳
陈　洁　　董　琪　　杜芳莹　　韩选将　　何昌楠　　胡晓婷　　黄闻达

贾　智	李星宇	刘　璐	刘雅芳	苗正伟	任可心	任　旭
王汉明	王瑞平	王旭东	王志东	吴子钢	辛　慧	徐　凯
闫学刚	杨书鉴	杨　洋	于皓泽	张宇轩	安　娜	陈颜洁
陈宇超	付天祥	郭家乐	郝韶光	黄　芮	雷倩倩	李　辉
李志文	刘宇航	罗艳飞	吕卓恒	马宇宸	施海波	宋伟学
王　玮	王星月	王　轩	王学娇	王　宇	闫　浩	杨培燕
于靖明	张　纪	张靖研				

机电工程学院

车辆工程（32人）

谢宝亮	陈燃明	范恒伟	高　鹏	管重霄	韩志峰	郝建行
郝中华	嵇仁乐	贾　冰	姜　文	靳箫峰	李　波	李　龙
李　元	罗　涛	秦天梅	苏　慧	太中凯	王少林	王真诚
席绍文	杨　帆	于海涛	岳丹丹	张经豪	张　昆	张睿根
张子阳	赵子豪	郑瑜柯	周云鹤			

电气工程及其自动化（133人）

白宇宇	陈贵宇	程　浩	崔景源	杜　婧	高　飞	韩东伯
韩宏伟	韩庆伟	郝　磊	候　敏	惠雪梅	霍　东	李芳青
李　荟	李志鹏	李自航	刘　标	刘越波	马舒婷	蒙少东
孟　艺	乔佳欣	乔　智	任培昂	孙泽文	唐　旭	王　俊
王　谊	武　伟	薛精慧	杨金莹	杨　旎	杨新颖	张鼎卓
张　帆	张宏远	周俐君	常　浦	崔培岩	高佳旭	谷晓曼
郭蒙超	郭鹏飞	郝志明	皇甫海峰	李青龙	刘　慧	刘肖一
乔彦强	孙亚锟	田文东	王　凯	王　涛	王煜鹏	吴　昊
徐　月	许晓伟	燕　鹏	张　磊	张　蓉	张天闻	张文荟
张小辉	张雪姣	张　毅	赵青青	赵伟强	赵晓东	赵亚茹
巴　音	白鑫鑫	毕　玉	陈　庆	单小雨	丁星月	董文强
鄂达汗	高　赫	郜　纯	郭家兴	韩迦勒	姜绍然	李文辉
李旭峰	刘蓓萱	刘　畅	孟元琪	石　茹	孙利刚	吴云飞
武泽宇	肖云鹏	邢文强	寻伟鹏	殷剑锋	张东雷	张　智
郑浩天	周煜钧	白利雄	曹宇飞	崔　旭	方志晗	高启恩
何东辉	侯絮腾	吉鸿毅	贾　敏	金正祥	梁泽成	刘尚斌
石点儿	苏　皓	孙海莉	王　超	王　皓	王洪刚	王路凡
王启媛	王晓宁	王泽寰	辛　策	徐鹏程	许　增	于世婷
袁世权	张　达	张恩琦	张　权	张日升	张争光	赵　青

工业设计（30人）

班昌达	柴江丽	丛永春	丁美玲	高永强	郭宏宇	韩昌明

韩宏泽　蒋小华　李　良　李　璐　李威广　梁　杨　刘唯妍
刘媛媛　柳　佳　蒙晨光　孟令涛　施宏新　施　思　托　娅
王洪晔　王明玮　王琪琛　王宇轩　夏良程　尹卫宇　张保磊
赵小林　赵珠琳

机械设计制造及其自动化（123人）

赵　宏　陈骊达　陈尚东　陈　爽　付　冲　郭　帅　郭志宏
贾惠隆　姜双雄　李宏辉　李晓健　刘凤龙　刘　明　刘圣辰
栾贻函　邱海洋　戎德慧　申燕栋　宋永旭　孙传法　王　刚
王　浩　王志峰　魏　栋　徐卓毅　闫　宇　张　磊　张雪龙
张志超　赵志伟　朱曾文　祝星晨　邹佳明　曹瀚文　陈　凯
郭　嘉　胡鑫鑫　贾正宇　雷凤志　李建斌　刘俊杰　罗　凯
裴志涛　时　诚　孙育斌　陶泽宇　田广智　王建忠　王　琪
闫　飞　闫　帅　闫振邦　杨　育　叶　强　张　冰　张丽宏
张　宁　张启民　张英琦　赵飞虎　赵　朋　郑　佳　程　曦
郭飞鹰　郭　睿　郭志峰　韩　峰　韩　胜　韩宇洲　郝韦富
康建龙　李婷婷　路镕博　罗　丁　吕　斌　马博涛　马　健
孟凡良　孙立群　孙琪锋　王佳文　王　凯　王　帅　王雅龙
徐佳鹏　杨　娇　院进文　张敬尧　赵永琦　朱博文　朱　玺
崔天雨　戴九牧　董学斌　董悦晨　杜辰浩　耿　哲　侯叶飞
贾　伟　李浩男　刘　磊　刘帅军　刘松岩　刘晓鹏　刘岩杰
刘　洋　卢艳磊　陆贤宇　门晓龙　王大洋　王立明　王茂文
王宗华　吴　宏　薛淇文　闫宝山　闫　宁　杨金钊　杨　凯
杨世英　张林超　赵　露　朱凤云

农业电气化（58人）

陈兆楠　楚文桐　郭昕月　郝正阳　贾愉泰　靳文星　刘德虎
刘烜庚　刘　勇　刘　源　陆　超　路　鹏　彭宜璋　王　萌
王伟丞　王宇飞　武东升　武子裕　许家源　薛　媛　闫业中
燕　欣　云楷轩　张　斌　张　静　张　磊　张雪锋　赵　蒙
赵　鹏　陈志泉　丁雅琴　董　帅　范　顺　范哲伟　郭　伟
郭晓鹏　韩福宬　李嘉楠　李诗翰　李学文　刘毅超　马彩月
马明忠　马云磊　唐妍娇　王　非　王昊有　王　珏　吴东阳
吴世杰　邢海龙　杨　宝　尹彦博　张航浩　智鑫立　周泽煦
朱　林　邹波涛

农业机械化及其自动化（103人）

陈　珍　戴一凡　董辰文　杜红光　高　峰　高子博　李宏锐

李鲲鹏　李利利　李陆军　李茹梦　李雪峰　李　玥　李振宇
刘成洋　刘　伟　刘政钊　刘志强　马士博　马悦智　孙　浩
王　聪　吴春华　谢　伟　于贵涛　张　保　张　彪　张广兴
张鹏展　张帅军　张智勇　巴依尔塔　董艳斌　杜云波　段嘉兴
高俊龙　侯鹏飞　焦彦东　雷登文　李腾飞　林士伟　刘天浩
秦立新　苏国勇　孙　冲　汪俊绪　王聪伟　王鹤龄　王　欢
王留斌　王明成　魏志鹏　温　渊　徐林龙　薛树林　杨　慧
杨利军　杨田旭　张震波　赵培淇　赵艳伟　包天龙　包文德
宝乐尔　宝　龙　才仁多尔吉·道尔加拉　曹　敦　曹横飞
陈树全　德格吉乐胡　盖哈木希格图　高理君　格斯尔
韩新宇　贺希格都楞　李斯琴高娃　孟根敖日嘎拉
顺布尔　王哈达　乌力吉巴特尔　于　洋　赵顺布乐
安阿力德尔图　包国慧　朝鲁门　冬　冬　杜平安
额日敦宝力高　额日乐和格　贺希格达来　吉日木图
李文兴　青达木　青格乐　斯琴毕力格　苏日雅　特日格尔
王利强　文　秀　乌恩其　于赛达　张文亮　张雨生

水利与土木工程建筑学院

测绘工程（55 人）

曹立昊　丁嘉琳　韩晓冬　何双哮　蒯　盛　蓝恩通　李春宇
李治国　凌　强　刘　源　苗士强　倪瑞鹏　佘鑫辉　唐国智
汪　洋　王鹏程　王天旭　王　玥　卫晓峰　武嘉帅　谢纪虎
杨　恒　杨　洵　张函诚　张振超　周　杰　朱　瑞　柴　鑫
陈志丰　杜晓春　侯建康　华晓宇　李　国　李润宇　李　伟
刘殿伟　刘骏杰　刘　岩　吕　达　吕　萌　祁振河　乔佳恒
石国强　孙宏亮　陶　旭　王德胜　王虹达　王凯文　王学慧
吴　茜　吴仕发　闫志强　于志远　赵佳宁　郑永丰

给水排水科学与工程（52 人）

冯显龙　耿翔宇　谷润枝　郝纪远　姬文明　蒋云飞　雷　欣
李嘉欣　李阳阳　李玉波　刘晓琪　罗惠文　乔佐书　任向颖
索瑞厅　王苗新　王云杰　魏宇萌　吴　迪　杨瑞尧　尹高天
智雅茹　种宇飞　周万里　朱金彤　安晓佳　常乐乐　陈　忠
程　欣　丁雪平　哈增悦　贾振宇　姜　鹏　李思言　鲁天予
罗崧豪　马伟强　聂　帅　屈博坤　全佳伟　任建新　尚　伟
史云川　苏波明　田　鑫　王绍钟　闫凯歌　杨　栋　张　佳
张彦彦　张轶杰　赵　楠

地质工程（26人）

白金涛	崔汉青	邓　磊	高文龙	韩震宇	郝建伟	胡　超
贾　博	李　冬	李　浩	李仕魁	李依龙	刘英辉	陆启东
马中宇	乔　露	任海金	孙广启	孙正强	谭荣浩	王福刚
王万达	张　朝	张向伟	张　旭	赵　鑫		

工程造价（32人）

白墨延	常　帅	陈　露	丁晶晶	付妮妮	高雅雯	宫瑞阳
洪潇菁	靳　科	李春颖	李　双	刘海娥	刘　爽	卢　瑶
马可昕	马快乐	莫宝珠	齐美娇	祁　晴	祁　星	任　娜
石启越	帅小玲	苏　伟	孙　浩	孙亚娟	杨　虹	仪修源
张　军	张　萌	赵春霞	周　妮			

环境工程（59人）

陈慧珊	陈　敏	陈伟贤	杜　聪	范立敏	冯　健	高永欣
关　爽	郭东辉	李航宇	李　伟	李　颖	蔺飞阳	刘海绪
刘相文	刘紫卉	吕金鑫	马　婧	石青华	王凌霄	王雪岩
魏文凯	吴　倩	许志平	杨　潇	杨　雨	袁　冶	张　桐
张晓彤	郑浩然	周阿古达木		宝文智	丁前程	冯　洁
冯伟琛	付皓达	高长江	耿　悦	郭雅琼	何婧璞	呼和牧其日
胡　亮	李鸿玉	李加明	刘　超	刘方亮	刘佳楠	马晓禹
牛　聪	蒲星宇	王　菲	王新程	邢　斌	于林汇	张佳慧
张　轩	赵治臣	郑金丽	朱艳雪			

建筑学（30人）

白　鹏	高晓宇	何昀澎	李成峰	李振朋	刘嘉磊	刘骁乐
牛梦云	庞天宇	盛　月	孙　乐	孙羽茜	田　璐	王　琨
王　璐	王璐瑶	王　琦	王元珑	吴玉冬	武建光	邢超雲
徐云鹏	杨山保	詹海博	张海涛	张　洁	赵明焯	赵　岩
赵逸轩	祝铭之					

农业水利工程（90人）

迟碧璇	崔佳琪	董海丽	冯朝阳	高安东	高晨露	郝　璐
郝向宇	何鸣雪	胡小东	菅文浩	姜春雷	李　璐	李燕君
李　瑶	李争争	刘　昊	刘佳明	刘佳奇	刘文朋	刘祖汀
路研婷	马　超	马贵仁	马　兰	马　宁	蒙嘉启	聂　鑫
祁　茜	乔　磊	乔　天	秦　瀚	孙　烨	唐琨尧	王　爱
王保香	王洪林	王继超	王建航	王　婕	王鹏程	王启东
吴弦谦	吴禹萱	徐　磊	杨玉强	于丹丹	于帅至	张　衡

张　利　张　璐　张　宁　张如柏　张淑娜　张雅楠　张振宇
赵静思　赵晓影　郑　彦　周利颖　巴雅力嘎　白敖日格勒
白铁锁　布和额尔敦　查干珊丹　柴鲁干　朝格太　胡斯冷
满　达　其　根　其力木格　特日格乐　王丽丽　乌恩奇　乌云毕力格
敖明学　白玲玲　鲍尔金　古斯林　国　庆　国　兴　韩志明
何阿拉达尔图　胡格吉乐　郎金荣　刘晓洪　玛喜毕力格
特日贡　周巴图　珠拉巴达拉

水利水电工程（53 人）

柴易辰　陈世清　杜天允　付　于　郭　波　郭茂熙　康春雨
李　超　李　明　刘　磊　刘艳雯　罗诗琦　蒙丽芳　任晓宇
尚利德　史佳鑫　唐　彬　王　波　王　强　王　蕊　邬浩冬
杨　俊　张朝瑜　张　晨　张　萌　张晓宇　张雄辉　常健男
陈　宁　陈　帅　高凌智　金云鹏　李民康　李明贺　李雨龙
李　岳　刘　辉　刘文龙　卢　慧　史晓东　孙兆阳　王　佳
王　杰　王兴强　王雪颖　王　泽　魏　旭　肖晓琳　辛浩东
徐鹏程　杨　宇　张　耀　周俸功

水文与水资源工程（53 人）

安　邦　白雪银　冯　帅　高唯娜　顾泽宇　贺　超　康雪儿
李小院　李羽尧　刘广东　刘紫潇　吕欣河　马尚钰　苗　玥
祁巧曼　任照怡　王嘉悦　王岚涛　王鹏宇　王月蕾　席浩南
徐雯雯　杨　洋　张梦晗　张　莎　张　伟　张亦然　卜　凡
曹　磊　樊丽萍　房丽晶　郭家琛　李红芳　李佳文　李　雪
卢方园　路　畅　马嘉敏　马忠涛　乔子戌　任亚茹　汪　远
王功方　王　双　王　哲　温　薪　杨轶瀚　杨宇晗　翟佳伦
张　凯　张　璐　张晓为　赵家宁

土木工程（75 人）

曹友正　陈双军　陈志龙　冯建明　高瑞堡　郭俊福　郭　帅
郝相龙　何　虎　胡　臻　李魏超　刘泽林　刘卓恩　马百聪
任泽新　孙晓宇　王德龙　王　蒙　王新宇　王振鸣　姚　琪
张利伟　张　朔　张晓东　张永坤　张　张　赵　宸　郑　强
常秀杰　陈竞明　方　淼　付　鹏　韩温都苏　黄　麟　焦磊磊
刘　贝　刘文强　罗元凯　任全丽　尚　浩　孙伟东　唐　赫
王　平　王赛龙　王宗熙　邢兵兵　徐　旭　杨　晓　袁秀鋆
张　波　张天成　赵迪一　赵晓泽　宝日金　陈俊宇　冯　创
冯国星　贺泽宇　李天尊　李玉婷　吕　航　潘　东　庞　博

乔　虎	孙起山	汤庆伟	田　凯	万凌彰	吴清伟	杨　莹
张　超	张佳豪	张　青	赵　坤	智士伟		

经济管理学院

工商管理（67 人）

代传瑞	段伟茹	韩雪洋	韩志雨	侯佳琛	纪皓中	巨鑫宇
李　敏	李　鑫	李　媛	刘春艳	刘浩宇	刘岩涛	卢　云
陆昱彤	满丁滔	孟　娇	桑　杉	孙丽阳	谭东辉	王梦媛
王英丽	吴　旭	许志静	杨雨桐	于斯佳	于子婷	张陈佳旭
张　敏	张锐锐	赵　娜	邹德阳	布　宇	陈　浩	陈宏琦
程艳琪	丁　姣	傅　今	郭雅丽	韩硕颖	韩　湘	胡宝音太
黄　飞	贾慧慧	李硕夫	李亚婷	李月梅	刘塞奇	马豆豆
乔振国	石晓梦	纾隆夫	孙雅娜	唐志强	王东成	王明月
王晓霞	薛　辰	薛娅琴	雅　安	于靖雯	张佳南	张　敏
张　敏	张　焱	张云云	祝海凤			

财务管理（95 人）

白　雪	陈　南	董慧颖	董一丹	杜建娥	杜森茂	范雄瑞
冯思雨	付　昱	郜知暄	郭　鑫	郭长义	韩　波	韩　辉
郝　梅	李慧芳	李睿珩	李　欣	林晓茹	刘伟琼	刘文璐
刘月泓	刘贞仪	吕艳军	那日苏	牛　妮	彭　曦	尚安琪
宋欣燃	苏　欣	田　蕾	王冠力	王佳璐	王胜男	温都苏
闫璐瑶	阳诗雅	杨琛旭	杨建飞	杨婷宇	杨泽林	袁雨濛
云　娇	张　威	张宇涛	赵　欢	赵佳丽	赵浏寰	赵　敏
白志民	蔡樱樱	陈　芳	董科科	冯丽霞	浩斯嘉	黄毓菁
纪　佳	纪　宇	贾　茹	菅舜昱	景　荣	孔令蕊	李　慧
李　静	李欣阳	李　月	李智雪	刘　芳	刘宇欣	刘　玥
刘　哲	马玥琨	牛晓彤	田佳好	汪　敏	王　磊	王卫国
王宇婷	王媛媛	魏吾桦	协哈日格	徐畅繁	许　媛	杨　洁
杨　阳	张　敏	张世琳	张亚楠	张予宁	赵　洁	赵丽丽
赵子良	郑钰铭	朱立楠	朱亚楠			

电子商务（61 人）

韩　静	李　凡	马志杰	白玉鑫	柴建新	董紫荷	耿伊雯
何丽娟	胡　飞	李　晗	刘晓静	刘伊春	栾赫洺	马梦遥
慕　智	乔　鑫	史静茹	邰　爽	王　飞	王汉强	王　珩
王　蓉	王　蕊	王娅如	徐精芷	杨丽娟	杨晓宇	杨紫彬
尤亚琪	张　雨	周　荣	迟　骋	戴坤宇	冯远征	高佳楠

管艳颖	郭晓璐	华昕田	康　健	刘柏灵	刘秉昌	刘　鑫
刘艳佳	刘奕敏	吕明艳	穆　旭	任　越	石方静	孙　俊
王东梅	王立硕	魏鹏飞	文　康	武　旭	谢　铭	许智慧
杨　超	姚彤佳	依明瑶	于　莎	邹　雪		

会计学（110人）

艾　敏	白宇茹	边　婷	常宇含	董秀娟	段梦如	戈毅祯
郭家鑫	郝建莉	贺媛媛	贾媛媛	李　欢	李　萌	李梦迪
李　娜	李鹏海	李　烨	刘　多	马秀梅	秦博文	石　宁
陶晓宁	田翔雁	王　帅	王　璇	王　赟	魏　斌	魏　红
温华琳	吴淑琼	严小康	姚　洁	张新宇	张　燕	赵超群
赵　阳	朱志刚	白驷琦	白　雪	程雅楠	初梦奇	邓堰文
董淑娴	杜园园	高晨蕊	郭富佳	郝伟伶	胡梦佳	霍玉亮
康　杰	李瑞瑛	刘佳运	马　敏	彭雪琪	乔亚杰	荣振宇
石　瑞	史　迪	苏　旭	孙丹妮	孙志旭	王　芳	王　扬
王子恒	乌日嘎	吴艳芳	武　晶	杨　帆	杨　敏	杨昭宁
张　猛	赵晓茹	赵　欣	赵　旭	赵　妤	陈慧杰	陈舒婷
段　琳	段月迪	樊佳佳	范清伟	付　瑶	龚剑博	贺子娟
胡瑞雪	姜　炜	寇璐瑶	李俊姿	李　洋	李志强	刘　圆
梅　艳	裴　震	乔　瑞	苏日娜	孙　强	孙晓丽	王玫之
王梦圆	王　婷	乌兰图亚	杨明丽	张宏斌	张慧慧	张君君
张俊霞	赵敏君	赵心宇	周婉馨	周彦廷		

金融学（140人）

张　震	赵　源	左　洁	杨行健	白　墨	边昊冉	陈思达
代　辽	戴　荣	高　慧	韩振英	李　芳	李海艳	李　靓
梁茂军	刘娟娟	刘懿楠	乔　娟	乔瑞红	乔　欣	苏　蕊
孙　静	王　慧	王天钢	魏敏月	吴祯蓉	杨立彬	张凯波
张　乐	张颜悦	张樱凡	赵彩凤	赵慧超	赵雪婷	赵　媛
朱健华	白　雪	边雨朦	陈聪聪	陈　亮	陈　璐	狄国珍
樊慧瑛	冯雪婷	盖红颖	高　歌	谷　妍	郝精嫔	贾宇轩
靳鸿嘉	李　波	李晓敏	李　鑫	刘　璐	刘文超	路宏玲
庞　伟	苏广军	王　波	王超越	王嘉琪	王　萌	王　茜
王亚星	王　燕	闫星宇	尹　璐	张润芳	张智博	赵　蓉
赵雅慧	朱雅楠	曹　杰	常林霞	成　喆	郭　欢	郭　昕
郝艺鑫	郝　玥	胡彦茹	亢银娟	李浩宇	李慧芬	李　静
李　瑶	刘　艳	刘　越	马晓丹	秦　茹	宋　鸽	宋娇娇

王丹　王多民　王凯立　王阳　王耀　魏兆鸿　吴博
宿敏　杨洁　于建峰　云晓　张干　张娇　张婧
张庆　张晓丹　赵丹　常馨尹　贾鹏　焦浩桐　李采虹
李华　李牧臻　梁建莉　刘鑫宇　柳絮　陆昱文　米珍珍
邵迪　王璐　王桃　王雅娜　王彦方　王宇　王雨墨
魏琳　温佳敏　徐建华　徐文婧　许姣　薛金花　银文瑜
于娜　贠亚丽　袁野　张达宏　张娇娇　张亚欣　张媛媛

经济学（36人）

包阿日古那　包峰　蔡乃嘉　曹元成　冯丽娜　冯雪敏
高小雨　韩璐　吉宏伟　纪姁含　姜卓明　李娜　李鑫
李鑫　李雪娇　李铁　刘娜　马莹莹　任浩　孙悦
王静茹　王帅　王媛韬　王悦　王梓滢　魏娜　徐宏
薛敏　薛晓露　杨茂　杨敏超　杨晓娟　尤茹　云塔娜
张莹　张跃华

农林经济管理（74人）

安小恬　程丹宁　范宇格　高雅媚　巩霞飞　韩畅　郝志锋
华金晶　黄海龙　邝秋霞　李海燕　李日升　李志杰　刘波
刘鹏　刘雪微　陆鹏杰　桑霖　苏妍　孙爽　王华胜
王明昊　王雪峰　温青超　武小丹　杨思琪　于昊　于喆
张小文　周亚录　阿拉坦格日乐　包丽芳　杜娅茹
额日德木图　额斯日格　海明　韩岭岭　净净　莫希叶勒
七十五　顺布尔　苏日古格　塔拉　图力古尔　王志强　乌日柴呼
乌云嘎　希吉日　兴安　永生　玉梅　珠娜　柱娜
阿娜尔　阿斯尔　敖兰巴哈　查干达日　朝乐格日胡　代红梅
行盖　红霞　康傲民　刘佳伟　美丽　纳荷芽　苏日古嘎
特日格乐　王丽萍　文香　乌云花　吴雪林　意布格勒　永梅
照拉

物流管理（64人）

常丹　陈莉　崔瑶瑶　杜雅欣　郭倩　韩文登　胡国卿
黄田田　金恒鑫　靳蓉蓉　李梦婷　李魏娆　吕慧杰　南楠
任伟　孙昂　孙瑞鲜　陶凤飞　田鑫　王磊　王琼
王群铸　王天琪　王嫣佳　吴从杰　薛亚男　杨璐　张甜
赵楠　赵书玉　安勿英嘎　包朝格齐勒　朝鲁猛　陈福明
古斯勒巴音尔　杭盖　金风　梁小龙　娜日娜　南俊
曙光　苏雅拉　塔拉　特日格乐　特日格勒　王富强　乌力恒

乌仁他娜 乌日格娜 希吉尔 杨小文 照 霞 敖 敏 陈 真
达楞花 格格日勒 色楞格 沙茹拉 苏日嘎拉图 乌恩其其格
乌力吉图拉嘎 乌日嘎 赵文杰 赵新吉勒

材料科学与艺术设计学院

材料科学与工程（57人）

邓 凯 董晓强 李新伟 李燕丹 刘冰璐 刘航岐 罗瑞奇
吕国梁 乔家杰 饶士琪 石 彬 史 洁 孙 凯 滕万明
汪昭奇 王力锌 王 璐 王之龙 吴育师 席 鹏 徐凤阳
徐 航 杨一波 杨智慧 尹鼎文 张鼎鑫 张阁昊 张书豪
张 伟 韩 铮 贾 丰 贾 威 李 琨 李 纳 李首翰
李哲斌 栗志飞 林美月 陆永欣 南炎亭 乔菲力 沈佳乐
孙 晗 王 帅 王松禹 王 涛 吴树民 闫 冰 颜学淦
杨开明 于海标 张 莉 张琬歆 张 逍 张 昕 赵栋梁
赵明星

产品设计（55人）

白 亮 曹月炜 段 帅 高 群 韩栋帅 韩 旭 吉日格朗
梁 愿 林 霞 刘 冉 刘思宇 邱进宇 苏 萌 唐志强
汪琳娜 王建军 王雅铎 武昭全 徐 戈 许生刚 杨 莹
岳劲松 张冠华 张 慧 张 引 周 傲 阿容娜 陈嘉琪
陈美婷 崔祥呈 董雨升 杜雨轩 郭嘉辉 郝玲玲 何禹慧
霍雨佳 金佩瑶 李 飞 李晋君 李 颖 蔺宇雁 刘梦雨
倪秉新 彭慧丽 史 枫 王玉玲 王 媛 谢 瑶 殷 南
银天琪 于 跃 张 翠 张人桐 张 星 支 敏

风景园林（57人）

阿娜尔 曹建义 董 璐 付乐乐 郭玉玲 韩 磊 韩子圆
郝 婷 贾永成 蒋斐存 金 铭 李艾珂 李昀臻 刘小雪
刘 哲 逯玉宣 涂姝月 王 东 王 轲 王雅琳 徐平舟
杨 柳 杨 楠 杨宇超 张 芳 张今奇 张晓宇 赵 婧
白鸿宇 陈志花 范东博 高 颖 郭 亮 郭伊敏 郝花莉
胡鑫伟 冀雯婷 兰 臻 李 威 梁中惠 刘 娇 庞颖慧
沙娜其尔 石卓玉 双 飞 宋 怡 苏日娜 谭 冬 王 科
王耀宇 王 震 杨 帆 杨 阳 张 卉 张文燕 张雅馨
周 扬

服装设计与工程（25人）

高成文 胡瑞琴 孔垂玉 李新宇 刘 伟 吕春媚 苗 月

潘　登	申志志	沈明权	司风帆	王文君	王针针	吴浩男
肖儒林	徐敦谱	徐燕芬	徐占强	薛　岳	尤建舫	张春艳
赵　敏	赵　敏	赵志宇	郑扬扬			

环境设计（38人）

白雪娇	迟然兮	杜梦香	樊雪蓉	高建苗	高宜蕾	郭　燕
郭　燕	韩　丽	韩文婷	韩禹宏	何　静	贾璐莎	李　陶
李　想	李雨琪	刘佳璇	刘　鑫	孟凡喆	孟玲玉	祁小燕
任开轩	任逸琼	尚　茹	沈　鑫	宋梦格	孙思娜	王佳彤
温芸琦	邢　柳	闫晓娜	杨景如	岳张飞飞	张丽萍	张婉璐
赵晓杰	赵雅婧	周新阳				

木材科学与工程（105人）

阿勒素	白海燕	曹小红	陈鹏达	邓　磊	杜凯瑞	范　雪
高　鹏	郭　宇	华　中	李　戈	李敏学	李起志	李淑静
梁晓栋	梁玉堂	马晓璇	秦　飞	邱海波	沈靖琪	王俊晨
王文磊	王玉良	王泽兴	杨　健	于兴隆	张　超	张伟博
白茂林	陈跃洋	董华艺	葛　萍	郝春旭	李江舟	李锦华
李　科	刘　聪	孟广通	莫　雷	倪冉冉	农金钰	任昊宇
任磊磊	孙志宏	覃蔚芳	王铎宇	王浏浏	王心刚	杨　波
杨　东	尹若男	于鹏伟	张　梦	周逸珺	班　韬	陈　琳
陈爽爽	池殿敏	郭　淼	郭衍廷	韩玉川	何昌炜	贾云鹏
雷海艳	李沛凝	李郑豪	刘晓磊	石　宁	孙　楠	王宝库
王　非	王秋怡	王田田	许春宇	颜　婕	于文超	张春娟
张　桐	白　荣	陈伯元	丁炜暄	郭俊乐	郝燕磊	郝志同
候文静	李鑫权	刘春梦	刘海贵	刘维东	刘　洋	孟令彬
冉阳杨	苏志敏	孙　静	孙明晗	孙亚南	王　娟	王乐泉
闫雪峰	杨晓飞	余燕燕	岳枚奇	张俊杰	张衣智	张　羽

视觉传达设计（30人）

曹　阳	董小雪	范恒飞	郭志楠	韩佳杰	雷冬冬	李嘉琦
李　娜	李小龙	李亚楠	刘　冠	刘瑞芳	吕灵娜	牛连娜
秦　敏	宋映川	宋　元	睢泽川	唐　静	王浩田	王　蕾
王毅强	谢云璋	邢建伟	宣子怡	张晨璐	张　宁	折亚琪
周　硕	庄　圆					

食品科学与工程学院

包装工程（29人）

艾江伟	包洪宇	陈远昕	陈则君	崔艳新	丁　乐	葛金秋

郭中一	李维林	梁家辉	廖丽洲	刘　韬	刘欣凯	马　慧
蒙文钊	牛娜娜	齐玉龙	任梦如	覃妃晓	王传飞	王　娜
王孝颖	王　宇	魏佳佳	杨　东	杨　静	翟佳琳	张　凯
赵胜男						

酿酒工程（45人）

陈广艳	成　岚	贾　鹤	贾美芳	贾文野	黎博文	李海丽
刘　昊	孟德龙	乔宇涵	卻发美	色　汉	王海鹏	王瑞恒
王燕燕	王宇婷	温佳馨	徐文攀	伊里娜	张宝伟	张春梅
张　琳	赵梓琳	陈　佳	丁鹏泽	范紫旖	高　欣	韩晓娟
郝　欢	李嘉悦	梁晓青	陆新新	蒙苏华	齐　星	史建强
王聚鹏	王中健	杨岱鑫	翟　淼	张佳敏	张　鑫	张渊赫
张智威	赵晓娟	郑逸飞				

食品科学与工程（262人）

赵丽华	阿立塔	董艳丽	韩　晓	何宗柏	贺佳鑫	贾文悦
蒋伟林	刘停停	刘文静	马　腾	马　原	孟　激	聂子艳
沈雨思	石凯欣	石佩璐	苏　岳	孙佳美	田佳乐	王聚伟
王　倩	王　鑫	王圆圆	辛慧敏	许　敏	杨　静	张彩虹
张　亮	张　婷	张　哲	赵雅丽	朱晓燕	敖　璇	陈文锦
丛　琳	郭静婷	郭坤杰	韩修远	贾燕妮	李杰超	李梦雨
李若男	李晓芳	刘　梦	刘　瑶	吕瑞瑞	马俊杰	马瑞瑞
牛沁雅	任慧亭	邵美娜	王博垚	王晓彤	王越溪	魏可君
张汉禹	张　慧	张　靖	张萌萌	张　燕	张　媛	赵超越
白艳苹	陈　丽	迟　嘉	窦　露	杜金锡	杜　睿	关海天
关　宁	郭晶晶	郭　帅	贺晓倩	黄　欢	晋玉潇	李东宇
刘文君	牛潇潇	石乐乐	王禹婕	王　悦	许昀晖	杨茗淇
于佳琦	于紫薇	张　浩	张慧琴	张佳丽	郑倩娜	曾琦琦
陈方奎	陈俊明	陈可欣	陈学莲	褚俊芝	崔媛媛	董　璐
高　杰	弓　宇	贾　佳	刘梦娜	刘文浩	刘文娜	刘洋硕
马慧敏	牛慧芳	潘　虹	彭江英	苏文雪	田思雨	王培凤
王诗薇	王舒婷	徐鹏飞	张立莹	张　猛	张如意	张　悦
赵子旋	白丹妮	卜少东	陈冰雪	侯智敏	胡开慧	焦　婧
靳智媚	李奕衡	刘佳悦	钱　坤	任　杰	盛雅莉	史俊霞
汤宇迪	王耀田	杨海珠	杨文超	于　扬	张　浩	张慧珍
张　娜	张宇森	周华伟	高睿麟	关尚玮	郭　耀	韩舜羽
侯锐森	兰丽媛	李　欣	梁春月	刘汶松	刘志鹏	孟繁泽

倪　萍　秦　璞　苏　馨　孙瑞胤　田梓仁　王国良　王　慧
王　娜　王朋洋　王瑛琪　王振东　武　岳　杨　浩　于奉祥
袁　芳　张　晶　张雁斌　白　璞　白旭东　邓士超　董　璐
郭　婧　郝　海　扈宁轩　姜美彤　李海瑞　李敬超　李　艺
刘　璇　娄小凯　吕　越　史银鹤　谭海燕　王学茹　邢路阳
徐　峰　许多浩　薛　波　叶俊婷　赵海生　赵　磊　赵雨嫣
白雪峰　常　乐　陈兴达　陈玉明　段　佳　高　阔　高亚欣
李佳乐　李嘉雯　李志宏　刘　璐　刘永星　逯泽宇　罗　爽
田　雨　王　敏　王　阳　杨　阳　张冉昊　张　霞　张晓娜
张　媛　张　媛　郑　辉　周　健　包青青　查汗巴依尔
额尔敦仓　给力巴　杭　盖　呼斯勒　金　宝　李文静　李乌兰图雅
李新淼　马丽燕　纳贺雅　其其日力格　苏　丽　王曙光
王圆圆　文　丽　岩　松　赵　运　阿拉西　阿如汗　布日格德
陈高娃　陈忠宝　额尔定吉亚　海拉罕　海日罕　呼斯勒
胡萨如拉　李雪馨　梁乌日图白音　娜日素　其乐木格　其乐木格
秦那日苏　萨日耐　苏米雅　苏雅日罕　乌亚很　吴爱旭　月　亮
赵丽华

食品质量与安全（95 人）

白佳鑫　白　绒　宝亚琢　杜　婷　樊晓静　郭春旭　胡均如
纪　欣　景安琪　李奕萱　刘永俊　刘志东　马立清　祁　欣
商庆祥　石建航　孙茹欣　王唯畅　位哲哲　徐耀天　许永强
杨　璐　易咏畅　张丰生　张欢丽　张鲜桃　张小艺　白志强
党　娜　高靖雯　高梦甜　韩　洋　郝晓丽　贺　强　李　鑫
李　阳　刘　燕　刘逸群　罗　昊　乔丹丹　孙东城　汤海霞
吴孟男　熊　丹　熊威威　闫文雯　尹　喆　张家起　张劲夫
张唯勤　张雅雯　赵桂娟　赵　楠　周剑丽　周　顺　周天琦
左航恺　敖　飞　白　雪　班　瑞　陈晓波　陈　燕　冯　倩
冯志伟　姜昕禹　李东杰　李　昊　李　婧　李梦娇　刘　冲
刘　佳　刘婧婧　刘晓彤　刘彦秋　刘宇隆　马智玲　宋炳宣
孙　翀　王建东　王禹赫　魏雅娟　吴梦露　武　雄　闫　旭
杨惠茹　杨晓艳　杨诏晴　杨正奇　袁旭东　张伟明　张　旭
张益铭　赵　娜　周志敏　马亦德

计算机与信息工程学院

计算机科学与技术（45 人）

卞乐乐　迟新宇　谷宇鹏　郭苗苗　哈　洁　韩宏宇　郝豆鑫

李　昕　　李　哲　　孟令宇　　宁格林　　宋佳欣　　王　雷　　王　星
徐　静　　徐　克　　张东雪　　张瑞环　　张　帅　　赵丽娜　　赵伟伦
周　强　　柴文盛　　范　磊　　付嘉辉　　高宏媛　　韩　伟　　华成鲁
金志佳　　梁飞燕　　刘军延　　刘美琦　　刘士杰　　刘　旺　　刘永强
南宏宇　　潘　蕊　　万里鹏　　王　彬　　王希宇　　薛兆恩　　杨志远
有　思　　张广斌　　周璐辉

软件工程（78人）

崔彦楠　　丁尚纯　　房　芳　　高　鑫　　金书雯　　李海垚　　李浩武
李鸿雨　　李　娜　　李文旭　　李　媛　　连钒棋　　刘　冬　　马文静
孟祥璐　　师维东　　孙璐姣　　王　晶　　王　鹏　　王星月　　王宇航
徐　昊　　徐嘉慧　　杨　娇　　杨永鑫　　张露露　　张　政　　仲长聚
曹家夫　　陈　茹　　崔志超　　杜　娟　　樊娜娜　　付　雷　　郭慧峰
郭晓燕　　韩旭日　　何红湘　　贺继广　　李　欣　　李雅欣　　其格其
孙　兴　　魏传杨　　宿　剑　　许志远　　杨立欣　　于德春　　袁利利
张洪宽　　张　掬　　赵　伟　　赵晓宇　　白　蕊　　曾帮祥　　陈　豆
高　欣　　何培培　　李彩艳　　李贺康　　刘晓宾　　刘晓敏　　刘旭阳
刘振宇　　吕元隆　　毛月恒　　任林梅　　石浪涌　　王博宇　　王静波
王晓芳　　闫　晗　　袁　琳　　张　蕾　　张　颖　　赵凤枝　　赵俊博
赵志远

网络工程（74人）

鲍星晨　　杜　磊　　郝梦圆　　胡锦华　　黄晨尧　　季向杰　　贾文颖
李　娜　　刘昱垚　　陆　贺　　吕春磊　　孙佳甫　　唐　昊　　王宝利
王广义　　王素娟　　王　涛　　卫志刚　　辛双玲　　徐励兴　　杨仁杰
岳晓彤　　张　飞　　张云江　　朱　棒　　班晓强　　陈　飞　　冯　超
郭志娇　　金宝珠　　李　荣　　李云华　　李　钊　　刘　川　　刘春雨
刘　宁　　刘晓宇　　彭文丽　　史倩雯　　田士川　　王雯阳　　杨　阳
姚义鸣　　翟颖琦　　张　静　　张晓双　　张鑫鑫　　张亚星　　张雨帆
杜文燕　　高光艳　　耿文博　　康增辉　　李　杰　　李小龙　　梁志卓
刘骋越　　刘林甫　　刘　敏　　吕亚轩　　潘　迪　　石　磊　　拓少敬
王　蒙　　王明杰　　杨　彤　　杨晓丽　　于　玲　　张　丹　　张佳琪
张立宁　　张丕英　　赵烜赫　　朱恩慧

信息管理与信息系统（49人）

薄　艳　　樊　昊　　范超君　　范开鹏　　郭春荣　　郭笑楠　　韩　乔
李宏宇　　李　婷　　李文刚　　廖　猛　　刘　敏　　刘　洋　　邵富丽
王　晶　　王　爽　　王　哲　　徐　燕　　杨　柳　　尹宇飞　　越舒瑜

张　波　张　蕊　张晓鸣　曹景茹　程　博　葛宗鑫　郝俊丽
何　浩　贺梦红　侯振烊　李　娜　李　茹　李珊珊　刘海龙
刘艳萍　孙晨达　王　润　王　悦　夏淑婧　宿熙隆　杨　力
云　靖　张昕彤　张妍宁　赵慧敏　赵江涛　赵贤杰　朱凌云

生命科学学院

生物工程（33人）

曹代京　陈　欣　范国花　李得海　刘　鸽　马海鹏　乔琳娜
王　超　王雅丽　王月月　徐庆峰　于慧敏　张　萌　张　宁
张瑞雪　赵　仙　朱　娜　阿吉草尕　陈　静　冯海生　韩　锞
李冬梅　李亚楠　刘　静　刘　爽　刘文茹　苗安琪　申少华
魏竹君　邢芷天　徐慧欣　郑文玲　庄明阳

生物技术（120人）

杜少佐　包晓明　柴晓东　董继新　窦文龙　冯晓雨　高晓丹
管荣煜　郭　倩　康　辉　李宇斐　刘　璐　刘　炜　苏　楠
苏　倩　唐睿豪　田　帅　王　彬　王佳欣　王建霞　王　萌
魏文天　武　阳　徐美丽　杨　静　张　曼　张　田　周心爱
朱晓宇　左　岩　陈　潇　丁　毅　董　晔　郭维维　郭宇泽
郭玉林　郭子文　韩冬焱　韩明月　杭丽雪　贾晶晶　贾苗苗
姜清洁　李　静　李松原　刘芮畅　柳　卿　马霞霞　史　娜
宋鑫伟　宋子元　王海丽　王晓添　徐鸿洋　杨　慧　张福利
张　涛　郑　超　安　璐　陈　丹　陈笑影　陈志伟　冯　璐
高思禹　韩　洋　贺丽娜　侯振宇　吉毅楠　贾俊欣　蒋宗尚
刘　强　刘天保　雒佳俊　马　利　彭新宇　谭兰玉　王　妮
闫晓敏　杨晓茹　于安东　于艳杰　岳子勤　张海东　张凯凯
张燕霞　朱嘉帅　巴林其其格　白雯霞　白小周　成格乐
高　娃　红　丽　红　霞　梅　玲　那日杆　那日苏　宁　德
斯楞格　苏日娜　塔布能斯仁道力玛　腾吉思　王海霞　乌达木
乌日古莫乐　包伶俐　宝乐尔　陈　丰　陈佳慧　陈　杰
道茹娜　谦力敢　苏　都　塔　娜　天格思　乌丽云
乌日根宝力稿　乌日汗　希吉尔　杨春香　益拉贵

生物科学（20人）

陈丽荣　崔燕飞　杜香玉　冯　娟　高志雄　郭　贺　韩　静
郝艳玲　姜依萌　李舒蕊　刘雅琦　全晓凤　任海燕　王　伟
王　宇　熊晓锋　杨喜连　杨小荣　姚　博　张　婧

制药工程（79人）

白海玲　董海伦　龚　荣　姜梦雪　李文馨　李欣益　梁　欢

林圣朕	刘清华	刘士良	刘 彦	裴 丹	王 东	王福海
王朋博	王小玉	王晓洁	王雪芹	杨清兰	要小东	于景苑
岳 朦	张丽华	张 薇	赵小英	赵允罗	郑雁泽	钟明月
陈 霞	贾 涛	贾鑫宇	李慧宁	李 思	李 欣	李亚娜
李艳艳	梁晓雪	刘 岩	孟 乐	南新如	任 旭	阮 征
宋 涵	苏 杰	苏奕璇	田晓娜	王玉玺	魏廷育	薛 萍
杨培芬	张瑾茹	张 林	张文静	庄 敏	陈智敏	高 磊
郝 荣	胡娅敏	胡遵健	康欢欢	李俊梅	李 楠	李勇慧
林 双	刘智赫	陆 浩	孟姝妍	隋永芳	孙景磊	孙晓勇
王世奇	王 星	王艳茹	王 颖	闫伟东	张红伟	张胜博
张 悦	赵 磊					

人文社会科学学院

法学（89 人）

安慧淼	白 雪	白雅琴	曹国蓉	范青青	高 阳	郭彦宁
韩向宇	郝若初	纪娥娥	李 璐	刘梦佳	龙志朋	马 莉
南 丁	牛宇瑶	裴杰平	秦广丽	宋雨航	孙晓慧	王 杰
王津江	王 宁	王 权	杨 洁	杨伟华	伊利娜	余 慧
岳玫塬	翟殊语	邹双印	白云峰	柏 丽	常雪婷	陈 洁
付 朋	何苗苗	胡雨倩	康粟萌	李冬芸	李明扬	李 渊
刘佩瑶	刘 倩	罗 珍	潘海龙	桑斯尔	尚 琦	苏 和
孙稼书	田方正	万 元	王宏达	魏悦帆	谢 娜	杨国栋
于 洋	张晓娟	张 雪	张 育	赵圣洁	陈凯莉	陈 冉
程 政	董艳菊	郭心悦	贺 然	菅飘飘	兰梦莹	李永慧
刘 耀	柳佳金	卢思瑾	马 晓	乔 凯	邵佳乐	石 露
孙 洁	塔 娜	田骁晓	王文丽	武晓宇	徐 祯	闫 佳
杨雅茹	于婷婷	赵 蕾	赵文桥	赵小欣		

社会工作（48 人）

常 丹	崔立佳	杜 冰	范 俪	高凤彦	高 宇	高雨婷
关 月	郝晨洁	胡轶萌	李 姣	李晓悦	刘金浩	刘雨禾
潘 玥	任晓宇	孙佳玉	王毛毛	王 瑢	闫 薇	于 鹏
张天帅	赵艳芬	赵 扬	周倩尧	阿娜尔	阿雅娜	包 平
宝那日格乐		宝音朝格拉		财 那	朝鲁门	德力和
额尼日勒	呼 和	马宇霞	孟根希茹	其达力	萨如拉	特纳格尔
乌尼日图雅		乌艳嘎	乌音嘎	妩格优荣	新尼呼	伊日贵
朱 娜	珠 澜					

行政管理（116人）

柴政　达日玛　高倩　弓晓琴　谷美丽　郭秀芳　候乐乐
呼德夫　贾泰　贾玉琳　刘佳佳　刘静　奇峰　渠文波
佟雅静　王丹　王宏冉　王立春　王艳静　王洋　王宇峰
谢雪莲　严蒙　于欢　张慧娟　张晋雅　张娟娟　张宇
张玉玲　赵慧敏　周媛媛　陈辉　陈佳琪　陈思禹　董瑞强
鄂日乐　方晓　付凯玥　付文谨　贾拖男　李宏　李璐
刘欢　刘艳　娜仁格日勒　南秀娟　乔雅璐　石悦红
王弼赠　王鸿然　王美琦　王帅　王秀　王玉芬　夏宝琪
徐志娟　薛莉　杨丽娜　杨雁　袁小静　云亚楠　张佳
张沐春　张冉易　张新元　张妍婷　白香荣　宝吉胡冷　布仁散音
澈力木格　都拉干　额那日苏　龚胜利　韩淑红　何牡丹　楠慧
其勒格日　萨出日拉图　萨如拉　陶高斯　文杰　乌日汗
乌音嘎　吴春雷　吴海霞　彦光　意热呼　于秀秀　阿茹娜
查苏娜　朝鲁门照拉　澈力木格　付青天　高日罕　海日汗
何美灵　贺文静　满都拉　孟根仓　那木汗　娜仁为依力其
齐忙来　其其格　淑根　苏日高　苏日娜　乌日汗　乌云嘎
乌云高娃　吴美丽　新特力　鑫光　薛凯丽　扎拉嘎木吉
扎那　张美春

外国语言学院

英语（83人）

高原　郭嘉欣　韩念霖　侯锦瑶　胡慧超　可欣　李睿
李亚洲　李越　刘国华　刘会敏　娄芩　米斯琴　苗芯丹
祁旭冉　苏利　孙昌琳　王冬莲　王昆　王露　夏振兴
邢京蒙　杨丽文　张飞　张璐　张雪辉　张悦文　赵一平
白鸽宇　陈晨　程航　樊月婷　郭艳涛　郭祯　韩雪玲
蒋世杰　李丽　李新元　梁晓琪　蔺乐　刘慧　刘娟
刘文博　讷小乃　倪鹏程　秦佳佳　邵金月　沈章平　孙卉芳
王鹏霞　王旭宁　王雪娇　宿星慧　徐皓强　张天娇　张扬
仉文平　党雅新　郭雅欣　郭燕　教兰君　李红莹　李建娜
李楠　李能静　李岩　刘丽　刘如愿　盛甄　田博源
田思　王伯凯　王馨毓　王卓　武秋艳　武钰　于璐
张青　张世会　张笑乾　赵永旺　周倩茹　周永芳

理学院

电子科学与技术（29人）

白皓宇　蔡朝阳　曹露芳　曹旭　陈其扬　陈伟怀　党妍妍

董晓晨　高海庭　郭　琛　郭明亮　何　蒙　霍　攀　景晓洋
雷　慧　李好杰　李清林　苗庆丰　秦　梦　任　捷　任文凯
邰庆良　王鹏程　王伟强　项晓辉　张文超　张洋洋　赵　磊
邹　辉

化学工程与工艺（28 人）

陈　昊　陈　龙　邓志文　丁少卿　丁　振　董莉清　胡　晨
霍丽丽　李　波　李宏龄　李雅琴　栗俊敏　马英杰　苏子轩
孙　卿　王　赫　王娟娟　王　垒　武　荣　闫　好　闫维源
杨建雄　杨卫东　张　鹏　张　帅　张　霞　张　宇　赵文铨

应用统计学（59 人）

安思宇　曾钰鑫　高喜腾　郝志强　胡小月　贾岚杉　康　娜
雷政寰　李红颖　李强运　刘明成　刘宇菲　陆艳梅　秦鹏涛
侍　默　宋晓贺　孙丽娜　陶　瑞　陶志成　汪效同　王海阳
王　琦　王艳超　王艳丽　王志影　邢晓东　徐文强　杨　旭
杨燕青　曹梦娜　陈海鹏　初宾宾　樊荣贵　高　婧　戈桐蕊
韩斌华　何丽媛　何淑婷　贺　琪　李伟娜　刘冠宇　马利利
漆影帆　孙　晓　王佳宇　王　宁　王钰鑫　武　建　邢鑫鑫
徐丽霞　杨钦钊　杨　禧　张继文　张　静　张　颖　赵荣皓
周进取　朱天宇　朱亚娟

应用化学（27 人）

陈　杰　陈彦文　高　晶　郭会会　郝　印　侯加由　胡先飞
李博轩　李　达　李小佳　李　玥　梁德智　林在英　刘玉恒
盛　鹏　时梦轩　宋明艳　孙园园　王　凡　王宏飞　王祖申
尉梦瑶　薛旭琪　杨江涛　张泽鹏　赵　强　周玉飞

能源与交通工程学院

道路桥梁与渡河工程（90 人）

褚立新　戴方舟　段守岩　宫　亮　国明达　李丹阳　李昊天
李天聪　李　渊　刘　波　刘　建　吕　凯　苗　多　庞　凯
饶利兴　王艳茹　王志强　肖杨春　徐栋栋　许　坤　闫佳伟
严子威　阎志鹏　宇文虎男　禹文龙　袁飞龙　袁金玲　张鹏杰
张雨欣　赵乾明　郑　权　丁　杰　樊建民　樊　鑫　范　鑫
韩　冰　韩运增　蒋　宇　刘　畅　刘满湖　刘　魏　罗　威
吕俊祥　马　旭　普志成　乔天龙　宋　闯　苏晨阳　孙东伟
王德奇　王志敏　王宗琬　谢海龙　薛　巍　薛艳华　张欣宇
张志勇　赵国宇　朱　浩　包明瑞　包雪峰　布日估德　曹都拉呼

朝鲁门　代乌云达来　额尔敦其其格　干达日　高凯斌
韩乌恩孟和　何智民　苏雅拉图　郈清明　辛志强　永　强
白朝勒门　白特日根　白永生　朝落门　成格尔　德力黑　呼和塔拉
孔祥云　苏要勒　吐布新　王志刚　温都苏　秀　风　徐那钦
张永才　周朝力格尔

交通工程（52 人）

敖立超　陈星星　冯　涛　付　裕　李浩然　李旭康　李　泽
刘　伟　刘蓥昕　刘振楠　马新运　牛嘉松　秦晓璇　宋志全
王海东　王少武　王　爽　王晓辉　王一知　吴　炜　严　凯
杨　宁　姚晋玮　云雨林　张　丹　张　德　张浩然　张　旭
艾望强　柴向旭　陈玉成　谷艳妮　郭宇辰　侯　来　巨之通
李海鹏　李建民　李　宁　刘旭东　吕冬雪　任尚磊　王怀博
王文涛　王志杰　杨立福　衣冰清　袁德亮　张润兵　张哲瑞
赵　蒙　赵瑞彬　朱鹏远

交通运输（60 人）

党敏茹　李　铁　梁　艳　刘登丰　刘浩楠　刘文辰　卢嘉宇
罗晓坤　乔　木　秦效琼　孙钰棋　滕　康　王明珠　王晓磊
王学峰　王　莹　肖龙燕　信宏宇　胥志成　杨　东　杨丽霞
杨　洋　杨一帆　尹　娟　尹　力　张　晨　张桂姝　张　萌
张墨涵　张韶华　赵伟翔　白钧元　柴晓慧　陈嘉伟　陈雨娜
范国瑞　付长江　高　荣　高树茂　李　晶　刘乾浩　刘　鑫
孙志刚　唐　让　王　翔　温　靖　武　琪　徐吏君　徐婷婷
杨　彬　杨晓庆　姚　俊　殷　悦　张婷婷　张文亭　张新辉
赵国良　赵珉可　赵新超　郑超然

森林工程（47 人）

董鹏飞　高金杰　高　磊　高晓星　龚雪峰　古　鹏　贺　万
纪泽华　焦向前　李孝基　李勋建　林　松　王　虎　王　凯
王颖慧　温　强　阎凯香　杨振军　于志远　张晨泽　张天学
赵海军　赵　灼　郑　辉　郑　利　陈　毅　崔亚东　段国伟
冯　辉　高武盼　郝　赫　何家倩　候　磊　康华琪　李　泉
李宇星　刘启富　刘　威　吕文佳　沈小艺　王　凯　王祥魁
詹　睿　张　波　张韬宇　郑玉良　周莘然

新能源科学与工程（29 人）

曹雅星　成宇轩　崔　倩　丁建凯　杜　慧　付锦宇　关晓敏
郭亚星　侯宝林　金　晶　李　陆　李　尧　刘家乐　刘　静

刘明伟　刘思敏　陆文佳　马佳星　马明鹏　苗　娜　史建国
王璐瑶　王　威　王志凯　吴　涵　武欣宇　辛晓光　张智杰
周　敏

国际教育学院

金融学（9 人）

胡冬宇　温雪波　赵　欣　高晨坤　王　越　张艺露　徐小然
岳　帅　管艺繁

农林经济管理（7 人）

白　楊　边广陆　段　超　李一丁　庞及尧　支　超　宿冉昀

食品科学与工程（5 人）

王珂亚雄　于海洋　翁　羽　霍　楠　杨旖彤

工商管理（1 人）

许海瑶

职业技术学院

园艺园林技术系

园艺（67 人）

袁红兵　韩　昌　赵刘丽　龙　飞　杨晓慧　高自男　高菀濮
刘凤珠　白晓梦　杨　娜　撖彩红　范龙飞　霍亚琪　郭国慧
薛贺斌　孙世美　郝巧丽　张雪峰　李　岩　马　涛　王　硕
李　萍　杜　岚　杨　宇　张　慧　刘　慧　高彩凤　卢秀芳
闫红记　聂美玉　贾　慧　赵　婷　闫烨彤　王　婧　刘昱昊
王　月　高　燕　吕　俊　张　强　王　露　郭彦宇　王　娜
郎磊磊　曾红玲　王海珠　王　蒙　张媛媛　王丽萍　李跃明
崔丹阳　宿新宇　李海娜　闫炜承　张　娜　齐文浩　张皓瑄
张　倩　李晓庆　于新园　申铁钢　杨兴隆　杨　菲　杨福全
王玉婷　曹作宇　范文凤　胡志慧

园林（78 人）

赵　敏　刘慧瞳　赵雪东　任永仙　高　敏　张国权　李　娜
王　凤　任志垚　王　浩　王慧霞　刘成海　王　旭　周文弢
郜秀兰　杜培林　陈　静　朱丽慧　刘永萍　刘　臻　陈玮松
葛　敏　鲁　婷　辛　悦　蔺东勇　范宇进　姜文贤　高　峰
张红叶　张全喜　程　婷　卢欣跃　高美鑫　刘海燕　杨学慧
王　慧　王许赞　云　惠　杨伟衡　许婷婷　叶婷吉　王　莹
师亚军　任慧芳　武鹏程　李艳慧　高　娜　王　倩　李吉隆

迟丽敏　杨福丽　郭　浪　王雨杰　康燕珍　陈　浩　徐　涛
李文正　赵　娜　刘　龙　马　茹　王　雪　郭　婧　吕阳阳
李　昊　王泰儒　李顺欣　张彩清　李军兰　李　娜　秦　璐
贺俊仙　梁　苗　付　慧　梁　龙　王　飞　王晓光　张慧峰
张逸婷

畜牧兽医技术系

动物科学（105人）

张宇波　贾美利　李镇吉　樊　荣　赵会敏　黄兆晗　王晶磊
殷万龙　李梦梦　王　敏　刘冬宝　张　雪　刘　启　刘淑平
王志元　王　宁　白普东　张治国　张景跃　尹　帅　朱宏雪
杨　欢　贾晓怡　钱　旭　信玉双　庞艳鹏　李　进　闫志琪
许艳菲　赵高甫　李　波　闫晓杰　徐　璞　邓志明　郭向天
王　鹏　靳永星　鞠晓楠　张利越　滕柏桧　陈德彬　鲁　鑫
李　超　张蓉蓉　尚海波　李振超　郝　颖　孙美芳　宋书化
狄国栋　刘　鑫　邓雪艳　滕雪娇　张立艳　崔梦茹　褚伟杰
陈凯旋　钱振辉　李文慧　赵　旭　王晓凯　乌仁花　堂黑斯
图　雅　呼布钦　乌英嘎　魏海江　赵学晶　佟芳芳　丽　丽
白香宝　圆　圆　杨　全　陈燕燕　萨日娜　朝鲁门　园　园
李　福　琴　月　张俊生　伟　伟　苏道呼　白音仓　萨仁呼
韩灵芝　李　云　金　玲　吴晓东　陈智光　王家男　包金钢
毕力格图　包敖日格乐　乌格图日归　包元辉
包苏日古格　敖登格日勒　乌格德乐夫　白志强
格伊古拉其　哈斯通拉嘎　乌娅很哈布尔
苏日格其其格　额日很巴雅尔　哈斯敖日格乐

食品工程技术系

食品科学与工程（63人）

杨　迎　张桂芳　王　颖　贾美凤　宋　杰　李　星　张慧荣
毛瑞雪　李　萌　白玉泉　云少鹏　宋亚平　刘志敏　张　瑀
李亚红　蒋东杰　吴　跃　曹　宁　曹国英　张小娟　曾丽娟
吴　娟　张佩鑫　代艳丽　徐　莉　高楚君　杨红玲　王宇茹
张正昊　张　伟　温久峰　张亚兴　张慧芳　尹海霞　褚富贵
程思源　姜亚玲　田静文　刘　悦　刘　珍　付　倩　李宝良
刁永强　曹艳飞　白娜娜　刘彩凤　张艳珍　孙燕春　高　敏
刘仕雨　降智慧　卢立新　赵鑫洋　付志佳　郭宇峰　孙　贺
张晓燕　郭文花　杨　璐　张　鹤　隋洪杰　南云龙　睢玉珍

食品营养与检验教育（47 人）

李明月　王　磊　李　爽　刘星光　宿　欣　梁　颖　丁晓娜
段素荣　孙树宇　阎　丽　刘金莲　姚智芳　田　颖　宋国娇
寇志新　刘瑞娜　张小凤　降文慧　赵丽亭　潘志敏　张　霞
张　鹏　全　茹　乔喜玲　贾先枝　王慧颖　张　花　丁亚妮
张丽发　武波飞　徐晓静　姜　珊　王　慧　张燕芳　郭　婷
林雨莲　李佳维　方保磊　候亚平　段喜瑞　刘　月　付皓东
常万茹　高伟伟　范　燕　王婷洁　王　晗

食品营养与检验教育（农产品质量与安全检测方向）（40 人）

王瑞芬　王艳飞　季雨宣　贺红梅　杨冬雪　杨爱英　贺小洁
李　政　杨　宁　陈英露　冯　乐　付东升　张红秀　戚永杰
牛　磊　尹玉春　刘　晨　刘　佳　王庆玲　嘎拉太　代荣慧
姜鑫午　李金凤　秦利利　吕　丹　石春雷　孙　平　杨　乐
张晓艳　张文颖　张卫华　李　冬　刘　桃　李富荣　闫东东
奇丽花　杨小波　张笑维　和卉妍　乔文晴

建筑工程技术系

土木工程（87 人）

张　磊　宋宝超　闫凯燕　唐艳波　魏义斌　韩星宇　宗桂峰
郭燕龙　赵锋飞　牛俊杰　陈元甲　徐方懿　刘　韦　许凤涛
孙小芳　杨剑波　郝文岩　李　浩　邬　旭　朱小娜　李　悦
杨　帆　李　靖　张立庆　巴特尔　王　坤　郭立成　马志华
郭　磊　高尔宝　于晓娜　黄一帆　韩黎明　张丽娜　王　丹
周志国　杜兰明　袁晓壮　张美霞　安子欣　侯开慧　苗　源
王　杰　周　宁　王智敏　贺俊杰　常　宁　武泽宇　卢海涛
般　琴　翟东硕　常丽丽　田　鹏　刘　鑫　冯艳敏　付春蝶
崔　进　张宏伟　曹恩鹤　马　新　刘伟臣　许　琴　武琦航
刘永茂　刘　瑞　李　慧　万会林　慕建超　马鹏遥　罗丹琳
孔立勇　宇文杰　陈　硕　王新亮　崔　然　杨艾坤　王云飞
曾　兵　姜海南　沈玉杰　贺旭荣　丁红英　侯海琳　蔺淑芳
张彩虹　张淑娟　张　震

经济管理系

财务会计教育（101 人）

刘颖如　李　恒　王丽爽　张　丹　王二弟　尚姝晓　任甜玘
樊娜林　张　娜　朱永霞　张　丽　张　静　郝雅丽　魏春燕
吕雨泽　张亚秀　王彦方　辛　飞　敖倩倩　仲佳燕　吕　娜

马贞丽	范东霞	樊云霞	班秀英	杨　慧	陈丽霞	王　静
付天红	满嘉诚	赵　婷	张佳敏	王正春	马述泉	赵妍颖
张　宇	王　姣	张　红	唐燕如	胡雅娜	林　楠	王予呈
高竞雄	符佳颖	刘　丽	姜　力	苏美玲	任艳茹	高玉环
段　宁	姚海霞	梁　娜	董　晶	侯雅慧	崔　慧	白　茹
代　敏	张珍珍	郝雨佳	赵　婧	任　晓	刘小平	陈　扬
郝巧莉	武　杰	姜蕴玲	席鑫宇	贾　胜	韩宣通	郑思慧
周　敏	张晓萍	王　陶	李　敏	贾梦楠	赵美旭	丁　宁
吴　洋	黄　慧	张志雯	奥　鹏	于　涵	窦彬彬	张　力
王　杰	王　星	王桂丽	董玉荣	席延芳	刘东芳	王文娟
郝百华	刘　畅	段永清	王佳慧	郝彩霞	宋雪阳	高铭泽
敖　璐	王丽蕊	阿拉塔其其				

工商管理（67 人）

刘彦伟	郝艳凤	郭晓凤	徐　亮	赵　茹	樊　荣	杜燕清
张海霞	张　乐	马美燕	冯超越	王　敏	杨　洋	潘丽艳
王春玲	乌日娜	王　欢	杨　娜	白佳能	田　鑫	杨艳清
徐思敏	刘明月	齐燕茹	麻　凤	崔　凤	董　霞	孟庆佳
刘　倩	于亚庆	张学海	宁丽霞	白　洁	潘　虹	冯　雪
樊亚利	陈亚娜	王　帆	赵　璐	徐艳荣	王　霞	王程凤
王　倩	田佳龙	冯　帅	王家橙	崔　洁	武国英	张　静
张　倩	徐　雷	温翠霞	温娜燕	孔祥静	王　冉	曹慧宁
周铁东	吴　倩	孙　伟	王晓艳	任雪彦	贾　媛	包春艳
杨凯莉	王　珏	李　丹	郎海燕			

市场营销教育（62 人）

樊慧慧	董竞悦	张　磊	张　娟	马　乐	刘　娜	贾心语
李筱青	任立祺	刘鑫与	候　启	陈彩红	刘美丹	刘　帅
朱　蓉	杨晶晶	张旭丹	寇雅芳	谢　莉	白　娜	王银苹
张　乐	岳丽芳	刘存博	刘月华	杨景云	董　娜	孙　娜
韩　鑫	宋焕霞	郑　婷	武园园	贾靖宇	武媚娟	白明玉
刘玉莹	刘彩红	齐　璐	王亚楠	史峻明	李瑞丰	李　雪
张力儒	刘　苗	李伟杰	郭鹏英	陈艳梅	王　宁	陈　靖
袁　佳	王惠颖	孟欣欣	刘　媛	蔺曦冉	梁　栋	刘　倩
张　瑞	夏　媛	温家杰	王雅琴	鲁　霞	赵　鑫	

计算机技术与信息管理系

计算机科学与技术（74 人）

陈　庚	杨文辉	刘　永	赵云卿	王乐乐	屈　丹	李海杰

李天蕾	张镕凡	毛云泽	王纯雪	李　舸	高　艳	任彩红
杜南南	田俊文	兰剑琴	冯子杰	郭　飞	王海青	王　璐
王　巍	魏芳芳	刘容雨	贾　璐	林　峰	丁　苑	杜瑞红
张义东	马月华	刘　威	路海亮	张　皓	邱苗苗	苏家琪
魏丽丽	郝　帅	肖艳锋	于建霞	刘晓艳	郭照宇	单　帝
侯一敏	王　玉	徐　静	董晓英	任倩楠	胡月胧	郝树芳
赵小琴	李　鑫	张巧梅	包云凡	刘皓铭	卢茹茹	高　婷
曹洪志	郭元耀	赵艳荣	薛　磊	李健伟	武鹏飞	温金娜
高梦娇	龙　茱	吴朕国	吴光耀	曹国杰	睢　正	陈雅琪
包佳玮	梁宏霏	郑　双	万世珍			

艺术设计系

环境设计（47 人）

程俊静	李　峥	王智敏	段　薇	张志慧	王　芳	贾　转
孙　伟	高雪妮	赵　丹	付小娜	陶格斯	张佳华	郝慧珍
侯　博	萨　娜	陈瑞卿	张少奇	而　谦	侯　智	武　佩
韩　红	李娜娜	燕茹茹	刘晓宇	王宁祺	任贵清	邬恩惠
孙庆玲	段成兵	张春燕	王　宁	刘亭亭	国　茹	孟娇娇
张文君	刘旭午	谢静瑶	谢　雨	邵　羚	杨曦辉	李　翔
张冠男	聂　凡	霍禹如	宋丽霞	徐元君		

视觉传达设计（52 人）

杜雨忆	祁　玲	张　荣	陈引弟	郭海燕	王娇娇	陈　慧
张玉颖	鲁海波	王　茹	张　露	杨琴琴	齐　悦	李　宵
尹　晴	王泽军	符金珞	宋　娟	高慧纯	郭子龙	袁　乾
张　露	王兆庆	温嘉慧	各　茹	白　微	李瑞雪	卢海洋
郭　军	张兰芳	王建军	李　娜	陈　浩	凌培煜	胡　雪
于淑娟	王晓敏	化小娜	齐云云	王　洁	李雅俊	郭　鹏
贺雅菲	刘　科	吕　欣	范颜飞	赵佳妮	陈　慧	朱景艺
翟　佳	葛思宇	肖　峰				

旅游管理系

旅游管理与服务教育（70 人）

刘唯一	田　雨	王思奥	于洋洋	张云天	马永强	白　玉
张　瑞	赵雪玲	秦亚如	王　玥	万影慧	齐　昕	周　红
吕　元	兰文涛	丛娜娜	张利娜	杨兆峰	段晓慧	齐　佳
刘梓琰	田　敏	王　娟	姜俊冉	王　琦	李　露	张　强
李　星	贾美霞	董明莉	杜美佳	单春美	苏明月	贾　蓉

冯娜娜 白秋美 安智央 张美键 明亚琨 钱雪松 蒋智如
张晓庆 王玉兰 张凯丽 张兰月 高丽敏 韩政 陈晓雪
冯彩霞 张亚旭 郑佳妮 王凤茹 张雅星 李娜 金桃
盖思宇 毕亚男 赵虹粲 张雯 高婷 宋妍 白凤青
贾福伟 夏书霖 曹霞 杨盛宇 李露 赵婉琳 刘小苗

2018 年授予学士学位人员名单

动物科学学院

动物科学（160 人）

田丽娜 郭丽丽 江阳 赵永鑫 冯建宇 高攀 訾阳
王雪 郑晨婷 邬丽霞 张祺 李可心 杨鹏旭 宋娟娟
张晶 李慧敏 王乐 杨可心 朱寿谦 仇欣然 吴泽如
宝婧婧 白晓彤 石晓勇 杨金鑫 王建超 李嘉欣 毕奎静
于文杰 王俊 王娅妮 蒋文丽 杨杰 乔乐 尚方正
马涛 郑鹏 胡萍 李科 张紫奇 李阿康 张叁保
胡耀 严晓春 马线线 王正春 杜海东 海尔汗 巩琪
李振维 白璐 韩东山 齐敬宇 张彦旭 徐萍 贾文超
武思同 梁晓帅 张婧 李彦升 皇甫明科 杨艳春 赵璐
周琦 张鑫 李修朋 谭清庆 曾林 徐惠敏 籍修运
曹家铭 黄瑞德 孙燕强 张哲 色音高娃 马冬晨 贾斌
赵起越 宋科锋 朱玉杰 李茹 张鑫 马政华 马艳慧
胡志文 郝颖 刘艳兵 黄皓炜 赵勇超 唐洪洪 毛金钟
廖诗杰 陈创 郭俊涛 焦成点 陈杰 刘欣彤 罗网镛
马宇浩 洪磊 马一东 张德东 张浩 苏日他拉图
占登 拉希玛 秋收 阿雅拉嘎 乌雅汗 阿日巴吉呼
岗岗其其格 高阿如汗 吴全胜 谈格斯 希吉日 英福
乔雪 巴音 萨其日拉图 青巴图 阿拉达日呼
赵哈申 萨日盖 车力木格 嘎力巴 马永杰 吉日格乐 丽娜
腾和 希吉日图雅 乌恩其 乌日贡玛拉 阿如罕
乌娅汉 王利强 萨日娜 其木德 其根 包青格乐 辉芳
明芝 李塔拉 恰娜 秋梅 任冬冬 努格其其格
檀柏松 阿日古娜 苏力德 苏都格日乐 白文君 玲玲
刘俊志 满都胡 朱娜 扎拉嘎木吉 白嘎拉 齐卫栋
赵额尔敦 木其叶乐

水产养殖学（40 人）

俞炎坤　段凯越　刘容容　任　佳　李旭日　赵佳惠　吕红雨
蔚　敏　樊金星　罗　兴　李　雪　姚宏心　王天越　覃坤德
薛根亮　赵旭昊　吴斌杰　江美丽　陈宇欣　史小凡　张文平
关　莹　蔚志伟　樊旭春　杨　璇　闫　莉　肖　钰　翁美其
魏　宇　关　浩　曾宏亮　吴运尊　黄杰鸿　夏丽平　孙姗姗
刘玉辉　高　娃　叶庆达　马红丽　齐轩皓

兽医学院

动物医学（77 人）

魏韶晖　杜　宇　丁学东　郭　敏　陈　猛　吴立冬　翟琪安
程慧欣　赵　静　崔　琦　汪　静　张俊涛　郭　芳　江　撼
孙金旭　姚　航　吴　祁　兰晓晨　舒　翔　黄　浩　吴洛滨
国丁丁　李金芝　裴　婷　杜哲轩　李赫强　于诗仪　乌东高娃
郝文倩　李泽浩　那英塔　喜吉尔　白伟琴　娜日苏　海　英
志　明　嘿勒根　额日登陶格陶　姚查干　毕希拉图　吉格木德
阿拉腾苏布道　包庆贺　伊布格勒　前德门　赵那日苏　包智盛
萨日娜　马慧祥　娜美尔格　依登加甫·巴登玛热　冬　花　包宏宇
石振南　张新民　白玉美子　孔德来　蔡　硕　蒋　强　袁　蕊
李鑫泳　王　婷　孙海涛　李欣航　王腾宇　陈有亮　徐永龙
唐雪平　赵　月　荆　莹　苏利德　都　兰　胡日查　乌吉古斯楞
希古日干　青格尔　李宏生

动物药学（62 人）

田艳萍　张瑞慧　王　慧　郭妍灵　刘维天　汪　洋　李倩宾
周晓靓　李　敏　贾慧芳　李冬芳　张　赫　贾　耽　张　徐
谭晓风　季珂萌　莫尚昆　黄德浩　魏黄思梧　李紫薇　宫　哲
高　雄　何　介　江海澎　赵润涛　赵艳红　黄　玮　李浩波
刘东霞　任智慧　李　智　景晓霞　秦浩华　付　璐　张　佳
武春霞　刘庆利　耿方江　张　冰　王　续　刘　伟　李雁飞
朱兴全　付　鹤　韩宵鸽　王　涛　周程锴　包伟东　董文学
魏思圆　刘　祺　顺佈尔　白云瑞丹　金　凤　吉仁太　呼格吉乐
吉　庆　查和热嘎　苏　门　白努文其木格　阿拉木斯　都　兰

动植物检疫（48 人）

郭苗苗　张齐政　马　园　付　军　刘　微　谭　琰　张　璇
李　博　徐鹏飞　贾琴琴　李伊铭　李　阔　秦　云　赵　琪
王靖萱　韩　宇　刘佳瑶　左　娜　郭振双　毕天奇　李泽宇

宋 歌	唐 霄	彭雪松	苗清新	李嘉麟	乔一丹	郑荣启
段 蓉	范 蕊	孙亚杰	盛东晨	王 璐	龚鹏飞	王 欢
李东艳	赵锦华	符江涛	常凡凡	李 凯	迟依明	吕沅芷
王 莹	韩 冬	李 伟	那木尔	陈旭楠	王 宁	

农学院

农学（78人）

杨永升	王金鑫	于晓婧	苏莹莹	高 静	侯 如	周光远
刘世杰	李 园	秦园园	万 俊	杨识超	祁月娥	闫世伟
孙英楠	陈燕福	张莹莹	秦路发	常帅帅	赵艳龙	赵新宇
于胜男	李 欣	邢 毅	李 鹏	曹 志	吕淑溶	樊佳嘉
韩宇婷	李 爽	郭晶涛	许 鹏	李胜泽	高飞雁	刘 蒙
贾 硕	李延飞	卜文宣	冯 伦	龙 美	王海涛	徐义来
井 平	时健祎	胡 晗	任增辉	白成伟	程 娟	张淑娟
冯学颖	李宇晨	邹润厚	马成才	吴鹏博	杨明宇	李红苇
郭 雪	岳轩宇	崔 健	刘欣洋	张成成	张宇璐	张 健
宋 丹	王 琦	李学博	周 强	田 甜	康勇建	王 彪
马晓宇	朱珊珊	王振宇	王 英	宁可真	李英浩	张 婧
王 野						

设施农业科学与工程（49人）

孙 旭	石雅君	薛志雨	杨锦欣	陈天阳	贾 玥	岳勇飞
李 震	王 宁	王羲珠	张 伟	李云槐	崔治泽	李雅鑫
周 禹	刘 铁	卢文丽	闫子涵	武卓奇	王 焱	李宗昊
崔立星	于利兵	崔晓晗	于洪涛	荣 蓉	梁立媛	陈泽宇
张清喆	康嘉庆	王 欣	陈 越	王 贤	康鹏飞	王 荣
刘宇超	王昭娟	冯泽宇	闫晓倡	田佳琪	张 龙	汪靖翔
王继如	王朝军	马嘉俊	曹静波	吴佳旺	刘念奇	吉日格勒图

园艺（78人）

张毅辉	张艳彦	唐 雨	杨丽晶	赵雪琳	潘 悦	刘江澜
王 佳	高书敏	陈 旭	侯孟琪	李艳霞	李婉璐	李天民
张亚丹	余 江	韩晓菲	邱雪燕	孙 开	于广泉	周 影
孙雨晨	柳亚奇	刘 乐	穆生友	游杜椿	萨仁格日丽	
徐 茹	郭淑娟	雷傲雪	闫雨婷	杨婧轩	易晓田	高 涵
张若男	王雅茹	安景源	邬静怡	李 戎	米 丹	王 尧
郭德勇	张子健	陈美玲	吴俊文	陆晓玉	倪昊东	刘美岑
吕 凡	陈铃艳	屈俊俊	曹 娜	阿力腾图叶		茹添娇

郝　娜	周志华	昝雪萍	李莉娜	任清芝	李东方	宋子轩
李雅楠	王　昊	王亚萍	李　瑞	于　扬	黄　菊	张少娟
董竹萌	韩　静	陈忠祥	赵　开	孙　阳	张永翥	刘意群
金晓蕾	宁倩男	盛英华				

植物保护（73人）

贺玮玮	吴　凡	王永杰	张子健	刘雨薇	郝向玲	白　杨
钟建华	郭秋丽	何霜霜	强运韬	杨云鹏	刘涵淼	杨金科
杨小妮	赵　晨	李日泽	韦学锋	毛亚琦	连紫倩	任建慧
晋　阳	白　娟	孙伟佳	李亚萌	陈立鹏	荆　越	张静航
孙振琪	陈夏昀	王海超	董钰莹	岳建英	付海漫	李玥仪
周冠雄	高　健	王　骞	樊丽佳	蒋加丽	康瑞磊	周建雄
陈小霞	刘　淼	徐思远	仝烨鑫	邓景丹	邢　星	李睿光
赵　萍	张　萌	苏　珂	赵　璐	王佳琪	张　圆	沈　彤
王艳红	李雅荣	王　超	韩　震	常　群	王金冠	刘　麟
刘锦泽	陈嘉禄	王玥洋	陈宝慧	司国帅	李　智	海　盟
崔　悦	王贻卉	李凯旋				

植物科学与技术（26人）

李昌伦	何　欢	刘红媛	隋文雪	包　涵	贾沙沙	田丽娟
张　猛	张卉欣	路亚南	孙　静	万　雪	张艳奇	折俊梅
孔祥骞	冯生杰	赖　淼	王　宇	刘　超	张　帅	刘　华
刘金钰	孔　硕	齐　贝	董书报	闫伊茹		

种子科学与工程（26人）

甄子龙	刘　欢	郭怀怀	郝少波	李　强	李　靓	隋福庆
王利青	朱建楠	闫鑫瑶	范菠菠	李文静	张巧芳	高树强
周　宇	林道仁	王健鹏	马立晓	魏嘉宁	王富豪	朱志远
李阿立	米　浩	穆可彬	孙艳楠	汪文晶		

林学院

城乡规划（65人）

张　凯	郭书辰	张名琪	师美利	王东奇	张睿家	刘　帅
侯智文	高雪艳	孙杜娟	张辰爽	付紫茵	刘奕涵	王　宏
王　权	刘　伟	陆　磊	范　辉	秦　科	王　浩	王依灵
于庆阳	孙　磊	郝　帅	丁　浩	李艺彤	马　帅	由　跃
聂家琦	徐佳楠	满　达	杨　鑫	孙晓岚	哈特热	赵存燕
刘天琦	孙艳雪	王　璇	郝月华	张　乐	曲　阳	张立坤
乔晔锋	肖海涛	叶彩霞	刘嘉欣	于　涛	贾　科	王　杰

李　龙　王思涵　李　鑫　祁冰洁　李筑波　王雅宁　苏雪明
孔繁强　朱世晨　陈　曦　金　洋　邢久洁　高文昕　侯秀娟
黄鑫瑶　倪　翔

林学（112人）

刘莹莹　王龙凤　陈国鑫　芮　雪　梁艳君　高　鹏　徐　庆
王　泽　李　霞　魏海琦　梁　颖　任雪毓　荣　富　王彩虹
杨日东　陈　洋　袁　响　王思进　杜英军　赫淑华　崔永欣
常莉莉　周婧琪　贾永铭　吴泽农　姜佳岷　薄慧迪　陈　佳
娜仁图娅　刘　璐　姬媛媛　周　宇　王　玲　刘　乐　狄佳麟
赵智敏　秦　月　康　迪　杨　柳　于惠同　候艳青　李慕婷
齐宸槿　王　瑞　郭治宏　牛若恺　王予彤　张雅喃　叶志玮
赵晨曦　谭宇彬　谷越秋　巨军浩　王彩鑫　卜松雪　吴　轩
满永旭　包洪胜　白　松　王　浩　哈斯图雅　李桂英　阿布日古
包苏岳勒　呼喜古其　旭　贵　查　纳　其力木格　哈斯西桂　其乐甘
淑　芳　李　梅　高乌拉日拉　李　白　张栓柱　乌日娜
湛玲玲　李荣荣　包春连　裴冬冬　宫兆东　阿木其提

消防工程（55人）

曹哲铭　张国强　董川成　于鸿江　张　彪　史　磊　朱春艳
李　靖　苏　正　张子健　孙建辉　郝　磊　牛宇维　刘　江
宁继禹　石炳东　王　钊　郭　威　王强华　李鹏龙　刘同双
王天雨　达　来　李赫威　牛嘉鹏　张　浩　冯浩然　窦　旭
李兆国　柴　源　刘玉新　孙子健　乔国伟　乔亚梅　李卿濮
胡文远　赵秀坤　贾圣孔　单吉言　陈舜达　刘　祺　吕宗辉
张新民　李　鑫　刘　磊　王　宇　雷翔宇　庞泽宇　刘久昌
宋根海　王　廉　邢少帅　耿道通　武立坤　王选丞

森林保护（78人）

马瑞峰　郭精存　闫添君　刘彩霞　李佳星　周　卓　丁　阳
车　蓉　王凯平　王春慧　孙　科　刘　欢　李娴娴　王翰琛
赵婷婷　韩　杰　张　淼　梁　悦　刘　鹏　马庆辉　单慧敏
杨　念　温佳伟　郑会尧　李振江　刘　亚　李资聪　马建一
杨　超　温嘉伦　李　佩　李艳娇　王　恒　兰雪峰　王旭东
刘学炟　吴　楠　郑玥恺　李　扬　柳思伦　常景丽　张　鑫
王　强　付泽坤　刘　俞　李贾鑫　孙朝宇　王　昊　李　璐
马光宇　傅俊杰　王　晶　邢禄鹏　托　娅　那　琴　方宗祺
滕秋豪　斯力木格　梁玲瑜　杨　凯　娜美拉　山　虎　萨仁其木格

胡日查	吴呼格吉勒吐		才拉干	苏日娜	萨仁夫	茉 莉
乌日格木乐		王彩虹	木其日	乌仁赛罕	宝金鹰	雪 莲
谢 飞	乌日娜	包 畅				

园林（147人）

刘春雨	崔佳佳	许文吉	兰 倩	张 鑫	姜冠男	任家豪
李 沫	张栋梁	韩雪敏	高 磊	王 乐	郭建成	奥晓峰
任 康	刘 洋	靳瑞琳	刘家媛	王菁颐	王金宠	成丹文
曹 琳	朱卫国	徐 裕	刘郡程	张舒心	陈晓玲	张雪婷
郝柄达	程达志	赵 慧	唐兴慧	石晓霞	付东旭	薛小欢
崔旭和	张雪影	李佳琪	王嘉月	张 娜	刘宝山	吴 龙
郭建青	连琼宇	包燕强	杨尚臻	王靖维	刘炳华	尹 涛
张明艳	张 扬	符东辉	唐品川	谷婉煜	林美辰	刘琳琳
赵德雄	曹 楠	张 萌	郭 帅	乌佳丽	赵 月	李炜昊
郭媛媛	陈雨菲	刘 畅	姜婷婷	熊国燕	贾素宏	李安玉
孙正阳	李佩贞	王玉杰	李锦浩	李心愿	刘 洋	吕 媛
田佳琦	杨 睿	霍锦超	沈 菲	路 成	李 唐	孙静依
张 雪	王巧元	房 硕	赵玉荣	包 晋	田苑文	徐佳文
薛 静	姜硕原	高雨楠	曹 乐	张 舒	贺肖飞	王 佳
贾慧娟	刘 畅	朱鹏飞	魏永强	王振宇	赵乐乐	张玉霞
吕腾云	吕俊霞	孙雨晴	张 凤	李金凤	孙 健	梁 蕾
李瑷妮	马小芳	翟明猛	姚俊秀	黄 菊	安嘉雯	陶格苏
马博伦	海 青	阿茹罕	呼斯乐	彩 虹	王彬彬	文 龙
丽 丽	白孟根	澈力格尔	洪斯琴	布 鲁	王 霞	苏乐德乌都
金 鸽	乌尼尔	达尼斯	秀 梅	乌日古玛	苏日娜	邰阿如娜
温都日格	孟根陶勒	乌尼勒	代立军	意拉拉塔	包永亮	伊日贵

草原与资源环境学院

草业科学（111人）

吕广一	赵改梅	邵田田	孙艳超	董雨萌	吕玉茹	张海娟
李倩倩	张 璐	李 泽	侯帅君	张慧敏	王 静	鲍显宸
张 珊	崔宇豪	李雯雯	越 炜	王欣月	苗金恒	张加涛
王奉琪	赫亚东	鄂思伟	李佳璞	吉 智	张雅洁	隋 欣
安振东	石佳奇	乔一丹	张 敏	李 堃	刘宇婷	郭晓宇
谭 振	王 俊	高小雁	冀 超	贺鑫宇	薛琬臻	康 慧
刘 晨	朱 毅	张 乾	郑佳华	赵二杰	赵 坤	商 博
张艺桐	高志乐	曙 光	阿拉腾布日古德		张 琦	邬庭旭

张　锐	张佳伟	娜　庆	昂黑鲁玛其其格		包瑞梅	伊　德
阿拉斯	莉　莉	珠　拉	哈斯图娅	查　娜	宝音陶格图格	
包秋兰	明　慧	娜尔格	刘光兴	常欢欢	陈　杨	
那木加甫·托力木吉		祖兰改日力		周秀娟	张雪风	郤国萍
刘　鑫	徐立杰	徐学宝	唐艾嘉	牛　茹	王　婧	马　天
孙永慧	吕文博	岳春艳	李俊峰	罗瑞峰	王　慧	杨　东
万偈譞	王紫隆	王　斌	吕丽娟	吴月娇	李荣恒	詹　鹏
李晓杰	张鹏程	石子英	韩宇峰	崔思宇	李　鑫	段东亮
哈日雅紫	杨少博	布·布仁达拉		赵　帅	韦　玮	

农业资源与环境（62 人）

田　凯	赵海宏	薄　翔	周　娜	陈晓有	李文龙	段　迪
袁　鑫	姚智峰	屈春燕	孙　蕾	陈增彤	边会智	贾禹泽
高　飞	李少华	邹　勇	刘　楠	汪崇屹	王　宇	吕　静
郭思宇	张思奇	桂永磊	张加忱	李　静	李宇恒	刘万通
闫志蕊	崔江涛	柴思捷	阳　婷	陈秋雨	陈子宁	李梦然
王　强	石　焱	吴明远	安　琪	张　凯	庞馨月	刘玉峰
常　红	张有新	刘重阳	孙佳雪	王　磊	常　安	侯乌恩吉雅
阿拉坦呼	敖文君	阿茹娜	罗车力木格		满达拉	苏日娜
伊日贵	苏日娜	乌英嘎	其布日其其格		海日汉	阿拉木斯
德力格日胡						

沙漠治理学院

人文地理与城乡规划（104 人）

张　瑾	王娅骄	胡庭阳	张德伟	王　娜	李晓东	王婧仪
郭璞宁	冀　雪	魏博华	张晓雪	李洪杰	胡　旭	何雪松
徐　硕	白　楠	邓芳草	张飞扬	林苡丞	杨进宝	马　超
万雨岚	祝钰钦	陕　瑞	吴润泽	刘佳乐	刘雅雯	
格日乐才次克		贺　帅	王　玥	盖金星	周　杰	赵洪磊
高雅婷	贺琦丹	刘　婷	张耀方	赵晨玉	宋晓涛	康　禄
马　晨	李国龙	王正响	苑园园	魏晓帅	蔡玉婷	陈　吉
俞泽华	叶尔登达拉		刘霞霞	巴迪娜	李　敏	王事成
王海燕	王　芬	祁　帅	郝　雨	冯　霜	刘　培	魏　军
刘　茹	孟　凡	王爱二	曾令建	宋凯璇	李月颖	陈家欢
冯志倩	谷　倩	花之础	王金楠	暴丽冉	穆其尔	赵雅婷
张　萌	苏布森才次克		胡向军	沈君生	王　瑞	曹　莉
何璐瑶	刘　洋	张　媛	王之裕	卢立强	王志强	高　翔

林　萍	王瑞平	韩启明	刘嘉琳	栗彦晨	安沛红	王昌盛
刘晨光	田瑞龙	魏佳琪	赵　耀	丁奋谦	曹　阳	杨紫贻
杨　婕	辛松泽	赵晓男				

水土保持与荒漠化防治（89 人）

项　乐	赵宏胜	贾祖维	赵泽华	王　宁	董丽军	杨　洁
刘娜娜	张　娜	郝迎春	胡晶华	李国梁	于　浩	白　露
郭俏俪	张锡童	李中天	李　甜	白潞翼	罗瑞峰	贾瑞庭
钱秋颖	于美玲	程冀文	刘　峰	赵晨曦	王　鑫	姚栋栋
忽必太	郭　静	刘茜雅	高天笑	李春利	赵家睦	刘泽蒙
赵少华	丰　菲	陈　旭	管雪薇	王海瑞	刘　伟	杨瑞萍
陈昊宇	李辰杰	王博隆	陈　伟	仲　宸	朱家晟	刘　莹
郑雯丹	李　琳	王　卓	陈　峰	郭建江	邵英峰	王润东
甄新宇	朱海滨	霍沛文	包晨曦	钦　柏	郝艳玲	李　扬
特格西巴雅尔		南　丁	韩韩盖	乌仁斯琴	呼格吉乐吐	
明　玲	赛音巴图	朝宝嘎	特日格勒	特日格乐	吴小星	宝鲁尔
何萌萌	李哈斯那	王秋红	白秀丽	好斯白乙拉		何荣荣
代香荣	韩文明	苏　道	苏日勒格	宝音那木和其		苏日娜
高萨茹拉	赵志鑫					

土地资源管理（108 人）

王　杰	关凯民	蔡　楠	苗　育	孙冬杰	姚雪松	王纪风
王　莹	黄晓茹	智　苑	张玉杰	李　瑞	袁艺博	何国铖
孙　成	武　翰	杨　宇	杨文明	何元奎	尹永锋	吕晨曦
唐泽宇	马　麟	朱艳雪	都日雅拉	江国鑫	包淑梅	刘　旭
于　军	郝　源	郑　阳	闫士元	李化冬	李彦萱	石　婷
张　晗	戚雅丽	赵星宇	曹晶晶	田　亮	刘　婷	杨振国
刘　浩	田悦欣	张　宁	侯　瞬	钱佳洋	马英楠	贺占玲
路　帆	曹　壮	蔡雨峰	景艳宾	张　琪	郭　爽	李　蕊
王旭东	闫学刚	张宇轩	于皓泽	辛　慧	徐　凯	陈　洁
黄闻达	苗正伟	吴子钢	刘雅芳	贾　智	任可心	何昌楠
王志东	刘　璐	胡晓婷	王汉明	董　琪	韩选将	杨书鉴
杨　洋	王瑞平	李星宇	任　旭	杜芳莹	王　玮	杨培燕
宋伟学	李志文	黄　芮	王学娇	闫　浩	张靖研	郝韶光
安　娜	于靖明	王星月	王　宇	陈宇超	雷倩倩	陈颜洁
张　纪	郭家乐	吕卓恒	马宇宸	施海波	付天祥	罗艳飞
王　轩	李　辉	刘宇航				

机电工程学院

车辆工程（31人）

于海涛	周云鹤	靳箫峰	郝中华	李　龙	席绍文	李　元
张睿根	李　波	张子阳	郝建行	高　鹏	姜　文	嵇仁乐
王少林	罗　涛	岳丹丹	苏　慧	张　昆	赵子豪	范恒伟
贾　冰	王真诚	管重霄	郑瑜柯	杨　帆	韩志峰	张经豪
太中凯	秦天梅	谢宝亮				

电气工程及其自动化（132人）

霍　东	乔　智	武　伟	韩宏伟	杜　婧	白宇宇	韩东伯
张　帆	刘越波	杨新颖	惠雪梅	候　敏	高　飞	薛精慧
李芳青	陈贵宇	刘　标	郝　磊	任培昂	张鼎卓	韩庆伟
孙泽文	周俐君	王　谊	马舒婷	乔佳欣	李自航	程　浩
蒙少东	张宏远	杨　旎	杨金莹	李　荟	孟　艺	王　俊
李志鹏	唐　旭	皇甫海峰	郭蒙超	张　蓉	张文荟	高佳旭
赵亚茹	谷晓曼	张雪姣	张　磊	张天闻	崔培岩	刘　慧
刘肖一	赵晓东	郝志明	吴　昊	郭鹏飞	李青龙	赵伟强
孙亚锟	田文东	赵青青	燕　鹏	张小辉	王煜鹏	乔彦强
常　浦	王　涛	徐　月	张　毅	许晓伟	王　凯	鄂达汗
李文辉	单小雨	殷剑锋	郑浩天	丁星月	周煜钧	孙利刚
邢文强	郜　纯	张东雷	孟元琪	李旭峰	韩迦勒	刘　畅
郭家兴	寻伟鹏	肖云鹏	高　赫	董文强	武泽宇	姜绍然
张　智	石　茹	毕　玉	陈　庆	白鑫鑫	吴云飞	刘蓓萱
巴　音	苏　皓	王路凡	徐鹏程	高启恩	崔　旭	王启媛
石点儿	张恩琦	金正祥	何东辉	贾　敏	张　权	王　皓
于世婷	张日升	吉鸿毅	许　增	梁泽成	王晓宁	王洪刚
赵　青	王　超	侯絮腾	方志晗	袁世权	张争光	曹宇飞
刘尚斌	孙海莉	辛　策	白利雄	王泽寰	张　达	

工业设计（30人）

赵小林	赵珠琳	李　良	韩宏泽	刘媛媛	蒙晨光	郭宏宇
张保磊	高永强	王琪琛	王宇轩	李　璐	班昌达	刘唯妍
蒋小华	王洪晔	尹卫宇	李威广	施宏新	夏良程	柳　佳
丛永春	丁美玲	柴江丽	施　思	梁　杨	王明玮	孟令涛
托　娅	韩昌明					

机械设计制造及其自动化（123人）

王　刚	李晓健	闫　宇	郭志宏	姜双雄	戎德慧	赵志伟

贾惠隆	宋永旭	刘圣辰	徐卓毅	陈骊达	郭　帅	刘凤龙
张　磊	陈尚东	张雪龙	张志超	王志峰	陈　爽	邱海洋
孙传法	王　浩	朱曾文	魏　栋	栾贻函	祝星晨	刘　明
申燕栋	赵　宏	邹佳明	李宏辉	付　冲	张启民	闫　飞
王建忠	罗　凯	胡鑫鑫	闫　帅	陈　凯	陶泽宇	张　冰
张英琦	张　宁	孙育斌	赵　朋	雷凤志	杨　育	贾正宇
裴志涛	闫振邦	曹瀚文	郭　嘉	张丽宏	田广智	李建斌
王　琪	时　诚	刘俊杰	赵飞虎	叶　强	郑　佳	孙立群
王雅龙	韩宇洲	吕　斌	韩　峰	朱　玺	张敬尧	郭志峰
马博涛	程　曦	朱博文	李婷婷	王　帅	孟凡良	罗　丁
郭　睿	康建龙	王　凯	院进文	郭飞鹰	孙琪锋	路镕博
马　健	韩　胜	郝韦富	王佳文	杨　娇	赵永琦	徐佳鹏
陆贤宇	刘晓鹏	王大洋	侯叶飞	闫宝山	刘帅军	李浩男
门晓龙	杨　凯	董悦晨	卢艳磊	刘松岩	刘岩杰	刘　洋
闫　宁	王立明	刘　磊	王宗华	贾　伟	张林超	崔天雨
吴　宏	戴九牧	董学斌	薛淇文	朱凤云	杜辰浩	杨金钊
杨世英	赵　露	王茂文	耿　哲			

农业电气化（57 人）

陈兆楠	刘烜庚	张　静	贾愉泰	薛　媛	闫业中	武子裕
郭昕月	张　斌	刘　源	王宇飞	楚文桐	武东升	燕　欣
刘德虎	王　萌	张　磊	彭宜璋	王伟丞	路　鹏	张雪锋
靳文星	赵　鹏	刘　勇	许家源	赵　蒙	陆　超	郝正阳
云楷轩	周泽煦	韩福宬	郭晓鹏	李嘉楠	王昊有	吴东阳
郭　伟	李诗翰	丁雅琴	王　非	马云磊	范　顺	李学文
范哲伟	杨　宝	尹彦博	董　帅	邢海龙	智鑫立	邹波涛
陈志泉	吴世杰	朱　林	张航浩	王　珏	马彩月	唐妍娇
马明忠						

农业机械化及其自动化（99 人）

谢　伟	李　玥	马悦智	董辰文	杜红光	吴春华	刘　伟
高　峰	张　彪	李雪峰	李振宇	张智勇	刘志强	李利利
张帅军	陈　珍	张　保	王　聪	于贵涛	刘成洋	孙　浩
李茹梦	李陆军	高子博	张鹏展	张广兴	刘政钊	戴一凡
马士博	李宏锐	李鲲鹏	焦彦东	杜云波	杨田旭	杨　慧
王鹤龄	张震波	薛树林	徐林龙	王聪伟	杨利军	侯鹏飞
温　渊	高俊龙	赵艳伟	董艳斌	赵培淇	汪俊绪	魏志鹏

王明成　孙　冲　王留斌　雷登文　王　欢　李腾飞　秦立新
林士伟　段嘉兴　刘天浩　巴依尔塔　王哈达　包天龙
乌力吉巴特尔　顺布尔　曹横飞　包文德　宝乐尔　贺希格都楞
高理君　曹　敦　格斯尔　赵顺布乐　宝　龙　盖哈木希格图
李斯琴高娃　德格吉乐胡　陈树全　孟根敖日嘎拉
韩新宇　于　洋　才仁多尔吉·道尔加拉　斯琴毕力格
贺希格达来　吉日木图　朝鲁门　安阿力德尔图　于赛达
额日敦宝力高　冬　冬　青达木　额日乐和格　特日格尔
王利强　包国慧　张文亮　苏日雅　青格乐　李文兴　张雨生

水利与土木工程建筑学院

测绘工程（54人）

周　杰　王鹏程　丁嘉琳　朱　瑞　倪瑞鹏　谢纪虎　曹立昊
李春宇　王天旭　苗士强　武嘉帅　李治国　刘　源　韩晓冬
佘鑫辉　凌　强　王　玥　张函诚　卫晓峰　杨　恒　唐国智
杨　洵　张振超　何双哮　汪　洋　蓝恩通　吴　茜　李润宇
李　伟　吕　萌　石国强　李　国　刘　岩　孙宏亮　王学慧
柴　鑫　吕　达　于志远　王凯文　王德胜　祁振河　郑永丰
杜晓春　赵佳宁　刘骏杰　乔佳恒　吴仕发　闫志强　侯建康
陶　旭　陈志丰　王虹达　刘殿伟　华晓宇

给水排水科学与工程（52人）

雷　欣　蒋云飞　刘晓琪　智雅茹　王云杰　任向颖　冯显龙
魏宇萌　李阳阳　索瑞厅　耿翔宇　李嘉欣　李玉波　吴　迪
尹高天　乔佐书　杨瑞尧　朱金彤　周万里　种宇飞　谷润枝
姬文明　王苗新　罗惠文　郝纪远　张　佳　聂　帅　安晓佳
马伟强　姜　鹏　张轶杰　李思言　苏波明　闫凯歌　赵　楠
常乐乐　王绍钟　程　欣　尚　伟　全佳伟　罗崧豪　陈　忠
杨　栋　鲁天予　田　鑫　张彦彦　丁雪平　屈博坤　史云川
任建新　哈增悦　贾振宇

地质工程（28人）

马中宇　乔　露　李　浩　张向伟　郝建伟　刘英辉　王福刚
孙广启　王万达　陆启东　赵　鑫　韩震宇　高文龙　李仕魁
邓　磊　谭荣浩　贾　博　李　冬　张　朝　任海金　张　旭
孙正强　胡　超　李依龙　崔汉青　白金涛

工程造价（32人）

刘　爽　张　萌　马可昕　任　娜　齐美娇　祁　星　孙　浩

陈露 张军 仪修源 苏伟 赵春霞 宫瑞阳 丁晶晶
刘海娥 孙亚娟 李双 祁晴 高雅雯 付妮妮 靳科
马快乐 李春颖 莫宝珠 洪潇菁 杨虹 周妮 石启越
卢瑶 白墨延 常帅 帅小玲

环境工程（59 人）

袁冶 刘海绪 石青华 李伟 王雪岩 杜聪 马婧
杨雨 吕金鑫 关爽 张晓彤 陈敏 魏文凯 李颖
郭东辉 高永欣 刘紫卉 张桐 陈慧珊 冯健 吴倩
王凌霄 郑浩然 杨潇 蔺飞阳 刘相文 周阿古达木
范立敏 许志平 李航宇 陈伟贤 宝文智 郑金丽 郭雅琼
何婧璞 张佳慧 朱艳雪 王新程 冯伟琛 高长江 刘方亮
耿悦 王菲 刘佳楠 付皓达 李鸿玉 冯洁 邢斌
刘超 胡亮 马晓禹 于林汇 牛聪 丁前程 张轩
赵治臣 蒲星宇 李加明 呼和牧其日

建筑学（30 人）

高晓宇 李成峰 田璐 武建光 赵明焯 李振朋 王元珑
王璐瑶 孙乐 王琦 庞天宇 张海涛 赵逸轩 吴玉冬
刘骁乐 徐云鹏 祝铭之 盛月 杨山保 邢超雲 刘嘉磊
孙羽茜 牛梦云 王琨 王璐 赵岩 詹海博 何昀澎
张洁 白鹏

农业水利工程（89 人）

张衡 乔磊 刘佳明 李璐 菅文浩 王继超 王鹏程
杨玉强 王洪林 张宁 郝璐 于帅至 迟碧璇 刘祖汀
王婕 何鸣雪 王保香 张振宇 王启东 聂鑫 张雅楠
王爱 刘文朋 姜春雷 马超 崔佳琪 郑彦 周利颖
赵晓影 马兰 高晨露 胡小东 张利 王建航 马宁
张如柏 乔天 路研婷 唐琨尧 刘昊 蒙嘉启 徐磊
张璐 郝向宇 李瑶 吴弦谦 吴禹萱 李争争 冯朝阳
刘佳奇 赵静思 马贵仁 秦瀚 高安东 董海丽 祁茜
孙烨 于丹丹 李燕君 张淑娜 柴鲁干 白敖日格勒
巴雅力嘎 朝格太 王丽丽 其根 乌恩奇 布和额尔敦
白铁锁 胡斯冷 查干珊丹 满达 乌云毕力格 其力木格
周巴图 鲍尔金 国兴 特日贡 刘晓洪 白玲玲 珠拉巴达拉
胡格吉乐 国庆 玛喜毕力格 郎金荣 韩志明
何阿拉达尔图 敖明学 古斯林

水利水电工程（53人）

任晓宇	王　强	张晓宇	蒙丽芳	王　波	刘艳雯	王　蕊
陈世清	康春雨	郭茂熙	张　萌	李　超	郭　波	杜天允
史佳鑫	付　于	柴易辰	邬浩冬	唐　彬	张　晨	杨　俊
尚利德	张雄辉	罗诗琦	刘　磊	张朝瑜	李　明	李明贺
王　佳	辛浩东	肖晓琳	陈　帅	王兴强	李雨龙	卢　慧
张　耀	陈　宁	王　泽	史晓东	孙兆阳	魏　旭	王雪颖
刘　辉	徐鹏程	金云鹏	王　杰	李　岳	杨　宇	高凌智
李民康	常健男	刘文龙	周俸功			

水文与水资源工程（53人）

刘广东	祁巧曼	马尚钰	王岚涛	任照怡	徐雯雯	顾泽宇
吕欣河	贺　超	张　莎	张梦晗	高唯娜	张亦然	张　伟
苗　玥	李羽尧	白雪银	席浩南	李小院	杨　洋	王月蕾
王鹏宇	安　邦	王嘉悦	刘紫潇	冯　帅	康雪儿	任亚茹
卜　凡	路　畅	卢方园	郭家琛	曹　磊	杨轶瀚	李佳文
李　雪	张　璐	温　薪	樊丽萍	房丽晶	乔子戌	王功方
杨宇晗	马嘉敏	王　哲	马忠涛	赵家宁	张　凯	李红芳
翟佳伦	汪　远	王　双	张晓为			

土木工程（75人）

赵　宸	冯建明	曹友正	李魏超	任泽新	郭　帅	郑　强
刘泽林	陈双军	郝相龙	孙晓宇	王　蒙	张　朔	胡　臻
高瑞堡	张永坤	马百聪	刘卓恩	张利伟	王新宇	郭俊福
王振鸣	陈志龙	姚　琪	何　虎	张　张	张晓东	王德龙
王宗熙	任全丽	王　平	唐　赫	张　波	焦磊磊	赵迪一
刘文强	刘　贝	付　鹏	陈竞明	黄　麟	邢兵兵	袁秀鋆
常秀杰	徐　旭	王赛龙	张天成	杨　晓	孙伟东	赵晓泽
尚　浩	罗元凯	方　淼	韩温都苏	张佳豪	张　超	田　凯
贺泽宇	孙起山	吴清伟	庞　博	乔　虎	汤庆伟	万凌彰
冯　创	李天尊	张　青	李玉婷	潘　东	杨　莹	智士伟
赵　坤	冯国星	吕　航	陈俊宇	宝日金		

经济管理学院

工商管理（68人）

许海瑶	侯佳琛	邹德阳	吴　旭	韩志雨	刘浩宇	杨雨桐
孟　娇	李　敏	许志静	桑　杉	王梦媛	陆昱彤	纪皓中
李　媛	于子婷	李　鑫	张锐锐	赵　娜	孙丽阳	谭东辉

于斯佳　刘春艳　张陈佳旭　张　敏　代传瑞　刘岩涛　段伟茹
卢　云　巨鑫宇　满丁滔　韩雪洋　王英丽　布　宇　李亚婷
王明月　乔振国　李硕夫　马豆豆　王晓霞　郭雅丽　薛　辰
孙雅娜　韩　湘　张佳南　丁　姣　贾慧慧　薛娅琴　张　敏
陈　浩　李月梅　刘塞奇　张云云　祝海凤　黄　飞　王东成
程艳琪　石晓梦　韩硕颖　张　焱　陈宏琦　于靖雯　雅　安
张　敏　唐志强　胡宝音太　纾隆夫　傅　今

财务管理（95 人）

杨泽林　白　雪　赵　敏　杨琛旭　董一丹　阳诗雅　刘文璐
韩　波　赵佳丽　吕艳军　李睿珩　闫璐瑶　林晓茹　郭　鑫
张　威　郝　梅　李慧芳　郜知暄　刘贞仪　田　蕾　赵浏寰
杜森茂　王胜男　张宇涛　刘伟琼　李　欣　杨婷宇　王佳璐
韩　辉　董慧颖　郭长义　赵　欢　袁雨濛　彭　曦　付　昱
牛　妮　杜建娥　刘月泓　冯思雨　陈　南　王冠力　尚安琪
杨建飞　范雄瑞　苏　欣　云　娇　宋欣燃　那日苏　温都苏
刘　玥　王宇婷　菅舜昱　杨　阳　李欣阳　蔡樱樱　刘　哲
张世琳　徐畅繁　李智雪　纪　宇　孔令蕊　赵　洁　牛晓彤
黄毓菁　陈　芳　李　慧　马玥琨　刘宇欣　田佳妤　赵子良
李　静　张予宁　郑钰铭　杨　洁　朱亚楠　冯丽霞　纪　佳
王媛媛　张亚楠　董科科　汪　敏　王卫国　朱立楠　李　月
魏吾桦　王　磊　赵丽丽　张　敏　贾　茹　景　荣　刘　芳
许　媛　白志民　协哈日格　浩斯嘉

电子商务（60 人）

王　蕊　董紫荷　何丽娟　史静茹　王　蓉　杨丽娟　周　荣
王　飞　乔　鑫　郈　爽　尤亚琪　刘伊春　柴建新　李　晗
王汉强　栾赫洺　杨紫彬　白玉鑫　耿伊雯　张　雨　马梦遥
慕　智　徐精芷　胡　飞　杨晓宇　马志杰　王娅如　刘晓静
刘　鑫　迟　骋　武　旭　许智慧　郭晓璐　康　健　姚彤佳
高佳楠　刘艳佳　任　越　于　莎　刘秉昌　华昕田　王东梅
戴坤宇　刘奕敏　吕明艳　魏鹏飞　文　康　依明瑶　王立硕
刘柏灵　石方静　冯远征　邹　雪　杨　超　谢　铭　孙　俊
李　凡　韩　静　穆　旭　管艳颖

会计学（110 人）

赵超群　白宇茹　魏　斌　石　宁　贺媛媛　张　燕　李　烨
刘　多　边　婷　魏　红　温华琳　马秀梅　朱志刚　吴淑琼

田翔雁	董秀娟	王　赟	王　帅	戈毅祯	艾　敏	陶晓宁
王　璇	赵　阳	贾媛媛	姚　洁	李　娜	秦博文	常宇含
李　欢	郝建莉	李鹏海	张新宇	段梦如	李　萌	李梦迪
郭家鑫	严小康	李瑞瑛	董淑娴	郝伟伶	荣振宇	刘佳运
孙志旭	王　芳	王　扬	赵　欣	赵晓茹	杨　帆	赵　旭
初梦奇	石　瑞	邓堰文	王子恒	马　敏	史　迪	高晨蕊
赵　妤	杨　敏	白　雪	杜园园	吴艳芳	武　晶	乔亚杰
霍玉亮	苏　旭	程雅楠	胡梦佳	郭富佳	白驷琦	彭雪琪
康　杰	孙丹妮	张　猛	杨昭宁	乌日嘎	樊佳佳	段　琳
周彦廷	周婉馨	李志强	李　洋	赵心宇	张宏斌	胡瑞雪
姜　炜	乔　瑞	裴　震	梅　艳	孙　强	孙晓丽	赵敏君
陈舒婷	刘　圆	陈慧杰	张慧慧	贺子娟	王　婷	寇璐瑶
李俊姿	张俊霞	范清伟	王玫之	付　瑶	王梦圆	苏日娜
乌兰图亚	杨明丽	张君君	龚剑博	段月迪		

金融学（140人）

刘娟娟	赵慧超	梁茂军	赵彩凤	王　慧	赵　媛	李　芳
王天钢	边昊冉	张颜悦	张　乐	高　慧	陈思达	吴祯蓉
乔　娟	孙　静	杨立彬	乔　欣	赵雪婷	乔瑞红	戴　荣
朱健华	刘懿楠	李海艳	张樱凡	李　靓	苏　蕊	魏敏月
代　辽	白　墨	张凯波	韩振英	狄国珍	李　鑫	郝精嫔
朱雅楠	尹　璐	张智博	赵　蓉	冯雪婷	高　歌	王　茜
苏广军	李　波	靳鸿嘉	庞　伟	王　萌	赵雅慧	谷　妍
樊慧瑛	陈　亮	边雨朦	张润芳	刘　璐	陈聪聪	王　波
王亚星	刘文超	贾宇轩	陈　璐	王　燕	盖红颖	王嘉琪
王超越	白　雪	路宏玲	李晓敏	闫星宇	郝艺鑫	张　娇
曹　杰	刘　越	李浩宇	宋　鸽	魏兆鸿	王　丹	宿　敏
于建峰	张晓丹	李　瑶	王　阳	郝　玥	刘　艳	秦　茹
张　婧	马晓丹	胡彦茹	王多民	张　干	常林霞	李　静
李慧芬	张　庆	宋娇娇	郭　欢	郭　昕	杨　洁	吴　博
云　晓	王　耀	王凯立	成　喆	赵　丹	亢银娟	徐建华
袁　野	薛金花	王彦方	张亚欣	贠亚丽	焦浩桐	许　姣
银文瑜	张　震	李牧臻	魏　琳	陆昱文	梁建莉	王雅娜
于　娜	徐文婧	常馨尹	王　璐	张娇娇	赵　源	王　桃
刘鑫宇	左　洁	李采虹	贾　鹏	王雨墨	温佳敏	张达宏
李　华	柳　絮	米珍珍	邵　迪	王　宇	张媛媛	杨行健

经济学（35人）

姜卓明　　蔡乃嘉　　刘娜　　王帅　　李铁　　王媛韬　　冯雪敏
李鑫　　高小雨　　李鑫　　冯丽娜　　韩璐　　纪姁含　　杨晓娟
王梓滢　　薛晓露　　王静茹　　张跃华　　徐宏　　杨敏超　　吉宏伟
薛敏　　李娜　　孙悦　　张莹　　李雪娇　　曹元成　　杨茂
任浩　　尤茹　　马莹莹　　王悦　　魏娜　　包峰　　云塔娜

农林经济管理（73人）

陆鹏杰　　孙爽　　张小文　　于昊　　李志杰　　巩霞飞　　李日升
华金晶　　刘波　　苏妍　　桑霖　　韩畅　　安小恬　　邝秋霞
李海燕　　武小丹　　于喆　　周亚录　　刘雪微　　高雅媚　　刘鹏
范宇格　　郝志锋　　王明昊　　王华胜　　杨思琪　　温青超　　程丹宁
王雪峰　　塔拉　　王志强　　净净　　海明　　柱娜　　兴安
额日德木图　　图力古尔　　七十五　　珠娜　　阿拉坦格日乐
额斯日格　　希吉日　　苏日古格　　永生　　包丽芳　　顺布尔　　乌日柴呼
莫希叶勒　　玉梅　　韩岭岭　　乌云嘎　　杜娅茹　　王丽萍　　美丽
乌云花　　阿娜尔　　永梅　　朝乐格日胡　　吴雪林　　敖兰巴哈
苏日古嘎　　红霞　　刘佳伟　　查干达日　　纳荷芽　　特日格乐　　行盖
意布格勒　　代红梅　　阿斯尔　　照拉　　文香　　康傲民

物流管理（63人）

杜雅欣　　吕慧杰　　王磊　　张甜　　王嫣佳　　靳蓉蓉　　李魏娆
南楠　　薛亚男　　常丹　　任伟　　陶凤飞　　王天琪　　郭倩
杨璐　　陈莉　　孙瑞鲜　　胡国卿　　吴从杰　　李梦婷　　田鑫
王琼　　孙昂　　王群铸　　蒙宇飞　　黄田田　　赵楠　　韩文登
崔瑶瑶　　金恒鑫　　特日格勒　　乌力恒　　特日格乐　　照霞　　曙光
娜日娜　　苏雅拉　　梁小龙　　乌仁他娜　　杨小文　　王富强　　包朝格齐勒
乌日格娜　　陈福明　　古斯勒巴音尔　　塔拉　　南俊　　朝鲁猛
安勿英嘎　　金风　　杭盖　　赵文杰　　敖敏　　格格日勒　　沙茹拉
苏日嘎拉图　　乌恩其其格　　达楞花　　色楞格
乌力吉图拉嘎　　乌日嘎　　赵新吉勒　　陈真

材料科学与艺术设计学院

材料科学与工程（56人）

刘航岐　　李新伟　　王之龙　　王璐　　尹鼎文　　张阁昊　　徐凤阳
董晓强　　杨智慧　　杨一波　　乔家杰　　孙凯　　吕国梁　　张书豪
李燕丹　　张鼎鑫　　滕万明　　饶士琪　　吴育师　　王力锌　　邓凯
史洁　　刘冰璐　　汪昭奇　　徐航　　石彬　　张伟　　席鹏

赵栋梁	乔菲力	杨开明	张琬歆	赵明星	张 昕	林美月
贾 丰	栗志飞	张 莉	沈佳乐	陆永欣	李 琨	王 帅
闫 冰	韩 铮	吴树民	颜学淦	孙 晗	李哲斌	李首翰
张 逍	李 纳	南炎亭	王 涛	于海标	贾 威	王松禹

产品设计（55 人）

林 霞	唐志强	张 慧	段 帅	邱进宇	刘思宇	白 亮
杨 莹	苏 萌	刘 冉	张冠华	许生刚	岳劲松	韩栋帅
武昭全	高 群	曹月炜	徐 戈	王雅铎	梁 愿	韩 旭
张 引	汪琳娜	吉日格朗	周 傲	王建军	李 颖	谢 瑶
陈嘉琪	殷 南	刘梦雨	王 媛	彭慧丽	张 星	王玉玲
支 敏	于 跃	杜雨轩	倪秉新	蔺宇雁	李 飞	金佩瑶
陈美婷	郝玲玲	张 翠	银天琪	董雨升	崔祥呈	史 枫
李晋君	张人桐	郭嘉辉	何禹慧	阿容娜	霍雨佳	

风景园林（56 人）

涂姝月	赵 婧	韩子圆	王 东	郝 婷	杨宇超	李昀臻
徐平舟	刘 哲	张晓宇	董 璐	张 芳	蒋斐存	付乐乐
杨 楠	杨 柳	王 轲	韩 磊	贾永成	张今奇	王雅琳
郭玉玲	逯玉宣	刘小雪	金 铭	阿娜尔	李艾珂	郭伊敏
周 扬	白鸿宇	张文燕	双 飞	宋 怡	石卓玉	杨 帆
王 震	梁中惠	王 科	杨 阳	冀雯婷	郭 亮	张 卉
刘 娇	高 颖	胡鑫伟	王耀宇	张雅馨	陈志花	李 威
兰 臻	郝花莉	范东博	谭 冬	庞颖慧	沙娜其尔	苏日娜

服装设计与工程（24 人）

郑扬扬	吕春媚	肖儒林	潘 登	胡瑞琴	孔垂玉	赵志宇
徐燕芬	薛 岳	赵 敏	刘 伟	徐占强	赵 敏	李新宇
高成文	申志志	尤建舫	王文君	徐敦谱	沈明权	司风帆
张春艳	吴浩男	苗 月				

环境设计（37 人）

樊雪蓉	宋梦格	闫晓娜	高宜蕾	杜梦香	王佳彤	白雪娇
沈 鑫	李 陶	迟然兮	高建苗	任逸琼	李雨琪	张丽萍
孟玲玉	尚 茹	孙思娜	祁小燕	韩 丽	韩文婷	刘佳璇
孟凡喆	李 想	张婉璐	刘 鑫	邢 柳	赵雅婧	温芸琦
郭 燕	任开轩	赵晓杰	岳张飞飞	郭 燕	周新阳	韩禹宏
何 静	贾璐莎					

木材科学与工程（101 人）

张 超	郭 宇	陈鹏达	李淑静	于兴隆	张伟博	邱海波

杜凯瑞　白海燕　李敏学　李起志　范　雪　王泽兴　曹小红
王俊晨　马晓璇　王玉良　杨　健　李　戈　沈靖琪　华　中
邓　磊　阿勒素　梁玉堂　梁晓栋　高　鹏　杨　东　孙志宏
白茂林　王铎宇　李锦华　王心刚　刘　聪　倪冉冉　李江舟
任磊磊　杨　波　于鹏伟　周逸珺　张　梦　董华艺　农金钰
王浏浏　尹若男　郝春旭　孟广通　葛　萍　陈跃洋　任昊宇
覃蔚芳　陈　琳　李沛凝　郭　淼　何昌炜　于文超　颜　婕
李郑豪　班　韬　郭衍廷　张　桐　王宝库　刘晓磊　池殿敏
雷海艳　许春宇　王田田　王　非　王秋怡　陈爽爽　韩玉川
石　宁　孙　楠　贾云鹏　张春娟　孙明晗　岳枚奇　孙亚南
陈伯元　李鑫权　郝燕磊　丁炜暄　孙　静　刘　洋　刘维东
刘春梦　郭俊乐　王　娟　刘海贵　郝志同　苏志敏　白　荣
闫雪峰　杨晓飞　张衣智　余燕燕　冉阳杨　王乐泉　张　羽
张俊杰　孟令彬

视觉传达设计（29人）

秦　敏　张晨璐　庄　圆　宣子怡　吕灵娜　王毅强　刘瑞芳
刘　冠　王浩田　宋映川　张　宁　李　娜　谢云璋　牛连娜
范恒飞　董小雪　唐　静　李小龙　折亚琪　韩佳杰　李亚楠
雷冬冬　王　蕾　睢泽川　邢建伟　曹　阳　宋　元　郭志楠
周　硕

食品科学与工程学院

包装工程（29人）

陈远昕　牛娜娜　丁　乐　齐玉龙　张　凯　任梦如　王孝颖
翟佳琳　魏佳佳　王　娜　刘　韬　刘欣凯　葛金秋　蒙文钊
廖丽洲　艾江伟　陈则君　杨　静　李维林　杨　东　马　慧
梁家辉　郭中一　赵胜男　王传飞　王　宇　崔艳新　包洪宇
覃妃晓

酿酒工程（45人）

色　汉　王燕燕　贾　鹤　王瑞恒　王海鹏　温佳馨　乔宇涵
赵梓琳　刘　昊　贾文野　御发美　张宝伟　成　岚　黎博文
贾美芳　孟德龙　徐文攀　张　琳　李海丽　伊里娜　王宇婷
陈广艳　张春梅　陈　佳　梁晓青　陆新新　郑逸飞　范紫旖
韩晓娟　王聚鹏　张佳敏　高　欣　赵晓娟　张渊赫　张　鑫
史建强　齐　星　蒙苏华　张智威　杨岱鑫　郝　欢　王中健
翟　淼　李嘉悦　丁鹏泽

食品科学与工程（260人）

刘停停	张 哲	张彩虹	张 亮	董艳丽	韩 晓	田佳乐
贺佳鑫	马 腾	赵雅丽	聂子艳	王 倩	刘文静	朱晓燕
何宗柏	蒋伟林	王 鑫	苏 岳	王聚伟	许 敏	沈雨思
王圆圆	石凯欣	马 原	贾文悦	孟 激	辛慧敏	杨 静
张 婷	阿立塔	石佩璐	孙佳美	丛 琳	王晓彤	邵美娜
任慧亭	刘 瑶	李杰超	张 媛	刘 梦	张 燕	王博垚
王越溪	吕瑞瑞	李若男	张 慧	张萌萌	郭坤杰	李梦雨
牛沁雅	张 靖	马瑞瑞	魏可君	李晓芳	陈文锦	贾燕妮
韩修远	赵超越	敖 璇	马俊杰	郭静婷	张汉禹	郭晶晶
李东宇	关海天	陈 丽	贺晓倩	张佳丽	关 宁	牛潇潇
迟 嘉	窦 露	王 悦	郑倩娜	张 浩	郭 帅	杜金锡
许昀晖	刘文君	张慧琴	王禹婕	石乐乐	晋玉潇	黄 欢
于佳琦	杨茗淇	杜 睿	于紫薇	白艳苹	褚俊芝	董 璐
徐鹏飞	牛慧芳	刘梦娜	彭江英	马慧敏	张 悦	贾 佳
刘洋硕	陈可欣	陈俊明	张如意	苏文雪	高 杰	陈学莲
赵子旋	王培凤	张 猛	刘文浩	曾琦琦	田思雨	崔媛媛
张立莹	弓 宇	王舒婷	王诗薇	刘文娜	潘 虹	陈方奎
侯智敏	王耀田	盛雅莉	张宇森	张 浩	汤宇迪	周华伟
钱 坤	靳智媚	白丹妮	任 杰	史俊霞	刘佳悦	焦 婧
李奕衡	卜少东	张 娜	杨文超	陈冰雪	张慧珍	于 扬
胡开慧	王国良	王 慧	张 晶	田梓仁	王振东	杨 浩
刘汶松	兰丽媛	秦 璞	孙瑞胤	李 欣	王朋洋	郭 耀
关尚玮	孟繁泽	于奉祥	梁春月	倪 萍	高睿麟	张雁斌
王 娜	侯锐森	袁 芳	刘志鹏	苏 馨	武 岳	韩舜羽
王瑛琪	谭海燕	王学茹	薛 波	郝 海	叶俊婷	李 艺
李海瑞	赵 磊	白旭东	郭 婧	吕 越	史银鹤	刘 璇
董 璐	白 璞	赵雨嫣	徐 峰	娄小凯	赵海生	邓士超
许多浩	邢路阳	李敬超	扈宁轩	姜美彤	张 媛	郑 辉
王 敏	高亚欣	刘永星	常 乐	陈玉明	周 健	高 阔
李志宏	李佳乐	王 阳	罗 爽	张 媛	刘 璐	张冉昊
李嘉雯	张晓娜	白雪峰	陈兴达	杨 阳	段 佳	田 雨
张 霞	逯泽宇	李文静	金 宝	纳贺雅	其其日力格	
马丽燕	额尔敦仓	赵 运	王曙光	包青青	王圆圆	给力巴
杭 盖	岩 松	李乌兰图雅		呼斯勒	文 丽	李新淼
苏 丽	查汗巴依尔		阿如汗	娜日素	海拉罕	其乐木格

萨日耐　乌亚很　布日格德　秦那日苏　海日罕　梁乌日图白音
苏雅日罕　月　亮　呼斯勒　胡萨如拉　陈高娃　额尔定吉亚　苏米雅
其乐木格　赵丽华　吴爱旭　李雪馨　阿拉西

食品质量与安全（216 人）

郭春旭　纪　欣　李奕萱　张丰生　杨　璐　刘志东　祁　欣
白　绒　白佳鑫　许永强　景安琪　石建航　张鲜桃　樊晓静
马立清　易咏畅　胡均如　徐耀天　刘永俊　杜　婷　张小艺
张欢丽　商庆祥　王唯畅　位哲哲　宝亚琢　孙茹欣　李　鑫
罗　昊　张雅雯　刘　燕　白志强　李　阳　郝晓丽　吴孟男
周剑丽　尹　喆　高梦甜　赵桂娟　乔丹丹　熊威威　刘逸群
赵　楠　闫文雯　高靖雯　孙东城　张唯勤　周　顺　汤海霞
张家起　党　娜　左航恺　熊　丹　贺　强　周天琦　韩　洋
张劲夫　周志敏　袁旭东　杨正奇　李　婧　李东杰　杨诏晴
姜昕禹　马智玲　孙　翀　李　昊　刘　佳　吴梦露　冯志伟
张　旭　杨惠茹　冯　倩　杨晓艳　班　瑞　赵　娜　李梦娇
魏雅娟　刘彦秋　武　雄　白　雪　刘宇隆　王建东　刘　冲
闫　旭　刘晓彤　王禹赫　张伟明　陈　燕　宋炳宣　刘婧婧
张益铭　敖　飞　陈晓波　马亦德

计算机与信息工程学院

计算机科学与技术（44 人）

赵伟伦　迟新宇　张东雪　张　帅　李　昕　孟令宇　周　强
宋佳欣　张瑞环　徐　克　赵丽娜　李　哲　谷宇鹏　宁格林
郭苗苗　郝豆鑫　卞乐乐　哈　洁　王　星　徐　静　韩宏宇
王　雷　柴文盛　万里鹏　范　磊　有　思　高宏媛　薛兆恩
张广斌　刘士杰　潘　蕊　刘　旺　付嘉辉　王希宇　华成鲁
南宏宇　王　彬　金志佳　周璐辉　刘永强　刘军延　梁飞燕
韩　伟　刘美琦

软件工程（77 人）

徐嘉慧　王星月　李鸿雨　杨　娇　李　媛　崔彦楠　高　鑫
连钒棋　刘　冬　丁尚纯　师维东　张露露　孙璐姣　徐　昊
王　晶　李　娜　杨永鑫　李浩武　张　政　李海垚　马文静
李文旭　仲长聚　孟祥璐　王　鹏　王宇航　金书雯　房　芳
崔志超　孙　兴　宿　剑　许志远　杨立欣　韩旭日　张　掬
赵晓宇　曹家夫　付　雷　杜　娟　李雅欣　樊娜娜　袁利利
李　欣　何红湘　魏传杨　郭晓燕　于德春　陈　茹　郭慧峰

贺继广	张洪宽	其格其	任林梅	赵俊博	王博宇	赵志远
刘晓宾	王晓芳	李彩艳	闫　晗	王静波	吕元隆	赵凤枝
张　蕾	何培培	高　欣	刘振宇	李贺康	曾帮祥	张　颖
毛月恒	石浪涌	刘旭阳	白　蕊	陈　豆	袁　琳	刘晓敏

网络工程（74 人）

王宝利	朱　棒	王广义	徐励兴	孙佳甫	岳晓彤	杜　磊
胡锦华	李　娜	辛双玲	卫志刚	吕春磊	张云江	王　涛
季向杰	王素娟	陆　贺	唐　昊	郝梦圆	刘昱垚	黄晨尧
张　飞	杨仁杰	贾文颖	鲍星晨	张雨帆	李　荣	张亚星
田士川	冯　超	姚义鸣	王雯阳	翟颖琦	李　钊	刘晓宇
杨　阳	张　静	刘　宁	史倩雯	张晓双	张鑫鑫	刘　川
班晓强	李云华	陈　飞	郭志娇	刘春雨	金宝珠	彭文丽
刘骋越	于　玲	李　杰	王明杰	赵烜赫	朱恩慧	石　磊
梁志卓	刘林甫	吕亚轩	张佳琪	耿文博	杨晓丽	张　丹
杜文燕	张立宁	潘　迪	杨　彤	刘　敏	李小龙	康增辉
张丕英	拓少敬	王　蒙	高光艳			

信息管理与信息系统（48 人）

韩　乔	刘　洋	王　哲	张晓鸣	越舒瑜	薄　艳	范超君
刘　敏	张　波	郭春荣	张　蕊	邵富丽	樊　昊	王　晶
杨　柳	尹宇飞	李文刚	范开鹏	李　婷	王　爽	廖　猛
郭笑楠	李宏宇	刘艳萍	孙晨达	赵慧敏	李珊珊	何　浩
李　茹	夏淑婧	张妍宁	刘海龙	曹景茹	侯振烊	葛宗鑫
赵贤杰	张昕彤	王　润	王　悦	杨　力	李　娜	赵江涛
程　博	贺梦红	宿熙隆	云　靖	郝俊丽	朱凌云	

生命科学学院

生物工程（33 人）

赵　仙	张　宁	王雅丽	李得海	于慧敏	乔琳娜	刘　鸽
陈　欣	王　超	王月月	范国花	朱　娜	张瑞雪	徐庆峰
曹代京	张　萌	马海鹏	阿吉草尕	郑文玲	邢芷天	李冬梅
韩　锞	刘　静	冯海生	李亚楠	陈　静	申少华	徐慧欣
魏竹君	苗安琪	庄明阳	刘文茹	刘　爽	窦文龙	苏　倩
徐美丽	高晓丹	刘　璐	李宇斐	杨　静	郭　倩	左　岩
冯晓雨	张　田	唐睿豪	王　彬	刘　炜	武　阳	张　曼
王佳欣	王　萌	董继新	田　帅	魏文天	柴晓东	王建霞
康　辉	周心爱	管荣煜	朱晓宇	包晓明	苏　楠	杜少佐

李　静	韩明月	李松原	姜清洁	柳　卿	郭维维	陈　潇
韩冬焱	郑　超	张　涛	王海丽	徐鸿洋	董　晔	贾晶晶
马霞霞	贾苗苗	郭宇泽	杨　慧	郭子文	宋鑫伟	丁　毅
张福利	王晓添	史　娜	杭丽雪	郭玉林	刘芮畅	宋子元
杨晓茹	贾俊欣	张燕霞	张凯凯	蒋宗尚	王　妮	吉毅楠
于艳杰	闫晓敏	于安东	陈志伟	雒佳俊	安　璐	岳子勤
冯　璐	刘　强	贺丽娜	陈　丹	张海东	谭兰玉	侯振宇
马　利	高思禹	陈笑影	刘天保	朱嘉帅	韩　洋	彭新宇
腾吉思	宁　德	乌达木	白雯霞	塔布能斯仁	道力玛	那日杆
高　娃	苏日娜	斯楞格	乌日古莫乐		红　霞	王海霞
红　丽	白小周	梅　玲	巴林其其格		那日苏	成格乐
益拉贵	天格思	道茹娜	乌丽云	塔　娜	宝乐尔	希吉尔
乌日根宝力稿		苏　都	乌日汗	陈佳慧	包伶俐	谦力敢
陈　杰	陈　丰	杨春香				

生物科学（20 人）

王　伟	韩　静	张　婧	郭　贺	崔燕飞	刘雅琦	姚　博
杜香玉	王　宇	杨小荣	陈丽荣	杨喜连	任海燕	李舒蕊
全晓凤	姜依萌	郝艳玲	高志雄	熊晓锋	冯　娟	

制药工程（79 人）

王小玉	龚　荣	裴　丹	王晓洁	钟明月	赵允罗	张丽华
于景苑	要小东	董海伦	刘　彦	刘清华	岳　朦	李欣益
李文馨	王　东	王福海	郑雁泽	刘士良	王雪芹	赵小英
王朋博	杨清兰	林圣朕	梁　欢	张　薇	白海玲	姜梦雪
薛　萍	张文静	贾鑫宇	李亚娜	任　旭	南新如	苏　杰
田晓娜	李　欣	梁晓雪	苏奕璇	杨培芬	阮　征	张瑾茹
庄　敏	王玉玺	李艳艳	孟　乐	张　林	魏廷育	李　思
刘　岩	陈　霞	贾　涛	李慧宁	宋　涵	闫伟东	张胜博
王　星	陈智敏	张红伟	王艳茹	李俊梅	胡娅敏	隋永芳
孙景磊	张　悦	林　双	郝　荣	康欢欢	李勇慧	王世奇
孙晓勇	王　颖	李　楠	陆　浩	孟姝妍	高　磊	胡遵健
赵　磊	刘智赫					

人文社会科学学院

法学（89 人）

王　宁	牛宇瑶	范青青	白雅琴	宋雨航	曹国蓉	马　莉
余　慧	李　璐	岳玫塬	王　杰	王津江	杨　洁	纪娥娥

裴杰平	高阳	杨伟华	韩向宇	郭彦宁	翟殊语	邹双印
秦广丽	龙志朋	南丁	王权	安慧淼	白雪	刘梦佳
郝若初	伊利娜	孙晓慧	罗珍	康粟萌	田方正	何苗苗
陈洁	潘海龙	付朋	刘佩瑶	刘倩	赵圣洁	胡雨倩
魏悦帆	李渊	白云峰	李冬芸	张雪	杨国栋	王宏达
谢娜	张育	孙稼书	张晓娟	尚琦	苏和	常雪婷
桑斯尔	柏丽	于洋	万元	李明扬	徐祯	刘耀
孙洁	石露	兰梦莹	闫佳	菅飘飘	卢思瑾	李永慧
赵蕾	邵佳乐	马晓	田骁晓	王文丽	郭心悦	董艳菊
贺然	乔凯	武晓宇	赵小欣	陈凯莉	陈冉	赵文桥
于婷婷	杨雅茹	柳佳金	程政	塔娜		

社会工作（46人）

周倩尧	刘金浩	李晓悦	范俪	闫薇	常丹	郝晨洁
张天帅	高凤彦	李姣	刘雨禾	胡铁萌	高宇	王毛毛
孙佳玉	潘玥	关月	于鹏	杜冰	高雨婷	王璐
任晓宇	崔立佳	赵艳芬	乌艳嘎	伊日贵	德力和	朱娜
萨如拉	乌尼日图雅		珠澜	朝鲁门	马宇霞	财那
呼和	阿雅娜	孟根希茹	乌音嘎	宝那日格乐		额尼日勒
妩格优荣	新尼呼	宝音朝格拉		包平	其达力	阿娜尔

行政管理（116人）

弓晓琴	周媛媛	张玉玲	王丹	佟雅静	谢雪莲	高倩
谷美丽	张宇	刘佳佳	严蒙	张娟娟	刘静	于欢
王艳静	张晋雅	张慧娟	贾泰	王立春	渠文波	候乐乐
贾玉琳	王洋	王宇峰	呼德夫	赵慧敏	郭秀芳	达日玛
柴政	王宏冉	奇峰	杨雁	乔雅璐	王玉芬	王弼赠
刘艳	王秀	薛莉	张佳	贾掩男	杨丽娜	王帅
付凯玥	王美琦	王鸿然	李宏	方晓	袁小静	张冉易
陈辉	付文谨	董瑞强	李璐	张新元	张妍婷	刘欢
徐志娟	张沐春	石悦红	陈思禹	南秀娟	娜仁格日勒	
鄂日乐	云亚楠	夏宝琪	陈佳琪	乌音嘎	都拉干	其勒格日
吴春雷	宝吉胡冷	陶高斯	于秀秀	布仁散音	意热呼	龚胜利
萨如拉	韩淑红	萨出日拉图		楠慧	额那日苏	文杰
澈力木格	乌日汗	白香荣	何牡丹	彦光	吴海霞	张美春
新特力	海日汗	高日罕	娜仁为依力其		薛凯丽	付青天
淑根	苏日娜	齐忙来	澈力木格	鑫光	乌云高娃	贺文静

扎拉嘎木吉 阿茹娜 孟根仓 乌云嘎 何美灵 查苏娜
扎　那 其其格 朝鲁门照拉 那木汗 吴美丽 苏日高
满都拉 乌日汗

外国语言学院

英语（82 人）

刘会敏 李　越 侯锦瑶 郭嘉欣 苏　利 祁旭冉 李亚洲
王　露 娄　芩 胡慧超 韩念霖 张　璐 刘国华 张雪辉
张悦文 杨丽文 苗芯丹 王　昆 赵一平 张　飞 孙昌琳
米斯琴 李　睿 可　欣 高　原 王冬莲 邢京蒙 讷小乃
陈　晨 蔺　乐 郭艳涛 秦佳佳 刘　慧 李新元 李　丽
倪鹏程 樊月婷 刘　娟 王雪娇 徐皓强 韩雪玲 王旭宁
宿星慧 郭　祯 孙卉芳 蒋世杰 刘文博 仉文平 梁晓琪
王鹏霞 程　航 沈章平 张　扬 邵金月 张天娇 白鸽宇
教兰君 周倩茹 王伯凯 郭雅欣 郭　燕 王馨毓 李建娜
张　青 武　钰 田博源 王　卓 李能静 李　岩 党雅新
张世会 武秋艳 张笑乾 刘如愿 李红莹 田　思 盛　甄
刘　丽 周永芳 赵永旺 李　楠 于　璐

理学院

电子科学与技术（29 人）

何　蒙 高海庭 王鹏程 雷　慧 郭　琛 赵　磊 郈庆良
项晓辉 任　捷 郭明亮 苗庆丰 张文超 陈伟怀 邹　辉
陈其扬 蔡朝阳 张洋洋 李清林 任文凯 白皓宇 董晓晨
景晓洋 霍　攀 党妍妍 曹　旭 秦　梦 曹露芳 李好杰
王伟强

化学工程与工艺（28 人）

杨建雄 王娟娟 陈　昊 武　荣 马英杰 栗俊敏 张　鹏
陈　龙 董莉清 杨卫东 李雅琴 苏子轩 丁　振 闫　好
邓志文 胡　晨 李宏龄 孙　卿 王　垒 闫维源 李　波
张　帅 王　赫 张　宇 张　霞 丁少卿 赵文铨 霍丽丽

应用统计学（57 人）

贾岚杉 郝志强 李红颖 孙丽娜 宋晓贺 刘宇菲 陆艳梅
杨燕青 王艳超 侍　默 雷政寰 邢晓东 安思宇 杨　旭
秦鹏涛 王志影 曾钰鑫 王艳丽 徐文强 刘明成 陶志成
胡小月 王　琦 李强运 王海阳 汪效同 康　娜 李伟娜
陈海鹏 邢鑫鑫 徐丽霞 刘冠宇 张　静 初宾宾 王佳宇

曹梦娜　武　建　张继文　韩斌华　杨　禧　何丽媛　戈桐蕊
朱天宇　贺　琪　王钰鑫　朱亚娟　张　颖　漆影帆　孙　晓
周进取　高　婧　王　宁　马利利　何淑婷　樊荣贵　杨钦钊
赵荣皓

应用化学（31人）

周玉飞　赵　强　陈彦文　孙园园　林在英　李小佳　李　玥
陈　杰　郝　印　李博轩　时梦轩　王宏飞　郭会会　尉梦瑶
薛旭琪　张泽鹏　侯加由　胡先飞　高　晶　王祖申　王　凡
杨江涛　宋明艳　刘玉恒　盛　鹏　梁德智　李　达

能源与交通工程学院

道路桥梁与渡河工程（85人）

李　渊　王志强　王艳茹　禹文龙　张鹏杰　段守岩　李丹阳
袁飞龙　闫佳伟　吕　凯　宫　亮　庞　凯　刘　波　褚立新
严子威　宇文虎男　袁金玲　戴方舟　饶利兴　许　坤　赵乾明
郑　权　肖杨春　苗　多　阎志鹏　李天聪　徐栋栋　李昊天
张雨欣　国明达　赵国宇　苏晨阳　谢海龙　薛艳华　樊　鑫
王志敏　吕俊祥　韩运增　罗　威　张志勇　乔天龙　王德奇
樊建民　刘　畅　王宗琬　范　鑫　朱　浩　韩　冰　刘　魏
蒋　宇　薛　巍　刘满湖　张欣宇　马　旭　宋　闯　孙东伟
苏雅拉图　布日估德　朝鲁门　辛志强　曹都拉呼　额尔敦其其格
郜清明　韩乌恩孟和　包雪峰　何智民　高凯斌　永　强
代乌云达来　包明瑞　周朝力格尔　徐那钦　吐布新
苏要勒　温都苏　德力黑　朝落门　白朝勒门　呼和塔拉　秀　风
成格尔　孔祥云　王志刚　白永生　张永才

交通工程（52人）

李旭康　秦晓璇　云雨林　王一知　刘萦昕　张　旭　牛嘉松
王少武　严　凯　王海东　姚晋玮　付　裕　刘　伟　张　德
李浩然　马新运　吴　炜　王晓辉　王　爽　宋志全　陈星星
刘振楠　李　泽　张　丹　冯　涛　杨　宁　张浩然　敖立超
柴向旭　王怀博　侯　来　赵瑞彬　朱鹏远　张润兵　吕冬雪
李建民　刘旭东　赵　蒙　郭宇辰　衣冰清　艾望强　杨立福
李　宁　巨之通　任尚磊　王文涛　谷艳妮　张哲瑞　陈玉成
王志杰　李海鹏　袁德亮

交通运输（59人）

梁　艳　王明珠　张墨涵　王学峰　信宏宇　杨一帆　党敏茹

赵伟翔　刘浩楠　刘登丰　杨　洋　王晓磊　尹　娟　尹　力
李　铁　张韶华　乔　木　张　萌　杨　东　秦效琼　刘文辰
胥志成　肖龙燕　孙钰棋　罗晓坤　杨丽霞　滕　康　张桂姝
王　莹　卢嘉宇　张　晨　陈嘉伟　刘　鑫　徐吏君　张婷婷
武　琪　柴晓慧　温　靖　杨晓庆　范国瑞　赵国良　刘乾浩
高　荣　王　翔　孙志刚　赵珉可　陈雨娜　张新辉　徐婷婷
付长江　李　晶　高树茂　杨　彬　姚　俊　赵新超　殷　悦
张文亭　白钧元　唐　让

森林工程（46 人）

李孝基　赵海军　赵　灼　郑　利　王　虎　高　磊　纪泽华
高晓星　龚雪峰　温　强　王　凯　杨振军　阎凯香　张天学
焦向前　高金杰　贺　万　古　鹏　林　松　张晨泽　李勋建
王颖慧　董鹏飞　郑　辉　于志远　吕文佳　王　凯　刘启富
段国伟　刘　威　陈　毅　周莘然　郝　赫　李宇星　冯　辉
崔亚东　詹　睿　沈小艺　郑玉良　王祥魁　张　波　李　泉
高武盼　康华琪　何家倩　候　磊

新能源科学与工程（29 人）

李　尧　曹雅星　武欣宇　郭亚星　苗　娜　丁建凯　周　敏
崔　倩　关晓敏　陆文佳　张智杰　成宇轩　刘明伟　李　陆
王　威　侯宝林　付锦宇　杜　慧　金　晶　王璐瑶　马佳星
刘家乐　马明鹏　史建国　刘思敏　吴　涵　王志凯　刘　静
辛晓光

国际教育学院

金融学（9 人）

温雪波　高晨坤　张艺露　王　越　徐小然　岳　帅　胡冬宇
赵　欣　管艺繁

农林经济管理（7 人）

李一丁　段　超　支　超　白　杨　庞及尧　边广陆　宿冉昀

食品科学与工程（5 人）

翁　羽　霍　楠　杨旖彤　王珂亚雄　于海洋

职业技术学院

园艺园林技术系

园　艺（67 人）

袁红兵　韩　昌　赵刘丽　龙　飞　杨晓慧　高自男　高菀濮

刘凤珠	白晓梦	杨　娜	撖彩红	范龙飞	霍亚琪	郭国慧
薛贺斌	孙世美	郝巧丽	张雪峰	李　岩	马　涛	王　硕
李　萍	杜　岚	杨　宇	张　慧	刘　慧	高彩凤	卢秀芳
闫红记	聂美玉	贾　慧	赵　婷	闫烨彤	王　婧	刘昱昊
王　月	高　燕	吕　俊	张　强	王　露	郭彦宇	王　娜
郎磊磊	曾红玲	王海珠	王　蒙	张媛媛	王丽萍	李跃明
崔丹阳	宿新宇	李海娜	闫炜承	张　娜	齐文浩	张皓瑄
张　倩	李晓庆	于新园	申铁钢	杨兴隆	杨　菲	杨福全
王玉婷	曹作宇	范文凤	胡志慧			

园　林（77人）

赵　敏	刘慧曈	赵雪东	任永仙	高　敏	张国权	李　娜
王　凤	任志垚	王　浩	王慧霞	刘成海	王　旭	周文弢
郜秀兰	杜培林	陈　静	朱丽慧	刘永萍	刘　臻	陈玮松
葛　敏	鲁　婷	辛　悦	蔺东勇	范宇进	姜文贤	高　峰
张红叶	张全喜	程　婷	卢欣跃	高美鑫	刘海燕	杨学慧
王　慧	王许赞	云　惠	杨伟衡	许婷婷	叶婷吉	王　莹
师亚军	任慧芳	武鹏程	李艳慧	高　娜	王　倩	李吉隆
迟丽敏	杨福丽	郭　浪	王雨杰	康燕珍	陈　浩	徐　涛
李文正	赵　娜	刘　龙	马　茹	王　雪	郭　婧	吕阳阳
李　昊	王泰儒	李顺欣	张彩清	李军兰	李　娜	秦　璐
贺俊仙	梁　苗	付　慧	梁　龙	王　飞	王晓光	张慧峰

畜牧兽医技术系

动物科学（105人）

张宇波	贾美利	李镇吉	樊　荣	赵会敏	黄兆晗	王晶磊
殷万龙	李梦梦	王　敏	刘冬宝	张　雪	刘　启	刘淑平
王志元	王　宁	白普东	张治国	张景跃	尹　帅	朱宏雪
杨　欢	贾晓怡	钱　旭	信玉双	庞艳鹏	李　进	闫志琪
许艳菲	赵高甫	李　波	闫晓杰	徐　璞	邓志明	郭向天
王　鹏	靳永星	鞠晓楠	张利越	滕柏桧	陈德彬	鲁　鑫
李　超	张蓉蓉	尚海波	李振超	郝　颖	孙美芳	宋书化
狄国栋	刘　鑫	邓雪艳	滕雪娇	张立艳	崔梦茹	褚伟杰
陈凯旋	钱振辉	李文慧	赵　旭	王晓凯	乌仁花	堂黑斯
图　雅	呼布钦	乌英嘎	魏海江	赵学晶	佟芳芳	丽　丽
白香宝	圆　圆	杨　全	陈燕燕	萨日娜	朝鲁门	园　园
李　福	琴　月	张俊生	伟　伟	苏道呼	白音仓	萨仁呼

韩灵芝	李　云	金　玲	吴晓东	陈智光	王家男	包金钢

毕力格图	包敖日格乐	乌格图日归	包元辉
包苏日古格	敖登格日勒	乌格德乐夫	白志强
格伊古拉其	哈斯通拉嘎	乌娅很哈布尔	
苏日格其其格	额日很巴雅尔	哈斯敖日格乐	

食品工程技术系

食品科学与工程（62 人）

杨　迎	张桂芳	王　颖	贾美凤	宋　杰	李　星	张慧荣
毛瑞雪	李　萌	白玉泉	云少鹏	宋亚平	刘志敏	张　瑀
李亚红	蒋东杰	吴　跃	曹　宁	曹国英	张小娟	曾丽娟
吴　娟	张佩鑫	代艳丽	徐　莉	高楚君	杨红玲	王宇茹
张正昊	张　伟	温久峰	张亚兴	张慧芳	尹海霞	褚富贵
程思源	姜亚玲	田静文	刘　悦	刘　珍	付　倩	李宝良
刁永强	曹艳飞	白娜娜	刘彩凤	张艳珍	孙燕春	高　敏
刘仕雨	降智慧	卢立新	赵鑫洋	付志佳	郭宇峰	孙　贺
张晓燕	郭文花	杨　璐	张　鹤	隋洪杰	南云龙	

食品营养与检验教育（46 人）

李明月	王　磊	李　爽	刘星光	宿　欣	梁　颖	丁晓娜
段素荣	孙树宇	阎　丽	刘金莲	姚智芳	田　颖	宋国娇
寇志新	刘瑞娜	张小凤	降文慧	赵丽亭	潘志敏	张　霞
张　鹏	全　茹	乔喜玲	贾先枝	王慧颖	张　花	丁亚妮
张丽发	武波飞	徐晓静	姜　珊	王　慧	张燕芳	郭　婷
林雨莲	李佳维	方保磊	候亚平	段喜瑞	刘　月	付皓东
常万茹	高伟伟	范　燕	王婷洁			

食品营养与检验教育（农产品质量与安全检测方向）（40 人）

王瑞芬	王艳飞	季雨宣	贺红梅	杨冬雪	杨爱英	贺小洁
李　政	杨　宁	陈英露	冯　乐	付东升	张红秀	戚永杰
牛　磊	尹玉春	刘　晨	刘　佳	王庆玲	嘎拉太	代荣慧
姜鑫午	李金凤	秦利利	吕　丹	石春雷	孙　平	杨　乐
张晓艳	张文颖	张卫华	李　冬	刘　桃	李富荣	闫东东
奇丽花	杨小波	张笑维	和卉妍	乔文晴		

建筑工程技术系

土木工程（87 人）

张　磊	宋宝超	闫凯燕	唐艳波	魏义斌	韩星宇	宗桂峰
郭燕龙	赵锋飞	牛俊杰	陈元甲	徐方懿	刘　韦	许凤涛

孙小芳	杨剑波	郝文岩	李　浩	邬　旭	朱小娜	李　悦
杨　帆	李　靖	张立庆	巴特尔	王　坤	郭立成	马志华
郭　磊	高尔宝	于晓娜	黄一帆	韩黎明	张丽娜	王　丹
周志国	杜兰明	袁晓壮	张美霞	安子欣	侯开慧	苗　源
王　杰	周　宁	王智敏	贺俊杰	常　宁	武泽宇	卢海涛
般　琴	翟东硕	常丽丽	田　鹏	刘　鑫	冯艳敏	付春蝶
崔　进	张宏伟	曹恩鹤	马　新	刘伟臣	许　琴	武琦航
刘永茂	刘　瑞	李　慧	万会林	慕建超	马鹏遥	罗丹琳
孔立勇	宇文杰	陈　硕	王新亮	崔　然	杨艾坤	王云飞
曾　兵	姜海南	沈玉杰	贺旭荣	丁红英	侯海琳	蔺淑芳
张彩虹	张淑娟	张　震				

经济管理系

财务会计教育（100 人）

刘颖如	李　恒	王丽爽	张　丹	王二弟	尚姝晓	任甜玘
樊娜林	张　娜	朱永霞	张　丽	张　静	郝雅丽	魏春燕
吕雨泽	张亚秀	王彦方	辛　飞	敖倩倩	仲佳燕	吕　娜
马贞丽	范东霞	樊云霞	班秀英	杨　慧	陈丽霞	王　静
付天红	满嘉诚	赵　婷	张佳敏	王正春	马述泉	赵妍颖
张　宇	王　姣	张　红	唐燕如	胡雅娜	林　楠	王予呈
高竟雄	符佳颖	刘　丽	姜　力	苏美玲	任艳茹	高玉环
段　宁	姚海霞	梁　娜	董　晶	侯雅慧	崔　慧	白　茹
代　敏	张珍珍	郝雨佳	赵　婧	任　晓	刘小平	陈　扬
郝巧莉	武　杰	姜蕴玲	席鑫宇	贾　胜	韩宣通	郑思慧
周　敏	张晓萍	王　陶	李　敏	贾梦楠	赵美旭	丁　宁
吴　洋	黄　慧	张志雯	奥　鹏	于　涵	窦彬彬	张　力
王　杰	王　星	王桂丽	董玉荣	席延芳	刘东芳	王文娟
郝百华	刘　畅	段永清	王佳慧	郝彩霞	宋雪阳	高铭泽
敖　璐	阿拉塔其其					

工商管理（67 人）

刘彦伟	郝艳凤	郭晓凤	徐　亮	赵　茹	樊　荣	杜燕清
张海霞	张　乐	马美燕	冯超越	王　敏	杨　洋	潘丽艳
王春玲	乌日娜	王　欢	杨　娜	白佳能	田　鑫	杨艳清
徐思敏	刘明月	齐燕茹	麻　凤	崔　凤	董　霞	孟庆佳
刘　倩	于亚庆	张学海	宁丽霞	白　洁	潘　虹	冯　雪
樊亚利	陈亚娜	王　帆	赵　璐	徐艳荣	王　霞	王程凤

王　倩　田佳龙　冯　帅　王家橙　崔　洁　武国英　张　静
张　倩　徐　雷　温翠霞　温娜燕　孔祥静　王　冉　曹慧宁
周铁东　吴　倩　孙　伟　王晓艳　任雪彦　贾　媛　包春艳
杨凯莉　王　珏　李　丹　郎海燕

市场营销教育（62 人）

樊慧慧　董竞悦　张　磊　张　娟　马　乐　刘　娜　贾心语
李筱青　任立祺　刘鑫与　候　启　陈彩红　刘美丹　刘　帅
朱　蓉　杨晶晶　张旭丹　寇雅芳　谢　莉　白　娜　王银苹
张　乐　岳丽芳　刘存博　刘月华　杨景云　董　娜　孙　娜
韩　鑫　宋焕霞　郑　婷　武园园　贾靖宇　武媚娟　白明玉
刘玉莹　刘彩红　齐　璐　王亚楠　史峻明　李瑞丰　李　雪
张力儒　刘　苗　李伟杰　郭鹏英　陈艳梅　王　宁　陈　靖
袁　佳　王惠颖　孟欣欣　刘　媛　蔺曦冉　梁　栋　刘　倩
张　瑞　夏　媛　温家杰　王雅琴　鲁　霞　赵　鑫

计算机技术与信息管理系

计算机科学与技术（74 人）

陈　庚　杨文辉　刘　永　赵云卿　王乐乐　屈　丹　李海杰
李天蕾　张镕凡　毛云泽　王纯雪　李　舸　高　艳　任彩红
杜南南　田俊文　兰剑琴　冯子杰　郭　飞　王海青　王　璐
王　巍　魏芳芳　刘容雨　贾　璐　林　峰　丁　苑　杜瑞红
张义东　马月华　刘　威　路海亮　张　皓　邱苗苗　苏家琪
魏丽丽　郝　帅　肖艳锋　于建霞　刘晓艳　郭照宇　单　帝
侯一敏　王　玉　徐　静　董晓英　任倩楠　胡月胧　郝树芳
赵小琴　李　鑫　张巧梅　包云凡　刘皓铭　卢茹茹　高　婷
曹洪志　郭元耀　赵艳荣　薛　磊　李健伟　武鹏飞　温金娜
高梦娇　龙　棐　吴朕国　吴光耀　曹国杰　睢　正　陈雅琪
包佳玮　梁宏霏　郑　双　万世珍

艺术设计系

环境设计（47 人）

程俊静　李　峥　王智敏　段　薇　张志慧　王　芳　贾　转
孙　伟　高雪妮　赵　丹　付小娜　陶格斯　张佳华　郝慧珍
侯　博　萨　娜　陈瑞卿　张少奇　而　谦　侯　智　武　佩
韩　红　李娜娜　燕茹茹　刘晓宇　王宁祺　任贵清　邬恩惠
孙庆玲　段成兵　张春燕　王　宁　刘亭亭　国　茹　孟娇娇
张文君　刘旭午　谢静瑶　谢　雨　邵　羚　杨曦辉　李　翔

张冠男	聂　凡	霍禹如	宋丽霞	徐元君		

视觉传达设计（52 人）

杜雨忆	祁　玲	张　荣	陈引弟	郭海燕	王娇娇	陈　慧
张玉颖	鲁海波	王　茹	张　露	杨琴琴	齐　悦	李　宵
尹　晴	王泽军	符金珞	宋　娟	高慧纯	郭子龙	袁　乾
张　露	王兆庆	温嘉慧	斉　茹	白　微	李瑞雪	卢海洋
郭　军	张兰芳	王建军	李　娜	陈　浩	凌培煜	胡　雪
于淑娟	王晓敏	化小娜	齐云云	王　洁	李雅俊	郭　鹏
贺雅菲	刘　科	吕　欣	范颜飞	赵佳妮	陈　慧	朱景艺
翟　佳	葛思宇	肖　峰				

旅游管理系

旅游管理与服务教育（70 人）

刘唯一	田　雨	王思奥	于洋洋	张云天	马永强	白　玉
张　瑞	赵雪玲	秦亚如	王　玥	万影慧	齐　昕	周　红
吕　元	兰文涛	丛娜娜	张利娜	杨兆峰	段晓慧	齐　佳
刘梓琰	田　敏	王　娟	姜俊冉	王　琦	李　露	张　强
李　星	贾美霞	董明莉	杜美佳	单春美	苏明月	贾　蓉
冯娜娜	白秋美	安智央	张美犍	明亚琨	钱雪松	蒋智如
张晓庆	王玉兰	张凯丽	张兰月	高丽敏	韩　政	陈晓雪
冯彩霞	张亚旭	郑佳妮	王凤茹	张雅星	李　娜	金　桃
盖思宇	毕亚男	赵虹粲	张　雯	高　婷	宋　妍	白凤青
贾福伟	夏书霖	曹　霞	杨盛宇	李　露	赵婉琳	刘小苗

大事记

2018 年大事记

一月

1 月 2 日　校党委召开 2017 年度分党委（党总支）书记抓党建述职评议会。

1 月 2—7 日　内蒙古农业大学举办第六届“乒羽杯”教职工乒乓球、羽毛球团体赛。

1 月 4 日　国家重点研发计划“粮食丰产增效科技创新”重点专项“东北西部春玉米抗逆培肥丰产增效关键技术研究与模式构建”项目启动会在内蒙古农业大学召开。

1 月 4—21 日　由内蒙古农业大学承办的“2017 年全区高校辅导员培训班”在内蒙古农业大学举行。

1 月 5 日　内蒙古农业大学对 2017 年体育工作先进集体和先进个人进行表彰。会上共表彰了 2 支优秀运动队、2 名最佳运动员、143 名优秀运动员、4 名优秀教练员、4 名优秀体育教师、3 名优秀体育工作者和 1 个体育教学部突出贡献奖。

1 月 5 日　内蒙古农业大学经 2017 年 12 月 15 日校党委会研究决定，将农学院调整分设为农学院和园艺与植物保护学院，同时成立农学院和园艺与植物保护学院筹备工作组。(内农大党发〔2018〕1 号)

1 月 8 日　内蒙古农业大学举行内农大 · 阿里云 · 知途教育共建大数据学院签约仪式暨“农业大数据研发与教育报告会”。

1 月 8 日　内蒙古农业大学批准机电工程学院的“电力系统虚拟仿真实验项目”和生命科学学院的“重组蛋白的分离与纯化虚拟仿真实验项目”为校级示范性虚拟仿真实验教学项目，各资助 10 万元建设经费。(内农大教字〔2018〕1 号)

1 月 11 日　内蒙古农业大学举行 2017 级应善良助学金发放仪式，30 名 2017 级家庭经济困难学生获得了每人 3 000元的助学金。

1 月 12 日　内蒙古农业大学 2017 年安全管理工作成绩突出，受到内蒙古自治区教育厅通报表彰。(内教校安字〔2018〕2 号)

1 月 14 日　内蒙古阴山优麦燕麦研究院与内蒙古农业大学签署《开展燕麦产业产、学、研合作协议书》。

1 月 15 日　由内蒙古农业大学草原与资源环境学院博士研究生刘鹰昊为第一作者、贾玉山教授为通讯作者、内蒙古农业大学为通讯单位的最新研究成果“干旱胁迫对紫花苜蓿产量和营养品质的影响”（Influence of drought stress on alfalfa yields and nutritional composition），在线发表于国际植物生物学专业期刊《植物生物学》（*BMC Plant Biology*）。

1 月 16 日　内蒙古农业大学举办第六届辅导员职业能力大赛。

1月17日 内蒙古农业大学被内蒙古自治区教育厅认定为第一批自治区级“平安校园”。（内教校安字〔2018〕1号）

1月18日 内蒙古农业大学附属中学被授予“呼市赛罕区教育系统2017年度民办教育优秀学校”，基础教育中心副主任、内蒙古农业大学附属中学副校长于涛被授予民办学校“十佳校长”称号，幼儿园逢鑫被授予民办学校“十佳教师”称号。（呼赛教工委〔2018〕8号）

1月19日 内蒙古农业大学乳品生物技术与工程教育部重点实验室主任张和平教授主持承担的国家国际科技合作专项“中俄自然发酵乳中乳酸菌资源的收集及开发利用”通过专家组技术验收。

1月20日 内蒙古农业大学校党委领导班子召开了2017年度民主生活会。自治区纪委第三纪检监察室副主任石广瑞、自治区党委组织部干部四处副处长（正处级）刘海鹏出席会议。

1月26日 内蒙古农业大学公布2017年教育教学改革研究项目82项，其中重点项目20项，一般项目62项。（内农大教字〔2018〕3号）

二月

2月5日 内蒙古农业大学与阿里云计算有限公司、江苏知途教育科技有限公司签署“内蒙古农业大学·阿里云数据学院”合作共建框架协议书。

2月11日 内蒙古农业大学在2017年度赛罕区社会治安综合治理暨依法治区工作年度考核中，被评定为成绩优秀单位。（呼赛综治委〔2018〕1号）

2月12日 内蒙古自治区人力资源和社会保障厅副厅长丁飞一行于春节前夕，专程来内蒙古农业大学看望慰问自治区优秀专家代表李青丰教授，并向他致以亲切的问候与新春的祝福。

2月25日 阿拉善左旗人民政府与内蒙古农业大学、阿拉善职业技术学院签署三方合作办学框架协议。

2月28日 加拿大农业与农业食品部周坚强博士访问内蒙古农业大学，并作题为《中加农业科技合作——推动中国现代化农牧业创新发展》的专题报告。

2月28日 内蒙古农业大学5项科技成果获得2017年度内蒙古自治区农牧业“丰收奖”。其中，主持完成的玉米“两改一增二保”丰产节本增效技术集成与推广和中国—加拿大肉羊饲用作物种植技术研究与示范推广等2项成果获得一等奖；作为主要完成单位的北方高寒地区蔬菜学穴盘育苗技术研究与示范推广（赤峰市经济作物工作站）和向日葵列当综合防控技术应用与推广（内蒙古自治区农牧业科学院）等2项成果获得一等奖，甜菜优质、高效纸筒育苗移栽模式化栽培技术推广（内蒙古自治区农牧业科学院）成果获得二等奖。

三月

3 月 4 日　内蒙古农业大学首个辅导员工作室“贺斐辅导员工作室”在内蒙古农业大学职业技术学院挂牌成立。

3 月 4 日　内蒙古农业大学召开 2018 年春季食品安全和生产安全培训会。

3 月 8 日　根据内蒙古自治区党委关于巡视工作的统一部署，以郭荣祥同志为组长的自治区党委第二巡视组巡视内蒙古农业大学党委工作动员会在我校西区书缘会议室召开。

3 月 9 日　加拿大阿尔伯塔大学农业、生命及环境科学学院副院长吉姆·博鸿博士（Dr. Jim Bohun）、加拿大阿尔伯塔大学招生顾问吉莉安·普拉特（Ms. Jillian Pratt）来内蒙古农业大学访问。

3 月 9 日　内蒙古农业大学附属中学被评为 2017 年度呼市赛罕区教育系统“校园安全管理工作优秀集体”，副校长刘俊被评为“校园安全管理先进工作者”。（呼赛教工委〔2018〕48 号）

3 月 12 日　内蒙古农业大学对第六届辅导员职业能力大赛优秀个人贺斐等 12 位辅导员进行表彰并予以奖励。（内农大学字〔2018〕2 号）

3 月 14—16 日　在以“国际科学与实践大赛Ⅲ——城市基础环境设施建设 XXI”为主题的第三届乌克兰国际科学与实践大赛中，内蒙古农业大学公派乌克兰国立航空大学硕士留学生何玉林的参赛作品《中国道路发展现状》获得第一名。

3 月 15 日　教育部公布首批“新工科”研究与实践项目，内蒙古农业大学屈冉负责的项目《“全真”工程现场模拟实践教学模式研究》获得批准立项。（教高厅函〔2018〕17 号）

3 月 15—23 日　由中国商务部主办，内蒙古农业大学承办的 2018 年中国—蒙古国跨境经济合作建设研修班在内蒙古农业大学举办。

3 月 16 日　内蒙古自治区大数据发展管理局副局长张广收一行三人来内蒙古农业大学考察学校大数据工作情况。

3 月 17 日　内蒙古农业大学授予宗哲英等 10 人（团队）和陈忠军等 20 人（团队）2017 年度“助力大学生创新创业”突出贡献奖称号，分别奖励 6 000元和 3 000元。（内农大工字〔2018〕3 号）

3 月 17 日　内蒙古农业大学举行“奔跑吧！大学生”2018 年校园马拉松比赛。

3 月 20 日　内蒙古农业大学对 2018 年 36 项教学成果奖获奖项目进行表彰，普通本科教育教学成果奖 32 项，其中一等奖 16 项、二等奖 16 项；高等职业教育教学成果奖 4 项，其中一等奖 2 项、二等奖 2 项。（内农大校发〔2018〕1 号）

3 月 21 日　美国驻华大使泰里·布兰斯塔德先生（Terry Edward Branstad）一行访问内蒙古农业大学。

3月22日 内蒙古农业大学与呼和浩特市结核病防治所、赛罕区大学东路社区卫生服务中心联合主办了防治结核病专题讲座。

3月22日 内蒙古农业大学关心下一代工作委员会召开2018年全委会工作会议。

3月23日 内蒙古农业大学表彰2016—2017学年度三好学生、优秀学生干部，授予动物科学学院拉希玛等929名学生三好学生荣誉称号，授予兽医学院王苏日古嘎等463名学生优秀学生干部荣誉称号。（内农大学字〔2018〕3号）

3月23日 内蒙古农业大学举行"学习十九大精神，不忘初心跟党走"大学生形势与政策知识竞赛。

3月24日 内蒙古农业大学邀请"蒙港倩影"摄影联展走进学校，让广大师生了解内蒙古自治区成立70年来取得的伟大成就和香港回归20年以来取得的历史性成果，在光影世界中感受文化自信。

3月24日 内蒙古农业大学召开第四届"一院一精品"心理教育活动成果汇报会。

3月25日 由内蒙古农业大学人文社会科学学院承办的2018年国际社工日主题宣传活动暨内蒙古高校社会工作知识竞赛在内蒙古农业大学举行。

3月26日 美国费耶特维尔州立大学国际部主任陈允恺博士来内蒙古农业大学访问。

3月27日 阿拉善职业技术学院院长周玉碧、副院长郭翠凤一行5人来内蒙古农业大学考察。

3月28日 内蒙古农业大学召开第三届中学校长见面会，与来自全区28所中学的校长、主任共同探讨新高考改革下，如何搭建高校与高中信息互通平台。

3月29日 内蒙古自治区党委考核组对内蒙古农业大学领导班子及成员2017年度工作实绩进行考核。

3月29日 内蒙古农业大学被呼和浩特市赛罕区区委、区政府授予继续保留赛罕区级"平安高校"荣誉称号。（赛党发〔2018〕9号）

3月29日 内蒙古农业大学举办2018年"职"言不讳生涯论坛。

3月30日 内蒙古农业大学应邀参加由内蒙古自治区人民政府、国家科技部主办的"2018赤峰·中国北方农业科技成果博览会"，并在农业高新技术成果展区展出14项科技新成果。

3月30日 内蒙古农业大学举行2017年度精品党日活动评选暨表彰大会，对沙漠治理学院党总支等12个精品党日活动和林学院党委等6个优秀组织单位进行表彰。

3月31日 内蒙古农业大学举办2018届毕业研究生春季"双向选择"洽谈会。

四月

4月2日 内蒙古农业大学与锡林郭勒职业学院、兴安职业技术学院分别签署《2018年合作试办本科职业教育协议书》。

4月4日 国际知名期刊 *Science*（《科学》）子刊 *Science Advances*（《科学进展》）刊出论文《Improved de novo genomic assembly for the domestic donkey》（《优化的从头组装家驴基因组》），该论文对内蒙古农业大学动物科学学院芒来教授领衔的马属动物研究中心关于家驴基因组的研究成果进行了引用和参考。

4月12日 内蒙古农业大学与乌海职业技术学院、内蒙古建筑职业技术学院分别签署《2018年合作试办本科职业教育协议书》。

4月13日 内蒙古自治区政协党组副书记、副主席王中和率自治区政协、教育厅、科技厅、财政厅等部门相关负责人到内蒙古农业大学就“双一流”建设情况进行调研指导工作，实地参观了学校动物科学学院云畜牧平台实验室、乳品生物技术与工程教育部重点实验室，并听取了相关汇报。

4月13日 内蒙古自治区教育厅公布2018年度批准立项的全区高等学校大学生思想政治教育专题研究项目，内蒙古农业大学侯振虎主持的委托项目“内蒙古高校大学生心理健康服务可及性评价研究”（编号NJSZ1816）、韩瑞平主持的重点项目“思想政治工作协同推进大学生创新创业能力提升实践研究——以内蒙古高校为例”（编号NJSZ1803）、杨逸隆主持的一般项目“内蒙古高校大学生基于家庭感情与经济因素引发心理危机干预的策略研究”（编号NJSZ1810）获得批准立项。（内教学工字〔2018〕6号）

4月13日 内蒙古农业大学与乌兰察布职业学院、呼和浩特职业学院分别签署《2018年合作试办本科职业教育协议书》。

4月13—15日 内蒙古农业大学第十六期青年马克思主义培养工程大学生骨干培训班开班暨2018年形势政策报告会开讲。

4月14日 内蒙古农业大学举办第七届教职工万米接力赛。

4月15日 在全国农学院协同发展联盟华北片区大学生农业创新创业大赛中，内蒙古农业大学农学院选送的两个参赛项目《无人机植保服务公司》《智能温室大棚控制系统》，分别获得一、二等奖（省部级）。

4月16日 蒙古国驻呼和浩特市总领事MUNKHERDENE为内蒙古农业大学送来一封感谢信，他代表总领馆感谢学校多年来在人才培养上对蒙古国所作的贡献。蒙古国驻呼和浩特市总领事馆还代表蒙古国教育文化科技体育部，为学校国际教育学院席锁柱院长颁发“教育贡献”奖状，为国际教育学院留学生办公室主任额日很宝力嘎颁发“蒙古国教育文化科技体育部先进工作者”荣誉证书和胸章。

4月16日 爱尔兰国立科克大学代表团一行三人访问内蒙古农业大学，代表团成员、语言中心教师卡洛琳·奥布里恩女士（Ms. Carolyn Obrien）为学校师生作了爱尔兰文化专题讲座。

4月16日—5月28日 内蒙古农业大学举办第四届语言与国际文化外教论坛。

4月17日—5月7日 由中国商务部主办，内蒙古农业大学承办的2018年蒙古大棚蔬菜种植技术培训班在内蒙古农业大学举办。

4 月 18 日　俄罗斯符拉迪沃斯托克（海参崴）国立经济与服务大学外事处国际教育项目科博格达诺维奇·塔季亚纳（Bogdanovich Tatiana）女士一行三人访问内蒙古农业大学。

4 月 19 日　内蒙古农业大学举办宗教知识专题辅导讲座，内蒙古自治区党委统战部民族宗教处申淑玉受邀作了题为《高校宗教工作面临的形势及任务》的报告。

4 月 19 日　内蒙古农业大学举办的“职”言不讳生涯论坛开展金融知识专题分享。

4 月 20 日　新疆巴音郭楞蒙古自治州教育局、新疆巴州人力资源和社会保障局委托内蒙古农业大学定向培养学生，本着合作、协商原则，双方签署《定向培养人才协议书》。

4 月 20 日　内蒙古农业大学授予外国语言学院等 9 个学院“2017 年度学生工作先进单位”荣誉称号。

4 月 20 日　内蒙古农业大学举办大学生创新创业教育推进会暨第四届中国“互联网+”大赛解读。

4 月 21—28 日　在 2018 年全国大学生 CUBA（阳光组）篮球锦标赛内蒙古预选赛中，内蒙古农业大学代表队在校园组男子篮球赛中获得冠军。

4 月 22 日　内蒙古农业大学与内蒙古电子信息职业技术学院、乌海职业技术学院、内蒙古锡林郭勒职业学院、乌兰察布职业学院、内蒙古建筑职业技术学院、呼和浩特职业学院、内蒙古商贸职业学院、内蒙古机电职业技术学院、内蒙古丰州职业学院分别签署《接收专升本学生的协议》。

4 月 23—28 日　在内蒙古自治区第十四届运动会（高校组）乒乓球比赛中，内蒙古农业大学代表队获得女子团体第三名，男子团体第七名。

4 月 24 日　内蒙古农业大学人文社会科学学院与内蒙古自治区高级人民法院知识产权审判庭联合开展“庭审进校园”活动。

4 月 28 日　内蒙古自治区教育厅公布 2018 年高等教育自治区级教学成果奖获奖名单（内教高字〔2018〕28 号），内蒙古农业大学获得自治区级教学成果奖 14 项，其中一等奖 5 项，二等奖 6 项，三等奖 3 项。

李海军等 6 人完成的《农业电气化专业创新人才培养体系的构建与实践》、芒来等 5 人完成的《强化特色、整合资源应用型马业人才培养模式的研究与实践》、闫素梅等 6 人完成的《发挥学科建设与教学团队作用，助推动物营养与饲料科学系列课程教学质量提高》、王春光等 8 人完成的《基于大学生创新创业能力培养的实践教学体系构建与实践》4 项成果获得（本科）一等奖；冯贵宗等 5 人完成的《旅游类专业“校企协同”实践教学体系的创新与实践》1 项成果获得（高职）一等奖。

周海龙等 5 人完成的《哲学与 BIM 技术指导下的结构力学教学与实践》、付学良等 7 人完成的《基于互联网+技术的农林类大学计算机基础课程群的研究与实践》、布和额尔敦等 6 人完成的《蒙汉双语授课数学课程之建设与实践》、韩瑞平等 7 人完成的《民族地区高校大学生全程成华创新创业教育体系研究与实践》、李剑等 6 人完成的《“互联网+”视域下大学英语 Student-centered 教学模式的研究与实践》5 项成果获得（本科）二等奖；王耀等 6 人完成的《“产教结合”建设校内生产性实训基地，“工学交替”培养技术技能型实用人才》1 项成果获得（高职）二等奖。

孟建宇等 4 人完成的《微生物学开放式实践教学模式的探索与实践》、闫祖威等 7 人完成的《高等农林院校数理化公共基础课“因材施教、分类培养”探索与实践》、李士珍等 5 人完成的“《中国现代史纲要》课程专题教学方法研究”3 项成果获得（本科）三等奖。

4 月 28 日 共青团内蒙古自治区委员会表彰 2017 年度“全区优秀共青团员、团干部”和“全区五四红旗团委、团支部”，授予内蒙古农业大学李祥、崔元飞、魏兆鸿（女）、丽丽（女，蒙古族）“全区优秀共青团员”荣誉称号，授予郭倩（女）、胡晓燕（女）“全区优秀共青团干部”荣誉称号，授予内蒙古农业大学团委“全区五四红旗团委”荣誉称号。（内团发〔2018〕8 号）

4 月 28 日 内蒙古农业大学表彰 2017 年度共青团“五四”先进集体和个人，授予 2016 级动科蒙一班等 28 个班集体“五·四红旗团支部”荣誉称号；授予 2016 级动科汉二班等 28 个班集体“学业进步先进团支部”荣誉称号；授予胡晓燕等 15 名同志“优秀教师团干部”荣誉称号；授予孙海静等 178 名同学“优秀学生团干部”荣誉称号；授予图门仓等 76 名同学“优秀学生会干部”荣誉称号；授予杨洋等 375 名同学“优秀团员”荣誉称号；授予朝鲁门等 263 名同学“学业进步先进个人”荣誉称号。（内农大团发〔2018〕6 号）

4 月 28 日 在 2018 年第四届内蒙古自治区科普讲解大赛中，内蒙古农业大学参赛选手朱芳慧、王舒宇分别获得二等奖，并被评选为“十佳科普使者”，学校荣获优秀组织奖。

4 月 28 日 内蒙古农业大学党委书记邬建刚、纪委书记哈斯巴根前往学校定点帮扶村——四子王旗吉生太镇公合成行政村调研精准帮扶工作，看望学校驻村挂职干部。

4 月 28 日 内蒙古农业大学举办党外人士学习全国“两会”精神报告会，全国人大代表、兽医学院教授呼和巴特尔作了全国“两会”精神学习报告。

4 月 28 日 内蒙古农业大学科技处处长、水利与土木建筑工程学院教授刘廷玺荣获全国“五一”劳动奖章。

4 月 29 日 美国大学生数学建模竞赛官网（www.comap.com）公布 2018 年美国大学生数学建模竞赛的获奖结果。内蒙古农业大学六个参赛队分别获得 Honorable Mention（二等奖）1 项及成功参赛奖 5 项。

4 月 29 日—5 月 3 日 内蒙古农业大学食品科学与工程学院教授、中国畜牧业协会骆驼分会会长吉日木图博士和兽医学院教授、内蒙古骆驼保护学会理事长哈斯苏荣博士，应沙特费萨尔国王大学骆驼研究中心主任费萨尔·阿拉玛森（Faisal Almathen）博士的邀请，访问沙特阿拉伯。

4 月 在全国第五届大学生艺术展演活动中，内蒙古农业大学选送的群舞《骏马归来》荣获展演活动艺术表演类（舞蹈）一等奖，学校荣获高等学校优秀组织奖。

4 月 博尔塔拉蒙古自治州人力资源和社会保障局 2018 年委托内蒙古农业大学定向培养学生，双方签署《普通高等学校定向就业招生协议书》。

五月

5 月 2 日 2018 年呼和浩特征兵宣传教育进高校暨优秀大学生士兵巡回演讲活动在内蒙古农业大学举行。

5 月 4 日 内蒙古农业大学举办纪念中国共产主义青年团成立 96 周年暨第 32 届“金马杯”文艺汇演。表彰了学校 2017 年度 28 个五四红旗团支部、28 个学业进步先进团支部、15 名优秀教师团干部、178 名优秀学生团干部、263 名学业进步先进个人。校团委被授予 2017 年度“全区五四红旗团委”荣誉称号。

5 月 4—5 日 内蒙古农业大学公派乌克兰国立航空大学硕士留学生何玉林，以青年学者的身份应邀出席立陶宛国立技术大学举办的第二十一届国际初级研究者会议。

5 月 4—10 日 内蒙古农业大学承办 2018 年内蒙古自治区“主席杯”校园足球四级联赛大学本科校园女子组足球比赛暨内蒙古第十四届全区运动会高校女子组足球比赛。学校获得第三名，10 号选手吉日嘎拉其其格获得“最佳射手奖”，裁判员马珂佳、张小玲和白艳获得“优秀裁判员奖”，教练员葛乐、张晓明、白亚峰及文奇荣获“优秀教练员奖”。

5 月 5 日 内蒙古农业大学举办留学生消防安全知识讲座，并进行灭火逃生演练。

5 月 6 日 内蒙古农业大学举办第四届“哈斯格”蒙古象棋大赛，内蒙古国际象棋协会主席苏德，内蒙古蒙古象棋协会副主席兼秘书长阿拉坦德勒黑，内蒙古国际象棋协会副秘书长韩元军出席大赛。

5 月 6 日 内蒙古农业大学举办第十四届大学生“心理文化活动月”开幕式暨大型现场心理教育活动。

5 月 9 日 内蒙古农业大学表彰第二届“十佳班主任”，授予那仁巴图等 30 名同志“优秀班主任”荣誉称号，授予刘杰才等 10 名同志“十佳班主任提名奖”荣誉称号，授予呼格吉勒图等 10 名同志“十佳班主任”荣誉称号。（内农大党发〔2018〕9 号）

5 月 10 日 内蒙古农业大学与内蒙古低碳发展研究院、内蒙古众谊环保科技股份有限公司举行战略合作框架协议签约暨盐碱荒漠化综合治理与生态修复研究院揭牌仪式。原全国政协常委、民盟中央常委、内蒙古政协副主席、民盟内蒙古区委主委、内蒙古低碳发展研究院院长许柏年，内蒙古众宜环保科技股份有限公司董事长白雅日吐、总经理李玉法等负责人出席签约仪式。

5 月 10—11 日 在内蒙古自治区第六届高校辅导员素质能力大赛中，内蒙古农业大学 3 名辅导员参赛并获奖，其中，职业技术学院贺斐、材料科学与艺术设计学院王雪鹏获得一等奖，外国语言学院孙玉伟获得二等奖，贺斐还获得案例分析单项奖。

5 月 11 日 内蒙古自治区党委组织部公布第八批“草原英才”工程评审结果（内

组通字〔2018〕19号），内蒙古农业大学张玉带头的“畜禽安全生产与健康养殖协同创新人才团队”、红梅带头的“土默川平原盐碱地生态修复机理与技术创新集成团队”、张永带头的“现代农牧业工程新技术研发及应用创新人才团队”、屈忠义带头的“盐渍化灌区水盐运移机理与盐碱障碍生态调控技术创新人才团队”4个二层次团队入选产业创新创业人才团队，奖补金额108万元；王喜明、陈霞、赵宝平、王忠武、赵元凤、云岚、李小燕、格根图、赵明敏、任海燕等10人入选“草原英才”，奖补金额90万元。

5月11日 在内蒙古自治区“主席杯”校园足球四级联赛大学本科组校园组决赛、自治区第十四届运动会高校足球比赛暨2018—2019全国青少年校园足球联赛本科校园组男子组选拔赛中，内蒙古农业大学获得亚军，同时获得2019年代表自治区高校校园组参加全国西北赛区比赛的资格。

5月11—12日 内蒙古农业大学举办第五十三届田径运动会。经济管理学院以414.5分的成绩获得学生组团体第一名，林学院分会以239分的成绩获得教工组团体第一名。

5月13日 内蒙古农业大学党委组织部对2017年度12个精品党日活动及6个优秀组织单位予以表彰。（内农大党组发〔2018〕5号）

5月15日 内蒙古农业大学校医院作为赛罕区大学东路社区卫生服务中心，代表呼和浩特市基层医疗机构，接受全国人大常委会传染病防治法执法检查组对基层医疗机构进行传染病防控工作的执法检查。全国人大常委会副委员长蔡达峰，全国人大常委会委员、副秘书长、全国人大教科文卫委员会委员古小玉，内蒙古自治区人大常委会副主任吴团英，自治区副主席欧阳晓晖，呼和浩特市副市长徐睿霞，以及自治区、呼和浩特市、赛罕区三级疾控单位等相关领导，莅临校医院参观检查。

5月16日 内蒙古农业大学举办第十三届大学生程序设计竞赛。

5月18日 内蒙古农业大学授予动物科学学院郭丽丽等600名学生2018届优秀毕业生荣誉称号。（内农大学字〔2018〕9号）

5月18日 内蒙古农业大学团委举办红色经典诗歌会。

5月20日 内蒙古农业大学九三学社直属高教二支社举办以“不忘初心，铭记历史”为主题的纪念中共中央发布“五一口号”70周年活动。

5月21—29日 在2018年内蒙古自治区第十四届运动会高校组篮球赛中，内蒙古农业大学男子篮球队和女子篮球队分别获得男子组和女子组亚军。

5月22日 内蒙古农业大学动物科学学院与瑞士潘可士玛（中国）反刍动物研发中心、内蒙古优然牧业反刍动物生产研发中心以及内蒙古正大食品有限公司举行签约揭牌仪式，并分别签订合作协议。

5月22日 内蒙古农业大学与内蒙古化工职业学院签署《接收专升本学生的协议》。

5月22日 内蒙古自治区党委决定：提名免去王春光同志内蒙古农业大学副校长职务，退休。（内党干字〔2018〕132号）

5月22日 在内蒙古农业大学举办“2018高雅艺术进校园——中央芭蕾舞团走进内蒙古农业大学”活动。

5月24日 呼和浩特市公安局在内蒙古农业大学开展高校安全教育宣传活动。

5月24日 内蒙古自治区金谷农商银行高金子受邀为内蒙古农业大学学生宣讲金融安全网络知识。

5月24—29日 在2018年中国大学生中国式摔跤锦标赛中，内蒙古农业大学派出的十人参赛队，获得甲组男团第五名和甲组女团第五名，同时获得个人金牌1枚、银牌5枚、铜牌3枚。

5月25—27日 在2018中国旅游暨安防机器人大赛中，内蒙古农业大学机电工程学院组织五支代表队参赛。在大学组越野一型巡线机器人项目中，“尧”代表队获得一等奖；大学组越野二型巡线机器人项目中，“复仇者”代表队、“小黄皮”代表队分获两项二等奖；大学组格斗机器人项目中，“机电院巴特尔”“机电院专依达”代表队分获两项三等奖。

5月30日 在内蒙古农业大学职业技术学院召开土默特右旗第十一届敕勒川旅游文化节暨内蒙古农业大学职业技术学院第九届“大北农情”校园那达慕大会。土默特右旗委常委、统战部部长付俊奎，土默特右旗委常委、宣传部部长任志刚，土默特右旗政府副旗长冯桂莎，土默特右旗政协常务副主席赵光出席。

5月30—31日 内蒙古农业大学召开由清华大学环境工程学院、老牛基金会主办，内蒙古农业大学与大自然保护协会、内蒙古农牧业科学院、内蒙古和盛生态育林有限公司共同承办的“草原生态健康与可持续发展”研讨会。

5月31日 内蒙古农业大学2018年度第一批“高等学校青年骨干教师出国研修项目”申请出国留学人员全数获得国家留学基金管理委员会录取派出资格。

六月

6月1日 内蒙古农业大学被呼和浩特市计划生育协会、赛罕区卫生和计划生育局确定为首批“青春期健康教育示范基地”，并在内蒙古农业大学第二届青春健康校园文化节主题宣传活动中举办了揭牌仪式。

6月5日、6日、14—19日 内蒙古农业大学机电工程学院、林学院、材料科学与艺术设计学院分别举办了2018届学生毕业设计展，集中展示了学校相关专业毕业生的四年学习成果。

6月6日 内蒙古农业大学授予生命科学学院团委（团总支）等9个单位“2017年度共青团工作‘实绩突出单位’”荣誉称号。（内农大团发〔2018〕8号）

6月7日 内蒙古自治区党委决定：李畅游同志退休。（内党干字〔2018〕156号）

6月7日 在内蒙古中蕴马产业集团“一马当先——2018内蒙古中蕴马产业集团马产品、马文化、马科学（上海）发布会”上，举办了由内蒙古农业大学副校长、马属动物研究中心首席科学家芒来教授与内蒙古中蕴马产业集团共同完成的《蒙古马精神》一书出版发行启动仪式，并签订战略合作协议。

6月12日 内蒙古农业大学农学院学办主任申鸣、职业技术学院学生工作处李龙梅被评为“2017年全区普通高等学校大学生征兵工作先进个人”。（内教学工字〔2018〕22号）

6月13日 内蒙古农业大学给予冯彩蕊等50名学生颁发2017年蒙草励志奖学金。（内农大学字〔2018〕15号）

6月14日 内蒙古农业大学和内蒙古自治区残疾人福利基金会在内蒙古农业大学共同举办“共享阳光 共赴小康”残疾人励志公益宣讲活动，战斗英雄、残奥冠军孙长亭为师生作了主题为“只有超越自我 方有出彩人生”的励志宣讲报告。

6月18—28日 在2018年全国青少年校园足球联赛大学生男子组校园组（西北）决赛中，内蒙古农业大学男子组获得第四名。

6月19日 内蒙古农业大学留学生代表队获得第三届“留动中国”在华留学生阳光运动文化之旅东北赛区定向越野比赛季军。

6月19日 内蒙古农业大学举行易班工作经验交流分享会。

6月20日 内蒙古农业大学举办第四届书香校园读书交流会。

6月20—22日 内蒙古农业大学举行2018届本科毕业生毕业典礼。

6月21日 内蒙古农业大学举行2018届研究生毕业典礼暨学位授予仪式，2018届毕业研究生共811人，其中，68人获得博士学位，743人获得硕士学位。

6月21日 内蒙古农业大学对2017年重点专项工作表现突出的动物科学学院等12个先进单位进行表彰奖励。（内农大校发〔2018〕17号）

6月22日 内蒙古农业大学校长王万义出席“一带一路南南合作农业教育科技创新联盟”成立大会暨2018“一带一路”与中非合作农业经济政策论坛作主旨发言。

6月22日 内蒙古农业大学评选出“乌拉特戈壁红骆驼羔绒毛品质的调查”等149篇学士学位论文为2018届毕业生优秀学士学位论文。（内农大教字〔2018〕17号）

6月24日 内蒙古农业大学举办第四届阳光体育之“走下网络、走出宿舍、走向操场”系列活动。

6月27日 内蒙古农业大学党委研究决定：授予职业技术学院党委等33个基层党组织“先进基层党组织”称号；授予李一吉等34名同志“优秀党务工作者”称号；授予刘银鸽等83名同志“优秀共产党员”称号。（内农大党发〔2018〕12号）

6月27日 教育部民族教育司发函（协调）拟将内蒙古农业大学列为中央民族大学附属中学2018届毕业生招生学校，安排增量计划1个，该计划不占用面向北京市户籍考生招生计划。（教民司函〔2018〕37号）

6月27日 内蒙古农业大学党委研究决定，创建首批6个思想政治工作“名师工作室”，即“包羽工作室”（主攻方向为马克思主义理论教育与塑造时代新人）、“高丽萍工作室”（主攻方向为习近平新时代中国特色社会主义思想教育与大学生成长成才）、

“韩瑞平工作室”（主攻方向为思想政治教育与大学生创新创业教育）、“侯振虎工作室”（主攻方向为新时代心理健康教育与学生发展）、“贺斐工作室”（主攻方向为新时代网络思想政治教育）、“孙玉伟工作室”（主攻方向为培育和践行社会主义核心价值观）。（内农大党发〔2018〕13号）

6月28—29日 内蒙古农业大学举办第四届“互联网+”大学生创新创业大赛。

6月29日 由内蒙古农业大学承办的2018年全国农林水高校人事管理研究协作组常务理事会议在内蒙古农业大学召开。

6月29日 内蒙古农业大学郇建刚当选为中国人民政治协商会议内蒙古自治区第十二届委员会教科文卫体委员会副主任。

6月29日 内蒙古农业大学举办“青年教师教学技能大赛”，其中4名教师获得一等奖，6名教师获得二等奖，9名教师获得三等奖，31名教师获得优秀奖。（内农大工字〔2018〕9号）

6月30日 内蒙古农业大学举行香港轩辕教育基金会“种子基金助学金”发放仪式。内蒙古自治区人民政府外事侨务办公室侨务处调研员郭建军，香港轩辕教育基金会永远荣誉会长曾京、荣誉会长曾繁丽携王育、邓诗敏、董旻、徐稀雯四位善长一同出席会议。

七月

7月2日 内蒙古农业大学举办纪念建党97周年暨表彰大会。对33个先进基层党组织、83名优秀共产党员、34名优秀党务工作者，以及“支部建设年”活动中表现优秀的9个先进教工党支部10个先进学生党支部进行了表彰。

7月2—6日 内蒙古农业大学副校长乔彪出席第三届丝绸之路农业教育科技合作论坛并作主旨发言。

7月3日—8月14日 在内蒙古农业大学2018年本专科录取工作中，录取本科7 116人（其中本部6 281人），专科959人（其中校本部11人），预科转段115人、专升本109人。

7月4日 内蒙古农业大学召开2018年学生思想政治工作会。对9个获得学生工作先进单位、8个就业工作先进集体、9个共青团工作实绩突出单位、6个星级文明宿舍创建活动优秀组织单位以及十佳班主任进行了表彰，为6名辅导员颁发了学校首批思想政治工作“名师工作室”聘书。

7月6—31日 内蒙古农业大学以纪念改革开放40周年和马克思诞辰200周年为重要切入点，开展“青春大学习 奋斗亮北疆”2018年大学生志愿者暑期文化科技卫生“三下乡”社会实践活动。

7月9日 内蒙古农业大学徐慧敏等346名学生被授予2017—2018学年度“全区普通高校三好学生”荣誉称号，张月彬等35名学生被授予“全区普通高校优秀学生干部”荣誉称号，郭丽丽等459名学生被授予“全区普通高校优秀大学毕业生”荣誉称号，2015级水资源专业1班等7个班级被授予“全区普通高校优秀班集体”荣誉称号。（内教学工函〔2018〕26号）

7月9日 在第六届全区高校辅导员素质能力大赛决赛中，内蒙古农业大学王雪鹏、职业技术学院贺斐获得一等奖，孙玉伟获得二等奖，贺斐被评为案例分析最佳选手。（内教学工函〔2018〕27号）

7月9日 内蒙古自治区教育厅公布2018年自治区级大学生创新创业训练计划项目，内蒙古农业大学戴宁泽等12名学生分别负责的“钙强化传统奶酪配方的优化研究”等12项创新训练项目、尹京倞负责的创业实践项目“高校实验室安全与急救培训软件开发及推广”，获得批准立项。（内教高函〔2018〕41号）

7月9日 内蒙古农业大学举办第二届烹饪技能大赛暨2017—2018年度文明餐厅、优秀职工表彰大会。

7月9日 内蒙古农业大学草原与资源环境学院2016级本科生程宇被爱尔兰国立科克大学学生交流项目录取，获得学习期间外方学校提供的全额奖学金。

7月10日 内蒙古自治区党委决定：提名高聚林同志任内蒙古农业大学校长，提名免去内蒙古农业大学职业技术学院院长职务；提名刘廷玺同志任内蒙古农业大学副校长（试用期一年）；提名王怀栋同志任内蒙古农业大学职业技术学院院长（试用期一年）。（内党干字〔2018〕219号）

7月10日 内蒙古自治区党委决定：提名免去王万义同志内蒙古农业大学校长职务。（内党干字〔2018〕220号）

7月10日 内蒙古自治区党委决定：王万义同志任内蒙古农业大学党委书记；邬建刚同志不再担任内蒙古农业大学党委书记、委员职务；高聚林同志任内蒙古农业大学党委副书记；侯晨曦同志不再担任内蒙古农业大学党委副书记、委员职务；刘廷玺同志任内蒙古农业大学党委委员。（内党干字〔2018〕235号）

7月10日 内蒙古自治区教育厅公布2018年度自治区高校创新创业教育科学研究立项结果，内蒙古农业大学范斌申报的一般项目“面向少数民族大学生双创教育需求分析的地方性文化课程建设与应用示范研究”（编号NMSCI8019）获得批准立项。（内教高函〔2018〕42号）

7月10—12日 尼泊尔农业、土地管理与合作部中央绵羊与山羊事务发展办公室畜牧发展高级官员拉姆·戈帕尔·阿查亚一行5人访问内蒙古农业大学。

7月10—13日 在2018年全国高等农业院校第九届大学生田径运动会上，内蒙古农业大学代表队获得男子团体第二名、女子团体第四名和总团体第三名。

7月11—15日 内蒙古农业大学在兴安盟举办2018年青年红色筑梦之旅——“百名博士兴安行”科研服务活动。

7月11—15日 美国德州农工大学维贾伊·辛格教授、挪威奥斯陆大学许崇育教授应邀来内蒙古农业大学进行交流讲学。

7月12日 内蒙古农业大学举行2017级少数民族预科生结业典礼。

7月12日 国际顶级期刊*Nature*以长篇综述论文的形式发表了澳大利亚、中国、美国等16家单位的19名学者的合作研究成果“China's response to a national land-system sustainability emergency（中国对国家土地系统可持续发展突发事件的响应）”，内蒙古农业大学韩国栋教授参与完成该论文。该论文的发表填补了学校草学学科领域在国际顶级期刊发表论文的空白。

7月12—27日 内蒙古农业大学举办庆祝消防工程专业招生十周年“践行消防精神，争做消防人”主题教学实践活动。

7月13—15日 全国“农林经济管理学科‘博士生培养质量提升’导师研讨会”在内蒙古农业大学召开。

7月16日 内蒙古农业大学表彰第九届“创青春”大学生创业大赛作品，农学院《智能温室大棚控制系统》等5个作品获得一等奖，兽医学院《宠物互助献血网站》等12个作品获得二等奖，农学院《天台农业》等10个作品获得三等奖，兽医学院《牧场养殖—安心驿站》等17个作品获得优秀奖。（内农大团发〔2018〕10号）

7月16日 内蒙古农业大学为学校三名患病大学生颁发大病救助金。

7月16—26日 由内蒙古农业大学承办的2018年海南省中职骨干教师、专业带头人（培养对象）高级研修班在内蒙古农业大学举行。

7月18日 中共内蒙古自治区委员会组织部经研究决定：王怀栋同志任内蒙古农业大学职业技术学院党委委员、副书记；高聚林同志不再担任内蒙古农业大学职业技术学院党委副书记、委员职务。（内组干字〔2018〕67号）

7月18日 中共内蒙古自治区委员会组织部经研究决定：王怀栋同志任内蒙古农业大学党委委员。（内组干字〔2018〕70号）

7月20日 内蒙古自治区党委组织部副部长孙红梅在我校行政楼第七会议室宣布自治区党委关于学校领导班子和领导干部任免职决定。自治区党委组织部干部四处商井民宣读了自治区党委干部任免决定：王万义同志任内蒙古农业大学党委书记，邬建刚同志不再担任内蒙古农业大学党委书记、委员职务；高聚林同志任内蒙古农业大学党委副书记，提名任内蒙古农业大学校长，免去内蒙古农业大学职业技术学院院长职务；侯晨曦同志不再担任内蒙古农业大学党委委员、副书记职务；刘廷玺同志任内蒙古农业大学党委委员，提名任内蒙古农业大学副校长；王怀栋同志任内蒙古农业大学党委委员。

7月20日 内蒙古农业大学与凉城县国有蛮汉山林场（凉城县蛮汗山麓自然保护区管理局）签署《共建教学实习基地协议（三）》。

7月23日 内蒙古农业大学首批认定敖日格乐等103名教师具备蒙汉双语授课教师资格。（内农大教字〔2018〕21号）

7月23日—8月1日 在2018年全国青少年校园足球联赛大学生校园组总决赛上，内蒙古农业大学代表队获得第四名。

7月26日 在2018年全国大学生工业设计大赛内蒙古赛区比赛暨内蒙古自治区第

二届工业设计大赛中，内蒙古农业大学张建超、孙芊芊指导柳青英、王一凡、柴静、闫龙龙完成的参赛作品“微型智能厨房”（编号05E00030）获得一等奖，孙芊芊、蔺向东指导许露、谢宇琪完成的“酒杯洗手台”（编号05C00081）和张建超、王洪波指导王一凡、肖晴完成的“M. O. T（轻量级家庭智能影音设备）”2个参赛作品获得三等奖，王瑞浩指导薄蕾完成的“多功能老年拐杖椅”（编号05B00183）等8个参赛作品获得优秀奖；张建超被评选为优秀指导教师，学校获得优秀组织奖。（内教高函〔2018〕46号）

7月26—28日 中国农业科技管理研究会农业高校科研管理工作委员会2018年年会、第38届全国农业高校科研管理研究协作组会议、第九届全国农林高校哲学社会科学发展论坛（简称全国农林高校“科技三会”）在内蒙古农业大学举行。

7月30日 内蒙古可再生能源学会2018年风力发电学术研讨会在内蒙古农业大学召开。

八月

8月3—5日 内蒙古农业大学水利与土木建筑工程学院史海滨教授团队承办“十三五”国家重点研发计划项目“西北典型农区高效节水灌溉技术与集成应用”中期总结与学术研讨会。

8月5—6日 在内蒙古自治区高等教育学会伙食管理专业委员会2018年工作会议上，内蒙古农业大学被推选为新一届副理事长单位。

8月8日 内蒙古农业大学校长高聚林前往学校精准扶贫点——乌兰察布市四子王旗吉生太镇公合成行政村调研精准扶贫、慰问驻村挂职干部。

8月9日 内蒙古农业大学与阿荣旗人民政府签署《战略合作协议书》。

8月10日 文化部非遗司副司长王晨阳一行来内蒙古农业大学考察“中国非物质文化遗产传承人群研修研习培训计划”项目执行情况。

8月11—12日 由内蒙古农业大学主持的国家重点研发计划“粮食丰产增效科技创新”重点专项“内蒙古雨养灌溉混合区春玉米规模化种植丰产增效技术集成与示范”项目启动会暨现场观摩会在通辽召开。

8月14—16日 由内蒙古农业大学承办的“全国高校实验室安全管理2018年第二期研修班”在内蒙古农业大学召开。

8月16日 内蒙古农业大学郝婷被选为2017内蒙古年度大学生“桃李之星”，张岑被选为2017内蒙古年度大学生“桃李之星”提名奖。（内党宣发〔2018〕15号）

8月21日 由内蒙古农业大学承办的职业院校教师素质提高计划内蒙古农业大学基地国家级培训班在内蒙古农业大学开班。

8月21日 内蒙古农业大学承担的国家公益性行业（农业）科研专项经费项目“传统乳制品现代化生产技术研究与示范”（项目编号：201303085）通过验收。

8月23日 在第四届中国“互联网+”大学生创新创业大赛内蒙古赛区总决赛上，内蒙古农业大学代表队获得4项金奖、2项银奖、3项铜奖和1个最具商业价值单项奖，学校获得“青年红色筑梦之旅”活动优秀组织奖。其中：

农学院项目《第三代糖源甜叶菊全产业链发展》（初创组）、《筑梦之“藜”》（青年红色筑梦之旅赛道）、沙漠治理学院项目《有料饲料》（初创组）、《欧李高钙果——沙漠中的水立方》（创意组）获得大赛金奖。

食品科学与工程学院项目《互联网+智能包装绿色物流——基于生鲜食品保鲜运输的新型可降解包装材料》（创意组）、农学院项目《王府刺绣——世界的蒙元素》（创意组）获得大赛银奖。

沙漠治理学院项目《沙海桑洲——承载绿洲的生命之源》（创意组）和《蒙杞源——开创绿染北疆生态致富新选择》（创意组）、材料科学与艺术设计学院项目《自驾游创新体验与服务应用》获得大赛铜奖。

农学院项目《第三代糖源甜叶菊全产业链发展》荣获大赛最具商业价值单项奖。

8月24日 内蒙古农业大学举行2018年秋季餐饮服务食品安全操作规范和生产安全培训会。

8月24日 在第十一届中国青少年科技创新奖颁奖大会上，内蒙古农业大学“蒙古文造型艺术研究创新团队”被授予大学生“小平科技创新团队”荣誉称号。

8月25—26日 由内蒙古农业大学承办的第九届全国高等农林院校教育教学改革与创新论坛在内蒙古农业大学举行。

8月26日 内蒙古农业大学张和平教授主持的2018年内蒙古自治区科技重大专项“具有预防和改善代谢性疾病益生乳酸菌的筛选、功能评价及其产业化技术集成”项目启动会议在内蒙古农业大学召开。

8月28日 内蒙古农业大学举行2018级新生开学典礼暨军训动员大会。

8月29—30日 沙特阿拉伯费萨尔国王大学校长顾问易卜拉欣·马萨勒姆博士（Dr. Ibrahim Massallem），骆驼研究中心主任费萨尔·阿尔玛森兽医学博士（Dr. Faisal Almathen DVM，MSc，PhD），沙特阿拉伯费萨尔国王大学兽医学院副院长阿哈默德·阿尔及利亚博士（Dr. Ahmad Aljazar），农业和食品科学学院食品科学与营养学系主任萨拉赫·阿雷德博士（Dr. Salah Aleid）一行四人访问内蒙古农业大学。双方签署合作交流备忘录。

8月31日 内蒙古自治区党委 自治区人民政府公布对自治区党委管理的领导班子和厅局级领导干部2017年度考核结果，内蒙古农业大学、内蒙古农业大学职业技术学院2017年领导班子年度考核为优秀，内蒙古农业大学党委书记邬建刚、党委副书记侯晨曦和内蒙古农业大学职业技术学院党委书记王效亮、院长高聚林年度考核为优秀。（内党字〔2018〕30号）

8月31日 由商务部主办，内蒙古农业大学承办的2018年发展中国家乳制品与食品加工技术培训开班仪式在内蒙古农业大学举行。

九月

9月1日 内蒙古农业大学与北京市中洲（呼和浩特）律师事务所签署《聘请法律顾问合同》。

9月3—5日 中国青年网连续三篇文章，报道内蒙古农业大学林学院聚力乡村振兴大学生暑期社会实践专项活动——“助力精准扶贫，实现质量兴农”。

9月4—8日 内蒙古农业大学参加在蒙古国乌兰巴托市举办的“感知中国”——中国内蒙古文化旅游周活动，并承办生态文明建设主题讲座暨“保护地球家园”——中国内蒙古荒漠化防治实践展。

9月5日 内蒙古自治区总工会副巡视员傲木格、自治区总工会教科文卫体工会主席温岚、办公室主任雷敏一行来内蒙古农业大学看望慰问全国劳动模范张和平教授。

9月5日 内蒙古和林格尔新区管委会与内蒙古农业大学、内蒙古东方国信科技有限公司签署《内蒙古和林格尔新区BIM专业人才培养基地扩展合作协议》。

9月5日 内蒙古农业大学举行2018级研究生开学典礼。

9月7日 中共呼和浩特市赛罕区教育工作委员会、呼和浩特市赛罕区教育局对2017—2018年度民办教育工作先进个人进行表彰，内蒙古农业大学幼儿园范泽泽等5名教师、农大附中赵燃等6名教师被评选为优秀教师，农大附中张喆等6名教师被评选为优秀班主任、巩慧峰被评选为优秀教育工作者。（呼赛教工委〔2018〕48号）

9月8日 内蒙古农业大学对七营（生命科学学院）等8个学生军训工作先进单位，一营一连等20个会操优胜单位，三营（机电工程学院）等8个歌咏比赛优胜单位，赵润涛等25名优秀指导员，金亚菲等123名军训标兵，李政等66名帮训教官进行表彰。（内农大学字〔2018〕21号）

9月8日 内蒙古农业大学九三学社内蒙古直属高教二支社开展“弘扬爱国奋斗精神、建功立业新时代”纪念九三学社成立73周年暨庆祝教师节主题活动。

9月12日 英国爱丁堡大学（迪克）兽医学院本科招生办公室主任、国际事务办公室副院长莎莉·安妮·阿格尔博士（Sally Anne Argyle），以及该学院迈克尔·瑟斯菲尔德（Michael Thrusfield）教授和招生官员古佩特·格雷瓦尔—康（Gurpreet Grewal-Kang）一行三人访问内蒙古农业大学。

9月12日 新西兰梅西大学国际关系办公室主任安吉拉·德雷克（Angela Drake）女士一行三人分别访问内蒙古农业大学国际教育学院和草原与环境资源学院。

9月13日 锡林郭勒盟阿巴嘎旗旗委书记哈斯巴雅尔，旗委副书记、政府代旗长于海成、副旗长乌云高娃一行3人来内蒙古农业大学考察。

9月14日 摩尔多瓦国立农业大学园艺学院院长格奥尔基·尼古拉耶斯库副教授（Associate Professor Gheorghe Nicolaescu），摩尔多瓦国家葡萄与葡萄酒局技术专家弗拉基米尔·克罗卜克博士（Dr. Vladimir Corobca）及其助手王飞一行3人访问内蒙古农业大学。

9 月 15 日 内蒙古自治区红十字会在内蒙古农业大学举办纪念第四个“世界骨髓捐献者日”暨“造血干细胞捐献者，你还好吗”主题宣传活动。自治区红十字会志愿者委员会副主任、爱心大使、造血干细胞志愿服务大队队长魏刚主持本次宣传活动。

9 月 15 日 内蒙古农业大学组织各单位主要负责人赴海流图科技园区、内蒙古农业大学职业技术学院考察调研。

9 月 16—18 日 内蒙古农业大学校长高聚林、副校长芒来应内蒙古草原文化保护发展基金会邀请，带队参加首届阿尔山论坛。

9 月 18 日 内蒙古自治区党委宣传部、高校工委、团委公布首批自治区高校思想政治工作“名师工作室”名单（内党宣电传〔2018〕43 号），内蒙古农业大学“侯振虎名师工作室”“韩瑞平名师工作室”“孙玉伟名师工作室”、职业技术学院“贺斐名师工作室”4 个工作室入选，每个“名师工作室”获得 3 万元经费支持。

9 月 19 日 内蒙古农业大学将“金马杯”文艺汇演等十个校园文化活动确立为“十大校园文化活动”，动物科学学院的动物科学专业技能大赛等十八个活动确立为“一院一品”活动。(内农大团发〔2018〕12 号)

9 月 20 日 2018 年发展中国家乳制品与食品加工技术培训班在内蒙古农业大学结业。

9 月 20 日 内蒙古农业大学举办第七期学生与校领导“面对面”活动，校党委书记王万义与 140 多名学生代表“面对面”交流。

9 月 21 日 内蒙古教育厅对自治区推荐的内蒙古农业大学扶贫项目《杜尔欧特草原上的扶贫“轻骑兵”》入选教育部首届省属高校精准扶贫精准脱贫典型项目，进行表扬通报。(内教发展函〔2018〕106 号)

9 月 21 日 内蒙古农业大学在东区礼堂举办“青年大学习，奋斗亮北疆”2018 年度暑期“三下乡”社会实践优秀直属队评选会。机电工程学院直属队项目“礼敬时代楷模，争做时代新人”获得第一名，沙漠治理学院直属队项目“红色逐梦旅，青春建功行”获得第二名，林学院直属队项目“最是乡情解乡愁，青春之梦筑剑谭”获得第三名。

9 月 21 日—10 月 10 日 由商务部主办、内蒙古农业大学承办的“2018 年阿曼旱区智能节水灌溉研修班”在内蒙古农业大学举办。

9 月 22 日 内蒙古农业大学职业技术学院 2 名学生代表中国队出战 2018 北京国际马球公开赛暨“一带一路”国际马球公开赛（北京站）。

9 月 25—27 日 内蒙古农业大学开展 2018 级新生安全知识讲座。

9 月 28 日 内蒙古农业大学党委书记王万义出席内蒙古高校领导——乌兰察布发展论坛，并作交流发言。

9 月 29 日 内蒙古农业大学举行第十届农艺文化节。

十月

10月9日 内蒙古农业大学党委书记王万义接待了学校扶贫点四子王旗吉生太镇公合成行政村“三委”负责人村委会主任赵强、监委主任胡有钱、吉生太镇驻公合成行政村干部邢占文和学校驻村第一书记安达。

10月9日 内蒙古农业大学校长高聚林等人，应邀参加2018年沙产业创新博览会暨沙产业高峰论坛、第二届全国沙产业创新创业大赛。

10月9日 内蒙古农业大学对2016—2017年度刘静等68位“爱岗敬业”劳动者进行表彰。(内农大工字〔2018〕10号)

10月10日 内蒙古农业大学党委书记王万义接待学校大数据方向专业共建合作企业江苏知途教育科技有限公司董事长俞京华、运营总监李骅一行来校交流。

10月11日 内蒙古农业大学举行“讲好农大老故事，立德树人谱新篇”朗诵会。

10月11日 2018年国家现代玉米产业技术体系蒙西试验站“玉米竞争力提升行动”玉米绿色生产质量提升粒收现场观摩会，在内蒙古农业大学玉米中心职业技术学院试验基地召开。

10月12日 《内蒙古农业大学学报》（自然科学版）入编《中文核心期刊要目总览》2017年版（即第八版）之综合性科学技术类核心期刊。

10月12日 以自治区法制办党组成员、副主任乔欣为组长，自治区政府法制办行政执法监督处副调研员顾卫东、教育厅政法综改室副主任李政，司法厅律师公证法律援助工作处副调研员黄娜仁、根河市司法局副局长孙伟华为成员的内蒙古自治区“七五”普法规划中期检查工作组一行5人，莅临内蒙古农业大学对“七五”普法依法治理工作中期开展情况进行督导检查。

10月12日 由内蒙古农业大学农学院李立军教授主持的国家公益性行业（农业）项目课题“北方——熟农牧交错区耕地培肥与农牧结合农作制研究与示范［熟区耕地培肥与合理耕作制暨麦后复种饲料（绿肥）油菜］”在巴彦淖尔市乌拉特中旗乌加河示范基地召开现场观摩会。

10月13—14日 内蒙古农业大学举办第二届“阳光杯”新生篮球赛。

10月14—28日 内蒙古农业大学举办2018年“校长杯”校园足球比赛，经济管理学院代表队获得男子组和女子组双冠军。

10月15日 国家林业和草原局科技发展中心杜纪山巡视员和龚玉梅处长来内蒙古农业大学调研林业科研与知识产权保护与管理工作，内蒙古自治区林业厅副厅长娄伯君、科技处处长王艳华等陪同调研。

10月15日 内蒙古农业大学确定2018年教育教学改革研究项目65项，其中重点项目15项，一般项目50项。(内农大教字〔2018〕30号)

10月15—16日 内蒙古自治区“双一流”建设资金及政策绩效评价工作组莅临

内蒙古农业大学，检查指导 2017—2018 年度“双一流”建设资金使用情况及政策绩效。

10 月 17 日 内蒙古农业大学纪委书记哈斯巴根带领党政办公室党支部、组织部（统战部）党支部、后勤党总支和动物科学学院动物营养教研室党支部师生党员代表，赴学校扶贫点四子王旗吉生太镇公合成行政村开展精准扶贫党日活动。

10 月 17 日 内蒙古农业大学党委书记王万义应邀出席 2018 年扶贫日系列活动——教育扶贫论坛，并作主题发言。

10 月 19 日 内蒙古农业大学开展大学生金融网络安全知识宣讲活动。

10 月 19 日 由内蒙古农业大学副校长刘廷玺教授牵头主持的“大型煤矿和有色矿矿井水高效利用技术与示范”项目启动会暨实施方案研讨会在呼和浩特市召开。

10 月 23 日 内蒙古农业大学公布动物科学实验教学中心等 18 个实验教学中心设置及实验教学中心主任聘任名单。（内农大教字〔2018〕31 号）

10 月 25 日 内蒙古农业大学接受教育部专家组 2018 年《国家学生体质健康标准》测试数据抽查复核。

10 月 26 日 内蒙古自治区教育厅公布自治区教育科学研究“十三五”规划 2018 年度立项课题，内蒙古农业大学芒来主持的项目“服务‘一带一路’的复合型马业人才培养模式研究”（编号 NGJGH2018048）等申报的 30 个项目获得批准立项。（内教科规划办〔2018〕3 号）

10 月 28 日 内蒙古农业大学第九届园林文化艺术节落幕。

10 月 29 日 爱尔兰国立科克大学生物、地球与环境科学学院院长安德鲁·惠勒教授、爱尔兰国立科克大学前常务校长保罗·吉勒教授、北京代表处副主任郝娜萱和项目专员房子涵一行 4 人访问内蒙古农业大学。

十一月

11 月 1 日 内蒙古农业大学与内蒙古自治区教育厅联合协办 2018 年秋季教育部“平安留学”出国留学行前实景培训会。

11 月 5 日 内蒙古自治区机构编制委员会办公室核准内蒙古农业大学调整内设机构名称并通过压缩 1 个党政管理机构、2 个教辅机构，调整设置 3 个教学机构；增加 1 个党政机构限额，单独设立统战部；内蒙古农业大学职业技术学院独立或通过挂靠形式设立统战部。（内机编函字〔2018〕216 号）

11 月 6 日 内蒙古农业大学金晓申报的创新启动类项目“艾蒿多糖对肉仔鸡外周血 T 淋巴细胞 ROS/NFκB 信号通路介导的免疫抗氧化功能的影响及其机理的研究”（资助金额 3 万元），李月鲜和李哲峰申报的创新小额类项目“VaR 模型在金融市场风险管理中的应用研究”（资助金额 2 万元）、“仿生疏水涂层对景观木结构防水防露性能的影响”（资助金额 2 万元）3 个择优资助项目，被确定为 2018 年度内蒙古自治区留学人员

创新创业启动支持计划入选项目。（内人社办发〔2018〕283号）

11月6日 内蒙古农业大学作为甲方，内蒙古民族大学、深圳华大基因科技有限公司分别作为乙方和丙方的“第一个蒙古人天骄一号基因组 de novo 测序及200个人群体重测序”工作（合同编号：HSZC11108）宣告完成，科研成果论文发表在国际顶级期刊《自然遗传学》（*Nature Genetics*）（五年影响因子31.154）。

11月6日 教育部发布《教育部高等教育司关于公布有关企业支持的2018年第一批产学合作协同育人项目立项名单的函》（教高司函〔2018〕47号），内蒙古农业大学能源与交通工程学院申报的《晨曦科技教育部协同育人项目2018年第一批》“师资培训项目”通过教育部审批，取得项目立项。

11月6日 教育部发布《教育部高等教育司关于公布有关企业支持的2018年第一批产学合作协同育人项目立项名单的函》（教高司函〔2018〕47号），内蒙古农业大学能源与交通工程学院与福建省晨曦信息科技股份有限公司合作开展的师资培训项目“教师BIM应用技术及相关课程提升培训”、与华清远见教育集团合作开展的实践条件和实践基地建设项目“物联网实践条件和实践基地建设”两项；教务处与北京慕华信息科技有限公司合作开展的实践条件和实践基地建设项目“基于雨课堂的实验课程改革与实践”；机电工程学院与深圳乐智机器人有限公司合作开展的实践条件和实践基地建设项目“内蒙古农业大学机电工程学院机器人创新实验室建设”等5个申报项目通过教育部审批，取得项目立项。

11月7日 内蒙古农业大学团委荣获2018年全国大中专学生志愿者暑期“三下乡”社会实践活动优秀单位。

11月8日 内蒙古农业大学公布2017—2018学年优秀试卷评选结果，共评选出优秀试卷28套，其中蒙古文试卷6套。（内农大教字〔2018〕32号）

11月8日 由内蒙古农业大学乳品生物技术与工程教育部重点实验室为第一通讯单位完成的“肠道菌群失衡引发奶牛乳腺炎”研究成果在国际微生物领域权威杂志 *Microbiome* 发表，“Cow－to－mouse fecal transplantations suggest intestinal microbiome as one cause of mastitis”，2018，6：200（DOI：10.1186/s40168-018-0578-1）。

11月9日 内蒙古自治区教育厅公布2018年自治区高等学校在线开放课程立项结果，内蒙古农业大学梁显丽负责的“高等数学”、刘海红负责的“大学英语”、卜永波负责的“计算机组成原理”、许辉负责的“分析化学”、包羽负责的“马克思主义基本原理”、赵艳红负责的“家畜育种学”6门课程，被批准立项建设。（内教高函〔2018〕72号）

11月9日 内蒙古农业大学举办第十一届大学生防火节。

11月9日 内蒙古农业大学举办2018年新入职辅导员专题培训。

11月9日 内蒙古自治区第七届哲学社会科学优秀成果政府奖评选结果内蒙古农业大学公布获一等奖成果1项，二等奖成果2项，三等奖成果5项。其中：

经济管理学院教师马梅、乔光华的著作《草地退化的时空变化格局及其驱动因素的实证研究》荣获一等奖；

经济管理学院教师柴智慧、赵元凤的著作《政策性农业保险的收入效应研究——以内蒙古自治区为例》，马克思主义学院高丽萍、娜日斯、杨慧兰、李红霞、包斯日古楞、白志琴的著作《马克思社会发展理论的中国化时代化大众化研究》荣获二等奖；

经济管理学院教师侯国庆的论文“农户家禽养殖保险参与意愿及保费支付水平研究——基于不同经营规模水平下的分析”、句芳的著作《农业现代化进程中农牧户兼业动机及影响因素研究——以内蒙古农村牧区为例》、李战江的论文《最优策略下的商业银行信用风险的小样本评级模型》，马克思主义学院教师李士珍的论文“沃伦·黑斯廷斯与英国在印度的殖民知识生产”，职业技术学院教师王怀栋、吴鹏、刘玉玺、杜立峰、付和平、李明的著作《内蒙古农业科技扶贫的探索与研究》荣获三等奖。

11 月 10 日　内蒙古农业大学确定《家畜育种学》等 39 门课程为 2018 年校级在线开放课程建设项目，批准立项建设，资助每个在线开放课程 1 万元建设经费。（内农大教字〔2018〕33 号）

11 月 10 日　内蒙古农业大学举行 2019 届毕业生冬季“双向选择”洽谈会。

11 月 12 日　内蒙古农业大学申报的“内蒙古乡村振兴战略研究中心”获批第三批内蒙古自治区哲学社会科学重点研究基地。

11 月 13 日　内蒙古农业大学召开“我的肩膀—能挑多重的担子?”主题讨论及实践活动暨全区首届大学生文化艺术活动月工作专题部署会。

11 月 13 日　内蒙古农业大学公布第二批示范课程建设立项结果，批准“饲料学”等 21 门课程立项建设，资助每门立项课程 1 万元建设经费。（内农大教字〔2018〕34 号）

11 月 14 日　内蒙古自治区教育厅发展规划处副处长刘星成，民族教育处副处长包福全，高等教育处副处长徐劼，民族教育处副处长赵惠（调训）一行来校调研少数民族预科学生自主培养工作。

11 月 14 日　内蒙古农业大学对 2017—2018 学年度胡晓燕等 86 名优秀辅导员进行表彰。（内农大学字〔2018〕26 号）

11 月 14 日　内蒙古农业大学对 2018 年度大学生志愿者暑期文化科技卫生“三下乡”社会实践活动先进集体和个人进行表彰。林学院等 8 个优秀组织单位，机电工程学院“礼敬时代楷模·争做时代新人”社会实践直属队等 9 支优秀实践分队，闫素梅等 16 名优秀指导教师，胡晓燕等 17 名优秀组织者、赵光明等 204 名优秀志愿服务队员，崔志浩等 47 名优秀挂职副村长，武仨茹拉等 127 名优秀论文作者，岳静茹等 18 名优秀宣传报道员受到表彰。（内农大团发〔2018〕13 号）

11 月 15 日　广西壮族自治区人民政府经研究决定：内蒙古农业大学塔娜同志（女）挂任广西壮族自治区农业农村厅副厅长（挂任期至 2019 年 1 月）。（桂政干〔2018〕141 号）

11 月 15 日　内蒙古农业大学批准“病毒的血凝及血凝抑制虚拟仿真实验教学项

目”等5个项目为2018年度校级虚拟仿真实验教学建设项目，资助每个校级虚拟仿真实验教学项目10万元建设经费。（内农大教字〔2018〕34号）

11月16日 内蒙古农业大学项目办在2018年西部计划招募宣传工作中表现突出，受到全国大学生志愿服务西部计划项目管理办公室通报表扬。（全国项目办发〔2018〕21号）

11月16日 内蒙古农业大学与鄂尔多斯生态环境职业学院签署《专升本合作办学协议书》。

11月17日 内蒙古农业大学举行“迎评促建新风尚，奋进有为新青年”——第八届校园歌手大赛决赛。

11月18日 内蒙古农业大学举行第九届“心中的旋律”大学生蒙古语歌曲大赛。

11月18日 前加拿大农业部国际科技合作局副局长周坚强来内蒙古农业大学访问。

11月18日 中央民族大学音乐学院教授、蒙古族著名作曲家斯琴朝克图为内蒙古农业大学400余名少数民族师生作题为《我的创作与感悟》的民族教育专题讲座。

11月19日 内蒙古农业大学对2017—2018学年度曹琪娜等198名优秀班主任进行表彰。（内农大学字〔2018〕27号）

11月26—29日 以原北京林业大学校长宋维明教授为组长的教育部本科教学审核评估专家组一行12人对内蒙古农业大学进行评估。

11月27日 教育部财政部职业院校教师素质提高计划视导调研组来内蒙古农业大学，进行职业院校教师素质提高计划国家级培训项目专项视导调研。

11月28日 内蒙古自治区教育厅公布自治区高等教育学会2018年优秀论文获奖名单（内教高函〔2018〕81号），内蒙古农业大学王治国/牟献友的论文“关于高校本科生不及格率偏高的分析——以内蒙古某大学为例”获得一等奖；孙玉伟/张文的“新标准视角下高等学校辅导员职业能力可持续发展研究”、王丽凤的“终端用户接受和利用电子图书馆服务的水平检测——以内蒙古地区4所大学为例”2篇论文获得二等奖；张卫中/白晓荣的“民族教育人才培养质量提高的路径与方法研究——基于《内蒙古高等教育质量报告》的分析”、马梅的“本科教学管理流程化研究”2篇论文获得三等奖。

11月29日 “我与改革开放共成长”内蒙古自治区高校优秀辅导员校园巡讲——内蒙古农业大学专场报告会在内蒙古农业大学举行。

11月29日 内蒙古农业大学在西区书缘会议室举行本科教学工作审核评估专家意见反馈会。

11月30日 内蒙古农业大学与内蒙古自治区预防医学会、综合疾病预防控制中心在内蒙古农业大学联合开展“艾要做‘检’法”预防艾滋病主题活动。

十二月

12月2日 内蒙古自治区教育厅公布2018年质量工程系列项目评审结果，内蒙古农业大学周海龙副教授被评为2018年度自治区级教坛新秀，侯占峰负责的“汽车构造课程教学团队”被评为自治区级教学团队，布和额尔敦教授被评为2018年度自治区级教学名师。（内教高函〔2018〕83号）

12月3日 2018年“创青春”全区大学生创业大赛结果公布，内蒙古农业大学选送的16组作品获奖。其中，《益生菌发酵风味豆乳》等3项作品在创业计划竞赛中获得特等奖，《内蒙古欧拓出国留学服务有限公司》在创业实践挑战赛中获得特等奖，《智能温室大棚控制系统》在创业计划竞赛中获得一等奖，《沙优生态建设——酸胖、来自沙漠的第一纯天然保健饮品》等2项作品在创业计划竞赛中获得二等奖，《优质菌株的选育及响应面法优化高花青素蓝莓保健酒生产工艺》等4项作品在创业计划竞赛中获得三等奖，《内蒙古乐番甜农业服务有限公司》作品在创业实践挑战赛中获得三等奖，《爱丽莫——一款集宠物科普、医疗、直播、线上售卖为一体的宠物医疗软件》等3项作品在创业计划竞赛中获得优秀奖，《宠物互助献血网站》作品在公益创业赛中获得优秀奖。

12月5日 内蒙古农业大学将1台教学科研实验用的随车起重运输车及1台挂车捐赠给定点帮扶四子王旗吉生太镇公合成林场委会。

12月5日 内蒙古农业大学党委书记王万义、校长高聚林带领樊明寿、刘景辉、赵君等部分农业专家赴学校精准扶贫点四子王旗吉生太镇公合成行政村进行调研。

12月7日 内蒙古农业大学举办农业科技培训会。与磴口县人民政府、内蒙古汉垦地农产品有限公司签订产学研战略合作框架协议。

12月8日 内蒙古农业大学举行第十七届“新星魅力秀”校园主持人大赛。动物科学学院的孟克达来获得最具潜力蒙古语主持人奖，机电工程学院陈雨和食品科学与工程学院任颖夺得最具潜力汉语男、女主持人奖。兽医学院宋雨莛获得最具人气主持人奖项。材料科学与艺术设计学院、动物科学学院以及兽医学院分别获得团体一等奖、二等奖和三等奖。

12月8日 内蒙古农业大学举行第二届植物分类鉴别大赛。草原与资源环境学院的“青扦队”荣获一等奖，草原与资源环境学院的“旋风少女队”和“风信子队”获得二等奖，职业技术学院的“鹰之队”和林学院的“阳光队”、草原与资源环境学院的“1973队”获得三等奖。职业技术学院、草原与资源环境学院获得优秀组织单位。

12月9日 内蒙古农业大学举办第四届“心悦杯”校园心理微电影大赛。经济管理学院作品《愿有勇气去热爱》与职业技术学院作品《皮球》获得一等奖；能源与交通工程学院作品《愿你历尽千帆，归来仍是少年》与计算机与信息工程学院作品《梦醒》获得二等奖；草原与资源环境学院、林学院、机电工程学院作品《心墙》《留住那片蓝图》《渗透进阁楼的阳光》获得三等奖。其中，职业技术学院孙利民获得最佳编剧奖，经济管理学院徐万超获得最佳导演奖，计算机与信息工程学院的李国浩和经济管理学院的高佳琪获得最佳男、女主角奖。

12月10日 内蒙古农业大学水利与土木建筑工程学院党委入选“全国党建工作标

杆院系”教育部百个党建工作标杆院系，是自治区唯一入选的高校院系。（教思政厅函〔2018〕23号）

12月11日 内蒙古农业大学举办“我的肩膀—能挑多重的担子?”主题朗诵会。

12月11日 内蒙古农业大学对2018年“青年红色筑梦之旅”——“百名博士兴安行”乌兰浩特市分队等6支优秀分队、崔世茂等9名优秀指导教师，韩胜利等7名优秀带队教师，张博綦等12名先进个人进行表彰。（内农大校发〔2018〕30号）

12月14日 内蒙古农业大学对2018年度新闻报道工作突出的13名校园网及学校官微优秀通讯员，7名新媒体、校报优秀指导教师，3名新媒体优秀通讯员，24名优秀学生记者，5名校史馆优秀学生解说员予以表彰奖励。（内农大党宣发〔2018〕5号）

12月14日 内蒙古农业大学农学院举办“缅怀英烈郝龙彪，传承英雄中华魂”的纪念学习“12·14”英雄事迹系列活动。

12月14日 内蒙古农业大学聘请清华大学康飞宇教授为客座教授。

12月14日 内蒙古农业大学举办第七届努图嘎“美好家园”专场晚会。

12月16日 内蒙古农业大学与内蒙古大学联合举办内蒙古农业大学第九届生命科学创新创业大赛。

12月16日 内蒙古农业大学举办以“我的肩膀—能挑多重的担子?”第十六届社团文化节开幕式。

12月18日 内蒙古农业大学参与申报的“蒙古族工艺美术众创中心”示范基地，被认定为自治区第二批大众创业万众创新高校和科研院所示范基地。（内政办发〔2018〕93号）

12月18日 由内蒙古农业大学承办的内蒙古自治区农村生态能源环保骨干人员培训班在内蒙古农业大学开班。

12月18日 内蒙古农业大学主办的2018全区高校智慧校园创新案例交流与研讨会在呼和浩特市召开。

12月19日 内蒙古自治区科学技术厅厅长孙俊青一行来内蒙古农业大学调研。

12月19日 内蒙古农业大学授予动物科学学院2015级动科汉1班等33个班级2017—2018学年度优良学风班集体“标兵班”荣誉称号、兽医学院2015级动物医学汉2班等73个班级2017—2018学年度优良学风班集体“优秀班”荣誉称号、农学院2016级农学2班等20个班级2017—2018学年度优良学风班集体创建“进步班”荣誉称号，并予以奖励。（内农大学字〔2018〕31号）

12月21日 内蒙古农业大学离退休教职工在西区老年活动中心举办“根在草原”——老教授合唱团新年演唱会。

12月21日 内蒙古农业大学校长高聚林携留学生参加内蒙古自治区“感知中国——相聚内蒙古”2019国际学生新年晚会。晚会上对第五届“中国梦·草原情——我眼中的内蒙古”国际学生汉语征文比赛的获奖留学生进行颁奖，内蒙古农业大学四名留学生受到表彰。其中，蒙古国的索龙嘎同学获得一等奖，蒙古国学生宝乐尔玛、毕力贡获得三等奖，巴基斯坦学生吉祥获得优秀奖。

12 月 21 日 内蒙古农业大学举办第五届“一院一精品”心理教育活动成果汇报会。

12 月 24 日 内蒙古农业大学举办“我的肩膀—能挑多重的担子?”主题讨论及实践活动之“红色经典我咏传”暨中华优秀经典诗词诵读大赛决赛。

12 月 25 日 内蒙古自治区人民政府认定内蒙古农业大学为自治区第二批大众创业万众创新示范基地。(内政办发〔2018〕93 号)

12 月 25 日 由自治区党委宣传部、高校工委、团委联合主办，内蒙古广播电视台与我校共同承办的全区首届大学生文化艺术活动月闭幕式暨颁奖晚会“青春的旗帜”在我校西区文体馆举行。内蒙古自治区党委宣传部常务副部长周纯杰、自治区团委书记陈晓东、自治区党委宣传部副部长高文鸿，自治区高校工委委员、教育厅总督学张喜荣等出席。

12 月 26 日 内蒙古农业大学对 2018 年大学生年度人物（群体）进行表彰，22 个团队、吕旭等 13 名个人和动物科学学院 2015 级动科汉 1 班等 33 个优良学风班集体“标兵班”获奖。(内农大学字〔2018〕32 号)

12 月 28 日 内蒙古自治区科技重大专项“重点区域荒漠化过程与生态修复研究示范”项目启动会暨实施方案研讨会在内蒙古农业大学召开。中国工程院院士尹伟伦、自治区科技厅副厅长张志宽等出席启动会。

12 月 28 日 在内蒙古自治区纪检监察系统先进集体暨先进工作者表彰大会上，内蒙古农业大学纪委被授予“全区纪检监察系统先进集体”荣誉，纪委副书记、监察审计处处长郑培亮被授予“全区纪检监察系统先进工作者”称号。(内人社发〔2018〕61 号)

12 月 29 日 内蒙古农业大学草原与资源环境学院召开“现代草学学术研讨会——草原专业成立 60 周年暨许令妊学术思想研讨会”。

12 月 29 日 内蒙古农业大学举办大学生年度人物（群体）颁奖晚会暨 2019 新年音乐会，对学校 13 名年度人物、46 名本科国家奖学金获得者、26 名研究生国家奖学金获得者、33 个优良学风班、1 个学霸宿舍以及在国际、全国和全区的专业竞赛、科研竞赛、艺术展演与社会实践中取得优异成绩的 22 个团队进行表彰。

附　　录

2017年党政工作总结

一年来，在自治区党委和教育工委的正确领导下，学校认真贯彻落实中央和自治区党委的决策部署，以政治理论学习为先导，以质量提升为核心，以“双一流”建设和本科教学工作审核评估为契机，继续调结构、抓内涵、固基础、提质量，各项工作有序推进，成效明显。

1. 加强政治理论学习。认真学习贯彻党的十九大精神，强化“四个意识”，坚持用习近平新时代中国特色社会主义思想武装头脑、指导实践、推动工作。深入推进“两学一做”学习教育常态化制度化，加强校院两级中心组学习和学习型党组织建设，全年组织理论宣讲团、党政干部宣讲、形势政策报告会等专题报告56场次。制定了学校《党委理论学习中心组学习规则》，组织校中心组集中学习14次。自治区领导布小林、李佳、王利霞、曾一春等先后深入学校调研、指导工作；自治区政协主席任亚平为师生作了专题形势政策报告会。举办了建校65周年相关纪念活动。

2. 贯彻党的民主集中制。严格执行党委会、校长办公会和“三重一大”等议事规则，在机构设置、干部聘任、人才招聘、工程建设、设备采购、学位点调整和财务预算等重大问题方面严格执行集体研究，会议决定。加强干部管理和培训，选派65名处级以上干部分别参加国家教育行政学院和自治区党校等单位培训、锻炼。对11名未如实报告个人事项的处级干部进行了约谈。完善了校院两级党外知识分子联系制度，成立了留学人员联谊会。筹备新一轮处级干部聘任工作。

3. 加强基层党组织建设。开展“党支部建设年”活动，完善了“三会一课”及党支部书记讲党课等制度，组织105名基层党组织书记赴延安和井冈山参加培训。依托校院两级党员服务工作站，开展了党章党规党纪教育和读书交流会等主题教育活动，创办了大学生党员先锋论坛，继续推进“精品党日活动”和党支部结对共建等活动。创新培训方式，“网上党校”试运行。清理不合格党员11名。

4. 抓好宣传思想工作。贯彻落实全国全区高校思想政治工作会议精神，召开学校思想政治工作会议，制定《关于加强和改进新形势下学校思想政治工作的意见》以及14个配套文件，推动了学校思想政治工作制度化建设。落实意识形态责任制，健全了阵地管理制度。积极探索问题解析式教学模式改革，提升了思想政治理论课的亲和力和针对性。举办了青年马克思主义者培养工程大学生骨干培训班。继续推进“讲述校友故事，传承农大精神”校友访谈活动。持续开展“崇尚师德、为人师表、从我做起”师德师风创建活动。

5. 坚持全面从严治党。学习贯彻《准则》《条例》，修订了学校《领导干部问责实施办法（试行）》，制定了《践行监督执纪“四种形态”实施办法（试行）》等文件。制定了中央巡视组对自治区巡视“回头看”反馈意见整改方案，推进财政厅行政处理处罚事项告知书和暂借款清理、摊子铺得过大等问题的整改工作。加强干部离任审计、科研经费和工程项目的结算审计工作。推进了新校区一期工程项目决算和概算调整工作。巡察工作实现处级单位全覆盖。公开校务 27 期，决算审计及审签科研项目 19 项；完成工程量清单及工程预算编制工作 1 项，委托审计基本建设、维修工程 90 项；完成校内结算审计 91 项，共为学校节约资金 319.63 万元。

6. 创新人才培养模式。制定了《“英才基地班”培养计划试点项目实施方案》《卓越农林人才教育培养计划试点项目实施方案（试行）》。修订（制定）了课程教学大纲。与阿里云和知途公司签订了三方共建大数据学院协议，阿里云大数据学院和大数据学院培训认证中心正式在我校挂牌成立。建成了云畜牧人才培养创新平台。

7. 加强本科教学工作。组织校内专家组对各学院本科教学工作进行评估，按照审核评估要求，建立了学校专业评估体系。召开学校教学工作会议，讨论研究了《本科教学实验室管理办法》等 21 项制度，表彰了“本科教学奖”优秀教师及管理人员 148 人。实施了教学团队激励机制和“一课双师”计划。成功申报“十三五”农业部规划教材主编教材选题 41 个、蒙古文教材选题 21 个、中华农业科教基金会 2017 年全国农业教育优秀教材资助项目 6 个。立项“示范性虚拟仿真实验教学项目”2 项；获批教育部在线教育研究中心“智慧教学”试点项目。完成了《水生生物学》等 16 门课程的立项及《电机一体化》等 7 门课程的验收工作，资助首批立项及验收通过的示范课程建设经费 24 万元，《饲料学》等 31 门课程被列为第二批建设示范课程。21 项自治区教学改革科研项目获批立项，3 个自治区高等学校公共课教学改革科学研究项目通过验收。土壤与植物营养学实验中心获批自治区实验教学示范中心。立项建设林学院校内实习基地、海流图猪场建设项目以及林学院根河、草原与资环学院白旗等 2 个校外实习基地。

8. 重视民族教育工作。加强预科生教育管理，成立了预科部，制定学校《加强民族教育工作的实施方案》，出台《民族教育类专业课程授课要求和蒙汉双语授课教师资格认定暂行办法》等 3 项制度。完善民族教育类专业“蒙—蒙汉—汉”的三段式教学模式。实施预科班按专业大类招生和蒙古语授课优秀学生自主选学专业计划。

9. 继续实施“招生、培养、就业创业”联动机制。招收学生 9 644人，其中全日制硕士研究生 866 人、博士研究生 135 人、外国留学生 76 人。举办了第二届中学校长见面会，新建优秀生源基地 6 所。开展了“助力大学生创新创业”评选表彰活动，获第三届“互联网+”大学生创新创业大赛决赛国家铜奖 2 项，自治区金奖 2 项、银奖 2 项、铜奖 1 项，学校被评为自治区优秀组织单位、全国深化创新创业教育改革特色典型经验高校。大学生创业孵化园被自治区认定为第三批众创空间试点。获教育厅和学校资助的大学生科技创新项目 26 个。

10. 注重人才队伍建设。全年招聘教师 115 人，其中博士 46 人（蒙汉语兼通 6 人）、硕士 23 人（蒙汉语兼通 9 人），编制外人员 46 人（蒙汉语兼通 2 人）。通过“绿色通道”引进高层次人才2人。柔性引进并聘任尹伟伦院士、托尼·贝斯林院士为学校战略科学家。成立了教师教学发展中心，对117名新进教职工开展了专题培训。修订了《青年教师导师制实施办法》，建立了青年教师分类培养机制。制定了《“双师型”教师队伍建设与管理办法（试行）》，开展了“双师型”教师资格认定工作。获批自治区教学名师1名、教坛新秀1名。刘廷玺教授入选第三批国家“万人计划”领军人才，高永教授被评为“全国林业教学名师”，张文广教授入选“国家百千万人才工程——有突出贡献中青年专家”，张和平教授荣获“2017年度中国食品科技学会科技创新奖——突出贡献奖”，包羽教授荣获“全国高校思想政治理论课教学能手”称号、乔光华教授入选“自治区十大经济年度人物”。周洪友、格日乐图、盛晋华等专家入选“十三五”国家现代农业产业技术体系岗位科学家或试验站站长。

11. 加强学科建设。制定了学校《自治区一流学科建设与发展规划》。组织畜牧学等11个学科参加国家第四轮学科评估，全部进入全国同类学科前70%，其中有3个学科进入全国前30%。农业科学跻身ESI全球前1%。完成了学位授权点自评工作。新增水利工程和农业资源与环境两个一级学科博士学位授权点。修订了研究生导师遴选办法，新增博导41人、硕导51人。规范了“学位论文学术争议”审定程序。遴选第二批研究生重点建设课程22门。获批自治区研究生联合培养基地1个。

12. 加强科技创新。实施科技创新团队与创新平台建设计划，学校获国家自然科学基金、国家重点研发计划等项目244项，总经费1.66亿元。作为第一完成单位获自治区科学技术奖7项，其中自然科学一等奖1项、科技进步一等奖1项，获教育部高等学校科技进步一等奖1项、自治区第六届哲学社会科学优秀成果政府奖15项、自治区农牧业丰收一等奖2项。2个教育部创新团队通过验收并获得了滚动支持。新增4个农业部重点实验室、4个自治区工程技术研究中心，新认定校级协同创新中心1个。内蒙古农牧林业经济研究中心成为首批自治区高端智库试点单位。组织召开了学校社会科学界联合会成立暨第一次代表大会。内蒙古农牧渔业生物实验研究中心荣获全区大型科学仪器开放共享优秀单位。

13. 积极开展社会服务工作。组织完成了178项科研项目的结题验收工作。“绵羊肺腺瘤病毒核酸斑点杂交检测技术国家标准”正式发布。申报专利22项，授权专利52项。制定学校《预防与查处学术不端行为办法（试行）》等9项规章制度。启动学校动植物培育（选育）专项资助计划。与内蒙古金河佑本公司签订了金额1 200万元的牛羊疫苗技术研发合作协议。依托“中国·敕勒川现代农业博览园”和“罕堡酒庄”建设，推进产教融合，逐步实现了高职教育本科专业（集群）转型发展。发挥学科专业优势，开展了新巴尔虎右旗“党建领航·助推现代畜牧业发展”示范技能培训工作。

13. 加强对外交流合作。制定学校《关于加强和改进教学科研人员因公临时出国（境）管理工作实施办法》，与俄罗斯伊尔库茨克国立农业大学等5所国外大学签署了校际合作协议。接待国外来访专家178人次，公派访问、访学和学术交流教师100人次，获得国家公派出国留学资格师生57人，引智项目7项，承办出国留学行前培训会

2期。开展了第三届“内蒙古农业大学国际语言与文化论坛”等活动。承办援外培训项目2期，培训学员39人。

14. 进一步完善内部治理体系。制定学校《贯彻落实〈行政事业单位内部控制规范（试行）〉工作方案》，修订完善教师专业技术资格评审条件，开展了专业技术资格评审和考核认定工作。制定《自治区设置岗位第二轮聘任工作实施方案》《岗位变动人员聘用管理暂行办法》，开展了第二轮岗位聘任工作。完善后勤各服务实体运行机制，推进了债权债务清理工作，以服务外包的方式，推进后勤社会化改革，完成部分教职工住房产权证办理和发放工作。

15. 加强第一与第二课堂协同联动。积极举办专业科技创新活动，获“挑战杯”全区大学生课外学术科技作品竞赛一等奖2项；举办了“光辉的旗帜”教工大合唱比赛，组织了十佳毕业生颁奖晚会、“金马杯”文艺汇演、新年音乐会、“大地母亲”蒙古语诗歌大赛、“两提高一降低”主题团日活动评选和大学生年度人物（群体）的评选表彰等活动；实施了班主任培训上岗制度，对全校辅导员进行了系统培训；开展了第二届“百优十佳”班主任评选活动。加强心理危机筛查与潜在危机个体的预警干预工作。启动建设了学生发展指导室。做好资助工作，发放勤工助学工资500多万元。组织千余名青年志愿者服务庆祝自治区成立70周年系列活动、联合国防治荒漠化大会等活动。在自治区“主席杯”校园足球四级联赛中，获得大学生超级组女子第一名和男子第三名，男子同获校园组第二名。获全国“特步”大学生校园足球联赛西北赛区第六名、全国农业院校华北区足球比赛第一名。学校男子、女子篮球队（超级组）获得2017年全国CUBA大学生篮球联赛自治区预选赛第二名、男子篮球队（校园组）获得第三届全国CUBA（校园组）赛区预选赛第三名的好成绩。在第十三届全国学生运动会上，我校学生摘得大学生组田径比赛内蒙古自治区代表团唯一一块金牌。学校获得团中央“小平创新团队”、全国社会实践优秀组织单位和全区学生资助工作先进单位。

16. 推进财务规范化管理。制定学校《社会服务收入管理暂行办法》，启用网上预约报账系统，对校园卡系统进行了升级；争取财政追加教育事业经费2.23亿元，核算事业支出经费9.88亿元；规范国有资产管理，升级资产管理平台系统，实现了新购资产上传管理平台功能。加强固定资产验收管理，新增固定资产值1.47亿元。继续实施政府采购计划年初预算制度，及时调整了社会招标代理机构，完成了财政采购项目102项，总计1.63亿元。完成了42栋建筑物的楼宇立面图和平面图实地测量。

17. 加强项目工程管理。新校区运动场项目整体通过验收，生命科学实验楼周边绿化硬化景观工程、东西区锅炉改造基本完成。完成了兽医实验楼项目招标的前期工作，风沙物理学实验楼和幼儿园综合楼项目进入初步设计和施工图纸审查阶段，足球馆、风雨操场、食品科学与工程学院和继续教育学院教学楼续建工程、海流图现代农牧业科技园区学生公寓及餐厅等建设项目有序推进。完成了新校区建设项目概算调整工程结算评审。争取呼市政府为学校免费整修了近8 600平方米的校园道路。

18. 加强文献资源建设。选购图书23 636种、共69 899册，中文数据库30个，外文数据库 39 个，新增《TKBS 实习实训数据库》、“智汇三农”农业专业知识服务平台。完成了东校区图书馆改造；报刊密集库和文献特藏库建成投入使用。加强学人文库建设，建成了图书保留本库，保藏图书 19 万册，地方志库建设初具规模。编辑出版了《内蒙古农业大学学报》14 期。推进档案数字化建设，制定了数字图片管理办法和电子文件归档管理办法，收集各门类档案 24 334卷（件、张）、利用档案 12 468卷（件、张）。出版了《内蒙古农业大学年鉴·2015 卷》和《走进内蒙古农业大学》(2017 版)，组织编写《贡嘎丹儒布同志纪念文集》。

19. 完善信息与网络安全体系，推进网络运维系统建设。加强校园无线网络、数据中心和大数据分析应用平台建设，搭建了大数据实验环境，实现了职业技术学院与校本部资源共享，建成了一卡通光纤专网、同步视频会议系统、财务云平台和教职工意见建议网络平台等。

20. 持续开展文明校园创建工作。学校接受自治区文明办的考核验收，并被评为自治区首批“文明校园”创建单位，我校在全区文明校园创建工作推进会上做了典型交流发言。开展全校范围的安全隐患大排查 3 次，开展了“防范金融诈骗、远离不良网贷”等安全警示教育宣传活动，建立了治安管理档案和安全隐患排查问题清单。完善了学校《突发公共事件应急预案》，完成了新校区校园技防系统建设。制定了《校园商业网点经营管理规定》《食品安全卫生管理办法》，并组织进行了全面督查。继续支持校关工委、老教授协会和老年文体社团开展活动。

21. 提高基础教育质量。在附中和幼儿园实施学生（幼儿）体质提升工程，教育教学质量显著提高，中考取得全市第二名的好成绩。

总结成绩的同时，我们也清醒地认识到学校的工作还存在一些问题与不足：一是人才培养模式改革还不够深入，教育教学质量还需进一步提高；二是一流学科建设力度还不够大，优势特色还需进一步培育；三是人事制度改革力度还不够大，人才引进的质量还需进一步提高；四是科技创新能力不足，科技成果推广转化和社会服务能力还需进一步提高；五是全面从严治党任务仍然繁重，学习教育成果还需进一步巩固。

针对上述问题，学校将在 2018 年工作中采取措施积极解决。

2018年党政工作要点

2018年，学校工作的总体要求是：以习近平新时代中国特色社会主义思想为指导，深入学习贯彻落实党的十九大和全国全区高校思想政治工作会议精神，以“文明校园创建和本科教学审核评估”为主线，调结构、抓内涵，固基础、提质量、补短板、求突破，全面落实“十三五”教育事业发展规划，不断提高学校的综合实力和办学水平。

1. 深入推进理论武装。深入学习宣传贯彻习近平新时代中国特色社会主义思想和党的十九大精神，坚持用党的创新理论武装头脑、教育师生。认真贯彻落实中央和自治区党委的安排部署，推进“学习讲堂”和“新时代讲习所”建设，通过思政课、报告会、研讨会和专题网站等多种形式推进习近平新时代中国特色社会主义思想“四进”工作。抓好校院两级党委理论学习中心组和学习型党组织建设，加强统筹规划和督导检查，每月至少安排校（院）中心组学习1次，双周四下午为全校教职工政治理论学习时间。巩固“两学一做”学习教育成果，开展“不忘初心，牢记使命”主题教育。

2. 加强思想政治工作。围绕立德树人根本任务，深入贯彻落实学校《关于加强和改进新形势下学校思想政治工作的意见》等14个文件，研究制定贯彻《高校思想政治工作质量提升工程实施纲要》的具体措施，推进思想政治工作“名师工作室”“思政课骨干教师示范课堂”“课程思政”建设。按照要求，逐步配齐配强学校思想政治工作队伍。组织开展课程、科研、实践、文化、网络、心理、管理、服务、资助、组织育人先进个人的评选、表彰活动。进一步健全教育引导、制度规范、监督约束、查处警示的师德建设长效机制，坚决执行师德“一票否决制”。开展“崇尚师德、为人师表、从我做起”和“教职工之家”创建活动。

3. 加强意识形态工作。按照意识形态工作“一岗双责”的要求，严格落实学校《意识形态工作责任清单》《意识形态责任制管理办法》和《关于加强网站和新媒体建设管理的实施意见》等文件，加强阵地管理，进一步细化责任清单，做到每一项工作落实到人。建立意识形态工作“校内巡察”机制，在各单位自查的基础上，学校组织巡察。将意识形态工作纳入各单位年终党建述职和领导班子、领导干部年度考核以及民主生活会对照检查和整改内容。进一步建立健全“调度、研判、会商”机制，规范网上信息发布和舆论引导工作流程。

4. 加强领导班子和干部队伍建设。完善学校《关于实行党委领导下的校长负责制的实施办法》《党委会和校长办公会议事规则和事项》。严格执行领导干部报告个人有关事项规定和抽查核实制度，做好领导干部任前档案审核、离任经济责任审计、企业和社会组织兼职、出国出境审批、干部请销假等工作。有计划地选派干部参加学习培训。

加大党外干部的培养选拔使用力度。完善校院两级党外知识分子联系制度。完成新一轮处级干部聘任工作。

5. 加强基层党组织建设。 强化党建工作内涵发展，进一步完善“1234”党建工作思路。继续开展“党支部建设年”活动，推动标准化、规范化建设，提高智慧党建工作水平。进一步规范党员发展程序，做好发展党员工作。做好选树先进典型及宣传教育工作。加大培训力度，抓好党支部书记、辅导员队伍、处级干部和党外干部的十九大精神专题培训工作。组织基层党组织书记到改革开放前沿城市学习考察。

6. 深化党风廉政建设。 严格落实自治区纪委“两个责任”督查反馈问题，进一步强化党委的主体责任，每年至少召开 4 次会议专题研究党风廉政建设工作，按教学、教辅和职能部门进一步细化党风廉政建设责任书。重点加大对专家学者、敏感岗位和处级以上干部的党风廉政教育，推进廉洁文化建设。落实“一岗双责”，准确把握监督执纪“四种形态”，规范纪律审查工作程序，深入开展纪律审查工作。加强对学校重要决策部署落实情况的督查。加强干部离任审计、科研经费和工程项目的结算审计工作。加大在物资采购、资产处置等工作方面的廉洁风险防控力度。探索对学生“奖贷补助”等资金进行审计的途径和方法。继续开展巡察工作。

7. 做好审核评估准备工作。 全面总结梳理自评专家组的反馈意见，形成自评工作报告和整改方案。制定审核评估准备工作大纲和教育部专家组进校考察方案，完成自评报告、校长报告的撰写及相关支撑材料的准备工作。

8. 加强教学管理。 以审核评估为切入点，完善三级教学管理体系，优化教学质量监督与评价机制，构建提高教学质量的常态化机制。推动教学管理责权利下放，开展教研室工作评估。启动“课堂质量年”建设活动，推进“示范课程”建设工作，实施“一课双师”计划。支持教师开展教学方法改革。

9. 强化实践教学。 建立校院两级实验教学中心。建设仪仪器设备共享开放平台，强化实验设备信息化管理。推进东园区和海流图科技园区实践教学基地条件建设。开展实验教学示范中心、农科教基地评估工作。启动“云畜牧创新平台（2.0 版）”建设。进一步加强毕业论文（设计）的过程管理。

10. 加强民族教育。 落实《关于加强民族教育工作的实施方案》等制度。加强蒙汉双语课程建设，开展蒙汉双语授课教师资格认定。组织开展好民族团结教育活动。

11. 办好职业教育、继续教育和基础教育。 做好职业教育本科专业（集群）转型发展工作。加强“中国·敕勒川现代农业博览园”“运动马学院”建设，推进“罕堡酒庄”项目实施。争取包头市人民政府扶持，加强校地合作共建职业技术学院。拓展继续教育培训领域，创新培训方式。贯彻落实“适度规模、精品办学、特色发展”要求，探索完善动商、情商和智商协调发展的育人体系，着力提高教育教学和保教质量。

12. 推进学位授权点合格评估。 根据全国第四轮学科评估结果和学位授权点合格评估校外专家意见，分析差距，找准问题，明确方向，提出整改措施，做好学位授权点合格评估工作。以一流学科建设为中心，凝练方向、组建团队、搭建平台，不断强化学科原始创新能力和服务区域重大需求的能力。

13. 推进研究生培养综合改革。落实研究生教育综合改革实施方案，实施博士研究生审核制招生。根据一流学科建设需要，实行导师岗位管理，遴选与聘任相结合。强化质量监控意识，推进研究生培养过程改革。加大研究生国际联合培养比例，促进研究生课程建设的国际化。

14. 加大科研项目申报力度。做好青年教师国家自然科学基金项目申请指导和初审把关，提高获准率和立项数。加强科技项目的过程管理和结题验收工作。启动新一轮优秀青年科学基金支持计划。重点支持一批人文社会科学优秀研究项目。积极推荐申报国家和省部级科技奖，力争实现国家发明奖的突破。

15. 加强科技创新与成果推广转化。实施新的科研激励政策与工作量考核办法。推进科研平台整合、归并与功能重组工作。筹建校级综合科研平台，组织申报国家和省部级科研平台（基地）及自治区协同创新中心。进一步推进产教融合和新农村发展研究院建设。探索与民丰薯业共建燕麦工程研究中心。落实学校《动植物品种培育（选育）专项资助项目管理办法（试行）》，进一步推进科技成果的推广转化工作。

16. 加强招生就业工作。合理安排蒙古语授课班、预科班、民族班的招生专业。推进大数据专业招生，调整各专业招生数量。举办第三届中学校长见面会，开展百所中学优质生源基地走访工作。制定《鼓励毕业生到基层就业的意见》，进一步落实学校《蒙古语授课学生就业能力提升项目实施方案》。建立未就业毕业生、贫困家庭毕业生和蒙古语授课毕业生帮扶档案。深化创新创业教育改革实施方案，健全中科创新创业学院的规章制度和管理办法。成立创新创业实验班，做好创新创业项目孵化工作。

17. 深化人才培养模式改革。推进“拔尖创新型、复合应用型、应用技能型”人才培养模式改革。加大阿里云大数据学院建设力度。完善英才基地班、卓越班人才培养方案，加强国内外联合培养、科研导师指导、科研与实践训练。结合推广示范课程建设、混合式教学方法及虚拟仿真实验教学建设项目，积极开发网络课程及慕课等多元教学模式。

18. 加强人才队伍建设。做好人才招聘和高层次人才引进工作。建立高层次人才引进、培养、考核等“一站式”服务机制和人才动态跟踪服务机制。严格执行学校《青年教师导师制管理办法》，建立青年教师分类培养机制。完善教师发展中心职能。加强“双师型”师资队伍建设，鼓励中青年教师到企业锻炼和国内外学习进修。聘请政府、企业（行业）专家与高级技术人员担任兼职教授。

19. 加强对外交流与合作。加强与俄蒙等“一带一路”沿线国家的高等院校和科研机构的合作交流。争取国家留学基金委师生出国项目，组织推荐科研人员申报自治区引智项目和引智基地。加强学校翻译队伍培训，做好出国留学行前培训。实施好援外培训项目。举办第四届国际语言与文化论坛。

20. 加强团学工作。加强一二课堂协同联动，探索社会实践、志愿服务项目化运作新模式，实施“第二课堂”成绩单制度，搭建促进学生全面发展的实践平台。加强基层团学组织建设，实施“三会两制一课”制度，构建“一心双环”工作格局。成立易班发展中心。实施班主任培训上岗制度。为民族学生班级配备生涯导师。抓好学风建设项目的总结验收工作。开展辅导员业务轮训、职业能力竞赛等活动。加强心理危机筛查与潜在危机个体的预警干预工作。优化资助体系，精准助学济困。

21. 推进内部管理改革。实行规范化、标准化管理，探索建立教师综合考核体系。修订绩效工资分配制度，加强绩效考评考核。完善教师岗位分类聘任及考核评价体系。修订学校《岗位设置管理实施办法》，调整教学单位岗位等级控制比例。完善教师职称评审条件。优化后勤机构设置，完善各服务实体运行机制，做好债权债务清理工作。以服务外包方式，推进后勤社会化改革。

22. 加强财务和国有资产管理。修订完善财务管理制度。积极争取各类项目资金，筹措新开工项目基本建设经费。严格控制“三公”经费，公开相关信息。制定专项核查清理方案。建立资产使用单位二级资产管理员制度。实施政府采购计划年初预算制度，优先一流学科建设、教学审核评估等政府采购项目的审批和组织实施。做好教职工住房产权证办理工作。

23. 推进校区建设项目。推进兽医实验楼、风沙物理学实验楼、足球馆、风雨操场、幼儿园综合楼、食品科学与工程学院和继续教育学院教学楼续建等项目建设。做好东园区教学科研用地规划，加快海流图科技园区内部道路、学生生活区等基础设施和设施农业种养殖区建设。改善校园网基础设施，提高核心机房供电保障能力。

24. 加强公共服务体系建设。建设选书荐购平台，加强数据资源订购论证工作。加强学人文库等特色文献资源建设。开展深度学科服务，提升研究生外文数据库检索能力。积极筹建校博物馆，推进档案数字化建设，完成干部人事档案数字化建设工作。推进教务云建设，加强综合化教学办公支撑环境建设，升级协同办公系统和数字化校园的服务功能。加强网络信息安全体系建设。推进职业技术学院与校本部网络资源共享。制定后勤信息化建设实施方案。推进工会工作与互联网融合。出版《年鉴·2016卷》《走进内蒙古农业大学》（2018版）和《贡嘎丹儒布同志纪念文集》。拓宽稿源渠道，办好特色栏目，不断提高学报论文质量和学术影响力。

25. 加强文明校园创建工作。紧紧围绕“领导班子建设好、思想道德教育好、活动阵地建设好、教师队伍建设好、校园文化建设好、整洁优美环境好”等方面开展文明校园创建工作。召开九届一次教职工代表大会暨十五届一次工会会员代表大会。支持校关工委、老教授协会和老年文体社团开展活动。开展安全隐患大排查和安全警示教育宣传活动。引入《互联网+大学生安全教育》安全微课。制定学校《校园电动车管理规定》。成立学校“反邪教协会”，深入推进毒品预防教育“6·27”工程。组织开展“三创两争”（创建文明单位、创建文明班级、创建文明宿舍，争当文明教师、争当文明学生）评选、表彰活动。做好各类矛盾纠纷化解调处工作。健全工作机制，进一步提高师生公民道德、职业道德、文明修养和民主法治观念。不断提高校园文化质量，建设秩序良好、环境优美的育人环境。

2018 年党政工作总结

一年来，在自治区党委和高校工委教育厅的正确领导下，学校认真贯彻落实中央和自治区党委的决策部署，圆满完成巡视整改和本科教学工作审核评估等重点工作，各项工作有序推进，成效明显。

1. 政治理论学习继续强化。印发了《2018 年内蒙古农业大学推进“两学一做”学习教育常态化制度化工作要点》，成立“新时代讲习团”，组建了“老教授师德师风报告团”，深入推进习近平新时代中国特色社会主义思想和党的十九大精神学习宣传，全年宣讲 24 场（次），校党委中心组集中学习 12 次。

2. 宣传思想工作不断巩固。贯彻落实全国全区高校思想政治工作会议精神，组织遴选了自治区和学校首批思想政治“名师工作室”，制定了《内蒙古农业大学思想政治工作质量提升工程实施措施（试行）》等文件。以思政理论课、党课、团课、“青马班”、主题团日、理论学习社团等形式，在学生中广泛开展政治理论学习、形势政策教育活动。持续开展“讲述校友故事，传承农大精神”校友访谈活动。深入挖掘典型，集中 10 余篇专访、侧记、评论等文章报道师生先进典型事迹。老教授师德师风报告团开展师德师风、社会主义核心价值观、法治中国等宣讲 19 场。持续开展“崇尚师德、为人师表、从我做起”师德师风创建活动。

3. 意识形态工作扎实开展。校党委与各处级单位签订了意识形态工作责任状，认真落实意识形态工作领导责任“一岗双责”，加强对网络意识形态阵地的管理，建立舆情工作领导机构，健全二级单位舆情信息及时报送制度和调度、研判、会商制度，制定了《网络意识形态责任清单》《舆情应急处置预案（试行）》，落实意识形态责任制，健全阵地管理 制度，购买了舆情监控服务，加大舆情监控力度。校党委书记、副书记、纪委书记带队对全部处级单位落实意识形态责任制情况进行了巡察。

4. 领导班子和干部队伍建设得到加强。修订了《关于实行党委领导下的校长负责制的实施办法》《党委会和校长办公会议事规则和事项》。严格执行领导干部报告个人有关事 项规定和抽查核实制度。加强干部管理和培训，对违反处级干部请销假有关规定的 12 名处级干部进行了通报并扣除相应的岗位津贴，选派 25 名干部分别参加国家教育行政学院和自治区党校等单位培训、挂职锻炼。制定了《党外人士政治理论学习制度》，完成新一轮处级干部聘任工作。

5. 基层党组织建设全面加强。以落实巡视整改为主线，以提升组织力为重点，不断加强基层党组织建设。完成全校 260 个党支部的换届调整工作，并选优配齐了支部书记。持续开展“党支部建设年”“精品党日活动”和党支部结对共建等活动，组织 47

名基层党组织书记赴上海参加培训。开展纪念建党 97 周年系列活动，举办了学生党员学习党章和党的十九大精神知识竞赛和品读红色经典读书观影交流会。

6. 全面从严治党持续深化。修订了《巡察工作实施办法》《纪律检查委员会工作条例》《关于廉政风险防控机制建设工作的实施意见》等文件。对经济管理学院进行了巡察意见反馈，并责令限时整改。运用监督执纪“四种形态”，以严明的纪律推进全面从严治党。加强干部离任审计、科研经费和工程项目的结算审计以及清产核资等工作，完成了科研审计及审签 86 项，审计资金总额 3 361万元，基本建设和修缮工程结算审核 200 项，项目报审总金额 5 800.62万元，审定金额 4 817.39万元，平均核减率 16.95%。对职业技术学院、资产经营公司、校医院 2013—2018 年财务状况进行了审计，完成了机电工程学院机械厂的清产核资工作及沃森农牧业国际交流培训中心企业注销清算。

7. 巡视反馈整改工作按期完成。学校党委高度重视，多次召开党委会、巡视整改推进会、巡视整改专题民主生活会，研究推进整改督查工作，根据巡视反馈意见，先后制定了《关于落实自治区党委第二巡视组巡视反馈意见的整改方案》《内蒙古农业大学学风校风专项整治工作方案》等 5 个专项工作整改方案，建立了整改台账，逐条落实整改任务，加强对领导干部的追责问责，一年来共追责问责 33 人次。完成巡视反馈意见整改工作情况报告，并经自治区党委批准后，分别向党内通报、向社会公开，主动接受党内外群众和社会的监督。

8. 本科教学工作审核评估成效显著。组织校内外专家对各学院（部）自评整改情况及教学运行状况进行了集中检查，有效地推进了各学院教学建设、改革与管理工作。通过现场观摩等方式，提高了课堂教学质量。按照时间节点完成了学年本科教学基本状态数据采集、填报、分析、审核、上传以及《自评报告》《校长补充报告》撰写等工作，按照学校《审核评估工作方案》总体安排，圆满完成了教育部本科教学工作审核评估，得到教育部专家组的高度认可。本科教学的中心地位得到巩固，教育教学质量进一步提升。

9. 教育教学质量稳步提高。成立了 18 个实验教学中心，批准建设校级虚拟仿真实验教学项目 5 个，申报国家虚拟仿真实验教学项目 4 个。4 项自治区高校公共课教学改革科学研究项目通过中期检查。组织申报教育部科技发展中心第二批“数启科教 智见未来”产教联合基金课题 2 项。获批教育部首批“新工科”研究与实践项目 1 个、自治区教育科学“十三五”规划课题 30 项。5 部教材获得中华农业科教基金会全国农业教育优秀教材奖，9 部蒙古语文教材选题获得“自治区蒙编委”批准。新增数据科学与大数据技术、家具设计与人居工程、工艺美术、酒店管理和风景园林（工学学位）5 个专业，获批自治区教学成果奖 14 项，新增实习基地 9 个。

10. 民族教育工作稳步发展。完成了 103 名蒙汉双语授课教师资格认定工作，汉语水平等级考试（HSK）、少数民族学生汉语水平等级考试（MHK）考点获批，与蒙科立公司签约，为全校师生免费提供蒙文版 Office 系统及技术服务，组织申报“全区第七届民族教育科研优秀成果奖”。

11. 职业教育成绩突出。校地合作迈上新台阶，与土默特右旗人民政府达成共识，共建“敕勒川大学”。启动了3万平方米智能温室、42栋日光温室的一期工程和200亩设施园艺区建设工作，推进产教融合人才培养模式改革。运动马学院建设取得进展，聘请行业领军人物参与运动马学院建设管理，成立了运动马学院马球分院，创办了全国首个大学生马球队。

12. 继续教育和基础教育得到巩固。拓展继续教育培训领域，培训学员1 482人。探索完善动商、情商和智商协调发展的育人体系，实施师生体质提升工程，教育教学质量显著提高，中考取得全市总均分第三名的好成绩。

13. “招生、培养、就业创业”联动机制不断深化。全年招收学生9 448人，其中，全日制硕士研究生921人、博士研究生150人、外国留学生58人。举办了第三届中学校长见面会，进一步拓展优秀生源基地。获第四届“互联网+”大学生创新创业大赛决赛国家银奖1项、铜奖3项，自治区金奖4项、银奖2项、铜奖3项，学校被评为“青年红色筑梦之旅”活动优秀组织奖。39个项目被列为自治区创新创业训练计划，并获得教育厅和学校的资助。

14. 人才队伍建设不断加强。全年招聘专任教师72人，其中，博士55人，硕士17人；通过校聘方式招聘专职辅导员16人、教学秘书等49人。通过“绿色通道”引进高层次人才2人；从中国农业大学引进副教授1人。组织135名教师开展了专题培训，新增全国高校教师在线培训课程96门，24名教师获得国家留学基金项目资助，获批自治区级教学名师1名、教坛新秀1名、教学团队1个。

15. 学科建设持续推进。印发了《内蒙古农业大学11个一流学科建设规划》，完成了自治区“双一流”第一梯队的农业工程、林学、畜牧学、草学、食品科学与工程等5个学科建设专项资金使用绩效评价工作，组织制定了5个学科2019—2021三年建设资金规划和2019年度资金预算。新增一级学科博士学位授权点2个，一级学科硕士学位授权点3个，专业学位类别1个。新增博士研究生指导教师25人、硕士研究生指导教师40人。

16. 科技创新成果丰硕。实施科技创新团队与创新平台建设计划，学校获国家自然科学基金、国家重点研发计划等项目317项，科研经费进账突破2.4亿元。作为第一完成单位获得自治区科技奖7项，其中，科技进步奖3项、自然科学奖1项、中青年科学技术创新奖1项、国际科学技术合作奖2项，自治区第七届哲学社会科学优秀成果政府奖8项，自治区农牧业丰收一等奖2项。作为主要参加单位获得自治区科技进步一等奖1项、二等奖2项、三等奖1项。授权发明专利16项，实用新型专利64项，外观专利1项。2个教育部创新团队被列入滚动支持计划。新获批省部级重点实验室、工程技术研究中心4个。获自治区重点实验室建设经费3 171万元。组织完成学校11个自治区工程技术研究中心验收与考核评估工作，新推荐申报2个自治区工程技术研究中心。“内蒙古乡村振兴战略研究中心”获批第三批内蒙古自 治区哲学社会科学重点研究基地。

17. 成果推广转化和社会服务能力不断增强。组织完成了218项科研项目的结题验收和国际科技合作基地年度绩效监测评估工作。制定了《内蒙古农业大学科研平台管理办法》等规章制度。与内蒙古阴山优麦燕麦研究院签订协议，开展燕麦产业产、学、研合作，与磴口县人民政府、内蒙古汉垦地农产品有限公司签订合作框架协议。对 9 个自治区农业综合开发项目进行实地检查。藜麦产业研究中心指导农民种植藜麦 3.5 万亩。农林工程设计研究院完成了 6 项农业综合开发等项目的规划、设计和可研报告，实现产值 85 万元。选派“三区人才”科技特派员深入四子王旗开展科技帮扶工作。扶贫项目《杜尔特草原上的扶贫“轻骑兵”》，作为自治区唯一推荐项目，入选教育部首届省属高校精准扶贫精准脱贫典型项目，获教育部奖励。“百名博士兴安行”活动作为教育扶贫典型，王万义书记代表学校在 2018 年全国教育扶贫论坛上作了交流发言。我校驻四子王旗吉生太镇公合成行政村扶贫干部受到自治区的表彰。

18. 国际交流与合作不断拓展。修订了《内蒙古农业大学关于加强和改进教学科研人员因公临时出国（境）管理工作实施办法》，与沙特阿拉伯费萨尔国王大学等 3 所教学科研机构签署了合作交流备忘录，与韩国启明大学合作实施“3+2”专升本项目，新增学生海外实习国家 3 个，全年选派 35 名学生出国带薪实习。接待国外来访专家 223 人次，公派访问、访学和学术交流教师 135 人次，获得国家公派出国留学资格师生 22 人，引智项目 6 项，承办出国留学行前培训会 1 期。承办了“感知中国”——中国内蒙古文化旅游周“中国内蒙古生态文明建设”主题讲座暨沙漠治理成效展览，开展了第四届“内蒙古农业大学国际语言与文化论坛”等活动。承办援外培训项目 4 期，完成了来自 13 个国家 97 名学员的培训任务。

19. 团学工作扎实开展。积极举办专业科技创新活动，获“创青春”全区大学生创业大赛特等奖 4 项，第九届中国大学生方程式汽车大赛二等奖 1 项，“蒙古文造型艺术研究创新团队”荣获大学生“小平科技创新团队”称号。举办了十佳毕业生颁奖晚会、“金马杯”文艺汇演等活动；进一步加强辅导员和班主任队伍建设，做好日常培训工作，加强心理危机筛查与潜在危机个体的预警干预工作。做好资助工作，发放勤工助学工资 500 多万元。男子足球队获全国青少年校园足球联赛全国总决赛第四名；女子足球队获 2018 年自治区第 14 届运动会高校组足球比赛第二名；男子、女子篮球队获自治区第 14 届运动会高校组篮球比赛第二名，男子篮球队获自治区（校园组）第一名。田径队获 2018 年中国高等农业院校田径运动会男子团体总分第二名、女子团体总分第四名和团体总分第三名。网球队获内蒙古自治区第 14 届运动会高校男子组第二名；摔跤队在 2018 年内蒙古自治区大学生、青少年俱乐部中国式摔跤冠军赛中获得金牌 4 块、银牌 4 块、铜牌 4 块。

20. 财务和国有资产管理不断完善。严格执行《贯彻落实〈行政事业单位内部控制规范（试行）〉工作方案》。争取财政追加教育事业经费 3.27 亿元，核算经费支出 6.68 亿元；规范国有资产管理，加强固定资产验收管理，新增固定资产值 1.07 亿元。继续实施政府采购计划年初预算制度，及时调整了社会招标代理机构，完成采购计划 89 项，采购预算 2.07 亿元。

21. 工程项目管理稳步推进。完成了风沙物理学实验楼初步设计批复和施工图审查、足球馆项目的可行性研究报告批复、政府东影南路下穿农大地道工程项目所涉及新校区地下管线和道路的重建，兽医实验楼、幼儿园综合楼项目主体封顶。办理拟建项目设计和维修改造工程政府采购申请6项，并完成预算金额553.5万元的采购项目招标和新校区一期建设项目的竣工财务决算。

22. 文献资源建设不断拓展。选购图书50 260册，中文期刊1 063种，外文期刊62种，订购中文数据库14个，外文数据库14个，自建畅想之星随书光盘数据库图书12 400册，学位论文数据库收集博士、硕士论文总计10 754篇。编辑出版了《内蒙古农业大学学报》14期，学报（自然科学版）入编北京大学图书馆2017年版《中文核心期刊要目总览》，申请创办《草原畜牧业研究》（蒙古文版）期刊。推进档案数字化建设，制定了《内蒙古农业大学电子文件归档管理暂行办法（试行）》《内蒙古农业大学电子档案移交与接收实施细则（试行）》，收集各门类档案8 338卷（件、张）、利用档案25 948卷（件、张）。出版了《内蒙古农业大学年鉴·2016卷》和《贡嘎丹儒布同志纪念文集》。

23. 公共服务能力不断提升。完善信息与网络安全体系，推进网络运维系统建设。对校园基础设施、有线、无线网络进行了优化和更新，实施了数据中心存储系统扩容，建成了主数据平台、网络资源共享平台、教务云平台和师生一站式服务大厅，加强了综合化教学办公支撑环境建设，升级了协同办公系统和数字化校园的服务功能。部署了数据库审计系统，建设校园大数据分析系统，初步形成了智慧校园大数据分析平台，实现基于已有数据的综合校情分析，升级了迎新系统和微校园平台，有力地保障了校园网络及信息安全。初步完成了干部人事档案数字化建设工作。完善后勤各服务实体运行机制，推进了债权债务清理工作，以服务外包的方式，推进后勤社会化改革。

24. 文明校园、平安校园创建势头良好。按照“六个好”创建标准，深入开展“文明校园”创建活动，完成了文明校园创建案例材料和《最美志愿者》《最佳志愿服务组织》《最佳志愿服务项目》等评选材料，以及2018年学雷锋志愿服务“4个100”先进典型宣传推选。学校被自治区教育厅认定为“平安校园”，综合治理工作被赛罕区人民政府评为先进集体，开展了金融安全教育等警示教育宣传活动，建立了治安管理档案和安全隐患排查问题清单。校关工委、老教授协会和老年文体社团开展了丰富多彩的活动。

在总结成绩的同时，我们也清醒地认识到学校的工作还存在一些问题与不足：一是人才培养模式改革还不够深入，教育教学质量还需进一步提高；二是一流学科建设力度还不够大，优势特色还需进一步培育；三是人事制度改革力度还不够大，人才引进的质量还需进一步提高；四是科技创新能力不足，科技成果推广转化和社会服务能力还需进一步提高；五是全面从严治党任务仍然繁重，学习教育成果还需进一步巩固。

针对上述问题，学校将在2019年工作中采取措施积极解决。

学校制发的管理文件索引

2018 年党发文件

序号	发文日期	文号	文件标题
1	2018 年 1 月 5 日	内农大党发〔2018〕1 号	关于成立农学院、园艺与植物保护学院的通知
2	2018 年 1 月 5 日	内农大党发〔2018〕2 号	关于召开 2017 年度处级以上党员领导干部民主生活会的通知
3	2018 年 1 月 24 日	内农大党发〔2018〕3 号	关于印发《中共内蒙古农业大学委员会学习贯彻党的十九大精神的决定》等制度的通知
4	2018 年 3 月 2 日	内农大党发〔2018〕4 号	关于调整校领导分工和联系单位的通知
5	2018 年 3 月 26 日	内农大党发〔2018〕5 号	关于调整关心下一代工作委员会组成人员的通知
6	2018 年 4 月 4 日	内农大党发〔2018〕7 号	关于给予丁雪华等 8 名同志通报批评处理的决定
7	2018 年 4 月 8 日	内农大党发〔2018〕6 号	关于对经济管理学院巡察的反馈意见
8	2018 年 4 月 19 日	内农大党发〔2018〕8 号	关于印发《内蒙古农业大学思想政治工作质量提升工程实施措施（试行）》的通知
9	2018 年 5 月 9 日	内农大党发〔2018〕9 号	关于表彰第二届十佳班主任的决定
10	2018 年 6 月 4 日	内农大党发〔2018〕10 号	关于印发《2018 年内蒙古农业大学推进“两学一做”学习教育常态化制度化工作要点》的通知
11	2018 年 6 月 20 日	内农大党发〔2018〕11 号	关于调整校领导分工和联系单位的通知
12	2018 年 6 月 27 日	内农大党发〔2018〕12 号	关于表彰先进基层党组织、优秀共产党员和优秀党务工作者的决定
13	2018 年 6 月 27 日	内农大党发〔2018〕13 号	关于在我校创建首批思想政治工作“名师工作室”的通知
14	2018 年 7 月 4 日	内农大党发〔2018〕14 号	关于本科教学审核预评估有关问题的情况通报
15	2018 年 7 月 11 日	内农大党发〔2018〕15 号	关于印发《内蒙古农业大学党委领导班子巡视整改专题民主生活会方案》的通知

（续表）

序号	发文日期	文号	文件标题
16	2018年7月11日	内农大党发〔2018〕16号	关于成立巡视整改工作领导小组的通知
17	2018年7月24日	内农大党发〔2018〕17号	关于调整校领导分工和联系单位的通知
18	2018年7月25日	内农大党发〔2018〕18号	关于成立巡视整改工作领导小组的通知
19	2018年7月26日	内农大党发〔2018〕19号	关于印发《中共内蒙古农业大学委员会关于落实自治区党委第二巡视组巡视反馈意见的整改方案》的通知
20	2018年9月12日	内农大党发〔2018〕20号	关于印发《中共内蒙古农业大学委员会关于实行党委领导下的校长负责制的实施办法》等制度的通知
21	2018年9月26日	内农大党发〔2018〕21号	关于召开处级领导班子巡视整改专题民主生活会的通知
22	2018年11月15日	内农大党发〔2018〕22号	关于印发《中共内蒙古农业大学委员会网络意识形态责任清单》等制度的通知
23	2018年11月19日	内农大党发〔2018〕23号	关于巡视反馈“采购货物、工程和服务未履行政府采购审批手续”问题的处理决定
24	2018年11月21日	内农大党发〔2018〕24号	关于印发《中共内蒙古农业大学委员会巡察工作实施办法》等制度的通知
25	2018年11月26日	内农大党发〔2018〕25号	关于废止并启用公章的通知
26	2018年11月30日	内农大党发〔2018〕26号	关于印发内蒙古农业大学新一轮处级干部聘任工作相关文件的通知
27	2018年12月18日	内农大党发〔2018〕27号	中共内蒙古农业大学委员会关于巡视整改进展情况的通报
28	2018年12月20日	内农大党发〔2018〕28号	关于印发《内蒙古农业大学2018年度党组织书记抓基层党建述职评议考核工作实施方案》的通知
29	2018年12月27日	内农大党发〔2018〕29号	关于同意召开中共内蒙古农业大学职业技术学院第二次代表大会的批复
30	2018年12月29日	内农大党发〔2018〕30号	关于做好中共内蒙古农业大学第三次代表大会筹备工作的通知

2018年校发文件

序号	发文日期	文号	文件标题
1	2018年3月20日	内农大校发〔2018〕1号	关于表彰2018年内蒙古农业大学教学成果奖获奖项目的决定

（续表）

序号	发文日期	文号	文件标题
2	2018年3月20日	内农大校发〔2018〕2号	关于公布审核评估工作领导小组办公室组成人员的通知
3	2018年5月10日	内农大校发〔2018〕3号	关于解除云利兵聘用合同的通知
4	2018年5月11日	内农大校发〔2018〕4号	关于印发《内蒙古农业大学关于对内蒙古自治区财政关于发布2018—2019年自治区本级政府集中采购目录及有关政策的通知的实施意见》的通知
5	2018年5月27日	内农大校发〔2018〕5号	关于给予张海军行政记过处分的决定
6	2018年5月27日	内农大校发〔2018〕6号	关于给予机电工程学院领导班子全校通报批评的决定
7	2018年5月27日	内农大校发〔2018〕7号	关于给予那森巴雅尔全校通报批评的决定
8	2018年5月27日	内农大校发〔2018〕8号	关于给予武佩全校通报批评的决定
9	2018年5月27日	内农大校发〔2018〕9号	关于给予白英霞行政警告处分的决定
10	2018年5月27日	内农大校发〔2018〕10号	关于给予研究生院领导班子全校通报批评的决定
11	2018年5月27日	内农大校发〔2018〕11号	关于给予杜健民全校通报批评的决定
12	2018年5月27日	内农大校发〔2018〕12号	关于给予李明昊全校通报批评的决定
13	2018年5月27日	内农大校发〔2018〕13号	关于给予学生工作处领导班子全校通报批评的决定
14	2018年5月27日	内农大校发〔2018〕14号	关于给予张文全校通报批评的决定
15	2018年6月1日	内农大校发〔2018〕15号	关于印发《内蒙古农业大学关于加强和改进教学科研人员因公临时出国（境）管理工作的实施办法》的通知
16	2018年6月12日	内农大校发〔2018〕16号	关于增列曹俊伟等65人为研究生指导教师的通知
17	2018年6月21日	内农大校发〔2018〕17号	关于表彰2017年重点专项工作及部署2018年重点专项工作考核评比的通知
18	2018年6月21日	内农大校发〔2018〕18号	关于修订《内蒙古农业大学章程》的通知
19	2018年7月6日	内农大校发〔2018〕19号	关于印发《内蒙古农业大学教职工住房补贴申报工作方案》的通知
20	2018年7月16日	内农大校发〔2018〕20号	关于印发《内蒙古农业大学11个一流学科建设规划》的通知
21	2018年7月18日	内农大校发〔2018〕21号	关于印发《乳品生物技术与工程教育部重点实验室管理办法》的通知
22	2018年8月16日	内农大校发〔2018〕22号	关于做好2018年国家“万人计划”教学名师遴选推荐工作的通知

（续表）

序号	发文日期	文号	文件标题
23	2018年9月19日	内农大校发〔2018〕23号	关于朱启等12名学生退学的决定
24	2018年9月30日	内农大校发〔2018〕24号	关于自治区财政厅对我校国有资产开展年度核查工作的通知
25	2018年10月9日	内农大校发〔2018〕25号	关于编制2019年度教育事业费收支预算的通知
26	2018年10月16日	内农大校发〔2018〕26号	关于印发《本科教学工作审核评估“以评促建”工作安排方案》的通知
27	2018年10月26日	内农大校发〔2018〕27号	关于2018年度专业技术资格评审工作的通知
28	2018年10月30日	内农大校发〔2018〕28号	关于印发《内蒙古农业大学来华留学生工作管理办法》的通知
29	2018年10月30日	内农大校发〔2018〕29号	关于印发《内蒙古农业大学全面落实研究生导师立德树人职责实施细则》等制度的通知
30	2018年12月11日	内农大校发〔2018〕30号	关于表彰2018年“青年红色筑梦之旅”——“百名博士兴安行”先进集体和个人的决定

2018年党办发文件

序号	发文日期	文号	文件标题
1	2018年3月30日	内农大党办发〔2018〕1号	关于印发《内蒙古农业大学教职工政治理论学习规定》的通知
2	2018年4月13日	内农大党办发〔2018〕2号	关于开展意识形态工作巡察的通知
3	2018年9月3日	内农大党办发〔2018〕3号	关于调整学校非常设机构组成人员的通知

2018年校办发文件

序号	发文日期	文号	文件标题
1	2018年1月10日	内农大校办发〔2018〕1号	关于加强学校历史文化遗产保护工作的通知
2	2018年6月8日	内农大校办发〔2018〕2号	关于做好2018届毕业生离校工作的通知
3	2018年6月17日	内农大校办发〔2018〕3号	关于进一步做好办公用房清理整改工作的通知
4	2018年6月17日	内农大校办发〔2018〕4号	关于调整“全国重点建设职教师资培养培训基地”工作领导小组的通知
5	2018年7月4日	内农大校办发〔2018〕5号	关于做好2018年审核评估工作的通知

（续表）

序号	发文日期	文号	文件标题
6	2018 年 7 月 9 日	内农大校办发〔2018〕6 号	关于调整大学生心理健康教育工作委员会组成人员的通知

2018 年党政办发文件

序号	发文日期	文号	文件标题
1	2018 年 12 月 12 日	内农大党政办发〔2018〕1 号	关于做好 2019 年全国硕士研究生招生考试考务工作的通知

注：

1. 从 2018 年 11 月 26 日起启用“内农大党政办发”文号，原“内农大党办发”“内农大校办发”文号停用。

2. 一般根据文件导入 OA 系统的时间先后顺序编制文号，偶尔因签发时间滞后出现文号靠前，发文日期靠后的现象。

关于《内蒙古农业大学年鉴（2017）》中博士、硕士学位授予名单的更正说明

由于工作不慎，现已出版的《内蒙古农业大学年鉴（2017）》中的博士、硕士学位授予名单有误，误将2018年的博士、硕士学位授予名单写在2017年的博士、硕士学位授予名单中。特在此向读者表示歉意，并更正如下。

2017年度授予博士学位人员名单

动物科学学院（10人）

崔　艳　白　晨　李　昆　赵　珺　赵启南　阿琪玛　范　晓
刘　洋　恩和道力格尔　道尔吉苏仁

兽医学院（8人）

张　伟　冯陈晨　王　旭　孙晓林　高　龙　王晓晖　张　欣
张　莹

农学院（9人）

石必显　刘素军　董　婧　姜　超　王富贵　张永丰　张艳芳
杨志刚　吕　品

草原与资源环境学院（19人）

白文科　刘冠志　张慧东　曾　楠　巴　图　陈国清　刘雪骄
侯美玲　于　洁　王瑞利　塔米日　徐振朋　毛小涛　李长春
高新磊　舒　洋　高雪峰　秦　洁　敖登高娃

林学院（5人）

邵东华　韩胜利　菊　花　刘　敏　牛艳芳

沙漠治理学院（5人）

包斯琴　陈士超　李　龙　刘宝河　韩彦隆

机电工程学院（9人）

蒙建国　谢胜仕　刘月琴　刘艳秋　张丽娜　苏　赫　王海超
董改芳　姜新华

水利与土木建筑工程学院（9人）

岑　睿　李　祯　王志超　樊才睿　梁丽娥　高宏斌　刘　禹

吴　用　　刘瑞敏

材料科学与艺术设计学院（2 人）

郭同城　　李新宇

经济管理学院（6 人）

徐　玮　　祁晓慧　　董　捷　　李　静　　王海春　　贺西格达瓦

食品科学与工程学院（12 人）

郑　艺　　高鹏飞　　乔健敏　　姚国强　　李　晶　　云雪艳　　席晓霞
顾　悦　　奥蕴额尔敦　　阿木尔图布兴　　其木格苏都
斯琴其木格

生命科学学院（4 人）

于秀敏　　钟睿博　　张胜男　　齐　昱

能源院（2 人）

赵　婷　　李航天

2017 年度授予硕士学位人员名单

动物科学学院（48 人）

学术型硕士（33 人）

白丹丹　　畅旺东　　史俊祥　　佟满满　　赵　飞　　孙登生　　孙燕勇
牛占宇　　杨　坤　　鲍红梅　　苏日嘎　　道　楞　　温　俊　　梁　玮
李彦利　　吴志红　　赵　磊　　邢媛媛　　王卫云　　张博綦　　刘　阳
冯永辉　　李沐阳　　陈　璐　　刘　斌　　王　岩　　边小娜　　于永强
郑彦楷　　郭春利　　李常瑞　　姜　晶　　斯琴毕力格

全日制专业硕士（12 人）

包胡斯楞　张　帆　　刘　政　　赵宇航　　崔　璨　　张盼盼　　其日格日
彩丽干　　陈宏燕　　秦　哲　　秦　敏　　王　宏

在职硕士（3 人）

赵　辉　　翟　蔚　　陆凤红

兽医学院（84 人）

学术型硕士（38 人）

贾知锋　　高瑞娟　　李　婷　　杨　惠　　散　仁　　李　欣　　冷　冉
郭文庆　　赵　弥　　祖　宁　　刘　骄　　王　丹　　杨珊珊　　王天河
马晓宇　　张文超　　黄天鹏　　徐　娜　　崔　健　　麻昌姣　　赵俊良
张　政　　王婧怡　　祝晓蕊　　陈　杰　　李莹莹　　陈林军　　包旦奇

呼凤丽	齐欢欢	岳建伟	牛同州	张棋炜	张芮今	岳伟东
姜梦如	关恰·桑吉德		哈登楚日亚			

全日制专业硕士（27人）

董晓峰	阿木古楞	许博然	赵鑫鑫	雷　宇	贾　燕	罗查干
张建华	高　媛	贾梦楠	刘正明	程　波	丁志强	刘占江
李　航	吴志强	王海旺	苏尼高娃	齐志涛	吴烨挺	王　健
杜晓悦	仲　亮	李　智	闫　力	苏乙拉其木格		敖登高娃

在职硕士（19人）

哈　达	赵　雅	李　波	袁建伟	徐　丽	云泽龙	杨　雪
刘　洋	王长梅	范秀丽	赵丽霞	李志杰	郝雪斌	毕力格
马晓雪	高婷婷	付　婧	其勒木格	徐天舰		

农学院（98人）

学术型硕士（42人）

李文政	梁　爽	张倩倩	杨　鹏	刘勇翔	孟亚芬	董晓亮
温晨阳	申建芳	陈新华	邢文丽	杨　静	苏　荣	孙洪欢
王　晗	赵诗慧	赵竞宇	王迎男	冯泽洋	白阳阳	樊巧利
卢兴国	李俊伟	司　冠	王伟伟	张明飞	焦欣磊	苏　娜
刘嘉伟	李雅剑	苏布达	李晓婷	赵振宇	徐东升	安小敏
侯林林	韩宝翠	裴　宽	余少波	刘　剑	温　蕊	周　赟

全日制专业硕士（30人）

韩亚非	薛艳君	雷晓光	闫宇彤	郭　霏	于文华	陈　涛
朱云佳	盛雅晶	赵伟巍	韩伟秋	仲星宇	鲁　蓓	王　鑫
田永伟	戴雅婷	段　慧	孟文诚	梁俊梅	王　玥	渠佳慧
陈广珉	张兴隆	徐　畅	徐忠山	祁建勋	闫　炜	陈　重
郭荣吉	高　锋					

在职硕士（26人）

陈　超	郭　婧	钢　夫	王艳丽	于　涛	李　彧	李义明
郝凤凤	王　勇	邓　涛	何晓明	孙　昌	张志勇	谢金翠
曲宝茹	赵晓光	孙秀梅	田　帅	郑文旭	张翼超	石云峰
张丽娟	吴英妹	高雪荣	田　乐	常晓辉		

林学院（132人）

学术型硕士（32人）

胡素蓉	刘　慧	何志中	张　璐	呼丽瑶	路东晔	张建新
朱东贺	赵　敏	雷娜庆	杨富荣	曹　阳	孟　勐	王冬雪
马天琴	吴高殷	郭晓笑	国　庆	刘　宇	王宇远	彭　鹏

杜　湜	伊如汗	乔明星	郑卓然	秦一心	卞建新	田　原
范媛媛	张波波	石　鑫	巴图额尔敦			

全日制专业硕士（52人）

李　哲	任雯璐	王　璐	徐沁贞	董辰辰	李佳凝	张渊婕
屈顺雅	霍　达	吕　杰	王大正	郝　帅	赵　扬	于　鸣
杨　禄	苏日达夫	董　倩	董　娟	甘　勇	王玉霞	高　艳
张然然	杨媛媛	张　强	任爱琳	赵　郑	毛馨悦	杨　阳
边丽娟	赵　璐	吕　珂	李欣阳	郑海丽	张　敏	朱姣姣
李　鋆	負锦晨	辛　烨	焦　阳	郭　杰	冯子峻	张智杰
王志华	伊如汉	王　倩	庄　宏	丰一鸣	赵　斌	张萌萌
石秋松	明安图	马　妍				

在职硕士（48人）

王浩光	萨日古拉	刘茂盛	贺福龙	武雅琪	张　雅	姚红英
于晓冰	迟卫京	刘晓敏	王智敏	常　菲	任　婷	东　明
杨　瑞	钱　宏	余　鑫	那日苏	李夏林	王世从	闫　芳
秦承娟	杨钦方	武　林	闫　玲	刘瑞龙	张明钰	闫宇峰
张　阳	陈佳欣	刘贤昊	格　更	张敏慧	高　鹏	王玉山
涛　力	萨其日	郭妍昕	樊　洁	王会娟	王江涛	那　庆
郭　宁	崔博然	程　鹏	郝静颐	哈斯其其格		包斯琴高娃

草原与资源环境学院（91人）

学术型硕士（47人）

黄丽娟	孙　磊	冀晓婷	满　达	姚鸿云	廖忠兴	肖嘉圃
杨素文	王伽珉	春　兰	杜宇凡	温　琢	王瑞珍	潘占磊
高　琪	刘　冰	齐　雪	周　莹	赵　婧	王春霞	郭　融
李　静	赵清格	陈万杰	韩　敏	万伟帆	刘　慧	欧妮尔
赵静漪	魏淑贞	李　琪	王迎迎	李红颖	曹　瑞	候伟峰
云玲格	吴思杭	赵　青	刘　帅	包达尔罕	金　净	崔　楠
马维文	张曙光	陶梦慧	张　波	邢　媛		

全日制专业硕士（16人）

阿日贡	丁　洋	姜文娇	黄海洋	邬　娜	李燕妮	吴博雨
刘向东	白雪原	李　艳	李　良	刘金善	赵　敏	周　婕
雷晓敏	武毅昶					

在职硕士（28人）

窦晶磊	李永善	马哲贤	段胜宇	张　慧	王宇星	萨日娜
张铭员	李　超	孟　霞	张　帅	白勇兴	李相儒	李向琴

赵赛男　贾雪飞　王　甜　贺婧峥　杨　卓　杨　婷　贾　娟
彭　亮　王　健　苏智慧　杨　欢　张文超　贾利娟　王晓婕

机电工程学院（49 人）

学术型硕士（24 人）

霍黎明　吴淑红　杨丽娟　魏　鹏　汤　岩　张海鑫　杨志超
李　普　甘启民　赵登宇　张　哲　邢小琛　杨荣超　王　旭
季　邦　韩媛媛　马　海　张　勇　王　伟　常佳丽　何生根
其力格尔　乌云达来　赵　洋

全日制专业硕士（18 人）

范久田　李　靖　商晓彬　王英涛　徐　坤　平傲宇　张敬埔
李　祥　田　超　闫彪彪　刘　杰　毕力格图　徐彬腾　梁家明
卢超然　吴双丽　程　博　孙　煜

在职硕士（7 人）

王小虾　李　燕　张　伟　李　嘉　任希悦　宋　嘉　付　婷

水利与土木建筑工程学院（81 人）

学术型硕士（36 人）

杨晨晨　陈潇洋　李明玉　赵　曦　樊浩伦　刘谨菡　马璐瑶
张　松　任中生　李金刚　高利华　步怀亮　卢星航　李　河
王晓宇　张　华　王静洁　王　晶　陈溯航　王晓燕　梁　卉
王　丹　乔春林　韩　刚　王　学　钱龙娇　徐　琼　巴森达赖
牛亚龙　王　丹　马鹏飞　曹文梅　郝世祺　席小康　蓝绍衡
傲日格勒宝拉嘎

全日制专业硕士（16 人）

汪　涛　高　波　韩　超　王　培　郑　新　张文瑞　孙泽辉
罗新云　王旭阳　全　栋　张景俊　李相君　李虹雨　田惠荣
杨水源　张　睿

在职硕士（29 人）

周毓鹏　万小刚　王艳菲　王智慧　张利勇　武　龙　刘昊程
吕东梅　赵海利　刘　平　云　腾　李　慧　刘俊梅　胡　颖
张黎亮　皇　娜　张　娜　张　淼　图力古尔　李金玉　贺聆轩
王黎光　王楚楚　雷岩琼　于志永　安普振　王　培　张胜男
王晓卿

材料科学与艺术设计学院（18 人）

学术型硕士（13 人）

王　宇　叶满辉　刘建霞　吴向文　王　洁　杨吉雅图　师毅聪

李惠泽　王　荣　白淑婷　杨　艳　杨晔坪　韩瑾琦

全日制专业硕士（4人）

袁云梅　袁大伟　闫祚云　李伏雨

在职硕士（1人）

乌日娜

经济管理学院（153人）

学术型硕士（35人）

阿古达木　郭媚佳　刘　芳　王晓伟　吕　丹　锁　婷　吕燕飞
孙　影　李晓璐　刘　峰　太玉鑫　岳　珲　燕　越　魏　敏
郑娜娜　甘超吉　田　瑞　王世霞　张瑞霞　王　芬　王　慧
郝　伟　李婧瑶　单达琦　陈汉宁　韩钦达木尼　赵翠霞
孙雨悦　丽　丽　蔡淑媛　王金梅　张飞龙　菩　提　哪木斯仁扎布
阿齐吉日嘎拉

全日制专业硕士（55人）

王莺潼　白　敏　郭帅辰　李　敏　连雪娇　郑　博　马静怡
沈啸宇　姜　珊　聂大伟　林　森　刘鹏程　武凯峰　刘晓东
范馨乐　冯紫薇　冀嘉宁　兰竹青　刘建永　王娜娜　张海滨
贾蓉洁　南　迪　崔巍志　汲　鹏　陈　滔　高旭慧　杨　莹
吴艳芸　陈俊良　李瑞婷　刘子芳　霍雨佳　孙婷婷　骆璟晖
楚　琦　何　鑫　安俊臣　李　艳　侯晓凤　王　瑞　赵挺祺
张海超　赵新艺　赵静茹　张　彧　赵旖旎　杨　茜　王　瑾
李艳芳　闫燕霞　余彩云　许桓凤　其勒格尔　乌吉斯古楞

在职硕士（63人）

李　雄　武　虹　张　璐　马　睿　漠　楠　白冬梅　刘浩然
敖琳娜　乔　翻　赵鹏飞　呼　梅　萨日娜　马晓明　兰建芳
史　可　苏生华　杨梦星　陈薇可　郝雪钦　侯　燕　李羿萱
芦　瑞　阿　丽　陈　臻　王琪妍　祁　磊　巴音都仁　周静洋
张　晶　常馨嘉　赵春光　陈洁明　魏　超　王　斌　王渤鑫
郝　莎　杨　峰　阿思汗　潘念慈　李妍欣　袁博宇　韩　慧
刘玉龙　周　菲　王　敏　陈　健　高诗淇　闫志刚　哈建国
张雨田　肖　宇　彭　晓　马　溱　郭小莲　李　洋　刘鹏飞
哈达夫　于翔舟　张艳华　云　毅　吴　琼　于文雅　赵耀东

食品科学与工程学院（114人）

学术型硕士（29人）

李晓婷　刘红新　张园园　卢　宇　齐小晶　张玉琴　宋树鑫

嘎拉松　冯青辉　刘东辉　白　娜　樊丽岩　马玉珠　丁　佳
达日玛　阿荣珠拉　刘建志　汪政煜　高玎玲　郭慧芬　张利霞
赵雅娟　王　丹　乌日拉嘎　尼玛苏荣　宋娇娇　王亚利　王荣平
乌力吉奥日希呼

全日制专业硕士（39人）

吴文茹　李晓芳　张素燕　何宝龙　段小果　卢　洁　高鹏飞
徐晓敏　王　阳　王　娜　张建丽　刘立杰　范梦茹　徐嘉俐
朱思捷　刘美玲　张晓儒　吴雪敏　杜改凤　曹英华　张婉莹
周　琦　张海霞　王晓宇　刘　燕　刘　娜　高璐瑶　田久东
蔺方瑞　杜亚楠　杜毓容　黄靖然　高志敏　杜晓敏　杨　蕾
赵俪捷　盛雅萍　徐　捷　朝格苏力德

在职硕士（46人）

郑乾坤　巴特尔　尹予希　康　婧　张　欣　杨　帆　乌兰托亚
徐　珲　阿云嘎　马媛莉　薛　娜　李　磊　邓　瑞　乔　婧
高　鹭　富莉静　马　君　鲁丽花　郭　培　申轶媛　三　月
李苗苗　郭　燕　苏妮尔　李艳萍　白　璐　安鹏珍　王　荣
董利川　张　洁　陈晓敏　庞骁彪　宿小婷　屈　茹　李昊佼
韩　娟　白佳蓉　许　腾　侯　娜　林立民　李学敏　张　荣
于凤玲　云昊雨　乔晚霞　高　洁

计算机与信息工程学院（20人）

学术型硕士（6人）

项　阳　岑　瑶　潘　旭　王春兰　王伟晨　张佩强

全日制专业硕士（8人）

丛　一　贾玉山　姜鲜桃　郑大龙　郗　超　武　林　李志成
段晓东

在职硕士（6人）

李文龙　高　云　阿迪斯　张文凯　陈　捷　高宇飞

生命科学学院（43人）

学术型硕士（34人）

侯兆乾　刘　乐　阿力玛　张　婷　滑璐玢　岳俊燕　郝志霞
李　娜　韩　晗　孙志宁　毛铭铢　郑如玉　王　雪　李婉容
高海洋　云小玲　崔　爽　许芳芳　刘　雷　杨倩倩　赵黎黎
李晓全　李婷婷　康丹丹　甘　霖　冯玉梅　董　雪　郑　超
梁允刚　马云龙　张钰堃　王　瑜　潘　雨　丁一秀

全日制专业硕士（6人）

高　旭　石召弟　苏力特　李　阳　曹美环　席　娇

在职硕士（3人）

马征途　李如黍　王进勃

能源与交通工程学院（15人）

学术型硕士（9人）

吕书昌　马爱英　马东梅　葛敬芳　文晓媛　周云涛　李　阳
张程程　李　会

全日制专业硕士（6人）

张　宇　马　源　代一澜　赵　蓉　孟庆遥　王元坤

理学院（7人）

学术型硕士（7人）

赵　微　肖志婷　刘宇宁　王　倩　徐瑞波　韩　军　张　蕾

马克思主义学院（5人）

学术型硕士（5人）

乔　杉　乌云嘎　刘　蕾　吴越洋　桑苏尔

人文社会科学学院（53人）

学术型硕士（19人）

葛根佐拉　海　英　刘彦君　邢　俨　钢特木尔　包塔娜　黄　敏
赵　婧　乌吉木吉　王　娜　徐　丰　冯姝芮　姜嘉丽　赵海霞
齐　晗　黄　上　萨如拉　刘　畅　贺宇星

全日制专业硕士（34人）

肖　达　李　萍　刘　惠　傅金辉　杨　涛　苏建国　刘庆海
高　鹏　温　涛　张晓钰　刘　毅　吴昌昊　李　飞　李春华
李　璇　安　邦　杜　湃　闫洪敏　周琳琳　刘　钦　李钰瑛
云　峰　王　茜　张　慧　李慧清　星　光　汪明萍　刘振华
刘　烨　李　靖　常　洁　朱　妍　白　叶　褚　源

沙漠治理学院（52人）

学术型硕士（27人）

张　静　李　鹏　刘　斌　乌仁图雅　冯　斐　苏　禹　李有芳
王晨嘉　王　琴　高玉寒　张美丽　牛晓燕　王嫣娇　郭　婧
车　敏　战　甜　周佳宁　萨仁其木格　骆翔宇　尤碗碗
魏育钢　左志严　杨　阳　赵　波　刘宗奇　淡亚男　敖特根其木格

全日制专业硕士（4人）

王　鑫　　王　健　　王纬航　　杨　阳

在职硕士（21人）

白　杨　　陈　鑫　　郭　凯　　史芮嘉　　常伟东　　王　晓　　张　哲
李凤琴　　刘俊厚　　袁　林　　季宏伟　　周亚凡　　倪小娟　　杨　蓓
呼日瓦　　邓锐清　　苗庆伟　　王　菊　　王小立　　马馨蔓　　孙　非

内蒙古农业大学研究生院
2021年3月8日